图解景观规划设计
跨学科知识

ILLUSTRATED INTERDISCIPLINARY KNOWLEDGE OF LANDSCAPE PLANNING AND DESIGN

岳邦瑞　费　凡　等著

中国建筑工业出版社

审图号：GS 京（2024）0698 号

图书在版编目（CIP）数据

图解景观规划设计跨学科知识 = ILLUSTRATED INTERDISCIPLINARY KNOWLEDGE OF LANDSCAPE PLANNING AND DESIGN / 岳邦瑞等著. -- 北京：中国建筑工业出版社，2024.2
ISBN 978-7-112-29248-6

Ⅰ. ①图… Ⅱ. ①岳… Ⅲ. ①景观设计－图解 Ⅳ. ① TU983-64

中国国家版本馆 CIP 数据核字（2023）第 184174 号

责任编辑：张　建　黄习习
书籍设计：岳谷澳
责任校对：王　烨

图解景观规划设计跨学科知识
ILLUSTRATED INTERDISCIPLINARY KNOWLEDGE OF LANDSCAPE PLANNING AND DESIGN
岳邦瑞　费 凡　等著

*

中国建筑工业出版社出版、发行（北京海淀三里河路9号）
各地新华书店、建筑书店经销
临西县阅读时光印刷有限公司印刷

*

开本：889毫米×1194毫米 1/20 印张：18⁴/₅ 字数：455千字
2024年4月第一版　2024年4月第一次印刷
定价：**188.00** 元
ISBN 978-7-112-29248-6
（41963）

《月饼宝盒系列丛书》寄语

献给亲爱的

90后00后读者们

岳圣陶

二〇一七年六月

序　言

看到“月饼宝盒”的故事，我会心一笑。对于一个老师，尤其是一个已经品尝到“教育”与“教学”美好滋味的老师来讲，都有着一个深藏心中的“宝盒”，宝盒里装着的并不是金银财宝，而是各种各样的真、善、美，以及达致至真、至善、至美的工具和手段，琳琅满目，令人应接不暇。

《图解景观规划设计跨学科知识》就是这样一个“宝盒”。它以“空间及规划设计类基础知识”为核心，吸收消化25类不同学科的知识，描绘出一幅景观规划设计的知识图谱。它尝试将众多涉及景观规划设计的跨学科知识、方法和工具转译为景观规划设计自己的“实质性”“规范性”和“程序性”知识，凝结着岳邦瑞教授和“月饼宝盒”团队的心血、智慧和不懈的努力。

这个成果对于风景园林学科专业具有重要意义。1984年我在清华大学“建筑学”专业开始本科学习，1989年开始攻读“城市规划与设计”硕士学位，之后留校，在清华大学建筑学院“城市规划系”工作12年，2003年受两院院士吴良镛和建筑学院委托筹建清华大学建筑学院“景观学系”。从“建筑学”到“城市规划”，再到“风景园林”，我深刻体会到所需学科知识不断多样化、复合化。几乎所有宏观世界的知识在风景园林学科专业都有用武之地。相对地，如何梳理、消化、转译，最终将其熔炼成风景园林自己坚实、独特、不可替代的知识体系，是风景园林学科专业从传统走向现代所必须完成的工作、必须迈过的门槛。

我从2002年开始长时间思考这个问题，也曾尝试建构风景园林学的学科范畴和知识结构，《论“境”与“境其地”》是阶段性成果，后来由于全身心投入到更为紧迫的中国国家公园的创建之中，因此搁置了这方面的工作。但我深知这个工作的重要性、复杂性和挑战性。今天，得知岳邦瑞教授带领其团队编著的《图解景观规划设计跨学科知识》即将出版，内心感到由衷的高兴。希望读者，尤其是我们的青年学子能够打开这个“月饼宝盒”，取出并学习使用其中各式各样的“宝物”，用来营造景观规划设计的真善美之境。

杨锐

清华大学建筑学院景观学系教授、系主任
清华大学国家公园研究院院长

前　言

本书是“月饼宝盒系列丛书”的第三部。在这里，我打算首先回答读者们询问过我的一些问题：什么是“月饼宝盒”？为什么要写“月饼宝盒系列丛书”？丛书包含的4个分册之间是什么关系？回答这些问题后，我会介绍本书的内容要点并致谢。

一

关于“月饼宝盒”的由来，要追溯到很久以前了。2008年，我招收了第一届硕士研究生，并赴同济大学交流访问一年。翌年归来，15位同学在西安和平门外为我举行了盛大的接风活动，打出标语：“热烈欢迎老岳回家！月饼们贺”，“月饼”从此成为我的研究生或是拥趸者的统一称谓。2010年4月26日成立了研究生工作室，被命名为“月饼宝盒”，从此“月饼们”有了真正属于自己的家。截至2023年，月饼宝盒已历经16载，共计拥有136位硕士生和10位博士生。沐浴时光的漫漫长河，“月饼宝盒”经历了很多难忘的时刻，拥有了很多美好的故事，在茫茫天地之间始终驻守在梦想的家园。同时，“月饼宝盒”也遇到过一些意外、变化、冲突与危机，也有低谷与徘徊。经历了这一切，今天的“月饼宝盒”变得愈加成熟和丰富，同时仍然拥有青春的气息和梦想，被莘莘学子评价为“学术界的一股清流”、充满了“专业干货”并“值得拥有”。

人才培养是“月饼宝盒”存在的根本宗旨。这16年来我们曾经倡导“月饼们”要做“田鼠”（踏踏实实、给点空间就能生存），而不要做“孔雀”（花里胡哨、渴望飞翔却不断坠落），近年来我们开始号召“月饼们”要做“蚯蚓”。“蚯蚓”源自段永朝先生在2021年12月的“新人机世界：重新定义生产——第五届互联网思想者大会”上的演讲：“思想者并不是要扮演明晃晃的太阳悬在太空中，照亮所有人的前程；思想者更多的是扮演蚯蚓，他们要钻到地里，要消化和转化这个世界已经产生的思想重负”。“蚯蚓”也概括了我们团队在学界的角色定位，指出了“月饼宝盒系列丛书”的价值——我们要钻到风景园林（简称LA）学术生态系统的最底层去耕耘，像“分解者”一样，去消化和转化那些混乱的知识碎屑，为LA知识生产和人才培养提供更肥沃的土壤。

二

关于“月饼宝盒系列丛书”的缘起，则要追溯至2011年。这一年发生了很多事情，比如日本9.0级大地震造成了重大的人员伤亡和财产损失并引发了巨大的核泄漏事故，比如风景园林成为与建筑学、城乡规划并列的一级学科。于我而言，最重要的则是被赋予“地景规划与生态修复”方向学术学科带头人的角色，面向西安建筑科技大学 LA“黄埔一期”4 年级本科生，开设了“景观生态学基础”专业课，后来又面向研究生开设了“景观生态学原理及规划应用”等课程。

在后续数年的教学过程中，我发现当时常见的景观生态学原理教材有两个明显的缺点：“庞大的体系”和“艰涩的内容”，这会使大多数读者望之却步、不堪卒读！面对授课的主要对象“90 后”学生群体，我和他们开始反复研讨一个问题，即如何让课程内容变得简单。我们意识到：景观生态规划设计的真正困难之处，是如何将生态学原理中的“生态学语言”转化为规划设计的“空间化语言”，即如何将生态学原理“空间化、图示化、形象化、实用化”。当我们的目光聚焦于这一核心问题后，我们期望有一本重视“90 后”“零基础”“用户体验”的教材出现。于是，在 2015 年前后，我们正式启动了编写工作。

三

关于“月饼宝盒系列丛书”4 个分册之间的关系。今天回头看，我们旨在通过丛书建构起“月饼宝盒”自己的景观规划理论与方法体系。图书编写过程中一直存在的问题主线是“如何进行 LA 知识创新？”以及“如何进行 LA 跨学科研究？”4 个分册代表了 4 个不同的探索阶段。

《图解景观生态规划设计原理》出版于 2017 年，是“月饼宝盒”学术研究的第一代（2011~2017 年）成果，探索了“跨学科研究基本途径是什么”的问题。该阶段的研究工作是围绕着“如何将生态学知识转译为空间规划设计知识”展开的，最终提出了将生态学知识引入空间规划的 TPC（Theory–Pattern–Case）研究途径。全书共 32 个小专题，涵盖了 7 个层次生态学、24 条经典原理、31 个应用案例、240 个专业术语和 300 多张专业图解。

《图解景观生态规划设计手法》出版于 2020 年，是第二代（2017~2020 年）研究成果，探索了“跨学科研究的关键与难点是什么”的问题。该阶段重点围绕“如何打开实践案例背后的‘空间机制’，即空间变量（格局）到目标变量（功能）之间的因果逻辑黑箱”，进而提出了空间机制的两种类型——因果映射关系与因果链条关系，形成 TCM（Theory–Case–Manner）的研究与写作框架。全书共 29 个小专题，涵盖了 21 类生态实践项目、300 多个案例解析、700 余组手法图谱和 400 余幅框图、表格，成为一部景观生态规划设计的“成语词典”。

《图解景观规划设计跨学科知识》是我们的第三代（2020~2023 年）研究成果，着重回答了“跨多个学科的知识转译方法——如何将多学科知识转译为三大类型的景观规划设计知识”。通过整合第一代和第二代研究并进一步扩展，我们将之前跨单一学科（生态学）转译扩展到跨 25 个学科，将之前着重空间机制揭示的“实质性知识”转译，扩展到景观规划设计的“实质性知识”“规范性知识”和“程序性知识”3类知识转译（参见本书01讲）。

《图解景观生态规划设计读本》是丛书最后一部，计划于2026年出版，它会将全球景观生态规划设计大师的著作共70余部，最本真地呈现给大家。现在看到的外文书籍门槛很高，没有导读就很难理解到位。我们希望回到经典的源头，把景观生态规划设计的发展脉络梳理清晰，把很多好的思想显发出来，启发读者体悟书中所蕴含的智慧。

四

《图解景观规划设计跨学科知识》自2020年1月21日开始编写目录，至今已近4年。其间经历了3年疫情，对书籍内容有过7次大的改动。从2020年设想的围绕生态学、地理学和环境科学与工程等自然科学门类为研究范围，到2021年又加入社会科学与人文科学门类，从而形成“地球及环境类知识”“生物及农林类知识”“社会及人文类知识”“思维、管理与技术类知识”四大板块；2022年，我们开始强调回归LA的“学科内核结构”，增加了LA“知识体系”“景观空间”“景观设计”“景观规划”“景观工程”等专题研究；最终在2023年，形成了以“学科内核知识”+“外入学科知识”的风景园林知识体系，编写完成本书的内容体系。

本书共包含七大部分、33个小专题，建议读者首先阅读本书目录。第一部分是“基础知识：景观规划设计中的跨学科知识”，涉及历史梳理、知识体系两讲，其中02讲是理解本书写作体系的关键。本讲提出了“4个层次的学科内核知识+25个外入学科知识”的LA知识体系构成（见02讲图7~图11），并借此提出了“LA的五大基本命题”。第二部分是“学科内核：空间及规划设计类知识”，涉及景观空间、景观设计、景观规划、景观工程4讲。第三部分到第六部分介绍了LA外入的跨学科门类，包括“地球及环境类知识”“生物及农林类知识”“社会及人文类知识”“思维、管理与技术类知识”，涉及25个跨学科门类。第七部分是“案例分析：多学科知识整合应用”，涉及一个建成的设计案例和一个完成的规划案例。

本书的目标是“建立LA为体，多学科为用，体用不二、体用一致的LA大知识体系”。基于此定位，最终形成由“LA学科内核知识”＋“LA外入学科知识”两部分构成的知识体系，并尝试通过汲取跨学科知识来拓展LA的知识域，最终落脚在景观规划与景观设计的多学科知识体系建构上。这种LA主导下的跨学科研究具备如下3个特点：①因借而非交叉。强调必需立足于LA学科的自身角度，对相关学科知识采取“巧于因借”的态度，通过“直接拿来”抑或“化合作用”，使之成为LA自身可用的知识；但不过多探讨这些学科之间的相互作用关系，以及LA与这些学科的交叉过程。②多元而非单一。

涉猎与吸收尽可能多的、相关的所有学科，要从这些学科中筛选可被 LA 应用的知识点、知识单元与知识体系等。③原理而非方法。注重对相关学科中基本概念、底层思维及原理性知识的获取，限于篇幅，不过多深入探讨相关学科研究方法论及其借用。

用户体验是本套丛书写作贯穿始终的核心宗旨。我们刻意贴近“90 后”“00 后”读者的阅读习惯、内容偏好，舍弃理论著作的庞大臃肿、严肃刻板，在内容与形式上坚持“三化”：①专题化——我们采用“扁平化”的系列小专题写作方式，每个专题的篇幅大约为 10 页，文字与图表篇幅占比约为 1 ∶ 1，每个专题的阅读约 30 分钟，专题之间相互独立，读者可以随时随地轻松阅读；②图解化——突破单一版面，引入跨页大图，弹性利用版面，充分利用彩图，寻找学术表达的朴素性、严谨性、简洁性与读者需要的可读性、趣味性、丰富性的平衡点；③索引化——我们期望本书能够成为 LA 的“百度小百科”，尽可能涵盖与 LA 相关的所有学科，每个学科涉及数十个基本概念、知识点、知识单元；通过我们的工作将 LA 可应用的知识点体系化、图谱化，帮助读者追踪、理解及应用相关知识，并为其进一步深入学习相关学科知识提供入门索引。

五

特别感谢“月饼宝盒”2018 级博士费凡，作为本书的第二作者和研究组长，带领各级研究生完成了图书撰写的所有重要工作，为“月饼宝盒”的“品质学术”工作打下了半壁江山。感谢 2019 级硕士研究生胡根柱、刘彬、李思良、唐崇铭、王佳楠、颜雨晗，他们承担的专题初撰工作为本书打下了坚实的研究基础。感谢博士研究生兰泽青、王敬儒、潘卫涛、钱芝弘、王蓓、丁禹元，2020 级硕士研究生姚龙杰、朱宗斌、李博轩、吴淑娜、席愉、赵安琪、朱明页、陆惟仪，2021 级硕士研究生司耕硕、雷雅茹、董清榕、王梦琦、吴烨乔、王玉、赵素君、高李度，以及武毅、魏萍、杜喆三位老师，他们完成了大部分的专题研究、图解深化与排版定稿工作。非常感谢 2022 级硕士研究生李馨宇、彭佳新、胡丰、王晨茜、宋逸霏、贾祺斐、戴雯菁，他们完成了所有专题的审核修改和提升定稿工作。在每个专题的结尾，读者能够看到他们的具体贡献和个人风采。

特别感谢清华大学杨锐教授在百忙之中为本书作序，并叮嘱笔者认真对待跨学科研究中一些基本问题。自 2003 年进入风景园林行业起，我一直视杨锐教授为风景园林学科的良心教授，我从他身上学到了太多治学与育人之道。在本书完稿及付梓之际，感谢中国建筑出版传媒有限公司的张建、黄习习两位编辑的辛苦工作。最后，还要特别感谢我的儿子岳谷澳为本书设计的精美封面，以及妻子谷婷女士在经济上给予的支持！

本书借鉴了大量的国内外学术文献及实践案例，我们在各讲的参考文献中均尽可能予以注明。对本书涉及的大量跨学科知识，我们在撰写过程中反复查阅、核对该学科的经典教材、权威著作，并请相关专业的研究者进行过审阅，但仍难免挂一漏万。若发现书中存在涉及版权或术语、理论等方面的问题，请不吝赐教并与笔者本人联系，我们会及时修正，在此一并致谢。

最后，我还要向所有参与“月饼宝盒系列丛书”撰写工作的广大“月饼们”致歉！在长达10年的研究历程中，团队越写越穷、越来越无法给予大家足够的薪酬来兑付你们的劳作与心血。请大家将来一定不要学我，板凳一坐十年冷，到头来只怕是要被社会和学术界淘汰掉了！走出“月饼宝盒”后，期望你们能够飞黄腾达，追求更切合实际、更富实效的梦想！

2023年10月22日
于古城西安

目　录

第五部分 纵向外入学科Ⅲ：社会及人文类知识

第六部分 横向外入学科：思维、管理与技术类知识

第七部分 案例分析：多学科知识整合应用

历史梳理 01讲

多学科知识介入LA的历程

风景园林学（Landscape Architecture, LA）发展至今，始终肩负着“从空间上实现人与自然持续性的和谐与平衡”的学科使命。回顾历史，从城市公园阶段注重的大众游赏，到新艺术运动阶段强调的个性回归，再到生态主义景观阶段强调的生态复兴，现实诉求的持续迭代始终是学科发展的重要驱动力。这要求LA必须从多学科中不断汲取养分与能量，以应对纷繁复杂的“抗解问题”（Wicked Problems）。展望未来，LA若要生长为参天大树并结出累累硕果，必须依赖对学科本体与他山之石之间作用关系的理性追问，以避免在信息爆炸时代的知识交叉中迷失自我。那么，LA究竟需要怎样的多学科知识？本讲希望以史为鉴，察往知来……

“知识”的含义

对知识内涵与本质的探究，一直是科学与哲学领域的重要话题。从词源学的角度看，知识（knowledge）的词根是 know，意为“通晓”“了解”“知道”，在拉丁语中则称 scientia，是现代英语中科学（science）一词的词源。因此，可将“知识”大体分为广义和狭义两个层面去理解：广义的知识包括人类以各种方式认识和揭示自然与社会现象及规律所获得的成果；狭义的知识则特指科学知识，即人们以科学研究的方法从自然及社会现象中获知的系统化知识体系（申仲英 等，1994）。从哲学分支中“知识论”（epistemology）的角度看，知识的经典定义是“经过了证实的真的信念”（justified true belief），即“知识”应同时满足 3 个条件：信念的条件、真的条件和证实的条件（陈嘉明，2003）。在上述对知识本质的认识基础上，过往学者从多个角度探索了知识的分类（表 1）。据此，笔者将本书所讨论的“知识”聚焦于狭义的“科学知识”，特指自然与社会学科中被“证实为真的信念”。

表 1 知识的分类（周险峰，2016）

分类角度	分类来源	分类结果
研究内容	现代图书馆资料分类法	①自然知识；②社会知识；③人文知识
知识属性	马克卢普（F.Machlup）	①实用知识；②学术知识；③闲谈与消遣知识；④精神知识；⑤不需要的知识
知识形态	波兰尼（M.Polanyi）	①显性知识（可传播知识）；②隐性知识（默会知识）
	谢佛勒（I.Scheffler）	①事实性知识；②规范性知识；③技能知识；④领会欣赏知识
	经济合作与发展组织（OECD）	①事实性知识（Know-What）；②原理知识（Know-Why）；③技能知识（Know-How）；④人力知识（Know-Who）
认知心理	安德森（J.R.Andersen）	①陈述性知识、程序性知识；②事实性知识、理念性知识、程序性知识、元认知知识

在 LA 的学科语境下，从知识应用的角度考虑，笔者认为其涉及的知识主要包含 3 类：①事实性知识（factual knowledge）回答“景观空间是什么”，用于描述景观空间作为实践对象的客观特征与规律，表征为围绕景观形成与演变的一系列科学原理，如洪水脉冲、土壤侵蚀等“求真”的理论；②规范性知识（normative knowledge）回答“什么是理想的景观空间”，是为景观空间改变提前作出的“价值判准”，表征为特定伦理基点下期望规划设计达成的理想愿景及目标准则，如生态审美、空间正义等“求善”的理念；③程序性知识（procedural knowledge）回答“景观实践如何进行”，是景观规划设计的方法论和技术工具，旨在通过应用“景观的知识去实现理想的目的”，是链接事实性知识与规范性知识的桥梁，表征为基于“条件—行动”的一系列分析框架、操作程序与技术路线等，如鲁兹卡的景观生态规划理论和方法体系（LANDEP）及卡尔·斯坦尼茨为景观规划设计教学制订的 6 步骤框架模型（图 1）。

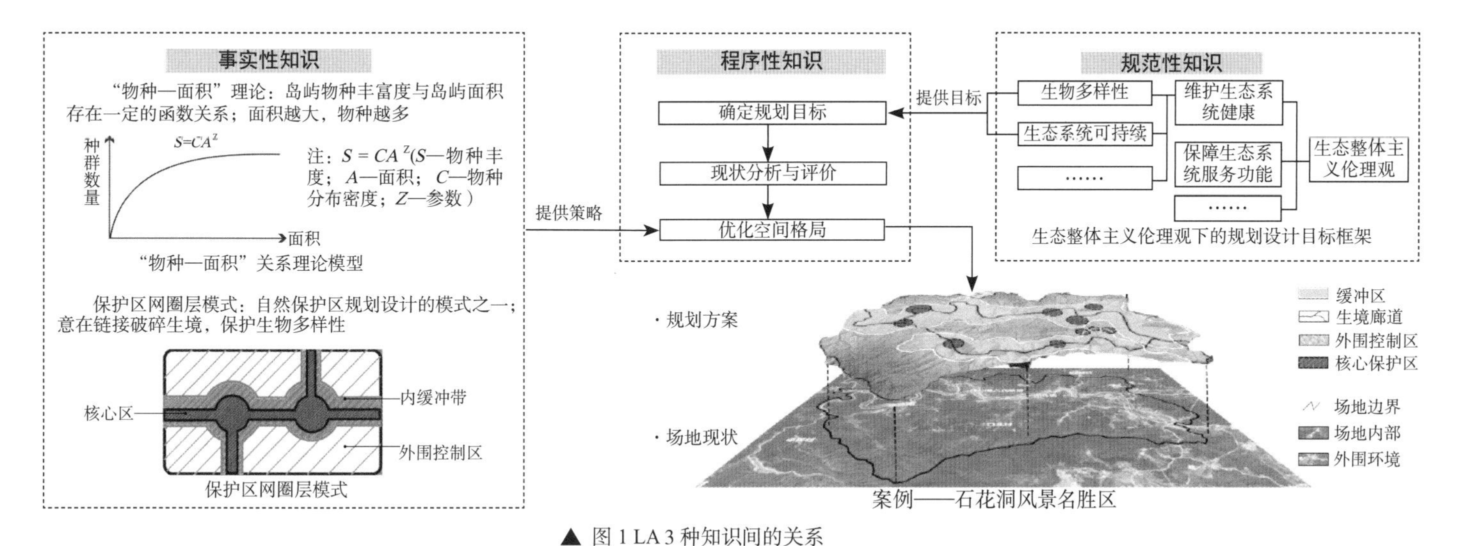

▲ 图 1 LA 3 种知识间的关系

■"学科"与"跨学科""多学科"

"学科"（discipline）与知识紧密联系、一脉相承。人类的活动产生经验，经验的积累和消化形成认识，认识通过思考、归纳、理解、抽象上升为知识，知识经过运用并得到验证后，进一步发展至科学层面，形成知识体系，处于不断发展和演进过程中的知识体系根据某些共性特征被划分而成学科（《学科分类与代码》GB/T 13745—2009）。从知识论的角度看，学科本质上就是分门别类的知识体系。学科划分起着目录性及范型性的指导作用。随着知识划分的目的和标准的变化，同一个知识单位在不同的划分体系中，可能处于不同的类型和层级（谢桂华，2011）。目前，在广为流行的自然科学、社会科学、人文科学的三分框架基础上，我国主流的学科分类体系主要有 3 种（表 2），其中"国家标准"是最具影响力的体系，而"学科目录"则在高等教育工作的实际组织过程中发挥着重要作用。因此，笔者将"学科目录"作为本书开展学科划分的主要参考依据。

表 2 中国学科分类体系一览表

名 称	分类目的	分类结果	大门类 / 部类
《学科分类与代码》GB/T 13745—2009	直接为科技政策和科技发展规划以及科研项目、科研成果统计和管理服务	5 个学科门类，62 个一级学科，676 个二级学科，2328 个三级学科	①自然科学；②农业科学；③医药科学；④工程与技术科学；⑤人文与社会科学
《学位授予和人才培养学科目录》（2018 年 4 月更新）	学士、硕士、博士的学位授予与人才培养，以及学科建设和教育统计分类等工作	13 个学科门类，110 个一级学科，不明确规定二级学科	①哲学；②经济学；③法学；④教育学；⑤文学；⑥历史学；⑦理学；⑧工学；⑨农学；⑩医学；⑪军事学；⑫管理学；⑬艺术学
《中国图书馆分类法》（第五版）	分类图书的工具	5 大部类，22 个基本部类	①马克思列宁主义、毛泽东思想；②哲学；③社会科学；④自然科学；⑤综合

"多学科"（multidisciplinary）是"跨学科科学"（interdisciplinary science）研究中的一种类型（图 2）。"跨学科"（interdisciplinary）一词是指在现代科技发展中普遍存在的不同学科、不同领域之间广泛相互作用、交叉渗透的现象，也包括在此基础上

单一学科：
单独专业化

多学科：
不存在合作

跨学科：
整个系统多级协作

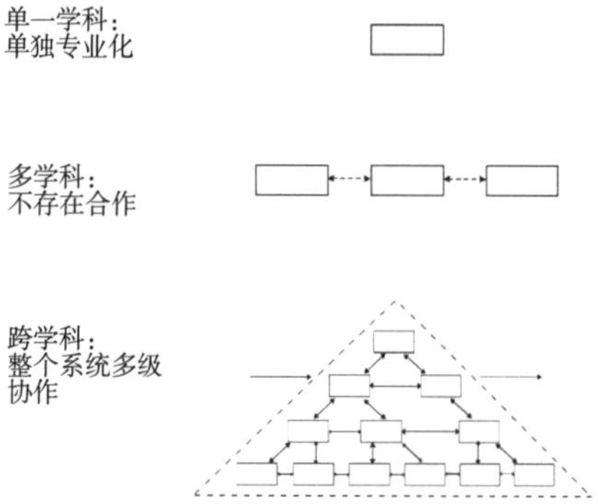

▲ 图 2 学科内和跨学科组织理论等级模型

形成的新兴交叉学科群体（刘仲林，1993），其基本含义是打破学科壁垒，把不同学科的理论或方法有机地融为一体的研究或教育活动。在 20 世纪 70 年代形成的“跨学科学”，主要研究不同学科相互交叉渗透的规律和方法，这一新学科适应经济、社会、科学、教育综合协调发展的需要，具有重要的理论与现实意义。在此背景下，跨学科是对那些处于典型学科之间的问题的一种研究，其引申义指由不同学科交叉渗透形成的各种新学科的统称，即“交叉科学”（cross science）。“跨学科学”详细区分了学科之间的各种复杂关系，形成多种分类（表 3）。让・皮亚杰（J. Piaget）对“多学科”进行了分析界定，即解决问题过程中，在不改变所应用学科内容的前提下，从两门以上学科领域中获取知识，但不涉及实际上的学科相互作用。

表 3 “跨学科学”的学科分类（刘仲林，1993）

分类角度	分类来源	分类结果
经验与事实	海因茨・黑克豪森 (H.Heckhausen)	①任意跨学科（各种混散的跨学科初级类型）；②伪跨学科（把使用相同分析工具的有关学科看成跨学科）； ③辅助型跨学科（一门学科利用和借鉴另一门学科的成果或方法发展自己）；④综合型跨学科（围绕复杂现实问题开展的多学科综合研究）； ⑤增补型跨学科（学科在各自题材、对象之间形成补充性的部分重合）；⑥合一型跨学科（两门学科由于达到一体化水平而结合成新学科）
形式和结构	马克斯・H. 布瓦索 （M.H.Boisot）	①线性跨学科（一门学科的定律被移植应用于另一门学科）； ②结构性跨学科（两门以上学科相互作用产生一批新原理，并构成一门全新学科的基本结构）； ③约束性跨学科（要完成复杂任务需多学科合作，每一门学科应用都受到其他学科要求的约束和限制）
系统和整体	埃里克・詹奇 （E.Jantsch）	①多学科（同时提供多种学科，但它们之间关系不明）；②群学科（同一层次并列的各种学科，有合作但不强调协调）； ③横学科（在同一层次上一个学科的原理并加于另一学科）；④跨学科（两个层次，多目的，从高层次上协调）； ⑤超学科（多层次，多目的，趋于共同的目的协调）
认识论和科学结构	让・皮亚杰（J.Piaget）	①多学科（低层次互动，在解决问题过程中，在不改变所应用学科内容的前提下，从两门以上学科领域中获取知识，但不涉及实际上的学科之间的相互作用）； ②跨学科（中层次互动，各学科间的合作或同学科中各分支间的合作，导致了密切的相互作用和对各方都有益处的相互交流）； ③超学科（高层次互动，不仅包括专门研究项目之间的互动补充，而且还将这些关系全部置于一个已经不存在固定学科界限的系统之中）

■ LA 中的“多学科知识”

LA 在国内对应“风景园林学”（等同于本书的“景观规划设计”，简称 LA），其学科使命在于“从空间上实现人与自然持续性的和谐与平衡”，具备如下 5 个特点：①它的研究对象是多尺度的景观空间，具备生态、人文、经济等多重属性；②它的研究目标是“协调人与自然关系”，兼具自然守护者和人居建设者的双重视角；③它的服务对象是全体公民；④它的核心方法论是从认识世界到改造世界的规划设计活动；⑤它所涵盖的实践内容甚广，从大尺度的资源利用、城乡建设，到中尺度的景区规划，再到小尺度的住区、花园设计等。鉴于研究对象和解决问题的复杂性，LA 注定需要不断从其他学科中汲取知识养分，以应对时代发展提出的多元诉求，因此 LA 具备显著的多学科乃至跨学科的特征。

厘清 LA 自身与相邻交叉多学科知识间的主从关系是学科发展的立足之本。笔者提出“以 LA 为体，以多学科为用”（即 LA 与其他学科的“体用关系”）的基本思想，为本讲的讨论提供了较为明晰的思路；即以 LA 的哲学、科学、方法与技术为内核，基于本学科主导视角，依据现实问题灵活牵引多学科知识介入，并最终促成本体知识的创新性生产。因此，LA 中的多学科知识应具备如下 3 个特点：①因借而非交叉，强调从相关学科汲取营养，并将之转化为 LA 自身可用的知识，但不探讨脱离 LA 本体的交叉学科与交叉知识生产；②多元而非单一，涉猎与吸收尽可能多的学科知识，并从中筛选、凝练可被 LA 从业者灵活运用的知识点、知识单元与知识体系等；③原理而非方法，注重对相关学科中实证性、原理性知识的获取，而不涉及相关学科研究视野与研究方法的借用。

HISTORY 多学科知识介入 LA 的既往探索

多学科知识介入 LA 的历程概述

不同学科知识介入 LA 的先后、主次，本质上取决于那个时代的主要现实诉求。笔者将多学科知识介入 LA 的历程划分为城市公园、新艺术运动、现代主义景观、生态主义景观及多元化发展 5 个阶段，以厘清其中涉及的主要学科知识（表 4）。

表 4 多学科知识介入 LA 的历程梳理

阶段	面临问题——介入学科									代表人物	关键事件 / 案例	阶段特点
	城市环境	社会效益	游赏功能	人类健康	艺术表达	大众行为	经济效益	文化传承与表达	生境修复与生物保护			
城市公园阶段（17~18 世纪）	水文学、植物学、地质学、地貌学、动物学、伦理学、气候学、地理学	社会学	艺术与美学	公共卫生学		认知心理学与思维科学、管理学、制图学				安德鲁·杰克逊唐宁	《园艺家》杂志	吸收地球及环境类知识，以解决城市环境问题
										奥姆斯特德	纽约中央公园	
										查尔斯·埃利奥特	波士顿公园体系规划	
										卡尔弗特·沃克斯	公园道（parkway）	
新艺术运动阶段（19~20 世纪）					艺术与美学					安东尼·高迪	奎尔公园（又称古埃尔公园）	吸收社会及人文类知识，以解决艺术表达问题
										古埃瑞克安	光与水的花园	
										弗莱彻·斯蒂里	瑙姆科吉庄园中的平台花园	
现代主义景观阶段（20 世纪初 ~20 世纪 60 年代）		政治学				环境行为学、园艺学	经济学	艺术学与美学		詹姆斯·罗斯	私家庭院和小花园	吸收社会及人文类知识，以解决大众行为问题
										盖瑞特·埃克博	门罗公园	
										丹·凯利	米勒花园	
										杰弗里·杰里科	莎顿庄园	
										克里斯托弗·唐纳德	《现代景观中的园林》	
										托马斯·丘奇	唐纳花园	
										劳伦斯·哈普林	伊拉·凯勒水景广场	
										佐佐木英夫	从景观设计到城市设计	
生态主义景观阶段（20 世纪 60~80 年代）	景观生态学、土壤学								景观生态学、林学、计算机科学与技术	菲利普·列维斯	威斯康星州廊道、恩巴拉斯河流域研究	吸收生物及农林类知识，以解决生境修复与生物保护问题
										乔治·安格斯·希尔	加拿大安大略省规划	
										麦克哈格	《设计结合自然》	
										理查德·T.T. 福曼	《土地镶嵌体：景观与区域生态学》	
										斯坦纳	《生命的景观——景观规划的生态学途径》	
										约翰·O. 西蒙兹	《景观设计学——场地规划与设计手册》	
										卡尔·斯坦尼茨	《地理设计框架》	
多元化发展阶段（20 世纪 80 年代至今）								人类学、历史学		彼得·沃克	唐纳喷泉	LA 为面对未来的复杂性，不再单纯吸收多学科知识，而是结合过往知识，创造跨学科知识
										彼得·拉茨	德国北杜伊斯堡景观公园及其最小干预原则	
										乔治·哈格里夫斯	美国加州拜斯比公园	
										詹姆斯·科纳	纽约市弗莱士河公园设计	
										孙筱祥	诸葛亮草庐、杭州花港观鱼公园设计	
										俞孔坚	景观安全格局分析、“反规划”理论和方法	

■ 代表人物

自19世纪末开始，风景园林师开始运用多学科知识，以解决城市环境的诸多问题。奥姆斯特德规划设计的波士顿公园体系运用多学科知识划定了后湾沼泽和城市发展的边界，科学有效地控制城市的不规则发展（易辉，2018）。20世纪60年代，由麦克哈格规划的纽约斯塔滕岛项目对气候、水文、土壤、植物等作出系统评价，识别土地利用的内在适合度（麦克哈格，2006）。斯坦纳更进一步收集地质、地貌、气候等生态因子，并采用二元关系法分析每两个生态因子的相互作用，指导适宜性评价。21世纪，俞孔坚通过对国土尺度上关键自然过程的系统分析，以景观生态学、水文学、生态系统服务、景观安全格局等理论为指导，综合考虑自然过程、生物过程等，统筹建立综合国土生态安全格局（俞孔坚 等，2012）（图3）。

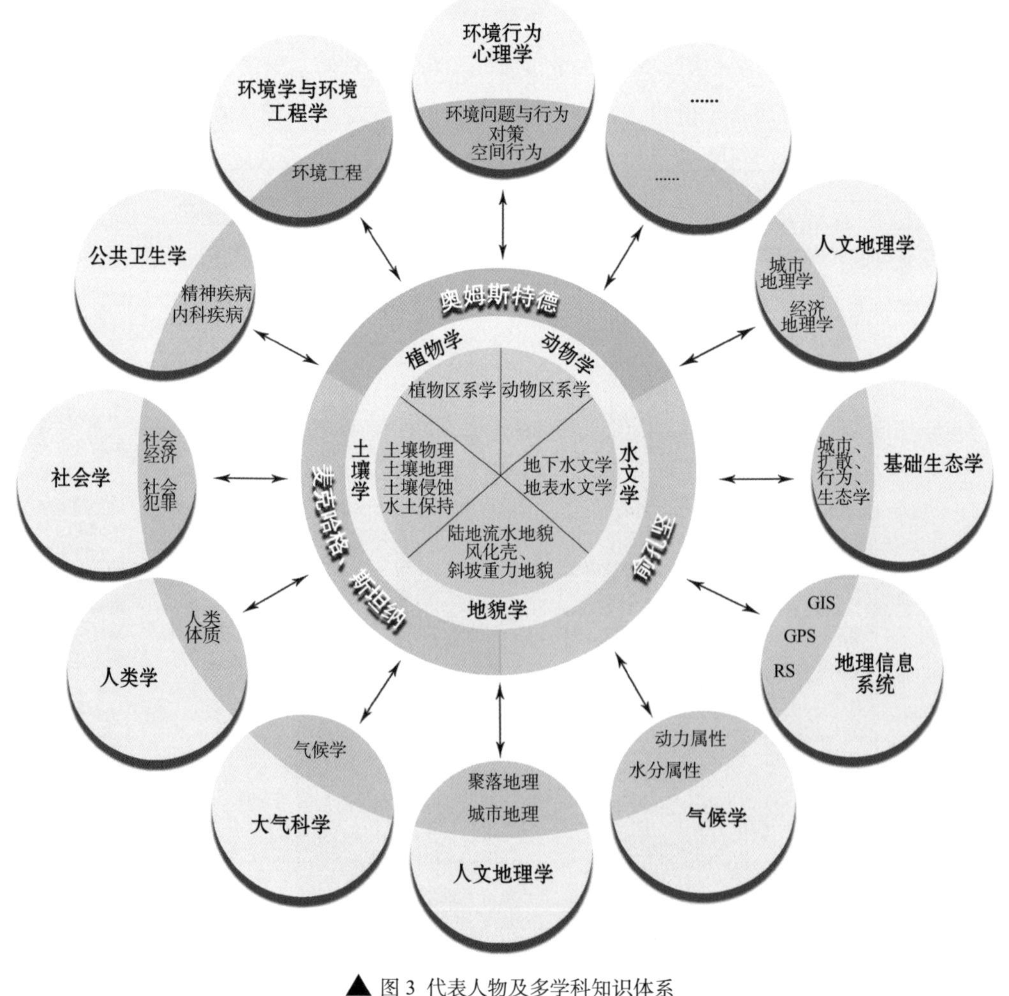

▲ 图3 代表人物及多学科知识体系

■ LA 中的多学科知识总结

笔者通过历史梳理，对 LA 中涉及的多学科知识进行提炼总结，并结合我国国家标准及学科目录中学科分类的实际称谓，以此作为本书第三至六部分的划分依据（表 5）。

表 5 LA 多学科知识体系

学科门类	学科	知识组群	知识点
地球及环境类知识	气候学	太阳辐射相关知识	透射 / 遮挡 / 聚热效应 / 漫反射
		风相关知识	风速梯度 / 盛行风向 / 水陆风 / 山谷风 / 林原风 / 城市风 / 狭管效应 / 风影效应 / 烟囱效应
		温湿度相关知识	霜洞效应 / 绿洲效应 / 热源热汇作用
	地质学	地质灾害识别与避让类知识	崩滑流 / 地震 / 地裂缝
		地质灾害识别与治理类知识	地面沉降 / 水土流失 / 盐碱化 / 海岸侵蚀 / 海水入侵
	地貌学	风景地貌资源知识	喀斯特地貌 / 丹霞地貌 / 黄土地貌
		城市人工地貌知识	坡面稳定 / 防灾减灾 / 侵蚀与堆积作用 / 结构骨架 / 导流汇水 / 坡向分异
	水文学	径流过程	流量 / 流速 / 水位 / 水质 / 泥沙 / 水温
		下渗过程	下渗率 / 下渗能力 / 影响下渗的因素
		综合要素知识	径流系数 / 洪峰流量 / 地下水补给 / 洪水脉冲 / 河道流速分布 / 产汇流 / 自然水流范式 / 近岸保持力
	土壤学	土壤侵蚀知识	风力侵蚀 / 水力侵蚀 / 重力侵蚀 / 土壤抗蚀性
		土壤肥力知识	土壤水分 / 土壤温度 / 土壤空气 / 土壤养分
	地理学	自然区域相关知识	地域分异 / 微域分异 / 坡向分异 / 土地适宜性 / 结构与功能的整体性 / 土地相邻性 / 垂直分异
		乡村区域相关知识	土地演替 / 垂直分异 / 文化黏着性
		城市区域相关知识	增长极理论 / 点轴理论 / 核心边缘理论 / 中心地理论 / 卫星城理论 / 有机疏散理论 / 同心环模式
	环境科学与工程	环境科学	环境地学 / 环境生物学 / 环境化学 / 环境物理学
		环境工程	水体污染控制 / 生活用水供给 / 大气污染控制 / 固体废物处置 / 噪声污染控制
生物及农林类知识	植物学	植物生态学	植物群落动态演替 / 植物种群种间竞争 / 植物个体生境修复
	动物学	保护区自然资本评估	栖息地选择理论 / 栖息地适宜度评价理论
		保护区布局与分区设计	复合种群理论 / 岛屿生物地理学理论 / 种群生存力分析理论 / 最小生存种群理论 / 领域最适生境
	生态学	生境恢复知识	阈值理论 / 多样性原理 / 干扰理论 / 个体适应 / 食物链原理 / 种群密度制约 / 生态位原理 / 生态演替
	景观生态学	斑块—廊道—基质构型	斑块大小 / 斑块形状 / 内缘比 / 斑块数量 / 连接度 / 环度与曲度 / 宽度效应 / 基质连接度 / 边界形状
		廊道—网络构型	生态源地 / 踏脚石 / 通道功能 / 屏障 / 过滤功能 / 连接度 / 孔隙度 / 网络节点
	林学与园艺学	人工林培育与保护	自然稀疏 / 林木分化 / 混交度 / 郁闭度 / 角尺度 / 开敞度 / 林层指数
		农业种植园知识	轮作 / 套作 / 混作 / 间作
社会及人文类知识	社会学	社会学研究方法	社会观察法（实地调研法）/ 访谈法 / 问卷法 / 社会实验法 / 全面调查法 / 抽样调查法 / 案例调查法
		社会学基本理论	社会空间分异原理 / 时空制约理论 / 空间生产理论 / 社会—空间辩证法理论 / “城市经理人”理论
	政治学	空间政治经济学	社会空间观 / 空间生产 / 空间权力批判 / 空间正义 / 尺度重构
	经济学	城市经济学	区位理论 / 地租理论 / 土地市场理论 / 比较优势理论 / 需求弹性理论
	人类学	景观文化意义	场所—空间理论 / 田野调查知识
	历史学	历史考据	历史文献调查 / 历史考察 / 实地田野勘察
		历史分析	历史计量分析法 / 定性分析法 / 历史比较分析法 / 历史系统分析法
		历史解释	目的论解释模式 / 因果解释模式 / 叙述即解释模式 / 社会科学解释模式
	伦理学	风景园林价值观	艺术价值观 / 社会价值观 / 生态价值观
	美学	风景园林美学	中国古典美学 / 西方古典主义美学 / 现代美学 / 环境美学 / 生态美学
	环境心理与行为学	环境认知知识	认知距离 / 认知易识别性
		环境行为知识	拥挤 / 整体连贯性 / 噪声 / 个人空间 / 空气污染 / 私密性 / 行为场景理论
		环境评价知识	描述 / 满意 / 情绪 / 喜爱
		用后评价方法知识	访谈法 / 调查问卷法 / 行为观察法 / 相关量表法
	公共卫生与预防医学	大气环境	气溶胶颗粒物污染 / 大气微气候污染
		水环境	需氧有机物污染
		居住环境	热岛效应 / 植物性疫源污染 / 动物性疫源污染
思维、管理与技术类知识	思维科学	信息加工心理学	编码 / 操作 / 产生
	管理学	风景园林管理	风景园林管理领域 / 风景园林管理层次 / 风景园林管理过程
	制图学	景观制图	投影图制图原理 / 分析图制图原理
	计算机科学与技术	数字景观技术	设计分析 / 计算机生成与参数化设计 / 设计评价 / 计算机辅助制图 / 表达媒介与信息管理

■ 参考文献

陈嘉明，2003. 当代知识论：概念、背景与现状 [J]. 哲学研究，49（5）：89-95.

刘仲林，1993. 当代跨学科学及其进展 [J]. 自然辩证法研究，9（1）：37-42.

麦克哈格，2006. 设计结合自然 [M]. 芮经纬，译 . 天津：天津大学出版社 .

申仲英，肖子健，1994. 自然辩证法新论 [M]. 西安：陕西人民出版社 .

谢桂华，2011. 高等学校学科建设论 [M]. 北京：高等教育出版社 .

易辉，2018. 波士顿公园绿道 : 散落都市的“翡翠项链”[J]. 人类居住，27（1）：18-21.

俞孔坚，李迪华，李海龙，乔青，2012. 国土生态安全格局：再造秀美山川的空间战略 [M]. 北京：中国建筑工业出版社 .

周险峰，2016. 教育基本理论问题研究： 回顾与反思 [M]. 武汉：华中科技大学出版社 .

■ 思想碰撞

本书强调基于“LA 为体、多学科为用”的思想，处理学科本体与他山之石的关系。但从知识生产模式的角度看，这似乎只是一种低层次的学科互动。譬如，已有学者认为“地景规划与生态修复”（Landscape Planning）就并不独属于 LA，而是多个传统学科相互拓展与交叉的跨学科领域。那么，倘若 LA 的其他二级学科方向也因循这一路径，追求所谓“跨学科”乃至“超学科”的发展方向，LA 的本体将所剩无几，到那时我们探讨 LA 的学科内核与范式是否还有意义呢?

■ 专题编者

岳邦瑞

费凡

王晨茜

贾祺斐

胡丰

彭佳新

李馨宇

知识体系 02讲

LA 跨学科知识的整合方式

某主持人刚进央视时，老师给她上了非常有价值的一课。老师“啪”地将一盒烟拍到桌子上，问主持人：“这是什么？”主持人回答：“烟”。老师接着说道：“但我把它放在不同的人面前，不同的人会有迥异的答案。放在医学家面前，他会写：含尼古丁，吸烟的人肺癌发病率是不吸烟人的 10 倍……放在经济学家面前，他会写：烟草公司是国家税收大户，烟草走私对经济的影响……放在设计师面前，他会写：包装色彩、标识、个性创意……”然后，老师问：“你具体会怎么描述？”主持人一下蒙了。老师问：“你有自己看待世界的坐标系吗？”本讲首先尝试确立 LA 的认知坐标系，进而讨论 LA 的知识性质和知识生产方式，最终建立 LA 的跨学科知识整合体系。

COGNITIVE COORDINATE SYSTEM
LA 的认知坐标系

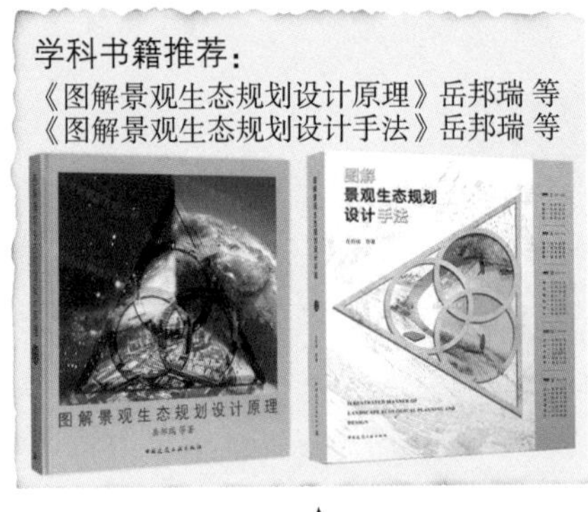

学科独立存在的前提是明确建立起自身独特的认知体系。所谓“LA 认知坐标系”，是建立学科看待与对待世界的独特参照系统，是关于 LA 的哲学层次、“形而上”问题的追问，也就是 LA 的认知原点（学科使命）、本体论维度（研究对象）、认识论维度（学科内涵）和方法论维度（研究与实践领域及方法论）的追问和确立（图 1）。本部分的讨论能够帮助大家确立 LA 知识体系中最底层最内核的内容。

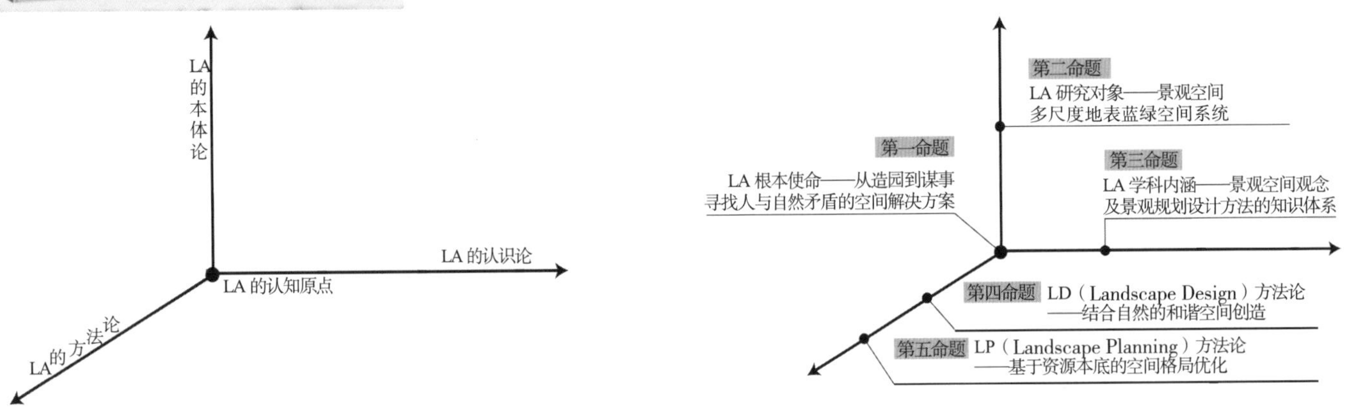

a. LA 的认知坐标系

b. LA 的命题体系

▲图 1 LA 的认知坐标系与命题体系

LA 的认知原点

LA 认知坐标系的确立，首先要明确 LA 的认知原点，也就是 LA 为什么存在，即 LA 的根本使命是什么。其答案基本上是明确的：“景观设计师的终身目标和工作就是帮助人类，……同生活的地球和谐相处”（俞孔坚 等，1999）；“风景园林学科以协调人与自然之间的关系为根本使命，以保护和营造高品质的空间景观环境为基本任务”（李雄，2020）；“人工建造与自然之间的持续和谐与平衡”（王向荣，2021）；“人与自然和谐共生”（王方邑 等，2022），以及“天人合一”等。借此讨论，笔者提出 LA 的第一命题。

【第一命题】LA 根本使命——从造园到谋事，寻找人与自然矛盾的空间解决方案

本命题突出了风景园林的工程学科属性和根本使命，阐明了“人与自然矛盾”在引领学科发展中的“问题导向性”，限定了风景园林研究与实践的“问题域”（人与自然矛盾）和“应答域”（空间解决方案）；进一步强调要跳出狭隘的“造园”思维，扬弃传统的着重美学形式及物质层面上的“造景”与“营造”观念，代之以关注人与自然矛盾问题解决的“解题”与“谋事”思维，强调围绕“景观空间”的保护、规划、设计、建设、管理等环节，开出一系列的“空间药方”，以实现人与自然和谐共生的目标。当然，究竟怎样才算“和谐”“协调”“平衡”“合一”？人与自然之间一定不能存在“冲突”“混乱”“失衡”“分隔”吗？“天人合一”的边界和限度在哪儿？这些问题还有待进一步讨论。

■ LA 的本体论维度

这一认知的维度旨在回答 LA 眼中所见的“世界本源”或“存在者”是什么，即 LA 的研究对象是什么？这一问题的相关答案包括风景、园林、景观、土地、境、场所、环境等。笔者认为景观空间才是统一的研究对象，其他答案都可以被视为景观空间的各种具体存在形态，如“境”是“一个提供综合感觉的空间”（王绍增，2014），而“景观”则可被视为“地表空间”（王向荣，2021；岳邦瑞 等，2017）。此外，LA 学科的研究对象存在 4 个标准。①独特性：研究对象清晰明确且是本学科独有的；②概括性：能反映学科的主要观点和思维方式，是学科结构的骨架和主干部分；③普遍性：能统摄或包含大量的学科知识，具有普遍性和广泛的解释力；④可操作性：能提供理解知识、研究和解决问题的思想方法或关键工具，可运用于新的情境。经由上述标准的辨析和筛选（表 1），笔者提出 LA 的第二命题，并撰写了本书 03 讲的内容。

表 1 LA 学科研究对象的辨析与筛选

	风景	园林	景观	土地	境	场所	环境	景观空间
独特性	√	√	与地理学等学科概念混淆		√	√	与环境科学研究对象混淆	√
概括性	仅停留在观赏层面	√	概念体系庞杂	√	概念体系庞杂	√	不能反思风景园林的观点与思维	√
普遍性	忽略学科的科学内涵及生态性		√	忽略小尺度的空间营造	√	忽略生态性	忽略人文性	√
可操作性	√	√	√	√	操作对象不具体	√	√	√

【第二命题】LA 研究对象——景观空间，多尺度地表蓝绿空间系统

本命题强调作为工科的风景园林，其研究对象就是专业实践语境中的具体操作对象，即景观设计与景观规划的操作对象景观空间。该词是由“景观”和“空间”复合而成的多义词，总体上是指多尺度的地表蓝绿空间系统，即由河湖水系组成的蓝色空间和绿地系统构成的绿色空间等。在具体的研究与实践中，必须区分“景观设计”（Landscape Design，LD）和“景观规划”（Landscape Planning，LP）两种典型语境：作为景观设计对象的景观空间，意指承载游憩、审美、生境等景观功能的中小尺度户外空间或建成环境；作为景观规划对象的景观空间，等同于景观生态学或景观地理学意义的景观，即土地镶嵌体、地理综合体，表示由不同的土地单元镶嵌组成，具有明显视觉特征的大尺度地理区域。需要强调的是，在两种语境中“景观”及“空间”的含义有着巨大的差别，所以本书设立 03 讲，对其进行专门讨论，但作为学科必须形成统一称谓。

微波

微波产生空间电磁场，
水分子在电磁场中运动，
水分子相互摩擦产生热

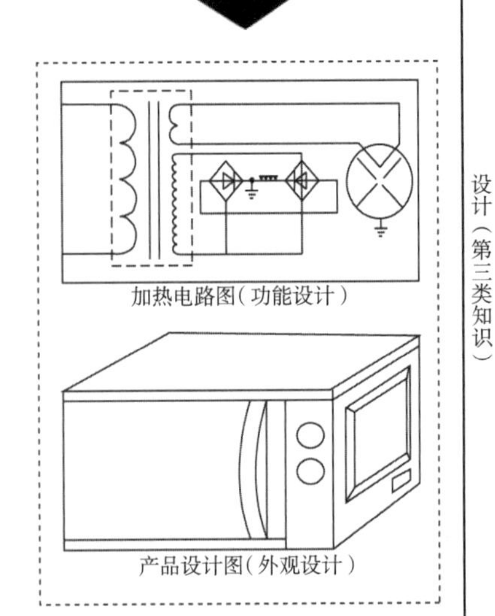
加热电路图（功能设计）

产品设计图（外观设计）

知——原理（认识世界的知识）

设计（第三类知识）

行——造物（改造世界的知识）

▲图 2 以微波炉为例，揭示设计是“知”向“行”转化的桥梁

LA的认识论维度

这一认知维度旨在回答 LA 认识世界的独特角度、指向及其知识性质是什么，即 LA 的学科内涵是什么。受到其根本使命和研究对象的双重影响，LA 的独特视角聚焦于认识各类景观空间中人与自然、结构与功能的关系，其认识指向是探寻如何通过规划、设计、管理空间来协调人与自然的关系。从其知识性质来看（详见下文“LA 的知识性质”），LA既不是单纯的自然科学——认识世界的知识（知），也不是典型的工程科学——改造世界的知识（行），而是第三类知识——链接“知”与“行”的规划设计知识（图 2），即通过规划与设计方法来提供一种改造世界的方案，借此提出第三命题。

【第三命题】LA 学科内涵——景观空间观念及景观规划设计方法的知识体系

在本命题中，景观空间指出了 LA 的研究对象；“景观空间观念”则强调了 LA 的学科视角：LA 是从人与自然、结构与功能等特定角度，观察各种尺度和类型的景观空间所形成的认识；“规划设计方法”强调了 LA 的知识性质是指向“第三类知识”，即连接“知”与“行”的规划设计方法类知识。

LA 的方法论维度

这一认知维度回答 LA 对待世界的独特方法是什么。通常而言，认识论回答“怎么看待世界”（看什么、怎么看），方法论则回答“怎么对待世界”（做什么、怎么做）。自然科学提供认识世界（知）的方法；工程科学提供改造世界（行）的方法。但是，LA 总体上作为一种规划设计类学科，必须提供一种链接认识论和方法论、跨越认识世界和改造世界的方法——“设计是从知向行的转化，是行的第一步”（王绍增，2014），是在人脑中完成对世界的改造（图 2）。因此，LA 的方法论跨越和链接了景观空间认识（知）到景观空间改造（行）的全过程，包括 LD 方法论和 LP 方法论，反映在本书 04、05 讲内容中。

【第四命题】LD 方法论——结合自然的和谐空间创造

景观设计在本质上是创造各种人与自然互不伤害、和谐共生的“空间配方”，其方法是在设计中强调“结合自然”，但结合自然的具体途径以及创造出的和谐空间的形式却是多样的。例如，中国古典园林通过叠石理水来组织自然要素，模拟自然山水，是结合自然的形式创造精神上和谐的空间，本质上是人类自身立场的和谐观；当代景观设计则强调遵循生态学等自然科学原理，通过生境营造、群落设计等方式实现人与周围环境、其他生物的和谐共生，是结合自然科学规律创造生态上和谐的空间，本质上是生态伦理意义上的和谐观（参见 04 讲隔页图）。

【第五命题】LP 方法论——基于资源本底的空间格局优化

较之城乡规划等发展导向型规划，景观规划总体上是一种“保底型规划”，它强调优先识别与保护资源本底与生态本底，并基于对本底空间的格局优化来实现人与自然的和谐。此外，在操作对象和规划内容上，“景观”既可以被视作“风景”，也可以被视作包含多个生态系统的土地镶嵌体；规划内容既可以侧重风景、游憩资源的保护和开发，也可以侧重自然资源、生态系统的保护和修复（参见第 5 讲隔页图）。

KNOWLEDGE NATURE
LA 的知识性质

所谓“LA 的知识性质”，是追问风景园林学科作为一种知识体系，较之其他学科，特别是相邻学科的“独特性”何在，其涉及如下两方面的讨论：一是通过学科划分与归类，找出 LA 在各类学科中的大致定位；二是通过比较风景园林与相邻学科、风景园林学科内部细分知识领域，找出 LA 的知识特征。本部分的深入讨论可进一步论证上述【第三命题】，能够帮助确立 LA“学科内涵”，以及其知识体系的“内核”所在。

■ LA 的学科定位

首先，讨论一下学科与知识的关系。“人类的活动产生经验，经验的积累和消化形成认识，认识通过思考、归纳、理解、抽象而上升为知识，知识在经过运用并得到验证后进一步发展到科学层面上形成知识体系，处于不断发展和演进的知识体系根据某些共性特征进行划分而形成学科”（《学科分类与代码》GB/T 13745—2009）。所以，人类知识是在不断发展分化和体系建构过程中形成学科的，学科就是分门别类的、相对独立的知识体系。因此，学科建设的核心工作必须围绕“知识”来开展，必然涉及学科知识的特征（知识性质）、来源（知识生产）以及整理方式（知识体系）等问题。

其次，学科划分的依据究竟是什么。学科既然是“根据某些共性特征进行划分”而来的知识体系，那么所依据的“共性特征”到底是什么呢？学科划分基本依据是“知识生产的内在逻辑或者说知识探究活动的本质”（阎光才，2020），具体而言就是“研究对象”（research object）和“探究取向”（inquiry orientation）的区别。例如，安东尼·比格兰（Anthony Biglan）认为，通常所谓的社会科学、自然科学、人文科学与应用（技术）科学四大分类的依据，首先是以“研究对象”是自然界还是人与社会作为一个维度，其次以“探究取向”是科学发现还是理论应用为另一个维度，建立了一个四象限的分类框架（图 3）。不同学科便处于由“硬”（自然科学与应用科学）到“软”（社会科学与人文科学），由偏重理论（自然科学与人文科学）到偏重应用（应用科学

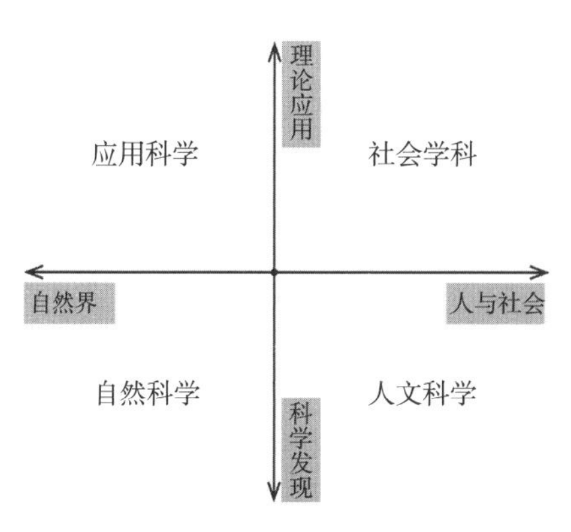

▲ 图 3 学科划分的分类框架
（横轴代表研究对象，纵轴代表探究取向）

与社会科学）4 个区间中的不同位置。

因此，“研究对象”和“探究取向”是学科划分的基本依据，由此可知风景园林学科在 4 个区间中的大致定位，可据此比较其与相邻学科的知识差异所在（图 4）。

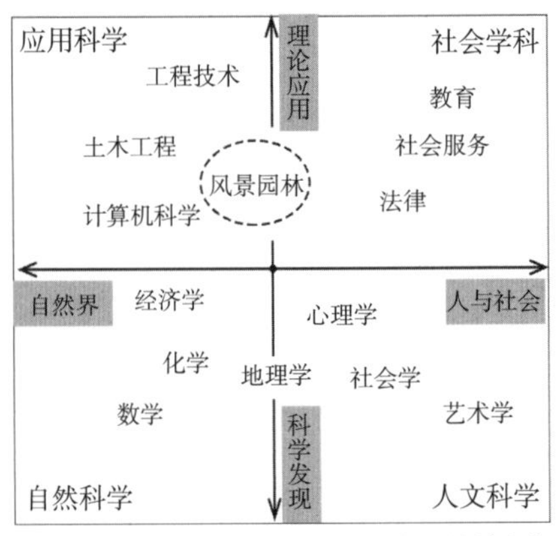

▲图 4 风景园林的学科定位

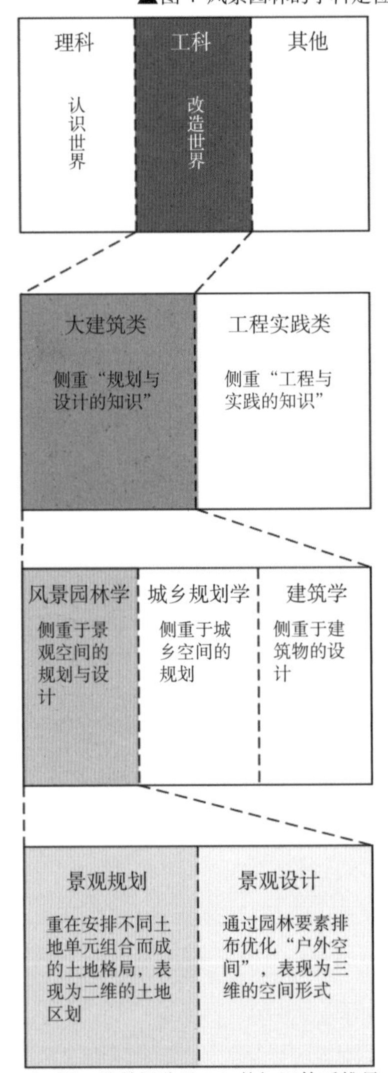

▲ 图 5 学科划分及 LA 的知识体系推导

LA 的知识特征

风景园林学与相邻学科的比较分析。①《研究生教育学科专业目录（2022 年）》将风景园林列在工学门类，与工学相对的则是理学。理、工分类差异重点反映在“探究取向”上，理学的任务是认识世界，而工学的任务则是改造世界。②在工学门类中，将风景园林学、建筑学与城乡规划学所在的“大建筑类”学科，与土木工程、交通运输工程、环境科学与工程等近邻学科相比较，前者的探究取向偏重“规划与设计的知识”（统称“规划设计类知识”），而后者则偏重“工程实践的知识”。需要指出的是，设计类知识是链接认识世界（理科——科学理论知识）和改造世界（工科——工程实践知识）的第三类知识。③在“大建筑类”学科中比较其“研究对象”和“探究取向”，分别是：建筑学重在建筑物（对象）的设计（取向）；城乡规划学重在城乡空间（对象）的规划（取向）；而风景园林学的研究对象则是“景观空间”，其探究取向既有设计，也有规划（图 5）。

风景园林学内部细分领域的比较分析。从上述与相邻学科的比较中，明确了风景园林学是侧重于“规划设计类知识”的特点，其内部按照“研究对象”及“探究取向”组合形成了两个主要知识领域——景观设计与景观规划。从研究对象看，景观空间在总体上是指多尺度的地表蓝绿空间系统，其在设计语境中意指承载游憩、审美、生境等景观功能的中小尺度的户外空间；在规划语境中等同于景观生态学或景观地理学意义的“景观”，即土地镶嵌体、地理综合体。从探究取向看，景观设计通过园林要素排布优化中小尺度的户外空间，呈现为三维、立体的空间表征；景观规划则重在安排不同景观单元组合而成的土地格局，呈现为二维、平面的空间表征。

综上所述，“研究对象”和“探究取向”是学科划分的基本依据，“景观空间”是 LA 的研究对象，而“规划与设计”则是 LA 的探究取向。据此我们最终将 LA 的知识性质（即学科内涵、知识内核）确定为：LA 是以景观空间为研究对象，以研究景观规划及景观设计方法为核心的知识体系。

KNOWLEDGE PRODUCTION LA 的知识生产

学科必须进行知识生产并借此扩大学科吸引力和社会影响力，其知识生产传统、知识形态迭代及知识生产模式都会影响到学科知识体系的结构特征。本部分尝试通过对LA知识生产内涵、知识形态演变以及生产模式的梳理，来剖析当代LA知识生产与近邻学科的关系，帮助确立“LA的外入学科知识”的结构和类型。

■ 知识生产的两类内涵

知识生产有狭义和广义的区分。生产（produce）指人类从事创造社会财富的活动和过程，包括物质财富、精神财富的创造和人自身的生育。那么，知识生产即指人类创造知识（精神财富）的活动和过程。按照创造知识的活动、过程及其结果来看，可形成狭义和广义两类定义。狭义上看，知识生产就是人们通过脑力劳动创造出新知识的过程，如科学发现是典型的创造新知的过程，它通过抽象、归纳、演绎等思考过程生产出科学概念、定律、假说、理论等知识产品。广义上看，知识生产则包括知识的创造（原创性新知识的创造）、加工（知识整理和描述）、传播（知识从此处转移到彼处并被吸收）和运用（使知识的接受者把所获知识运用到新情境中并创造出新知识）的全过程，其知识产品不仅有科学发现，还有技术发明（技术原理、路线、方法、方案、配方等）以及工程创新等（如管理方法、操作程序、施工规范和标准）。

总之，狭义的知识生产仅指新知识的生产；而广义的知识生产则指知识的“原创性生产”和“复制性生产”过程的总和（许崴，2005），它不仅包含原创性新知识的创造，同时也包含在已有知识的基础上，通过复制、传播和运用过程而产生的知识（傅翠晓 等，2009）。

■ LA的知识形态演变

基于广义的知识生产内涵，结合知识形态演进的历史逻辑（韩震，2021），笔者认为 LA 经历了 3 个知识生产阶段，形成了 3 种知识形态（表 2）。①农耕社会阶段对应知识生产的古代模式，形成了“经验形态知识”，即基于感官获得的关于现象外部联系的认识，如风水堪舆、叠山理水等土地整理和利用的经验；②工业社会阶段对应知识生产的现代模式，形成了“原理形态知识”，即关于科学规律和技术方法的认识，主要靠理论假设和模型来表达并可通过实证加以检验的知识，如景观生态学原理及其应用于空间规划所形成的景观生态规划方法等；③后工业社会阶段对应知识生产的当代模式，形成了“叠合形态知识”，即由信息技术支撑的、经验形态知识与原理形态知识互嵌叠加而成的知识，如面向国土空间生态修复规划的信息技术支撑下的跨学科、整合性的知识。需要强调的是，3类新旧知识形态的变迁不是替代和否定的关系，而是继承和包容发展的关系。

表 2 知识生产 3 个阶段的知识形态特征（韩震，2021）

生产阶段	农耕社会——古代模式	工业社会——现代模式	后工业社会——当代模式
知识形态	经验形态知识	原理形态知识	叠合形态知识
知识特点	①在感官所能够触及的层次上去把握世界，基于感觉经验所限学习效率低；②基于特殊的生活境遇而体现为普遍性不足；③知识传递分散，缺乏规模效应	①学习效率高，教育变得系统化、制度化；②具有普遍性，科学原理可以应用在各种不同的生产和生活领域；③知识领域的新突破往往很快能在生产领域产生颠覆性效应	①跨学科综合性知识，即所谓“大科学”知识；②知识层次多维性，需要把不同层次、不同性质的知识融贯地运用；③知识体现为普遍原理知识和特殊经验知识的结合
生产主体	个人和行业	单一学科和科研机构	跨学科和超学科
生产组织	以社会物质生产需求为导向（传统应用语境），依靠特定个人和行业的特殊生活和实践经历获得，行业间相互分割、孤立的组织形式	以学术旨趣或学科发展为导向（学术语境），以特定单一学科和机构主导，通过制度化的学术分工或学术职业化进行组织	以社会需求或问题情境为导向（当代应用语境），跨学科的、多元主体参与组织，包括学术界—政府—市场 / 产业—社会公众等
LA 对应性	需求导向：水土整治、营城实践、风景组织、园林营造等 生产组织：风水师、园林工匠、士大夫 知识形态：风水堪舆、叠山理水等土地整理和利用的经验	需求导向：LA 学科和教育体系的确立与发展 生产组织：含 LA 学科专业的高校与相关研究机构 知识形态：景观规划与设计基础理论与方法等	需求导向：国土空间规划或海绵城市等国家战略 生产组织：LA 参与下的多学科、政府、市场 知识形态：信息技术支撑下的跨学科、多种形态知识的叠合融贯

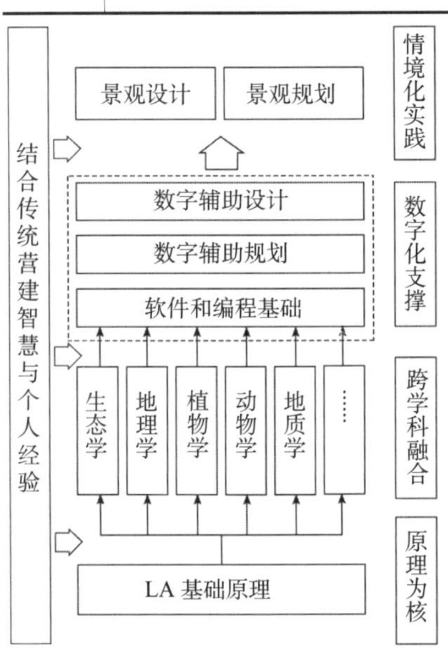

▲ 图 6 LA 叠合形态知识

LA 知识生产的当代特点

结合知识生产的演进历程，LA 知识生产重点应聚焦“当代模式”，其具备 3 个特点。一是知识生产重点回应学科外部的社会需求。LA 知识生产必须结合社会大分工来进行，面向现实急需和未来发展，设置和解决问题的情境是围绕特定应用或社会需求而组织的问题处理，如国土空间规划、双碳、海绵城市等国家战略，LA 必须在这些国家需求中找到自己的角色和能解决的问题。二是融入跨学科或超学科知识生产组织体系中。“知识生产专门化与知识应用综合化的张力”（伍醒，2016），要求知识生产必须打破单一学科、单一组织的边界，形成包括 LA 在内的跨学科、政府、市场、产业乃至社会公众等多方参与的知识生产共同体。LA 在这个共同体中扮演着统筹协调者的角色，通过景观规划、设计、营建等手段，在土地和空间上协调各方利益关系，统筹各种活动的内容和时序。三是建立叠合形态学科知识结构。在回应社会需求并融入超学科组织过程中，LA 要逐步确立自身特殊的“叠合形态知识”，形成“原理为核、结合传统营建智慧与个人经验、跨学科融合、数字化支撑、情境化实践”5 方面知识叠合体系（图 6）。具体而言，以 LA 基础理论作为学科硬核，结合传统营建智慧和个人经验，通过与相关学科的充分交叉融合，基于技术进行知识与信息整合，建立面向现实问题情境的、可实践的知识形态。

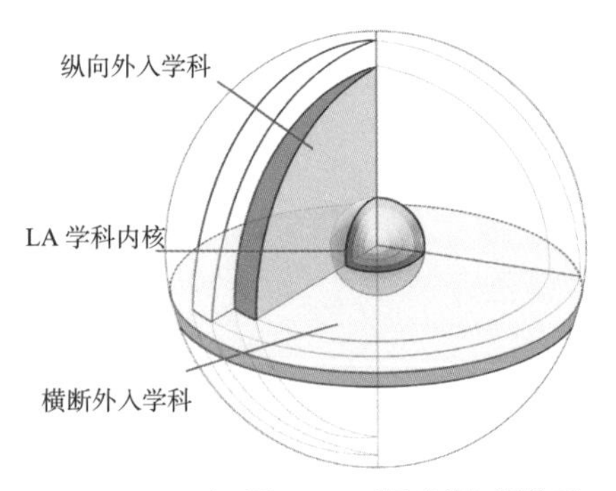

▲ 图 7 LA 双层球状知识体系

KNOWLEDGE SYSTEM
LA 的知识体系

LA的双层球状知识体系

前述 3 部分的讨论，最终都是为了得到 LA 的知识体系（图 7）。LA 的知识体系是一个拥有“内核”和“外围”的双层球状结构：其内核部分，我们称之为“LA

内核知识”，可细分为4个层次；其外围部分，我们称之为“LA外入知识”，可细分为两个类型。我们可以把这个双层球状体系的形成过程想象为：首先，由于学科独立产生了自身的“内核”，这个内核在生长中产生强烈的引力，捕获了大量的相关学科知识聚集在周围；其次，相关学科知识与内核知识产生交互作用，从而产生大量纵、横向的交叉学科知识，一方面能够促进内核知识的继续生长；另一方面，通过内核的筛选与序化作用，无法进行交叉的知识逐渐被淘汰、甩出；最终，形成了一种“内核知识”封闭稳定、变化缓慢，而“外入知识”开放灵活、变化迅速的结构形态（见本讲隔页图）。虽然通过上述模型，我们能够了解该结构特征，但更为重要的是要揭示之前讨论的内容是如何进入该知识体系的，下文我们将一一讨论。

■ 4层次递进的LA内核知识

钱学森提出现代科学技术的体系可划分为四大层次：哲学、基础科学、技术科学、工程技术（卢明森，2012），据此并结合LA学科内核的认识，提出了LA哲学、LA科学与美学、LA规划与设计和LA工程与技术的4个层次“内核知识”（图8）。①“LA哲学”就是围绕LA“形而上”的、底层逻辑的探讨，也就是LA的认知原点（学科使命）、本体论（研究对象）、认识论（学科内涵）和方法论（研究与实践领域）等，构成了LA的“认知坐标系”（图1）；②“LA科学与美学”从人与自然、结构与功能等特定角度，观察各种尺度和类型的景观空间所形成的规律性认识，具体包括：景观空间的生态、美学功能的形成与演化机理，景观空间与人类活动、自然过程的相互作用规律，人工与自然协调的空间机制等研究，对应于LA领域“纯基础理论研究”（图9的“玻尔象限”）；③“LA规划与设计”是应用LA科学与美学知识来协调人与自然关系的景观规划与设计原理及方法，具体包括景观规划基本原理与方法、景观设计基本原理与方法、各类蓝绿空间专项规划与设计方法，对应于LA领域“应用引起的基础研究”（图9的“巴斯德象限”）；④“LA工程与技术”是户外空间营建的材料生产、工程施工和养护管理等知识，包括土地整治、地形塑造、叠山理水、植物栽培等研究领域，对应于LA领域“纯应用研究”（图9的“爱迪生象限”）。4个层次的“LA内核知识”可以对应LA知识生产的多个层次，各层次所对应的知识产品也差异较大，涵盖从哲学思辨到科学发现，从技术发明到技术创新的原创性生产和复制性生产的过程。

■ 多学科交叉的LA外入知识

“LA的外入学科知识”这一称谓有其特殊的角度。当代LA知识生产具有明显的现实问题导向，融入跨学科或超学科，组织并形成了叠合形态学科知识结构。LA叠合形态知识结构的形成过程涉及如何对待“跨学科”问题，需要重点讨论清楚。首先，

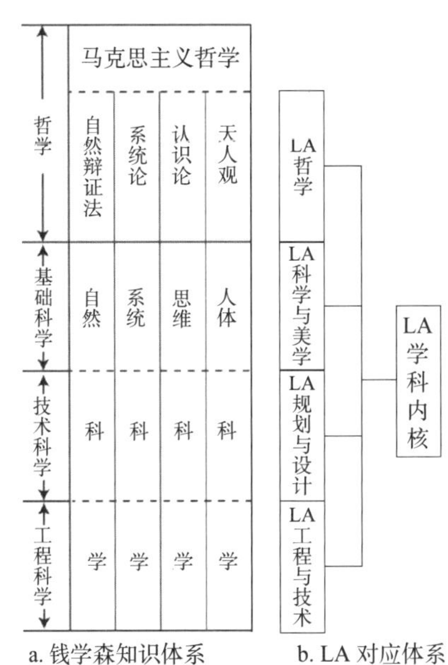

a. 钱学森知识体系　　b. LA对应体系

LA哲学
LA科学与美学
LA规划与设计
LA工程与技术

c.LA圈层结构

▲图8 现代科学技术体系下的LA学科内核层次

LA工程与技术

皮特森象限
自由探索研究
爱迪生象限
纯应用研究

▲图9 LA内核层次对应的科学研究象限

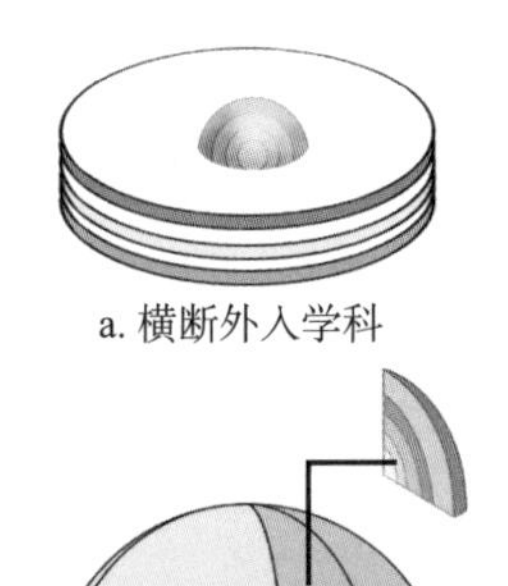

a. 横断外入学科

b. 纵向外入学科

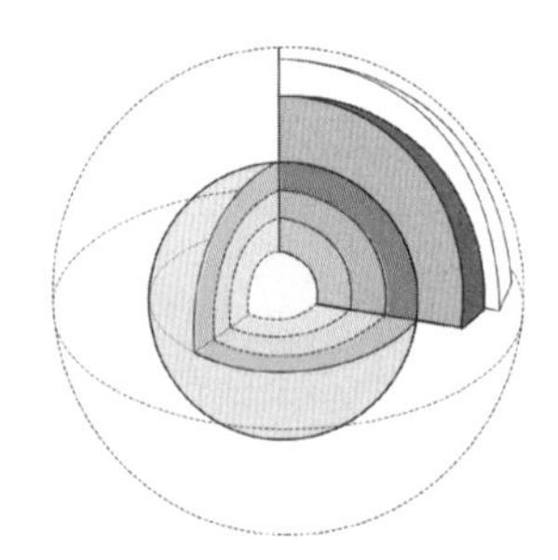

c. 外入学科介入 LA 内核

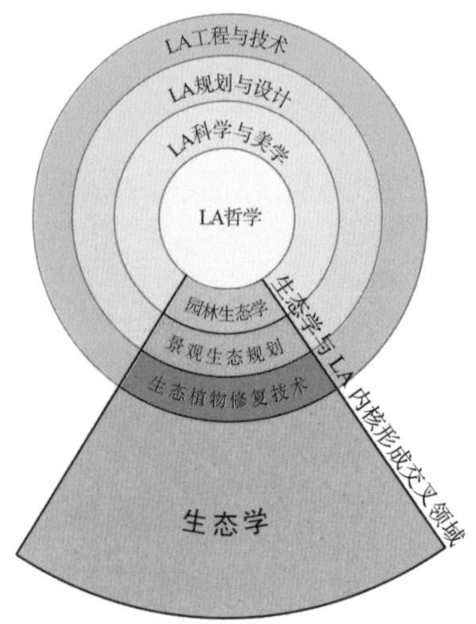

d. 生态学介入 LA 内核
（生态学与 LA 内核交叉，分别形成园林生态学、景观生态规划、生态植物修复技术）

▲图 10 外入学科介入 LA 内核形成交叉领域（以生态学介入 LA 为例）

在现实问题导向下的跨学科或超学科知识生产语境下，LA 学科必然要通过与其他学科的互动、交叉、协同来解决问题，若要严格区分就存在着多学科、交叉学科、跨学科的区别，将会颇费周折（参见 01 讲讨论）。但是，无论何种形式的跨学科，以既有学科存在为前提本来就是“跨”的应有之义（阎光才，2020）。站在 LA 学科自身本位看，相关学科知识要么是通过与 LA 进行“化合”产生的新知识领域（如园林生态学），要么就是 LA 直接“拿来”就用（如景观生态学），无论何种方式最终都将成为 LA 自身领域的知识，都扩展了 LA 学科的知识边界。因此，可从这个角度笼统称之为“LA 的外入学科知识”，强调这些知识在源头上是来自其他学科而非 LA 自身，但已经或者正在成为“LA 知识大家庭中的一部分”。

LA 的外入学科知识可细分为两大类型：纵向外入学科和横断外入学科。纵向外入学科的理论与方法的引入，主要影响到 LA 某一单独领域或某个具体层次的研究，是一种楔块式的局部插入，如生态学主要影响到地景规划与生态修复这个二级学科，影响层次主要涉及 LA 的科学与美学、LA 的规划与设计以及 LA 的工程与技术，基本不涉及 LA 其他领域和其他层次的研究与实践（图 10）。横断外入学科的理论与方法，不只是影响 LA 某一领域或层次，而是横向贯穿于 LA 众多领域甚至一切层次之中，为 LA 从事任何研究与实践提供基础的思维工具与技术工具，如认知心理学（信息科学）、管理科学知识提供了贯穿 LA 研究的思维工具和管理工具，而计算机科学与技术、制图学则提供了普遍性的技术工具。

综上，本讲笔者通过 LA 认知坐标系、知识性质、知识生产特征 3 部分的讨论，最终推导出 LA 的知识体系——由“4 层次构成的内核知识”和“多学科介入的外入知识”的双层球状结构。其中，LA 认知坐标系和 LA 知识性质的讨论，总体上帮助确立了 LA 的内核知识；LA 知识生产特征明确了 LA 的叠合形态知识，从而指向“多学科介入的外入知识”。诚然，LA 的知识体系探讨是一个开放、多元的问题，笔者在“思想碰撞”部分将 3 种体系与本书推导出的体系进行比较，以供进一步讨论（图 11~ 图 14）。

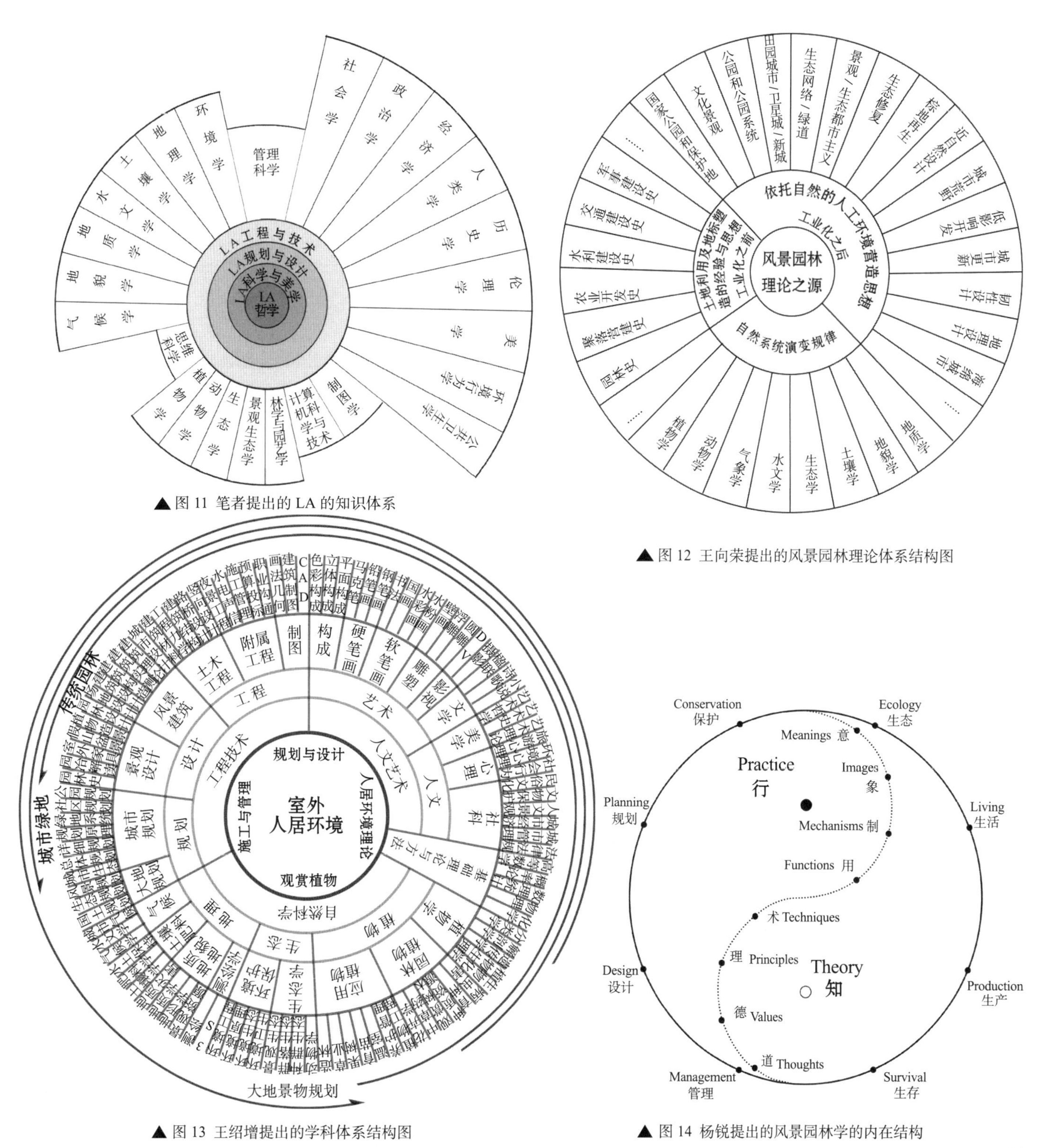

▲图 11 笔者提出的 LA 的知识体系

▲图 12 王向荣提出的风景园林理论体系结构图

▲图 13 王绍增提出的学科体系结构图

▲图 14 杨锐提出的风景园林学的内在结构

参考文献

傅翠晓，钱省三，陈劲杰，张睿，2009. 知识生产研究综述 [J]. 科技进步与对策，26（2）：155-160.

韩震，2021. 知识形态演进的历史逻辑 [J]. 中国社会科学，306（6）：168-185，207-208.

李雄，2020. 积极践行风景园林人的初心与使命 [N]. 中国建设报 .04-28.

卢明森，2012. 钱学森思维科学思想 [M]. 北京：科学出版社 .

王方邑，杨锐，2022. 人与自然和谐共生概念辨析 [J]. 中国园林，38（12）：104-108.

王绍增，2006. 论风景园林的学科体系 [J]. 中国园林，22（5）：9-11.

王绍增，2014. 关于中国风景园林的地位、属性与理论研究 [J]. 中国园林，30（5）：15-22.

王向荣，2021. 进入新时代的中国风景园林 [J]. 中国园林，37（11）：2-3.

王向荣，张晋石，2023. 风景园林——地表空间管理与塑造的科学与艺术 [J]. 中国园林，39（1）：14-22.

伍醒，2016. 知识演进与大学基层学术组织变迁 [J]. 安徽师范大学学报（人文社会科学版），44（4）：523-528.

许崴，2005. 试论知识生产的构成要素与特点 [J]. 南方经济，6249（12）：53-55.

阎光才，2020. 学科的内涵、分类机制及其依据 [J]. 大学与学科，1（1）：58-71.

杨锐，2014. 论“境”与“境其地”[J]. 中国园林，30（6）：5-11.

俞孔坚，刘东云，1999. 美国的景观设计专业 [J]. 国外城市规划，14（2）：1-9，43.

岳邦瑞，等，2017. 图解景观生态规划设计原理 [M]. 北京：中国建筑工业出版社 .

思想碰撞

笔者列举出上述代表文章中的关键图：《风景园林——地表空间管理与塑造的科学与艺术》（王向荣 等，2023）（图 12）、《论风景园林的学科体系》（王绍增，2006）（图 13）、《论“境”与“境其地”》（杨锐，2014）（图 14），再通过与本讲体系（图 11）进行分析比较，能够帮助你建立起自己的学科认知体系和知识体系吗？

专题编者

岳邦瑞

费凡

李馨宇

胡丰

彭佳新

景观空间 03讲
风景园林的研究对象

风景园林要重返一级学科，首先要找到确定的，甚至独有的研究对象。但是，从 2003 年开始的学科命名之争（风景园林学？景观设计学？），到之后的研究对象之辨（园林？风景？景观？境？土地？），20 年来也没有真正达成共识。笔者认为研究对象的确定取决于学科属性。作为工科的风景园林，其研究对象就是专业实践的操作对象，就是对本专业领域最普遍的实践语境中具体操作对象的概括，即景观设计与景观规划的操作对象——“景观空间”。

学科书籍推荐：

《外部空间设计》芦原义信
《现代城市规划理论》孙施文

外部空间设计
MODERN URBAN PLANNING THEORIES
现代城市规划理论
孙施文 编著

德谟克利特
· 提出万物的始基是原子和虚空，原子和虚空都是无限的，空间不是创造出来的

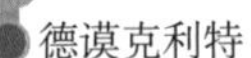

亚里士多德
· 认为不存在与事物相分离的虚空，所有事物都占有各自的处所，即空间是所有事物占有位置的总和

欧几里得
· 认为空间具有无限性、等质性，空间就是世界的一个基本次元

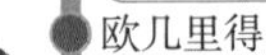

牛顿
· 认为绝对空间是一种客观存在，没有边际和范围，是一种非物质的概念，时间变化影响不到绝对空间

莱布尼茨
· 认为空间是现实的一种“关系”，是事物之间的一种并存关系

康德
· 认为空间是主观的先天“直观形式”，或者说是“感性的先天直观形式”

黑格尔
· 认为空间是自然界最初的或直接的规定性，是已存在的抽象普遍性，是这种存在的没有中介的无差别性

爱因斯坦
· 否定牛顿的绝对空间、绝对时间概念，认为空间是物的关系的集合

海德格尔
· 认为空间是人存在于世的场所，是人本质力量的外在显现，人只有通过自身的存在才能理解空间

▲ 图 1 空间内涵的认识

空间

空间（space）一词起源于公元前 2 世纪拉丁语 spatium，意为时间的长度和它所提供的可能性。哲学家海德格尔指出，德语中的“空间”来源于 raum，指为安置和住宿清理出或空出的场所，其本质是“空而有边界”（詹和平，2011）。《道德经》有言：“埏埴以为器，当其无，有器之用。凿户牖以为室，当其无，有室之用。故有之以为利，无之以为用”。老子指出了空间中“有”与“无”的相互依存关系，认为一切有形之物提供给人们的便利，是通过它所限定出的空间（无）而得到的，空间则是通过实体（有）的限定而获得。从老子、亚里士多德开始，人类对“空间”的观察和认识历经数千年，其内涵不断发生变化（图 1）。

对空间内涵的认识可以概括为 3 个层次。①客观层次的物理空间，如物理学和地理学中的空间是类似时间的一种框架或参照系，空间本身不能作为一种现象，只是一种“容器”；只有与空间上的现象相关联，进行空间分析和研究才有意义（哈特向，2012）；②主观层次上的感知空间，如康德认为空间是为协调所有日常生活的外在感觉而形成的“心智想象”（2017），心理学家让·皮亚杰基于发生认识论视角，提出人类认识空间的 4 个阶段（1981）（图 2）；③抽象层次的属性空间，如社会空间、权力空间、网络空间等，这类空间是从不同的认识或学科视角划分出来的特殊属性的空间，这类空间往往没有真实存在、可直观感知的体积，而是通过一些想象、数据、模型的形式呈现。总之，空间包含空却非真空，似物又非物，对其内涵的不同理解涉及人类的观念变化。

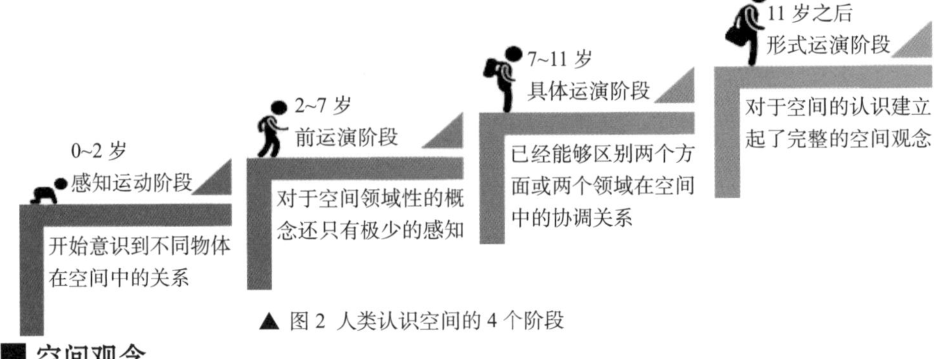
0~2 岁
感知运动阶段
开始意识到不同物体在空间中的关系
2~7 岁
前运演阶段
对于空间领域性的概念还只有极少的感知
7~11 岁
具体运演阶段
已经能够区别两个方面或两个领域在空间中的协调关系
11 岁之后
形式运演阶段
对于空间的认识建立起了完整的空间观念

▲ 图 2 人类认识空间的 4 个阶段

空间观念

人类认识空间受到观察视角和认识水平的影响，从而形成了不同的“空间观念”。“观”即观察，“念”即看法，“空间观念”就是人们站在特定角度观察“空间”

所形成的看法与认识。人类早期的空间观念，来源于对物体的具体定位而形成的一种空间经验。“定位”的对象可以按前与后、左与右、上与下、内与外、远与近、分离与结合、连续与非连续等的关系来排列（詹和平，2011）。例如，中国古代的先民通过对天地、宇宙的观察和再现，提出了“天圆地方”“五方”等空间观念；古希腊时期，毕达哥拉斯学派则发现空间是从数理与几何中产生的，认为美的本质在于数量比例的和谐，并得出“黄金分割比”“对称”“节奏”等空间观念。而现代空间观念不断拓展，凯文·林奇提出“城市意象”，认识到城市环境与人类主观感受的关系，此时空间观念强调人的主体性（2017）。然而麦克哈格以其生态学视角介入，强调空间的主体并非仅仅是人类，而是包含其他生物的自然，并提出一套基于自然的空间评价体系（2020）（图 3）。

笔者站在规划师的角度，提出 3 类有意义的空间观念（表 1）。回顾我们做设计或画图的过程，实质上是在研究空间的特征和规律，是从不同角度观察事物及其排布关系，并通过图纸等空间模拟工具来进行表达。例如，平面图或工程图是从物理或几何意义上描述空间中的要素及其排布关系，是物理空间观念的图纸投影；透视图与鸟瞰图是人们在日常生活中，从视觉感知角度观察要素的空间排布方式，所看到的空间外观与形式；功能分区与流线组织图则是关注要素的空间排布对于人类活动和生物活动等造成的促进或阻碍作用，即功能属性的描述（图 4）。

表 1 规划师具备的 3 类空间观念

	物质空间观念	感知空间观念	功能空间观念
基本定义	从物理学或几何学的角度观察物体及其空间排布方式所得到的认识	人们在日常生活中从视觉感知角度观察物体及其空间排布方式所得到的认识	从满足人类需求或生物栖息的角度观察空间所得到的认识
描述方式	结构性描述——关注对物质占据的领域、物与物之间排布关系的观察描述，如长宽高、体积、距离、位置、方向等	形态性描述——关注物质空间与人的感官交互所形成的感知描述，如深远、宏大、空旷、有序、气派等	功能性描述——关注物质空间所承载的人类活动和生态效应等功能属性的描述，如生产空间、生活空间、生态空间、文化空间等
设计指向	设计的落地操作，平面图、工程图的表达内容	设计的形式与外观，效果图、透视图的表达内容	设计的功能性，分析图的表达内容
特征概括	使用统一性的、标准化的、客观化的制图语言来表达	使用主观的、视觉直观的、情境化的绘画表达方式	使用主观的、分析与评价导向的、视觉直观或抽象概括的绘画表达方式

■ 空间机制

通过上述讨论可知，在建筑、城市、景观设计等语境下，规划师对于“空间”的基本理解是：空间是设计师从物理的、感知的、功能的角度观察设计要素及其排布关

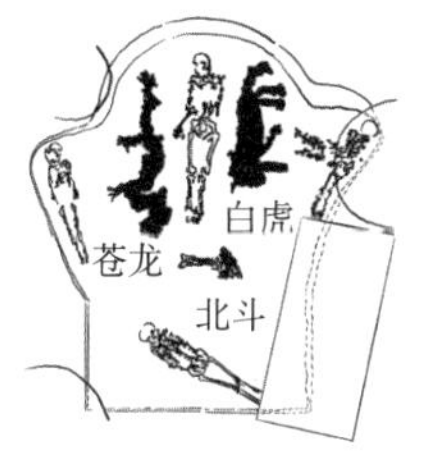

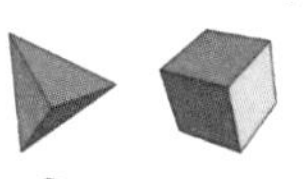
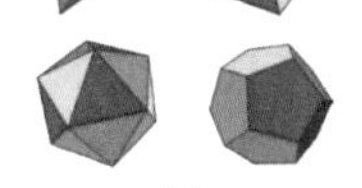

·古希腊时期，古典哲学家认为空间是从数理与几何中产生的

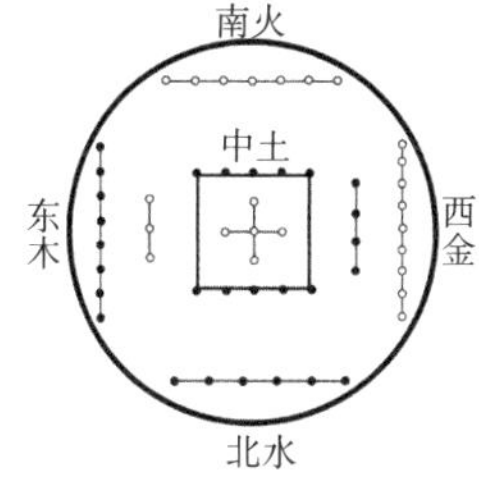

·魏晋南北朝时期，山水画的大兴盛使空间内涵从真实转为抽象；园林空间不再大开大放，而是审美与意境的统一，如“芥子纳须弥”“壶中天地”

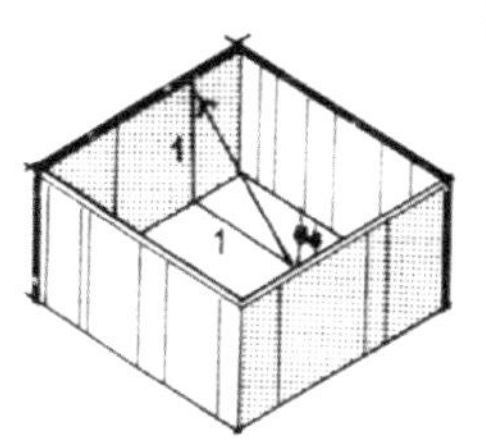

近现代时期
·18 世纪，产生了近现代空间观念的前身，即空间源于主体的感知和经验，且往往是源起于人类的视觉与触觉

·1945 年，梅洛·庞蒂提出以知觉为起点，关注空间中人的心理行为，强调身体的作用和价值

▲ 图 3 空间观念发展的重要事迹

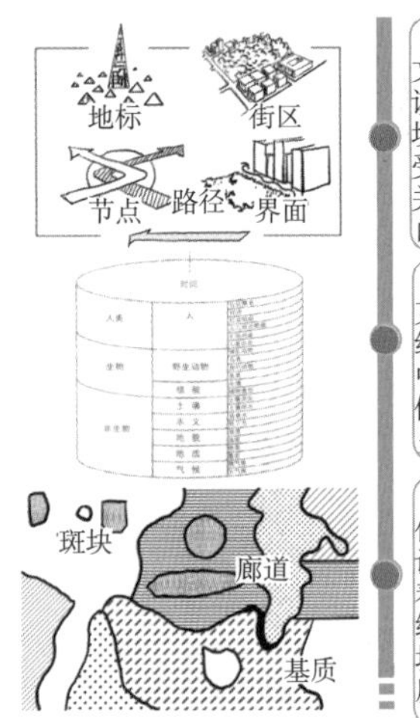

▲ 图 3 空间观念发展的重要事迹（续）

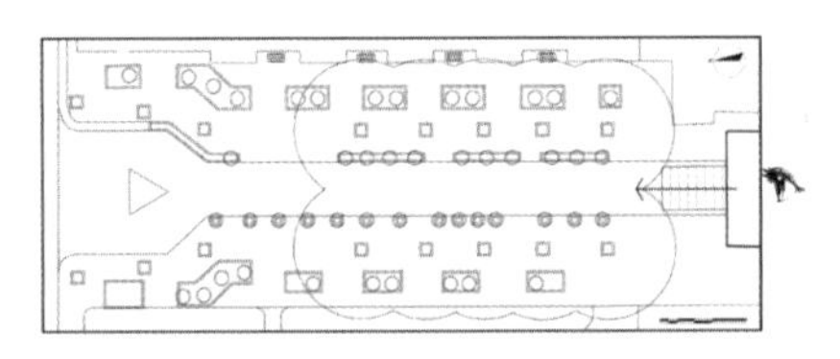

□ 树池 ▷ 雕塑 ▬ 座椅 ○ 植物 ▥ 楼梯

a. 物质空间观念对应的工程图

b. 感知空间观念对应的效果图

c. 功能空间观念对应的分析图

▲ 图 4 3 类空间观念下的设计图纸

系所形成的多层次认识。规划师要研究解决的本质问题是：如何通过对空间中的设计要素及其排布关系进行操作来实现其预设功能？我们将特定的规划设计语境下、特定空间中的要素排布与外观形式及使用功能之间存在的对应关系称为空间生成机制，简称“空间机制”。

空间机制概念的提出，是引入工程设计哲学的理论，从本质上理解设计的过程。首先，空间具有技术人工物的“双重属性”，即“物理结构”和“意向功能”。一方面，诸如房屋、城市或庭院等空间是具有特定物质结构的物质体，必须服从自然法则，如房屋结构必须能够承受重力；另一方面，它又具有功能这一本质属性。这就意味着在人类行动的情境里，空间能够被当作实现某一目的的手段来使用，如居住、游憩等。但是，在“物理结构”和“意向功能”之间却存在着“鸿沟”。比如，结构性描述里涉及空间的尺寸、形状、方位等物理性质和几何特征，无法体现其功能；而功能性描述只涉及空间的用途，即它可以用来做什么，而无法表现其结构。因此，结构是内在的，是内含于空间的物理与几何特性的；而功能是外在的，是由使用者所赋予的。技术人工物的结构属性和功能属性之间不仅存在着鸿沟，而且还不是一一对应的关系，既无法从特定的结构推出功能，也无法从特定的功能推出结构，这种现象被归纳为“非充分决定性”（陈多闻，2011）。

因此，如何打开“物理结构”和“意向功能”（包括外观形式）之间关系的黑箱，分析其中的空间机制，就成为设计研究的核心问题。回到具体的规划设计过程，一方面，设计师需要完成平面图和工程图，这些图纸侧重于空间的物理和几何特征描述，昭示出设计师的物质空间观念，承载着设计师能够直接操作的要素物理特性及其空间排布的几何关系；另一方面，设计师还需要做出各种效果图和分析图，这些图纸侧重于空间建成后的预期形式和功能描述，昭示出设计师的感知空间观念和功能空间观念，承载着设计师想象出的未来使用者期望的空间效果和使用功能。空间机制分析就是期望能够找到一个分析框架，以揭示出空间的“物理结构”和“意向功能”的关系，实现物质空间观念到功能空间观念与工程图到功能图、效果图的转化（图 4、图 9）。

LANDSCAPE SPACE
景观空间与景观规划设计

■ 景观空间

很多学者将“景观空间”作为风景园林的核心研究对象，并大体视其为设计语境下人工营建形成的户外空间。金俊提出的景观空间研究框架把景观空间分解为物质空间、心理空间、社会空间（2002）。王淑华认为景观空间是指在城市（镇）范围内的设计尺度上运用三个“面”的围合而形成具有不同功能、意义的场所（2008）。刘佳认为景观空间是容纳人们在户外某种活动或实现人们审美需求和精神诉求的三维场所（2016）。杨至德认为景观空间是相对于实体而言的，基本上是由一个物体与感受者之间的相互关系形成的，是根据视觉确定的……景观空间是由人创造的、有目的的外部环境，是比自然空间更有意义的空间（2020）。

笔者认为，必须区分“景观设计”和“景观规划”两种语境（图5），进而拆解“景观”和“空间”的各种含义，如此才能厘清“景观空间”的内涵（表2）。在第一类语境中作为景观设计对象的“景观空间”，意指承载游憩、审美、生境等景观功能的户外空间。此处“景观”的含义，包括作为审美对象的风景、作为游憩对象的园林、作为人类或动植物的栖息地等。在第二类语境中作为景观规划对象的“景观空间”，等同于景观生态学或景观地理学意义的“景观”，即土地镶嵌体、地理综合体，表示由不同土地单元镶嵌组成，具有明显视觉特征的地理区域（林广思，2006）。需要强调的是，在两种语境中“景观”的含义有着巨大的差别，通过对“景观”词义发展变化的梳理（图6），能够帮助我们理解“景观”的多义性。

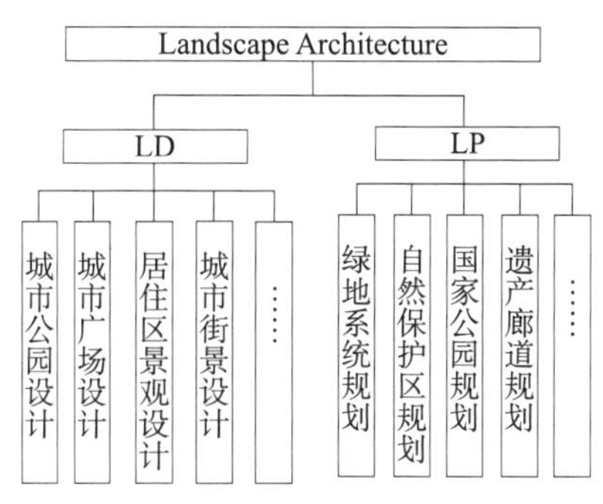

▲ 图5 风景园林的两个实践方向

表2 两种语境中的景观空间含义

语境	景观的含义	空间的含义	景观空间的含义
景观设计	风景、园林、栖息地	三维的户外场所、人工环境	特指能够满足人类游憩、审美活动或作为动植物生境的中小尺度户外空间
景观规划	土地镶嵌体、地理综合体	二维的地理区域、土地单元	由不同土地单元镶嵌组成，具有明显视觉特征的大尺度地理区域

LD的景观空间分析

在景观设计语境下，笔者提出“布局—形式—功能”的空间机制分析框架。其中，“布局”即要素组织，是指对诸如植物、铺装、水体等景观设计要素进行选择和排布的过程；“形式”即外观形态，是把诸多景观要素统一起来的整体外观表现形态；“功能”即使用价值，指景观设计成品对预设使用主体的需要满足，包括对人类或动植物的需求满足（图7）。

景观设计中可按照如下4个步骤应用该分析框架：①情境设定。景观设计过程受到多种因素制约，如基地现状、项目类型、使用人群、政策及市场等，这些因素的组合构成了不同的情境，会影响到空间机制分析中的各种变量取值，在本讲中可简单地分为“景观设计语境”和“景观规划语境”。②变量描述。要将3个概念作为“变量”进行充分的描述和打开（表3），尽可能详细地分出变量的类别、层次、

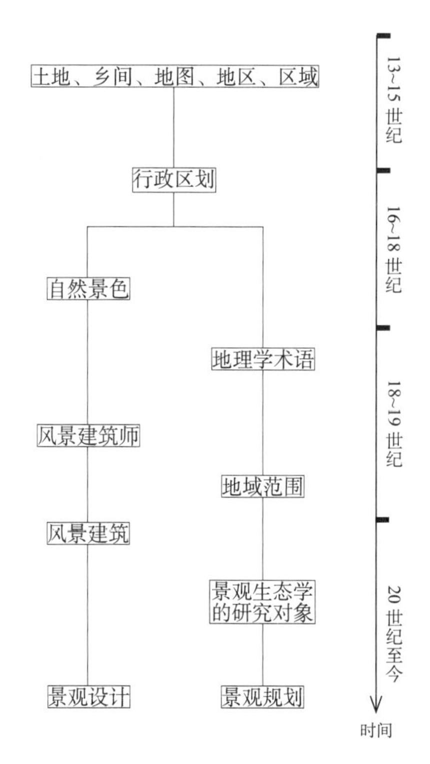

▲ 图6 Landscape 词义变迁

取值等。③两两关系分析。深入分析“布局—形式”“布局—功能”“形式—功能”变量之间的内在联系（图 8），可用函数 $y=f(x)$ 来表示两两对应关系，如将“布局”作为自变量 x 的集合，即各种景观要素的类型（x_1）、大小（x_2）、数量（x_3）、位置（x_4）、形状（x_5）等的空间组合方式；那么“功能”就是因变量 y 的集合，也可以拆分出 y_1、y_2……这样能够具体分析各种变量与赋值之间的关系。④“形式—功能”关系判断。通常存在权衡与协同两种关系。尝试“降权衡、升协同”，追求景观设计的“尽善尽美”（图 9）。

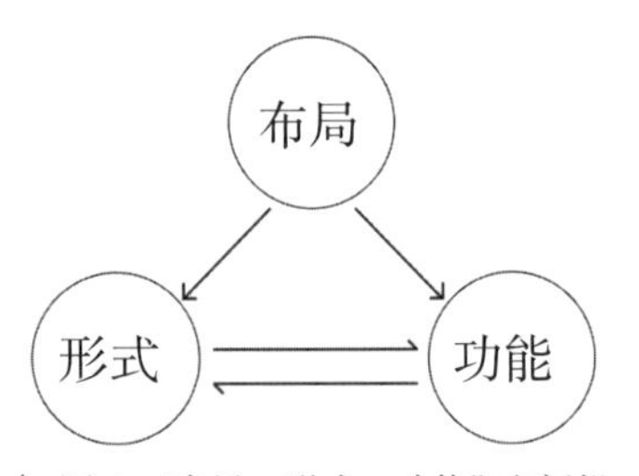

▲ 图 7 “布局—形式—功能”空间机制分析图

表 3 LD 语境下的“布局—形式—功能”描述

概念	描述内容	描述载体
布局	要素描述：类型、形状、尺寸、色彩、质感、位置、方位、距离 组合描述：序列、对比、藏露、疏密、虚实、错落、层次、尺度	工程图（平、立、剖二维图纸）
形式	浅层次（感官、直觉）：旷奥、美丑、简约、开敞、闹静 深层次（文化、精神）：意境、神圣、秩序、幽远、自由	效果图（三维鸟瞰图、动画）
功能	精神功能：意境功能、象征功能、纪念功能、宗教空间 行为功能：观赏功能、休憩功能、交流功能、娱乐功能 生态功能：海绵功能、气候功能、减碳功能、康复功能	分析图（功能分区、流线组织）

a. 布局：行列排列 | 形式：半开敞、秩序 | 功能：通行

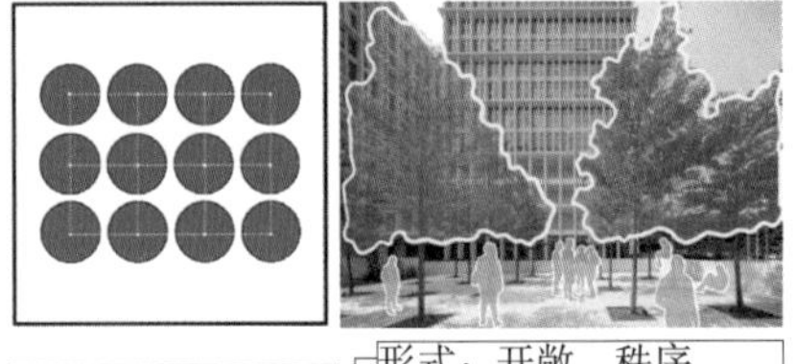

b. 布局：阵列排列 | 形式：开敞、秩序 | 功能：纪念、休憩

c. 布局：散布排列 | 形式：简约、自由 | 功能：交流、休憩

▲ 图 9 布局改变引起形式与功能改变

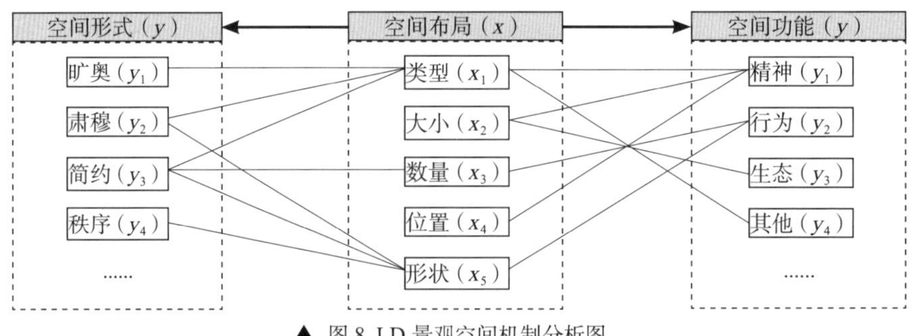

▲ 图 8 LD 景观空间机制分析图

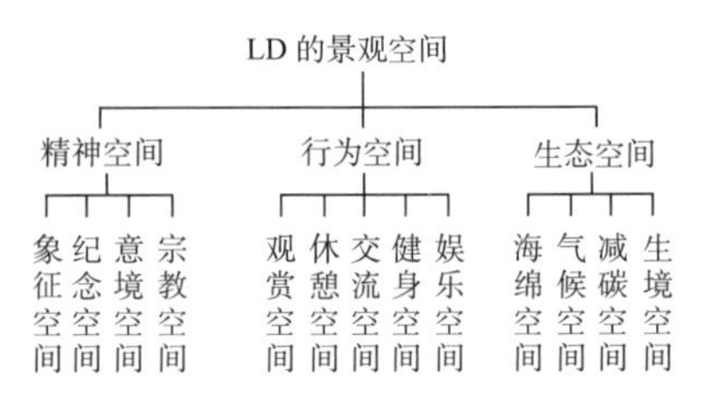

▲ 图 10 LD 景观空间的分类

在应用“布局—形式—功能”框架中，笔者依据功能将 LD 景观空间归为三大类：①精神空间，能够通过某些要素的营建激发出人的记忆、情感、思考的户外环境；②行为空间，能够容纳人们各种活动需求的户外环境；③生态空间，能够容纳并调节任何生物维持自身生存与繁衍的户外环境。可根据三大类空间本身的特点，将其细分为常见的 13 类空间（图 10），下文即是应用“布局—形式—功能”框架对 13 类常见空间案例进行的图解分析（表 4~表 6）。

表 4 精神空间

功能类型	机制分析	情境分析
象征空间 借用某种具体事物暗示特定的人物或事理，以表达真挚的感情和深刻寓意的景观空间	壽	
纪念空间 为纪念有功绩的人或重大事件所营建的景观空间		
意境空间 通过人们对某事物的主观情思和对客观景物相交融而引发出来的景观空间	桃花源 别有洞天	
宗教空间 通过激发人对教义、教理的感悟思考及精神情绪感召而产生的景观空间	佛	

注：布局　形式　功能

表 5 行为空间

功能类型	机制分析	情境分析
观赏空间 具有收束人的视线功能的景观空间		

续表

功能类型	机制分析	情境分析
休憩空间 具有休憩设施资源可被游憩者所识别并进行休憩的景观空间	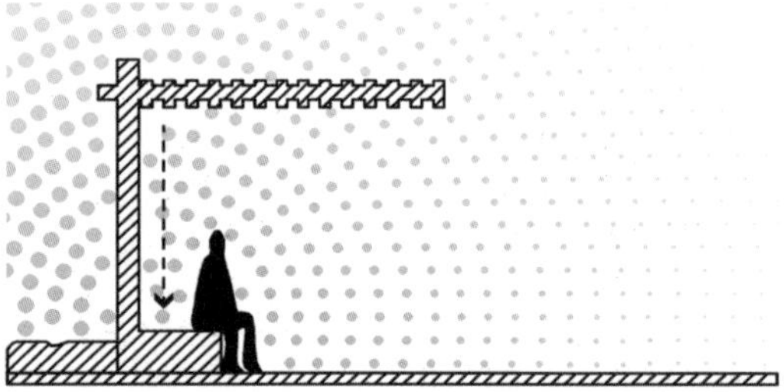	
交流空间 借助于他人参与所发生的双向互动活动以及其他更广泛的社会活动的景观空间		
健身空间 具有一定的组织形式和运动形式，能满足锻炼者或使用者健身需求的景观空间	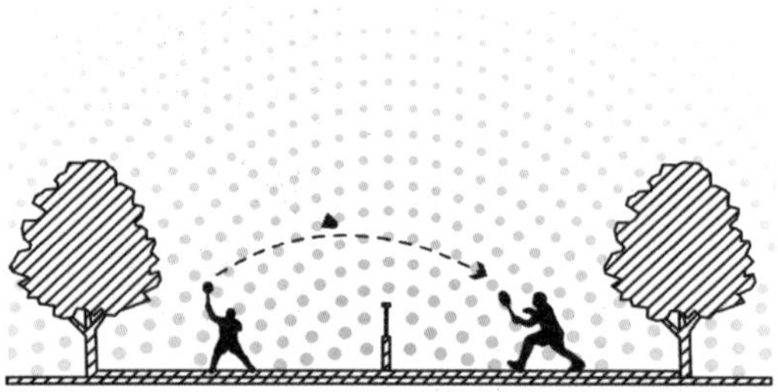	
娱乐空间 为使用者提供娱乐活动，以缓解其身心疲劳的景观空间		

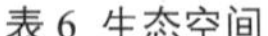

表 6 生态空间

功能类型	机制分析	情境分析
海绵空间 像海绵一样在下雨时吸水、蓄水、渗水、净水，需要时“释放”并利用水的景观空间	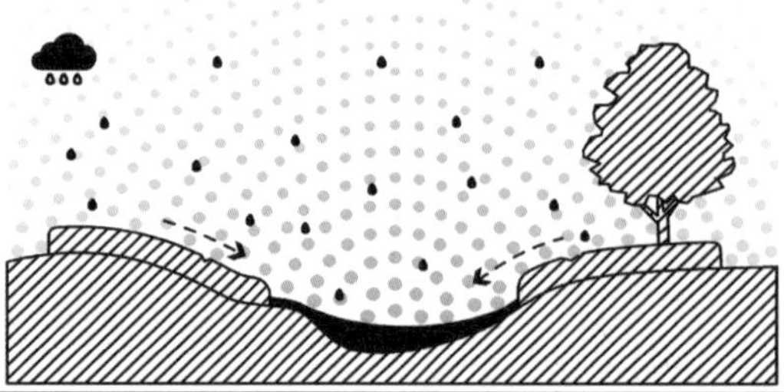	

续表

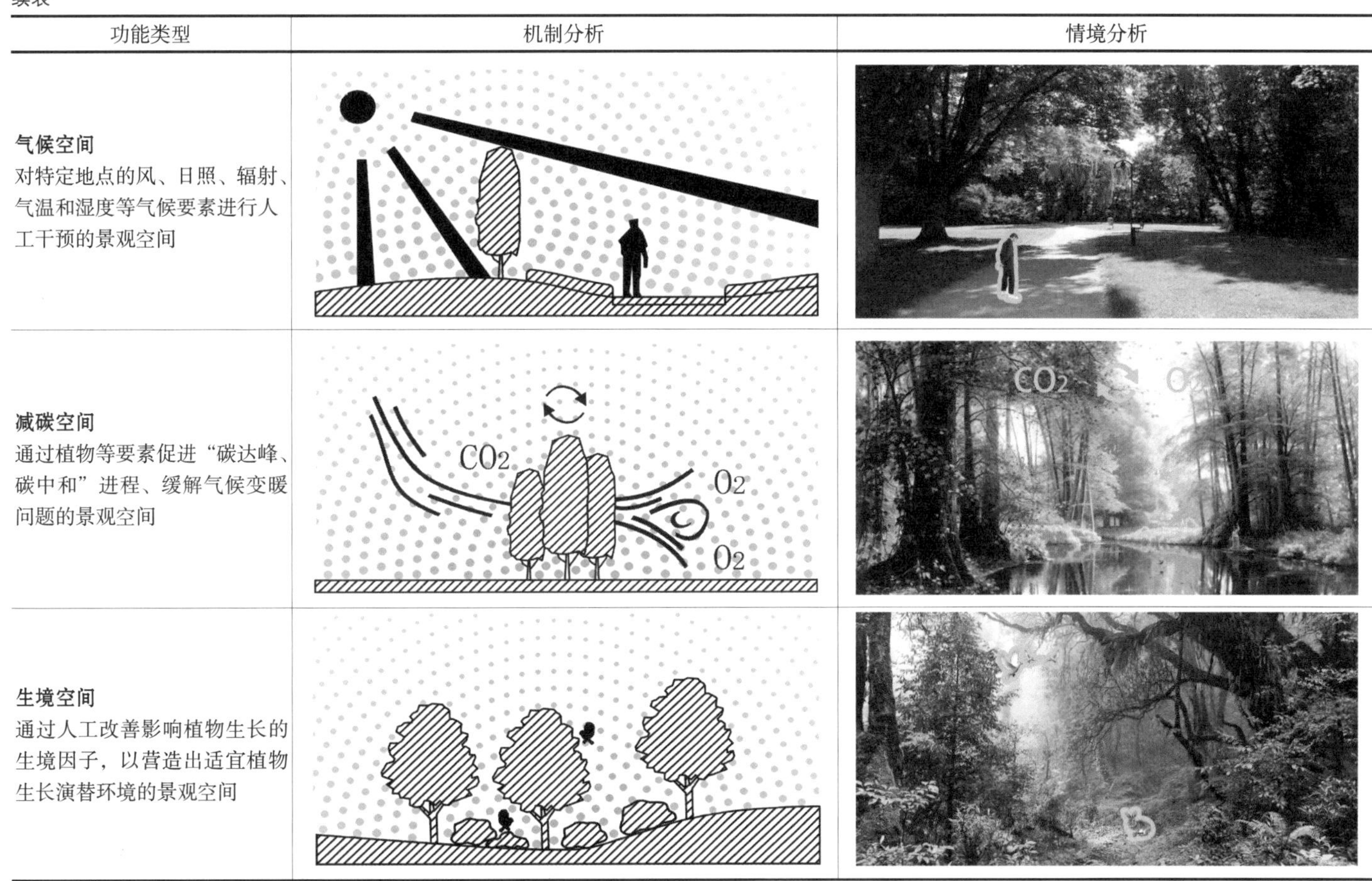

功能类型	机制分析	情境分析
气候空间 对特定地点的风、日照、辐射、气温和湿度等气候要素进行人工干预的景观空间		
减碳空间 通过植物等要素促进“碳达峰、碳中和”进程、缓解气候变暖问题的景观空间		
生境空间 通过人工改善影响植物生长的生境因子，以营造出适宜植物生长演替环境的景观空间		

■ LP 的景观空间分析

在景观规划语境下，笔者提出“格局—过程—功能”的空间机制分析框架。其中，“格局”指景观空间格局，即异质性的景观单元在空间上的排列和组合，包括景观组成单元的类型、大小、形状、数量、位置及其空间分布与配置等；“过程”指景观生态过程，即异质性的景观单元之间物质、能量、信息的流动和迁移过程的总称；“功能”指景观或生态系统服务功能，即生态系统与生态过程所形成及所维持的人类赖以生存的自然环境条件与效用，包括调节、供给、支持、文化等功能（表 7）。

在应用“格局—过程—功能”框架中，景观生态过程分析起到关键的“开黑箱”作用。生态过程分析让我们直观地看到：养分流、物种流、能量流如何从一种景观单元迁移到另一种景观单元的过程，从而揭示出不同景观单元之间（格局）的相互作用过程及结果（功能）。景观生态过程依据发生主体的不同可划分为非生物过程、生物过程和人文过程 3 类（邬建国，2007）。非生物过程是水、养分、能量等无机质在不同景观

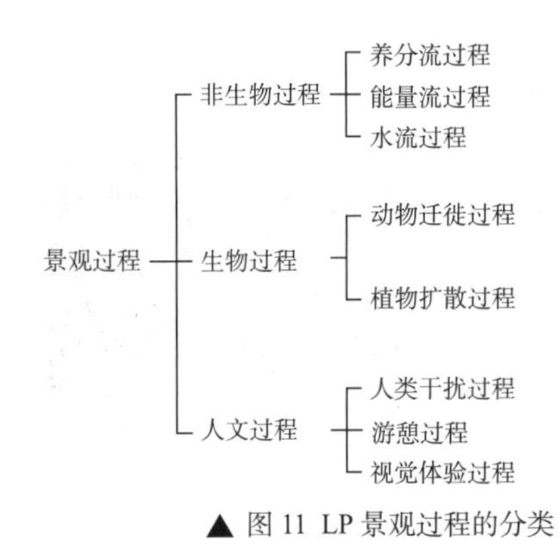

▲ 图 11 LP 景观过程的分类

表 7 LP 语境下“格局—过程—功能”的描述

概念	描述内容	描述载体
格局	自然语言：类型、大小、形状、数量、位置、配置等 景观指数：面积指数、边缘指数、形状指数、核心面积指数、邻近度指数、多样性指数、聚散性指数等	GIS 制图、公式表格
过程	按发生主体分：非生物过程、生物过程、人文过程 按运动方向分：水平过程、垂直过程 按时间尺度分：快过程、慢过程	场景图、框架图
功能	调节功能：调节气候、空气质量、控制疾病、废弃物处理等 供给功能：提供洁净水、燃料、纤维、生物化学物质等 支持功能：土壤形成与维持、水循环、养分循环、生物多样性维持等 文化功能：精神与宗教、娱乐与生态旅游、美学、教育等	场景图、框架图

单元之间流动的过程，如地表径流和地下径流等水平向流动，以及养分流以溶解质的形式随水流而迁移、流动等过程；生物过程指动物随季节变化，在不同景观单元之间进行周期性往返运动的迁徙过程，以及植物依靠风、水、飞行动物、地面动物等媒介在不同景观单元间的散布、扩散等活动；人文过程指因为人类的自身活动，如人类定居、农业开垦、砍伐森林、水利灌溉、围涂、民族融合、城市扩张、游憩和视觉体验等，而对景观格局造成改变的过程。常见的景观过程分类及机制分析如图 11、表 8~ 表 10 所示。

表 8 非生物过程

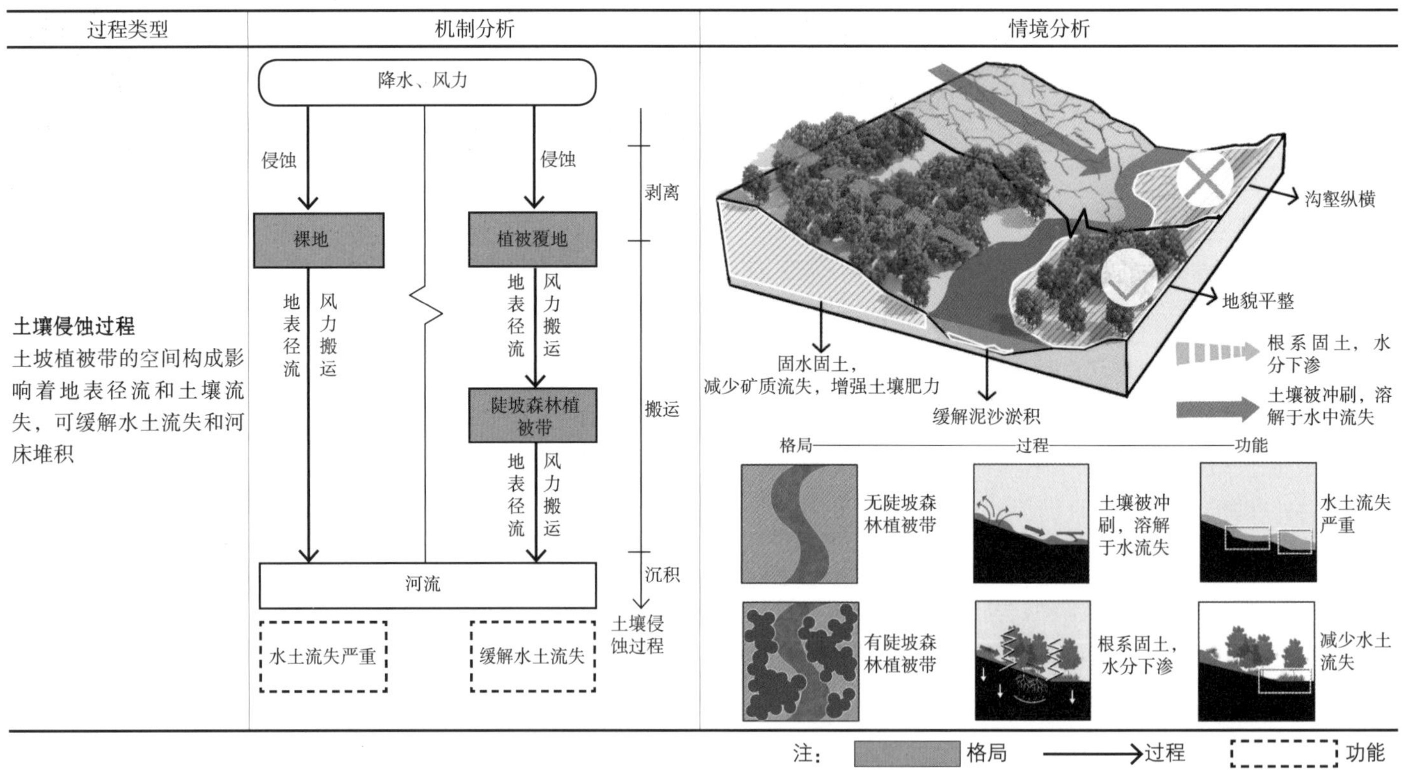

续表

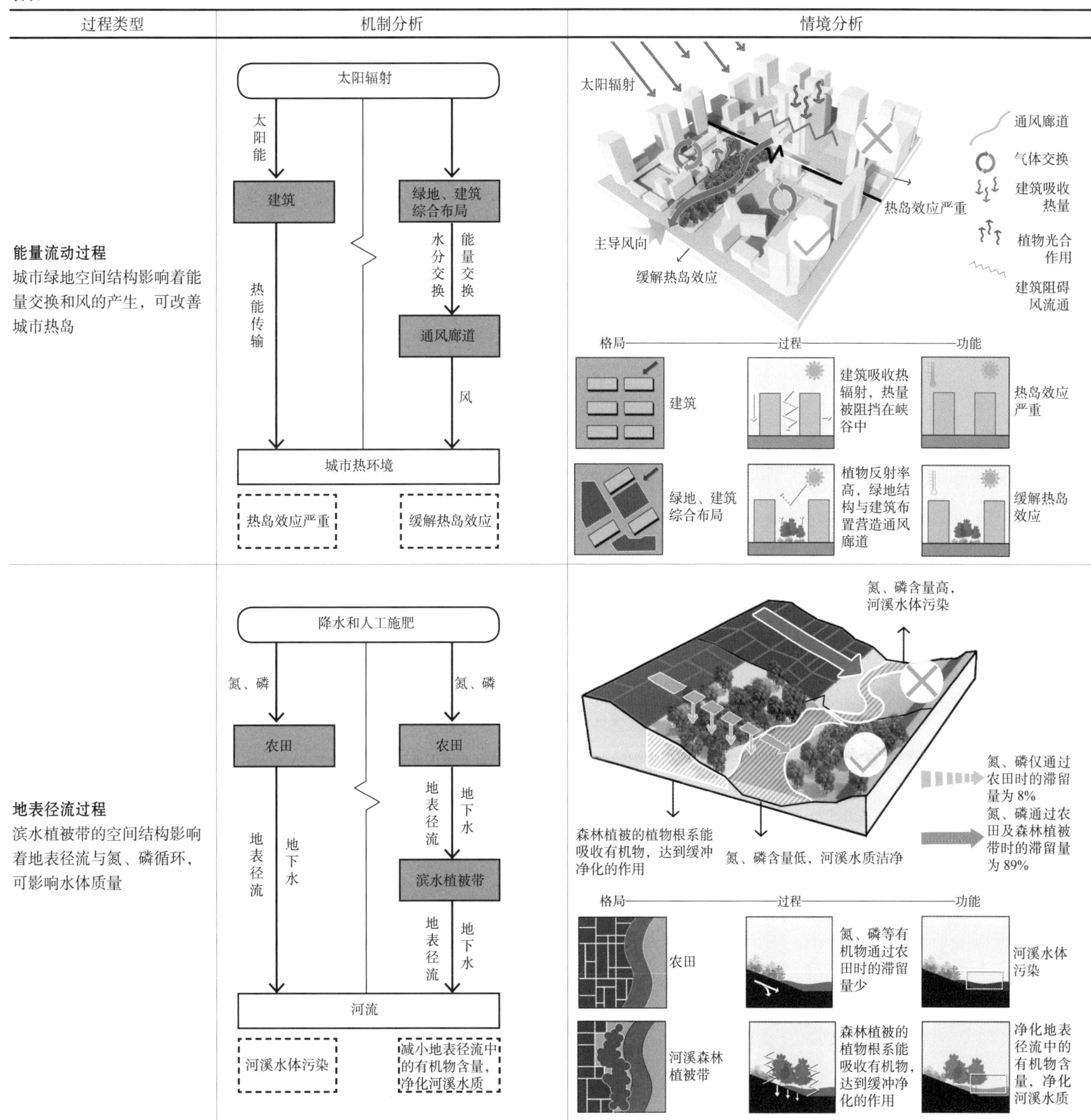

过程类型	机制分析	情境分析
能量流动过程 城市绿地空间结构影响着能量交换和风的产生，可改善城市热岛		
地表径流过程 滨水植被带的空间结构影响着地表径流与氮、磷循环，可影响水体质量		

表9 生物过程

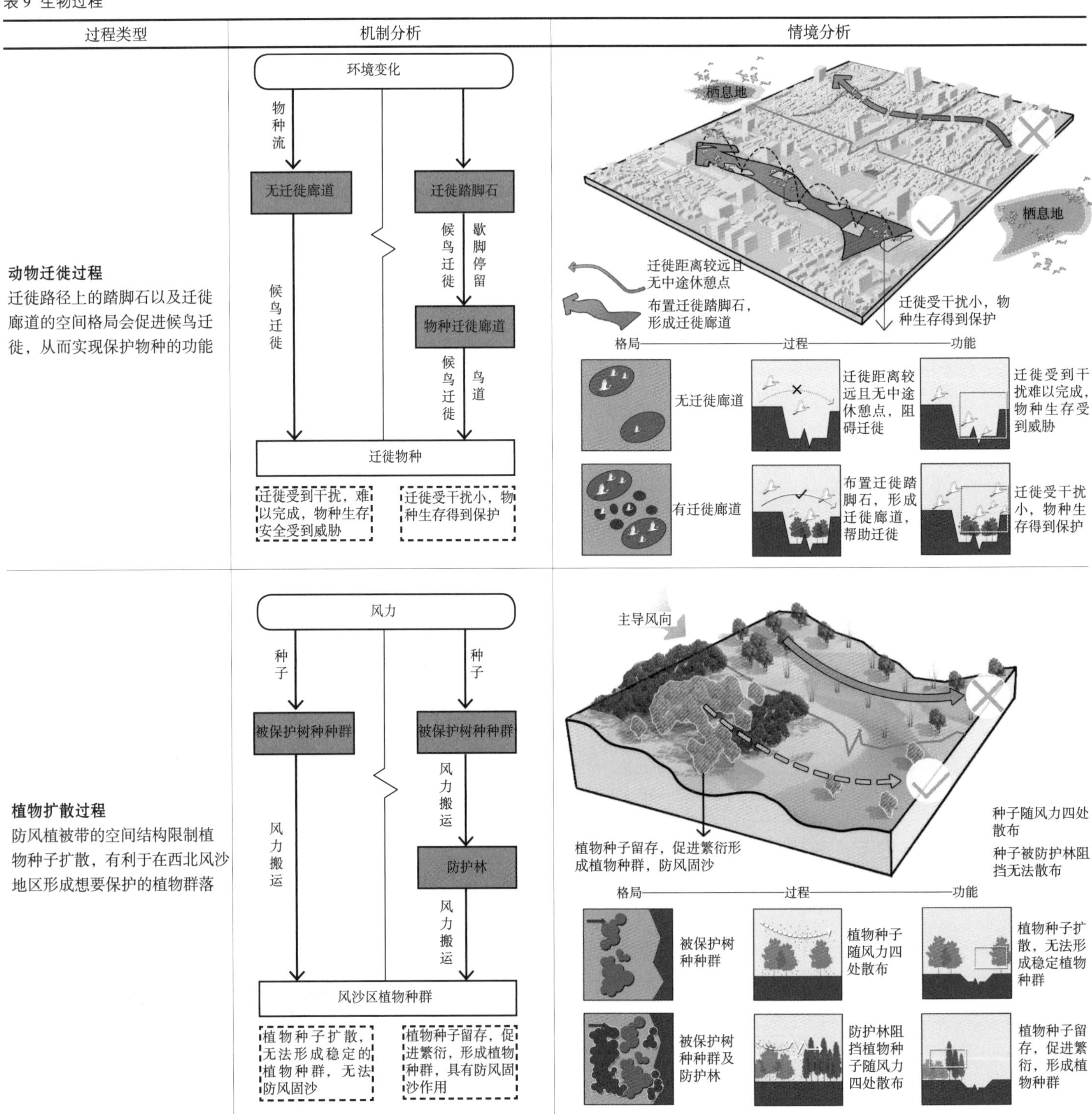

过程类型
机制分析
情境分析
动物迁徙过程
迁徙路径上的踏脚石以及迁徙廊道的空间格局会促进候鸟迁徙，从而实现保护物种的功能
环境变化
物种流
无迁徙廊道
迁徙踏脚石
候鸟迁徙
歇脚停留
物种迁徙廊道
候鸟迁徙
鸟道
迁徙物种
迁徙受到干扰，难以完成，物种生存安全受到威胁
迁徙受干扰小，物种生存得到保护
栖息地
栖息地
迁徙距离较远且无中途休憩点
布置迁徙踏脚石，形成迁徙廊道
迁徙受干扰小，物种生存得到保护
格局
过程
功能
无迁徙廊道
迁徙距离较远且无中途休憩点，阻碍迁徙
迁徙受到干扰难以完成，物种生存受到威胁
有迁徙廊道
布置迁徙踏脚石，形成迁徙廊道，帮助迁徙
迁徙受干扰小，物种生存得到保护
植物扩散过程
防风植被带的空间结构限制植物种子扩散，有利于在西北风沙地区形成想要保护的植物群落
风力
种子
种子
被保护树种种群
被保护树种种群
风力搬运
风力搬运
防护林
风力搬运
风沙区植物种群
植物种子扩散，无法形成稳定的植物种群，无法防风固沙
植物种子留存，促进繁衍，形成植物种群，具有防风固沙作用
主导风向
植物种子留存，促进繁衍形成植物种群，防风固沙
种子随风力四处散布
种子被防护林阻挡无法散布
格局
过程
功能
被保护树种种群
植物种子随风力四处散布
植物种子扩散，无法形成稳定植物种群
被保护树种种群及防护林
防护林阻挡植物种子随风力四处散布
植物种子留存，促进繁衍，形成植物种群

表 10 人文过程

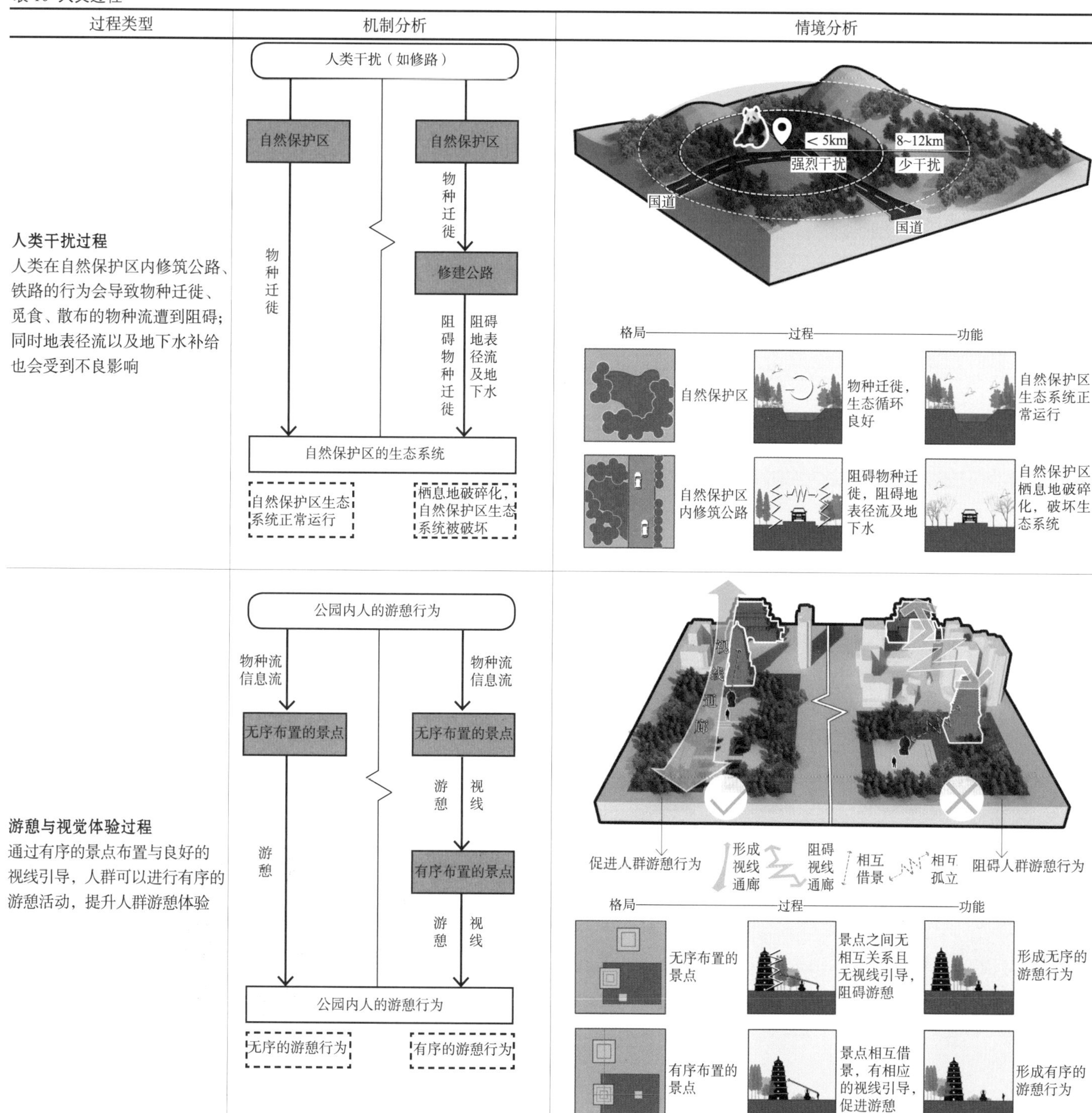

过程类型	机制分析	情境分析
人类干扰过程 人类在自然保护区内修筑公路、铁路的行为会导致物种迁徙、觅食、散布的物种流遭到阻碍；同时地表径流以及地下水补给也会受到不良影响		
游憩与视觉体验过程 通过有序的景点布置与良好的视线引导，人群可以进行有序的游憩活动，提升人群游憩体验		

参考文献

陈多闻，2011. 可持续技术还是可持续使用？——从“技术人工物的双重属性”谈开去 [J]. 科学技术哲学研究，28（3）：63-66，112.

金俊，2002. 理想景观——城市景观空间的系统建构与整合研究 [D]. 南京：东南大学 .

凯文 · 林奇，2017. 城市意象 [M]. 方益萍，何晓军，译 . 北京：华夏出版社 .

康德，2017. 纯粹理性批判 [M]. 邓晓芒，译，杨祖陶，校 . 北京：人民出版社 .

哈特向，2012. 地理学的性质 [M]. 叶光庭，译 . 北京：商务印书馆 .

林广思，2006. 景观词义的演变与辨析 (1)[J]. 中国园林，22（6）：42-45.

刘佳，2016. 景观设计要素图解及创意表现 [M]. 南昌：江西美术出版社，81.

麦克哈格，2020. 设计结合自然 [M]. 芮经纬，译 . 天津：天津大学出版社 .

皮亚杰，1981. 发生认识论原理 [M]. 王宪钿，等译 . 北京：商务印书馆 .

王淑华，2008. 景观空间浅议 [J]. 农业科技与信息（现代园林），12（10）：23-25.

邬建国，2007. 景观生态学——格局、过程、尺度与等级 [M]. 2 版 . 北京：高等教育出版社 .

杨至德，2020. 风景园林设计原理 [M]. 4 版 . 武汉：华中科技大学出版社，201.

詹和平，2011. 空间 [M]. 2 版 . 南京：东南大学出版社 .

思想碰撞

围绕风景园林的研究对象，笔者的研究生曾经写道：“若选择‘园林’，其已经不能满足社会对于风景园林学的需求；就‘风景’而言，其本身受人的主观影响，对同一风景每个人的感知都有所不同；就‘景观’而言，其被广泛地使用于地理学、林学、建筑学等领域，其他学科的理论研究也可以对其产生影响；就‘境’而言，确实在一定程度上为风景园林学开辟了新视角，可一旦细究起来，又会提出‘境’与‘景观’的关系是什么？国外学者面对‘境’是什么等问题时，又会产生同学科译名一样的问题……”那么，“景观空间”作为风景园林学的研究对象，是否就能克服上述缺陷？学科研究对象的确定又应该采用什么标准呢？

专题编者

岳邦瑞

赵素君

戴雯菁

宋逸霏

彭佳新

胡丰

景观设计 04讲

结合自然的和谐空间创造

景观设计在本质上是创造各种人与自然互不伤害、和谐共生的“空间配方”，其方法是在设计中强调“结合自然”，但结合自然的具体途径以及创造出的和谐空间形式却是多样的。例如，中国古典园林通过山水美学组织自然要素，模拟自然山水，是结合“自然的形式”创造“精神上和谐”的空间，本质上是站在人类自身立场的和谐观；当代景观设计则强调遵循各类自然科学原理，通过生境营造、群落设计等方式实现人与周围环境、其他生物的和谐共生，是结合“自然科学规律”创造“生态上和谐”的空间，本质上是生态伦理意义的和谐观。

设计的学科内涵

1. 设计的基本概念

设计（design）一词脱胎于拉丁语“desegnare”，在不同领域被赋予了多元面孔。人们对其内涵的认知迭代源自生活方式、经济基础和观念形态等方面的复杂演变，从关注重点来看，大致可分为3个阶段（图1）。①将设计视作艺术：早期的设计与绘画、造型等艺术概念紧密相关，无论是西方的“disegno”还是中国的“经营”，都强调设计是对艺术作品在线条、形状、比例、动态等审美层面的营造与协调（尹定邦 等，2021）；②将设计视作技术：工业革命后，规模化的高新技术替代了传统手工业生产，系统、规范、量产、规模与效率的社会诉求迫使设计破除了古典主义艺术创造的藩篱，从民族走向国际；技术至上的设计倾向既为现代设计构建了较为完备的体系，也造就了前所未有的环境与能源危机；③将设计视作科学：1969年，赫伯特·西蒙提出“设计科学”的概念，试图将设计与传统科学作出区分。学者们意识到鉴于问题的复杂性及流程的特殊性，设计应该拥有自身独立的知识体系与研究范畴，价值规范、实验评估与循证意识成为评判设计的重要准则。

如今，设计在时代的多元发展中拥有了愈发完备的科学方法论。但是，无论设计的内涵如何发展，其“创造性求解特定问题”的本质属性始终没有改变。创造新理念、方法、形式及功能以解决当下棘手的现实诉求或许是设计面临的永恒命题。

2. 设计的当代理解

在明晰设计的本质属性上，同属设计的词汇是否还有？不同领域的设计是否存在其他共性？能否给当代设计下一个兼具普适性与独特性的明确定义？本讲尝试通过对相近概念名词的比对（表1）及多领域对设计概念的辨析（表2）回应这些问题。

表1 设计的相近概念辨析（邱景源 等，2012）

概念	定义	与设计的差异
科学发现	旨在探索客观规律，发现和认识自然界中未知的物质、现象、变化及特性	目的不同，科学重点关注的是客观规律，而设计更关注运用规律创造新事物，以解决现实问题
技术发明	旨在满足人类物质需求，利用成熟的理论研究成果创造出新产品	结果不同，与强调技术创造成果的技术发明相比，设计更关注于使产品的形态与生产的技术状况相符
艺术创作	旨在表达个人审美及思想情感，提炼和运用生活中的素材来塑造艺术形象及艺术作品	功能与限制条件不同，艺术创作更自由、更多地表达个人感情，设计则受到多种约束，更多地满足大众需要

学科书籍推荐：
《设计学概论》尹定邦 等
《设计概论》邱景源 等

将设计视作艺术

·米开朗琪罗的卡比托利欧广场设计布局略呈对称梯形，使视觉焦点对准元老宫，骑马雕像置于广场放射状几何图案的正中，与周围建筑发生明显的构图关系

将设计视作技术

·智利KPD工厂生产制造了153栋工业化预制装配式住宅，其建筑形式单一，标准化、模块化的设计极大地减少了成本以及工期，以满足快速增长的住房需求

将设计视作科学

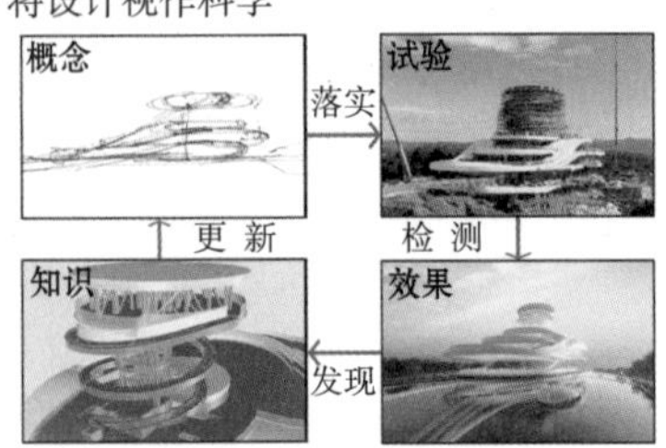

·天顶湖云旅中心项目从解决问题出发形成概念草图，以落地试验的方式进行概念验证，通过最终实际效果的反馈，不断修正最初概念，以达到新知识的产生

▲ 图1 设计内涵的发展历程

表 2 不同领域对设计的概念辨析（西蒙，1987；柳冠中，2006）

分类依据	任务或来源	与设计的差异	特点
艺术主导	《牛津英文词典》	由人所设想的一种计划，或是为实现某物而作的纲要；为艺术品、应用艺术品所作之最初图绘草稿，规范一件作品的完成	①实现目的：满足设计的预期需求；②行动方案：以草图、模型等形式表达对未来的愿景；③限制条件：阻碍、制约设计活动开展的方面；④创造活动：制造新事物的人类行为
	《大不列颠百科全书》	强调为实现目的而进行的设想、计划和筹划，包括了物质生产和精神生产的各个方面；其中在美术方面，设计指拟定计划的过程，又特指记在心中或制成草图或模式的具体计划	
技术主导	柳冠中	设计是以人为主体、有目的活动的社会全过程	
	托马斯·马尔多纳多	工业设计是一种旨在确定工业产品形式属性的创造活动，从生产者和用户双方的角度解决产品的外部特征（外观）与结构、功能之间的关系	
科学主导	赫伯特·西蒙	凡是以现存情形改变成想望情形、为目标而构想行动方案的人都在搞设计；设计者设计了一套行动方案，旨在将现有的情况转变为更好的情况，关注内、外部限制条件，设计存在于内、外部环境中	

3. 设计的基础研究框架

综上所述，设计还应具备如下特性。①限制性：指设计中的一切相关约束条件，包括上位规划、设计规范、基地现状、造价预算及工期等；②目的性：指设计活动应以实现特定利益群体需求为目标，包括实用功能、文化艺术、生态效益及商业价值等；③创造性：在设计目的的驱动下通过引入新理念、新方法而产生新形式和新功能的活动；④方案性：指设计活动的最终成果，通常是对未来愿景的可视化表达及其推导过程，包括图纸、模型、方案册、三维动画及虚拟现实（VR）等（图 2）。对 4 类特性开展语义组织，我们将当代设计的定义表述为：在一定限制条件下，为实现设计目的寻求满意方案的创造性活动（图 3）。

▲ 图 2 设计性质概念解析

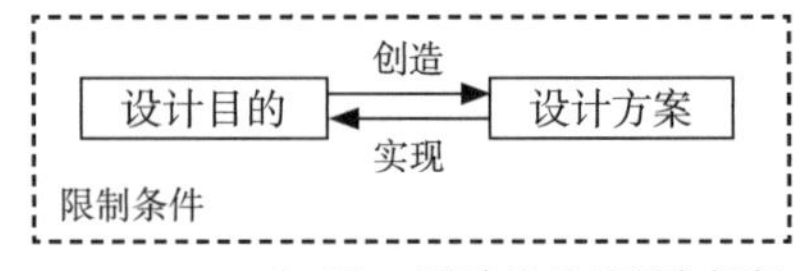

▲ 图 3 设计的基础研究框架

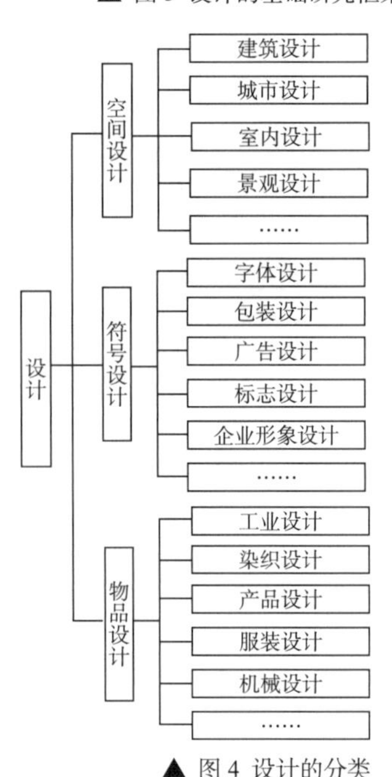

▲ 图 4 设计的分类

■设计的外延

设计的分类方式多样，按照操作对象来划分较为清晰，且易于把握其相互间的差异。具体可分为空间设计、符号设计及物品设计 3 类（图 4）。其中，空间指代由物质结构围合而成、可供人们生活和活动的部分，空间设计强调在自然环境的基础上，创造出符合人类意志的功能空间；符号象征一种视觉意象的传达，符号设计强调通过人对视觉信息的理解与感受，设计出切实可行的信息传达方法与形式；物品则指由一定材料以某种结构形成，且具有一定功能的客观实体，物品设计是对物品的造型、结构和功能等方面进行综合性设计，从而生产制造出实用、经济、美观的物品。合理把握各类设计在限制性、目的性、创造性及方案性上的差异，是实现其领域内富于独创性的研究和实践的基础。

APPLICATION
风景园林中的设计知识

■景观设计的内涵与外延

1. 景观设计的特点

在前文中提到以空间为操作对象的设计，涵盖了景观设计、建筑设计和城市设计等领域。相较于其他空间类设计，景观设计具有自身的特点。本讲希望通过比较不同空间类设计的目的和限制，探讨景观设计的特点（表 3）。

表 3 景观设计与其他空间类设计的特点对比（孙彤宇 等，2021；刘滨谊，2013）

分类依据	景观设计	建筑设计	城市设计
设计目的	空间上协调人与自然的关系	创造高品质的生活及体验空间	改进人们生存空间的环境质量和生活品质
设计限制	不能完全由人控制，受自然因素影响较多	除了基地条件与上位规划条件等，基本上完全由人控制	—

综上所述，景观设计在目的和限制方面，与建筑设计和城市设计存在明显的差异。就设计目的而言，与建筑设计和城市设计强调通过人工要素创造人类生存空间不同，景观设计强调利用自然要素构建城市中的蓝绿空间（杨锐 等，2016），解决城市发展中带来的环境问题，并与其他空间类设计形成相互依存的关系。在设计限制方面，随着科学技术的进步，外部环境对建筑空间的影响逐渐减弱，建筑空间与外部环境逐渐脱离。设计师可以根据使用者自身需求创造人为可控的建筑空间。然而，景观设计与自然环境相融合，植被在不同地区展现出对自然环境不同的适应性，因此景观设计必须因地制宜，在自然环境的约束下进行创造。

2. 景观设计的内涵

通过景观设计的特点，我们可以了解到景观设计是在特定环境条件的限制下，为了协调人与自然关系而创造出更合理、符合人类物质和精神文化需求的居住环境。景观设计将土地和景观视为一种资源，并根据自然、生态、社会和行为等方面的关系原则，促使人与自然之间建立和谐、平衡的整体关系。同时，景观设计强调对土地及其上的物体和空间进行协调和完善，实现与自然环境的长期互动，最终达到与自然环境和谐共存的目标。

3. 景观设计的外延

当代景观设计与传统的园林设计相比，景观的类型和规模都已大大拓展，包含外部蓝绿空间。根据指向的不同，可将景观设计划分为人居类、游憩类、生态类 3 种类型（图 5）。

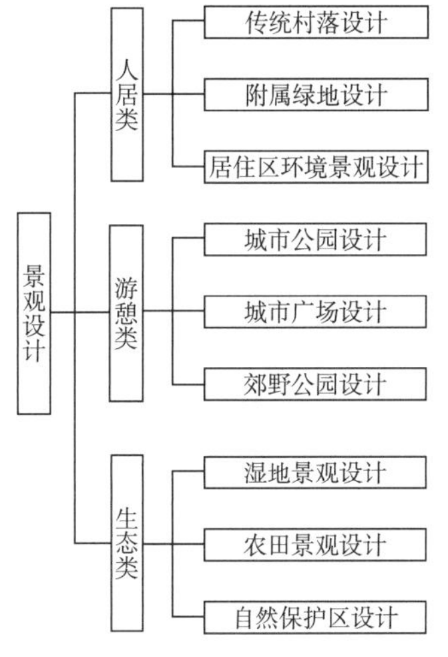

▲ 图 5 景观设计的分类

当代景观设计的原则与应用

1. 景观设计的原则

景观设计的本质是结合自然的和谐空间创造。无论古代还是现代的园林，在面对不同问题时，设计方法可能也在不断变化，但其本质始终如一。古典园林创造空间多是结合人生体悟、个人价值观念，创造人与自身相和谐的园林空间（朱建宁 等，2005）。而当代景观设计强调集体对生态价值的认同，因此当代景观设计趋向于创造生态和谐的空间。无论古今，想要创造结合自然的和谐空间都必然要遵循一定的设计原则。本文从古今园林的传承与变革的角度进行分析，发掘属于当代景观设计的基本原则，为当代景观的鉴别区分提供依据。

2. 景观设计理念的传承

当代景观设计的发展离不开对古典园林的继承，那么当代景观又是如何在古典园林的基础上进行拓展的？二者有何共通之处？对此，笔者从古今园林的造园理念、功能定位、地域特点、设计要素 4 个方面进行探讨（表 4）。

表 4 景观设计理念的继承与发展（张振，2003；刘滨谊 等，2010；王睿隆 等，2021）

	古典园林	当代景观
造园理念	空间观以自然为原型，追求空间的无限性，十分注重空间的收放、旷奥处理，强调融合植物、水体等自然之美	从过去注重空间的宏伟和对比，发展为符合植物生存和繁殖需要的生境空间，以及适应群体行为和活动的三维空间
	评价标准为“巧于因借，精在体宜”，体现出古典园林对于造园要素、空间比例与尺度的不断追求，是视觉层面的尺度	随着景观的多元化发展，尺度的内涵逐渐从视觉层面向功能以及生态方向发展
功能定位	发展过程中逐渐演化出可游可居的特点，游憩功能成为园林最基本的功能之一	由于古今园林的服务对象发生变化，当代景观设计更加注重大众的游憩需求
地域特点	在发展中受到外部环境以及科学水平的限制，其景观塑造都表现出明显的地域性，例如中国古典园林成熟后期逐渐发展出江南园林、北方园林、岭南园林三大风格	借鉴古典园林的地域特色，摒弃了一成不变的模式；随着科学技术的不断发展，当代景观在一定程度上突破了地域的限制，但总体上不同地区仍然呈现出独特的地域特征
设计要素	将植物的季象变化作为景观的组成要素，感受景观随时间变化所产生的动态变化	进一步理解自然的动态规律，将景观视作一个动态变化的系统，其目的在于建立一个自然的过程，而不只追求植物的审美功能

通过分析和比较，我们可以发现当代景观设计在发展过程中秉承了古典园林的5个重要原则：三维性、游观性、地域性、动态性和尺度性，并在这些原则的基础上不断进行拓展，以适应当代外部环境的变化。

3. 景观设计的革命性创新

当代景观设计在继承和发展古典园林的同时，也进行了革命性的创新。这主要是由于外部因素的变化引起了园林内部的调整，以更好地适应当代环境。这些外部因素的变化可以分为服务对象的变化、自然观念的变化和城市环境的变化。本文通过探究这3种外部因素的变化，揭示了当代景观设计的革命性转变（表5）。

表5 当代景观设计的革命性转变（张振，2003；杨锐，2011）

外部因素	古典园林	当代景观
服务对象的变化	绝大多数园林设计都是为统治阶级服务，或者归他们所有	服务对象由私人转变为公众，除了私人所有的园林外，还出现了由政府出资经营并向公众开放的公共园林
自然观念的变化	追求视觉景观之美和精神寄托，自觉创造结合自然之美的和谐空间	追求符合全人类价值的可持续发展目标，自觉创造符合自然生态规律的和谐空间
城市环境的变化	城市和集镇的出现使得人与自然开始分离，园林与城市之间的关联性减弱，主流的园林设计多是内向、封闭的	使用者从私人转向大众，使得景观设计由原先的封闭内向型转变为开放外向型；当代景观设计与建筑设计、城市设计的关系变得密不可分，景观设计需要多专业协调配合才能更加适应城市环境的变化

服务对象变化

自然观念变化

城市环境变化

▲ 图6 古今园林的革命性变化

通过对比，我们能够大致判断当代景观相较于古典园林的革命性变化有以下3点（图6）。①由服务对象变化所带来的“公众性”转向：古典园林的服务对象主要是皇帝或官僚贵族等在社会、经济、文化上地位较高的少数人群，而出现于20世纪的现代景观的历史性变革，在于景观设计的服务对象扩展到中产阶级以及劳动阶级，从此景观设计朝向大众化的方向行进，“公众性”成为当代景观设计的主旋律（杨锐，2011）；②由自然观念变化所带来的“生态性”转向：与古典园林不同，当代景观设计的价值追求不再着重于视觉美学层面，而是开始关注生态效益、社会效益等多方面效益，以解决城市快速发展带来的诸多问题（张振，2003）；③由城市环境变化所带来的“邻里性”转向：由于古今城市环境变化差异巨大，当代景观设计在周边系统化基础设施的约束下，不得不重新适应城市环境，因此外部环境功能逐渐渗透到景观内部，并产生联系。

4. 当代景观设计的八大原则

当代景观设计服务人群的扩大、集体价值的出现、城市环境的改变都推动着当代景观重新适应外部因素，其革命性创新构成当代景观设计的底色。当代景观设计既吸收了古典园林中的精华，也在对外部环境的不断的适应中，发展出自身特色，共同构成了当代景观设计的八大原则（表6）。

表 6 当代景观设计的原则（王晓炎，2017；岳邦瑞 等，2017）

设计原则		现代景观
推陈革新	公共性	强调公众而非个人，公众是指服务对象是全体市民，不分阶层；公共性强调两点：①公园归属于大众，服务于大众；②公众可以参与设计，给出意见及建议
	生态性	强调符合自然规律的和谐空间创造，即让自然做功和显露自然：①让自然做功是指减少人工干预，强调自然的生态服务功能；②显露自然则是指展现自然过程
	邻里性	强调场地与周边联系而非孤立场地与周边联系：①园区基址与周边住区、商业区、绿地、交通等的关系，并要充分考虑场地内部现状要素间的关系；②通过分析周围的有关要素，使设计方案更加完善，场地能够得到最大化利用
继承发展	空间性	强调空间而非平面，空间即物质之间的空隙，平面是指园林设计的顶视图；空间性原则指将空间作为设计要素，进行竖向空间的层次布置与排列，塑造人在园林空间中不同的体验与感受
	地域性	强调地域特点而非千篇一律，地域性包括三点：①尊重传统文化和乡土知识；②选用当地的材料；③适应当地自然过程。地域性不仅是文化性的体现，也满足了生态设计的要求
	游观性	强调变化而非单调，变化是指在设计时，通过层次、对比等手法，丰富游览路径、景观内容等的变化，调节人的游览行为及心理感受，以达到步移景异的游览效果
	动态性	强调自然群落的动态变化，让自然演替成景，而非一成不变：①在植物群落的生长过程中，呈现出不同于人工管护条件下的生长变化；②根据植物群落的动态演替规律创造合理的植物群落
	尺度性	强调 3 方面内容：①避免构成不符合人体尺度需求的空间；②调整园林中部分与部分、部分与整体之间的关系，满足基于游园需求所需的尺度感；③构建与自然和谐的景观尺度

5. 景观设计原则的应用解析

当代景观设计原则为创造和谐空间提供了明确的指导。古典园林的和谐主要体现在人自身的和谐上，因此在自然观念和造景手法上都体现出了人文造境的和谐空间创造。然而，随着当代景观设计中自然观念和设计方法的变化，其对集体价值和生态性的追求成为主导。因此，以生态为基础的和谐空间创造成为当代景观设计的主导思想。本讲通过实际案例介绍当代景观设计的八大原则（表 7），从多个维度探讨了设计原则与当代景观设计的关系。

表 7 当代景观设计原则的应用解析

设计原则		实际案例图解	
推陈革新	**公共性** 纽约中央公园能够容纳全市不同阶层的人；颐和园主要为上层阶级提供游憩休闲		
	生态性 公园中的植物配置多样，景观稳定性强；凡尔赛宫植物需要高昂的人工维护成本，植物配置单一，强调人工性，为了防止水体蒸发，水池采取硬化处理		

续表

	设计原则	实际案例图解	
推陈革新	**邻里性** 达拉斯市中心公园需满足周边商业区与居住区的人群需求；而故宫主要满足内部使用者的需求，不能为周边百姓提供直接的服务		
继承发展	**空间性** 美国坎伯兰公园活动空间在水平、竖向上均富于变化，能够营造丰富的空间体验；而霍华德庄园这类古典园林更加注重平面图案，缺少空间体验		
	地域性 中山岐江公园保留了原场地最具代表性的工厂遗址，为这片土地保留了工业时代的记忆；法国古典主义园林盛行的时期周边国家纷纷效仿		
	游观性 当代公园中层次丰富的游览路线使得游人能够多角度地观察景物；古典园林的观赏特性、观赏层次、观赏方式与当代景观不同		
	动态性 天津桥园的植被随着时间在空间中生长死亡，不同季节呈现出不同的景观；沃勒维贡特庄园中的植物主要为了体现人工性，被定期修剪，且大多选用常绿植物，使四季都呈现出绿色		
	尺度性 公园中各个功能分区联系紧密、尺度合宜，儿童、老年人活动区专门根据儿童、老年人的身体尺度、心理需求进行设计；而凡尔赛宫的空间尺度宏大，其设计主要出于视觉层面的考虑	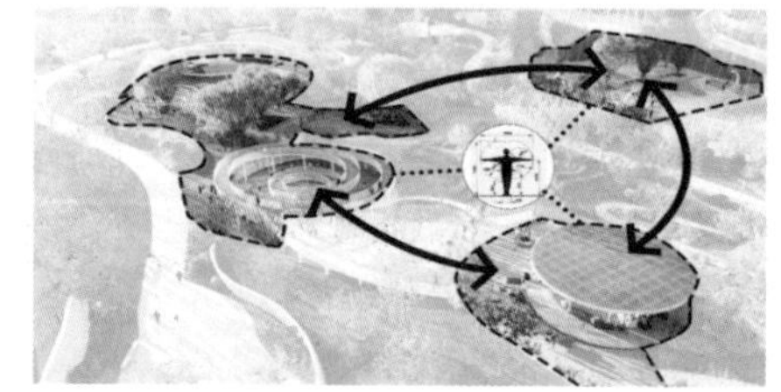	

衢州鹿鸣公园的设计目标是将公园打造成集休闲、运动、游乐于一体的城市综合型滨水公园，同时解决气候变化、食品安全、水资源短缺等问题。为此，在场地内部要素复杂、乡土景观的历史文化遗产价值低等限制条件下，设计师提出最小干预、都市农业、与洪水为友等设计理念。在利用山水格局和自然植被的基础上，通过栈道系统构建游憩网络，步移景异，成功地将生产性植被和绚丽的自然风光，转变成游客可直观体验的多层次的互动游赏景观（图 7），充分体现了现代景观设计的公共性、生态性、邻里性、地域性、动态性、空间性、游观性 7 项原则（图 8）。

红砂岩
历史凉亭
设计前
设计后

▲ 图 7 鹿鸣公园设计前后对比图

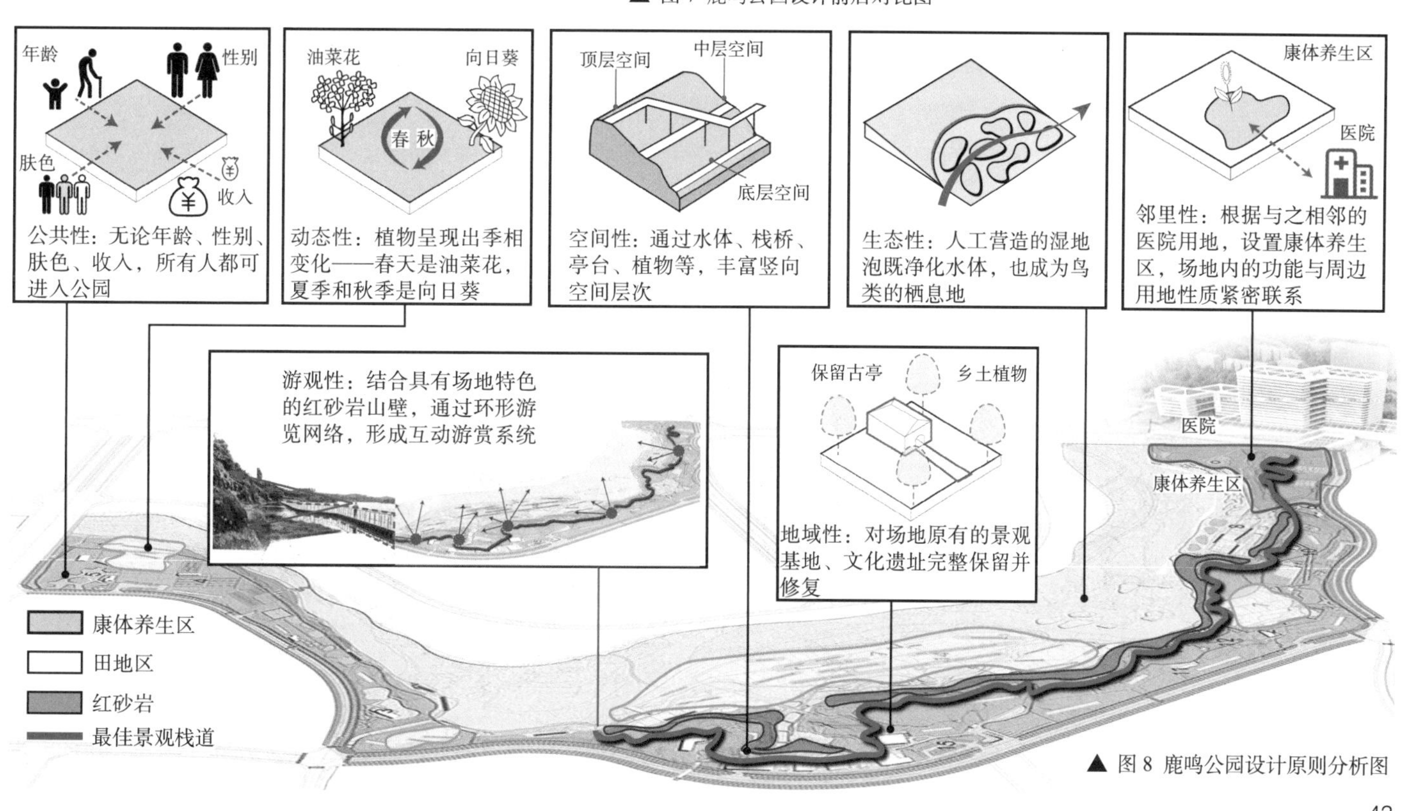
年龄
性别
肤色
收入
公共性：无论年龄、性别、肤色、收入，所有人都可进入公园
油菜花
向日葵
春
秋
动态性：植物呈现出季相变化——春天是油菜花，夏季和秋季是向日葵
顶层空间
中层空间
底层空间
空间性：通过水体、栈桥、亭台、植物等，丰富竖向空间层次
生态性：人工营造的湿地泡既净化水体，也成为鸟类的栖息地
康体养生区
医院
邻里性：根据与之相邻的医院用地，设置康体养生区，场地内的功能与周边用地性质紧密联系
游观性：结合具有场地特色的红砂岩山壁，通过环形游览网络，形成互动游赏系统
保留古亭
乡土植物
地域性：对场地原有的景观基地、文化遗址完整保留并修复
医院
康体养生区
康体养生区
田地区
红砂岩
最佳景观栈道

▲ 图 8 鹿鸣公园设计原则分析图

参考文献

刘滨谊，2013. 风景园林三元论 [J]. 中国园林，29（11）：37–45.

刘滨谊，张亭，2010. 基于视觉感受的景观空间序列组织 [J]. 中国园林，26（11）：31–35.

柳冠中，2006. 事理学论纲 [M]. 长沙：中南大学出版社 .

邱景源，江滨，2012. 设计概论 [M].2 版 . 北京：中国建筑工业出版社 .

孙彤宇，许凯，2021. 从建筑学科核心要素谈城市设计专业建设 [J]. 时代建筑，38（1）：9–15.

王睿隆，边谦，孟兆祯，2021. 巧于因借，精在体宜——从《园冶》园到“琼华仙玑”[J]. 中国园林，37（1）：133–138.

王晓炎，2017. 基于现代园林设计六项原则的中国传统园林现代性分析 [D]. 郑州：河南农业大学 .

西蒙，1987. 人工科学 [M]. 武夷山，译 . 北京：商务印书馆 .

杨锐，2011. 风景园林学的机遇与挑战 [J]. 中国园林，27（5）：18–19.

杨锐，袁琳，郑晓笛，2016. 风景园林学与城市设计的渊源和联系 [J]. 中国园林，32（3）：37–42.

尹定邦，邵宏，2021. 设计学概论 [M]. 北京：人民美术出版社 .

岳邦瑞，刘臻阳，2017. 从生态的尺度转向空间的尺度——尺度效应在风景园林规划设计中的应用 [J]. 中国园林，33（8）：77–81.

张振，2003. 传统园林与现代景观设计 [J]. 中国园林，19（8）：46–54.

朱建宁，杨云峰，2005. 中国古典园林的现代意义 [J]. 中国园林，21（11）：1–7.

思想碰撞

设计是不是一门科学？自然科学关心事物的本来面目，具有描述性；而设计则关心事物应当怎样，关心“价值”问题，具有规范性。问题的实质并不在于可否给设计研究冠以“科学”之称，而在于“设计”能否作为描述性研究的对象。有的人认为这是毫无疑问的。设计科学似乎可以解释设计中的物质功能，但精神功能和社会功能能否由自然科学的法则计算出来？理性的科学能否解释设计中的直觉与灵感等非理性问题？设计科学这一概念是否成立？

专题编者

岳邦瑞

费凡

王梦琦

李馨宇

彭佳新

胡丰

景观规划 05讲

基于资源本底的空间格局优化

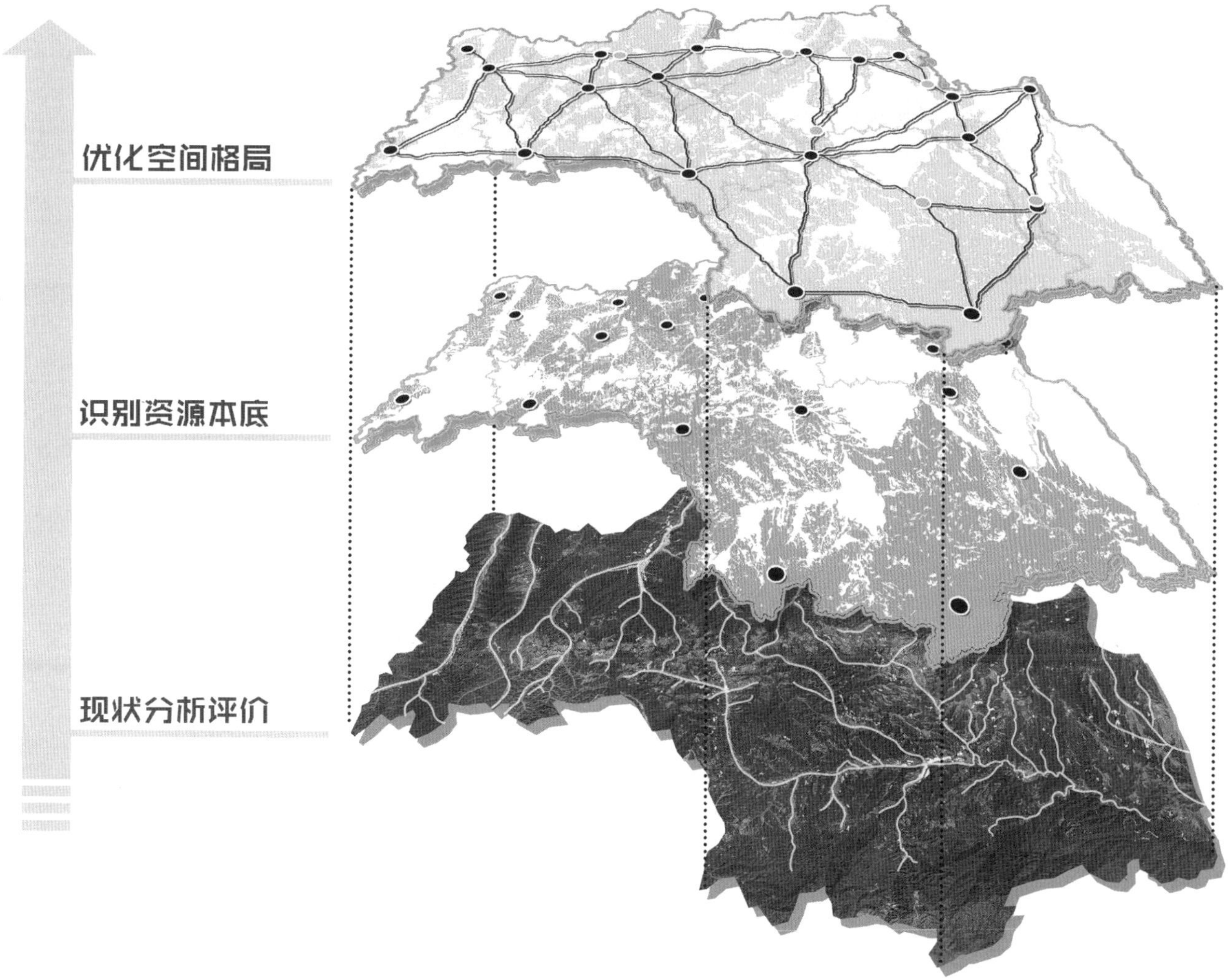

优化空间格局

识别资源本底

现状分析评价

较之城乡规划等发展导向型规划，景观规划总体上是一种“保底型规划”，它强调优先识别与保护“资源本底”与“生态本底”，并基于对“本底空间”的格局优化来实现人与自然的和谐。此外，在操作对象和规划内容上，“景观”既可以视作“风景”，也可以视作包含多个生态系统的“土地镶嵌体”；规划内容既可以侧重风景、游憩资源的保护和开发，也可以侧重自然资源、生态系统的保护和修复。

学科书籍推荐：

《现代城市规划理论》孙施文
《在公共领域中的规划：从知识到行动》约翰·弗里德曼

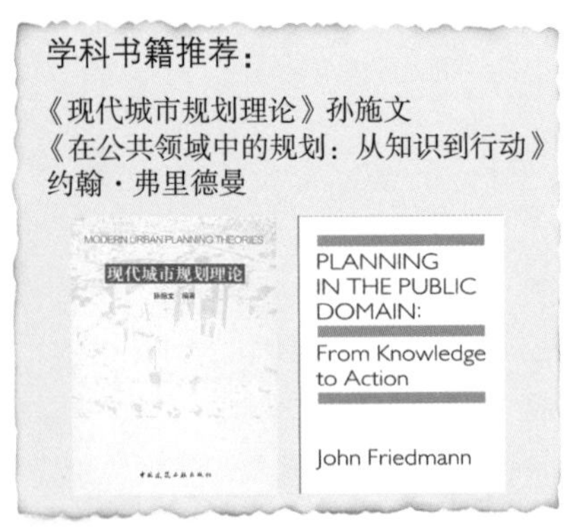

规划的内涵

1. 内涵演变

规划（plan）一词起源于公元前 5 世纪拉丁语“planum”（意为平坦的表面），17 世纪开始在英文中出现，20 世纪初在现代学科语境中被正式使用，20 世纪 80 年代传入中国。规划的内涵演变历经 3 个阶段（图 1）：①公元前 5～18 世纪，规划作为名词，指在平坦表面上绘制的地图或蓝图，对应建筑设计与城市规划的成果图；② 18 世纪初～20 世纪 50 年代，规划作为动词，指行动计划，表示为完成某些目标而制定的计划；如在城市建设前，规划师通过统筹城乡资源，对城乡发展建设方案及行动计划进行安排；③ 20 世纪 50 年代后，规划的内涵不断丰富，涉及的领域亦不断扩大，既包括以城市规划为代表的物质空间规划，也涉及经济、社会、政策等公共领域的规划，甚至延伸到了人生、职业等私人领域。综上所述，规划具有“针对未来目标提供解决方案”的本质属性（张惠远，1999）。

2. 分析比较

为了厘清规划的内涵，笔者尝试对规划的各种现代定义进行辨析（表 1），以提炼规划的共性特征；其次，通过对与规划相近的概念——“计划”和“策划”进行理论上的对比（表 2），揭示出规划的特殊属性。此外，还将“规划”与“设计”这些景观设计师常常混用、并用的概念进行了多角度的细致比较（表 3），期望全方位地呈现出规划的所有基本特征。

将规划视作名词阶段

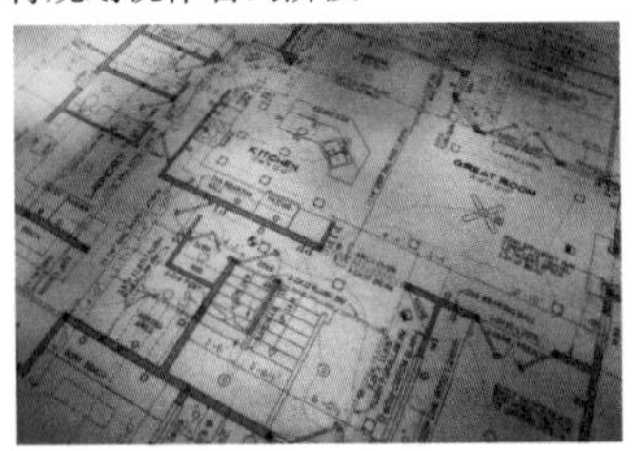

· 人们把在平坦表面上绘制的地图或蓝图称为规划

将规划视作动词阶段

· 为解决城市拥挤问题，纽约采用分区规划的方式，对不同城区的建筑高度进行限制，以满足不同城区的各种需求并解决城市问题

规划内涵丰富阶段

· 中国五年计划、改革开放等非物质空间规划实践与理论的出现，丰富了规划内涵

▲图 1 规划内涵的演变历程

表 1 规划的概念辨析（孙施文，2007；杨永恒，2012）

人物或来源	定义	共性特征
费里德曼，1987	规划就是以现在的知识来引导未来的行动，其作用在于引导社会发展和转变	①未来设想 ②目标导向 ③选择、决策 ④行动方案
沃特斯顿，1965	规划本质上是一种有组织、有意识且连续的尝试，以选择最佳的方法来达到特定的目标	
孙施文，1997	规划是为实现一定的目标而预先安排行动步骤，并不断付诸实践的过程	
彼得·霍尔，1975	规划作为一项普遍活动，是指编制一个有条理的行动顺序，使预定目标得以实现	
C. W. 丘奇曼，1972	规划是人们对于未来的设想以及为实现这些设想拟采取的行动方案	
叶敬忠，2006	规划是一个不断选择和决策的过程，它旨在利用有限的资源来完成未来特定时间内的特定目标	

表 2 规划的相近概念对比

概念	定义	特点
规划	规划本质上是一种有组织、有意识且连续的尝试，以选择最佳的方法来达到特定的目标	规划重选择，具有长远性和全局性的特点
计划	指工作或者行动以前，预先拟定的具体任务和完成时间，以达到设定的目标	计划重内容，具有短时性和具体性的特点
策划	指有效地运用手中的有限资源，选定可行的方案，达到预定目标或解决某一难题	策划重创意，具有创造性、灵活性和谋略性的特点

表 3 规划与设计的对比

对比项	规划	设计	对比结论
目标	一般以促进城市经济增长、协调人与自然关系等为目标	一般以实现特定利益群体需求为目标，包括具体的实用功能、生态效益、商业价值等	规划的目标一般具有模糊性的特点，设计的目标比较明确
周期	规划的周期分为长期、中期、短期 3 种。一般多为 5~20 年	设计的周期较短，一般在 3 个月内可完成，少数的设计周期会超过 1 年	规划的周期较长，设计的周期较短
约束条件	规划过程中难以预料的政策、社会、市场和技术等因素的变化	设计中的上位规划、设计规范、基地现状、造价预算及工期等	规划的约束条件是其所面临的不确定性因素，设计则是设计规范、造价预算等确定性因素
过程	选择实现规划目标的实行路径和近期目标等	创造新理念、新方法、新形式，以解决当下棘手的现实问题的过程	规划的过程是由一系列的选择组成，设计的过程强调创新
结果	通常会编制一个完整系统的书面性成果，包括资源、要素的安排部署内容及行动步骤等	通常是对未来愿景的可视化表达及其推导过程，包括图纸、模型、方案册、三维动画等	规划最终会形成一个完整系统的书面性成果，设计通常形成对未来愿景可视化表达的图纸或模型

3. 基本特征

通过上述分析，笔者提出如下定义：规划是对于未来的目标与设想，以及为实现这些目标与设想所拟定的行动方案。规划具备 4 个基本特征：①目标导向性，所有的规划都需要预先设定一个长远目标，才能围绕这个目标再展开一系列部署和计划；通常规划期限越长，其目标越模糊，反之亦然；②方案性，规划最终会编制一个完整系统的书面性成果，体现出对要素、资源的安排部署和连续的、多阶段的行动计划，以实现预期的长远目标；③不确定性，在规划编制及实施过程中会受到多种变化因素的影响，如政策、社会、市场等规划外部条件和理论、模型、技术等规划内部因素；这些因素的变化常常难以预料且不可控制，会导致规划的预期目标和行动方案发生改变；④多情境与选择性，为应对不确定性，规划编制工作从一开始就要全面考虑不同情境下的各种影响因素及其影响结果，并反映在规划目标和方案制定中，供决策者进行选择；同时，也需要根据规划实施不同阶段中各种因素的实际变化，及时重新选择和调整规划目标和方案（图 2）。

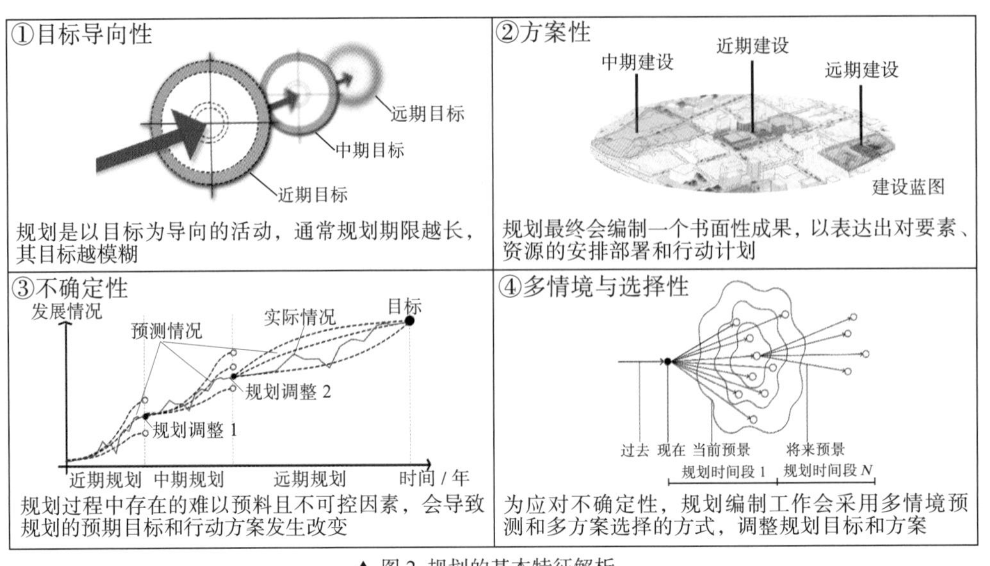

▲ 图 2 规划的基本特征解析

规划的外延

1. 分类方式

规划的分类方式较多，通常以应用领域、作用对象、内容性质、管辖范围等来划分，其中以规划的作用对象为准则进行区分较为清晰，且易于把握其相互间的差异，具体可分为物质空间规划、非物质空间规划两类（图3）。物质空间规划包含国土空间规划、城乡规划、景观规划等，主要强调对空间格局的改变和优化过程；非物质空间规划是指除了物质空间规划以外的规划类型，强调对非空间要素或资源的安排利用，例如经济规划、人生规划等。

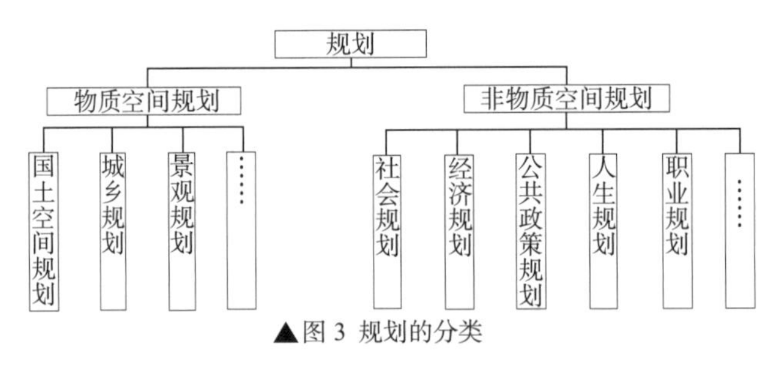

▲图 3 规划的分类

2. 物质空间规划

“物质空间”（physical space）是指现实中存在的各种具象空间，是人类最为直观感受、认识乃至使用的空间，包括国土空间、城市空间、乡村空间、建筑空间等。物质空间规划（physical planning 或 physical space planning）的对象通常是各类用地及其所承载的建设空间，通过对用地配置、空间布局和建设时序的安排等规划手段，实现人类对于未来的目标与设想。

物质空间规划主要包括如下3类。①国土空间规划：指对一定区域国土空间保护开发在空间和时间上作出的安排，包括总体规划、详细规划和相关专项规划；②城乡规划：指对一定时期内城乡社会和经济发展、土地利用、空间布局以及各项建设的综合部署、具体安排和实施管理；③景观规划：指应用景观生态学原理，通过研究格局与过程，以及人类活动和景观的相互作用，在景观生态分析、综合及评价的基础上，提出景观的最优利用方案。

通过对比，能够看到三者的各自特点（表4）：城乡规划是一种以土地开发建设为主导的发展型规划；景观规划是强调优先识别与保护资源本底的保底型规划；国土空间规划则是兼有保护与发展的综合型规划。

表4 3类物质空间规划对比

物质空间规划分类	操作对象	规划过程	规划结果	规划类型
城乡规划	城乡空间系统	通过相关政策解读和现状分析进行土地利用	土地利用和空间布局的综合部署	发展型规划
景观规划	土地镶嵌体	以现状及周边分析为主，对空间格局进行优化	土地与自然资源的识别与保护	保底型规划
国土空间规划	国土空间系统	以相关政策为主导，结合现状及周边分析，对国土空间进行保护和利用	国土空间保护开发在空间、时间上的安排	综合型规划

APPLICATION
景观规划的理论与实践

■ 景观规划的发展历程

作为风景园林学（LA）的一个方向，景观规划（LP）的思想与实践历经120年，笔者将其分为4个主要阶段（图4），各阶段对规划对象“景观”有不同的认识。①19世纪末~20世纪50年代，着重风景游憩的规划：此时人们对景观的认识主要是“风景”“景色”，景观规划的方式主要为基于风景资源分布，划分风景游憩道，代表实践是波士顿“翡翠项链”；②20世纪60~70年代，以景观适宜性分析为基础的规划：人们对景观的认识是“土地”“地表”，规划方式为基于千层饼模式，形成土地分区；③20世纪80~90年代，基于景观生态学的规划：人们对景观的认识是“土地镶嵌体”，规划方式为基于斑块—廊道—基底模式，优化景观格局；④21世纪至今，包含景观规划思想的综合规划：人们对景观的认识是“地域综合体”，规划方法多样且综合，此时的景观规划多与其他空间规划融为一体，如国土空间规划。从着重风景游憩的规划到包含景观规划思想的综合规划，虽然人们对景观的认识和景观规划方式在不断改变，但是其尊重场地特色，强调对“本底空间”的优先识别、评价与保护的特点一直未变。

着重风景游憩的规划

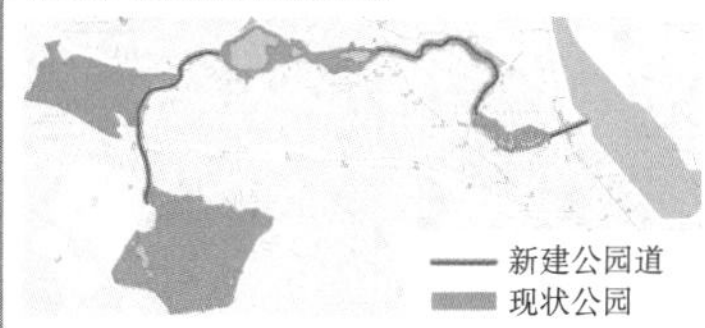

1919年，奥姆斯特德为解决城市问题，将富兰克林公园、阿诺德植物园、牙买加池塘、波士顿公园及其他绿地系统有机地联系起来，完成了波士顿公园体系规划，又称“翡翠项链”

以景观适宜性分析为基础的规划

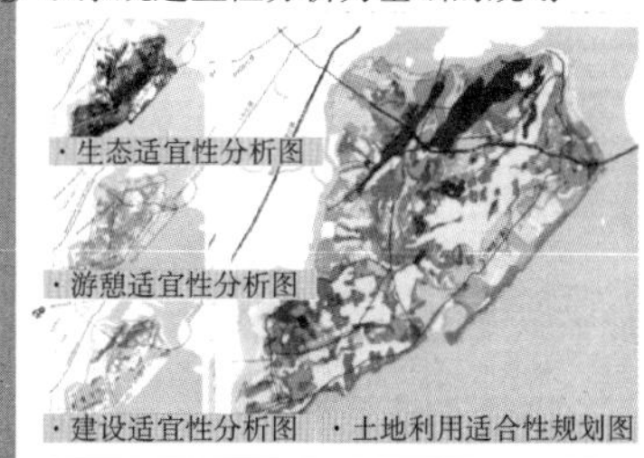

麦克哈格在纽约斯塔滕岛规划中，基于土地利用适宜性分析，提出了结合自然的土地利用方案

▲ 图4 景观规划的发展历程

基于景观生态学的规划

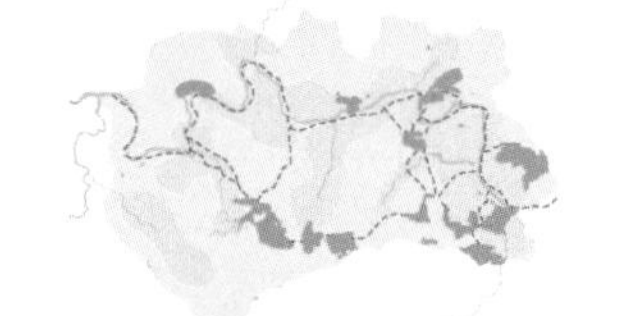

核心区　缓冲区　生态廊道

石花洞风景名胜区内部景观呈破碎化分布，规划师基于斑块—廊道—基底模式，通过增加廊道，优化了景观格局

包含景观规划思想的综合规划

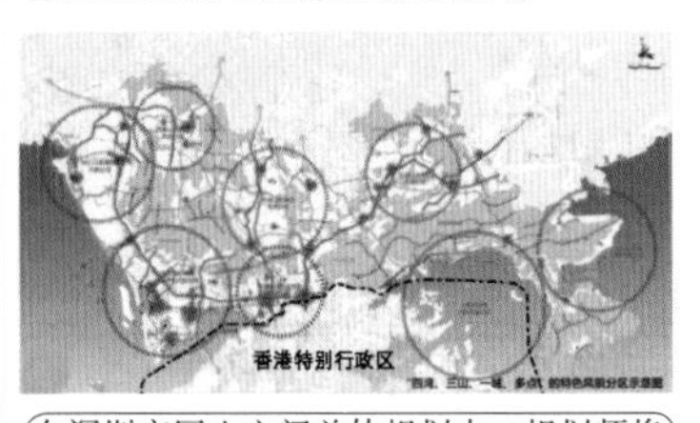

在深圳市国土空间总体规划中，规划师将山、海、湾、河等生态资源与城市一体化营造，塑造“渗透在山海间的超级湾区都会”的特色景观格局

▲ 图4 景观规划的发展历程（续）

■景观规划的基本特征

景观规划作为一个专业术语，其出现并被普遍使用是在20世纪70年代初期。一个较为普遍的认识是，景观规划是在一个相对宏观的尺度上，基于对自然和人文过程的认识，协调人与自然关系的过程（Seddon，1986；俞孔坚 等，2003）。

俞孔坚指出，景观规划具有如下特征：①它是一种物质空间规划（physical planning），它有别于其他三大规划类型（包括社会、公共政策和经济规划）的一个主要方面是它的空间特征；②它的总体目标是通过土地和自然资源的保护和利用规划，构建可持续的景观或生态系统（俞孔坚 等，2003）；③景观规划的操作对象“景观”内涵丰富，景观规划内容既可以侧重“风景”“游憩”等人文层面，也可以侧重“自然资源”“土地镶嵌体”等生态层面，或者兼顾“自然”与“人文”的整合层面，可成为细分景观规划领域的依据；④景观规划方法的核心是“基于资源本底的空间格局优化”，它是基于各种自然、人文、社会等多科学原理，首先分析评价现状空间格局与景观过程，进而识别出资源本底空间或生态本底空间，然后在本底空间上通过各种模型与技术进一步优化、提升空间格局，最终实现人与自然和谐的目标（图5）。后两点为笔者补充。

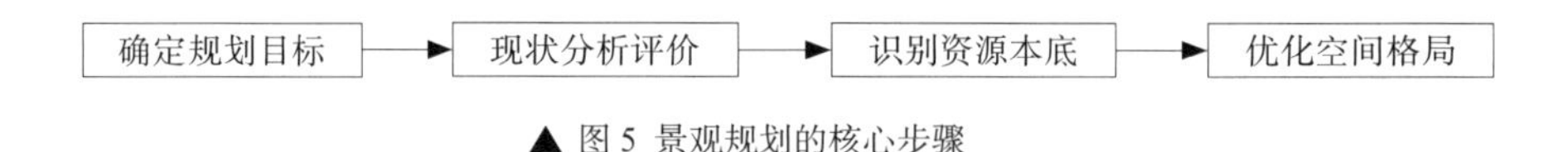

▲ 图5 景观规划的核心步骤

■景观规划的实践领域

景观规划可以按作用对象、空间尺度、应用领域等来划分，依据其实践领域和内容侧重可分为生态、人文及综合三大类，各大类又包含若干细分的具体项目类型（图6）；进而从目标、步骤、特点等方面进行归纳比较，以期总结出不同类型景观规划的共性和特性。

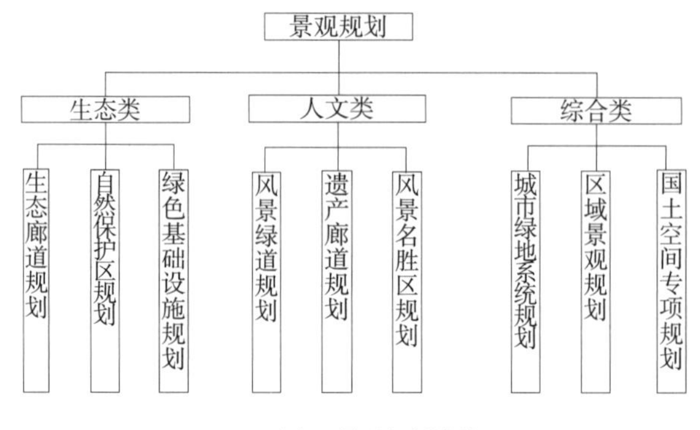

▲ 图6 景观规划分类

1. 生态类景观规划

该类型景观规划被统称为“景观生态规划”，主要指基于景观生态学，关于景观格局和空间过程（水平过程或流）的关系原理的规划（俞孔坚 等，2003）。具体的规划实践中常常混合使用景观生态适宜性评价、景观格局与生态过程分析等方法，识别各种类型的生态本底、资源本底空间，然后基于网络分析法、斑块—廊道—基质模式等优化景观格局，以实现提升环境韧性、改善生境质量、保护生物多样性等目标(图7)。

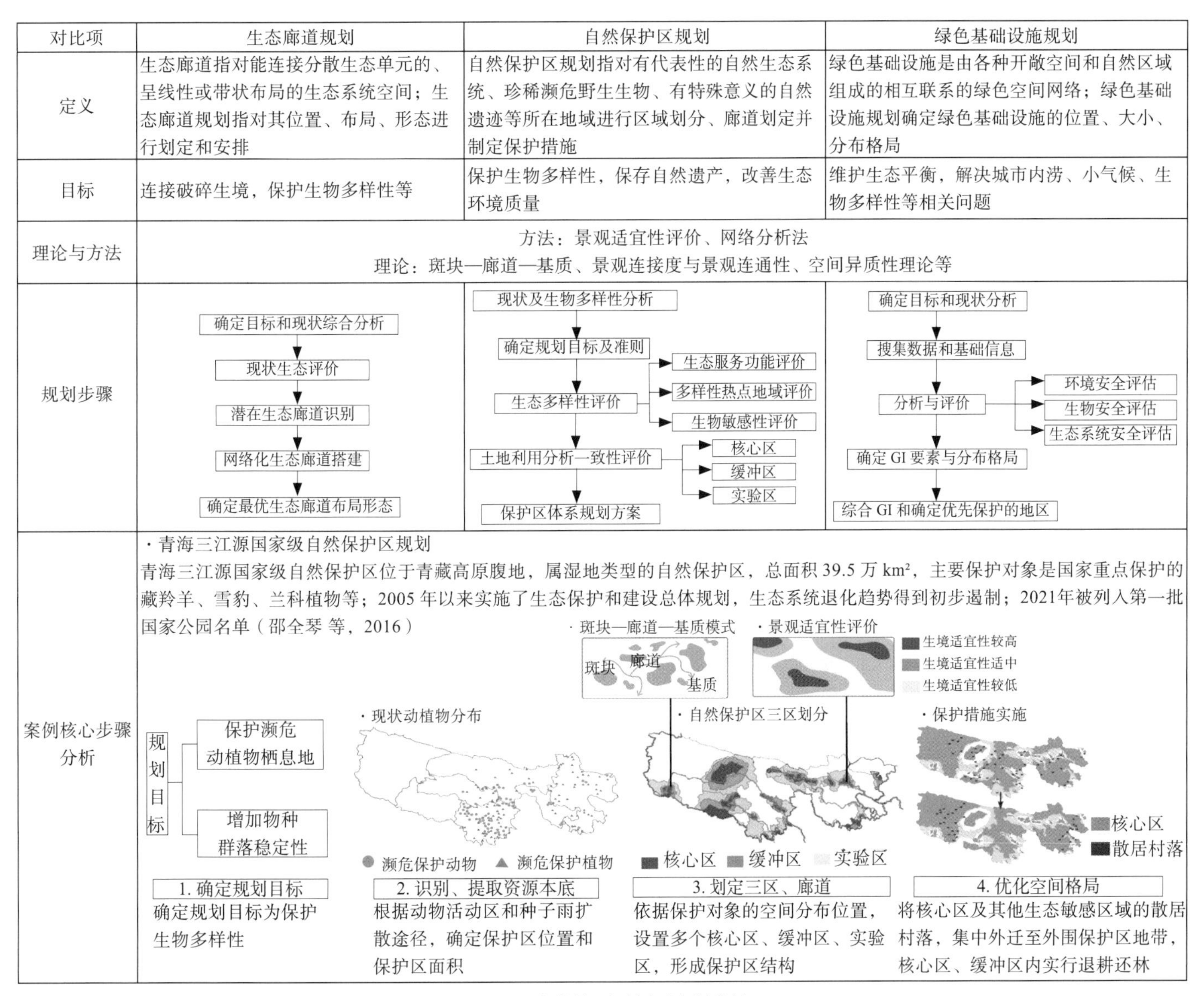

对比项	生态廊道规划	自然保护区规划	绿色基础设施规划
定义	生态廊道指对能连接分散生态单元的、呈线性或带状布局的生态系统空间；生态廊道规划指对其位置、布局、形态进行划定和安排	自然保护区规划指对有代表性的自然生态系统、珍稀濒危野生生物、有特殊意义的自然遗迹等所在地域进行区域划分、廊道划定并制定保护措施	绿色基础设施是由各种开敞空间和自然区域组成的相互联系的绿色空间网络；绿色基础设施规划确定绿色基础设施的位置、大小、分布格局
目标	连接破碎生境，保护生物多样性等	保护生物多样性，保存自然遗产，改善生态环境质量	维护生态平衡，解决城市内涝、小气候、生物多样性等相关问题
理论与方法	方法：景观适宜性评价、网络分析法 理论：斑块—廊道—基质、景观连接度与景观连通性、空间异质性理论等		
规划步骤	确定目标和现状综合分析 现状生态评价 潜在生态廊道识别 网络化生态廊道搭建 确定最优生态廊道布局形态	现状及生物多样性分析 确定规划目标及准则 生态多样性评价（生态服务功能评价、多样性热点地域评价、生物敏感性评价） 土地利用分析一致性评价（核心区、缓冲区、实验区） 保护区体系规划方案	确定目标和现状分析 搜集数据和基础信息 分析与评价（环境安全评估、生物安全评估、生态系统安全评估） 确定 GI 要素与分布格局 综合 GI 和确定优先保护的地区
案例核心步骤分析	·青海三江源国家级自然保护区规划 青海三江源国家级自然保护区位于青藏高原腹地，属湿地类型的自然保护区，总面积 39.5 万 km²，主要保护对象是国家重点保护的藏羚羊、雪豹、兰科植物等；2005 年以来实施了生态保护和建设总体规划，生态系统退化趋势得到初步遏制；2021年被列入第一批国家公园名单（邵全琴 等，2016） 1. 确定规划目标：确定规划目标为保护生物多样性 2. 识别、提取资源本底：根据动物活动区和种子雨扩散途径，确定保护区位置和保护区面积 3. 划定三区、廊道：依据保护对象的空间分布位置，设置多个核心区、缓冲区、实验区，形成保护区结构 4. 优化空间格局：将核心区及其他生态敏感区域的散居村落，集中外迁至外围保护区地带，核心区、缓冲区内实行退耕还林		

▲图 7 生态类景观规划实践领域分析

2. 人文类景观规划

人文类景观规划是以人文类景观资源保护与展示为目标的景观规划。这类景观规划注重景观的人文属性，将景观视为风景与文化的载体，重点考虑文化保护及游憩需求等，是一种以人类为主体的规划。规划以景观感知与评价理论为基础，基于对“风景本底”“遗产本底”的识别、评价，确定景观格局与土地开发方式（图 8）。

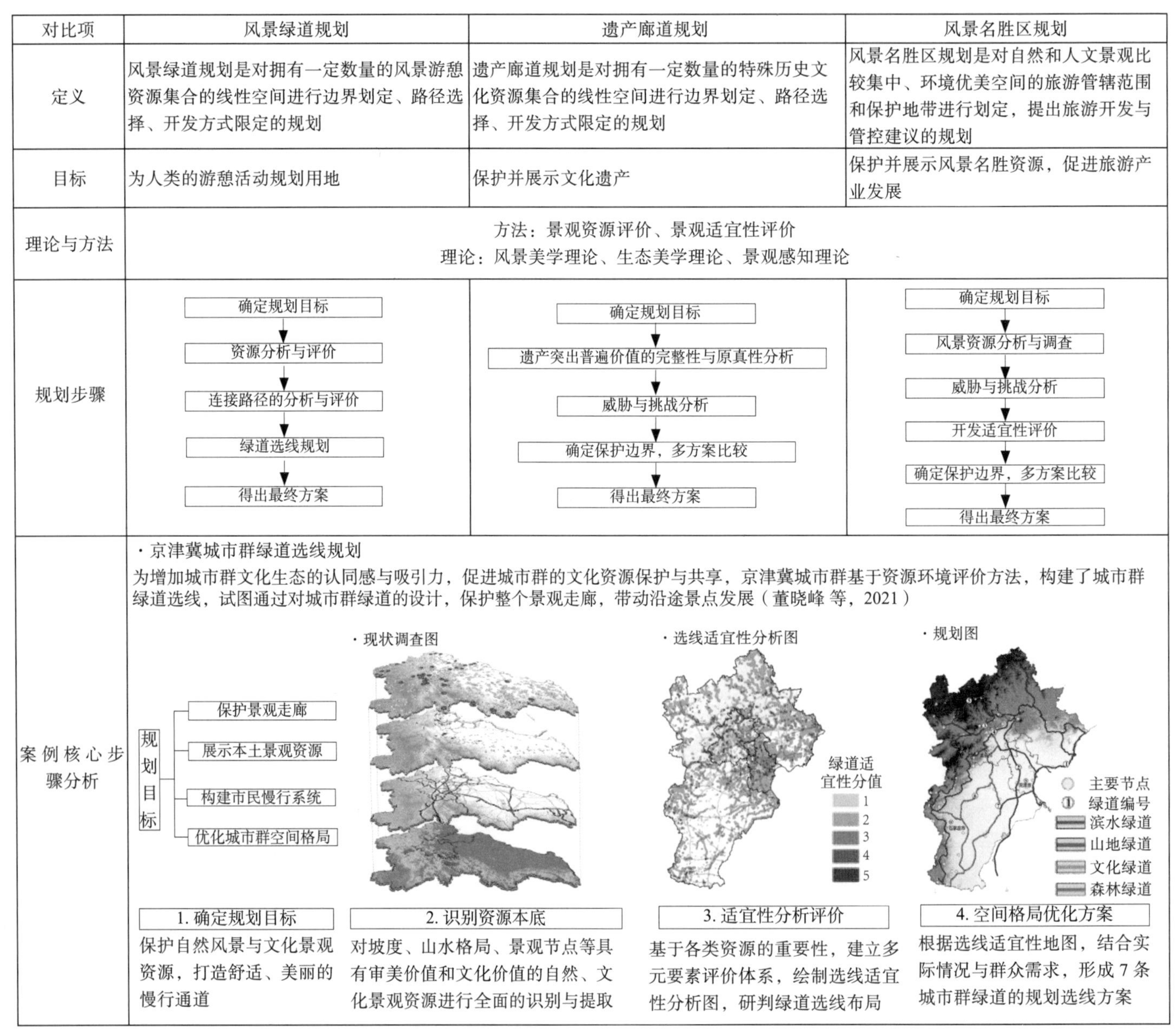

对比项	风景绿道规划	遗产廊道规划	风景名胜区规划
定义	风景绿道规划是对拥有一定数量的风景游憩资源集合的线性空间进行边界划定、路径选择、开发方式限定的规划	遗产廊道规划是对拥有一定数量的特殊历史文化资源集合的线性空间进行边界划定、路径选择、开发方式限定的规划	风景名胜区规划是对自然和人文景观比较集中、环境优美空间的旅游管辖范围和保护地带进行划定，提出旅游开发与管控建议的规划
目标	为人类的游憩活动规划用地	保护并展示文化遗产	保护并展示风景名胜资源，促进旅游产业发展
理论与方法	方法：景观资源评价、景观适宜性评价 理论：风景美学理论、生态美学理论、景观感知理论		
规划步骤	确定规划目标 → 资源分析与评价 → 连接路径的分析与评价 → 绿道选线规划 → 得出最终方案	确定规划目标 → 遗产突出普遍价值的完整性与原真性分析 → 威胁与挑战分析 → 确定保护边界，多方案比较 → 得出最终方案	确定规划目标 → 风景资源分析与调查 → 威胁与挑战分析 → 开发适宜性评价 → 确定保护边界，多方案比较 → 得出最终方案
案例核心步骤分析	·京津冀城市群绿道选线规划 为增加城市群文化生态的认同感与吸引力，促进城市群的文化资源保护与共享，京津冀城市群基于资源环境评价方法，构建了城市群绿道选线，试图通过对城市群绿道的设计，保护整个景观走廊，带动沿途景点发展（董晓峰 等，2021）		

规划目标
保护景观走廊
展示本土景观资源
构建市民慢行系统
优化城市群空间格局
1. 确定规划目标
保护自然风景与文化景观资源，打造舒适、美丽的慢行通道
·现状调查图
2. 识别资源本底
对坡度、山水格局、景观节点等具有审美价值和文化价值的自然、文化景观资源进行全面的识别与提取
·选线适宜性分析图
绿道适宜性分值
1
2
3
4
5
3. 适宜性分析评价
基于各类资源的重要性，建立多元要素评价体系，绘制选线适宜性分析图，研判绿道选线布局
·规划图
主要节点
绿道编号
滨水绿道
山地绿道
文化绿道
森林绿道
4. 空间格局优化方案
根据选线适宜性地图，结合实际情况与群众需求，形成 7 条城市群绿道的规划选线方案

▲ 图 8 人文类景观规划实践领域分析

3. 综合类景观规划

综合类景观规划是以协调人与自然的关系，完成以人类生态系统的整体优化为目标的景观规划。该类景观规划以景观适宜性评价为基础，综合协调一定区域内生态、社会各方面的发展需求，并对其土地和自然资源的保护和利用进行空间布局与资源部署（图 9）。

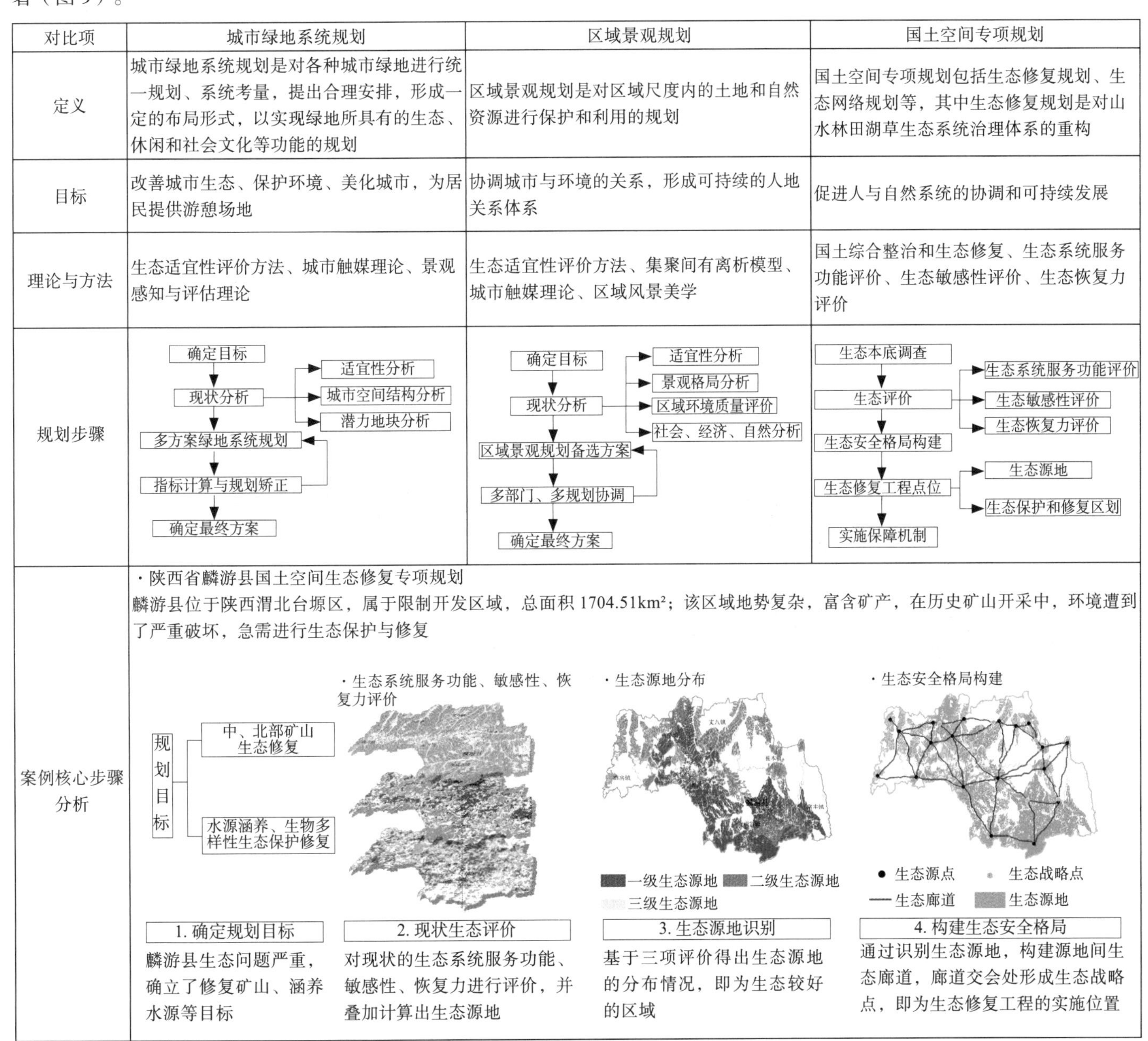

对比项	城市绿地系统规划	区域景观规划	国土空间专项规划
定义	城市绿地系统规划是对各种城市绿地进行统一规划、系统考量，提出合理安排，形成一定的布局形式，以实现绿地所具有的生态、休闲和社会文化等功能的规划	区域景观规划是对区域尺度内的土地和自然资源进行保护和利用的规划	国土空间专项规划包括生态修复规划、生态网络规划等，其中生态修复规划是对山水林田湖草生态系统治理体系的重构
目标	改善城市生态、保护环境、美化城市，为居民提供游憩场地	协调城市与环境的关系，形成可持续的人地关系体系	促进人与自然系统的协调和可持续发展
理论与方法	生态适宜性评价方法、城市触媒理论、景观感知与评估理论	生态适宜性评价方法、集聚间有离析模型、城市触媒理论、区域风景美学	国土综合整治和生态修复、生态系统服务功能评价、生态敏感性评价、生态恢复力评价
规划步骤	确定目标 现状分析（适宜性分析、城市空间结构分析、潜力地块分析） 多方案绿地系统规划 指标计算与规划矫正 确定最终方案	确定目标 现状分析（适宜性分析、景观格局分析、区域环境质量评价、社会、经济、自然分析） 区域景观规划备选方案 多部门、多规划协调 确定最终方案	生态本底调查 生态评价（生态系统服务功能评价、生态敏感性评价、生态恢复力评价） 生态安全格局构建 生态修复工程点位（生态源地、生态保护和修复区划） 实施保障机制
案例核心步骤分析	·陕西省麟游县国土空间生态修复专项规划 麟游县位于陕西渭北台塬区，属于限制开发区域，总面积 1704.51km²；该区域地势复杂，富含矿产，在历史矿山开采中，环境遭到了严重破坏，急需进行生态保护与修复 规划目标：中、北部矿山生态修复；水源涵养、生物多样性生态保护修复 1. 确定规划目标：麟游县生态问题严重，确立了修复矿山、涵养水源等目标 2. 现状生态评价（·生态系统服务功能、敏感性、恢复力评价）：对现状的生态系统服务功能、敏感性、恢复力进行评价，并叠加计算出生态源地 3. 生态源地识别（·生态源地分布；一级生态源地 二级生态源地 三级生态源地）：基于三项评价得出生态源地的分布情况，即为生态较好的区域 4. 构建生态安全格局（·生态安全格局构建；生态源点 生态战略点 生态廊道 生态源地）：通过识别生态源地，构建源地间生态廊道，廊道交会处形成生态战略点，即为生态修复工程的实施位置		

▲ 图 9 综合类景观规划实践领域分析

参考文献

董晓峰，梁颖，侯波，陈鹭，2021. 基于资源环境评价系统构建的京津冀城市群绿道选线研究 [J]. 城市发展研究，28（12）：118-127.

邵全琴，樊江文，刘纪远，等，2016. 三江源生态保护和建设一期工程生态成效评估 [J]. 地理学报，71（1）：3-20.

孙施文，2007. 现代城市规划理论 [M]. 北京：中国建筑工业出版社 .

杨永恒，2012. 发展规划：理论、方法和实践 [M]. 北京：清华大学出版社 .

俞孔坚，李迪华，2003. 景观生态规划发展历程——纪念麦克哈格先生逝世两周年 [M]// 俞孔坚，李迪华 . 景观设计：专业 学科与教育，北京：中国建筑工业出版社 .

张惠远，1999. 景观规划：概念、起源与发展 [J]. 应用生态学报，10（3）：373-378.

SEDDON G，1986. Landscape planning：A conceptual perspective[J]. Landscape & Urban Planning，13：335-347.

思想碰撞

规划以长远目标为导向，且作用对象比较复杂，因此在规划过程中会出现无法预测的变动，体现出“不确定性”的特征，需要通过多情境分析来编制各种方案，进行“弹性选择”。而景观规划是“保底型规划”，出发点是对资源本底的保护，往往会划定“刚性的”保护红线，而这似乎恰恰违背了规划的“不确定性”。你怎么看待这之间的矛盾？“刚性”的景观规划能否应对规划的“不确定性”？

专题编者

岳邦瑞

丁禹元

董清榕

雷雅茹

王晨茜

贾祺斐

景观工程 06讲
改造世界的手段

我们正生活在一个工程无处不在的社会中，例如土木工程、水利工程、交通工程、机械工程、电力工程、医药工程、生物工程、通信工程、网络工程、软件工程、航天工程等。工程活动是应用技术改造世界的实践活动，它深刻地影响着人类生活的各个方面，并随着技术的发展而发展。那么园林工程活动又是怎样改造世界的呢？园林工程应用的技术又有哪些呢？本讲将会为我们揭示答案。

学科书籍推荐：
《工程学之书》马歇尔·布莱恩
《工程与哲学（第一卷）》殷瑞钰

工程学的学科内涵

1. 工程学的基本概念

在西方，“工程”（engineering）这一概念伴随着科学技术的发展和人类社会实践的不断深化而逐步演变。从词源学考察，“engineering”的词根是“engine”（机械、发动机）和“ingenious”（创造能力），都来源于古拉丁语“ingenero”（产生、生产）。在拉丁语中，“engineering”指机械装备的设计、制造和使用，含有智慧聪明、独创性等内涵与特征。工程是人类为了某种特定目的和需要，综合运用科学理论、技术手段和实践经验，有效地配置和集成必要的知识资源、自然资源和社会资源，有计划、有组织、规模化地创造、建构和运行社会存在物的物质性实践活动和过程，而实现工程活动的专门学科、技术手段和方法的知识体系则称为工程学（王章豹，2018）。

2. 工程学的研究对象和特点

工程学以建造为核心，以人工自然物为实践对象，其特点有如下3点。①集成性：工程是按照一定的目标和规则，对科学、技术和社会的动态整合及各种要素的有机组合与集成；②实践性：工程是改造客观物质世界的实践活动，它是通过建造实现的，离开了工程的实践是抽象的实践；③创新性：工程活动通过各种要素的组合，创造出一个世界上原本不存在的人造物（李伯聪，2002）。

3. 工程学的发展历程

工程活动与人类文明的物质资料生产和经济活动的发展密不可分。人类文明的发展以生产方式的变革为标志，经历了3次产业革命——农业革命、工业革命、信息革命。因此，以生产方式的变革为依据，工程的演变可以分为3个阶段（图1）：①农业经济时代的工程（18世纪中叶以前），人类的工程从“无”到“有”，从石器工具的简单“集成”到较复杂工程系统的“构建”（如水利灌溉系统、早期的公路和桥梁等交通运输系统等）；②工业经济时代的工程（18世纪中叶~20世纪40年代），蒸汽机的发明和应用，在机器动力和能源利用上促使工业经济由工场手工业向机器大工业生产方式的演变；③知识经济时代的工程（20世纪40年代至今），工程的门类日益复杂和多样化，既有传统意义的工程的延续且逐渐信息化、智能化，又不断地衍生新的工程类型。它们彼此之间相互交叉、叠合，形成了一个“全球适应性进化系统”（蔡乾和，2013）。

农业经济时代的工程

原始人类

· 史前时期，人类将已有的工具进行组合，从而创造出新的实用装置和工具，这项技能揭示了早期人类的工程“集成”实例

苏美尔人

· 公元前3700年，苏美尔人发明了轮和轴，被称为交通运输工程早期形式的代表

伯鲁乃列斯基
Filippo Brunelleschi

· 1420~1436年，使用施工机械建造的佛罗伦萨的圣母百花大教堂穹顶，体现了视觉距离与几何比例统一的设计

工业经济时代的工程

瓦特
James Watt

· 1765年，瓦特对原有的蒸汽机进行了重大改进，发明了高效、可靠、功率大的蒸汽机，使整个社会的工业基础很快发生了变革

法拉第
Michael Faraday

· 1820年，发电机的发明使人类进入了电气时代，电力的应用促使电信工程和一系列新兴产业的出现

· 1852年，工程的专业化、组织化和建制化趋于合理和规范，成立了许多工程协会或工程教育机构，如土木工程师协会等

知识经济时代的工程

冯·诺依曼
John von Neumann

· 1946年，电子计算机的发明、应用及快速发展，为人类工程活动中大量信息的接收、存储、计算、处理和反馈提供了条件

▲ 图1 工程学的发展历程

工程学的学科体系

1. 工程学的分类

工程是人们改造世界的主要方式，客观世界包括自然界和社会，人们可以把改造自然的工程统称为自然工程，把改造社会的工程统称为社会工程。如果撇开社会工程，那么与自然科学这一学科群相对应的，就应当有一个自然工程学学科群（沈珠江，2006）。参照中国工程院学部划分，自然工程可以分为建设类工程、制造类工程、原料类工程、公用类工程、生物类工程、地球环境类工程六大类（图2）。

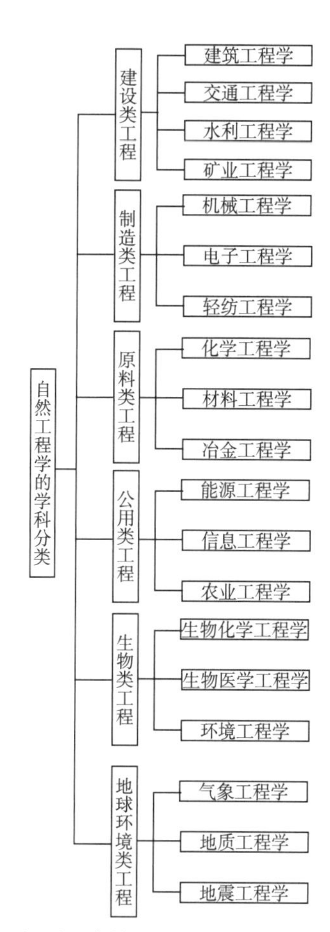

▲ 图2 自然工程学的学科分类

2. 工程与技术的区别

由于科学、技术和工程是3类不同的社会活动，它们在社会生活中有着不同的地位和作用。科学、技术、工程三者各有自身的特性，笔者主要对工程与技术作出以下对比（表1）。工程是实际改造和建造物质世界的实践活动，为人类生存发展建造所需要的物品；工程知识的主要形式是工程原理、设计和施工方案等；工程活动的基本方式是计划、决策、操作、运行、管理、评估等，进行工程活动的基本社会角色是工程师。技术则是改造世界的手段、方法和过程，它要在科学认识的基础上有所发明，从而增加人类的物质财富；技术知识的基本形式和基本单元是技术原理、技术诀窍和操作方法；技术活动最典型的方式是技术开发，包括发明、创新和转移，进行技术开发和技术发明活动的主要社会角色是发明家（王章豹，2018）。

表1 工程与技术的区别

对比项	技术	工程
实践对象	以发明为核心，以人工自然物为实践对象，追求构思与诀窍，其特点是发明、革新和创造	以建造为核心，以人工自然物为实践对象，其特点是集成、建构和创新
实践目的	改造世界，实现对自然物和自然力的利用，解决“做什么”和“怎么做”的问题	创造世界，具有很明确的特定经济目的或特定社会服务目标
知识形态	包括理论形态，也包括经验形态，有些是言传性知识，有些是意会性知识（如技能、诀窍），其功能在于发明和申请专利	是科学知识、技术知识以及相关知识的集成与综合，大多是情境化、境域化的知识，具有复杂性、难言性、不可复制的特点；它服务于具体的造物活动
实施主体	发明家	一个复杂的共同体，一般包括投资者、管理者、工程师和工人
成果形式	技术专利、图纸、配方、诀窍	物质产品、物质设施、信息类和服务类产品
活动过程	追求较确定的应用目标，要利用科学理论解决实际问题，属于认识由理论向实践转化的阶段	有明确的起点和终点；工程活动过程主要涉及工程目标的确定、工程方案的设计和施工、工程结果的运行和评价等，它是知识资源、自然资源和社会资源的综合利用，较之技术，更需要组织协调

APPLICATION
风景园林工程的技术应用

■ 风景园林工程的基本概念

园林是指在一定的地域运用工程技术和艺术手段，通过改造地形（或进一步筑山、叠石、理水）、种植树木花草、营造建筑和布置园路等途径创作而成的美的自然环境和游憩境域（赵兵，2011）。园林工程是建设风景园林绿地的一门工程学科，也叫作风景园林工程，其目的是通过建设的手段为人们提供一个良好的场所。园林工程也是保护生态环境，改善城市生活环境所采取的重要措施。一般来说，园林工程包括园林建筑工程、土方工程、筑山工程、理水工程、铺地工程、绿化工程等。园林工程是以工程原理、技术为基础，运用于风景园林建设的实践活动。

风景园林工程的发展历程大致可分为3个阶段（图3）。①古代园林工程建设（19世纪40年代之前）：该时期园林工程建设主要以人工叠山理水为主，并涉及建筑、绿化、土方等工程；②近代园林工程建设（19世纪40年代~20世纪中叶）：鸦片战争后，帝国主义国家在中国领土上设立租界，他们用掠夺的财富在租界中营造公园，以满足殖民者的游憩生活需要，如上海外滩公园、虹口公园、法国公园等；③现代园林工程建设（20世纪中叶以后）：传统园林工程技术很难满足现代风景园林更加注重的生态效益的要求，因此现代园林工程更注重新技术的运用，以满足生态需要。

■ 风景园林工程技术

风景园林工程是利用技术进行风景园林建设的实践活动，通过历史梳理，可将园林工程所应用的技术分为传统园林工程技术和现代园林工程技术（图4），传统园林工程技术包括土方工程、假山工程、排水工程、种植工程等；而现代技术的融合发展，使得风景园林工程与技术进一步完善，可以应对和完成更多复杂的工程项目。近年来，在传统造园技术的继承、雨洪管理、生境修复、屋顶绿化等构建方面取得明显的进展。本文主要对于现代园林的工程技术进行进一步解析（表2~表4）。

古代园林工程建设

秦始皇

· 公元前221~公元138年，秦汉时期的园林工程以宫苑建筑为主、山水植物为辅，开创“一池三山”人工山水布局之先河

隋炀帝

· 公元605年，隋炀帝在洛阳兴建的西苑，是一项庞大的土木工程和绿化工程，该时期土、木、石作技术、叠石构造技术还未达到一定水平

宋徽宗

· 公元1117年，艮岳是一座集叠山、理水、花木、建筑于一体，具有浓郁诗情画意的人工山水园，代表着宋代皇家园林的特征和宫廷造园艺术与技术的最高水平

计成

· 1631年，《园冶》是计成将园林创作实践总结为理论的专著，反映了中国古代造园的成就，是一部研究古代园林的重要著作

近代园林工程建设

奥姆斯特德

· 1856年，奥姆斯特德主持规划设计纽约中央公园，并且综合运用土方工程、水景工程、种植工程等技术完成该公园的建设，促进了现代公园的建设与发展

现代园林工程建设

· 1996年，马里兰州乔治王子县的环境资源部首次提出“低影响开发”理念，该理念的提出促进了园林工程新技术的兴起与发展

▲ 图3 风景园林工程的发展历程

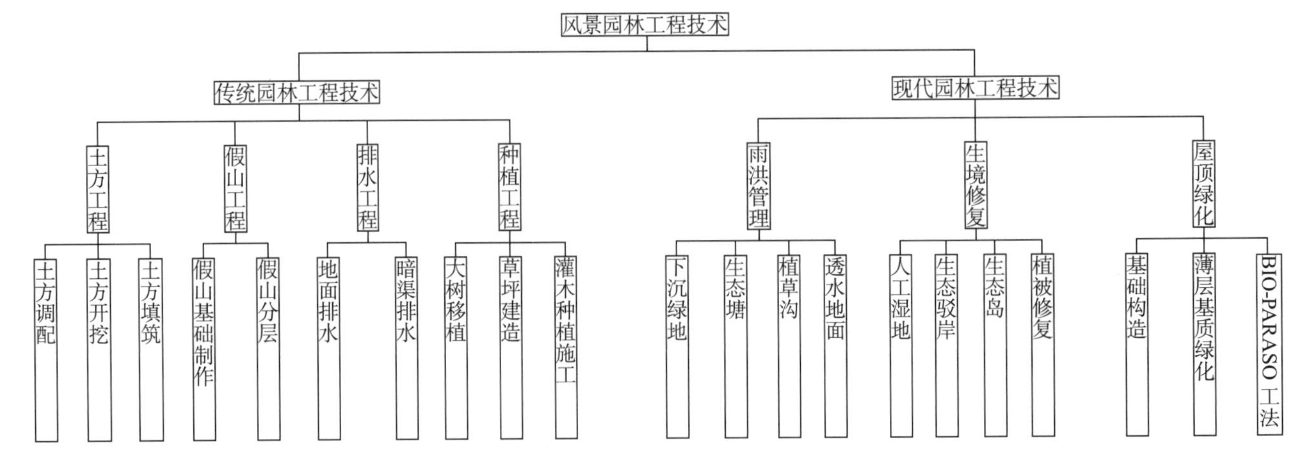

▲ 图4 风景园林工程技术

表 2 雨洪管理相关技术解析

技术解析	图示解析	应用情境
①下沉绿地 下沉绿地一般指低于周边绿地、铺装地面和道路 30~330mm 的绿地，可用于调蓄和净化径流雨水	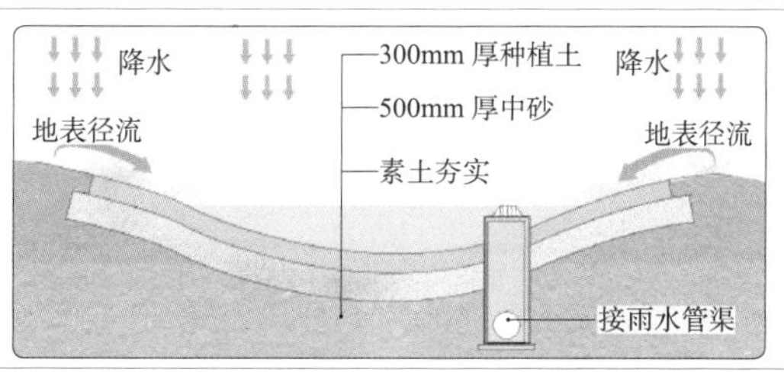	· 宾夕法尼亚大学校园绿地 降水 地表径流 地表径流
②生态塘 生态塘又称生物塘或者生态泡，是指能够调蓄雨水、补充地下水源和净化雨水的天然或人工水塘	降水 降水 300mm 厚种植土 500mm 厚中砂 素土夯实 地表径流 地表径流 接雨水管渠	· 哈尔滨群力国家城市湿地公园生态塘 地表径流 降水 地表径流
③植草沟 植草沟是指种有植被的地表沟渠，可收集、渗透、传输和排放径流雨水，并具有一定的雨水净化功能	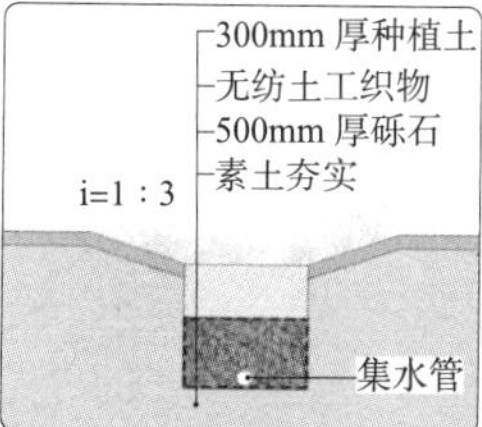 200mm 白色砾石 200mm 厚沸石 防渗毯 素土夯实 i=1 : 1	· 公园植草沟 
④透水地面 透水地面又称透水铺装和透水路面，是由人工将材料制成具有透水功能或天然材料通过人工铺砌后具有透水功能的地面	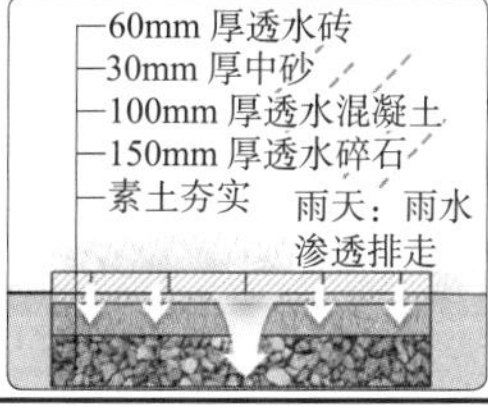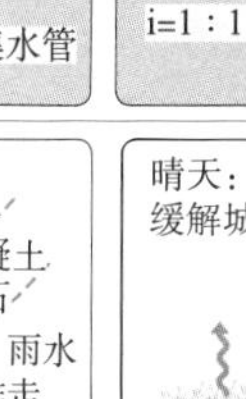	· 透水地面雨水利用 

表 3 生境修复相关技术解析

	技术解析	图示解析	应用情境
生态驳岸	**①自然式生态驳岸** 自然式生态驳岸采用自然的块石堆砌，或是有植被的缓坡驳岸，以减少水流对土壤的侵蚀	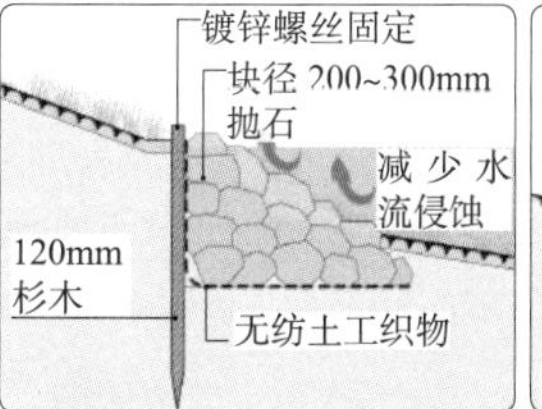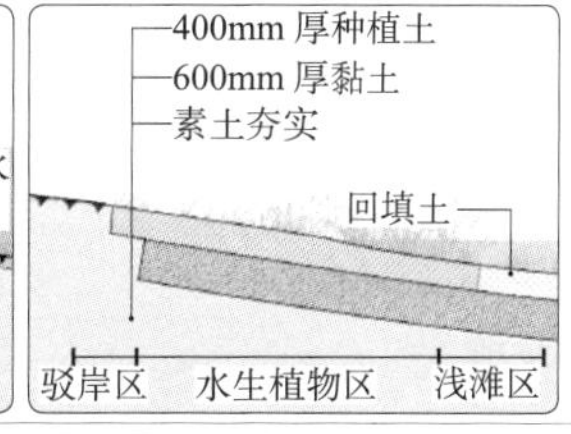	· 雪佛龙公园 减少水流对土壤的侵蚀
	②有机材料式生态驳岸 有机材料式生态驳岸主要是用树桩、扦插树枝、草袋等可降解的材料辅助护坡，再通过植物生长稳固岸线	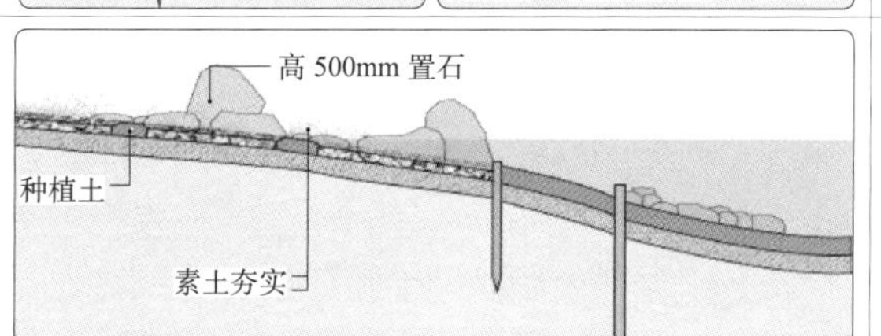	· 金华燕尾洲公园 

续表

	技术解析	图示解析	应用情境
生态岛	**①圆形生态岛** 圆形生态岛又称生物岛，具有一定净化和生态功能，中心种植大型乔木、灌木、地被等，构建动物良好栖息地	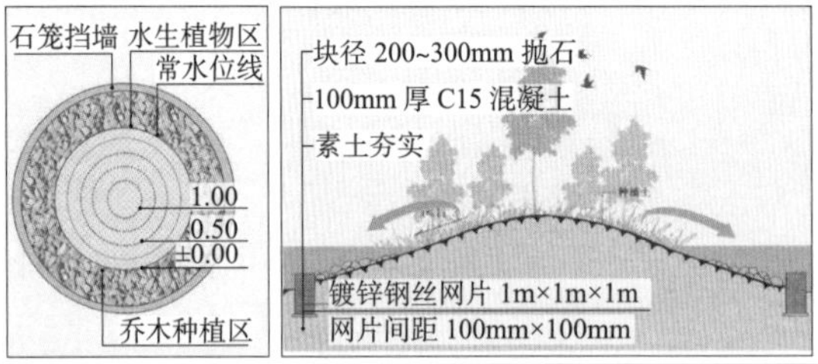 石笼挡墙 水生植物区 常水位线 1.00 0.50 ±0.00 乔木种植区 块径200~300mm抛石 100mm厚C15混凝土 素土夯实 镀锌钢丝网片1m×1m×1m 网片间距100mm×100mm	·秦皇岛滨海景观带 
	②柳叶形生态岛 柳叶形生态岛的平面形状可结合景观效果灵活设计，通常设计为柳叶形	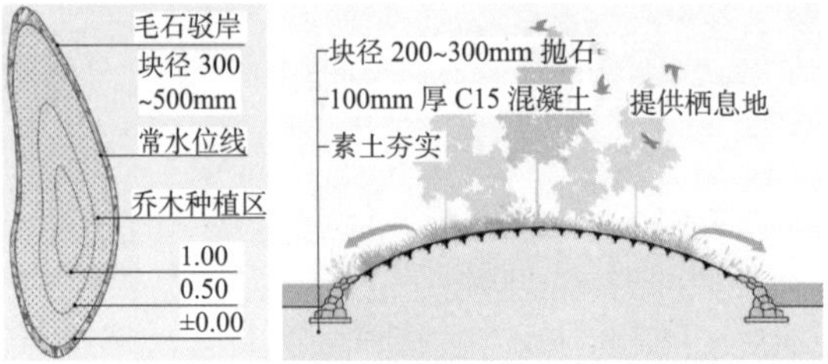 毛石驳岸 块径300~500mm 常水位线 乔木种植区 1.00 0.50 ±0.00 块径200~300mm抛石 100mm厚C15混凝土 素土夯实 提供栖息地	·金华浦江生态廊道 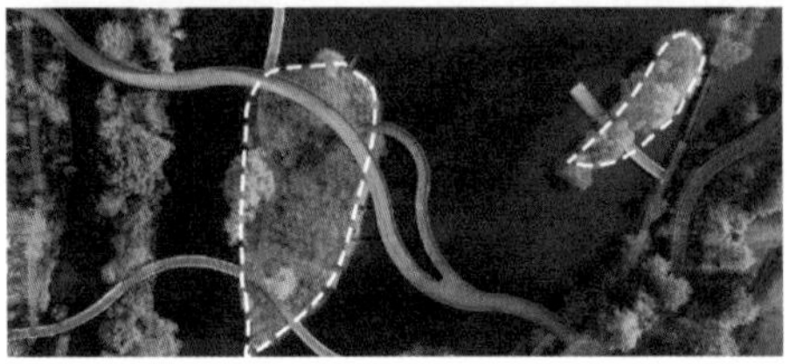
植被修复	**①土壤修复** 重金属耐性群落对重金属污染物的吸收、挥发、降解、固定具有重要生态作用，可实现土壤净化	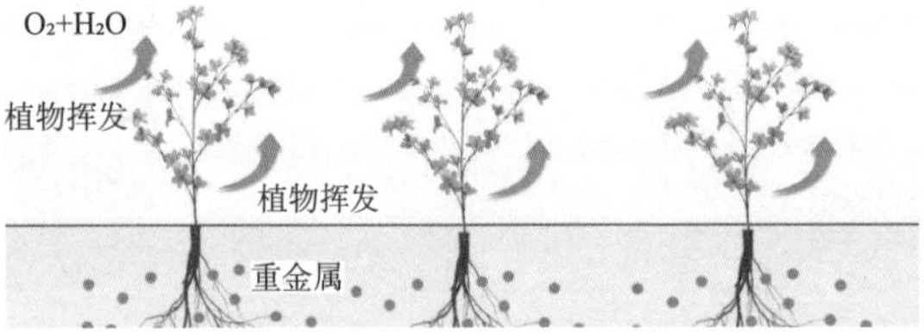 O_2+H_2O 植物挥发 植物挥发 重金属	·美国酸性矿山废水处理艺术公园 湿地种植池 石蕊园 
	②水体修复 利用植物自身的净化能力筛选抗逆性强的植物种类，建立强抗逆性植物净水群落	 释放氧气 植物根系吸附氮、磷等营养物质	·上海后滩湿地公园  植被净化带 植物净化群落
人工湿地	**①表流人工湿地** 表流人工湿地的水流位于湿地表面，呈推流式前进，依靠表层水生植物去除有机污染物，此类人工湿地与自然湿地最为接近	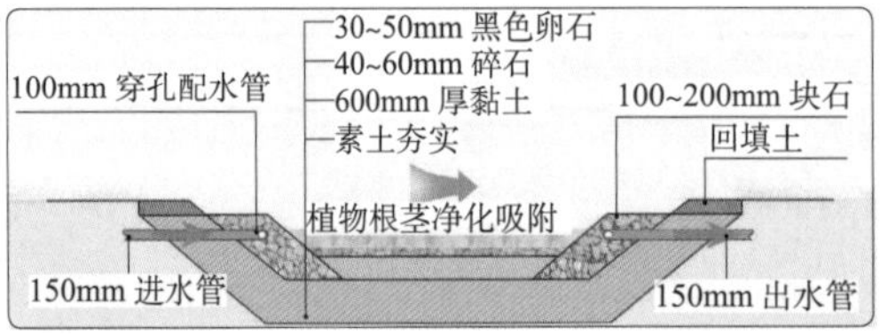 30~50mm黑色卵石 40~60mm碎石 600mm厚黏土 素土夯实 100mm穿孔配水管 100~200mm块石 回填土 植物根茎净化吸附 150mm进水管 150mm出水管	·哈尔滨文化中心湿地公园 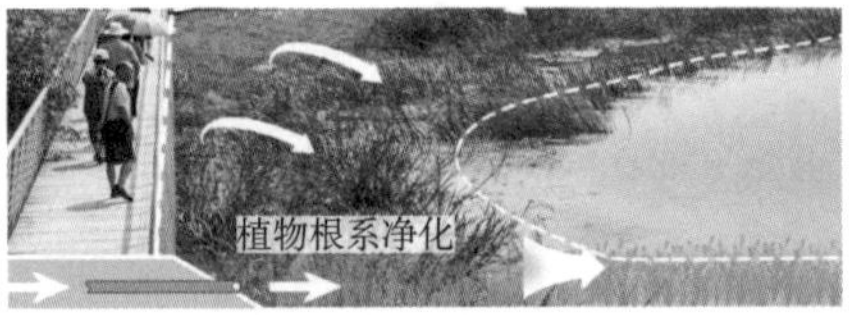 植物根系净化
	②梯田式人工湿地 模仿梯田形态和重力自流的工作原理，完成人工湿地的工作流程，增强雨水的净化效果	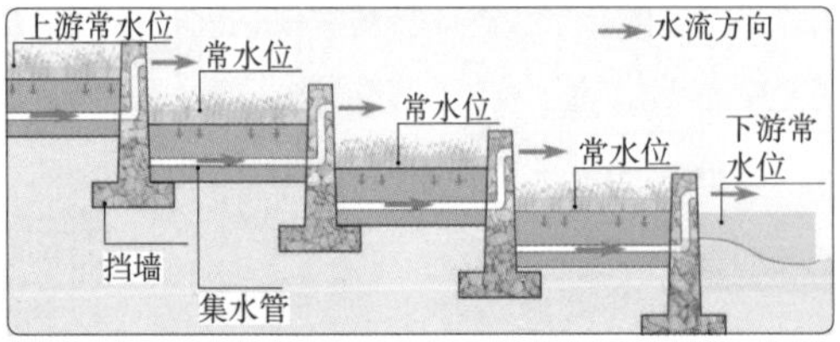 上游常水位 常水位 常水位 常水位 下游常水位 水流方向 挡墙 集水管	·六盘水明湖湿地公园 

表 4 屋顶绿化相关技术解析

技术解析	图示解析	应用情境
①**基础构造** 屋顶绿化种植区基本构造由上到下依次为景观层、基质层、过滤层、排水层、隔根层、分离滑动层、防水层、保温隔热层、找平层、结构层	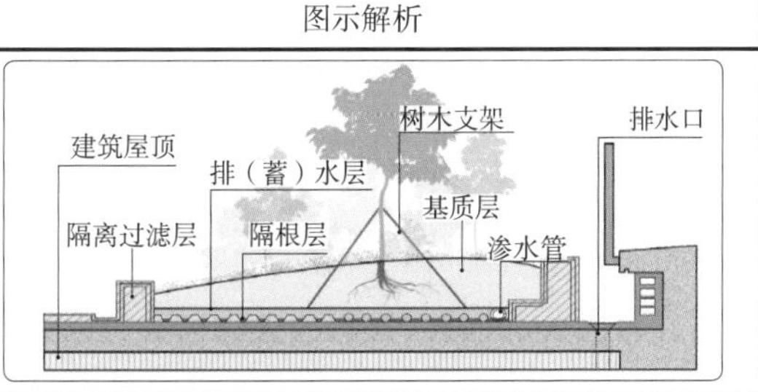	· 深圳华润万象府屋顶花园 
②**薄层基质绿化** 该技术采用配方基质，栽培基质只需 2cm 厚；单位面积负荷一般不超过 30kg/㎡，一般屋顶均可以承受	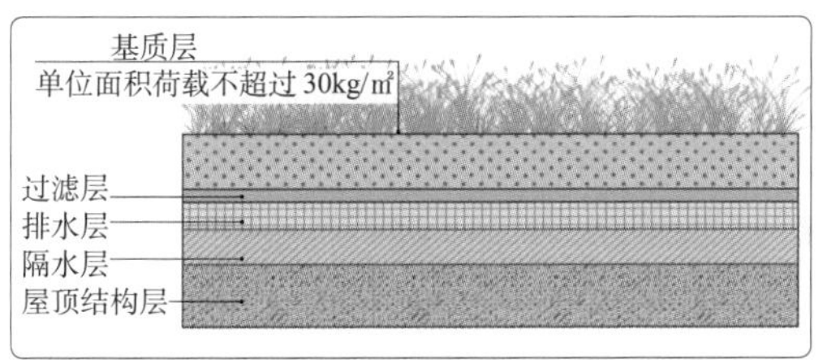	· 上海卷烟厂屋顶绿化 
③ **BIO-PARASO 工法** 由表面覆盖层、植物育成层和排水保水层三大部分组成；它具有适宜植物生长、保水保肥、施工简便和经济环保等优良特性，克服了土壤荷重大、排水通透性差等弱点	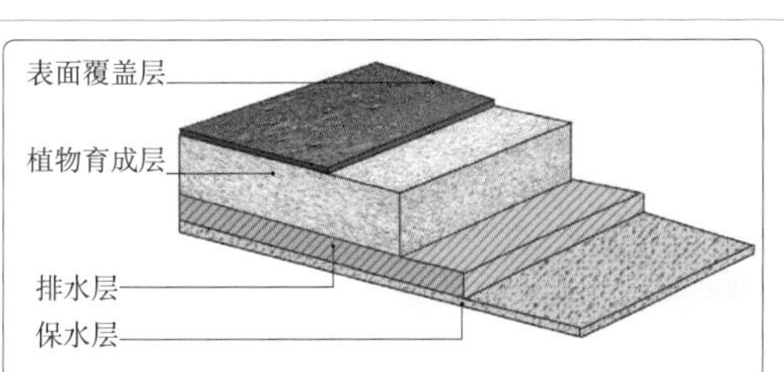	· 三亚洲际度假酒店 

■ 风景园林工程的施工流程

风景园林工程施工的一般流程分为 4 个阶段：①园林工程招标投标阶段；②工程前期准备阶段；③现场施工阶段；④竣工验收阶段。本讲对现场施工阶段的具体流程进行说明（图 5）。

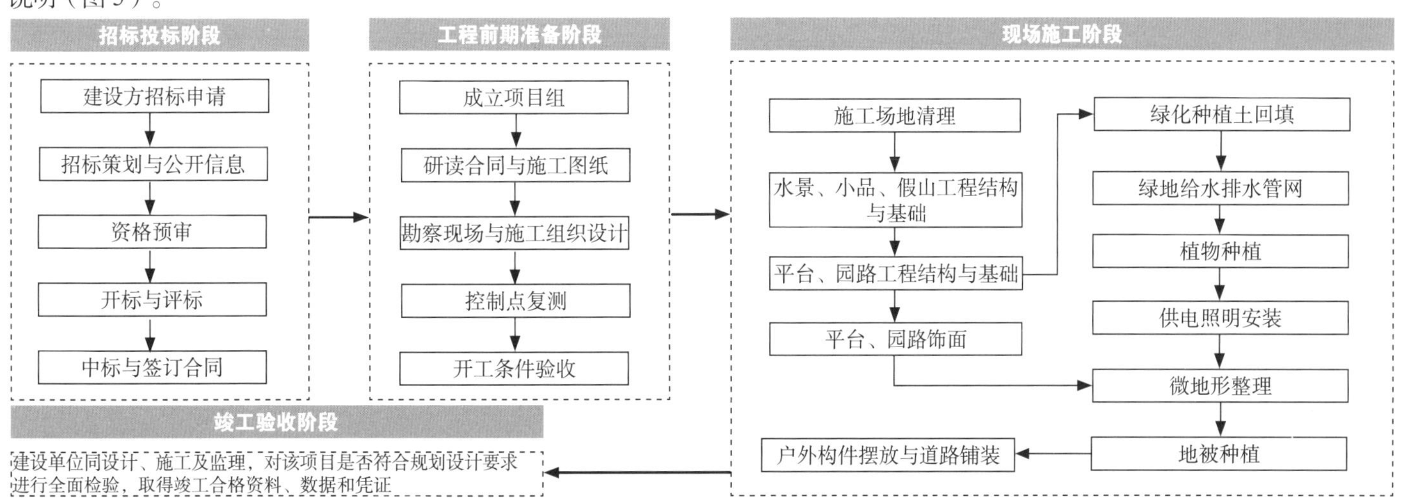

▲ 图 5 风景园林工程施工流程

▲ 图 6 燕尾洲公园旧址风貌

▲ 图 7 燕尾洲公园人工湿地

▲ 图 8 燕尾洲公园生态岛

▲ 图 9 燕尾洲公园梯田

在上文对风景园林应用技术的讲解与应用情境列举的基础上，本部分通过相关案例分析，具体解析风景园林工程的实际应用。

■金华燕尾洲公园项目工程（俞孔坚 等，2015）

此案例不仅应用传统园林工程技术为人们建造日常休闲与社会交往的空间，而且重点应用雨洪管理、生境修复等现代园林工程技术，探索了如何与洪水为友，实现景观弹性。该项目的成功很好地检验了现代园林工程技术实现生态效益的可能性。综上所述，笔者认为该案例是现代园林工程技术应用的典型代表。

1. 项目基本概况

燕尾洲地块位于金华市多湖片区东市街以西，三江国际花园以北，义乌江和武义江汇合处，面积约 75hm²。地块周边环境良好，北有古子城、八咏楼及婺州公园，南有艾青公园、樱花公园，西南与五百滩隔江而望。

2. 场地分析

被开阔江面的阻隔，市民难以到达燕尾洲并使用洲上的文化设施。洲头一共有 26hm^2 的河漫滩，其中部分因采砂留下坑凹和石堆，地形破碎（图 6），另一部分尚存茂密的植被和湿地。受季风性气候影响，河漫滩每年被水淹没，形成了以杨树、枫杨为优势种的群落，是金华市中心唯一留存的河漫滩生境，为多种鸟类等生物提供庇护。

3. 设计理念

燕尾洲公园建立了与洪水为友的弹性设计理念。为应对洪水，公园没有采用高堤防洪，建立一处永无水患的公园，而是与洪水为友，建立一处与洪水相适应的水弹性景观。在为市民提供安全使用的同时，保护着市中心仅有的河漫滩生境。

4. 设计目标与技术应用

①保护原有生境。场地原有的河漫滩生境具有重要的生态价值，应尽可能保留。设计通过最少的工程手段，在原有坑塘和高地的基础上，保留原有植被，稍加整理。

②增加动植物多样性。应用生态岛、人工湿地、生态塘等技术，形成滩、塘、沼、岛、林等生境（图 7、图 8），以便培育丰富的植被景观。在此基础上，结合不同生境的特点进行植物群落设计，为鸟类和其他动物提供食物，实现对场地植物与动物多样性的保护与增加。

③减少洪涝灾害。应用填挖方就地平衡原理与技术，以及生态驳岸等技术，将河

岸改造为多级可淹没的梯田种植带（图 9），增加了河道的行洪断面，减缓了水流的速度，缓解了对岸城市一侧的防洪压力，将洲头设计为可淹没区（图 10），提高了公园邻水界面的亲水性。燕尾洲公园的生态护堤模式包括 2 类：护堤材质由水泥改为梯田种植带和护堤形态由直壁改为梯田式缓坡。前者包括拆除水泥堤防，种植乡土植物，建立群落层次；后者指减缓护堤坡度，改斜式堤防为阶梯式（图 11）。

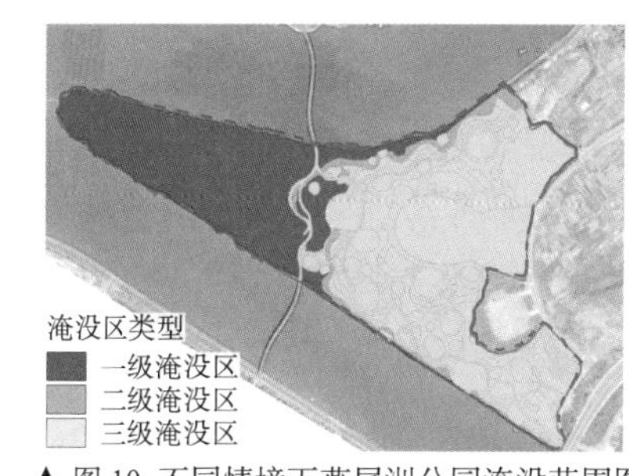

▲ 图 10 不同情境下燕尾洲公园淹没范围图

场地内部也采用百分之百的可下渗覆盖，包括大面积的沙粒铺装作为人流的活动场所（图 12）、与种植结合的泡状雨水收集池、用于车辆交通的透水混凝土道路铺装和生态停车场，削减了雨水峰值流量，从而减少防洪压力。

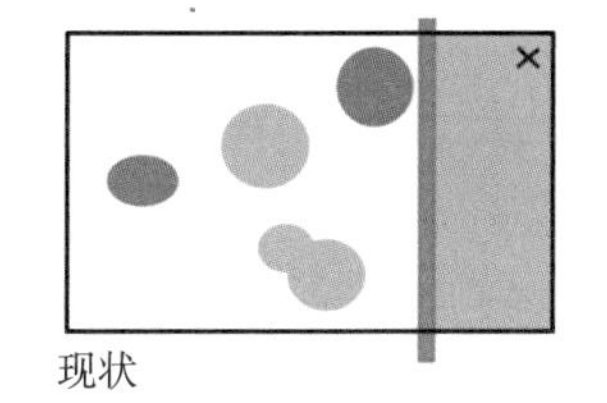

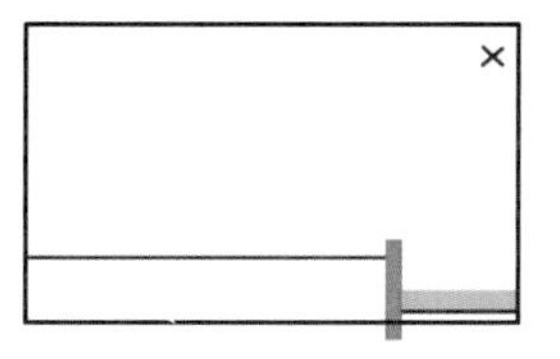

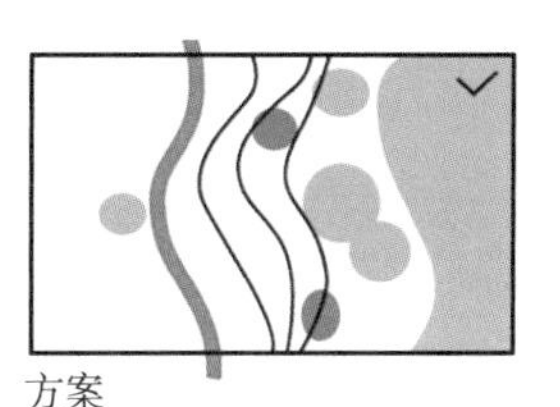

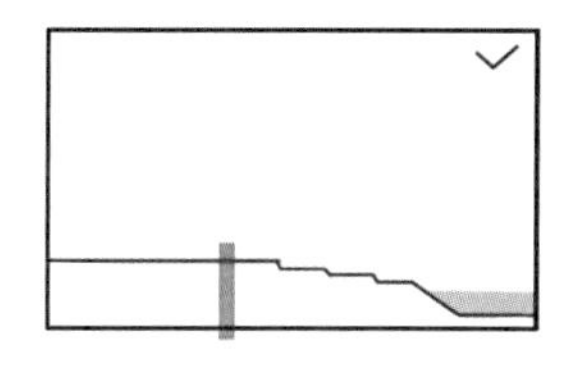

▲ 图 11 燕尾洲公园生态护堤改造图

④净化水质。植物群落设计是补充能优化水质的水生藻类、沉水和浮水植物。使用生态驳岸技术设计的梯田河岸，可以将来自陆地的面源污染和雨洪滞蓄、过滤，避免对河道造成污染。

▲ 图 12 燕尾洲公园透水铺装

5. 建成后的效益与评价

燕尾洲公园已经成为金华城市的一张新名片，它将被分割的城市连接为一体，促进社区交流，使公园成为聚人的场所。公园利用生态护堤代替水泥堤防，较水泥堤防有更好的洪水削减作用，洪水过程线更为平缓，流域内年最大一日洪峰削减率最高可达 63%。燕尾洲公园水位调控效果表明，公园生态护堤能够成功抵御模拟年份内所有场次的洪水，且能够有效避免河道的硬化和白化，具有较强的推广应用价值（郦宇琦 等，2019）。

■ 参考文献

蔡乾和，2013. 哲学视野下的工程演化研究 [M]. 沈阳：东北大学出版社 .

郦宇琦，王春连，2019. 基于燕尾洲生态护堤模式的金华江流域防洪效应研究 [J]. 生态学报，39（16）：5955–5966.

沈珠江，2006. 论技术科学与工程科学 [J]. 中国工程科学，8（3）：18–21.

王章豹，2018. 工程哲学与工程教育 [M]. 上海：上海科技教育出版社 .

俞孔坚，2016. 金华燕尾洲：生态、社会和文化弹性的诗意景观 [J]. 城乡建设，61（1）：56–58.

俞孔坚，俞宏前，宋昱，等，2015. 弹性景观——金华燕尾洲公园设计 [J]. 建筑学报，559（4）：66–70.

俞孔坚，张锦，等，2017. 海绵城市景观工程图集 [M]. 北京：中国建筑工业出版社 .

岳邦瑞，等，2020. 图解景观生态规划设计手法 [M]. 北京：中国建筑工业出版社 .

赵兵，2011. 园林工程 [M]. 南京：东南大学出版社 .

■ 思想碰撞

根据中国工程院学部划分，风景园林工程与建筑工程、土木工程等都属于土木建筑类工程，但在工程内容与应用技术方面，风景园林工程与建筑工程、土木工程相比似乎更为浅显。因此，有人认为风景园林工程具有“低技性”，并且跟其他工程相比没有什么特点，对此你认为风景园林工程与其他类工程相比其独特性在何处?

■ 专题编者

岳邦瑞

费凡

高李度

胡丰

气候学 07讲
生命之“肺”

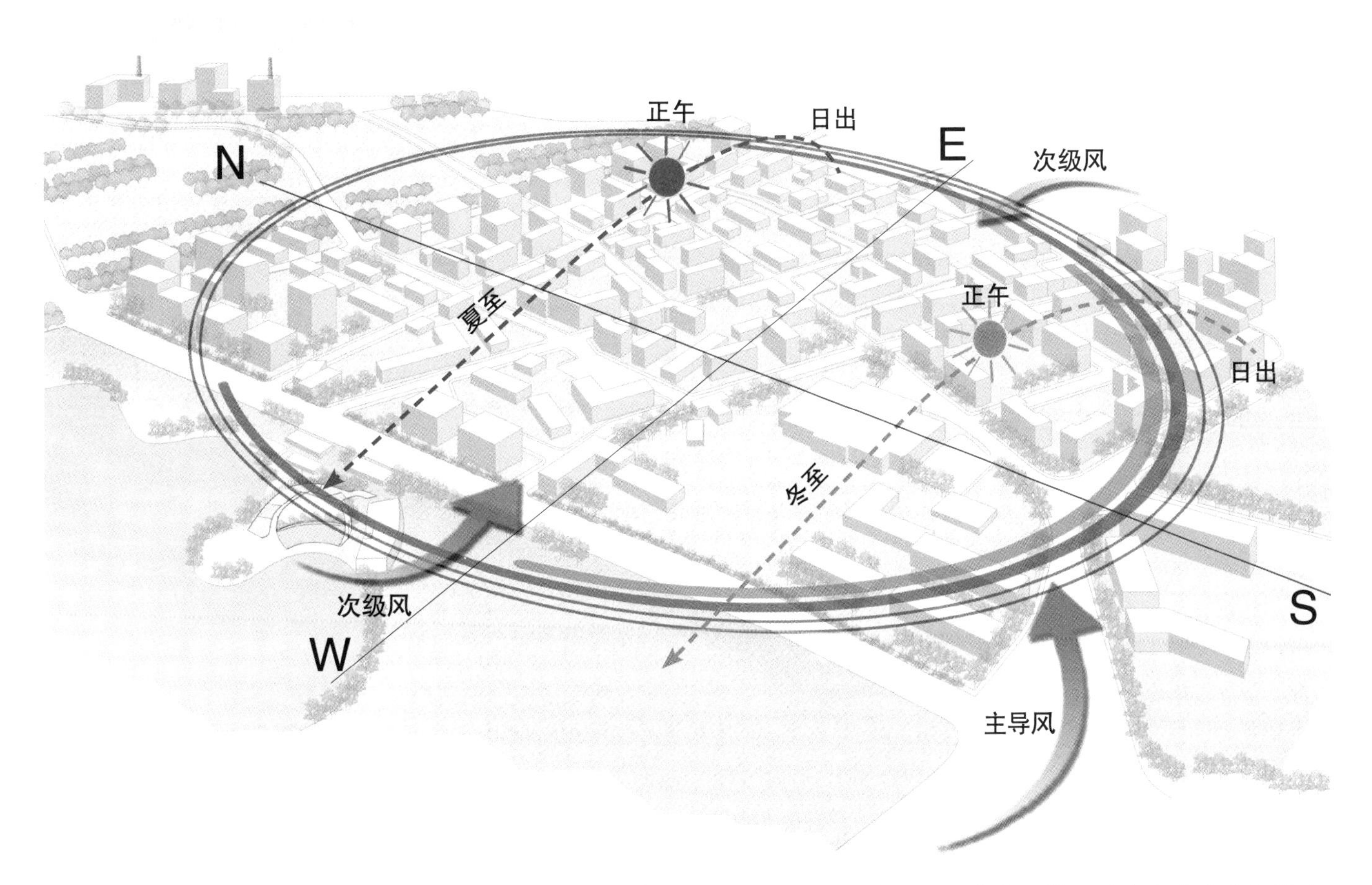

中世纪，古希腊人创造了柱廊式中庭来适应炎热干燥的气候。明清时期，中国古典园林通过山水营造来打造宅院小气候环境。1818 年，英国卢克·霍华德（Luck Howard）对伦敦气候的研究拉开城市气候研究序幕。近代，美国奥姆斯特德（Olmsted）设计的纽约中央公园极大地缓解了纽约气候问题，被誉为“纽约之肺”……从古至今，气候与人类生产、生活息息相关，人们采取了多种多样的措施来改善区域气候、调节小气候。气候影响并塑造着万事万物，作为一名景观规划师，掌握气候知识并应用于景观规划设计至关重要，本讲将带你走进气候学世界！

学科书籍推荐：

《气候学与气象学》周淑贞 等
《建筑气候学》杨柳

经验积累阶段

沈括

·北宋科学家沈括的《梦溪笔谈》通过物候现象的地区差异，说明各地气候的不同

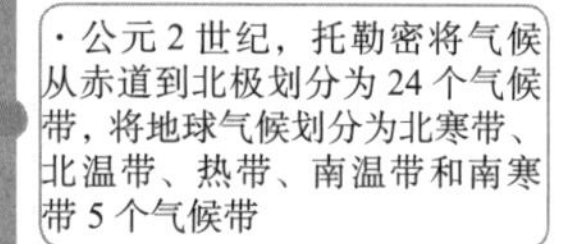

·公元2世纪，托勒密将气候从赤道到北极划分为24个气候带，将地球气候划分为北寒带、北温带、热带、南温带和南寒带5个气候带

托勒密 Claudius Ptolemaeus

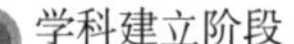
学科建立阶段

洪堡 A.von

·1817年，洪堡首次绘制了全球等温线图，成为近代气候学研究的开端

汉恩 J.von

·1883年，汉恩在《气候学手册》中提出了较完整的气候学研究方法体系

沃耶伊科夫 Aleksandr lvanovich Voyeykov

·1884年，沃耶伊科夫在《全球气候及俄国气候》中分析了太阳辐射、水分循环、下垫面等对气候的作用。此后，E.布吕克纳等曾根据太阳黑子数变化周期预测未来气候

理论深化阶段

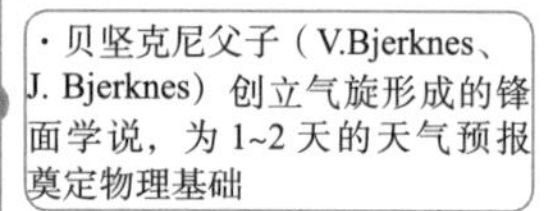

·贝坚克尼父子（V.Bjerknes、J. Bjerknes）创立气旋形成的锋面学说，为1~2天的天气预报奠定物理基础

罗斯贝 Rossby

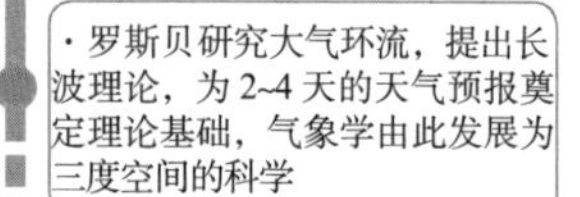

·罗斯贝研究大气环流，提出长波理论，为2~4天的天气预报奠定理论基础，气象学由此发展为三度空间的科学

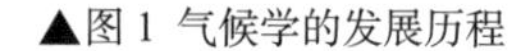
▲图1 气候学的发展历程

气候学的学科内涵

1. 气候的相关基本概念

气候（climate）在古希腊文中原意为“倾斜”，意指太阳光射在各地的倾斜程度不同而造成各地冷暖差异。气候是长时间内气象要素和天气现象的一般状态，时间尺度为月、季、年、数年到数千年以上，并以冷、暖、干、湿这些特征来描述气候特点。气候学（climatology）是研究气候特征、形成、分布和演变规律，以及气候等其他自然因子和人类活动关系的学科，它既是自然地理学的一个分支，也是大气科学的一个分支。

2. 气候学的研究对象和特点

气候学与气象学（Meteorology）都是大气科学的分支，两者研究对象相同，但研究内容不同。气候学是综合研究大气现象的科学，研究对象是大气圈。气象学主要研究大气本身的性质、特征以及在大气中所产生的各种现象（柏春，2009）。

气候与当地环境相关联，常用某一时段的平均值来统计。如世界气象组织（WMO）规定采用距当年最近的30年的平均值。因此气候学具有两大特点：①综合性；②中长期性。

3. 气候学的发展历程

气候学发展可划分为4个阶段（图1）。①经验积累阶段（16世纪中叶以前）：由于人类生活和生产需要，进行了零星的、局部的气象观测，气候学积累了感性认识与经验；②学科建立阶段（16世纪中叶~19世纪末）：形成地面气象观测网，开展全面观测，分析气候要素地区分异，定性描述区域气候特征；③理论深化阶段（19世纪末~20世纪50年代）：气象观测向高空发展，气候学研究从描述性发展到以理论研究为主，形成多种气候学说，更加深刻认识气候形成及变迁；④全面扩展阶段（1950年至今）：气象观测从地面转向高空直接观测，研究方法从定性描述走向定量实验，研究重心从认识自然走向预测、控制与改造自然（周淑贞 等，1994）。

气候学的研究内容与知识体系

1. 气候学的研究内容

气候学的研究任务是观测记述大气现象、规律，预告天气发展过程以及人工对气候的影响等，具体为：①根据大气科学发展的新成果和卫星气象获取的新资料，结合陆地表面、海洋、冰雪覆盖层和生物圈来研究气候的形成原因，结合社会发展需求，研究气候地理分布规律、气候分类方法，进行气候分类和区划；②研究气候变化的原因，探索气候预测的方法和途径，掌握变化规律，进行气候预报；③探索人类利用、改造气候的方法与途径，有效利用气候资源（姜世中，2010）。围绕上述三大研究任务，可展开现代气候学的6类具体研究内容：气候形成、气候分布、气候变迁、气候作用、气候应用和气候与人类的关系（图2）。

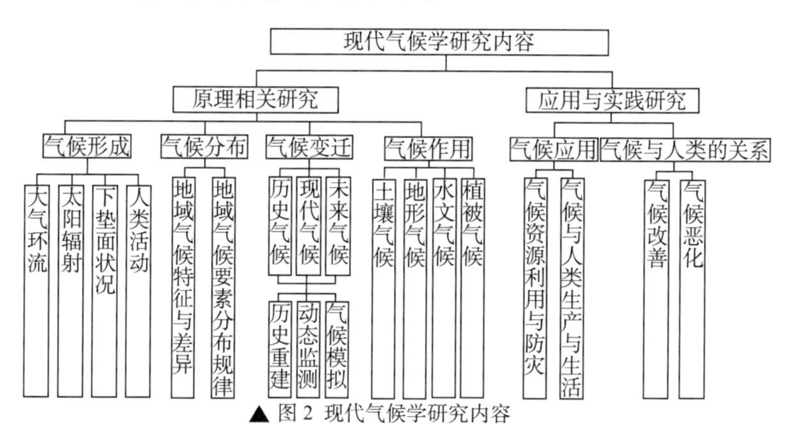

▲ 图2 现代气候学研究内容

·贝吉龙－芬德生（Bergeron-Findeison）发现降雨理论，云中有冰晶与过冷却水滴共存最有利于降雨形成，提出降雨学说，奠定人工影响降雨理论的基础

全面扩展阶段

柯本
W.Koppen

·桑斯威特（C.W.Thornthwaite）、柯本、阿里索夫形成了各具特色的气候分类法

·柯本和R. 盖格尔（R.Qeiger）出版《气候学手册》第五卷，发展了动力气候学

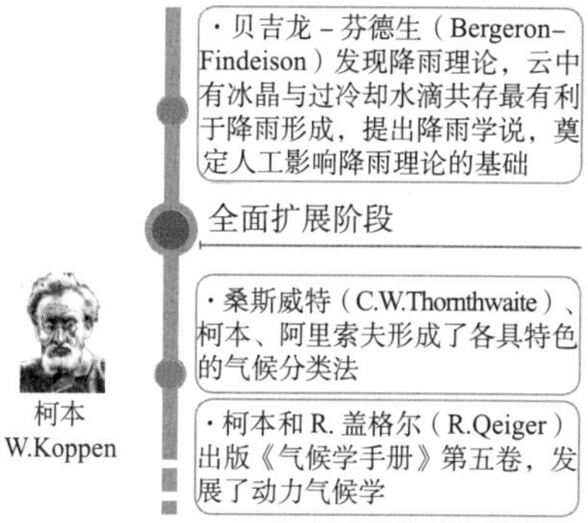

▲ 图1 气候学的发展历程（续）

2. 气候学的知识组群

全国普通高等教育师范类地理系列教材将气候学知识归属于“地球上的大气”体系中。围绕气候学的研究对象——大气圈，本讲将气候学知识组群分为大气受热状态、大气运动、气候变化、天气系统4大板块（图3）。

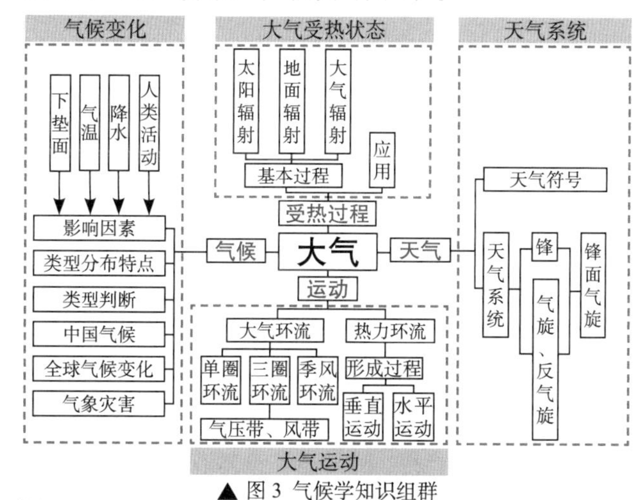

▲ 图3 气候学知识组群

3. 气候学的分类

围绕着上述研究内容与知识体系，多学科相互对话融合，形成了各种分支学科。其中，按照应用方向分为建筑气候学、城市气候学及园林气候学等（表1），能够为开展各种尺度和类型的气候设计提供可直接应用的知识（姜世中，2010）。

表1 气候学的学科分类

分类标准	分类结果
按应用方向	建筑气候学、城市气候学、园林气候学、军事气候学、农业气候学、林业气候学、医疗气候学、航海气候学、航空气候学、森林气候学、海洋气候学、旅游气候学等

■ 城市气候设计的基本内涵

1. 气候学知识介入空间的发展历程

随着人居环境营建水平的不断提升，气候学不断地介入人居环境的各个空间层次，逐渐介入到风景园林学中（图 4），可划分为 4 大阶段：①气候规律和经验积累阶段，多依据观察与推测、经验积累，感性地掌握气候规律；②学科指导人居建设阶段，现代气候学、气象学等学科兴起发展，观测的结论开始影响人居建设；③气候学知识广泛介入空间阶段，建筑学和城市气候学等学科先后成立，气候广泛介入空间，指导城市规划和建筑设计；④风景园林微气候发展阶段，气候学介入风景园林并全面发展，形成了微气候研究领域，并指导景观设计。

气候规律和经验积累阶段

19 世纪前

· 公元前 27 年，维特鲁威《建筑十书》记录天气和气候的局部观测与对建筑设计的认识

· 15 世纪，阿尔伯蒂《论建筑》考虑气候影响城市选址与设计

·《庐山草堂记》（白居易）、《园冶》（计成）等有关中国传统造园的作品将气候对选址、住宅形式、基地构造等的关系进行了经验总结

学科指导人居建设阶段

19 世纪

· 1817~1818 年，卢克·霍华德（Luck Howard）《气象学七讲》和《伦敦气候》对伦敦城郊的温差进行了对比观测，首次发现了“城市热岛效应”

气候学知识广泛介入空间阶段

20 世纪

· 1963 年，奥戈雅（Victor Olgyay）《设计结合气候》（Design with Climate）提出结合地域气候的建筑设计的 4 个过程

· 1967 年，奥戈雅兄弟（Victor and Aladar Olgyay）提出建筑生物气候设计的原则，首次将设计与地域、气候和人体舒适性进行系统地结合分析

· 1981 年，吉沃尼（Baruch Givoni）《建筑和城市设计中的气候因素》提出不同地域气候类型下，建筑和城市多因素设计的方法策略

· 1985 年，周淑贞与张超的《城市气候学导论》是我国第一部城市气候专著，阐明了城市气候的特征和形成过程并指导城市规划

风景园林微气候发展阶段

20 世纪末至今

· 1995 年，布朗（Robert D.Brown）与吉莱斯皮（Terry J. Gillespie）发表《微气候景观设计》

· 2005 年，奇普·沙利文《庭园与气候》展示了过去建筑师和设计师是如何利用 4 元素土、火、空气、水创造微气候

· 2014 年，埃维特·埃雷尔等著的《城市小气候——建筑之间的空间设计》出版，将气候学研究与应用城市设计、建筑空间设计相结合

· 2019 年《风景园林与小气候——中国第一届风景园林与小气候国际研讨会论文集》出版

▲ 图 4 气候学介入空间的发展历程

2. 城市气候适宜性设计的内涵

城市气候是在宏观地域气候背景下，由于城市化过程中人类活动的影响，在城市的特殊下垫面形成的局地气候，包括城市覆盖层气候、城市边界层气候和城市尾羽层气候（周淑贞 等，1994）（图 5）。而基于气候适应性的城市设计，即城市气候适应性设计，则是依据当地的气候特征，根据城市气候的原理来指导的城市空间形态设计，以达到充分利用城市气候资源、改善城市气候环境的目的（沙鸥，2011）。

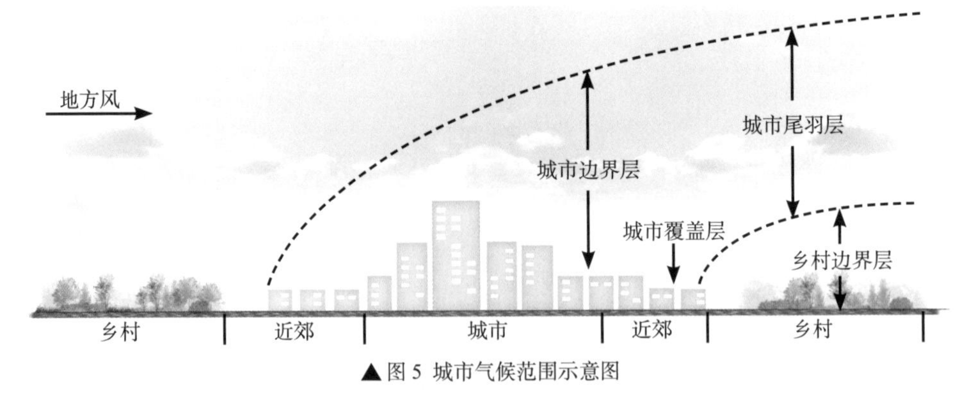

▲ 图 5 城市气候范围示意图

与城市气候最为密切的是城市边界层和城市覆盖层的下垫面状态和人类活动。城市边界层对应于城市总体形态设计尺度，重点考虑高度在 1km 以内、水平 100m 范围内的局地气候（Local Climate）影响因素，包括城市周围的地形、地貌、所处的气候区、附近的水体及郊区的绿化情况等。城市覆盖层则对应于城市开敞空间、建筑设计尺度，重点考虑高度在 100m 以内、水平 1000m 范围内的微气候（Microclimate）影响因素。下文将围绕城市边界层和城市覆盖层，重点探讨城市气候设计的气候学知识点及应用。

城市气候设计的知识及应用

1. 应用知识框架

本讲基于对太阳辐射、风、温湿度 3 个气候因子的相关气候学知识的研究，对 16 个知识点进行分析，展示在城市规划布局、城市户外活动空间、建筑形态与周边设计 3 个尺度下的应用情境（图 6）。太阳辐射是形成区域气候差异的主要影响因素，其能量传递影响下垫面的温度变化和空气流动，是形成风和温湿度差异的主要原因（表 2 ~ 表 4）。

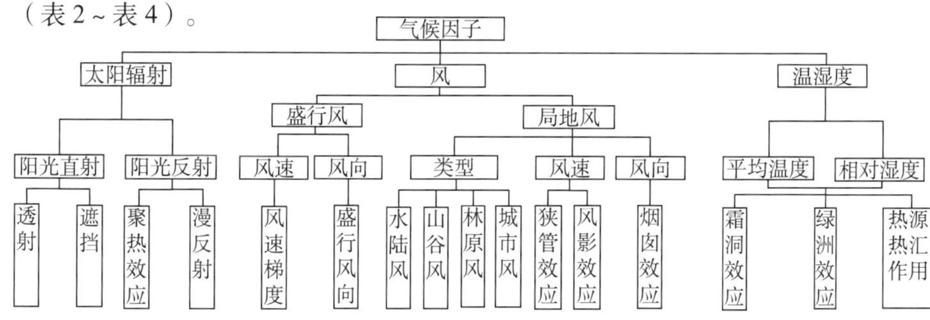

▲ 图 6 城市气候设计知识及应用框架

2. 应用知识解析

表 2 太阳辐射相关知识点解析及应用（杨立新 等，2006；刘加平 等，2011）

知识点解析	图示解析	应用情境
①**透射** 透射指太阳光穿过大气后直射在物体上，充分利用阳光来给照射到的物体带来温暖的现象；研究日光的透射，需确定某地区的太阳高度角、太阳方位角变化，掌握最佳方位角，多用于建筑间距、朝向、外形等布置设计，保证日光入射比	光照区域	· 居住区建筑布局设计
②**遮挡** 遮挡指建筑物、植物、地形遮挡太阳光线产生阴影区域，从而降低该地区温度	阴影区域	· 居住区活动空间布局设计 阴影区域
③**聚热效应** 聚热效应指阳光在受到凹地地面和四周多次反射后，热量积聚在凹地中，凹地温度升高		· 建筑布局及形态设计
④**漫反射** 漫反射指阳光被粗糙表面无规则地向各个方向反射的现象		· 建筑外立面设计

表 3 风相关知识点解析及应用（柏春，2009；沙鸥，2011；王凯，2016）

知识点解析	图示解析	应用情境
⑤风速梯度 风速梯度指由于高处的摩擦力逐渐减弱，风速随着地面以上的高程增加而逐渐加大的现象；风速梯度取决于地面的粗糙度，因此在同一高度上，平坦开阔的郊区比有各种高矮建筑物的城市风速慢	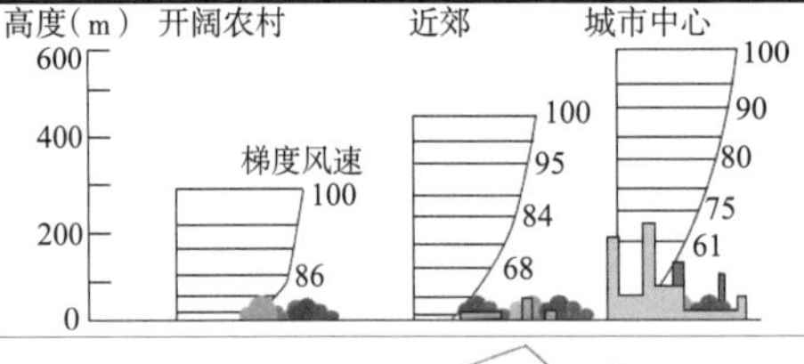	· 工业用地规划布局 
⑥盛行风向 盛行风向也称最多风向，是一个地区在某一段时间内出现频率最多的风向，常用风向玫瑰图表示该地区的盛行风向	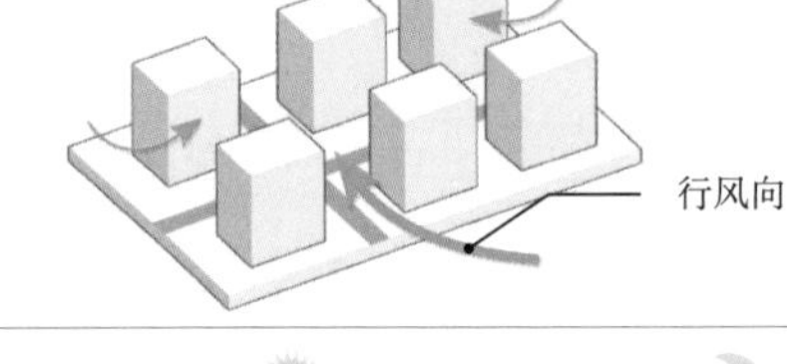	· 城市建设用地规划布局 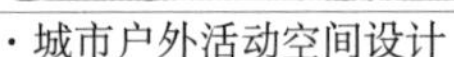
⑦水陆风 由于水的比热容比陆地大，升温、降温速度较慢；白天，陆地上的空气温度高于水面，热气上升，压力作用使得水面上空的冷气流吹向内陆；夜间，这一过程恰好相反，这种水、陆之间的环流形成的风称为“水陆风”	气温低 海风 气温高 气温高 陆风 气温低	· 城市户外活动空间设计 
⑧山谷风 昼夜交替过程中山坡—山谷和山地—平原间均存在气温差，带来了近地面大气的密度和压强差，气流由高压（低温）区域向低压（高温）区域运动。日间由山谷向山坡运动的上坡风，和由周围地区沿山谷汇入的谷风，以及夜间由山坡向山谷运动的下坡风和由山地向周边地区运动的山风，统称为“山谷风”	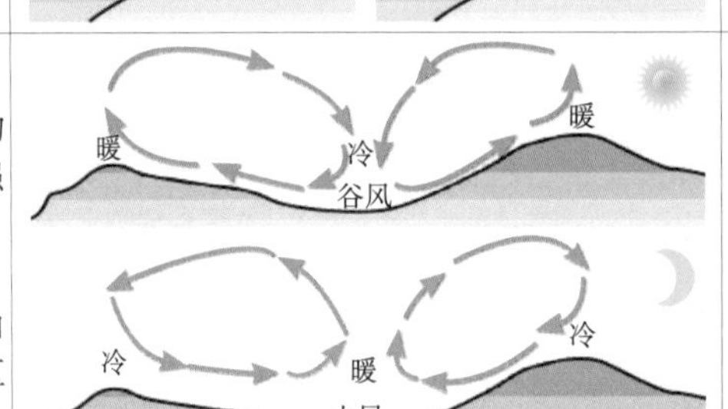	· 城市户外活动空间设计 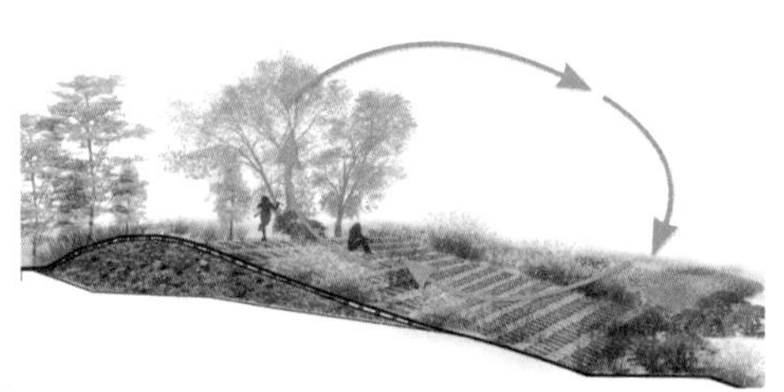
⑨林原风 由于绿地区域植物光合作用和蒸腾作用，其内部温度明显低于外部区域，由此产生的气压差和温度差形成了“林原风”		· 城市户外活动空间设计 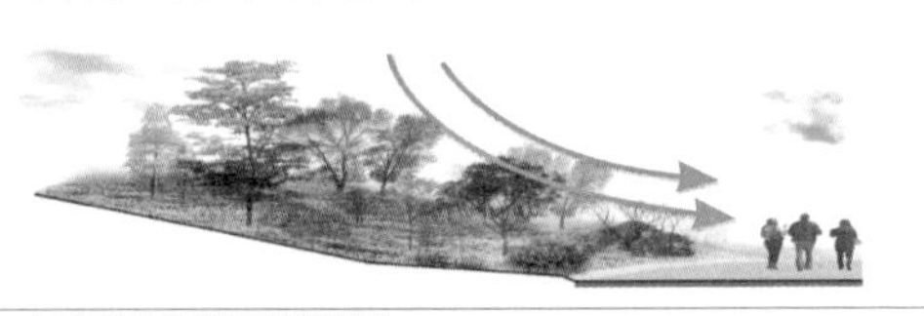
⑩城市风 城市居民生活、工业和交通工具释放了大量的人为热，导致城市气温高于郊区，形成“城市热岛”，引起空气在城市上升、在郊区下沉，近地面风由郊区吹向城市，在城市与郊区之间形成的城市热岛环流称为“城市风”	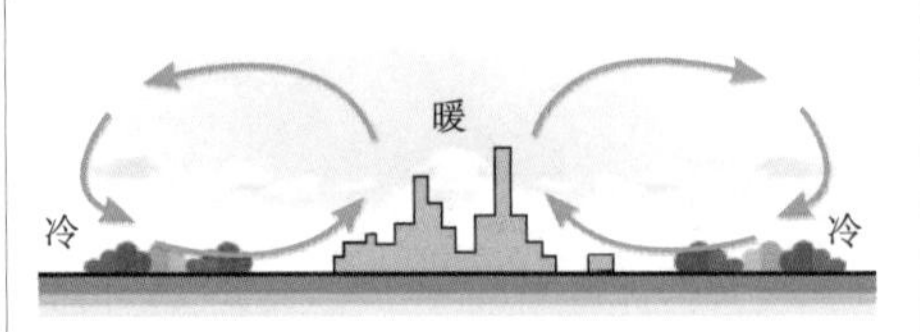	· 城郊绿化带规划设计 
⑪ 狭管效应 在城市的街道空间中，两边建筑物好像一个“漏斗”，把靠近两边墙面的风汇集在一起，产生近地面处的高速风，这种现象被称为“狭管效应”	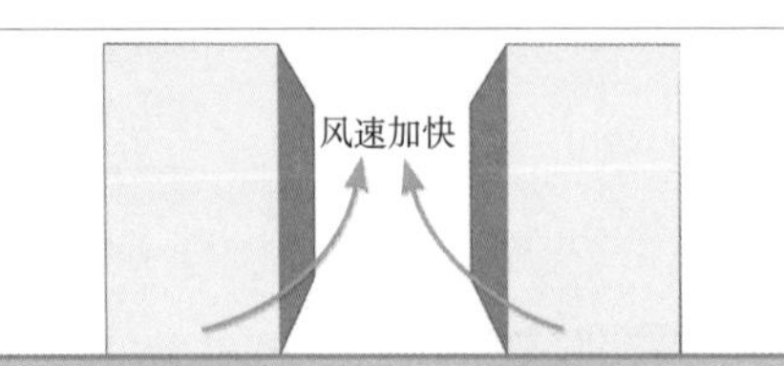	· 城市开敞空间设计 

续表

知识点解析	图示解析	应用情境
⑫ **风影效应** 城市空间中的建筑、植物林带会在其背风面形成风影，使得该处的风速比建筑物或植物林带正面、侧面低得多，这种现象被称为“风影效应”	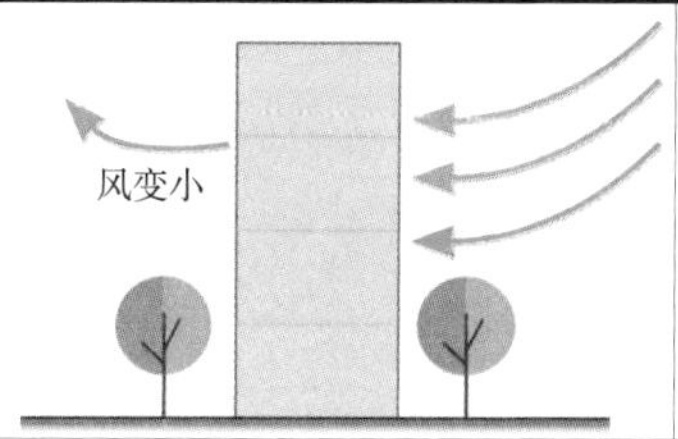	· 城市防护林带设计 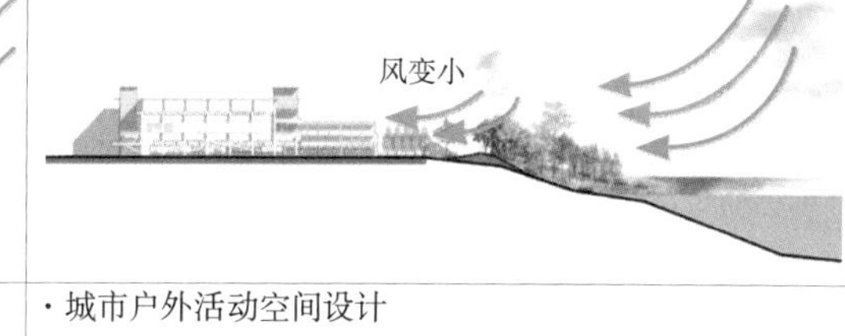
⑬ **烟囱效应** 在底部到顶部具有通畅的流通空间的建筑物、构筑物（如水塔）中，空气（包括烟气）靠建筑内部空气热压差的作用，沿着通道很快进行扩散或排出建筑物的现象，即为“烟囱效应”	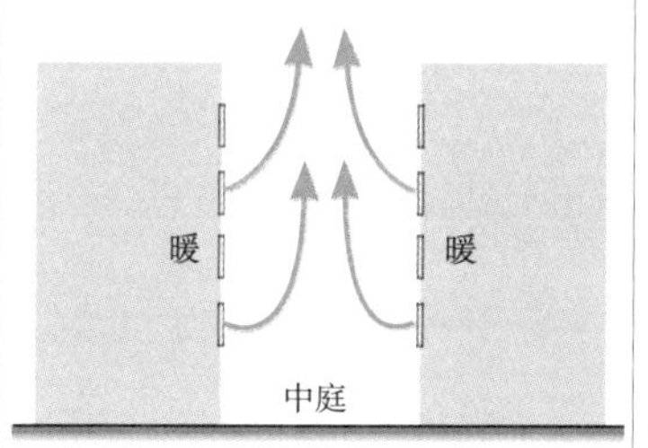	· 城市户外活动空间设计 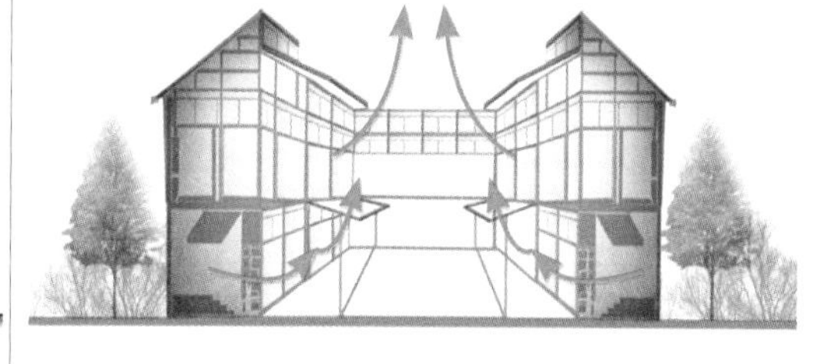

表 4 温湿度相关知识点解析及应用（柏春，2009；李孟柯，2014）

知识点解析	图示解析	应用情境
⑭ **霜洞效应** 冷气流沉降至地形最低处，当遇到墙体、栅栏或篱笆的包围，或流入山谷、洼地、底沟时，只要没有风力扰动，就会如池水般聚集在一起，这种温度倒置现象的极端形式称为“霜洞效应”；这种现象最易发生在寒冷、晴朗的夜晚	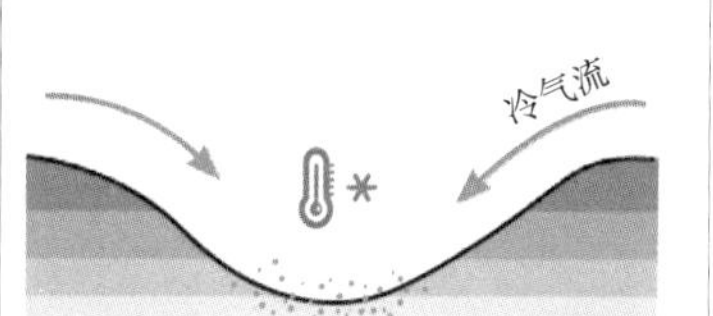	· 居住用地规划布局 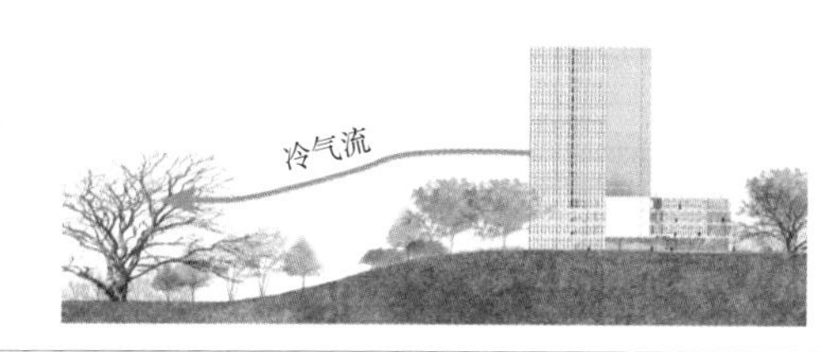
⑮ **绿洲效应** 液态水的蒸发吸热导致空气温度降低，水分变成水蒸气，相对湿度增加；此种水与空气混合产生降温、加湿的结果与沙漠中绿洲的形成十分相似，因此称为“绿洲效应”；此种过程也称为蒸发冷却作用	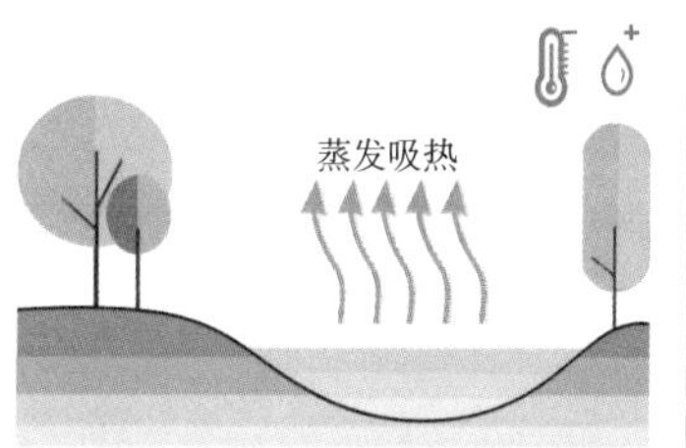	· 城市户外活动空间设计 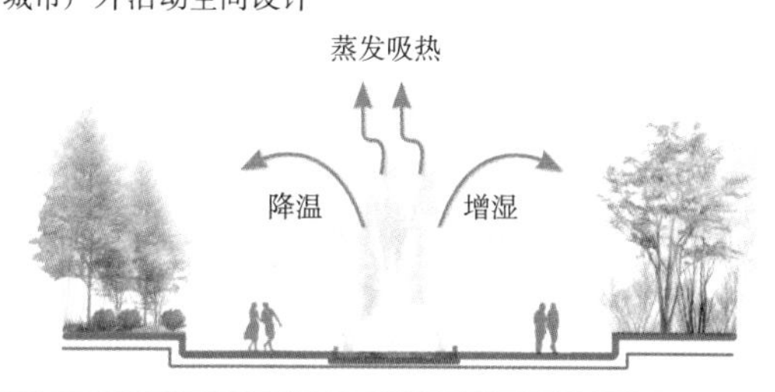
⑯ **热源热汇作用** 放出热量的地方是热源，吸收热量的地方是热汇。植物因遮阳和蒸腾的复合作用，常作为热汇，具有降温、增湿的功能；水泥、大理石等硬质铺装由于热容量和蓄热能力的影响，常起到热源的作用，对夏季微气候环境不利	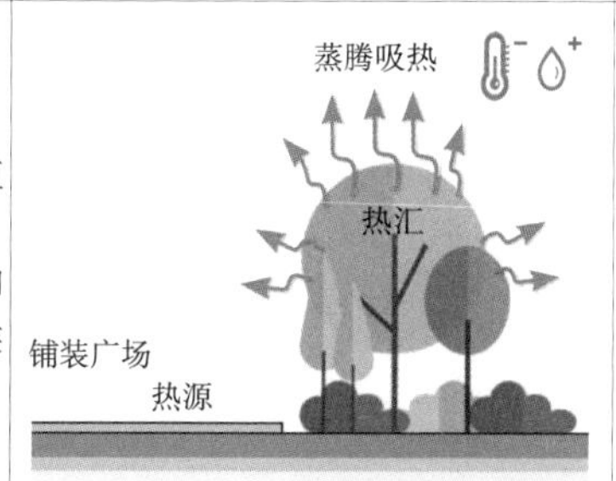	· 城市户外活动空间设计 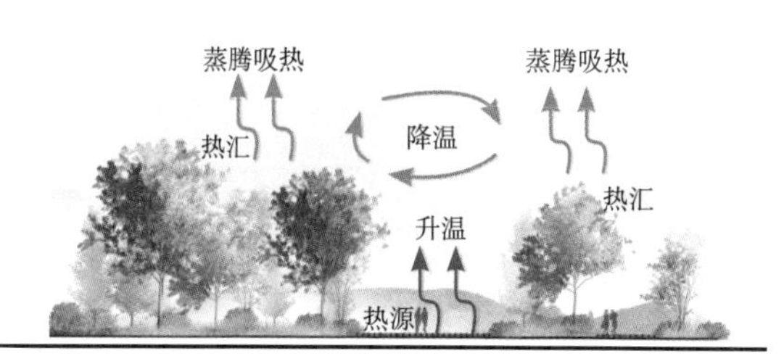

1 **基础资料**
· 城市气象资料
· 城市规划资料

2 **气候分析与评价**
· 气候本底分析（日照、温湿度、风、降水）
· 城市气候评价

3 **气候设计目标策略**
· 类型气候应对策略
· 气候设计目标与策略

典型空间组合

不适宜

4 **形态实现（设计方案）**
· 城市规划设计
· 建筑设计
· 景观规划设计

5 **气候适宜性评价**
· 热舒适
· 风环境
· 光照
· 温湿度

适宜

通过气候适宜性设计的城市空间形态

▲图 7 基于气候学的城市气候规划设计程序

城市气候适应性设计的应用框架

1. 城市生态目标体系（岳邦瑞，2017）

表 5 气候设计生态目标体系

一级目标	二级目标	三级目标	对应现状问题
营造良好的城市气候环境	营造健康、安全的城市气候环境	缓解热岛效应	城市热岛效应
		减少风害	城市次生风害
			季节性灾害风
		减少污染	城市混浊岛效应
		减少洪涝	城市雨岛效应
	营造舒适的城市气候环境	改善风环境	通风情况差、闷热少风
		调节温度	夏季炎热，冬季寒冷
		调节湿度	夏季潮湿，冬季干燥

2. 城市气候规划设计程序（柏春，2009）

基于气候学的城市气候规划设计程序分为 5 个步骤（图 7）。

南京“鸿意万嘉”居住小区设计的气候分析（王明月，2013）

1. 基本概况

“鸿意万嘉”居住小区位于南京市江宁区。南京属北亚热带湿润气候，有典型的夏热冬冷气候特征。夏季以东南风、东风为主导风向，冬季以东北风、东风为主导风向，常年湿度较高。小区由三栋中高层住宅楼组成（地面建筑 11 层，地下建筑 1 层），建筑密度与容积率相对适宜（容积率≤ 1.8，建筑密度≤ 22%），绿地率相对较高（绿地率≥ 35%），占地 18870m^2。

2. 气候本底分析

该居住小区中轴对称式的院落空间形态，较好地考虑到了建筑居住空间的采光，也有利于户外景观空间的夏季通风，具体针对日照和风环境进行解析（图 8）。

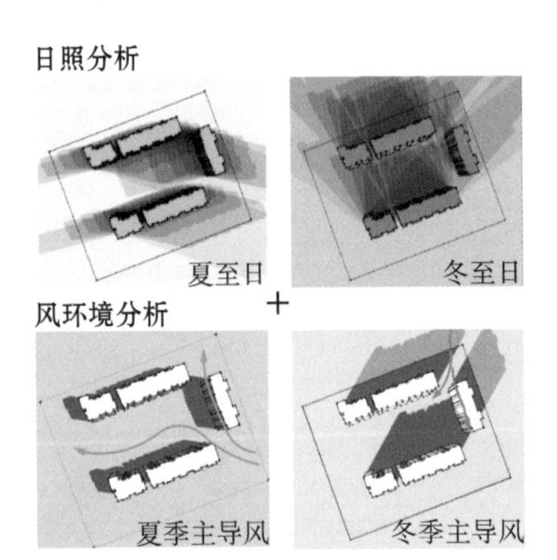

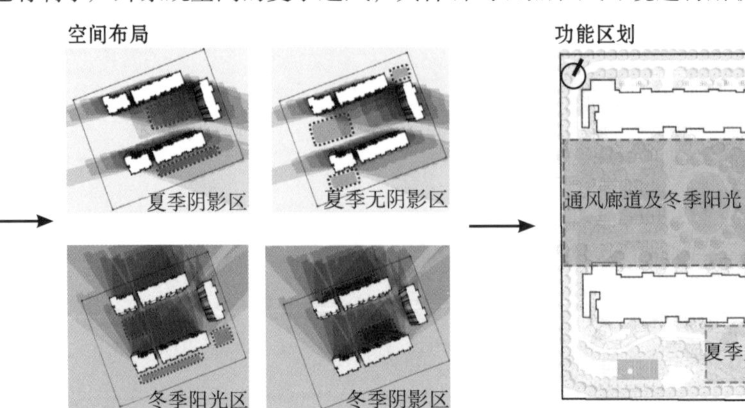

▲图 8 气候本底分析

3. 气候设计的目标与策略

通过减少或增加太阳辐射、夏季自然通风、冬季防风阻挡、空气温度调控等途径，改善区域微气候，提高人体舒适度。

4. 基于气候适应性的景观设计

小区在较适宜的夏季阴影区与冬季阳光区设置户外活动空间，并且通过地形设计、水景设计、绿化种植、地面铺装及景观设施等组合设计，改善夏季无阴影区与冬季阴影区的不利影响。

地形设计：在考虑以重量轻、透气性好的陶粒填充地面覆土的基础上，结合绿化种植设计，加强地形对空间的塑造与风向的引导与阻隔（图 9）。

水景设计：综合水景对空间中温湿效应及风环境的影响，在分析场地空间环境的基础上，在夏季无阴影区设计水景，以静水结合动水、大小水面结合，加之通风作用，充分发挥水体的绿洲效应（图 10）。

种植设计：利用植物绿廊引导夏季凉风进入，并且利用植物绿篱阻挡冬季寒风侵扰（图 11、图 12），总体上形成了东南通透、东北密闭的格局，具体策略有：①根据不同的空间特性，搭配适宜的树种比例；②主要休憩空间多选用干高冠大的乔木，满足夏季遮阳及通风的需求；③建筑外部多选用“乔 + 灌 + 草”模式，同时结合垂直绿化来控温控湿、调节通风；④夏季通风区考虑夏季遮阳与通风；冬季阳光区选用“落叶树 + 草被”的疏林草地模式，多运用能降低湿度的树种，增强冬日阳光穿透树与通风降湿的作用。

铺装设计：①车行道路选择沥青路面，结合绿化遮阳降温；②入口空间硬质面积较大、使用率较高，选用花岗石；③东南区域小空间场地选用吸热性低的透水性材料，结合嵌草砖、透水步石等，通过铺装排泄雨洪；④儿童活动区主要选用软砂及橡胶垫，软砂有利自然排水，降低空气湿度（图 13）。

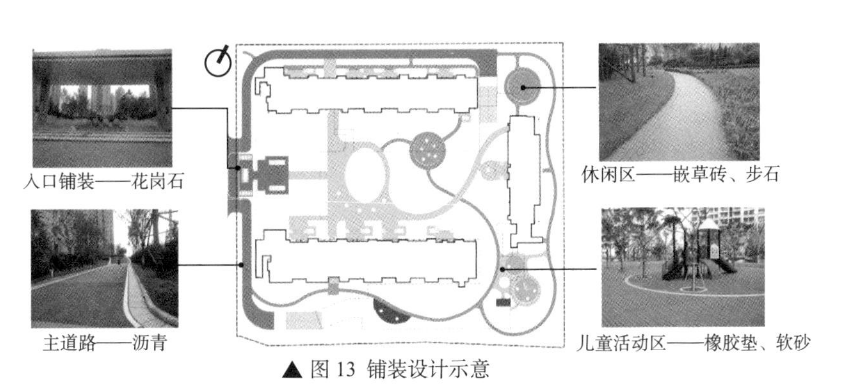

▲ 图 13 铺装设计示意

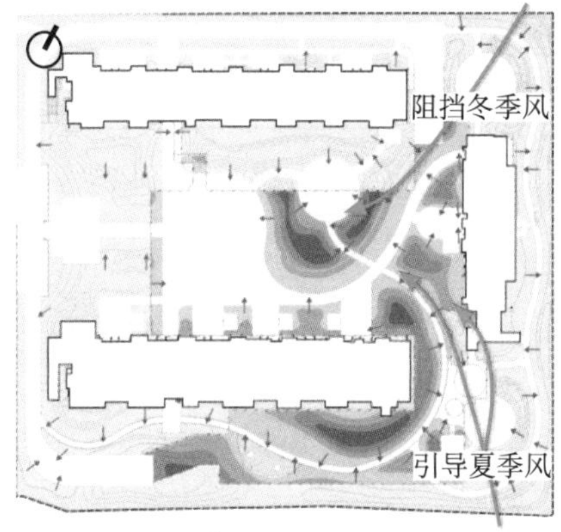

▲ 图 9 地形设计

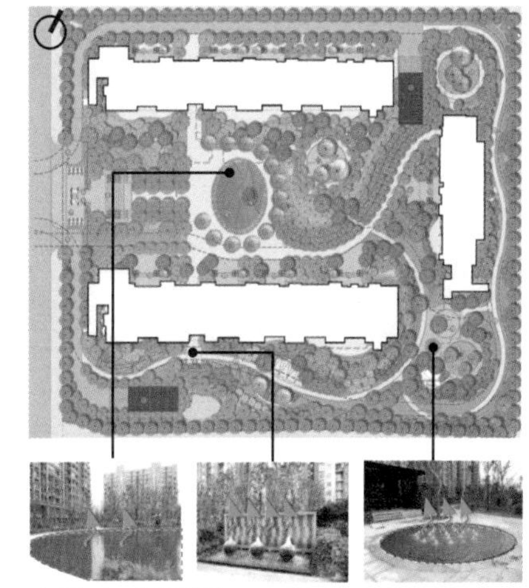

▲ 图 10 水景设计

▲ 图 11 植物结合地形改善通风

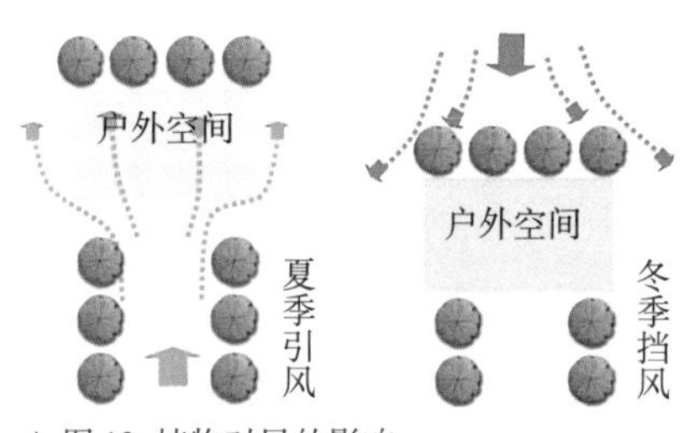

▲ 图 12 植物对风的影响

知识点应用组合

①城市建设用地规划布局

知识点应用：⑤风速梯度 + ⑥盛行风向 + ⑩城市风

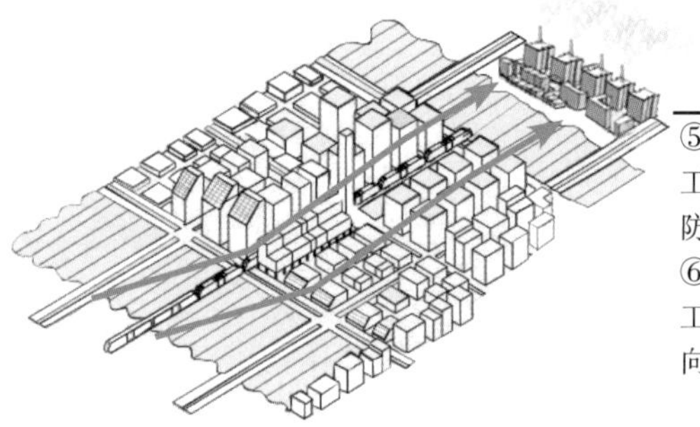

⑤工业区选址布局：大气污染型工厂建设在城郊风速较大的区域，防止污染气体滞留；

⑥工业区选址布局：大气污染型工厂布置在常年盛行风向的下风向区域，防止污染气体排入城市

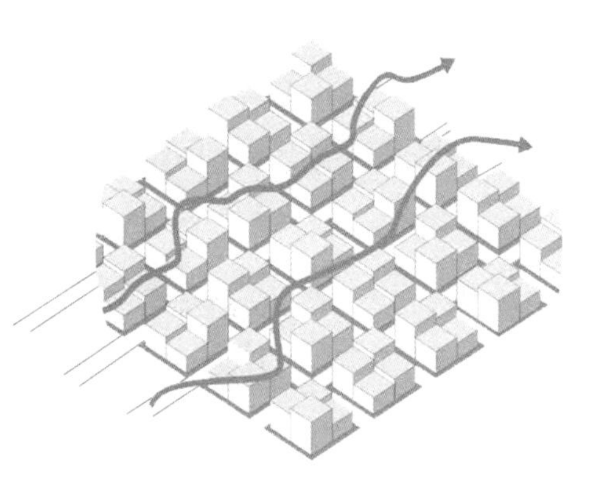

⑥城市路网规划：城市的主街道应顺应夏季盛行风向进行布置，并适当加宽，引导盛行风进入城市，从而达到缓解城市热岛效应的目的

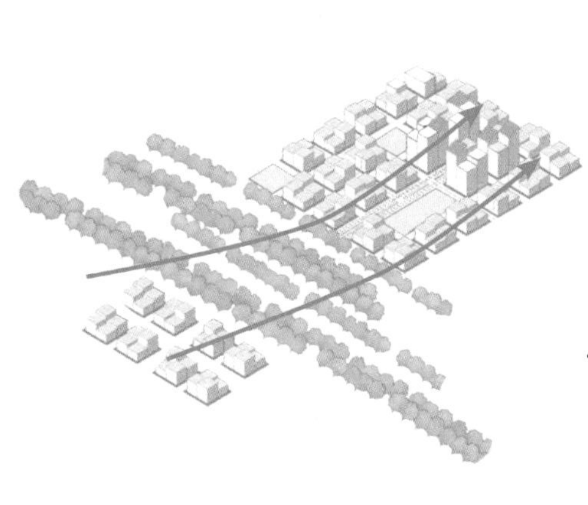

⑩城郊绿带布局：设置城郊绿带，近地面风从郊区吹向城市，绿带阻隔污染，降低风温，缓解城市热岛效应；规划城市楔入斑块绿地、绿廊系统及组团式分隔绿带，并且与铁路、高速公路、高压走廊、河流有机结合，使城市绿化与城市空间的景观合理串联

②户外开敞空间设计

知识点应用：④漫反射 + ⑦水陆风 + ⑧山谷

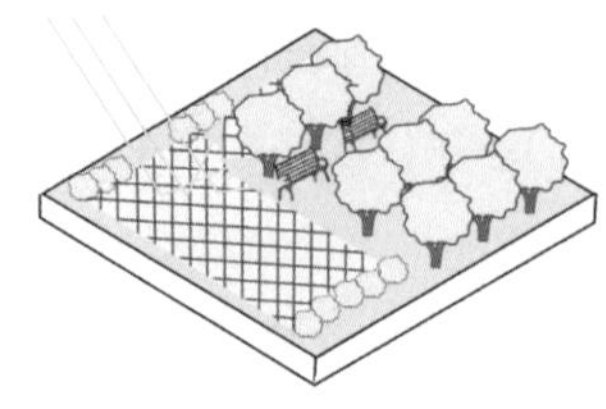

④铺装设计：选择粗糙材铺装，其表面凹凸不平产漫反射，可有效减少周围然光或人工照明可能产生镜面反射，避免由于眩光题给行人带来的困扰

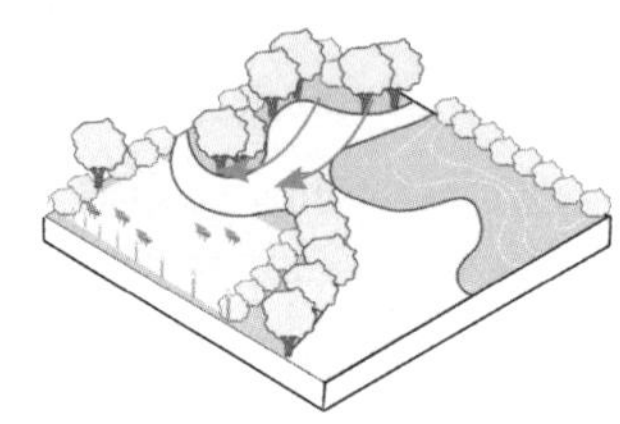

⑦户外开敞空间布局：夏季热地区将主要的活动场地布在水体周围，在取得良好视效果的同时降低环境温度

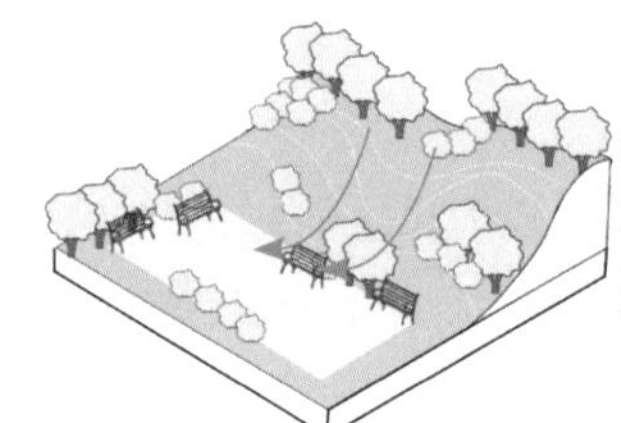

⑧微地形设计：活动空间置微地形，形成局地微风增强户外舒适度

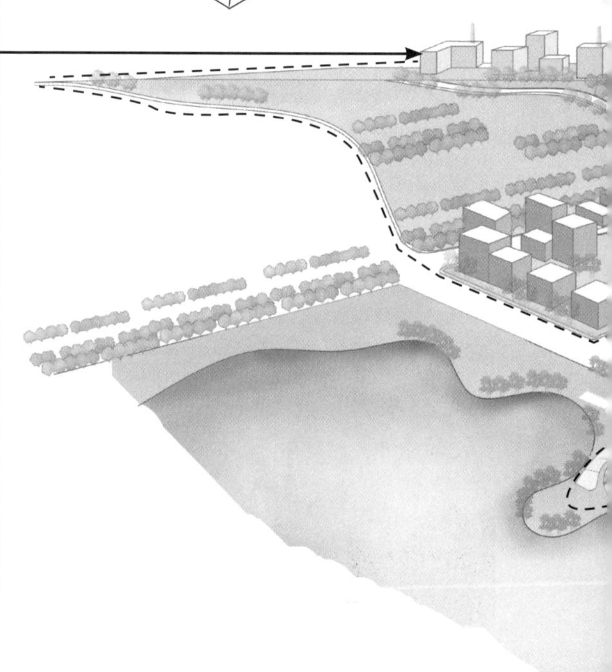

▲图 14 知

影效应 + ⑮ 绿洲效应 +⑯ 热源热汇作用

防风林设计：设置防风
带，降低风速，减少风
侵害

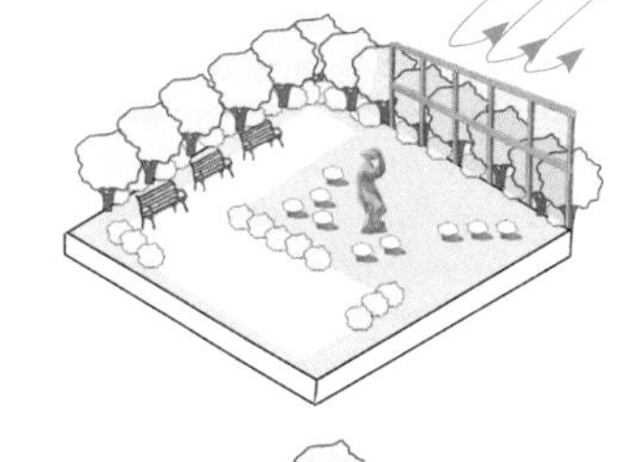

水景设计：设置喷泉水
、降温、增湿，改善空气
境、发挥点景的作用

绿化设计：提高户外活动
间的绿化种植面积，发挥
地降温、增湿的作用，营
舒适的小气候环境

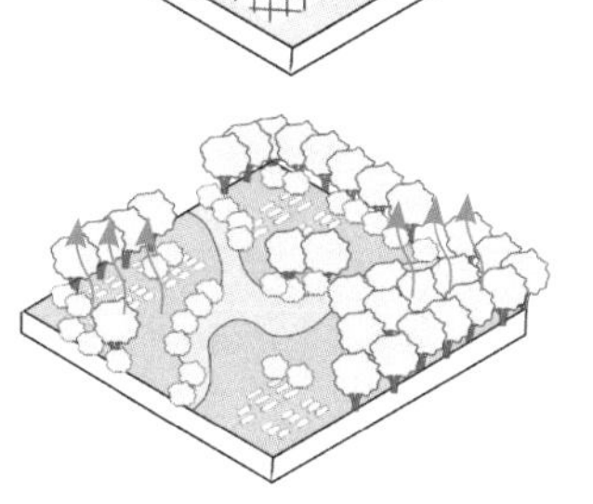

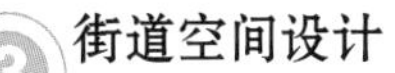

③ 街道空间设计

知识点应用：①透射 + ②遮挡 + ⑨林原风 + ⑪ 狭管效应

①街道形态设计：街道适当加宽，保证冬季充足阳光照射，提高道路温度

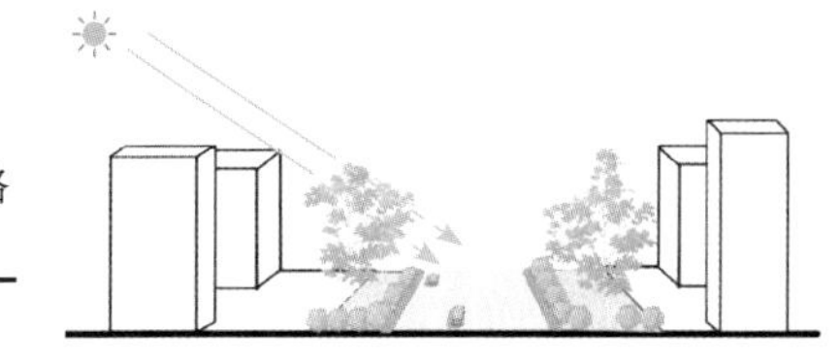

②街道形态设计：设置适当的街道高宽比，保证夏季遮阳，提高行人舒适度

⑨街道边界状况：在街道两侧种植高大乔木形成绿化带，制造局地微风，增强户外舒适度

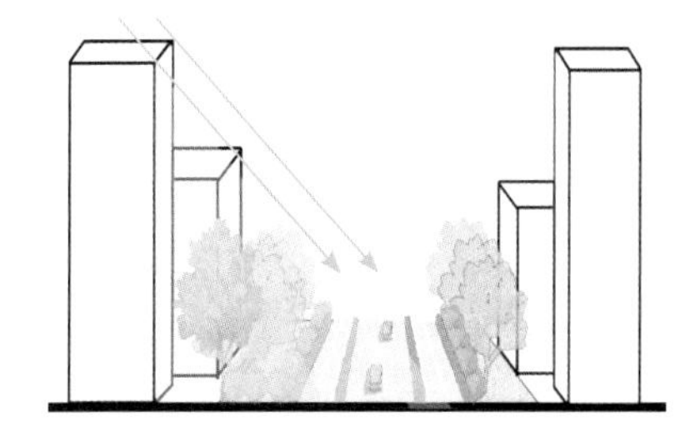

⑪街道边界状况：倒梯形断面空间可将风引入街道，加快近地面风速，有利于街道通风散热以及街道空气的净化

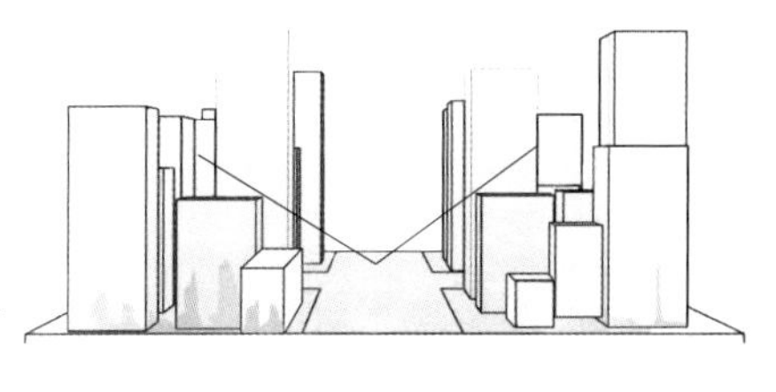

-图

参考文献

柏春，2009. 城市气候设计——城市空间形态气候合理性实现的途径 [M]. 北京：中国建筑工业出版社 .

姜世中，2010. 气象学与气候学 [M]. 北京：科学出版社 .

李孟柯，2014. 西安城市户外公共空间植物小气候效应及其设计应用初探 [D]. 西安：西安建筑科技大学 .

刘加平，等，2011. 城市环境物理 [M]. 北京 : 中国建筑工业出版社 .

沙鸥，2011. 适应夏热冬冷地区气候的城市设计策略研究 [D]. 长沙：中南大学 .

王凯，2016. 城市绿色开放空间风环境设计和风造景策略研究 [D]. 北京：北京林业大学 .

王明月，2013. 基于微气候改善的城市景观设计 [D]. 南京：南京林业大学 .

杨立新，宋力，李聪，2006. 日照分析在园林环境设计中的应用 [J]. 现代园林，23（2）：1-4.

岳邦瑞，等，2017. 图解景观生态规划设计原理 [M]. 北京 : 中国建筑工业出版社 .

周淑贞，束炯，1994. 城市气候学 [M]. 北京：气象出版社 .

思想碰撞

受全球变暖和过去三十年快速城镇化进程的影响，城市热岛效应、大气污染、通风不畅等问题已经对生态环境与居民健康构成严重威胁。在我国城镇化进程由“量变”向“质变”的转型阶段，如何整合相关科学知识以减少开发建设对城市气候的负面影响，已成为重要研究课题。同时，气候学知识在实际城市规划设计项目运用时多为辅助性策略，较少地直接以气候适宜性为目的开展专项规划设计，甚至还常有忽略气候进行的住房安置、广场设计等。所以一些学者呼吁从宏、中、微多方尺度出发，构建气候学联合多学科知识介入景观规划设计的理论体系与应用程序，优先遵从气候规律，采取人居环境气候适宜性设计。对此你有什么看法?

专题编者

岳邦瑞

胡根柱

王佳楠

颜雨晗

王晨茜

地质学 08讲
格局的摇篮

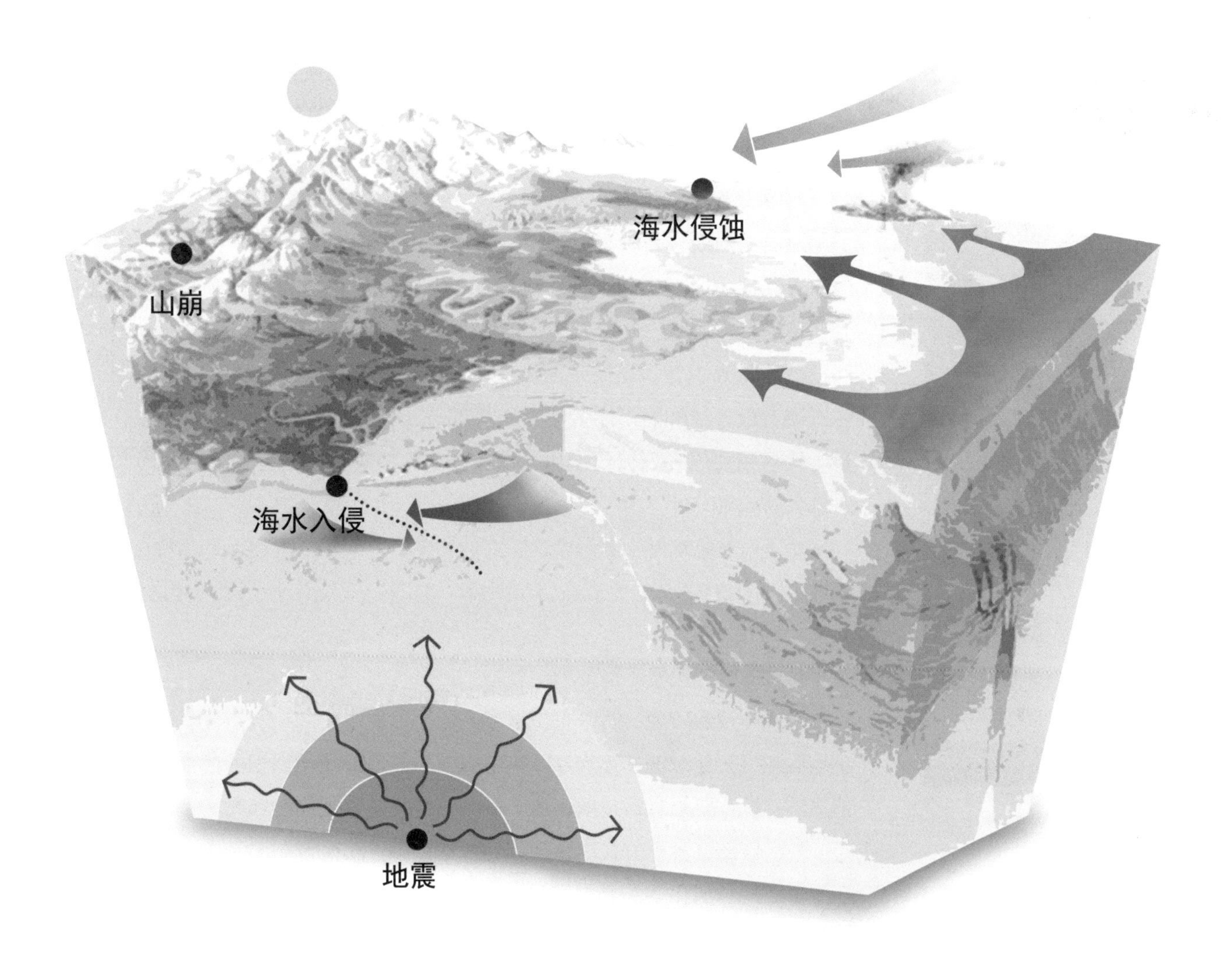

地震、滑坡、海潮都是我们日常生活中常见的地质灾害，对人们的生产、生活造成了巨大的影响。我们不禁要问，这些地质灾害是如何产生的？它们能避免吗？地质灾害发生后我们又应该如何治理？本讲带你走进地质学，为你揭开地质灾害的神秘面纱，让你了解地质如何决定着土地的根本属性和生命的基础安全，从而影响着生物演化和人类聚落的格局发展……

学科书籍推荐：

《普通地质学》舒良树
《环境地质学》潘懋，李铁峰

地质学的学科内涵

1. 地质学的基本概念

地质学（Geology）一词源于现代拉丁语 Geotogia，表示“对地球的研究”。在现代学科语境中，地质学指研究地球的物质组成、结构构造、地球形成与演化历史、地球表层各种作用与现象及其成因的学科。地质学在解决天体起源与生命起源等当代自然科学基本理论问题上是不可或缺的，同时在社会生产、自然灾害的防治、人们日常生活等方面都具有极其重要的现实意义（舒良树，2010）。

2. 地质学的研究对象与特点

地质学的研究对象包括环绕地球周围的气体（大气圈）、地球表面的水体（水圈）、地球表面形态和固体地球本身（汪新文，2013）。其中，地质学研究的重点是固体地球的表层——地壳（Crust）或岩石圈。固体地球由地壳、地幔（Mantle）和地核（Core）三大层圈（图 1）组成，地壳指由岩石组成的固体外壳，是地球固体圈层的最外层和岩石圈的重要组成部分，外核为液态，内核为固态。岩石圈与地幔、地核相互依存，彼此作用，使地球演化形成一个具有强大活力而又复杂的系统（舒良树，2010）（图 2）。

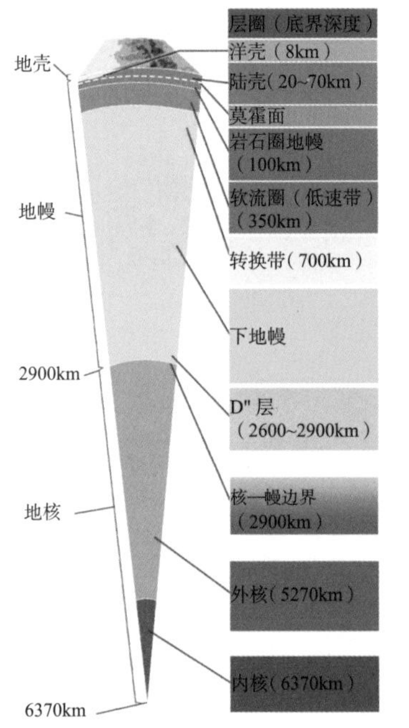

▲图 1 固体地球的圈层构造

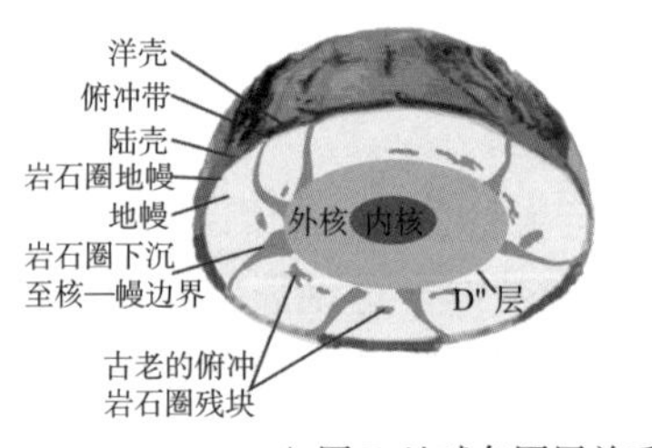

▲图 2 地球各圈层关系

受研究对象地域性和综合性特点的影响，地质学具有以下几个特点：①较强的地域性；②历史性和综合性观察的非直接性时空统一；③野外调查与理论分析相结合（汪新文，2013）。

3. 地质学的发展历程

地质学成熟较晚，在 18 世纪末 ~19 世纪初才独立，其发展经历了 5 个时期（图 3）：①地质知识萌芽时期（远古 ~15 世纪以前），以地质学知识的逐步积累为主要特点，地质学知识主要通过对地质现象、矿物等特征的直观描述和归纳，以及一些简单的思辨和猜测性的解释等方式产生；②近代地质学准备时期（15 世纪中叶 ~18 世纪中叶），以宇宙起源和演化为主要内容的“地质学的哲学阶段”，同时该阶段对矿物、岩石等的记述也逐渐趋于完整；③地质学确立时期（1750~1840 年），人们系统地总结了前人的“地质学原理”，使现实主义原理初步建立；④地质学全面发展时期（1840~1900 年），地质学全面发展，分支学科建立，并且形成了系统性理论和全球性总结；⑤现代地质学时期（20 世纪至今），是现代地球科学发展的新时期，在这一过程中，传统的地球科学发生了一系列的革命，其中影响最为深远的是大地构造理论上围绕活动论与固定论发生的思想革命（汪新文，2013）。

■ 地质学的学科体系

1. 地质学的研究内容

地质学的研究任务包括以下两个方面：①解决天体起源与生命起源等当代自然科学基本理论问题；②指导人们寻找和开发矿产资源、能源和水资源；③指导人们研究地质环境以抵御自然灾害，从而保护人体健康（舒良树，2010）。围绕上述研究任务，现代地质学的具体研究内容主要围绕地球物质、地球历史、学科理论、综合研究、地质应用、人类与地质 6 个方面展开（图 4）。

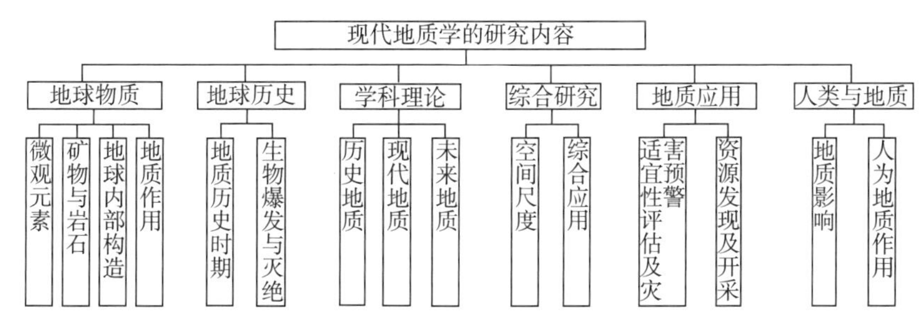

▲ 图 4 现代地质学的研究内容

2. 地质学的基础研究框架

地质学的主要研究任务是研究各种地质作用的过程与结果。地质作用（geological action）是形成和改变地球的物质组成、外部形态特征与内部构造的各种自然作用。它分为内力（endogenous）地质作用和外力（exogenous）地质作用两类。内力地质作用以地球内热作为能源，并主要发生在固体地球的内部，包括岩浆作用、构造作用、变质作用等。外力地质作用主要以太阳能、重力能及日月引力能为能源，通过大气、水和生物引发，包括地质体的风化作用、重力滑动作用等。地质作用的结果表现为地球的物质组成、外部形态特征与内部构造的改变。地质作用的动力因素与地质作用结果之间的关系为：内力作用使地球内部和地壳的组成和结构复杂化，造成地表高低起伏；外力作用使地壳原有的组成和构造改变，夷平地表的起伏，向单一化发展（图 5）。

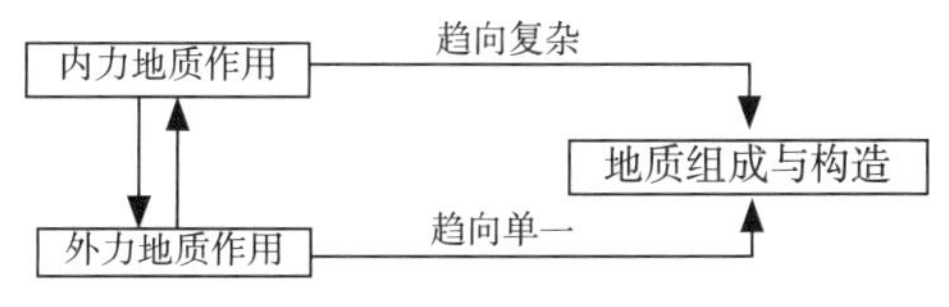

▲ 图 5 地质学的基础研究框架

地质知识萌芽时期

亚里士多德
Aristotle

公元前 384 ~ 前 322 年

· 提出海陆变迁是按一定规律在一定时期发生的

近代地质学准备时期

1494 ~ 1555 年

阿格里科拉
G.Agricola

· 对矿物、矿脉生成过程和水在成矿过程中作用的研究，开创了矿物学、矿床学的先河

1586 ~ 1641 年

徐霞客

· 在《徐霞客游记》中对侵蚀地貌、堆积地貌、喀斯特地貌的成因及相关关系进行了深入的分析

地质学确立时期

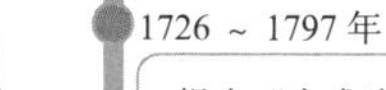

1726 ~ 1797 年

赫顿
J.Hutton

· 提出“火成论”，即用自然过程来揭示地球的历史，地质过程“既看不到开始的痕迹，也没有结束的前景”的“均变论”思想

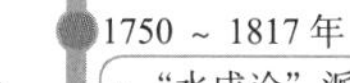

1750 ~ 1817 年

维尔纳
A.G.Werner

· “水成论”派的创始人，通过研究沉积岩提出“水成论”，认为花岗岩和玄武岩都是沉积而成的，并对岩层作了系统的划分

1769 ~ 1832 年

乔治·居维叶
Georges Cuvier

· “灾变论”的主要代表，他提出“地球历史上发生过多次灾变造成生物灭绝”的观点

1797 ~ 1875 年

查尔斯·莱尔
Ch.Lyell

· “均变论”的代表，他坚持“自然法则是始终一致”的观点，提出以今论古的现实主义方法

地质学全面发展时期

1850 ~ 1934 年

戴维斯
W.M.Davis

· 使用动态法或演进法，提出侵蚀轮回学说，用“发生学”观点解释地貌的发生和发展，从自然地理学与地质学中分出了地貌学作为独立学科

现代地质学时期

1880 ~ 1930 年

魏格纳
A.Wegener

· 提出的与传统海陆固定论相背离的大陆漂移

▲ 图 3 地质学的发展历程

地质学介入空间的发展历程

环境地质学是与空间规划设计关系密切的交叉领域。作为一门近二十年的新兴应用学科，环境地质学旨在运用地质学与地理学等相关原理高效利用矿产资源，改善人类生产环境（朱大奎 等，2000），对土地规划、城市规划和工程建设具有直接指导作用。环境地质学的早期思想萌芽源自中国古代先民利用自然环境和地形地貌特点进行的城镇选址和营建等实践活动。直到 19 世纪工业革命后，人们开始尝试系统探究环境地质学对自身生存环境的具体影响，进而将之纳入科学研究范畴。20 世纪 60 年代，哈克特（J.E.Hackett）首次提出“环境地质”的专业术语，并被相关学者迅速扩展为以描述洪水、飓风等自然灾害成因为导向的学科领域。与此同时，愈来愈多的城乡规划从业者开始意识到缺乏对环境脆弱性与多变性的基本认识，将极大地制约土地利用等规划编制和实施的准确性与安全性（图 6）。自此，环境地质条件普查与地质灾害风险评价便成为相关空间规划设计实践的必要前置条件，被广泛应用于地质灾害的识别、避让与治理活动之中（图 7）（潘懋 等，2003）。

地质现象观测积累　19 世纪前

· 古代大禹治水，开凿南北大运河，引浊放淤、排沟筑岸、建造台田等利用地质资源、保护地质环境等行动

· 《天论》中提出人可以征服、利用自然界、“制天命”的观点

· 古代城市的选址和营建考虑利用自然环境与地质地貌特点，躲避自然灾害，为军事防御和农牧生产提供有利条件

对地质环境的探索阶段　19 世纪

· 1864 年，美国学者马什在《人与自然》中叙述人的活动对森林、水体、土壤、地质的影响，呼吁保护自然

· 1862 年，奥地利地质大师休斯（Eduard Suess）提出了维也纳市的地质条件对居民生活的影响

环境地质学建立　20 世纪

· 1964 年，美国哈克特（J.E.Hackett）提出“环境地质学”

· 国内外大量环境地质问题出现，地质环境开发和保护方面的要求提高

· 20 世纪 20 年代末，德国编制用于城市规划的特殊土壤图

· 20 世纪 20~60 年代，美国与欧洲一些国家开展了以城市基础地质普查填图为主要内容的城市地质研究

地质环境与城市发展结合　20 世纪末至今

· 各国积极开展城市地质灾害风险评价和风险管理，从过去的被动反应转变为主动和被动预防相结合

· 2001 年，联合国亚洲及太平洋经济社会委员会（ESCAP）推出了《把地质学整合到城市规划中》

· 城市三维地质建模、城市地质灾害风险管理等研究出现

▲ 图 6 地质学介入空间的四个阶段

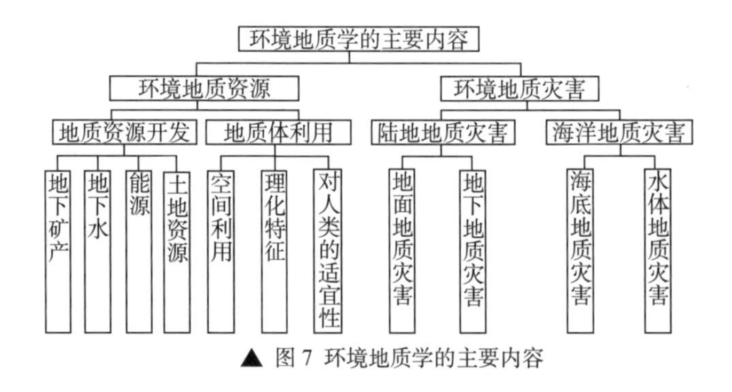

▲ 图 7 环境地质学的主要内容

基于地质灾害的环境地质学知识

地质灾害指由于地质作用对环境产生的突发或渐进的破坏，并造成人类生命财产损失的现象或事件，其致灾动因源自人为、自然、人为—自然复合动因 3 类（潘懋 等，2003）。景观规划设计中通常借由 3 类动因的系统分析，精准识别场地的地质灾害风险，进而对相应的区域建设作出避让、治理等空间决策。基于此，学者们构建了包含 8 个致灾动因的地质灾害的知识应用框架（图 8），并基于地质灾害识别与避让、地质灾害识别与治理 2 类典型情境，开展相关要点分析（表 1、表 2）。

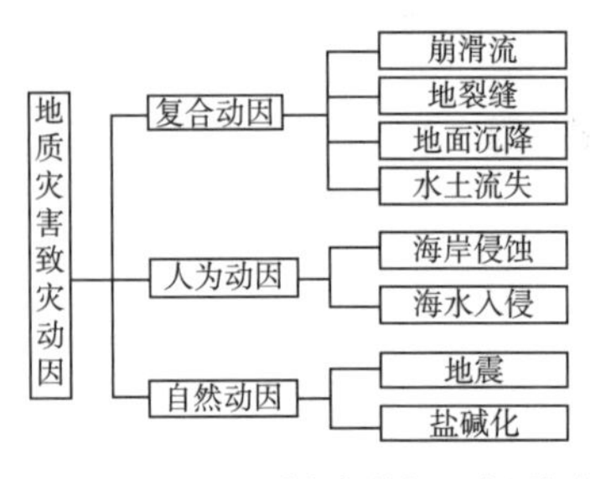

▲ 图 8 地质灾害的知识应用框架

表 1 地质灾害识别与避让类知识点解析（宋鸿林 等，2013；唐辉明，2008；徐继山 等，2020；高玉峰，2019）

原理解析	灾害识别的空间要素	灾害风险评价情境
①崩滑流 崩滑流是斜坡上岩土体受重力和水的影响，克服土体内聚力和基岩约束，与斜坡发生相对位移导致的一类灾害的统称，包括崩塌、滑坡、泥石流，主要受降雨、地震和人类工程活动等的影响；崩滑流可视为滑体与地层间重力作用下的斜面运动，坡度增加、雨水入渗等因素能改变摩擦力大小从而影响其进程 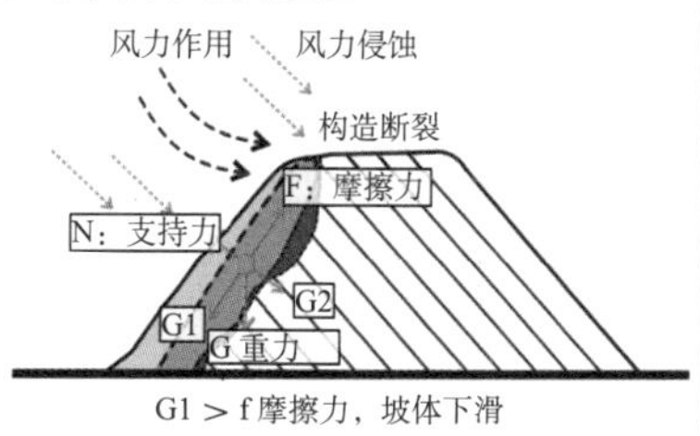	**崩滑流风险 =f（+ 坡度、+ 断裂构造、岩土性质、+ 土壤含水量）** · 坡度：坡度大比坡度小更易致崩滑流  · 断裂构造：断裂贯通比浅裂更易致崩滑流 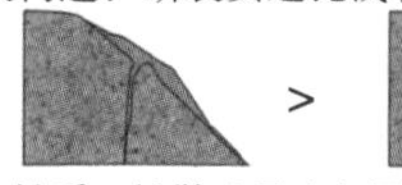 · 岩土性质：松散地层比坚固围岩更易致崩滑流 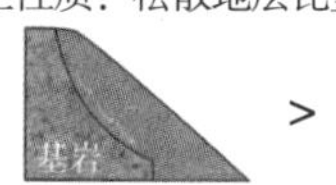 · 土壤含水量：坡体含水量高更易致崩滑流 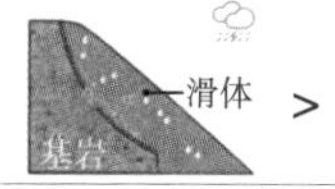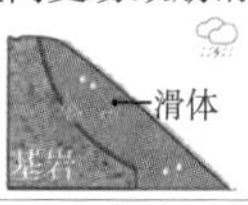	**崩滑流不安全区识别** 崩滑流是我国浅山区和山地城市广泛面临的灾害，能够冲击、摧毁和压覆城镇、农田和自然沟谷，产生的崩落物可能堵塞河流，临水库岸的崩塌还可能导致水库涌浪 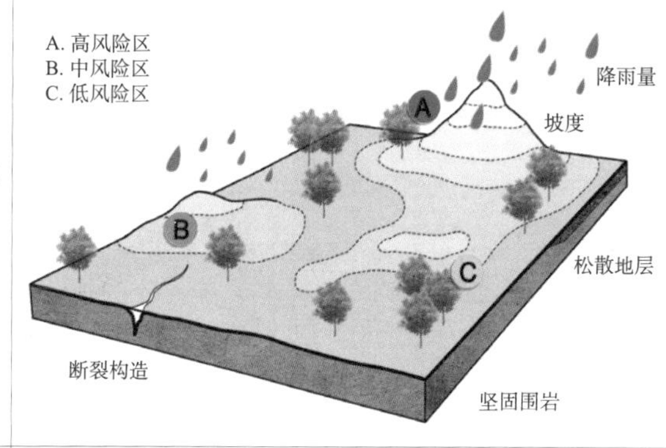
②地震 地震是在地壳构造力的作用下，地下岩层发生剧烈断裂错位的现象；地震过程会将地壳运动产生的巨大能量以地震波的形式释放出来，在传播至地表的过程当中，引起地层水平、竖直和混合波动；地层介质、形态的改变会引起地震波传播方向、能量的变化 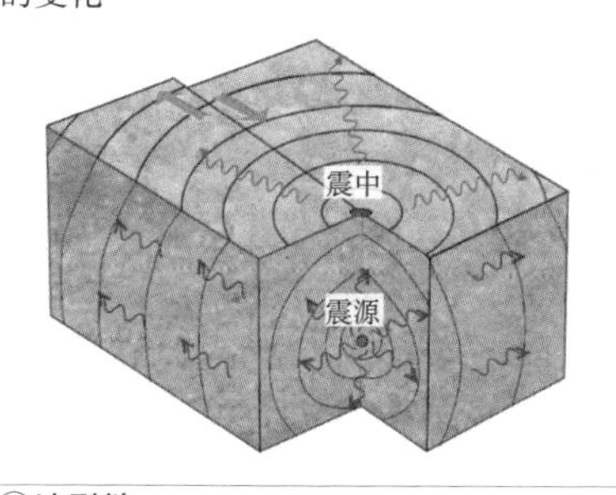	**地震风险 =f（+ 断裂构造、+ 河谷地形、岩土性质）** · 断裂构造：根据费马定理，地震波优先沿地裂缝区域传播，因而地裂缝区域在地震中被破坏更大 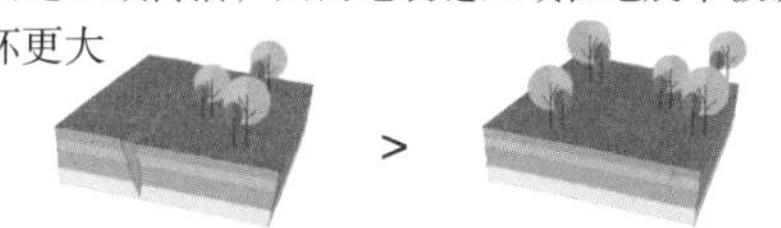 · 河谷地形：河谷地形对地震有放大作用  · 岩土性质：软弱地层的地面形变更大，因此地震破坏性更大 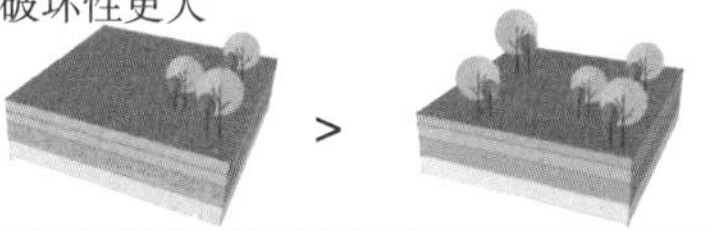	**地震不安全区识别** 地层波动会破坏地表连续性，导致局部地貌改变和地表、地下工程被破坏，并能引起火灾、海啸等次生灾害，崩滑流也常伴随地震发生而加剧 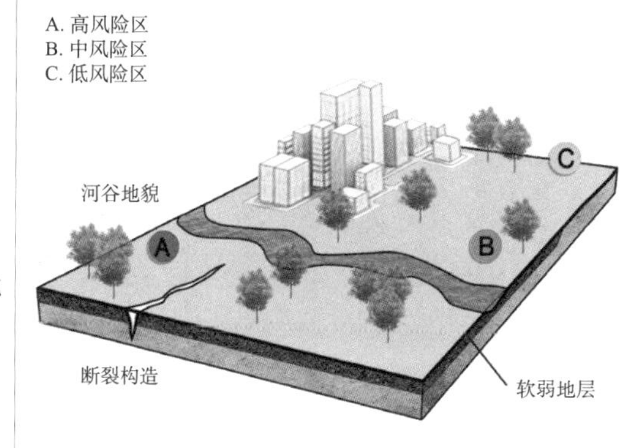
③地裂缝 地裂缝是指在地质作用或人为活动的影响下，岩土体产生开裂，并在地面形成一定长度和宽度裂缝的地质现象；人为活动主要是地下水超采，因此城镇地裂缝活动与区域内地面沉降常相叠加 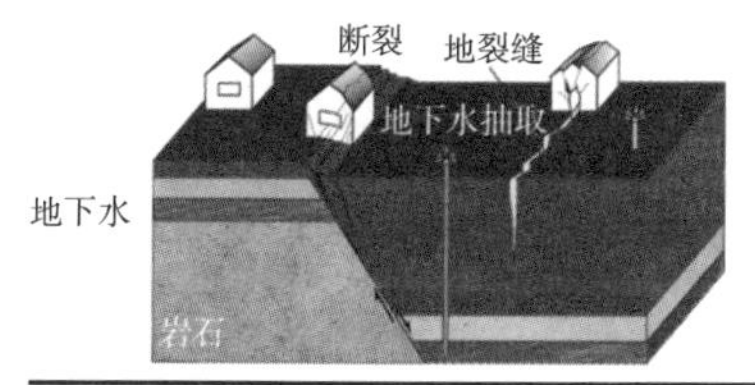	**地裂缝风险 =f（– 地下水位、+ 地层岩性类型）** · 地下水位：地下水过采可导致地层介质孔隙压力降低，破坏承压平衡，促进地裂缝发展 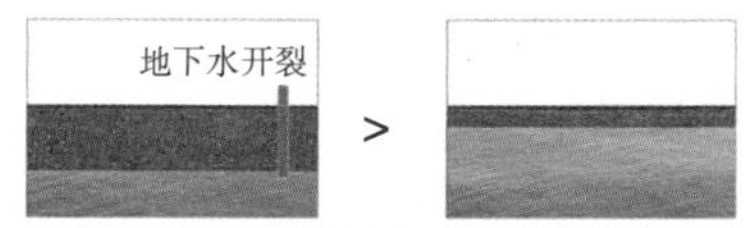 · 地层岩性类型：地层岩性决定土壤孔隙率，孔隙压力降低、地面承载力不足引发地裂缝 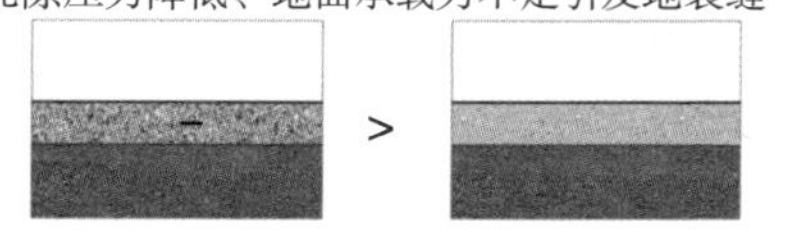	**地裂缝不安全区识别** 地裂缝会破坏房屋、道路、桥梁、地下管线等工程设施，在城市规划和工程建设中通常会避开地裂缝建设 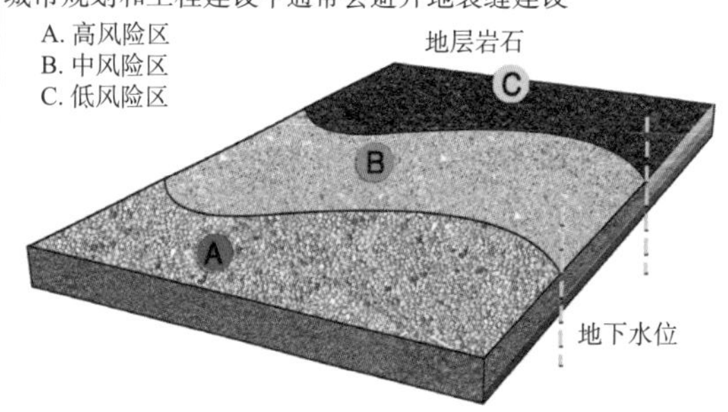

表 2 地质灾害识别与治理类知识点解析（王玉军，2017；邢一飞，2017；陈广泉，2013；朱正涛，2019）

<table>
<tr><th>原理解析</th><th>灾害风险评价情境</th><th>灾害治理典型情境</th></tr>
<tr>
<td>①地面沉降
地面沉降是地下支撑物位移变化导致地面标高损失的现象，是一种渐进性地质灾害，实质是地下持力层土体荷载作用力逐渐丧失引起土层压缩变形的过程。土体荷载作用力大小约等于有效应力与孔隙水应力之和，地下水大量开采后，孔隙水压力降低，有效应力增加，引起土层压缩变形
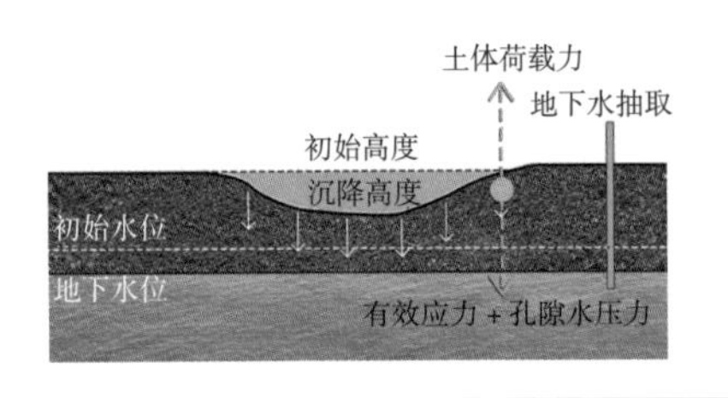
</td>
<td>地面沉降风险 =f（＋地下水位下降速度、＋可压缩地层厚度）
·地下水位下降越快，地面沉降风险越高
·可压缩地层（如黏性土层）为地面沉降的发生提供物质基础，其厚度越大，地面沉降越易发
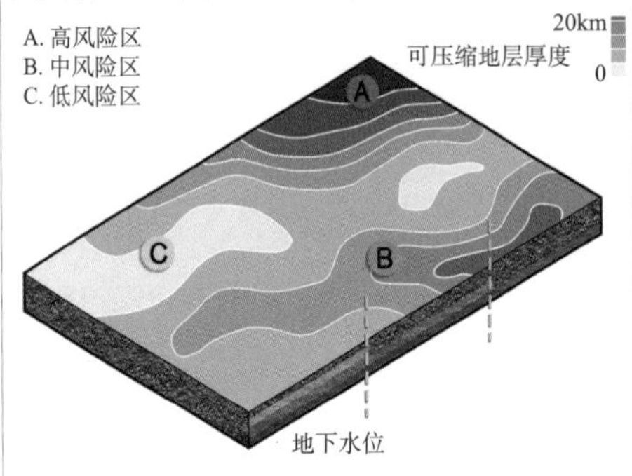
</td>
<td>地面沉降目前是不可逆的，不均匀沉降危害建筑、管线安全，因此在非湿陷性黄土区域的城市设计中，可通过海绵城市等措施，达到回补地下水、缓解地面沉降速率的目的
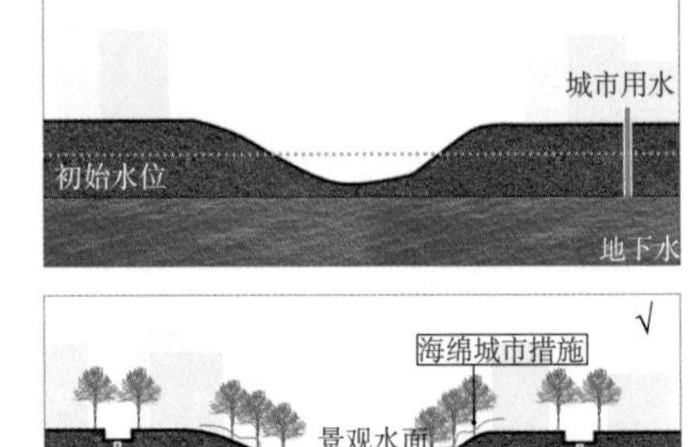

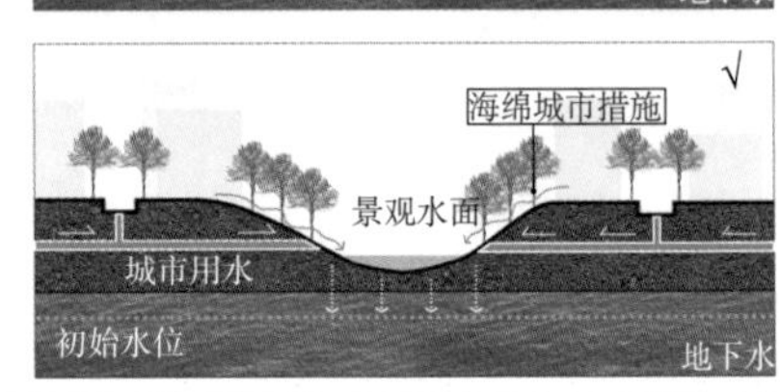
</td>
</tr>
<tr>
<td>②水土流失
水土流失是由于自然或人为因素导致黄土等地表的松散风化壳因缺乏植被保护，在暴雨冲刷下降水和土壤同时流失的现象，会造成区域性的土壤肥力损失、耕地减少、河流淤塞等生态问题
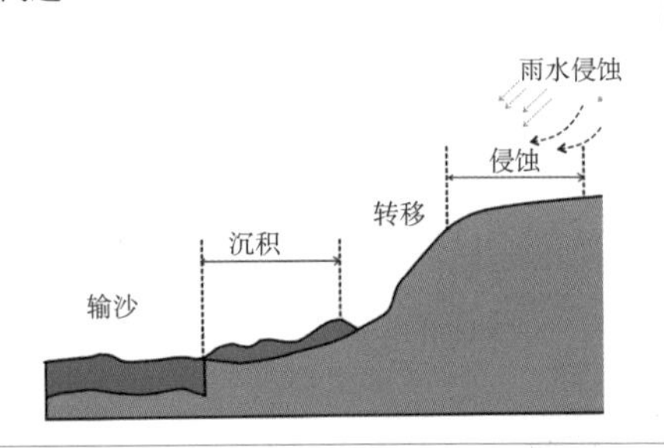
</td>
<td>水土流失风险 =f（－植被覆盖率、＋地表径流量）
·植被覆盖率越低，水土流失程度越高
·地表径流量越高，水土流失程度越高
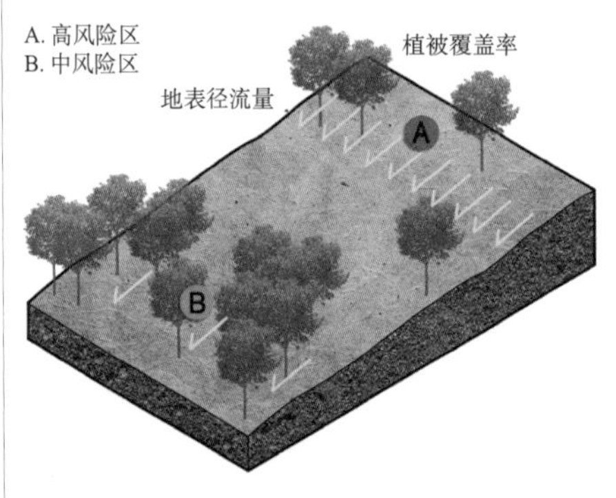
</td>
<td>水土流失的治理措施主要有减少坡面径流量和植树造林，特别要注意植物群落立体设计，避免出现“林下荒漠”的现象
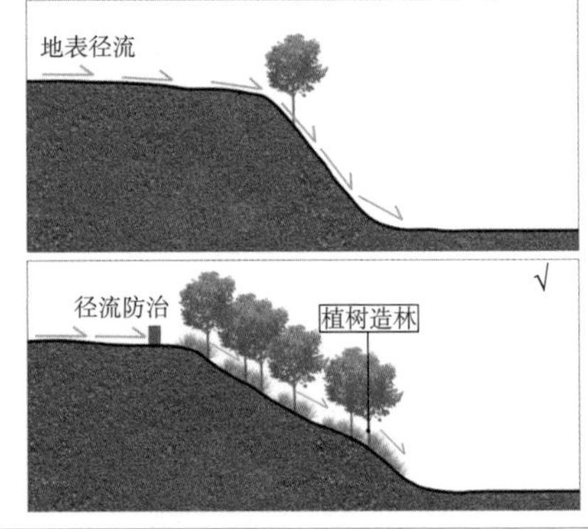
</td>
</tr>
<tr>
<td>③盐碱化
盐碱化是土壤底层或地下水的盐分随毛管水上升到地表，水分蒸发后盐分积累在表层土壤中的过程。盐碱化会导致表层土盐分增加，危害植物生长和建构筑物的基础安全
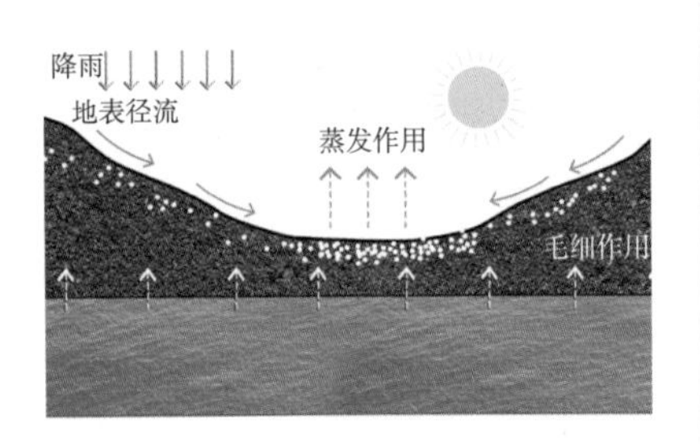
</td>
<td>盐碱化风险 =f（－地下水位、＋植物覆盖率）
·地下水位越高，盐碱化风险越大
·植被覆盖率越高，减缓蒸发速率、增加地表径流量、盐碱化程度越低
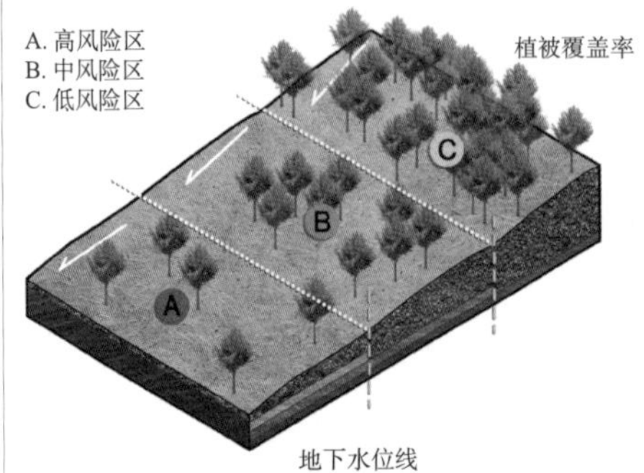
</td>
<td>盐碱化的治理有更换客土、化学中和等方法，盐碱化面积较大时，常结合地形通过增加表面径流量的方式洗淋盐分，并在地势低洼处设置盐碱净化池，收集和处理盐分，降低盐害

</td>
</tr>
</table>

续表

原理解析	灾害风险评价情境	灾害治理典型情境
④海岸侵蚀 海岸侵蚀是指在自然力包括风、浪、流、潮的作用下，海洋泥沙支出大于输入导致沉积物净损失的过程，即海水动力的冲击造成海岸线的后退和海滩的下蚀。海岸侵蚀会影响沿岸建构筑物的安全，加重洪涝风险 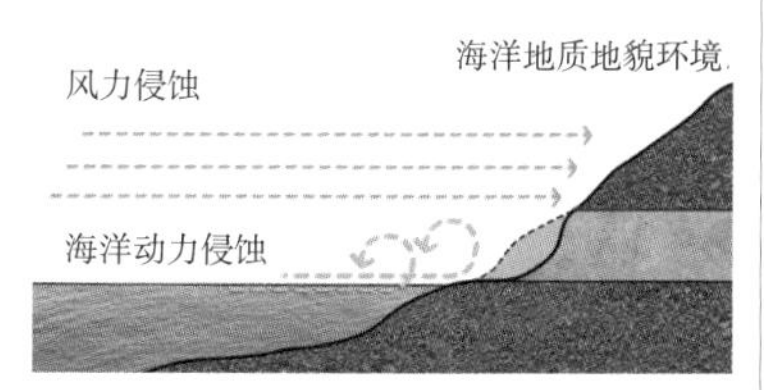 	**海岸侵蚀风险 =f（+ 海岸易蚀性、+ 海洋动力作用）** ·海岸岩土性质会影响侵蚀速率，海岸易蚀性越高，海岸侵蚀风险越大 ·海洋动力作用越强，海岸侵蚀风险越大 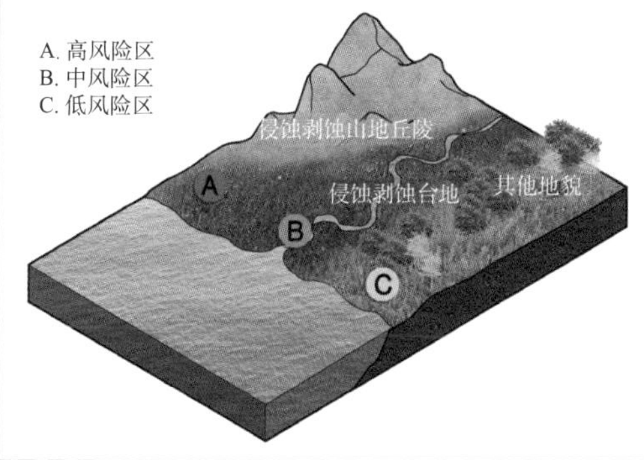 	通常采用生态护岸、抛石驳岸、人工岛礁等手法降低海岸易蚀性，减缓海洋动力作用，从而降低海岸侵蚀风险 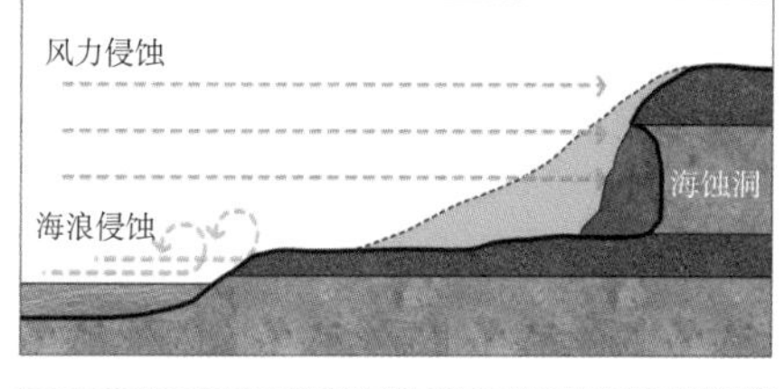 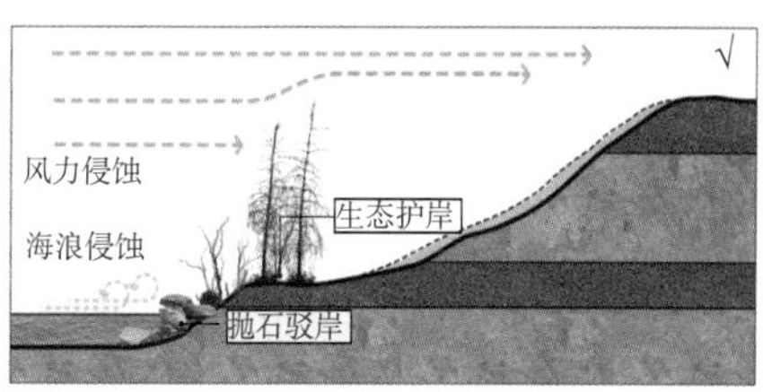
⑤海水入侵 海水入侵是指咸、淡水界面向陆地方向移动，海水经地下到达陆地的现象，主要由地下水位下降或地下水入海径流量减少、海水与淡水之间的水动力平衡被破坏所导致，也受海平面上升影响。海水入侵广泛存在于沿海地区城镇，是导致沿海土地盐碱化、地下水咸化、内河洪涝的重要因素之一 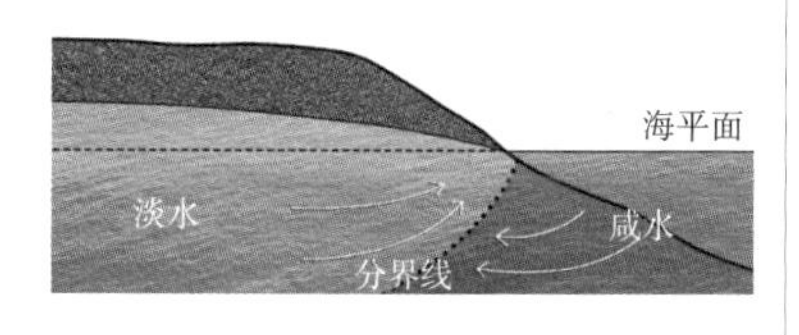 	**海水入侵风险 =f（– 地下水位、土地利用类型、– 离岸距离）** ·地下水位越低，海水入侵风险越高 ·土地开垦情况是影响海水入侵的重要因素之一，盐田和沿海养殖区最易致海水入侵，城镇建设对地下水的超采和利用也会加剧海水入侵的风险 ·离海岸越远，海水入侵风险越低 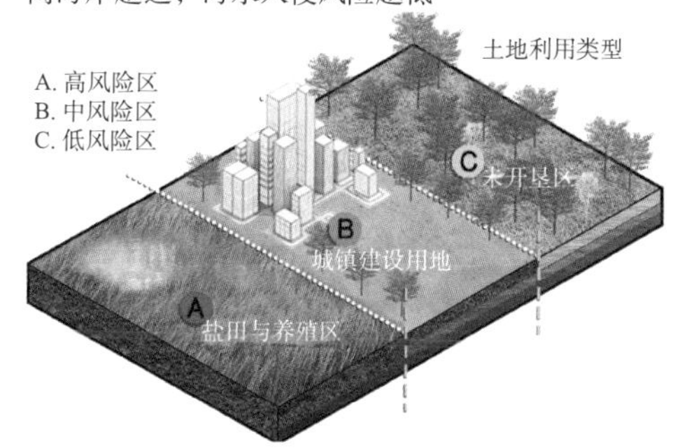 	保护沿海湿地生态系统有利于降低海水入侵风险。通常通过退耕还林、重塑海岸生态湿地系统、控制地下水开采程度、回补地下水等手段，可以缓解海水入侵 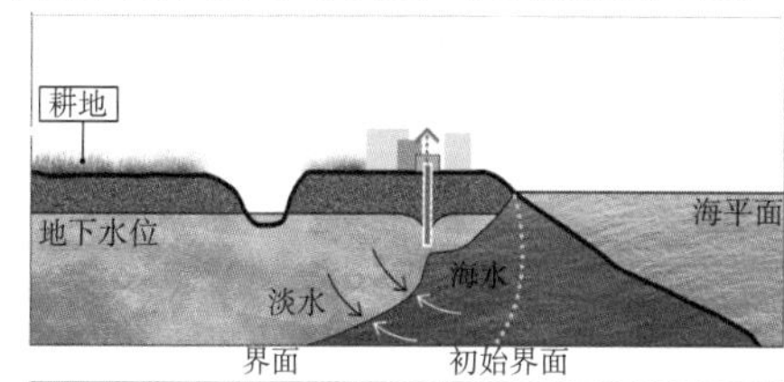 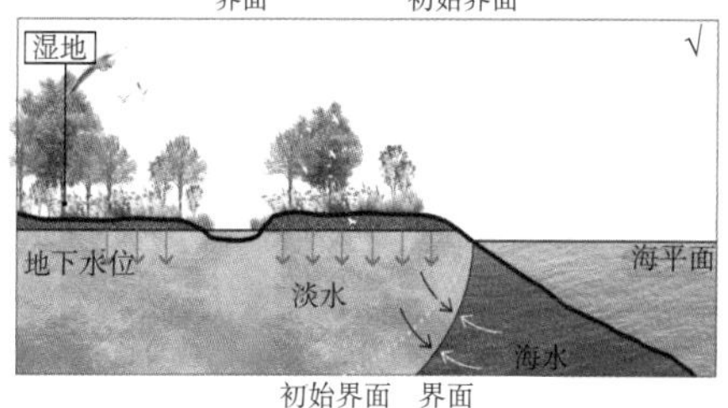

CASE
情境化案例

在上文对地质灾害识别、避让与治理知识点解析的基础上，本部分通过知识点组合以及相关案例应用，解析地质学知识在空间规划设计中的应用程序与应用方法。

■ 地质环境设计应用框架

1. 地质环境设计目标体系（表 3）

表 3 基于地质学的环境目标体系

一级目标	二级目标	三级目标	对应现状问题
生境修复与改善（改善城市地质环境）	土地合理开发利用	规范工程建设标准与选址	城镇工程地质问题
		提高土地利用率	指导土地利用规划
	地质资源优化配置	土地可持续利用	工业废弃地更新
		保护原生地质环境	自然灾害、人类活动所导致的地质问题
		水资源合理利用	地下水过度开发导致的地质灾害（地裂缝等）
保障人类安全与健康	降低地质灾害风险	渐进性地质灾害	进展较缓的地质灾害（海岸侵蚀、岩土不良等）
		突发性地质灾害	进展较突然的地质灾害（地震、崩滑流、地面塌陷等）

2. 基于地质学的土地利用规划程序

基于地质学的土地利用规划程序分为 5 个步骤，分别为基础资料收集、环境地质评价、设计目标、地质环境承载力评价、空间实现（图 9）。

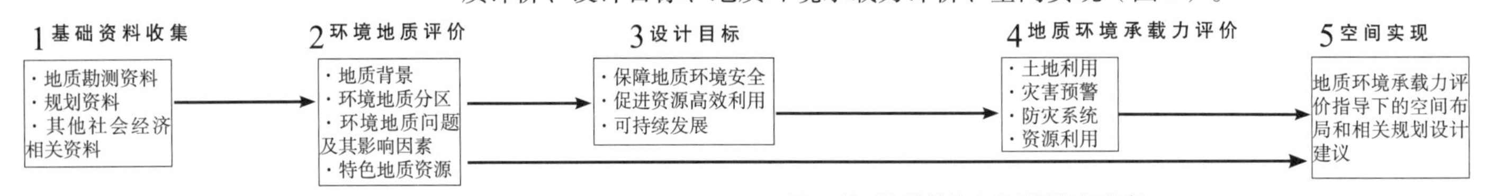

▲ 图 9 基于地质学的土地利用规划程序

■ 东营市土地利用规划（韦仕川 等，2009；王奎峰，2015）

1. 基础资料搜集

东营市位于山东省北部黄河入海处的三角洲地区，土地总面积 792300hm²，黄河流经全市 138 km，在市域东北注入渤海莱州湾，全市海岸线长达 350km（图 10）。东营市所在的黄河三角洲是我国乃至世界最年轻、造陆运动最活跃的三角洲，大气、河流、海洋与陆地在此交汇，地质条件复杂且脆弱。比较严重的地质灾害包括地面沉降、砂土液化、海水入侵、土地盐碱化及伴生的港口、水库、河道、海口的淤积等次生灾害。地质灾害分布较广，给农业生产和城市建设造成了很大影响。

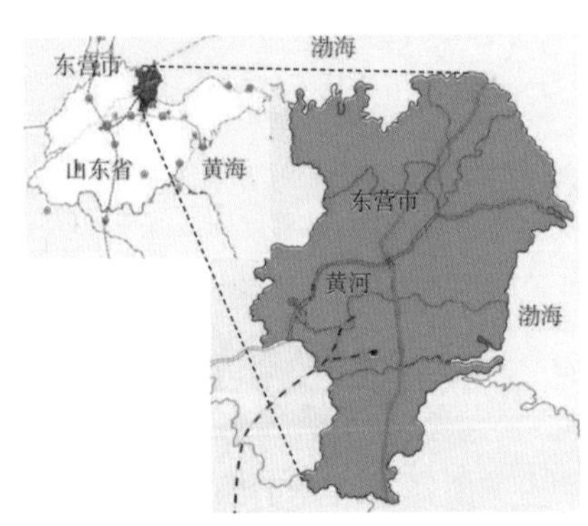

▲ 图 10 东营市的地理区位及土地利用规划范围图

2. 地质环境评价

东营市地处华北地台（Ⅰ级）、辽冀台向斜（Ⅱ级）的济阳坳陷（Ⅲ级），地质构造的基本形式为坳陷周边被新生代以来的深断裂所围限的负向地质构造单元，基底构造破碎，有两条交汇的活动地震断裂带，历史上曾发生过 3 次 7~7.5 级地震，区域稳定性极差。区域新生代地层主要发育于古近纪、新近纪及第四纪。其中，第四纪地层覆盖厚度达数百米，以饱和沙土、饱和粉土为主，这两类土质在地震作用下很容易产生喷水冒砂、砂土液化和地面裂缝等现象（图 11）。

▲ 图 11 东营市地质构造及地震烈度分布

3. 设计目标

为城乡统筹发展，合理利用土地，促进可持续发展，东营市通过科学的地质环境评价，将地面沉降、砂土液化、海水入侵和海岸侵蚀视为东营市面临的最严峻的地质环境问题，通过结合灾害为主的区域生态风险模拟和土地利用格局时空演变，综合得出经济发展和环境保护相对“双赢”的土地生态安全布局方案。

4. 地质环境承载力评价与空间实现

工程地质条件与建设用地空间布局：东营市借鉴常规建设用地规划的经验方法，并结合研究区域的实际情况，通过工程地质问题制约一般民用建筑地基质量和高层建筑地基质量的相关因子，来约束工程地质条件对建设用地规划的影响；对地基承载力进行分析（图 12），同时选取工程土质、土层厚度、地震烈度等 6 个因子，对高层建筑用地适宜性（图 13）和一般民用建筑用地适宜性（图 14）进行评价，3 张图叠加最终得出了东营建设用地空间规划布局（图 15）。

地质环境与农用地空间布局：东营市根据前人经验和当地实际情况，选取土壤盐碱化程度、地下水矿化程度、土壤质地、海水入侵和微地形为因子，构建土壤适宜性评价体系，结合耕地现状（图 16），来指导区域农用地空间布局（图 17）。

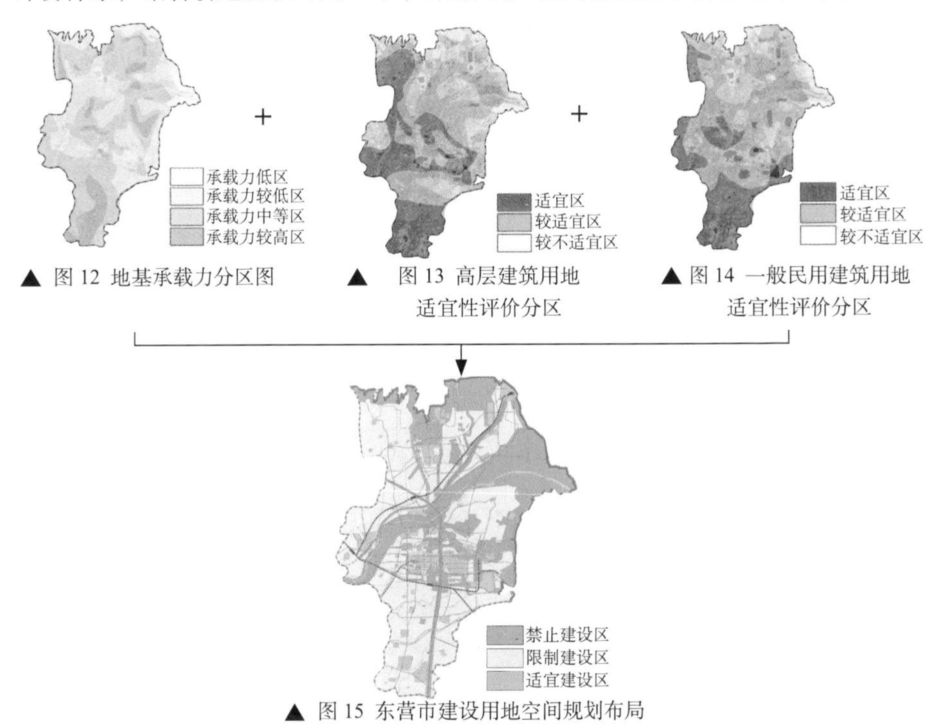

▲ 图 12 地基承载力分区图

▲ 图 13 高层建筑用地适宜性评价分区

▲ 图 14 一般民用建筑用地适宜性评价分区

▲ 图 15 东营市建设用地空间规划布局

▲ 图 16 东营市基本农田分布图

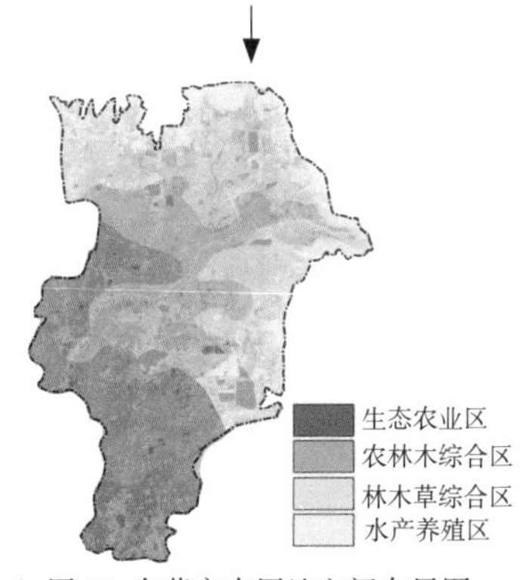

▲ 图 17 东营市农用地空间布局图

参考文献

陈广泉，2013. 莱州湾地区海水入侵的影响机制及预警评价研究 [D]. 上海：华东师范大学 .

高玉峰，2019. 河谷场地地震波传播解析模型及放大效应 [J]. 岩土工程学报，41（1）：1-25.

谷洪彪，迟宝明，姜纪沂，2013. 灾害学定义之下的土壤盐碱化风险评价 [J]. 吉林大学学报（地球科学版），43（5）：1623- 1629.

潘懋，李铁峰，2003. 环境地质学 [M]. 北京：高等教育出版社 .

舒良树，2010. 普通地质学 [M].3 版 . 北京：地质出版社 .

宋鸿林，张长厚，王根厚，2013. 构造地质学 [M]. 北京：地质出版社 .

唐辉明，2008. 工程地质学基础 [M]. 北京：化学工业出版社 .

汪新文，2013. 地球科学概论 [M].2 版 . 北京：地质出版社 .

王鸿祯，1992. 中国地质学发展简史 [J]. 地球科学，36（S1）：1-8.

王奎峰，2015. 山东半岛资源环境承载力综合评价与区划 [D]. 北京：中国矿业大学 .

王玉军，2017. 基于地质环境约束的区域土地利用布局优化研究 [D]. 南京：南京农业大学 .

韦仕川，冯科，黄朝明，等，2009. 地质灾害分区及其在土地利用规划中的应用——以山东东营市为例 [J]. 地域研究与开发，28（6）：75-79.

吴凤鸣，1996. 世界地质学史（国外部分）[M]. 长春：吉林教育出版社 .

邢一飞，2017. 沧州地面沉降影响因素分析及预测评价研究 [D]. 北京：中国矿业大学 .

徐继山，隋旺华，2020. 何故崩滑流——浅谈斜坡重力灾害 [J]. 科学，72（2）：39-42，4.

朱大奎，王颖，陈方，2000. 环境地质学 [M]. 北京：高等教育出版社 .

朱正涛，2019. 海岸侵蚀脆弱性评估模型构建及其应用研究 [D]. 上海：华东师范大学 .

思想碰撞

地质学介入空间规划在国外已有数十年的实践经验，国内的地理学、安全工程、地质学等学科也就地质安全对土地利用规划、城市规划的指导作用有一些理论性叙述和实践尝试。近年来，随着信息技术的发展，涵盖 20 多种数据源的立体化监测网和国家多灾种预警监测平台逐步建设完善，在地震、滑坡、泥石流等灾害预警方面起到了越来越重要的作用。最近，成都高新减灾研究所的天基火灾检测预警系统成功对 2020 年 11 月 9 日浙江省衢州市柯城区的火灾发出预警。随着地质灾害监测预警系统的进一步发展，你认为地质学介入空间规划还会有怎样的新突破？

专题编者

岳邦瑞

武毅

陆惟仪

朱明页

贾祺斐

地貌学 09讲
高山变坦途的动因

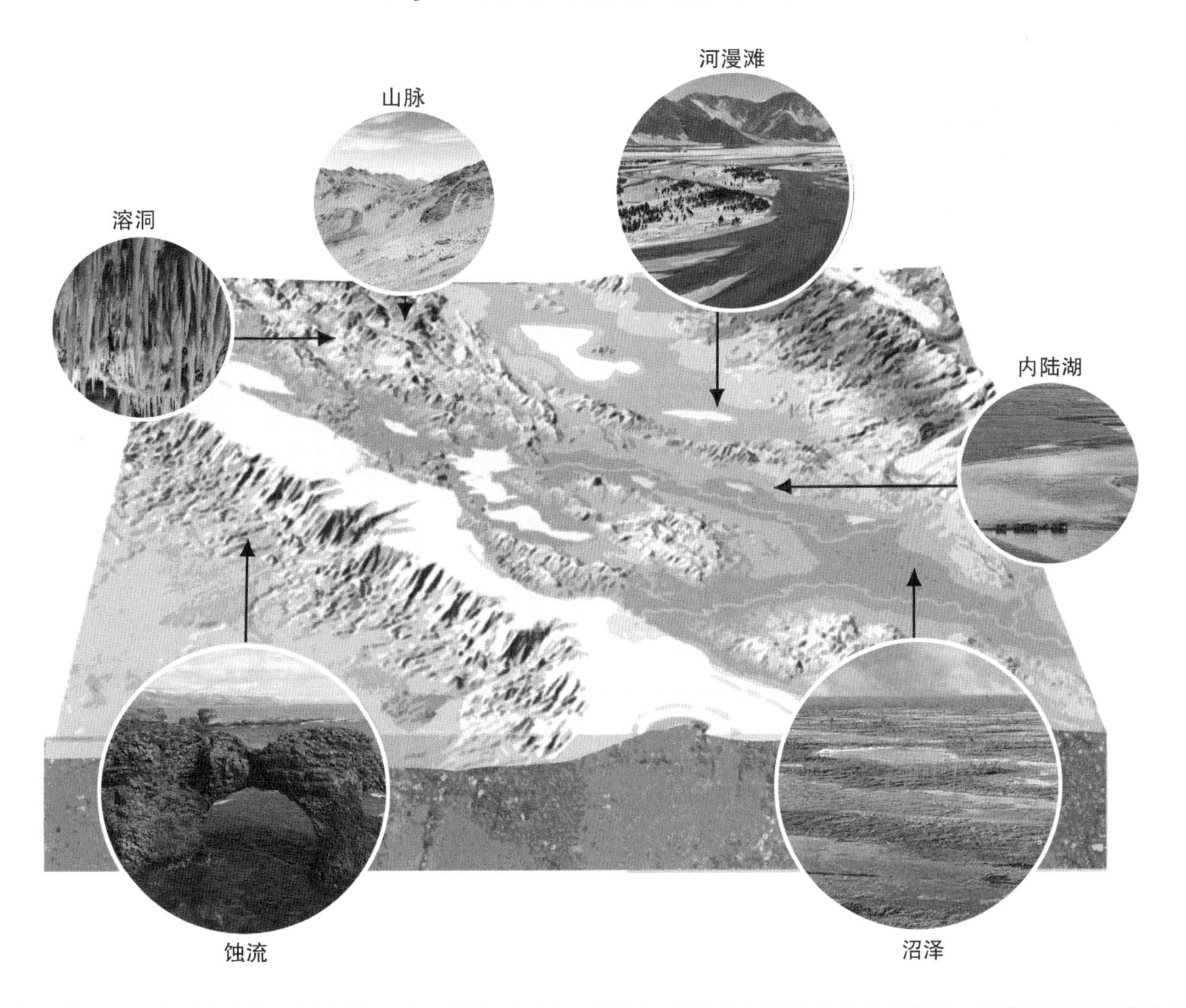

地貌学，一门伴随着人们开展农耕、建立居所而诞生，脱胎于地理学和地质学的交叉学科。随着实践而不断拓展的学科外延里，地貌学包裹着不变的人地关系内核。地貌是空间规划设计中最常接触的自然实体，无论是中国传统园林的小桥流水假山、西方古典园林的台地缓坡，还是生态规划设计的过程，都依附于地貌而存在、依托于地貌而改变。在地貌的魔法里，投射进的是这片土地的过去，映照出的是这片土地的未来……

地貌学的学科内涵

1. 地貌学的基本概念

地貌学（geomorphology）的词源来自希腊语的词根 geo（地球）、morphe（面貌）及 logos（论述）的综合。地貌学是研究地球表面的形态特征、成因、分布及其发育规律的科学（严钦尚 等，1985）。地貌是三维空间的实体，但又随着时间的推移不断变化发展，形成三维空间与时间组成的四维空间的总体（王东锐 等，2001），有着不同的特征和规模，是内外营力共同作用于地表的结果。地貌学是一门介于自然地理学和地质学之间的边缘学科。在美国，地貌学是地质科学的一个分支，欧洲一些国家的地貌学则隶属于自然地理学的范畴。尽管国内地貌学侧重于部门地貌学，但总的来说，我国的地貌学是随着地理科学和地质科学的发展而成长起来的（图 1）。由于地形地貌不但是人类生活、生产、生存的载体，更是当今社会进行生态环境建设、资源质量评估与合理利用、城乡用地与交通发展研究的对象，因而备受学界的关注（程维明 等，2017）。

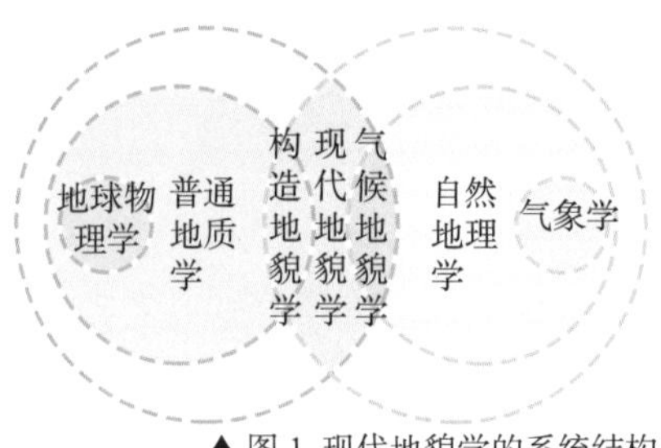

▲图 1 现代地貌学的系统结构

2. 地貌学的研究对象与特点

地貌学的研究对象是地表形态，简称为地形或地貌。就地貌学的任务而言，地貌学是要弄清地表形态的基本特征和控制因素，了解地貌形成演化的过程和机制，确定地貌演化的产物及其在地球系统演化中的意义，以便为环境、资源、灾害等领域提供科学依据（高抒 等，2006）。地貌隶属于自然地理环境要素，同时水文、气候、土壤和生物等其他自然地理环境要素会依据地貌的差异而发生分异。所以地貌不但是制约和影响其他要素对环境作用程度的基本要素，也是引发地表自然地理过程的根源所在。

由于地貌的演化并不总是向一个方向发展，而是受到内外营力相互作用、地质构造和岩性，以及作用时间 3 方面的影响，因此地貌学的研究特点在于解释地表形态在这 3 方面影响下的发生和发展规律，以便在人类生产活动中合理地利用其有利方面，改造其不利方面（严钦尚 等，1985）。

3. 地貌学的发展历程

根据地貌学的研究趋势、发展特征和内容，地貌学的发展历程可以简单划分为 3 个阶段（胡世雄 等，2000）。①古代地貌学时期（远古 ~19 世纪以前），人类的生产生活受到地貌的强烈制约而对地貌现象进行积累与简单归纳。②近代地貌学时期（19

世纪中叶~20世纪中叶），地貌学科出现、确立与发展。作为地质学分支学科出现，近代地貌学形成的基础是大量野外观测、调查资料分析和同时期其他学科思想技术手段的共同作用。③现代地貌学时期（1945年至今），人类逐步成为促进地貌演化的地质推动力。人类作为现代地表过程生态演化中最活跃的因素，通过生产、生活创造出多种多样的人工地貌，地貌学也随之发展出新的学科分支，以应对人类活动对自然地貌的影响和人工地貌的环境效应等现实问题的挑战（图2）。

■ 地貌学的学科体系

1. 地貌学的研究内容

地貌学的研究目的是认识地貌形态的发展规律及其演变趋势，并将其应用于人类的社会实践活动中（胡世雄 等，2000）。地貌学研究的主要内容包括：①地形的形态特征及物质组成；②地形的内部结构；③地形的形成原因；④地形的发展演化；⑤地形的分布规律；⑥地形与人类活动的关系。

我国现代地貌学的组织层次是以理论指向应用展开的，其中区域地貌学和部门地貌学是研究重点（图3）。随着各门自然科学和技术科学的发展以及各学科的互相渗透，现代地貌学在生产发展要求和其他自然科学进展的影响下已经发展形成一个复杂的多层次科学系统（图4）。就目前学科的发展趋势来看，现代地貌学的学科体系分为四部分。核心学科以构造地貌学、气候地貌学以及动力地貌学为主，研究地貌形成演化的过程和机制；就影响地貌的空间分布和种类来看，可分为区域地貌学和部门地貌学；同时地貌学的研究对象及研究方法还随着人类社会及科技的发展而发生改变，随着人地关系的改变而改变，所以地学热点问题也是其重要分支。

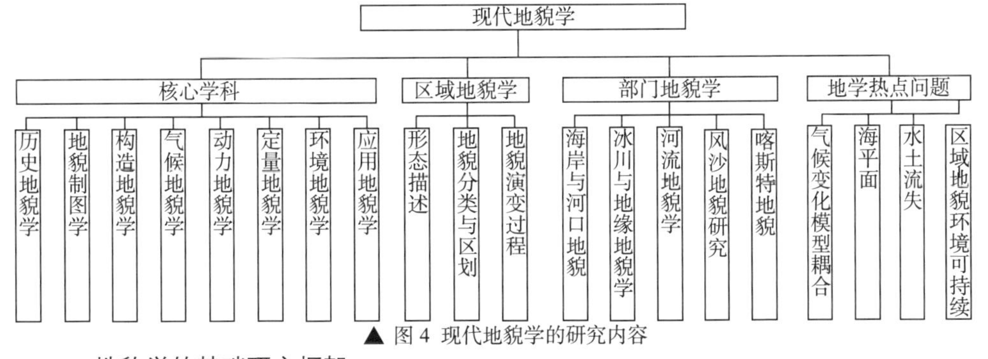

▲ 图4 现代地貌学的研究内容

2. 地貌学的基础研究框架

地貌学是研究作为人类生存环境的固体地球表面及表层的物质形态特征、物质组成、内部结构、空间分布、成因及其演化规律的学科（高抒 等，2006）。该学科研究重点内容就是厘清地表形态在内外营力作用下的不同形成机制。地表形态是地面起伏的形态，是由形状和坡度不同的地形面、地形线和地形点等形态基本要素构成一定

古代地貌学时期

· 公元前2000年中国地理考察报告《山海经·五藏山经》中记载着26条山脉、500余座山峰及其相对位置

托勒密 Claudius Ptolemaeus

· 公元2世纪，古希腊地理学家托勒密发表《地理学指南》，标志着古希腊地图学的巅峰；他所绘制的世界图直到18世纪地理大发现时期才重新受到重视

徐霞客

· 1613~1639年，明代《徐霞客游记》中详细记录了中国主要江河的地形特征，并对侵蚀地貌、堆积地貌、喀斯特地貌的成因及相关关系有了深入的分析

近代地貌学时期

卡西尼 J.D.Cassini

· 1816年，卡西尼家族建立了三角测量网并于1816年完成法国本土1：86400系列地形图测绘，开启了西欧政府组织大规模地形测绘活动的序幕

阿尔布雷希特·彭克 Albrecht Penck

· 1858年，地貌学（Geomorphology）由德国人诺曼（C.F.Naumann）首次提出；通常认为，这个词是由德国地质、地貌学家彭克引进学界的

吉尔伯特 G.K.Gilbert

· 1858年，吉尔伯特发表《亨利山地质报告》，首次记录了侵入式火成岩，标志着近代地貌学理论开端；他也是率先认识到地貌动态均衡的地貌学者

威廉·莫里斯·戴维斯 W.M.Davis

· 1889年，戴维斯发表《河流发育循环》，提出侵蚀轮回学说，用发生学观点解释地貌的发生和发展，推动了地貌学的发展

现代地貌学时期

罗伯特·霍顿 R.E.Horton

· 1945年，美国著名水文和地貌学家霍顿发表了关于地形形态和水文过程的论文，将坡面发育和河流地貌研究推向新阶段

· 1985年9月，第一届国际地貌学大会在英国曼彻斯特召开；1989年，第二届国际地貌学大会在德国法兰克福召开，会上成立了国际地貌学家协会

▲ 图2 地貌学的发展历程

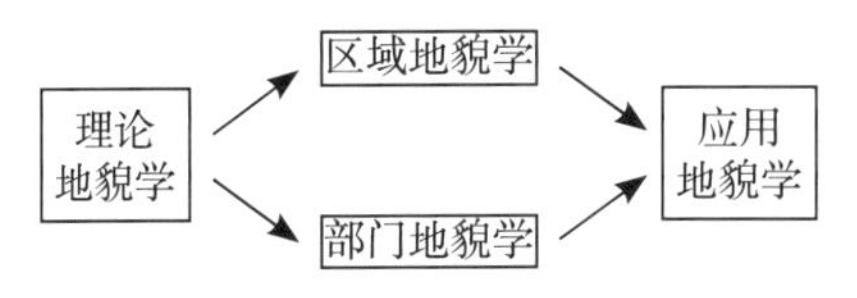

▲ 图3 现代地貌学的组织层次

几何形态特征的地表。内外营力是内营力与外营力的合称，其中内营力地质作用造成了地表的起伏，控制了海陆分布及山地、高原、盆地和平原的地域配置，决定了地貌表面的构造格架；外营力（流水、风力、太阳辐射能等）地质作用是通过多种方式对地壳表层物质不断进行风化、剥蚀、搬运和堆积，形成现代地貌表面的各种形态。基于上述内外营力对地表形态的作用关系，笔者提出地貌学的基础研究框架（图5）。

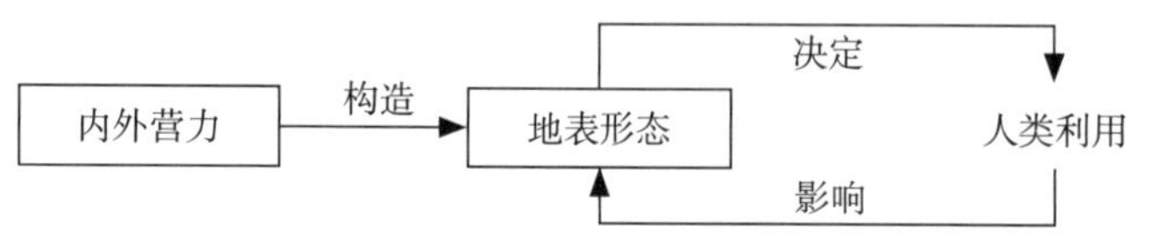

▲ 图5 地貌学的基础研究框架

地貌学与空间规划设计的关系

1. 地貌学知识介入空间规划设计的发展历程

纵观人类空间规划设计活动的历史，人类对地貌环境的认识利用可以分为3个阶段（图6）。地貌介入空间规划设计的历程与空间规划设计的历史几乎等长。可以说，地貌学与空间规划设计是相辅相成的，地貌学为空间规划设计提供方法论和理论指导，空间规划设计为地貌学提供源源不断的实践经验。

古代地貌学知识积累和萌芽

19世纪前

·《五藏山经》《诗经》《尚书·禹贡》《柳庭舆地隅说》中均有关于地貌类型、山川大势、土壤类型的记载

· 古罗马时期由于引水灌溉的需要，对河流地貌和地震引起的地貌变化进行了分析

· 中国古代人民依山傍水而居，据关占隘而战，利用地势高低不同引水灌溉

对地貌资源与环境的探索

20世纪前

·基于地质与地貌资源调查结果，对生态旅游进行开发与管理以建立国家公园、地质公园等方式对地貌遗迹进行保护与利用

· 对地貌有关的生态环境问题进行探索，并于1999年开始实施的国土资源大调查、西部大开发和国家重大地球科学工程与研究计划

地貌学知识介入多尺度规划设计

20世纪后

·国内外大量环境地质问题出现，环境开发和保护方面要求提高

· 对地质遗迹景观分类，对资源定性、定量评价，为自然保护区、矿山修复与规划提供依据

· 刁承泰提出城市地貌学，研究地貌环境形态、成因、结构和分布规律，进行地貌环境质量评价，为土地利用提供科学依据

· 地貌学为区域生态用地保护与优化、土地利用规划以及生态战略制定提供依据

· 地貌学促进优化国土空间开发格局、“三生空间”规划

· 地形作为影响产流机制的因素之一，影响雨洪管控方式

· 城市地形多变，形成不同的小气候条件，从而影响城市空气质量与风环境

▲ 图6 地貌学介入空间规划设计3个阶段

2. 地貌学知识在空间规划设计中的应用情境

地貌学在空间规划设计中的尺度和对象的跨度很大，大到国土空间区划，小到微地形设计，都离不开地貌学知识的支撑（表1）。目前空间规划设计活动对地貌学知识的重视程度不足，一定程度上影响了其科学性。随着应用地貌学分支学科的进一步发展，这些问题能够更好地解决。

表1 地貌环境生态目标体系

一级目标	二级目标	三级目标	对应现状问题
生境保护、修复与发展	风景资源利用	风景地貌资源评价	自然风景资源识别、自然风景资源保护与利用、自然文化遗产保护
	土地合理开发利用	空间区划标准科学化	现行区划侧重气候、降水，忽视地貌区划，造成管理不便等实际问题
人类安全与健康	区域地质、地貌安全	地貌环境质量评价	地貌组成、城市竖向设计、城市地貌灾害
	区域环境适宜性	区域气候、水文、生态环境适宜性评价	竖向设计、雨洪管理、微气候设计、植物群落设计

对地貌环境的分析、保护、改造、利用贯穿了空间规划设计程序的各个环节。鉴于地貌分支学科的深化发展，具体项目的对象、尺度和生态目标有较大差异。本讲将通过自然风景环境和人工城市环境两个典型应用情境，结合环境地貌学和人工地貌学两大应用地貌分支，有侧重性地对具体的知识点作出解析。

自然风景地貌的应用知识

1. 自然地貌与环境地貌学

笔者认为自然地貌是由内外营力构造形成的原始地貌，作用发生主体是自然而非人类。这种地貌过程存在和活动于环境系统内部，涉及整个环境系统物质运移和能量转换的过程，进而影响人类生存环境。环境地貌学把地貌环境视为景观生态链上的重要环节和地表自然社会综合体的环境因素之一，是探讨人工、自然造貌作用下现存特定地貌体发生、演变过程的科学（穆桂春 等，1993）（图 7）。因此本篇借用环境地貌学相关知识，阐明自然地貌在景观规划与设计中是如何利用的。

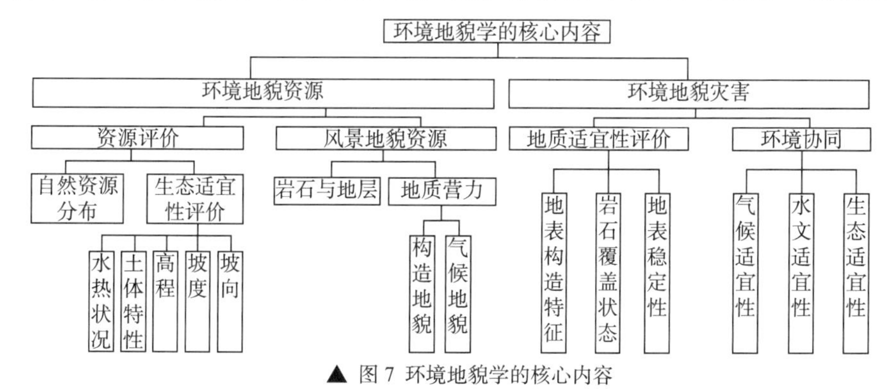

▲ 图 7 环境地貌学的核心内容

2. 自然地貌环境中的风景地貌资源识别

自然地貌中的风景地貌资源是经由长期地质作用和地理过程形成，在地表面或浅地表留存下来，可以为旅游业开发利用并产生经济效益、社会效益和环境效益的现象的景观资源（尹泽生，2007）。常见的陆地风景地貌资源分为 3 类，其中气候地貌最为人们所熟知（图 8）。后文将选用喀斯特地貌、丹霞地貌以及黄土地貌 3 类在我国分布最广、范围最大的地貌类型进行规划知识点与利用的详解（表 2）。

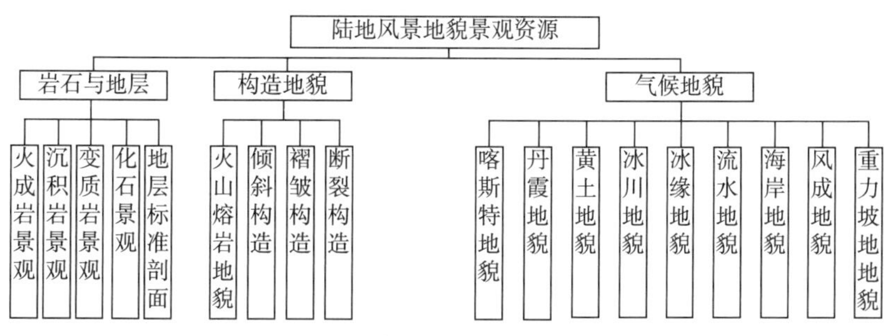

▲ 图 8 常见的陆地风景地貌景观资源

表 2 风景地貌资源的知识点解析及应用（刘江龙，2009；杨建辉，2020）

风景地貌类型	空间机制解析	识别及应用情境
①喀斯特地貌 喀斯特地貌是地下水与地表水对可溶性岩石溶蚀与沉淀，侵蚀与沉积，以及重力崩塌、坍塌、堆积等作用形成的地貌；其形成过程是碳酸岩为主的可溶性岩石受内外力作用，褶皱断裂成山，后以岩溶作用为主塑造山体类型 喀斯特岩溶景观通常包含地表石林、喀斯特天坑、地下大型溶洞和溶洞堆积物（钟乳石、石笋等）等，区域内一般还伴有良好的山水资源，因其风景秀美、地貌资源丰富，常被开发为旅游风景区	**喀斯特作用 =f（岩石成分、+ 岩石透水性、+ 水流动性）** · 碳酸盐类及透水性佳的岩层，喀斯特作用更强烈 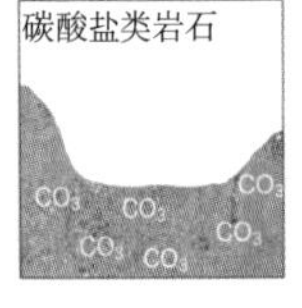 > 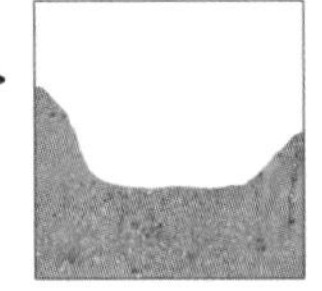 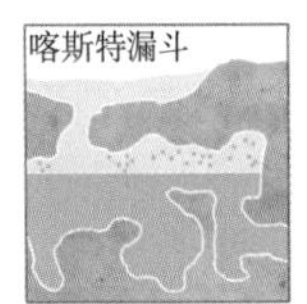 > 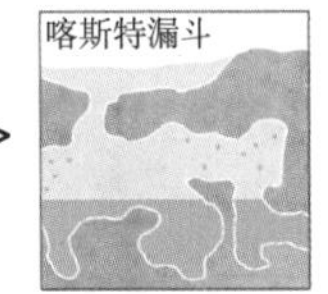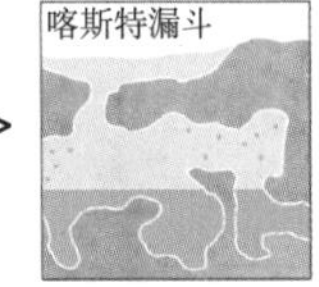 · 地表与地下水流动性好，喀斯特作用更强烈 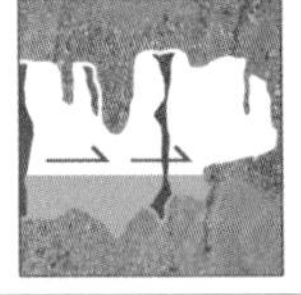 > 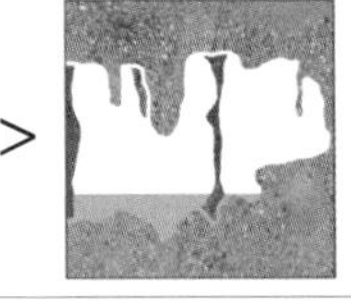	**喀斯特风景地貌识别** 喀斯特峰丛景观通常出现在区域的山地中心部位，峰林则多出现在山地边缘，孤峰常见于较大的岩溶盆地中 **喀斯特地貌区域土地利用** 喀斯特区域开发应以水资源利用为核心，统筹水资源利用和污水处理，在建设选址、评估承载能力时应充分考虑喀斯特地貌及地下环境的特殊性。喀斯特盆地中的城镇在工业区选址和布局方面需考虑盆地区域小气候对局部大气环流的影响 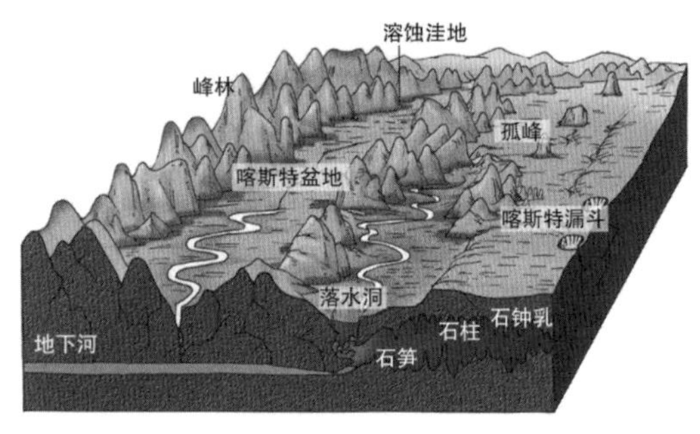
②丹霞地貌 丹霞地貌是以陆相为主的红层发育、具有陡崖坡的地貌。其形成过程是红色砂岩、砾岩为主的岩石，经盆地抬升，以断裂为主的块状构造发育而成；形态常呈块状结构，富有易于透水的垂直节理，经风力和流水侵蚀，呈峰林或峰丛，老年期呈现趋于波状起伏的准平原 多数丹霞地貌及其伴生区域都存在结构破碎、易发崩滑流、地表侵蚀、水土流失和生态退化等现象	**侵蚀作用 =f（+ 降雨量、– 坡度、+ 断裂数量）** · 降雨丰富及缓坡积水地区，侵蚀作用更强  > 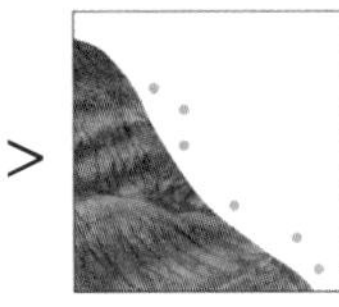 · 断裂及褶皱区域，更易发生侵蚀 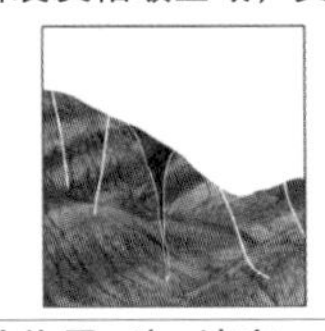 > 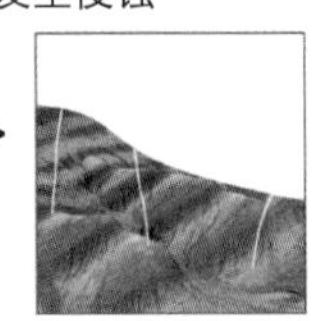	**丹霞地貌区域开发** 丹霞地貌景观的陡崖面往往是崩塌面，易在风化的影响下持续崩塌，同时丹霞红层区域周边存在大量水资源敏感区、生态敏感区，需要在规划和景观资源开发时加以考虑 
③黄土地貌 黄土地貌是发育在黄土地层中的地貌类型，其成因复杂，是内外营力共同作用的结果，其中流水侵蚀是最主要的外营力；黄土高原通常由堆积作用形成表面略有起伏的高原或平原，其间千沟万壑、支离破碎 黄土地貌区域内自然植被较少，人工次生植被比例较高，土地利用以坡地、梯田、果林为主，人为活动受坡度影响大	**侵蚀作用 =f(+ 坡度、– 植被、+ 降雨量、– 透水性）** · 坡度越大、植被覆盖率越低，越易发生侵蚀  > 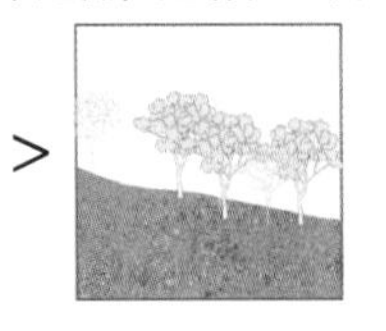 · 降雨量越大、土壤透水性越高，越易发生侵蚀 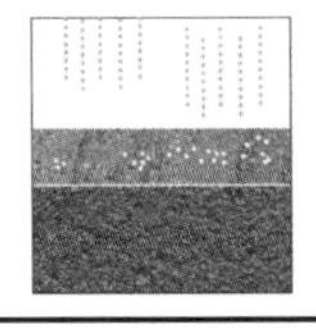 > 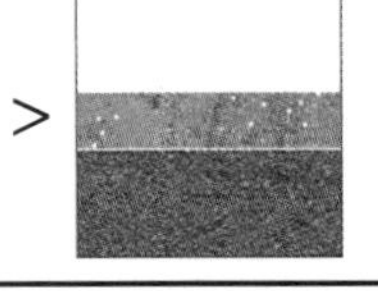	**黄土地貌区域开发** 湿陷性黄土区域应谨慎设置下渗性强的地表景观，应结合自然地形、沟道走向，以引导集中、收集存蓄为主，减少下渗和外排流量，防止沟道溯源侵蚀危害区域地质安全；黄土重力侵蚀地貌区域要加强滑坡、崩塌、泥石流的监测预警 

■ 海子山自然保护区旅游地学资源及保护性开发研究（梅燕，2010）

1. 基本概况

海子山国家级自然保护区地处四川省甘孜藏族自治州理塘县和稻城县内，旅游地学资源丰富而独特，以高寒湿地生态系统为主要保护对象。在《中国香格里拉生态旅游区总体规划（2007—2020）》中，海子山自然保护区处于中国香格里拉生态旅游区腹心位置。

2. 地理环境与地貌特征

海子山自然保护区位于青藏高原东南边缘、丘状高原向高原峡谷过渡的山原地带，地处金沙江与雅砻江之间、横断山脉中段、沙鲁里山纵贯南北，是雅砻江和金沙江的分水岭，地处金沙江结合带和甘孜—理塘大断裂间的义敦岛弧褶皱带。地貌类型多样化，地势相对较大，总趋势是西部和中部高亢，并向东南和东北倾斜。区域位于世界生物多样性热点地区横断山区的腹心地带，生物资源丰富多彩。

3. 地质地貌资源成景分析

旅游地学资源是具有旅游价值的地质地理现象、并能为旅游事业利用的自然风景资源。成景即地质与地貌景观形成的作用过程。海子山自然保护区的地质遗迹景观规模宏大、资源丰富、形象突出，尤以第四纪冰川遗迹——稻城古冰帽遗迹和格聂群峰的现代冰川景观最具特色和观赏性，主要包括冰川地貌景观、高山峡谷地貌景观、水体景观和构造地貌景观 4 大类（图 9）。

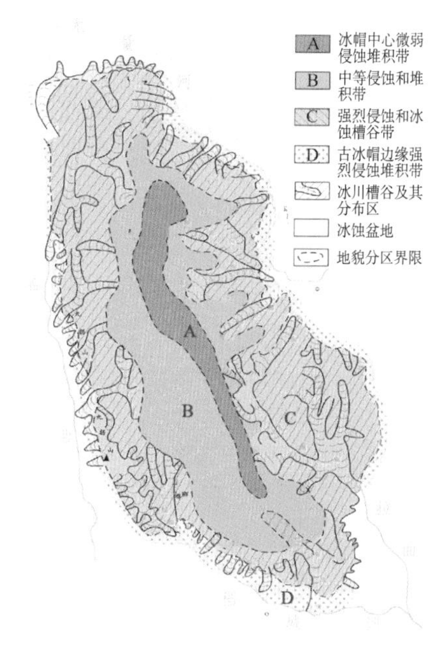

▲ 图 9 古冰帽遗迹区位图

4. 海子山自然保护区风景资源质量评价

参考《中国森林公园风景资源质量等级评定》GB/T 18005—1999，对海子山自然保护区的旅游资源按照“旅游资源共有因子综合评价系统”进行赋分，从风景资源质量、区域环境质量、旅游开发利用 3 个方面定量评价。海子山自然保护区的风景资源质量比较高，具有生态旅游开发的价值。但是自然生态环境较为脆弱，原生性强，开发难度大。

5. 自然保护区开发与规划

海子山自然保护区中的高寒湿地生态系统是我国保存较完好的湿地生态系统。根据保护生物多样性的相关原则，将海子山自然保护区划分为核心区、缓冲区和实验区。核心区主要保护高寒湿地和林麝；缓冲区主要是保护区面向社区的区域以及 217 省道实验区外围；实验区是靠近社区居民的生产、生活场所和交通要道。

海子山国家级自然保护区资源丰富、形象突出、结构完整。地质遗迹保护措施包括：①了解核心地质遗迹景观的成景作用过程和影响因素；②启动海子山地质公园的申报建立工作；③严格控制，分区开发；④建立与完善地质遗迹监测系统。规划利用自然保护区内丰富的地质地貌景观资源，保护典型地质遗迹景观，组合其他地学资源，达到保护生物多样性、地质遗迹保护、生态保护的综合目标（图 10）。

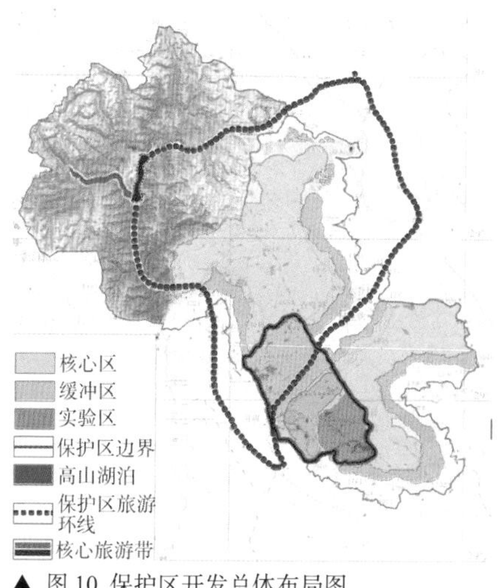

▲ 图 10 保护区开发总体布局图

■ 城市人工地貌的应用知识

1. 城市地貌与人工地貌学

近现代以来，工业革命和机械力使人类改造自然的能力极大提高，不但有能力干预自然过程，还能在城市原始地表和浅层地下制造与某些自然外营力堆积物相当的大型建构筑物。这些高高低低的人工建构筑物改变了原有的地貌，形成了与自然地貌类似的“低山—丘陵—台地—平地”相结合的城市地貌系统。

上述由人工建构筑物构成的地貌与自然地貌形成的作用机制不同，其成因是人类活动及人类活动带来的次生影响。这种由人类作用在地球表面塑造的地貌体总称为人工地貌。根据动力地貌学的观测研究，人类活动在土壤侵蚀、地貌堆积抬升等方面的量级已经远远超越自然外营力。人工地貌的改变也进一步影响和改变了其他自然营力作用的影响因子（如降水、温度、日照、植物群落结构等），加速或减弱了相应外营力的作用过程。人工地貌越来越成为内营力作用的构造地貌、外营力作用的气候地貌以外的第三个地貌动力过程。因此地貌学分支之一的“人工地貌学”应运而生，它是研究人类对地球表面地貌作用的学科。

人工地貌学认为人类活动对地貌的作用是全面性的，包括 4 个方面：①人类活动直接对地表的改造所形成的地貌；②人类通过农业生产利用与改造土地，促进农业区域各种地貌系统的形成；③人类通过发展城市，建立新的城市地貌系统；④人类通过大量的工程、技术活动改变了地貌的过程和类型。

2. 人工地貌学情境下地貌因子空间机制的特点

由于城市空间特有的高强度垂直开发对地质地貌有着坚实、平坦的要求，在城市情境中，地貌因子的空间机制表现为两方面特征：第一，自然地貌条件制约城市人工地貌开展和发育趋势；第二，区域气候特征、土地开发政策和历史遗留等微观因素对城市人工地貌整体形态有重要影响（李加林 等，2016）。

基于此和大量实际案例总结，本讲将城市人工地貌环境下地貌因子的影响归纳为两个方面：一方面是基于人居环境安全性考虑的，其规划目标以稳定地貌状态为核心；另一方面是以包括地貌在内的地表自然社会复合体适宜性为目标，包含气候适宜性、水文适宜性和生物多样性 3 个维度。下面将结合实例侧重于地貌环境安全性和外部环境适宜性两个维度的归纳总结，阐明城市规划设计语境下地貌因子对城市生态环境的影响机制，具体的作用机制和应用情境归纳如下（表 3、表 4）。

表 3 城市人工地貌演化的安全性目标与措施（程苗苗，2020）

地貌演化目标	空间机制解析	应用情境
①坡面稳定性 基本概念：坡面稳定性指土体在一定坡高和坡度条件下的稳定程度；坡度是表示地表陡缓的程度；在自然界，平坦是相对而言的，几乎所有自然地貌都带有不同程度的坡度 规划利用：人工建构筑物的地基稳定性决定着建筑的安全，因此，要求作为基础的地貌具有地质条件良好、地质体稳定和相对平坦等特征	**坡面稳定性 =f(＋植被覆盖、－风化程度、－裂隙数量）** ·植被覆盖率大的坡面稳定性较高 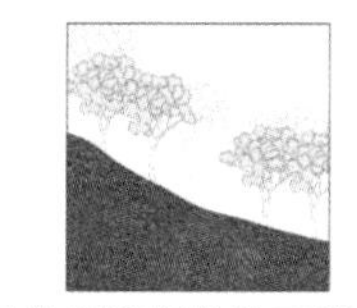 ＞ 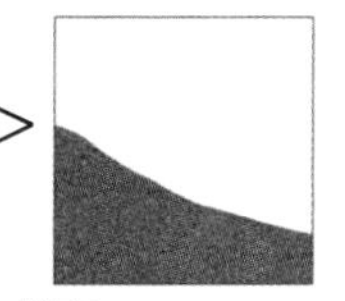 ·风化程度低的坡面稳定性高 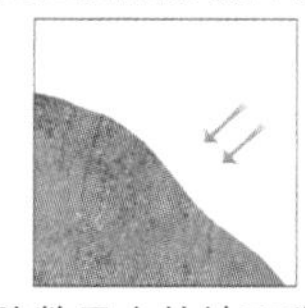 ＞ 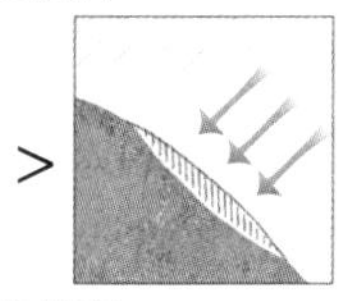 ·裂隙数量少的坡面稳定性高  ＞ 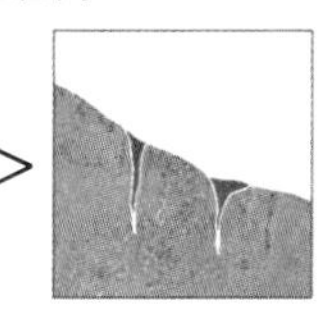	**山地建筑规划设计** 山地建筑的建设和建成使用都对坡面有不同程度的扰动。山地建筑应重视竖向设计和流线组织，分散建筑布局，降低局部坡面荷载；合理选址，尽可能降低土方开挖量，科学规划开挖部位和顺序，避免过高、过重的挡土墙设计 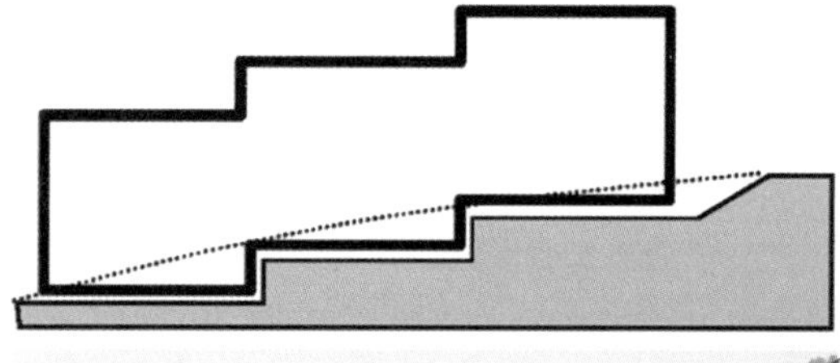 
②防灾减灾 基本概念：山地是崩滑流等地质地貌灾害的高发区，一方面，山地多处在构造活跃或历史活跃地带；另一方面，山地是侵蚀和沉积作用活跃的区域，高差产生重力势能，容易受到外力触发而转化为动能，因此山坡营建应注重防止自然灾害 规划利用：山地因其居高临下的特征，具有天然的防卫属性，人工营建时可利用	**防灾安全性 =f（－坡度、坡向、崩滑流灾害）** ·我国大部分山脉的南坡较缓，安全性更高  ＞  ·崩滑流灾害的历史发生区安全性低 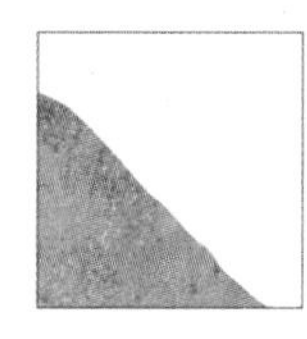 ＞ 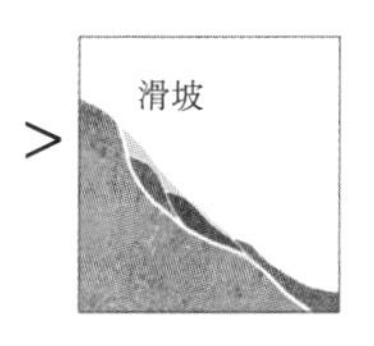	**传统人居聚落选址** 自古以来，王朝建都大多遵循“山—宫—城”的地理空间格局，因为山地具有天然地貌屏障的功效。不管是满足无遮挡的视线需求，还是借用山地进行造景，或是出于防范进攻的安全考虑，山地都有其独特的地貌优势。九成宫等传统宫殿的建设就是依凭高地势以实现城池防御等功能  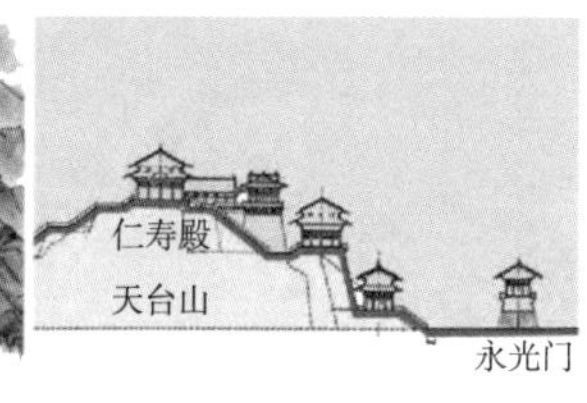
③侵蚀与堆积作用 基本概念：侵蚀和堆积是自然过程的一环，河口三角洲等特定区域的侵蚀与堆积特别活跃；侵蚀和堆积活跃的区域，地貌变化也更活跃；大多数情况下，地貌变化活跃对于需要稳定的建构筑物来说是不利的；相对而言，流水侵蚀更常见于城市环境 规划利用：针对流水侵蚀可设计相应的防洪措施，如生态驳岸、防洪堤等	**河流侵蚀速率 =f（＋流量、＋构造运动）** ·流量大、流速高的区域侵蚀速率高 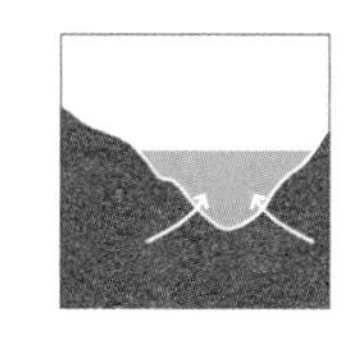 ＞ 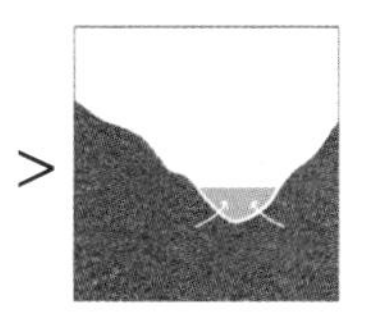 ·地层构造运动强烈的区域侵蚀速率高 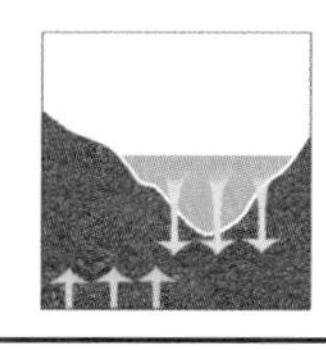 ＞ 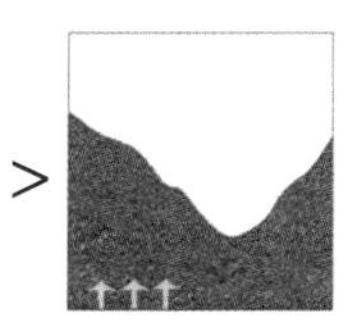	**坡地防洪规划** 滨水规划中应明确地貌活跃度高的位置，保护关键自然过程，同时降低人居环境潜在的不安全性 场地设计中可以通过合理利用地形起伏，规划分水与汇水线，从而保证场地具有良好的自然排水和水土保持条件  

表 4 城市人工地貌演化的适宜性目标与措施

地貌演化目标	空间机制解析	应用情境
①结构骨架 基本概念：地形地貌是规划设计的结构骨架，坡地会对风、太阳辐射、降雨等有遮挡作用；以风为例，平滑的谷地会形成通风廊道，而高起伏度的地形会增加风的阻力，降低风速 规划利用：可通过地貌基础，配合植被等要素，形成局部人工地貌的调整，规划和引导通风廊道的建设，增强区域气候适宜性；地貌同时能够塑造林冠线和城市天际线，形成丰富的立面形态与视线变化	**气候适宜性 =f（体量、高差、布局、种植搭配）** · 合理布置建构筑物的平面布局，构建通风廊道   · 土丘地形可用于阻碍盛行风  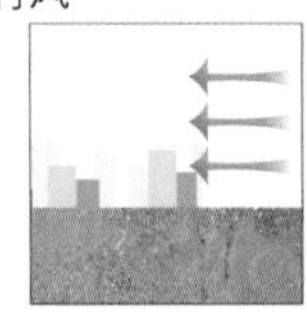 · 下沉空间能够起到保温聚热的作用 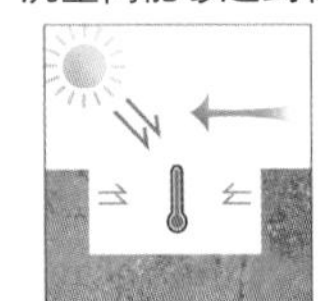 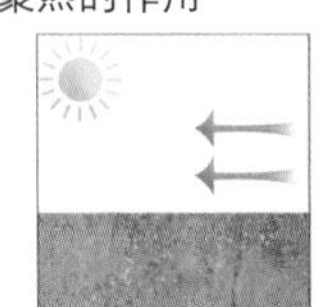	**城市通风廊道** 地形与城市建筑形成城市风道，改善区域气候，增强城市空气流动，减缓城市热岛效应 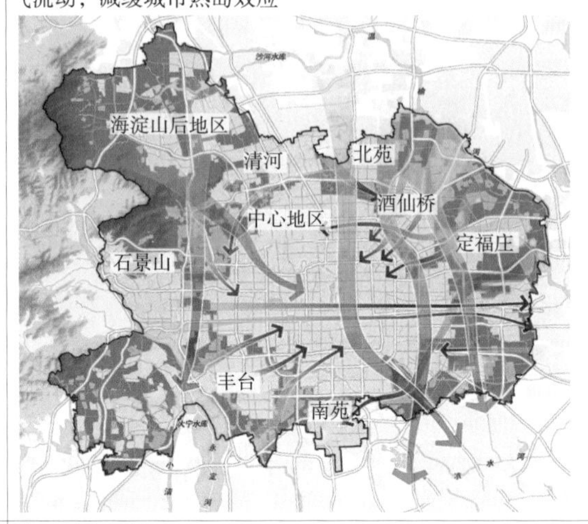
②导流汇水 基本概念：水和风是地貌外动力作用中最活跃的两项，具有一定的随机性；其中水流有最小功原理，即在输沙平衡的前提下，冲积河流将调整其坡降和几何形体，力求使单位重量水体或单位长度水体的能量消耗率趋于当地具体条件影响下的最小值 规划利用：在人工河道生态系统恢复或防洪设计中，应当充分发挥地形地貌的导流作用，重点设防，疏堵结合，尽可能达到自然排水良好的生态目标	**水文适宜性 =f（＋高差、布局、种植搭配）** · 凹地形有利于自然汇水，丰富的坡度变化还能够提供不同湿度的生境 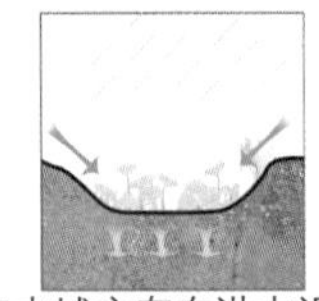  · 滨水城市存在洪水设防需求，常通过分阶台地形成分层拦水立面，进行分级雨洪管理 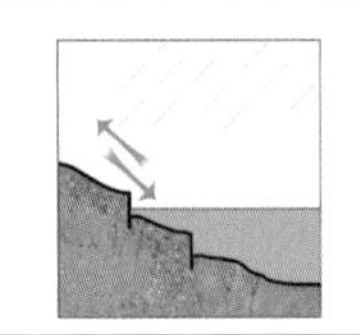 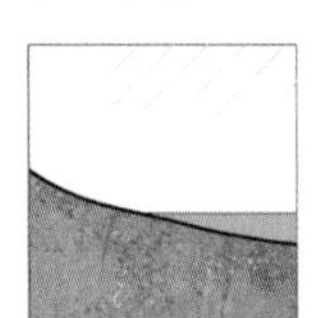	**城市雨洪管理** 雨洪管理与生态设计中通过使用下凹绿地收集与利用雨水，结合竖向设计合理安排汇水，通过雨水花园、植草沟、旱溪等海绵措施，保证场地具有良好的雨水利用功效，达到节约资源、保护生境等设计目标 
③坡向分异 基本概念：植物生境因子主要受气候影响，太阳辐射和降水分布的坡度和坡向差异会导致植物生境差异，制约群落结构和种类；在自然坡地中，由于内外营力作用往往形成不对称的坡体，坡体起伏度、下垫面性质又局部影响小气候，加剧了植物生境差异。因此，自然山地会形成坡向分异现象 规划利用：人工群落构建时，可以通过坡地起伏度、坡向、坡度的变化，提供丰富的生境，提高群落生态多样性	**生物多样性 =f（－坡度、坡向、－起伏度）** · 光照条件更好的坡面生物多样性更高  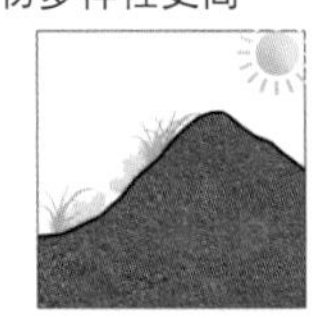 · 缓坡有利于减缓地表径流，有利于水土保持，植物多样性更高  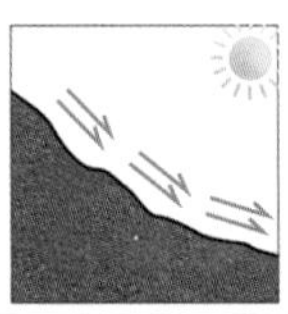	**人工生境设计** 苏州狮山公园设计中，运用阴阳土丘的设计手法，设置条状凸地将场地沿山脊线分为高日照区和低日照区。不同场地的光照条件为两个区域的活动提供了不同的气候环境 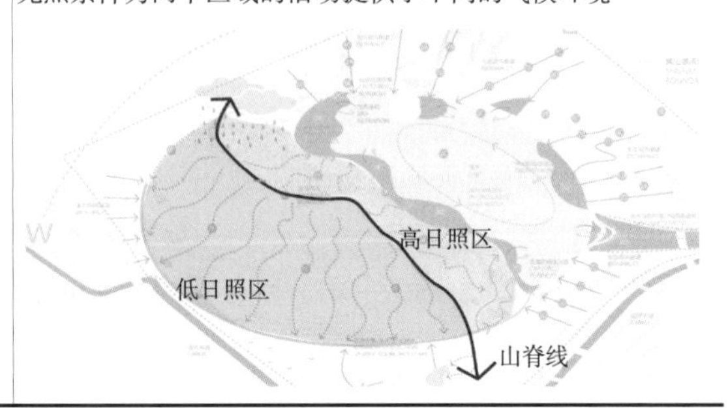

■ 基于水文地貌演变过程的雄安新区区域规划案例（孙禧勇 等，2021）

1. 项目基本概况

雄安新区地处北京、天津、保定腹地，以河北省雄县、容城、安新三县及周边部分区域为主要规划范围（图 11），土地总面积 1557km²。项目地属温带大陆性季风气候，四季分明，年均降水量 522.9mm。项目地处太行山麓平原向冲积平原过渡地带，隶属于华北地台，地形平坦开阔，西北高，东南及南部稍低。地质地貌均属第四纪，域内包括冲湖积平原、冲洪积平原、冲积平原。境内水系为海河流域大清河水系，分南、北、中 3 支，扇形分布，向东汇入华北平原最大的淡水湖——白洋淀。

雄安新区整体地质地貌条件优越，但稍有不利于规模化建设的因素存在。域内及周边分布有众多淀泊、河道、沟渠和古河道。古河道常有新河漫滩类河床堆积地貌，而白洋淀周边常形成河口三角洲。因此，雄安新区规划范围内水文、地貌的形态和结构将成为制约场地工程建设的核心。

2. 基于水文地貌演变的区域规划方案

规划通过提取长时间序列（50 年）内白洋淀地区地表水分布特征、往年最大淹没区范围的高空间分辨率遥感影像解析，结合地貌成因类型分区（图 12），划定了 3 处隶属于“III4-3 洼地小区”地貌类型区域，均位于白洋淀往年最大淹没区范围内。这些地区属于洪涝灾害时的易受灾区。此外，还有 2 处敏感地质地貌区域（图 13），1 处扇形河口三角洲，为古河道汇入湖泊所致，地处雄安新区南部，北邻白洋淀；1 处为河漫滩地貌条带，地处雄安新区北部西北—东南走向。这两处位置土质松软，地下水丰富，不宜作为城镇化建设区，可以作为生态涵养区和景观用地进行统筹规划（图 14）。

本案例中，往年最大淹没区和流水地貌只是洪涝灾害敏感因素和城镇化工程建设的核心制约因素。实际城市规划中还要充分考虑地貌过程的其他方面，力求共同达到生态安全的目标，例如水土保持、生境维持、生态源地与廊道保护等，同样与地貌有着密不可分的关系。

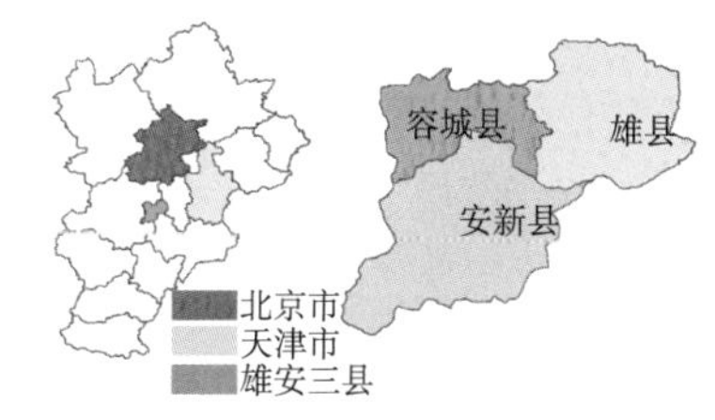

▲ 图 11 雄安新区地理位置

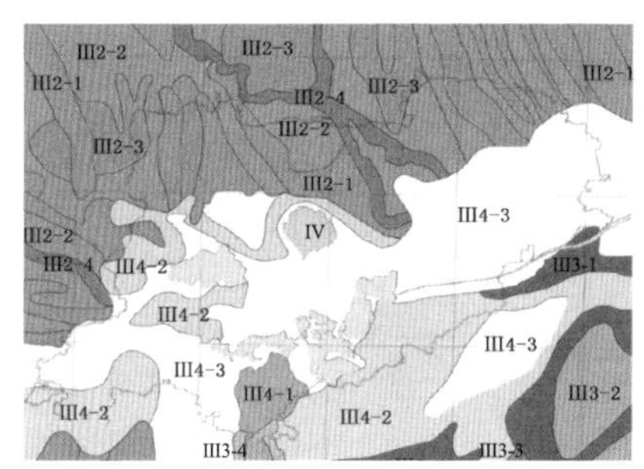

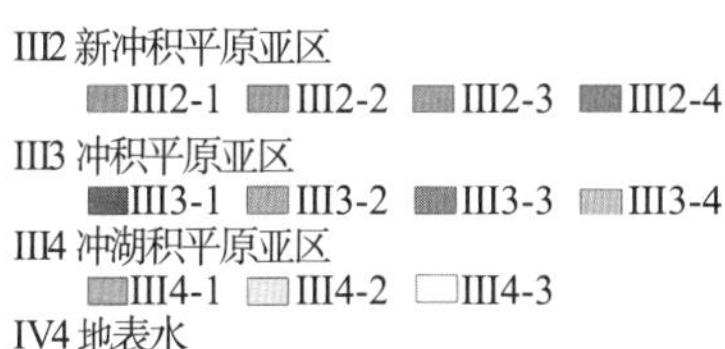

▲ 图 12 雄安新区地貌形态成因类型分区

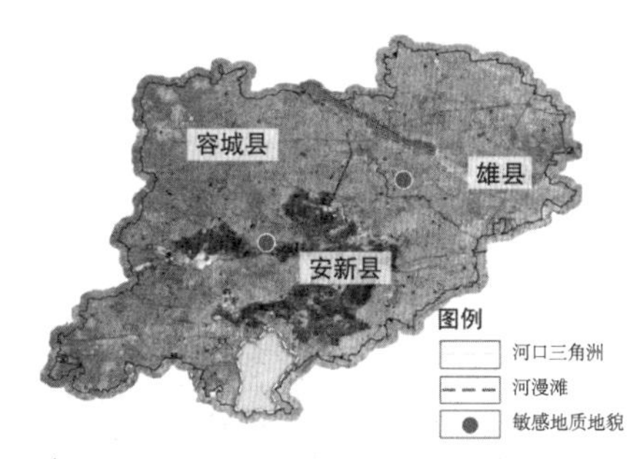

▲ 图 13 雄安新区河漫滩与河口三角洲发育特征

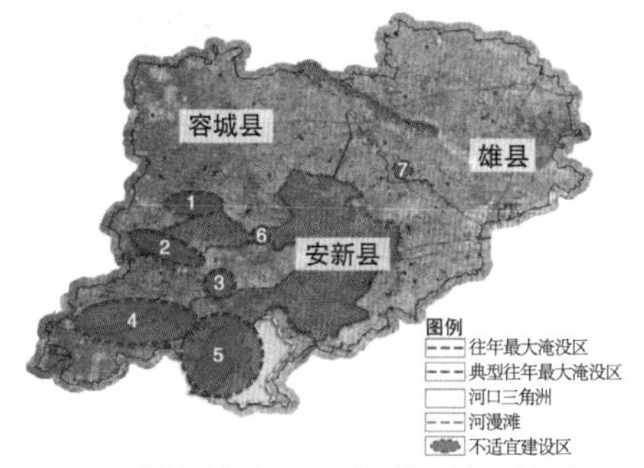

▲ 图 14 雄安新区七处不宜城镇建设区划定

参考文献

程苗苗，2020. 坡面复合微地貌土壤抗蚀效果与机理研究 [D]. 北京：中国矿业大学 .

程维明，周成虎，申元村，等，2017. 中国近 40 年来地貌学研究的回顾与展望 [J]. 地理学报，72（5）：755-775.

高抒，张捷，2006. 现代地貌学 [M]. 北京：高等教育出版社 .

胡世雄，王珂，2000. 现代地貌学的发展与思考 [J]. 地学前缘，7（S2）：67-78.

李加林，刘永超，2016. 人工地貌学学科体系框架构建初探 [J]. 地理研究，35（12）：2203-2215.

刘江龙，2009. 中国东南部丹霞地貌形成机理及其地学效应研究 [D]. 长沙：中南大学 .

梅燕，2010. 海子山自然保护区旅游地学资源及保护性开发研究 [D]. 成都：成都理工大学 .

穆桂春，舒惠芳，1993. 中国环境地貌学研究进展 [J]. 湖北大学学报（自然科学版），15（3）：332-335.

孙禧勇，许玮，姜德才，等，2021. 基于遥感的雄安新区地表水时序变化与区域规划研究 [J]. 地球物理学进展，36（4）：1443-1455.

王东锐，杨景春，2001. 四维地貌模型研究 [J]. 地理学与国土研究，17（2）：20-23，97.

严钦尚，曾昭璇，1985. 地貌学 [M]. 北京：高等教育出版社 .

杨建辉，2020. 晋陕黄土高原沟壑型聚落场地雨洪管控适地性规划方法研究 [D]. 西安：西安建筑科技大学 .

尹泽生，2007. 地文旅游资源认定的地貌学法则 [J]. 地质论评，53（S1）：160-164.

思想碰撞

地貌学与空间规划设计相辅相成的发展已经持续千年，人类也从被动适应地貌环境到“高峡出平湖”“天堑变通途”的主动改造和利用。在现代科学与技术越来越发达的今天，人类无论在农业、交通及工矿建设等方面均可塑造出一系列特有的地貌形态。古有京杭大运河的人工河流，今有三峡大坝的人工筑堤，都对社会经济和生态环境产生了重大影响。在社会发展不得不人为改造原始地貌的情况下，如何改变及处理后续改变所带来的次生不良影响都成为热门议题。那么人类该如何把握人工改造地貌的程度、规避负面影响呢？

专题编者

岳邦瑞

武毅

陆惟仪

朱明页

宋逸霏

水文学 10讲
维持活力的血液

水宛如地球生命的血液，其循环流动对大自然及人类社会具有无法替代的支撑作用。公元前256年，秦国太守李冰率众修建都江堰水利工程；13世纪，水利专家郭守敬主持元大都的水利规划与建设；21世纪，“海绵城市”建设与“水体治理和修复”在各地推进……一方面，人类需要水资源、喜爱水景观；另一方面，城市内涝、洪水泛滥等灾害在人类历史中长期存在。因此，水文知识自古以来就指导着人类进行供水、灌溉、航运、防洪等工程的建设，以引导理想家园的建造与诗意风景的营造。掌握并应用水文学知识对一名风景园林规划师来说非常必要，本讲将为你打开水文学世界的大门！

学科书籍推荐：

《城市水文学》朱元甡，金光炎

《水文生态学与生态水文学：过去、现在和未来》伍德

萌芽时期

· 公元前 3500 年，古埃及人在尼罗河架设水文观测设备

李冰

· 公元前 251 年，中国秦朝官员李冰运用岷江水文特性兴建都江堰水利工程

奠基时期

达·芬奇
Davinci

· 1500 年，意大利达·芬奇（Davinci）提出水流连续原理，并提出了用浮标法测流速

· 1639 年，意大利科学家卡斯特雷（Casteilla）创制第一个雨量器，开始观测降雨量

谢才
Chézy

· 1775 年，法国科学家谢才（Chézy）提出明渠均匀流计算公式

· 1802 年，英国科学家道尔顿（Dalton）提出蒸发与水汽压关系，提出道尔顿定理

应用时期

· 1919 年，水文研究将概率论引入水文计算，由此开始统计学与水文学的研究紧密结合

林斯利
Linsley

· 1949 年，林斯利（Linsley）的《应用水文学》与美国土木工程师协会编著的《水文手册》面世

发展时期

· 伴随着计算机技术、边缘学科的交叉渗透，水文学的研究步入发展阶段，涌现了许多新的交叉与边缘学科门类

▲ 图 1 水文学发展历程的代表事件

水文学的学科内涵

1. 水文学的基本概念

水文（hydrology）指自然界中水的变化、运动等各种现象。水文学属于水科学中的一个学科，当代水科学（aquatic science）内容包括对水的开发、利用、管理、保护与研究，是一个庞大的、跨多个学科门类的系统科学。1987 年，《中国大百科全书》对“水文学”的定义为关于地球上水的起源、存在、分布和循环运动等变化规律和运用这些规律为人类服务的知识体系。因此，“水文学”可被定义为研究地球表面水体的形成、演化、分布和运动规律，与自然环境和人类社会的关系以及相互作用的学科（管华，2016）。

2. 水文学的研究对象与特点

水文学的研究对象主要是自然界水循环过程中的水体，如江河、湖泊、海洋、地下水等。在水循环过程中，水文现象所表现出的特征决定了水文学研究特点，因此其特点表现为：①整体性研究，水文学把各种水文现象作为一个整体，并把它们同大气圈、岩石圈、生物圈和人类活动对它们的影响结合起来进行研究；②资料数据收集，水文学的研究必须建立在实测资料的基础上，预测水文未来情势，为人类的生活和生产服务（郭雪宝，2005）。

3. 水文学的发展历程

水文学的发展历经了两千多年，共 4 个阶段，涌现出许多杰出的水文学家及重要成果（图 1），具体划分为：①萌芽时期（公元 14 世纪末以前），为水文现象的定性描述阶段；②奠基时期（公元 15 世纪初 ~ 约 19 世纪末），为水文科学体系的形成阶段；③应用时期（公元 20 世纪初 ~50 年代），为应用水文学的兴起阶段；④发展时期（公元 20 世纪 50 年代至今），进入现代水文学阶段，研究方法趋向综合。

水文学的学科体系

1. 水文学的研究内容

水文学的主要研究内容有：①揭示自然界中水的形态、演化、分布和运动等规律；②分析水与自然环境及人类社会的关系；③探讨人类的水资源开发与环境保护等（郭雪宝，2005）。随着水资源开发规模日益扩大，水资源的开发利用和人类活动对水环境的反馈效应研究成为水文学重要的研究内容（图 2）。

2. 水文学的知识组群

本讲将水文学的知识组群分为水循环、地表水与地下水、水资源及人类活动 4 大板块（图 3）。

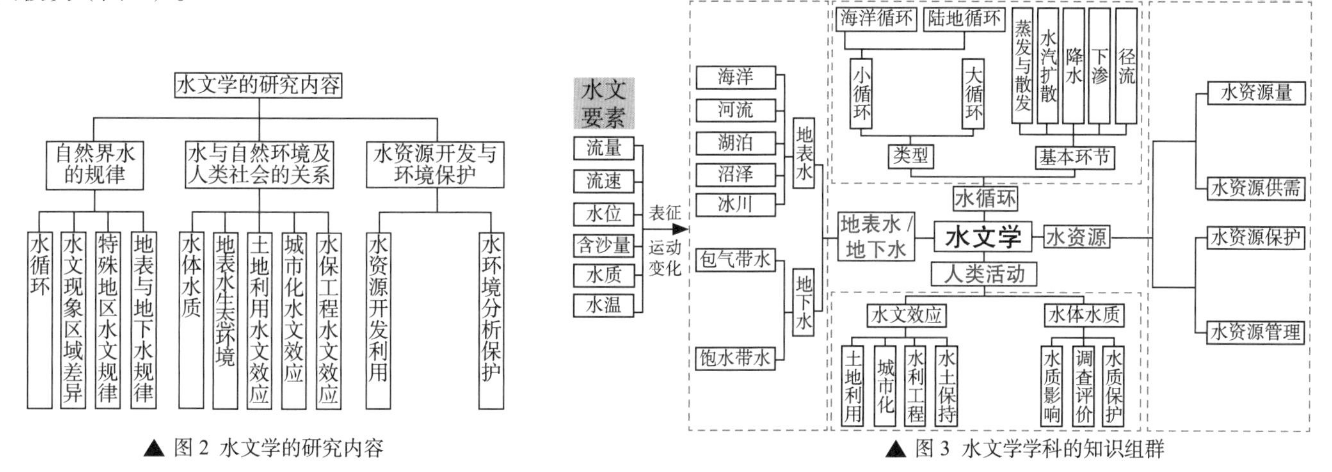

▲ 图 2 水文学的研究内容　　▲ 图 3 水文学学科的知识组群

3. 水文学的学科分类

多学科相互对话融合，形成了各种水文学分支学科（管华，2016）（表 1）。在空间规划设计中，部门水文学和应用水文学能够为开展各种尺度类型的规划设计提供可直接应用的知识。一方面，水循环是水文学的核心内容，部门水文学主要研究水循环的各个环节，是规划设计实践中必不可少的水文知识来源；另一方面，应用水文学中的城市水文学、雨水利用研究等，能够直接指导规划设计。

表 1 水文学分支学科表

分类标准	一级分支	三级分支方向
按研究内容	区域水文学	流域水文学、河口水文学、山地水文学、平原水文学、坡地水文学、干旱区水文学、喀斯特水文学、黄土水文学、岛屿水文学、行政区水文学等
	部门水文学	蒸发研究、大气水文输送研究、降水研究、径流学等
	应用水文学	工程水文学、农业水文学、城市水文学、森林水文学、雨水利用研究等

水文学知识与空间规划设计的关系

1. 水文学知识介入空间的发展历程

水文学知识介入工程建设及人居环境营建具体可划分为 3 个阶段（图 4）：

①第一阶段（17 世纪前），通过原始观测对水文现象及规律的定性描述和经验积累，指导都城选址、园林理水等规划设计；②第二阶段（20 世纪 50 年代前），工程水文学从诞生到快速发展，为水工程兴建提供水文依据，并促进了其大规模兴建；③第三阶段（20 世纪 50 年代至今），一些区域相继出现水资源紧缺、污染等水危机，雨水利用研究、城市水文学进入全面发展并指导空间规划设计。

2. 水文学知识在空间规划设计中的应用情境

当前人类社会面临水资源供需矛盾、洪涝灾害、水质污染等一系列水问题，涉

水文经验规律积累　17 世纪前

· 中国秦朝官员李冰运用岷江水文特性兴建都江堰

· 郦道元的《水经注》标志早期水文知识在各类领域的探索

· 文艺复兴时期的意大利台地园林首次融入了水要素

工程水文迅速发展　20 世纪 50 年代前

· 进入 20 世纪，防洪、灌溉、水力发电、交通工程和农业、林业、城市建设等新课题大量兴起，解决这些课题的方法由经验化、零碎化逐渐理论化和系统化

· 1949 年，美国土木工程师学会编著的《水文学手册》等标志着应用水文学的诞生

现代水文学兴起与景观水文诞生　20 世纪 50 年代至今

· 20 世纪 50 年代以来，科学技术进入了新的发展时期，人与水的关系正由古代的趋利避害，发展到现代较高水平的兴利除害新阶段

· 麦克哈格的《设计结合自然》的出版，强调景观设计（LD）与土地利用（LU）应当结合生态要素加以思考，提出了多学科交叉重叠的思想，包含了水文学等多种学科的融合

▲ 图 4 水文学知识介入空间的发展历程

· 威廉 · M. 马什的《景观规划的环境学途径》出版，系统地介绍了水文学知识介入景观设计的流程，麦克哈格认为此书指导了“设计如何结合自然”

· 俞孔坚团队提出“海绵城市”的前瞻概念，以未来视角看待当下的空间设计，提出以低影响开发（Low Impact Development，LID）为核心的多级时空尺度城市雨洪管理措施

· 刘海龙提出“景观水文”的概念，出版《国际城市雨洪管理与景观水文学术前沿——多维解读与解决策略》，为新时期的景观设计提供了新方向

▲ 图 4 水文学知识介入空间的发展历程（续）

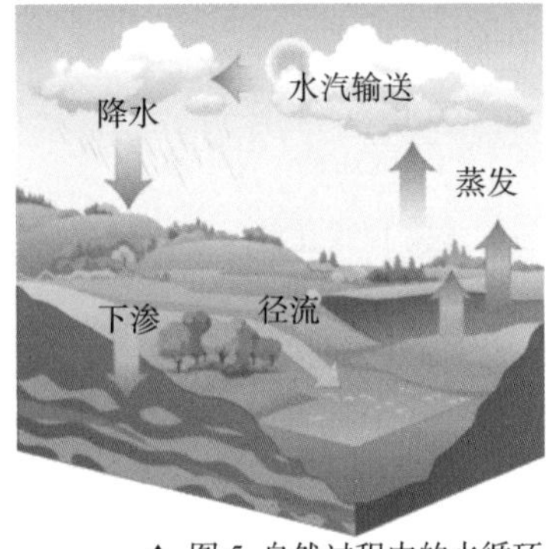

▲ 图 5 自然过程中的水循环

及包括水文、生态、城市、风景园林等多个当代学科专业领域。因此，景观水文的概念应时而生，其本质是深入景观系统内部，从景观的整体视角理解水文现象，按水文规律从事景观规划设计实践。其中涉及的多学科知识许多都来自于水文学与其他学科交叉的分支学科。

景观水文理念可应用于不同尺度、对象的规划、设计与建设，包括河流、湿地、滨水区、风景区等。应用较为系统且成熟的情境为城市雨洪管理（如“海绵城市”）和河流生态修复。本讲将展示这两种不同目标导向下的典型应用情境。

■ 水文学知识在空间规划设计中的应用

水循环是水文学的核心内容，其基本环节包括蒸发与散发、水汽扩散与输送、降水、下渗、径流（图 5）。水循环作为一种自然过程，对一处景观的动态演变、形态结构、系统功能等有着直接影响，如地表侵蚀、地貌塑造、物质搬运、水体净化、动植物生长及人类活动等（刘海龙 等，2015）。其中，降水、下渗与径流是空间规划设计主要关注的过程。因此，本讲将以海绵城市建设及河流生态修复这两种情境为例，展开讲解其中所应用的相关水文学知识点。

水文学知识是实质性知识，但其在规划设计中的程序性知识也非常重要。笔者通过对系列案例的分析，总结出水文学知识在空间规划设计中的应用程序包括了 5 个步骤，分别为基础资料、水文过程分析与模拟、建立规划设计目标及原则、规划设计方案、改变后模拟与监测评估（图 6）。

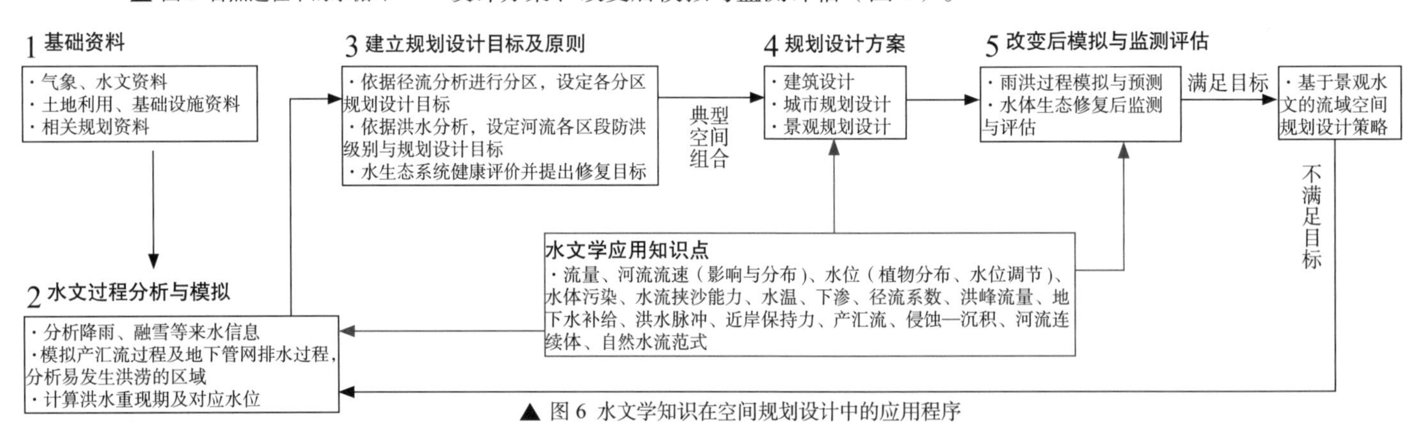

▲ 图 6 水文学知识在空间规划设计中的应用程序

SCENARIO ONE 海绵城市中的水文学知识应用

■ 海绵城市中的水文学知识应用

本部分解析的水文学知识是在海绵城市建设中应用的。《住房城乡建设部关于印发海绵城市建设技术指南——低影响开发雨水系统构建（试行）》中明确定义，

海绵城市是指城市能够像海绵一样，在适应环境变化和应对自然灾害等方面具有良好的“弹性”，下雨时能吸水、蓄水、渗水、净水，需要时能将蓄存的水“释放”并加以利用。海绵城市理念的提出，是为了解决城市化对区域水文过程的影响所产生的径流污染、水资源供应不足、洪涝灾害等问题（表 2）。城市化很大程度上是以人工取水、用水、排水等社会水循环取代自然水循环，阻碍了水的自然下渗。因此，在海绵城市建设中，下渗相关的径流系数是核心知识点。其他主要的知识点还有流量过程线、洪峰流量、地下水补给、侵蚀—沉积、产汇流、下渗影响因素（表 3）。

表 2 海绵城市的建设目标体系

一级目标	二级目标	三级目标	对应现状问题
改善城市水环境	降低径流污染	减少径流污染物	径流在传输过程中被污染，增加后期处理压力
		避免水体污染	被污染的径流经传输排入河湖，导致水体污染
		提高水体自净能力	水质遭到严重污染后生态系统严重破坏，无法自行净化
	补充水资源	补给地下水资源	下垫面不透水导致雨水无法下渗
		提高雨水利用率	城市用水紧缺，而雨水无法被利用
保证人类安全	减少洪涝灾害	减少径流总量	城市地面积水严重
		降低径流峰值	暴雨期城市易积水且水量大
		减少地表积水	地表渗透性差，城市地面易积水
		提高土壤蓄水能力	城市建设导致土壤性质改变，保水能力下降
		蓄存雨水径流	降水在城市中落到地面，几乎被污染后排放，无法利用
		减少设施中的过量雨水	老化设施在雨量较大时无法发挥作用

表 3 海绵城市中的水文知识点应用

知识点及空间策略解析	知识点图示解析	空间策略解析
①径流系数 径流系数表示一次降水在渗透发生后的地表径流所占有的比例，主要受集水区的地形、坡度、地表植被情况等影响。任意时段内径流深度 R（mm）与同时段内降水深度 P（mm）之比用符号 A 表示，即 A=R/P · 目标及策略：控制径流 =f（+ 透水铺装、+ 地形、+ 植被覆盖率）	A=0.1~0.2　A=0.9~1.0 0%~20%　80%~100%　80%~100%　0%~20% y=f（透水铺装）＞ y=f（不透水铺装）	**城市街道空间设计** A=0.5~0.8　A=0.9~1.0　A=0.1~0.2
②流量过程线 流量是河流重要特征值之一，其随时间变化的过程的曲线为流量过程线，最高点为洪峰流量。流域城市化后，持蓄水量减少，排水系统管网化，排水能力增加，导致河道内汇流速度加快，流量过程线上升段变陡，洪峰流量急剧增大，行洪历时缩短，峰现时间提早，威胁城市安全 · 目标及策略：降低径流汇流流速 =f（+ 植被覆盖率）	降雨到洪峰出现的间隔时间（自然化） 降雨到洪峰出现的间隔时间（城市化） 城市化　自然化 排水量　流量（in/h）　时间	**生态雨水湿地设计** 减少水冲刷 降低径流量 减少地表径流 增强下渗
③洪峰流量 洪峰流量是一次洪水流量过程中最大的瞬时流量，即洪水流量过程线上的最高点流量 · 目标及策略：降低洪峰流量 =f（+ 植被覆盖率、+ 下渗凹地、+ 缓冲区、+ 调蓄湿地）	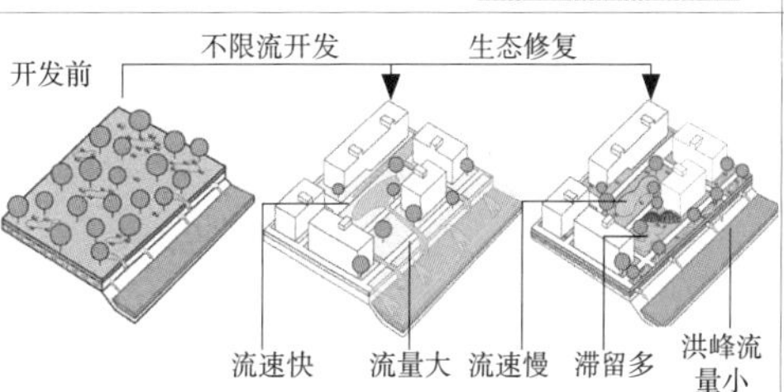	**住区开放空间规划设计：雨水花园设计** 缓冲区 集汇流 雨水滞留

续表

知识点及空间策略解析	知识点图示解析	空间策略解析
④地下水补给 补给是指地表水在重力作用下补给到地下水体中的一个过程；大多数的蓄水层都是从某些特定的地表区域获得补给水，这些区域包括地表水汇集区、具有高表面渗透率的土壤或岩层区等；地下水补给区域是地下水循环的重要区域，也是土地使用活动产出污染物进入蓄水层的直接入口 · 目标及策略：补给地下水 =f（+ 渗透湿地、+ 渗井、+ 雨水花园）	丰水期 枯水期 地表水 不饱和渗水带 补给 地下水 浅层含水层 地表水 不饱和渗水带 回补 地下水 浅层含水层	**城市绿地规划设计：生态雨水花园** 
⑤侵蚀—沉积 侵蚀是指土壤颗粒从原有土壤上的分离脱落。沉积指悬浮在液体中固体颗粒的连续沉降；水流中所夹带的岩石、砂砾、泥土等在河床和海湾等低洼地带沉淀、淤积；侵蚀能够带走地表土壤，使得土地变得贫瘠、岩石裸露、植被破坏、生态恶化 · 目标及策略：减弱水土流失 =f（+ 植被覆盖率、+ 植被缓冲带）	**侵蚀—沉积示意图** 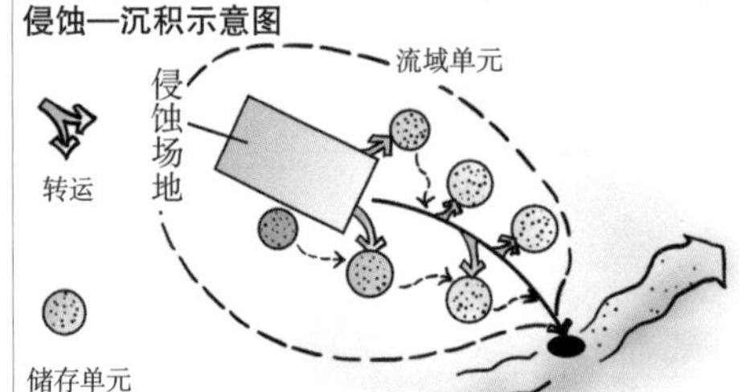	**城市开放空间规划设计：下凹绿地** 
⑥产汇流 产流过程是指流域中各种径流成分的生成过程，也是流域下垫面对降水的再分配过程；汇流过程是指流域上各处产生的各种成分的径流，经坡地到溪沟、河系，直到流域出口的过程 · 目标及策略：合理分配流域径流 =f（+ 聚集式开发、+ 滞留池、+ 储水设施）	**产汇流过程示意图** 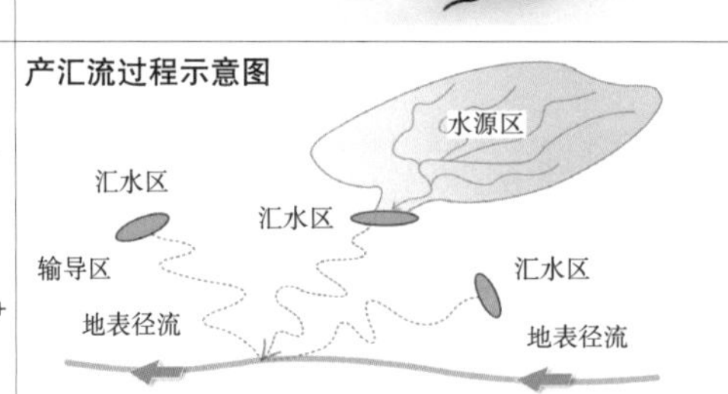	**住区停车场设计：地下储水设施** 
⑦下渗影响因素 下渗影响因素主要包括以下几点：土壤特性，主要取决于土壤的透水性能和前期含水量；降水特性，包括降水强度、时程分配及降水空间分布等； 流域植被、地形，植被、地面上的枯枝败叶、地面起伏、切割程度影响下渗量；人类活动，增大（坡地改梯田、植树造林、蓄水工程等）或抑制（砍伐森林、过度放牧、不合理耕作、不透水下垫面等）下渗。 · 目标及策略：减缓洪峰 =f（+ 透水铺装、+ 雨洪装置） 回馈补给地下水 =f（+ 渗透池、+ 渗井） 下渗净化水体 =f（+ 水质净化湿地）	**不同土壤特性下的下渗及径流情况** 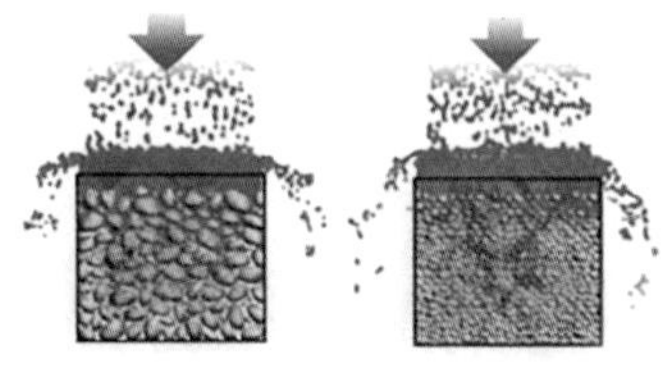 砂土：下渗强，低度地表径流 壤土：下渗较强，中度地表径流 黏土：下渗弱，高度地表径流	**庭院雨水系统**  雨水花园，雨水收集设施，可渗透下垫面

SCENARIO TWO
河流生态修复中的水文学知识应用

■ 河流生态修复中的水文学知识应用

本部分所解析的水文学知识是在河流生态修复情境中应用的。河流生态修复是指在调查、监测与评估的基础上，遵循自然规律，制定合理规划的过程。其主要通过人们的适度干预来改善水文条件、地貌条件、水质条件，以维持生物多样性，改善河流生态系统的结构与功能（董哲仁 等，2013）（表 4）。人类的活动使得河湖面积减少导致水面率下降，压缩了水的产汇流空间，以及远距离取水、超标排污等造成水量、水质等的急剧改变。这些影响改变了河流地貌景观和水文情势，使得河流干涸、断流，对河流生态系统造成了巨大的破坏，包括河流生态系统退化以及生物多样性降低等。在河流生态修复中，水利水电工程建设对防洪安全及社会经济作出了巨大贡献。因此，构建河流连续体系统是核心知识点，其他主要知识点还包括河道流速分布、水位对河岸植物的影响、河流 / 渠道流速影响因素、水体污染、水流挟沙能力、近岸保持力、自然水流范式、洪水脉冲等（表 5）。

表 4 河流生态修复目标体系

一级目标	二级目标	三级目标	对应现状问题
提高河流生态系统的可持续性	改善水量条件	增加基流量	过量抽取地下水、雨水下渗的减少，导致地下水位下降、河流常水位低、基流量小
		调蓄雨洪	河流的硬化工程以及河漫滩被侵占，导致河流蓄洪能力下降，易发生河流洪泛
	改善水文条件	涵养水源	硬质下垫面增加，透水性变差，导致雨水下渗减少、地下水位下降，以致河流基流量减小
		调节水深	基流量小导致水文变化大，不利于水生动物栖息
		调节流速	裁弯取直的人工河道使河水流速过快，不利于水生动物栖息
	改善水质条件	净化水质	生活污水、工业污水、农业污水直接简单处理后排入河流，污染水质
	增加生物多样性	改善栖息地条件	河流驳岸及河床硬化工程导致“三面光”现象，破坏河流自然形态
		改善迁徙条件	水利工程阻断野生动物迁徙廊道

表 5 河流生态修复中的水文学知识点应用

知识点及空间策略解析	知识点图示解析	空间策略解析
①河流连续体 由源头集水区的第一级河流起，与之后流经各级河流的流域形成一个连续的、流动的、独特而完整的系统，称为河流连续体；河流四维连续体具有纵向（*y*）、横向（*x*）、竖向（*z*）和时间（*t*）四个尺度 · 目标及策略：保持河流连续性 =f（+ 植被覆盖率、+ 河岸带宽度、+ 河道蜿蜒化）	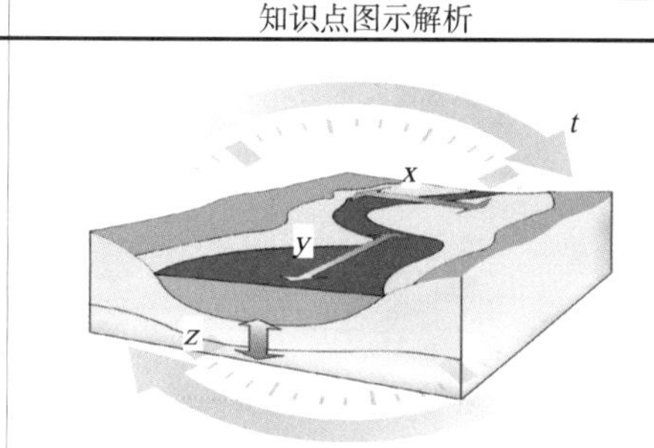	**城市河流生态修复：近自然化河道** 
②河道流速分布 弯曲河道的最大流速接近凹岸处，通常靠近河（渠）底、河边处的流速较小，河中心近水面处的流速最大；天然河道的河流纵断面上，流速一般为上游河段最大，中游河段较小，下游河段最小 · 目标及策略：保护河岸植物生境 =f（+ 植物配置） 保护临水设施 =f（+ 设施选址） 保护河岸 =f（+ 生态护岸）	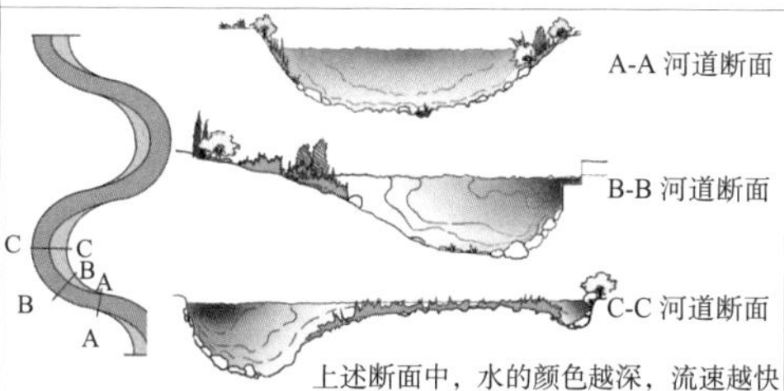	**河流廊道景观规划设计：驳岸设计** 
③水位对河岸植物的影响 水位变化会对植物群落的物种组成、群落演化乃至整个湿地生态系统产生影响；水位升高时，植物群落向沉水植物为主导的群落类型演变；水位降低时，则向湿生植物群落为主导的方向演变 · 目标及策略：稳定的河岸生态系统 =f（+ 植物配置）	**植物群落随水位变化分布** 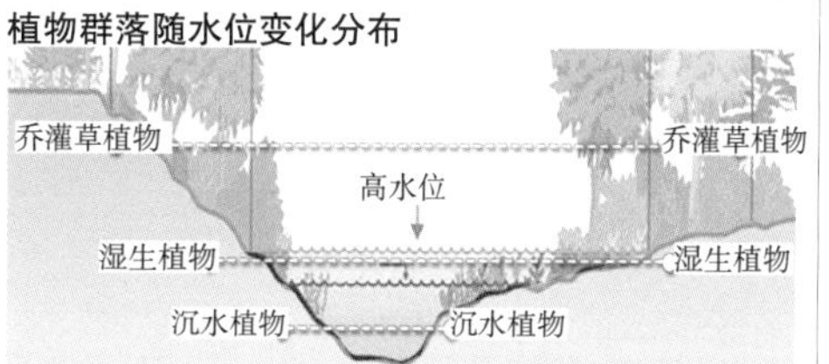	**河流廊道景观规划设计：河岸植物种植** 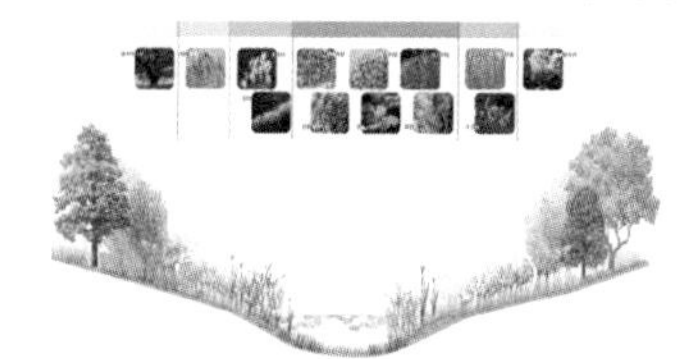

续表

知识点及空间策略解析	知识点图示解析	空间策略解析
④河流 / 渠道流速影响因素 根据谢才公式、曼宁公式、水力半径计算公式，流速与河流 / 渠道坡度、河道断面面积、河道断面周长、粗糙系数有关 · 目标及策略：降低河流流速 =f（+ 河道形态、+ 河流廊道植被覆盖）	河流流向 河道横断面面积（A） 河道有水部分断面周长（P） 渠道坡度或等级 $v=1.49\frac{R^{2/3}s^{1/2}}{n}$ V、S、R、A、P V=流速（单位：m/s）；S=渠道坡度；n=粗糙系数 R=水力半径（有水部分周长与横断面面积的比值）	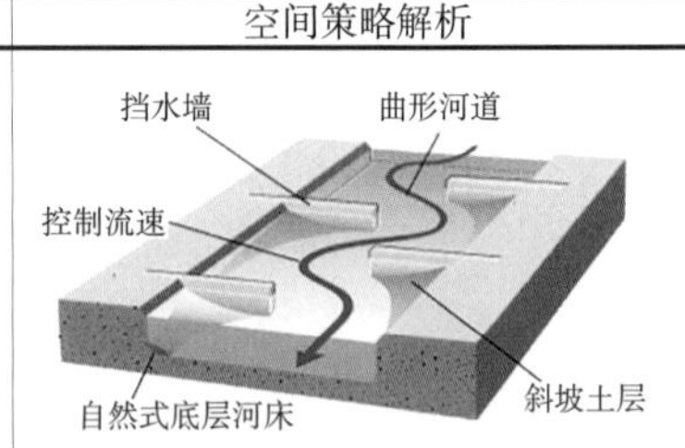
⑤水体污染 自然界的水体都具有一定的自净能力，自然条件下污染物浓度一般不会太高；但由于工农业发展和城镇化，人类排入水体的污染物超过水体自净能力，就形成了水体污染 · 目标及策略：控制水体污染 =f（+ 土地利用类型、+ 开发密度、+ 地表渗水条件）	**水体污染物的产生、转移与传输** 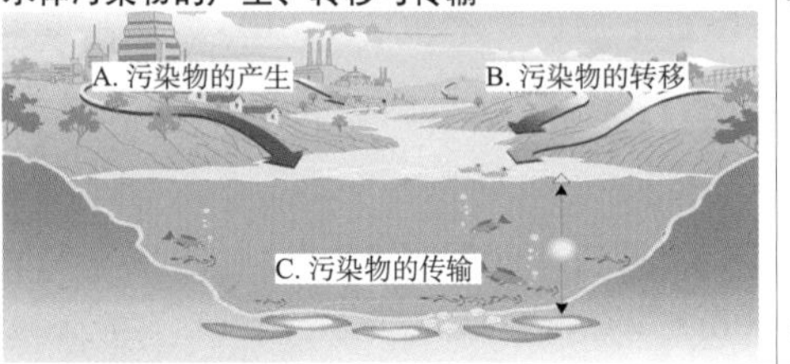	**城市生态公园规划设计：污水净化** 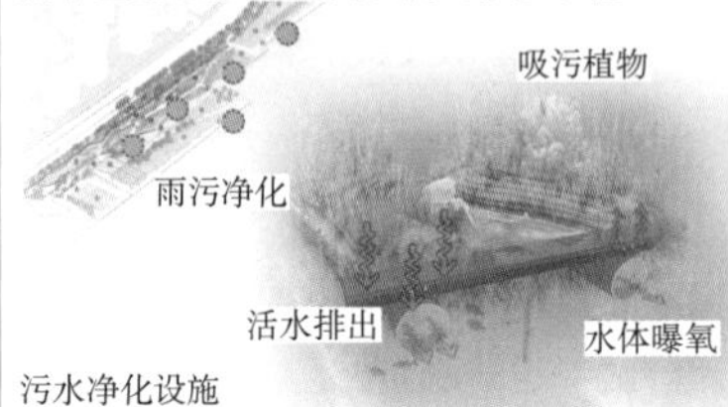
⑥水流挟沙能力 水流挟沙能力指单位水体积的饱和含沙量，主要与上游来水、来沙条件和河道下垫面条件有关，具体包括河道流量、含沙量、水深、河宽、断面形态、泥沙粒径、沉降速度等；河流泥沙过多或过少都会对生态系统造成破坏 · 目标及策略：降低水流挟沙能力 =f（+ 河道蜿蜒化、+ 缓冲区） 增加水流挟沙能力 =f（+ 水工建筑物）	**自然状态下的河流** 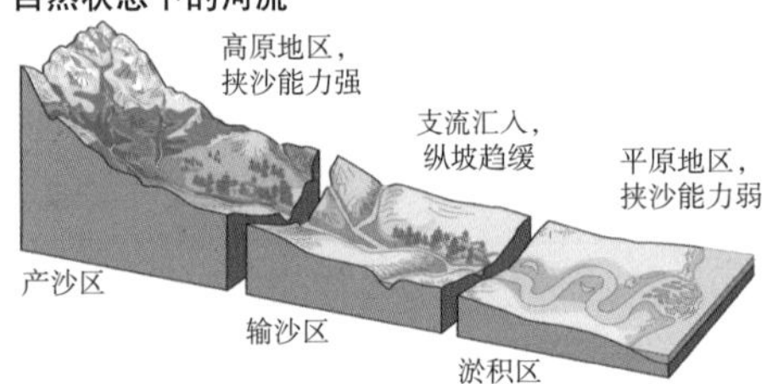	**河道生态修复：自然河道恢复** 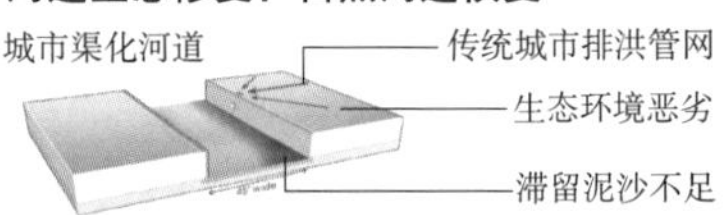 
⑦近岸保持力 近岸地貌与水文因子的交互作用创造了生物区地貌栖息地条件；河流沿线的沙洲、江心岛和河湾等地貌条件以及水文条件，决定了局部地区流速和温度分布格局，而流速和温度对于岸边物种的生态过程十分重要 · 目标及策略：保持近岸栖息地条件 =f（+ 沙洲、+ 江心岛）	**水温、流速的区域分布影响生物的栖息分布** 	**河流生态修复：生态绿岛设计** 
⑧自然水流范式 自然水流范式是指未被干扰状况下的自然水流对于河流生态系统的整体性和支持土著物种多样性具有关键意义，用 5 种水文因子表示：水量、频率、时机、延续时间和过程变化率。这些因子的组合可以描述整个水文过程 · 目标及策略：河流生态修复 =f（+ 河道自然化）	**依据自然河段 C、D 水文特征修复河段 A、B** 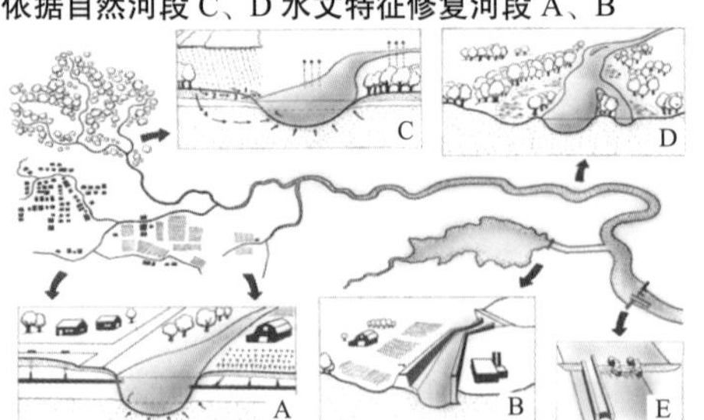	**城市河流生态修复：近自然化河流** 
⑨洪水脉冲 河流—洪泛滩区系统生物生存、生产和交互作用的主要驱动力。洪水脉冲把河流与滩区动态地联结起来，形成了河流—洪泛滩区系统有机物的高效利用系统，促进水生物种与陆生物种间能量交换和物质循环，完善食物网，提高生物量 · 目标及策略：提高河流的洪水脉冲效应 =f（+ 洪泛滩区、+ 湿地、+ 河流 – 滩区系统）	浅沼泽 | 滩区 | 深沼泽 | 主槽 | 深沼泽 | 湿地 物质能量交换 h1 h2 h3 物质能量交换 洪泛滩区 | 主槽 | 洪泛滩区	**城市河流生态修复：洪泛滩区恢复** 

CASE
情境化案例

■ 城市河流生态修复知识应用——洛杉矶河复兴（吴明豪 等，2020）

1. 基本概况

洛杉矶河（图 7）全长约 82km，流域面积 2253km^2，典型的地中海气候型河流特征。洛杉矶河修复工作主要包括：① 1997~2007 年间出台的《洛杉矶河复兴总体规划》（简称 LARRMP）；② 2007~2015 年间评估各子河段具体生态修复策略的综合可行性报告。

2. 水文分析与评价

LARRMP 早期研究针对防洪的策略，首先对当前水文特征分析，得出洛杉矶河每年 90%~95% 的时间水深不足 0.6m，旱季基流不足 0.03m^3/s，4%~9% 的时间水深为 0.6~1.2m，其余 1% 时间面临洪水威胁，历史最高流量可达 5100m^3/s，暴雨时最高河道流速可达 10m/s。剧烈变化的水文情势无法满足水生态系统需求，且雨季时的高流速条件使得多河段内植物无法稳定生长。

3. 规划设计目标与策略

根据 LARRMP 的《防洪河道水力设计导则》，在没有对任何其他河道或上游采取措施的情况下，大部分子河段流速维持在 3.6m/s 以下，保障河道植被稳定性。2007~2015 年间制定的综合可行性报告将生态恢复重点范围定为 18kmARBOR 河段，以恢复滨河及淡水沼泽栖息地、增加其连续性为最重要目标。

4. 应用水文学知识的景观规划设计策略及模拟评估

遴选出的数类生态恢复策略——蓄洪、软化及重塑河道，改造支流等，均涉及河流的水文特征（图 9）。

蓄洪：①建立地下蓄洪池以减少河道内的洪水流量；②使用地下隧道将主河道峰流引入下游指定蓄洪区；③在上游和河道外恢复湿地以截留雨水径流，连接湿地与主河道，结合湿地创造蓄洪空间；④利用新建的支流或滨河蓄洪区分流主河道或支流河水。

软化及重塑河道：在用地充足的河段降低和拓宽河岸以增加栖息地；针对需扩容却用地紧张的河段，在软化河底后将坡形河岸改为以爬藤植物覆盖的垂直河岸，以拓宽河床宽度；在需增加交通连接的河段可建造悬挑式河岸（图 10）。

改造支流：修复和扩建沼泽栖息地，塑造河底地形，控制水深在 2m 以下，选择合适的湿地植物；形成河流—河漫滩栖息地；恢复明渠。

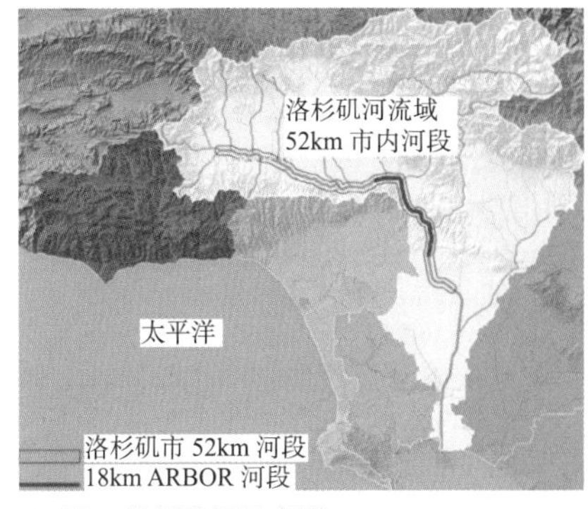

▲ 图 7 洛杉矶河示意图

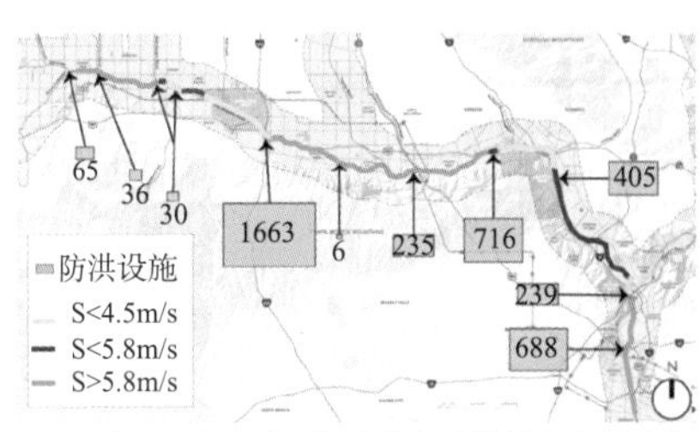

注：S 表示河段流速；橙色块表示依据流速所需蓄洪设施大小（hm^2），以 3m 深为例

▲ 图 8 流速分析及调蓄设施

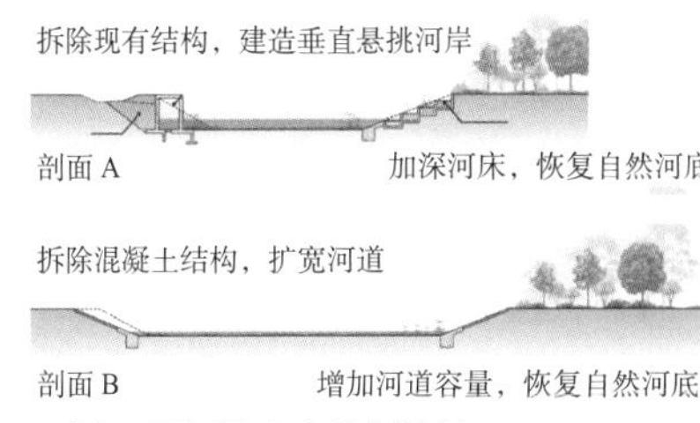

▲ 图 9 子河段生态恢复措施

▲ 图 10 子河段软化重塑河道措施

海绵城市建设知识点组合应用

①海绵城市人行街景空间生态优化

径流系数＋流量＋下渗＋产汇流

街道中的人行通道采用透水铺装、下凹式绿地、植被浅沟等雨水设施组合，有效蓄积雨水，增加下渗，净化水质

②海绵城市住区空间设计

径流系数＋流量＋下渗＋产汇流

在住区中，建筑和硬质铺装聚集式布局，保证一定量的绿地率，透水铺装、生态树池、下凹式绿地等雨水设施组合，汇集雨水，增加下渗，净化水质

③海绵城市人行街景空间生态优化

径流系数＋流量＋下渗＋产汇流

街道的车行通道中，通过下凹式道路绿化带、生态种植池等设施，弱化街区空间雨水交叉污染，有效控制雨水径流

④海绵城市办公建筑外环境优化

径流系数＋流量＋下渗＋产汇流

通过城市办公建筑外环境生态功能改造，有效缓解城市降雨过程带来的管网系统排水压力，进而控制城市洪峰现象，改善城市水安全问题

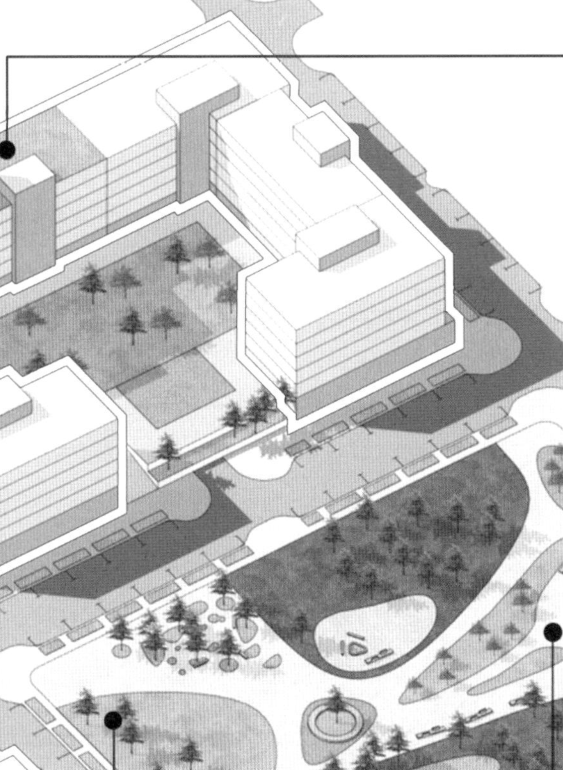

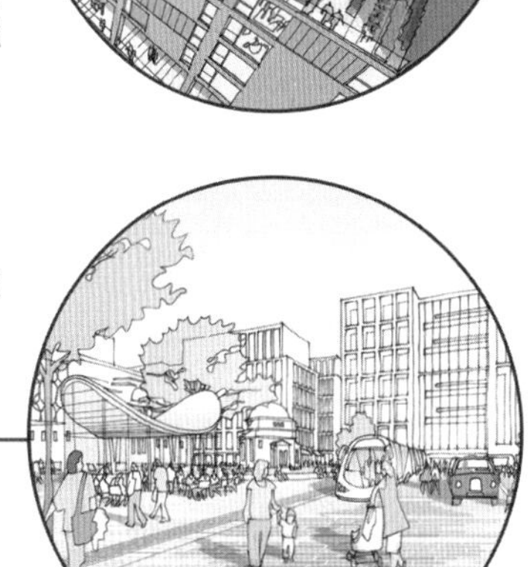

⑨海绵城市绿色屋顶设计

径流系数 + 流量 + 下渗

将符合屋顶荷载、防水条件的平屋顶或坡度较小的屋顶设计为绿色屋顶，通过屋面植被截流蓄积部分雨水，减少径流量，截流污染物

⑧海绵城市生态停车场空间设计

径流系数 + 流量 + 洪峰流量 + 地下水补给 + 下渗 + 产汇流

生态停车场采用透水铺装，停车场周围或内部设置生物滞留池、渗井等雨水设施，截流蓄积雨水、增加下渗、补给地下水，净化水质并形成良好的生境

⑦海绵城市街区休憩空间优化

径流系数 + 流量 + 下渗

通过设置仿自然渗透系统，用于滞留雨水、削减径流量及流速，有利于径流缓慢渗透以补充地下水，同时改善城市化影响的洪峰过程

⑤海绵城市公共绿地空间设计

径流系数 + 流量 + 洪峰流量 + 地下水补给 + 下渗 + 产汇流

设计滞留洼地，集中汇流雨水并就地下渗，同时强化下凹式绿地、雨水花园设施之间的联系，形成联动式的蓝道网络，改善城市雨水问题

⑥海绵城市广场空间设计

径流系数 + 流量 + 洪峰流量 + 下渗

广场中采用透水铺装、生态种植池、下沉绿地，利用地形将雨水汇集到下沉绿地或其他雨水滞留设施，增加下渗、降低流量，降低暴雨时期洪峰流量

参考文献

董哲仁，等，2013. 河流生态修复 [M]. 北京 : 中国水利水电出版社 .

董哲仁，2009. 河流生态系统研究的理论框架 [J]. 水利学报，40（2）：129-137.

董哲仁，孙东亚，赵进勇，等，2010. 河流生态系统结构功能整体性概念模型 [J]. 水科学进展，21（4）：550-559.

管华，2016. 水文学 [M].2 版 . 北京 : 科学出版社 .

郭雪宝，1990. 水文学 [M]. 上海 : 同济大学出版社 .

韩毅，刘海龙，杨冬冬，2014. 基于景观水文理论的城市河道景观规划设计实践 [J]. 中国园林，30（1）：23-28.

刘海龙，2014. 景观水文：一个整合、创新的水设计方向 [J]. 中国园林，30（1）：6.

刘海龙，2015. 国际城市雨洪管理与景观水文学术前沿——多维解读与解决策略 [M]. 北京 : 清华大学出版社 .

吴明豪，刘志成，李豪，等，2020. 景观水文视角下的城市河流生态修复——以洛杉矶河复兴为例 [J]. 风景园林，27（8）：35-41.

张建云，宋晓猛，王国庆，等，2014. 变化环境下城市水文学的发展与挑战——I. 城市水文效应 [J]. 水科学进展，25（4）：594-605.

威廉 · M. 马什，2006. 景观规划的环境学途径 [M]. 朱强，黄丽玲，俞孔坚，等译 . 北京 : 中国建筑工业出版社 .

思想碰撞

部分地区由于干旱缺水导致经济发展受阻、生态环境退化。通过引水工程，水资源充沛区域的水能够输送到缺水地区。在为缺水地区带去大量水资源的同时，引水工程也会给生态系统带来潜在影响，如水文情势的改变等，从而影响调水区和受水区的生态环境及气候。虽然引水工程有利于受水区域的生态系统，但也会对调水区域生态系统产生破坏。对此，你怎么看？

专题编者

岳邦瑞

钱芝弘

姚龙杰

戴雯菁

土壤学 11讲
自然的界面

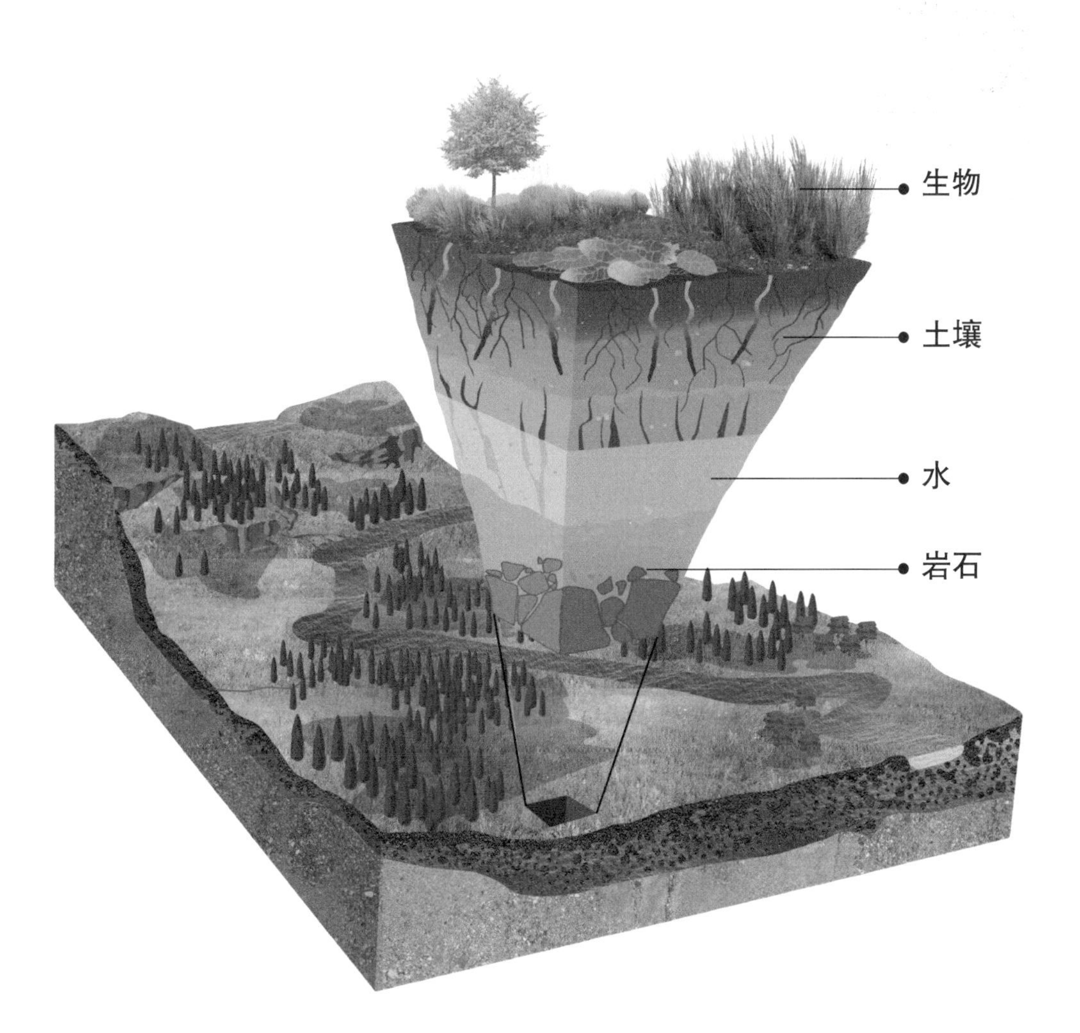

土壤像“皮肤”一样覆盖在整个地球陆地的表面，维持着地球上多种生命的生息繁衍，支撑着地球的生命活力，是人类生产与生活中重要的自然资源。它是维持植物生长的那一层界面，是环境污染物的缓冲带和过滤带，是承受高强度压力的地基。人类文明的发展离不开对土地的利用，而如今人为活动导致城市绿地土壤性质发生变化，土壤贫瘠、压实、质量恶劣等现象频发，亟待通过风景园林规划设计改善土壤的利用和管理。本讲将带你寻找解决土壤问题的答案！

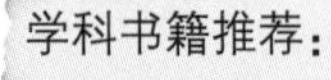

学科书籍推荐：

《土壤学（第三版）》黄昌勇，徐建明
《环境土壤学（第三版）》陈怀满

■ 土壤学的学科内涵

1. 土壤学的基本概念

土壤学（pedology）一词源于希腊语的“pedon”，意为土地。在地球表层系统中，土壤是覆盖在地球陆地表面的一个薄薄的独立圈层——土壤圈。土壤是陆地生态系统的核心，也是重要的自然资源要素。土壤学通过研究土壤的结构、成因和演化规律，了解土壤圈的内在机制、外部功能、物质循环、全球变化及其在地球表层系统中的作用和影响（赵其国，2001）。土壤学研究是人类实现土地有效利用、达到人与自然和谐共处的关键，其发展重心在于应对资源与环境保护、治理等方面的挑战。

2. 土壤学的研究对象与特点

土壤学的研究对象主要是土壤。土壤是地壳表面的岩石风化体及其再搬运沉积体在地表环境作用下形成的疏松物质，它具有自然体的三维空间性，同时又包含时间尺度上消亡、发生等过程性（尼尔·布雷迪 等，2019）。

土壤学是一门综合性很强的学科，它主要呈现如下特点：①多尺度、多层次；②宏观和微观研究并重；③学科交叉性，与农业科学、环境科学、生态学、社会经济学相互渗透；④野外调查与实验室研究相结合（黄昌勇 等，2012）。

3. 土壤学的发展历程

土壤学作为一门独立学科，其形成、发展已有近 200 年的历史，发展历程经历了 4 个阶段（图 1）：①土壤学起源时期（16 世纪以前），对土壤进行初步分类并分析了土壤与植物的关系；②土壤学萌芽时期（16 世纪 ~18 世纪），自然科学蓬勃发展，为土壤学萌芽奠定了基础，学者们论证土壤与植物的关系，提出各种假说；③土壤学发展时期（18 世纪后），先后出现了农业化学派、农业地质学派、发生土壤学派；④近代土壤学时期（20 世纪至今），土壤学研究领域扩充，介入了地球系统科学，参与全球变化与生态建设（耿增超 等，2011）。

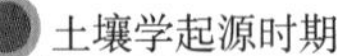

土壤学起源时期

战国时期

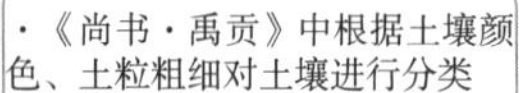

·《尚书·禹贡》中根据土壤颜色、土粒粗细对土壤进行分类

加图
Cato Maior

公元前 234 年

·加图根据直观描述对罗马境内的土壤进行分类

战国时期

·《周礼》中阐述了“万物自生焉则曰土”分析了土壤与植物的关系，又说明了“土”和“壤”的本身意义

土壤学萌芽时期

扬·巴普蒂斯塔·范·海尔蒙特
Jan Baptista van Helmont

17 世纪中叶

·根据实验，海尔蒙特认为土壤除供给给植物水分、养分以外，还起到支撑植物地上部分植株的作用

17 世纪末

罗伯特·伯恩斯·伍德沃德
Robert Burns Woodward

·伍德沃德发现污水及污水加腐殖土介质中的植物生长较好，因而认为细土是植物生长的“要素”

18 世纪末

·泰伊尔（Von Thaer）提出“植物腐殖质营养”学说，认为除了水分以外，腐殖质是土壤中唯一能作为植物营养的物质

▲ 图 1 土壤学的发展历程

■ 土壤学的学科体系

1. 土壤学的研究内容

土壤在环境中具有缓解、消除有害物质、维持生物活性和多样性、调控水分循环系统及稳定陆地生态平衡的生态系统功能，因此土壤学的研究内容围绕土壤的生态系统功能展开。土壤学探索并解释土壤的本质和性质、土壤的时空演变、土壤的环境过程，目的是为合理利用土壤资源、消除低产因素、防止土壤退化、提高肥力水平等提供理

论依据和科学方法。

综上所述，土壤学的研究内容可以分为如下 4 大类（图 2）：①揭示自然界中土壤形成过程与规律；②分析土壤与生态系统其他要素间的物质循环过程；③探讨人类对土壤资源的开发利用；④全球土壤生态环境保护（黄昌勇 等，2012）。

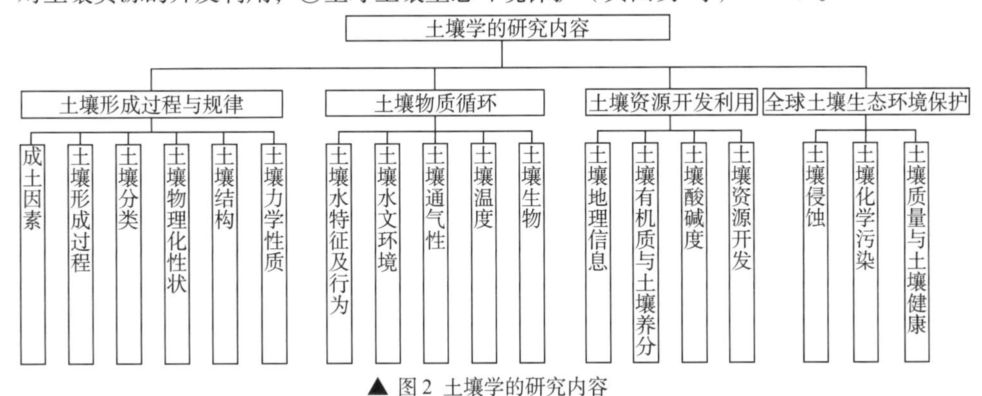

▲ 图 2 土壤学的研究内容

2. 土壤学的基础研究框架

土壤学核心概念包括“成土因素”“土壤过程”和“土壤现象”。土壤是在成土母质、气候、动物、地形和植被的综合作用下形成的。地球上的土壤由众多土壤个体组成，不同土壤个体的特性，与所在位置的环境特性密切相关，并随各自成土因素的改变而变化（图 3）。单个土体聚合成土壤个体，聚合土体可看作一个具体的景观单位（图 4）。

土壤过程受自然与人为因素的影响。自然因子包括：①母质形成的影响因素（风力、水力、重力等）；②气候条件（有效降水量、温度等）；③自然植被、动物的生物过程；④地形等。人为因素指人类开垦、放牧等活动。土壤过程包含土壤形成过程、土壤能量交换过程、土壤物质流动过程、生物循环和作物生产过程与土壤养分流动过程。

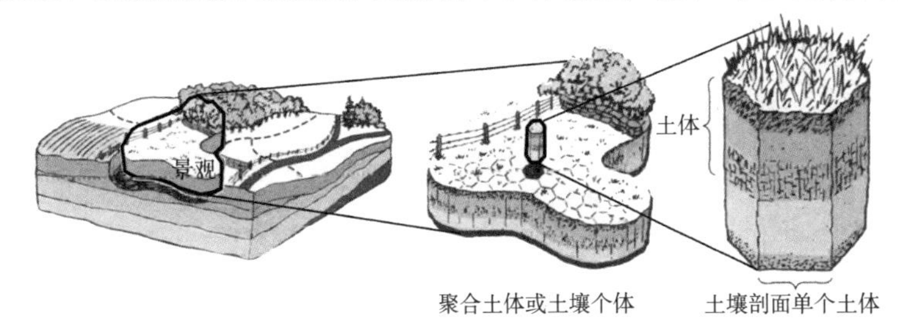

▲ 图 4 土壤的构成

成土因素的变化影响土壤生态系统中的土壤过程，使土壤在时间和空间上表现为不同的现象，即土壤的时空异质性。土壤现象具体表现为：①土壤质量的下降，如土壤侵蚀、水土流失、沙漠化、盐碱化、酸化、面源污染、养分流失等土壤灾害现象；②土壤养分枯竭、土壤性质恶化导致的土地弃用，并引起植被减少、生物多样性下降等现象，

土壤学发展时期

尤斯图斯·冯·李比希
Justus von Liebig

1840 年（农业化学派）

· 李比希提出的“植物矿质营养学说”认为矿质元素（无机盐类）是植物的主要营养物质，土壤则是这些营养物质的主要来源

19 世纪后期（农业地质学派）

· 法鲁（F.A.Fallou）提出地质土壤学观点，认为土壤类型取决于岩石的风化类型，土壤是变化、破碎中的岩石

道库恰耶夫
Vasili Vasilievich Dokuchaev

20 世纪初期
（发生土壤学派）

· 道库恰耶夫运用土壤发生学的观点研究土壤的发生发展，认为土壤是在气候、生物、母质、地形和时间 5 个自然成土因素的共同作用下发生发展的，从而为土壤地带性分布、农业区划奠定了基础

近代土壤学时期

20 世纪 40 年代

· 詹尼（Hans Jenny）出版了《土壤成土因素》一书，试图用函数对土壤和环境因子之间的联系进行相关定量分析，提出土壤形成与 5 种成土因素的函数关系

1994 年

· 土壤界提出了土壤质量的概念，即土壤在生态界面内维持植物生产力、保障环境质量、促进动物与人类健康行为的能力

▲ 图 1 土壤学的发展历程（续）

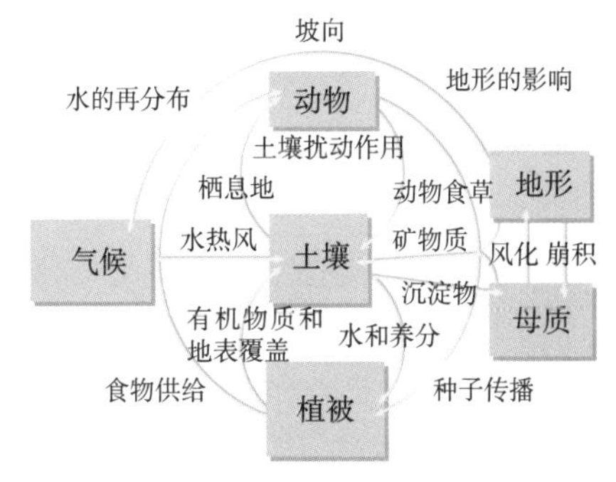

▲ 图 3 土壤形成的影响因子

又将使土壤过程等发生变化。综上所述，笔者提出土壤学的基础研究框架（图 5）。

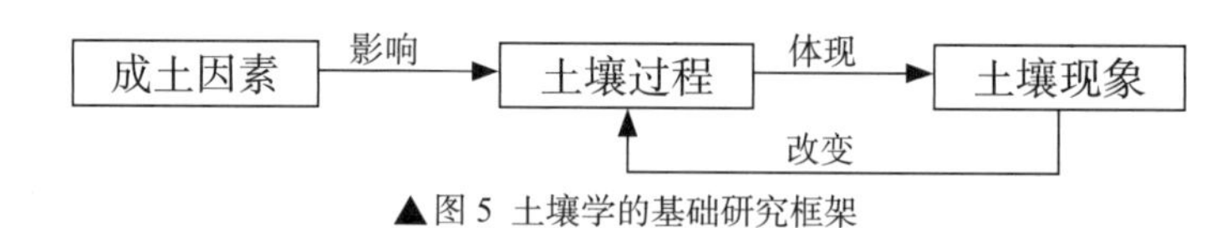

▲图 5 土壤学的基础研究框架

3. 土壤学的学科分类

传统土壤学在农业中处于重要地位，因此通常归属于农业资源利用领域。但从环境科学的角度看，土壤不仅是一种资源，还是人类生存环境的重要组成要素之一。土壤学地处大气、水、生物、岩石四大圈交界面上，决定了其与地质学、水文学、生物学、气象学、环境学等学科都联系密切。现代土壤学已经发展成具有多种分支学科的学科群。按照历届国际土壤学会的分支机构，土壤学包括土壤地理学、土壤物理学、土壤化学、土壤生物学等（表 1）。其中，土壤与环境、土地利用、水资源利用及流域综合治理等方面与景观规划设计的关系最为密切。

表 1 土壤学的学科分类（耿增超 等，2011）

分类标准	一级分类	二级分类
按研究内容	土壤的时空演变	土壤形态与微形态、土壤地理、土壤发生、土壤分类、土壤监测、古土壤
	土壤性质与过程	土壤物理、土壤化学、土壤生物、土壤矿物、土壤界面反应
	土壤利用与管理	土壤评价与土地规划、水土保持、土壤肥力与植物营养土壤工程与技术、土壤退化调控与修复
	土壤在社会和环境持续发展中的地位	土壤与环境、土壤及土地利用变化、土壤教育与公众意识

APPLICATION
景观规划设计中的土壤学知识

■ 土壤学与景观规划设计的交叉

1. 土壤学介入空间的发展历程

土壤学介入空间规划的历程与应用土壤学发展历程相似，其发展具体可划分为 3 大阶段（图 6）：①农业土壤学应用阶段，从土壤生产功能出发，核心在于土壤肥力评价与施肥技术；②土壤学与其他环境学科交互阶段，以环境保护为目标，研究土壤污染防治的空间措施；③土壤学介入土壤生态健康阶段，以生态安全为目标，研究土壤在全球生态系统的功能（黄昌勇 等，2012）。

土壤学在空间规划设计中的尺度、对象跨度很大。按照土壤学研究尺度：①在土壤带、区域土壤尺度两个层次，土壤学应用情境包括土地利用、环境质量评价、城市与水资源利用、流域单元治理等；②在土壤剖面层次，主要情境包括河道坡面稳定性、

农业土壤学应用阶段

20 世纪 60 年代前

· 将土壤直观特性与农业生产经验作为依据

· 16~18 世纪，论证土壤与植物关系

·《尚书·禹贡》中将土壤依据肥力高低分等级

·《周礼》中探寻了土壤与植物的关系

土壤学与其他环境学科交互阶段

20 世纪 60~90 年代

· 1968 年，麦克哈格在《设计结合自然》中提出土壤排水、土壤基础条件、土壤冲蚀性等作为环境评价因子

· 1977 年，西蒙兹借助土壤分布图进行污水处理规划

· 1980 年，戴维森（Davidson）研究土壤承载力、排水能力、可侵蚀性等土壤特征与土地利用的关系

土壤学介入土壤生态健康阶段

20 世纪 90 年代至今

· 1994 年，史蒂芬·戈德曼（Steve Goldman）对土壤侵蚀和沉积进行控制，恢复河流生态

· 2003 年，王向荣研究城市绿地中雨水资源利用的途径与方法，以及工业废弃地中土壤的植物种植

· 2006 年，王沛永提出土壤学作为水文循环过程的重要因素介入城市雨水资源利用

· 2020 年，毛君竹提出在生态园林工程中运用土壤种子库

▲ 图 6 土壤学介入空间的 3 个阶段

土壤质量评价；③在土壤有机质层次，主要情境包括土壤肥力评价、土壤干扰与恢复和土壤养分管理。

2. 土壤学介入空间的典型情境

全球范围内普遍存在土壤侵蚀、土壤污染与退化等环境问题。根据不同尺度下的土壤问题，笔者选择流域单元治理及园林土壤改良修复两个重点情境（图 7）。①流域单元治理。流域内土壤受到侵蚀后，沉积物留存在淡水环境中，造成栖息地和水质退化。流域单元治理的基本内容包括土壤侵蚀和沉积—转运过程（图 8），通过研究评估土壤流失率的方法以及控制侵蚀和沉积的技术，达到降低土壤侵蚀、保护生态、恢复流域生境的目标。②园林土壤改良修复。城市环境中土壤问题突出，包括土壤无层次、土壤密实、土壤侵入体多、土壤污染、土壤养分缺失等，直接影响城市绿化景观效果和生态效益。本情境通过土壤肥力评价掌握城市土壤肥力等级情况，针对不同等级采取相应措施，从而保证城市绿化景观的长效与可持续发展，实现土壤生态修复和保育利用的平衡。

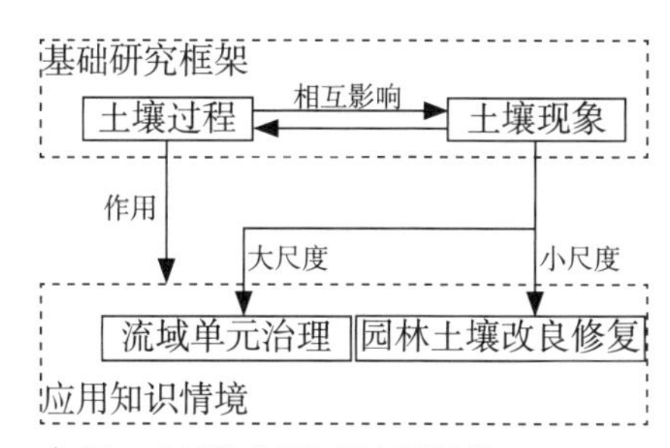

▲ 图 7 土壤学应用知识归纳逻辑

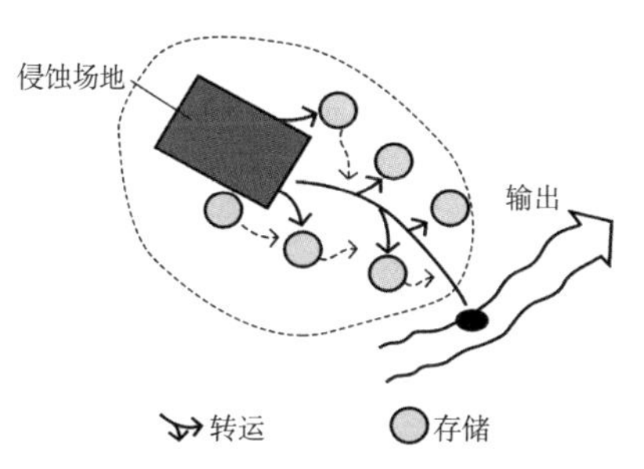

▲ 图 8 沉积—转运过程示意图

■ 土壤学在景观规划设计中的应用

1. 土壤学的应用知识框架

结合土壤学的原理知识，笔者列出流域单元治理与园林土壤改良修复两个典型情境的应用知识框架。流域单元治理情境中，土壤侵蚀的沉积运输过程及评估土壤流失率的方法对控制流域泥沙输出量至关重要，通过土壤侵蚀治理，使景观格局得到优化，如斑块平均面积增大、优势斑块连接度提高以及斑块团粒程度加强等（邹琴英 等，2021）。因此，该情境选取土壤侵蚀理论作为应用情境的核心理论，将土壤侵蚀现象成因及过程相关的风力侵蚀、水力侵蚀等理论作为具体解析内容。

园林土壤改良修复情境中，将土壤肥力评价作为土壤改良措施的前提，指导构建土壤“水、肥、气、热”等土壤特性良好的生态循环机制，因此选取土壤水分、土壤温度等作为重点概念知识。综上所述，笔者归纳出用于规划设计的 2 条理论及其对应的 8 条实质性知识（图 9）。

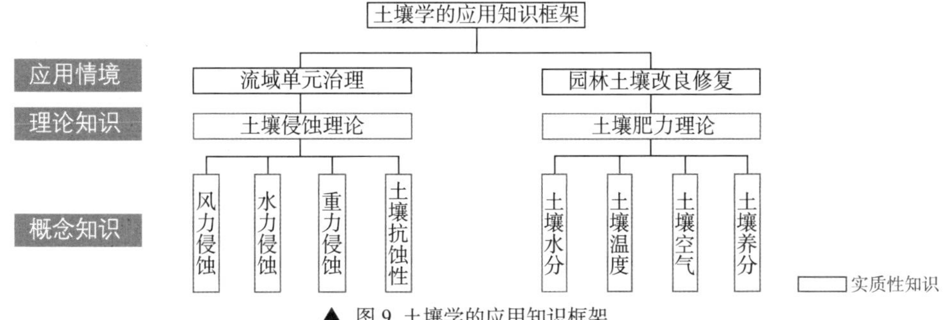

▲ 图 9 土壤学的应用知识框架

2. 土壤学的应用知识解析（表 2~ 表 5）

表 2 流域单元治理情境下的土壤侵蚀理论知识解析（张洪江 等，2014）

理论知识解析	理论知识图解	
土壤侵蚀理论 土壤侵蚀是土壤及其母质在水力、风力、冻融、重力等外营力作用下，被破坏、剥蚀、搬运和沉积的过程，土壤侵蚀是内因、外因综合作用的结果；按照不同的侵蚀营力，可分为风力侵蚀、水力侵蚀、重力侵蚀、混合侵蚀、冰川侵蚀、冻融侵蚀与化学侵蚀等	外因 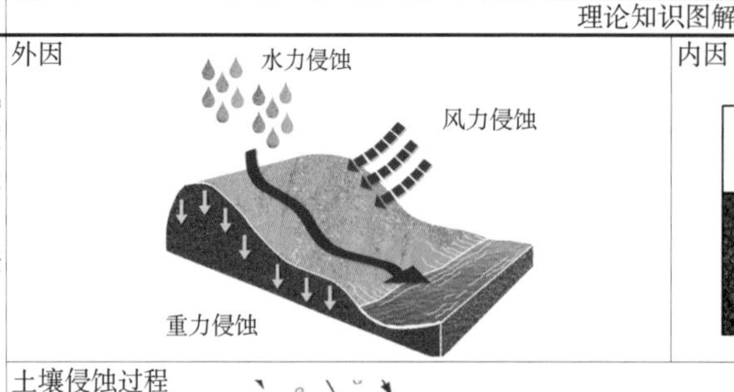	内因 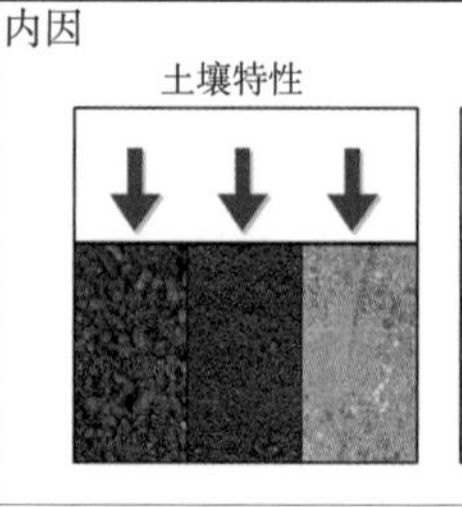 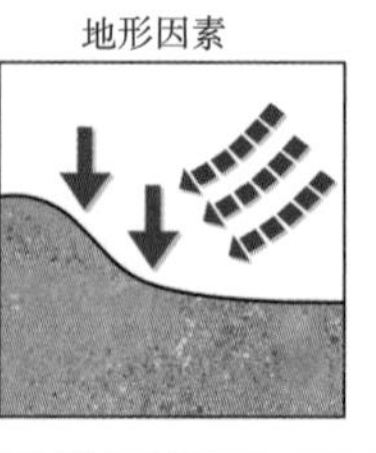
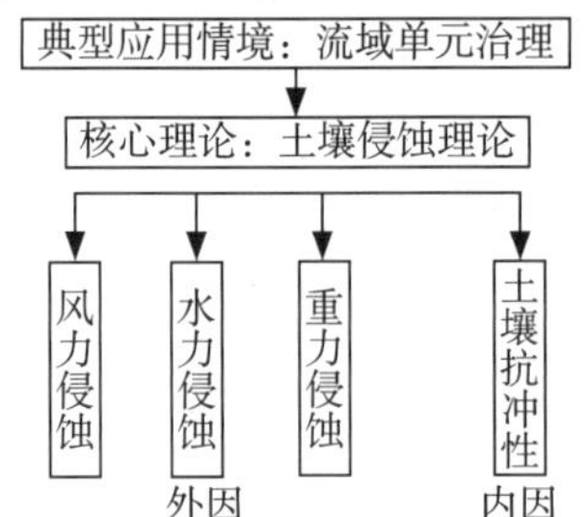	土壤侵蚀过程 侵蚀 剥离 搬运 沉积	

表 3 流域单元治理情境下的土壤侵蚀概念知识解析（娄义宝 等，2020；邓玉林 等，2008）

概念知识解析	空间机制解析	设计手法
①风力侵蚀 风力侵蚀是在气流冲击作用下土粒、沙粒脱离地表、被搬运和堆积的过程。气流携带的沙石颗粒与岩石不断摩擦产生的尘埃土沙进入大气；气流的含沙量与风力大小、土壤团粒稳定性相关。影响土壤风蚀的主要因素有气候、土壤、植被、地表情况等。土壤风蚀会发展成为沙尘暴或尘霾，富有营养的地表土被侵蚀带走，会导致风力侵蚀生态源地土壤“沙化”的现象	**风力侵蚀易致性 =f（+ 风力大小、– 植被覆盖程度、气候条件、土壤质地）** · 构筑物遮挡减缓风速 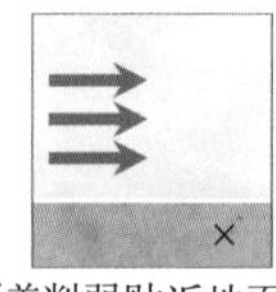 > 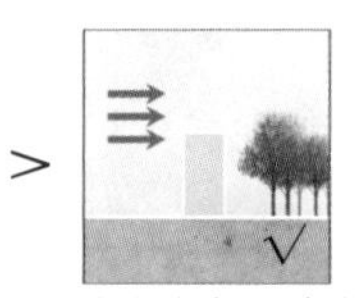 · 植被覆盖削弱贴近地面的风沙流速度，减小风力吹蚀和搬运的能力 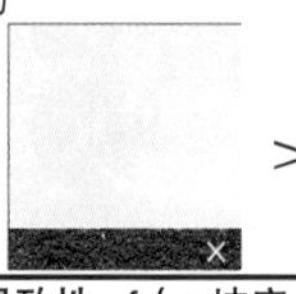 > 	· 造林种草：扩大植被覆盖度，削弱风力，从而减小输沙能力，固定流沙  · 铺设砾石：减缓风力搬运能力，提高流沙地表的粗糙度，削弱风力，固定土壤和沙砾 
②水力侵蚀 水力侵蚀是在降水、地表径流、地下径流的作用下，土壤、土体或其他地面组成物质被破坏、剥蚀、搬运和沉积的过程。水力侵蚀的强度取决于土壤或土体的特性、地面坡度、植被情况、降水特征及水流冲刷力的大小；水力侵蚀导致土层变薄、土壤退化，并引起泥沙沉积污染，淤塞河湖水库。防治措施包括减少人为破坏活动、增加地面覆盖、减缓地面坡度等	**水力侵蚀易致性 =f（+ 坡度、– 植被覆盖程度、+ 水流流量 / 流速）** · 坡度影响渗透量和径流量，与侵蚀强度正相关 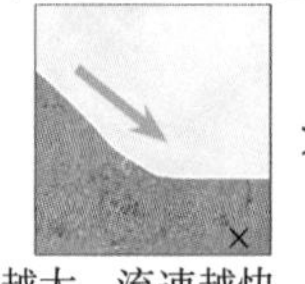 > 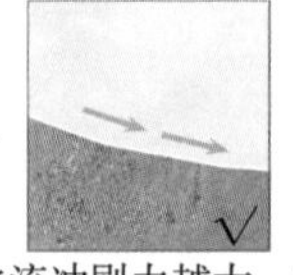 · 水流量越大、流速越快，水流冲刷力越大，侵蚀程度越强 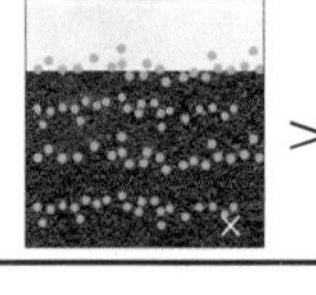 > 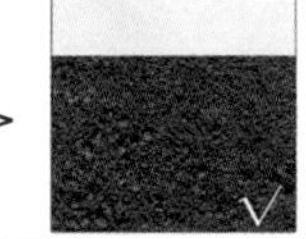	· 滞洪促淤：通过梯田等措施减缓地面坡度，缩短坡长 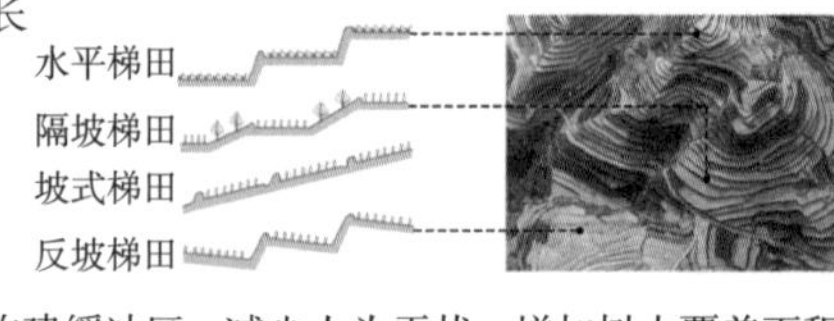 · 构建缓冲区：减少人为干扰，增加树木覆盖面积，提高土壤入渗能力和抗侵蚀能力 

续表

概念知识解析	空间机制解析	设计手法
③重力侵蚀 重力侵蚀是指在其他外营力特别是水力的共同作用下，以重力为直接原因引起的地表物质移动形式。重力侵蚀主要包括崩塌、崩岗、泻溜、滑坡和泥石流等形式，受地质构造、地面组成物质、地形、气候和植被等自然因素和人为因素的综合影响，通常采取流域的全面综合治理，包括上中下游、坡面与沟道、植物措施与工程措施的统一规划和综合治理	**重力侵蚀易致性 =f（+ 坡度、+ 坡顶块体重量、– 坡面摩擦力）** · 坡度越大，侵蚀程度越强 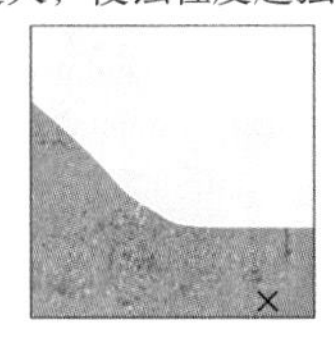 > 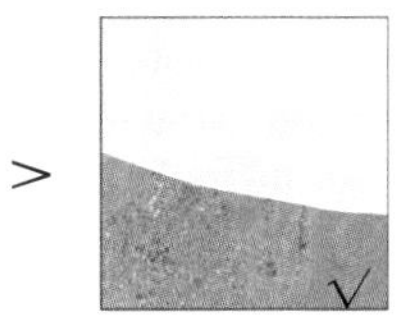 · 坡顶体块重量越大，越易发生侵蚀 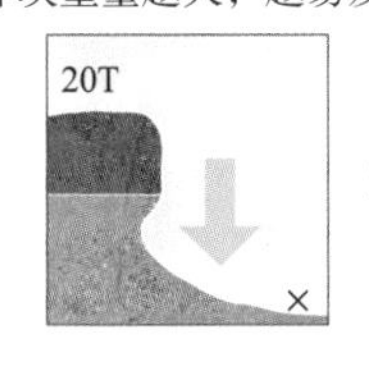 > 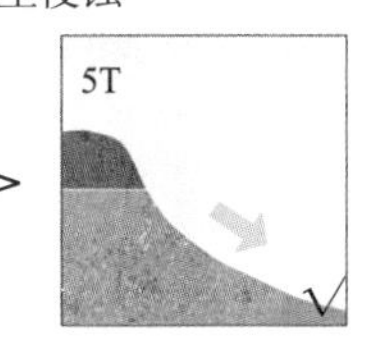	· 优化排水系统：拦截和旁引地面水和疏导坡体内的渗水，从而防止滑坡 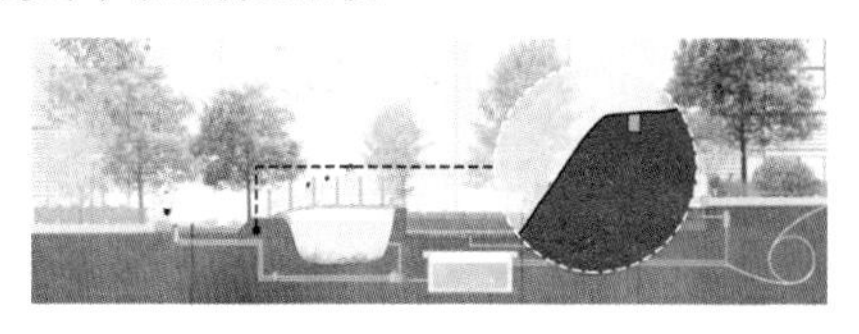 · 设置挡土墙：防治崩塌，加固滑体抗阻能力，拦阻泻溜物质 
④土壤抗蚀性 土壤抗蚀性是指土壤抵抗侵蚀营力（风、雨滴、径流等）破坏、搬运的能力；土壤抗蚀性是土壤抵抗雨、风、径流等对它分散、悬移的能力，与土壤自身的膨胀系数、土壤中的根量和土壤硬度相关；土壤抗冲性随土壤中根量和土壤硬度的减小而减弱；同时，土壤利用情况不同，土壤的抗冲性也有显著差别，其中以林地最强，草地次之，农地最弱	**土壤抗蚀性 =f（土壤性质、+ 植被覆盖、土地利用方式、– 坡度）** · 土壤团粒稳定性高，抗蚀性强 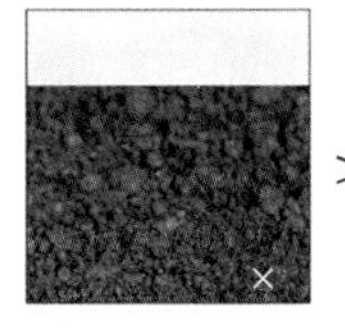 > 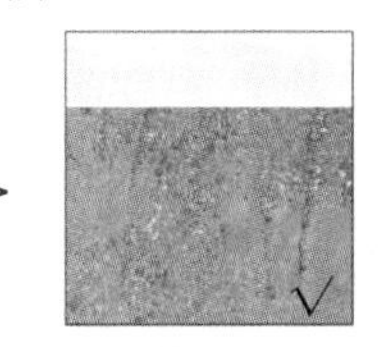 · 不合理的农业用地开发，易引起土壤侵蚀  > 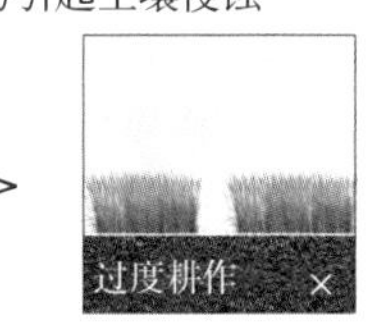	· 铺设覆盖物：减少动力条件对地表土壤的侵蚀力，同时提高土壤有机质含量 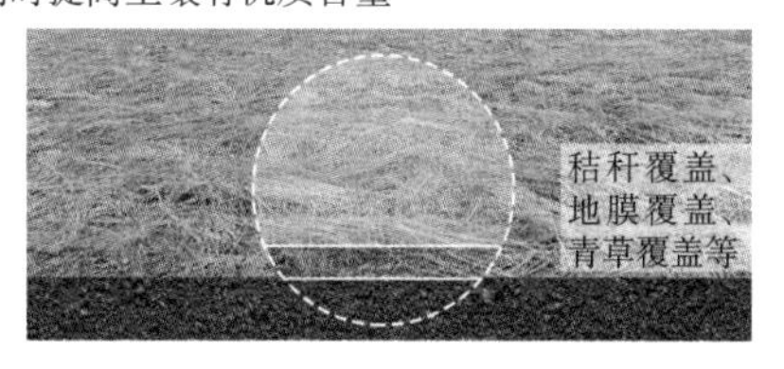 · 土地合理利用：合理调整土地利用结构和布局 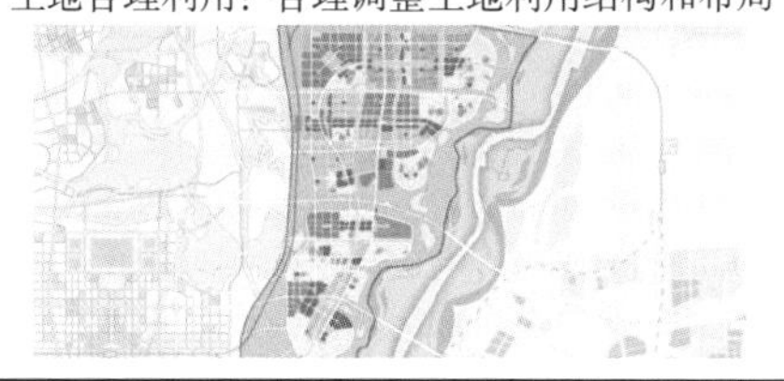

表 4 园林土壤改良修复情境下的土壤肥力理论知识解析（陈怀满，2018）

理论知识解析	理论知识图解
土壤肥力理论 土壤肥力指土壤供给植物养分的能力，即土壤为植物生长提供营养条件与环境条件的能力；其中，营养条件指养分和水分；环境条件指温度、通气性、湿度、酸碱度等因素的状态；因此养分、水分、空气、温度被称为基本肥力因素，土壤水、肥、气、热等状况及其相互关系对调控土壤肥力有重要意义	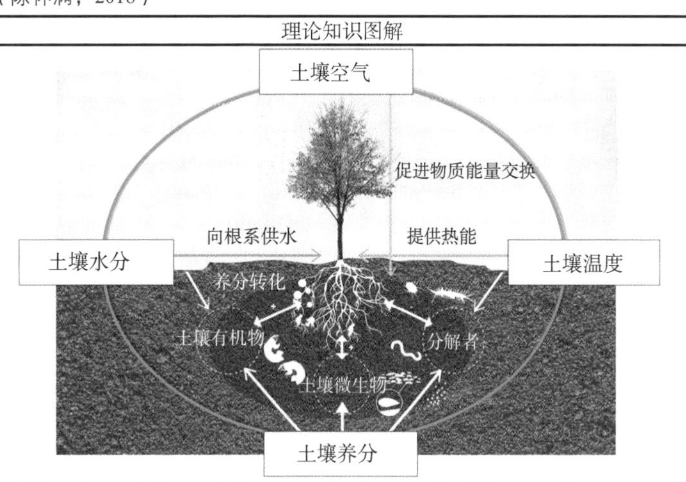

表 5 园林土壤改良修复情境下的土壤肥力概念知识解析（刘世梁 等，2001；韩继红 等，2003；李玉和，1995）

概念知识解析	空间机制解析	设计手法
①土壤水分 土壤水分是指在一个大气压下，在105℃条件下能从土壤中分离出来的水分，是植物吸收水分的主要来源。土壤水分来自大气降水和人工补水，并贮存在土壤孔隙中，土壤含水量低，供水不足，使城市植物水分平衡经常处于负值，表现生长不良、早期落叶的现象	**土壤含水量 =f（土壤类型、地表铺装、+ 距地表水远近、+ 地下水位高低）** ·透水铺装较不透水铺装，更利于水分入渗  > 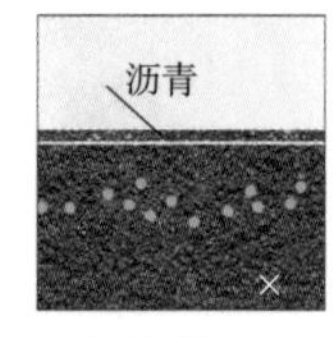 ·距离地表水与地下水距离不同，含水量不同  > 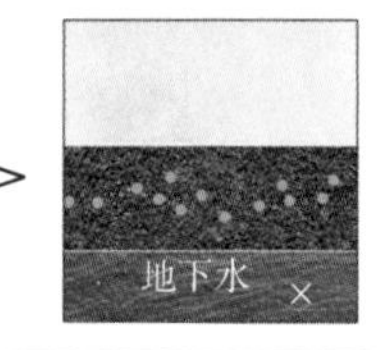	·扩大城市地表水面积：减少地面铺装，增加地下水入渗，从而提高土壤含水量  ·储存净化雨洪：利用湿地、透水铺装等海绵措施 
②土壤温度 土壤温度是指地面以下一定深度土壤环境的温度，主要指与花木生长发育直接有关的地面下浅层内的温度。土壤温度主要来自太阳辐射产生的热量；城市环境中下垫面和建筑朝向不同，会引起土壤温度差异，从而影响植物生长	**土壤温度适宜性 =f（土壤类型、坡向、建筑排布方式）** ·建筑排布影响太阳辐射强度与地表及土壤温度  > 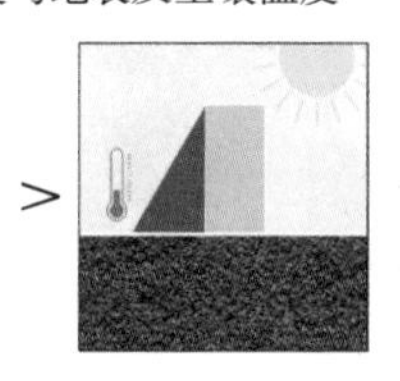 ·坡向影响土壤温度  > 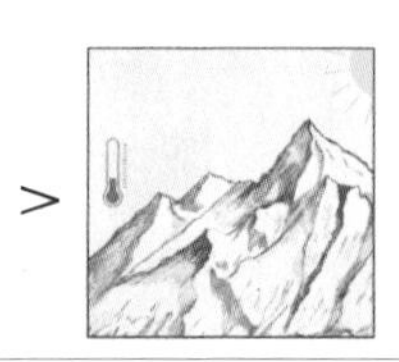	·增加遮阴：利用风障等构筑物避开高温辐射影响 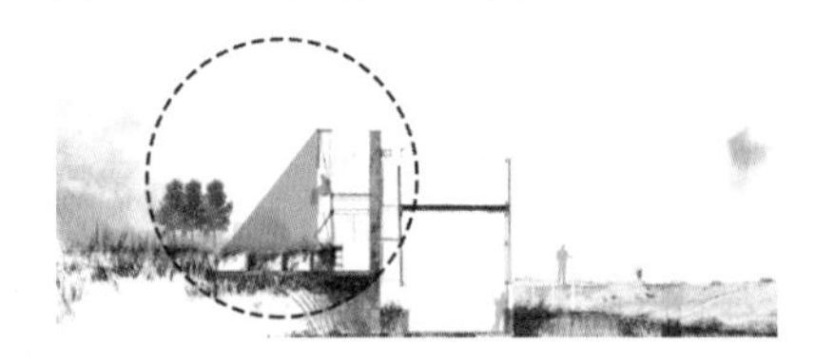 ·按场地坡向的日照情况选择适宜树种 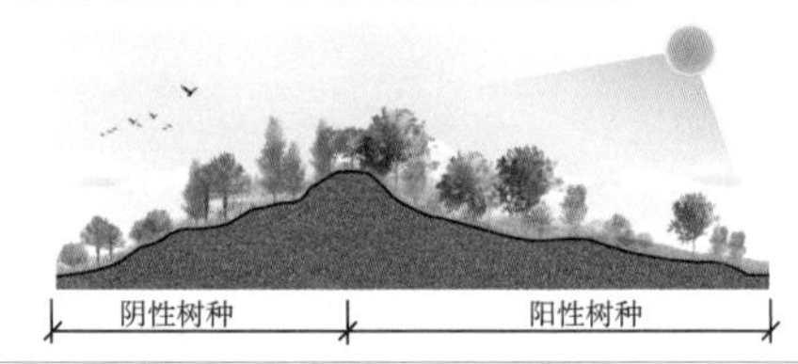
③土壤空气 土壤空气是指存在于土壤中各种形态的气体的总称，以自由态存在于土壤孔隙中、以溶解态存在于土壤水中、以吸附态存在于土粒中；土壤空气中的氧气来自大气圈，空气进入土壤孔隙中的非毛管孔隙以供植物根系呼吸	**土壤透气性 =f（土壤质地）** ·土壤孔隙度大或密实度低，利于土壤空气流通  > 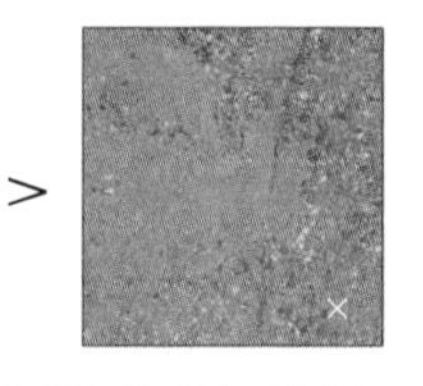	·适地适树：按土壤类型选择适宜树种 ·采用透气铺装：松散或密实土壤改土，促进土壤气体交换过程 
④土壤养分 土壤养分是由土壤提供的植物生长所必需的营养元素；土壤有机质含量低，影响土壤有益微生物生存，使得土壤养分分解、转化作用降低；城市土壤养分的匮缺，使植物的碳素生长量减少，加上通气性差和水分匮乏等因素，城市植物较郊区同类植物生长量低	**土壤有机物含量 =f（+ 植被覆盖率）** ·植被覆盖率影响土壤有机物含量  > 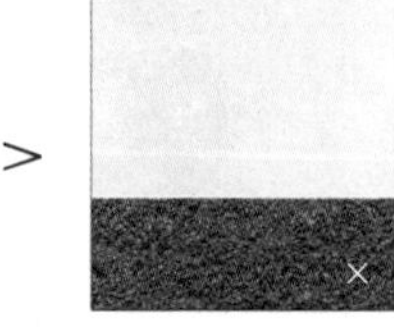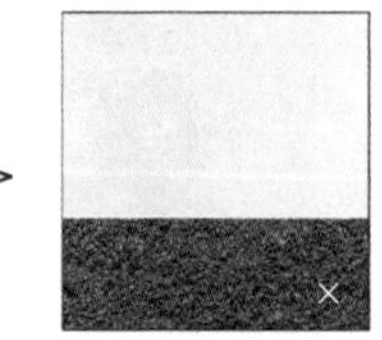	·工程分期建设：保留场地原有植被，培育维持表土，选栽具有固氮能力的植物 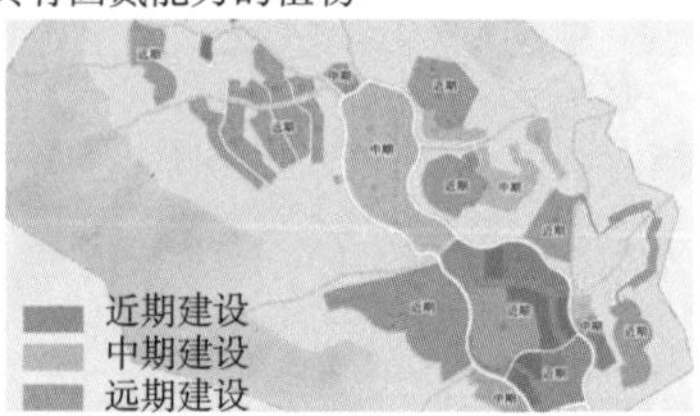

土壤学在流域单元治理情境中的规划设计目标与程序

1. 基于土壤学的流域单元治理中的规划设计目标（表 6）

表 6 基于土壤学的流域单元治理情境中的规划设计目标体系

一级目标	二级目标	三级目标	现实问题
流域单元土壤治理	土壤侵蚀防治	改善土地利用结构	山、水、林、田用地比例失调
		增加植被覆盖	流域内耕地较多
		防治水土流失	流域泥沙沉积
		改良耕作方式	耕地形式杂乱
		提升土壤稳定性	地表塌陷或沉降
	土壤质量提升	恢复土壤肥力	土壤养分匮乏
		增加土壤净化能力	土壤净化能力下降
		改善土壤结构	土壤密实、土壤侵入体多
		培育维持表土	土壤无层次

2. 基于土壤学的流域单元治理中的规划设计程序（图 10）

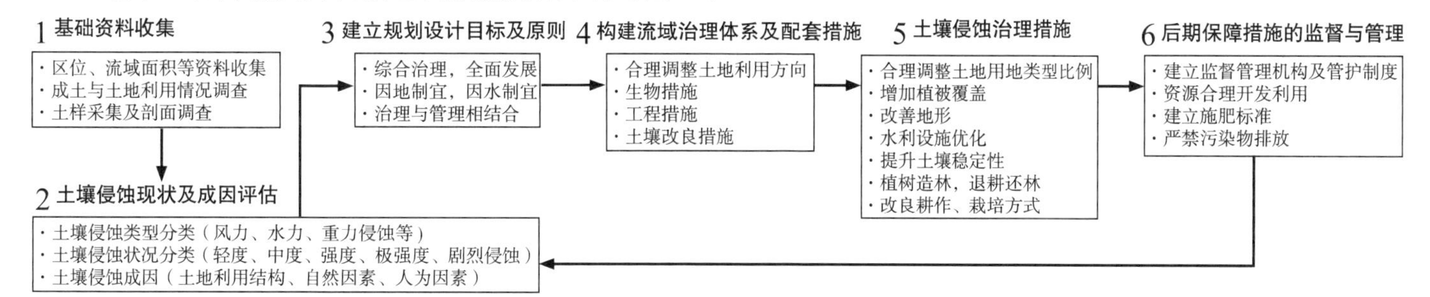

▲ 图 10 基于土壤学的流域单元治理中的规划设计程序

实践案例解析：云南省水冲河小流域土壤侵蚀治理（陈玉桥，2006）

1. 基础资料收集

水冲河小流域位于云南省永胜县南部的片角镇，属达旦河流域的一级支流，发源于片角镇水冲行政村境内，经片角西下汇入达旦河，径流面积为 30.5km²。

2. 土壤侵蚀现状及成因评估

水冲河流域内自然资源构成多样，主要的土壤侵蚀类型有以下 4 种：①风力侵蚀；②水力侵蚀；③重力侵蚀；④混合侵蚀（指在水流冲力和重力共同作用下的一种特殊侵蚀形式），例如泥石流。流域内侵蚀状况分为轻度、中度、强度、极强度、剧烈侵蚀五种，分别占比 45.67%、25.87%、20.26%、6.56%、1.64%。

3. 建立规划设计目标及原则

实施小流域治理中，项目治理与综合治理相结合，重点解决群众生产、生活中的实际问题，改善农业生产条件，发展农村经济，增加农民收入。

(a) 谷坊横截面

谷坊

谷坊

(b) 谷坊剖立面

(c) 谷坊意向图

▲图 11 工程措施——谷坊示意图

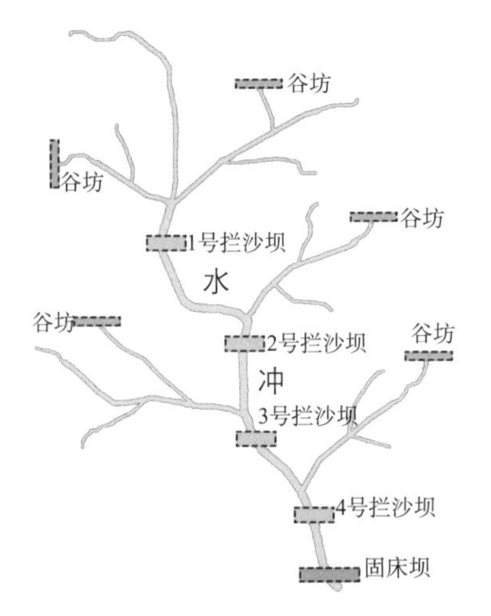

▲图 12 工程措施——拦沙坝、固床坝示意图

4. 构建流域治理体系及配套措施

合理调整流域内的土地利用结构，首先要作好总体规划，因地制宜地确定农、林、牧用地的适当比例，然后按农、林、牧业生产的需要，采取工程措施、生物措施及土壤改良措施，在流域的中上游地区以发展林业为主、中下游地区以发展农业为主。

生物措施。①封山育林：加大宣传力度，明确范围，落实管护责任；②植树造林：对宜林荒山区种植银合欢和大叶相思；③退耕还林（草）：对坡度大于 25° 的地块进行种植，选择经济树种，防止土壤侵蚀，改善土壤质量。

工程措施。①坡改梯：将坡耕地改成梯形台阶；②谷坊：根据沟头的情况，修建柳谷坊、石谷坊、土谷坊，谷坊的大小视沟头的地形而定，在谷坊内外侧种植适应当地生长、固土能力强的植物；③拦沙坝：根据河道的地形共建 4 个拦沙坝，可拦蓄泥沙 28 万 m^3；④固床坝：根据地形及地质特点，建固床坝，稳固上游河床，拦蓄泥沙；⑤防洪墙、挡土墙：在河道两岸的滑坡体前缘拟建浆砌石挡土墙，以稳固滑坡体下滑；在河道与基本农田之间拟建浆砌石防洪墙，以保护基本农田（图 11、图 12）。

土壤改良措施。①林（草）措施：因地制宜，适地适树，选择新银合欢、刺槐、茶叶、竹子、板栗等经济价值高、水土保持能力强的树种；②耕作方式：采用沿等高线耕作、沟垄耕作、深耕松土等耕作方式；③栽培方式：选用间作、混作等方式进行合理的轮作与连作，稳定物质能量循环，改良土壤理化性质，提高土壤肥力。

5. 后期保障措施的监督与管理

水冲河流域治理依靠科学、严格管理，按照“先治理，后承包”“谁投工投劳，谁承包受益”的原则，将治理与管护包给农户，调动群众参与治理、抓好管护的积极性。

6. 水冲河流域土壤侵蚀治理案例的实践分析框架

案例通过合理调整土地利用方向、生物措施、工程措施、土壤改良措施 4 个方面，对流域内土壤侵蚀进行治理，从而达到流域单元治理及景观格局优化的规划设计目标。综上所述，笔者总结该案例“程序—手段—知识—目标”之间的关系（图 13）。

规划设计程序	规划设计手段	相关知识应用	规划设计目标
基地现状土壤侵蚀现状	确定土壤侵蚀类型及成因	土壤侵蚀理论	改善土地利用结构
确定设计目标及原则	确定农、林、牧用地的适用比例	风力侵蚀	增加植被覆盖
调整流域内土地利用结构	封山育林、植树造林、退耕还林（草）	水力侵蚀	防治水土流失
生物措施	坡耕地改为梯形台阶状	重力侵蚀	改良耕作方式
工程措施	谷坊、拦沙坝、防洪墙、挡土墙	土壤抗冲性	提升土壤稳定性
土壤改良措施	因地制宜、适地适树		改善土壤结构
后期管护与保障措施	改良耕作方式、栽培方式		提升土壤肥力
	调动群众参与治理与管护		增加土壤净化能力

▲图 13 云南省永胜县水冲河小流域土壤侵蚀治理的实践分析框架

■ 土壤学知识在园林土壤修复改良情境中的应用模式（图 14）（黄俊达 等，2017；张德顺，2013；代琦 等，2019）

①土壤侵蚀防治与土壤修复措施

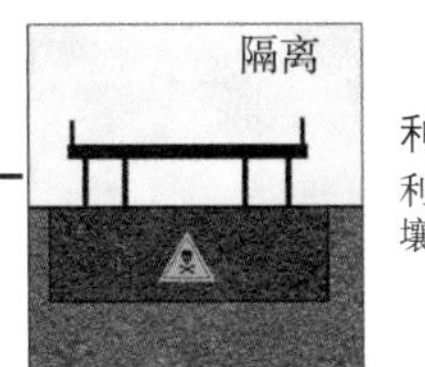

利用构筑物塑造地形

利用构筑物架空或覆盖污染土壤，阻止土壤污染物扩散

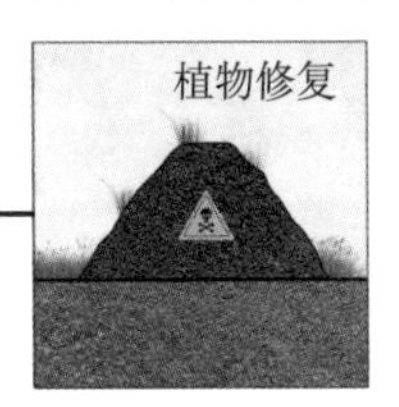

设置隔离层

利用植物或防渗膜阻止污染物扩散

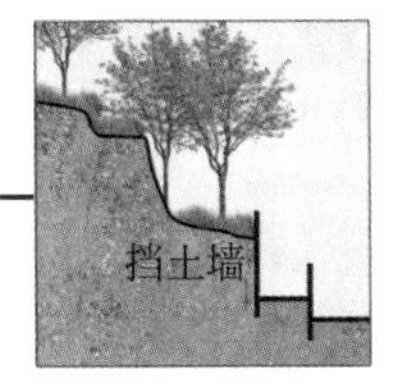

设置挡土墙、挂网

坡地平缓处进行阶梯状台地处理；陡峭岩体设置挂网、飘台、鱼鳞穴、飘台植生袋等，提高山体稳定性

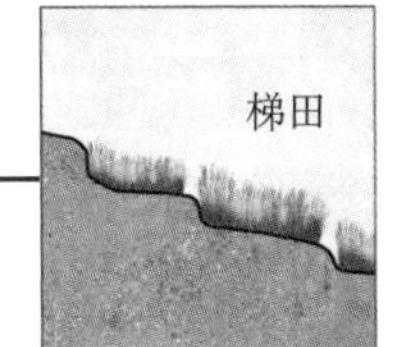

等高线种植

山体坡面分层处理，利用植被根系提高土壤稳定性

②水环境改良措施

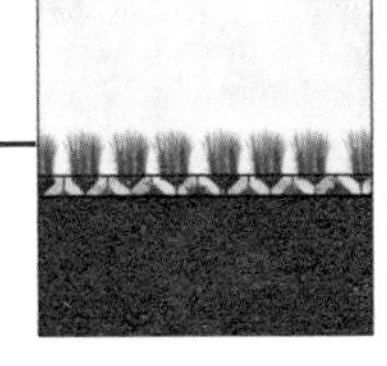

地表铺装改为渗透性路面

增加地表水入渗，过滤雨水中的污染物，促进毛管水作用

合理安排排水系统

防止场地内雨水淤积，完善雨水利用系统，储存并净化雨洪，减少流域泥沙淤积，提高土壤的渗蓄能力

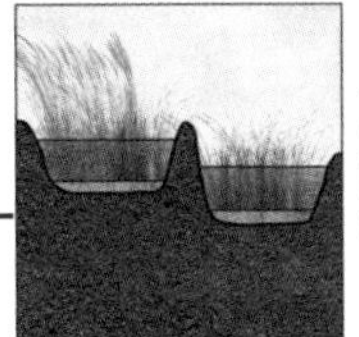

水生植物搭配种植

完善景观水体沉降、过滤、降解的能力，沉淀泥沙，减少水土流失

雨水循环利用

土壤作为“海绵体”中至关重要的元素之一，帮助构建雨洪管理系统，能促进植物根系的蓄、净功能

③植物营养改良措施

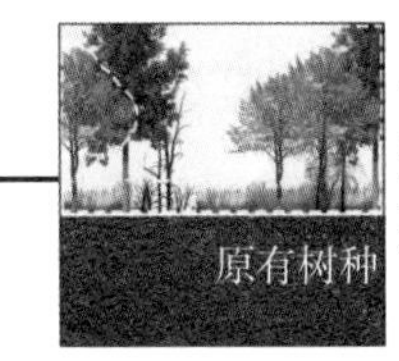

保留场地原有植被

场地原有植被比人工植被更适应场地，能提升物种存活率

增加覆盖物

利用落叶或者为植物增加树皮等覆盖物，增强土壤的肥力

种植适宜树种

根据日照情况进行种植，调节土壤温度，增加土壤微生物的活性

松散或密实土壤

乔灌草搭配种植，植物根系能够改善土壤结构

▲图 14 辰山植物园平面图

参考文献

陈怀满，2018. 环境土壤学 [M].3 版 . 北京：科学出版社 .

陈玉桥，2006. 永胜县水冲河小流域土壤侵蚀与治理 [J]. 林业调查规划，31（4）：43-46.

代琦，叶子易，蔡云鹏，2019. 上海辰山植物园绿化种植土壤修复效果研究 [J]. 安徽农业科学，47（3）： 50-53.

邓玉林，孟兆鑫，王玉宽，等，2008. 岷江流域土壤侵蚀变化与治理对策研究 [J]. 水土保持学报，22（5）：56-60.

耿增超，戴伟，2011. 土壤学 [M]. 北京：科学出版社 .

韩继红，李传省，黄秋萍，2003. 城市土壤对园林植物生长的影响及其改善措施 [J]. 中国园林，19（7）：74-76.

黄昌勇，徐建明，2012. 土壤学 [M].3 版 . 北京：中国农业出版社 .

黄俊达，叶子易，2017. 辰山植物园土壤改良修复关键技术实践 [J]. 中国园林，33（12）： 123-128.

李玉和，1995. 城市土壤密实度对园林植物生长的影响及利用措施 [J]. 中国园林，11（3）：43-45.

刘世梁，傅伯杰，2001. 景观生态学原理在土壤学中的应用 [J]. 水土保持学报，15（3）： 102-106.

娄义宝，史东梅，江娜，等，2020. 土壤侵蚀对坡耕地土壤水分及入渗特性影响 [J]. 土壤学报，57（6）：1399-1410.

尼尔・布雷迪，雷・韦尔，2019. 李保国，徐建明，等译 . 土壤学与生活 [M]. 北京：科学出版社 .

张德顺，2013. 上海辰山植物园营建关键技术及对策 [J]. 中国园林，29（4）：95-98.

张洪江，程金花，2014. 土壤侵蚀原理 [M].3 版 . 北京：科学出版社 .

赵其国，2001.21 世纪土壤科学展望 [J]. 地球科学进展，16（5）：704-709.

邹琴英，师学义，张臻，2021. 汾河上游土壤侵蚀时空变化及景观格局的影响 [J]. 水土保持研究，28（4）：15-21.

思想碰撞

当前，土壤科学的研究通过多学科间的交汇融合，将“人口—资源—环境”作为整体研究系统，以土壤资源保护和生态环境建设为研究目标做出了卓有成效的工作。我们不禁思考：在人们对土壤重要性认识的不断提升下，如何在景观规划设计中推进土壤侵蚀、污染及退化的预防和治理措施，使土壤利用与管理从资源保护向生态环境建设提升，从城乡发展向人居环境建设提升？

专题编者

岳邦瑞

费凡

朱明页

雷雅茹

王晨茜

地理学 12讲
人类生存的地表载体

陕西省横跨秦岭，按地理环境和人文民俗划分为3个风格迥异的地区：陕北、关中、陕南。陕北，地属黄土高原，地势较高，气候干旱；关中，位于渭河平原地带，地势平坦，土壤肥沃，气候温暖；陕南，在秦岭和大巴山之间，风景秀丽，气候湿润。因地理环境的不同，农业上形成了南种水稻，中种小麦，北种高粱的独特现象。可以说，地理环境是人们生产、生活的根基，影响着人类生存的方方面面，对规划师进行土地利用规划、城市建设等也具有深刻的影响。让我们走入地理学，寻找其中的奥秘吧！

学科书籍推荐：

《人文地理学》赵荣 等
《自然地理学》伍光和 等

基于生产生活需要的探索阶段

埃拉托色尼 Eratosthenes

· 公元前 275 ~ 公元前 193 年，埃拉托色尼首创了测量地球网周长度的方法，根据坐标原理绘制出了世界地图，创造了“ Geography”这个词，被尊称为“地理学之父”

郦道元

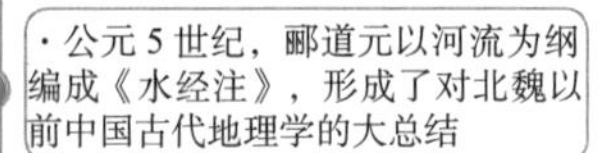

· 公元 5 世纪，郦道元以河流为纲编成《水经注》，形成了对北魏以前中国古代地理学的大总结

克里斯托弗 · 哥伦布 Christopher Columbus

· 1492~1502 年，哥伦布带领欧洲“航海大发现”活动，开辟了科学研究的新天地，对现代地理学发展起到巨大的推进作用

学科建立与发展阶段

伊曼努尔 · 康德 Immanuel Kant

· 1802 年，康德提出地理学是空间的科学，开创了地理学作为空间分布论学科的先河

卡尔 · 李特尔 Carl Ritter

· 1817~1859 年，李特尔出版 19 卷巨著《普通地学》，强调人与自然的紧密关系，奠立了人文地理学的基本原则

洪堡 Alexander von Humboldt

· 1845~1862 年，洪堡出版 5 卷巨著《宇宙》，为地理学最终建立了科学原则和目标

竺可桢

· 1910 年，竺可桢创办我国大学第一个现代科学意义上的地理学科——南京大学地球科学系，由此拉开了我国现代地理学专业人才培养的帷幕

▲图 1 地理学的发展历程

地理学的学科内涵

1. 地理学的基本概念

地理学（geography）一词源自希腊文“geo”和“graphia”，意指“地理”或“大地的记述”。在现代地理学中，“地”是指“地球”“地球表面”“地球表层 ”，或者是“一个区域”。“理”是指事理、规律，或者是事物规律性的内在联系。“地理”是指地球表层的地理现象或事物的空间分布、时间演变和相互作用规律（蒙吉军，2020）。

在现代人类知识体系中，地理科学是自然科学与社会科学之间的桥梁科学。地理学是研究人类赖以生存的地球环境的一门科学，通过对地理知识的掌握可以帮助我们预知天气变化、了解土壤演变、避开或降低自然灾害对人类的影响、合理布局产业、合理规划人类居住的城市……

2. 地理学的研究对象和特点

地理学的研究对象一般认为是地球表层，是由岩石圈、水圈、大气圈、生物圈和人类智慧圈等相互作用、相互渗透形成的地球表层，自然—人类社会的综合体（傅伯杰，2017），可以划分为自然环境、经济环境和社会文化环境 3 类。

地理学是在研究地球表面的过程中逐渐形成的，并不断完善理论、方法和手段。它主要呈现如下特点：①由于研究对象是多种要素相互作用的综合体，这决定了地理学研究的综合性特点；②地球表面的自然现象和人文现象空间分布并不均等，呈现出区域分异，使地理学研究进一步呈现出区域性的特征（林超，1981）。

3. 地理学的发展历程

地理学是人类文明出现的同期产物，三千多年的地理学发展经历了 3 个阶段（图 1）。①基于生产生活需要的探索阶段（18 世纪以前）：人类出于生产生活的需要对生存环境进行感知、描述与记录；②学科建立与发展阶段（19 世纪 ~20 世纪中叶）：在文艺复兴、地理大发现以及工业革命的时代背景下，地理学以对地球表面各种现象及其关系的解释性描述为主，呈现学科分化、学派林立的特征；同时，洪堡对于地理学的整体思维奠定了近代地理学的思想基础（于沪宁，1997）；③地理学革命与地理信息科学大发展阶段（20 世纪 50 年代至今）：地理学家在新的哲学思想的指导下，不断冲击与挑战地理学自身的理论与方法论，逐步完善理论与学科体系；20 世纪 70 年代，中国地理学者正式提出“ 地理科学 ”的概念，新的科技手段逐渐运用到地理学领域，为分析复杂的人地关系提供了可能性。

地理学革命与地理信息科学大发展阶段

钱学森

· 1978 年，钱学森发表“发展地理科学的建议”，正式提出“地理科学”的概念，促使地理学科体系的发展

吴传钧

· 1991 年，吴传钧将人地关系的思想完整地引用到地理学中，提出和论证了人地关系地域系统是地理学理论研究的核心

· 21 世纪以来，3S 技术及网络技术的广泛应用，极大地推动了地理学的发展，地理学开始应用计量方法，建立多种模型进行系统分析

▲ 图 1 地理学的发展历程（续）

地理学的学科体系

1. 地理学的研究内容

地理学研究地理环境中自然要素与人文要素交互作用的基本原理，阐明地域系统、空间结构、时间过程、人地关系等总体规律（张国友，2001）。20 世纪 60~70 年代的地学革命后，地理学研究引进新技术、新方法，从描述性学科转变为科学化学科。地理学的研究内容也更加注重空间与过程结合、人对区域空间的干扰以及人地关系协调发展（伍光和 等，2008），具体为：①研究自然地理要素的相互作用、动态变化及其空间分异；②研究人地互动过程，通过人地关系理论指导区域土地利用格局及模式，形成可持续的人地关系；③发展地理信息科学新技术，实现地理学研究手段的现代化（图 2）。

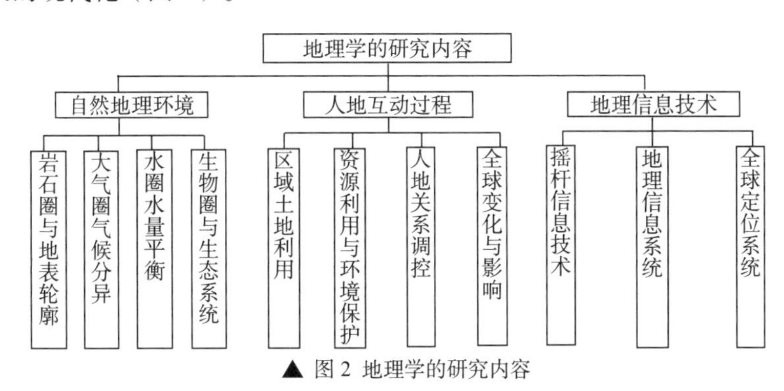

▲ 图 2 地理学的研究内容

2. 地理学的基础研究框架

地理学着重研究地球表层人与自然的相互影响与反馈作用，对人地关系的认识素来是地理学的研究核心，也是地理学理论研究的一项长期任务，始终贯彻在地理学的各个发展阶段（吴传钧，1991）。人类活动是指人类为了生存发展和提升生活水平，不断进行了一系列不同规模、不同类型的活动，包括农、林、渔、牧、矿、工、商、交通、观光和各种工程建设等（王爱忠 等，2006）。地理环境是指社会所处的地理位置以及与此相联系的各种自然条件的总和，包括气候、土地，河流、湖泊、山脉、矿藏以及动植物资源和各种工程建设等。上述二者在地理研究中的作用逻辑为：人类活动和地理环境存在着相互联系又相互作用的关系，双方通过物质交换过程而产生紧密联系。人类通过劳动和利用来改变环境，同时地理环境能反作用于人类，制约人类生存与生产，甚至起到促进或延缓社会发展的作用。综上所述，笔者提出地理学的基础研究框架（图 3）。

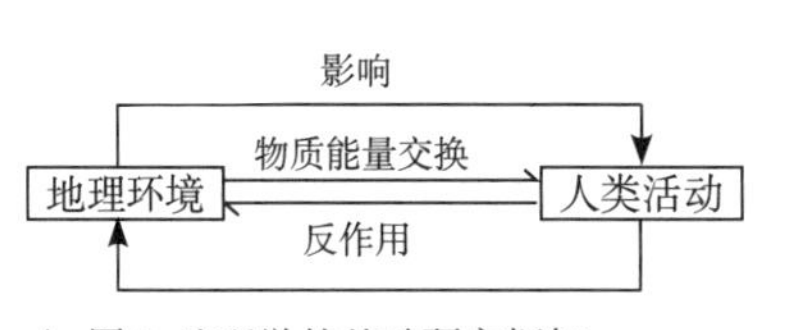

▲ 图 3 地理学的基础研究框架

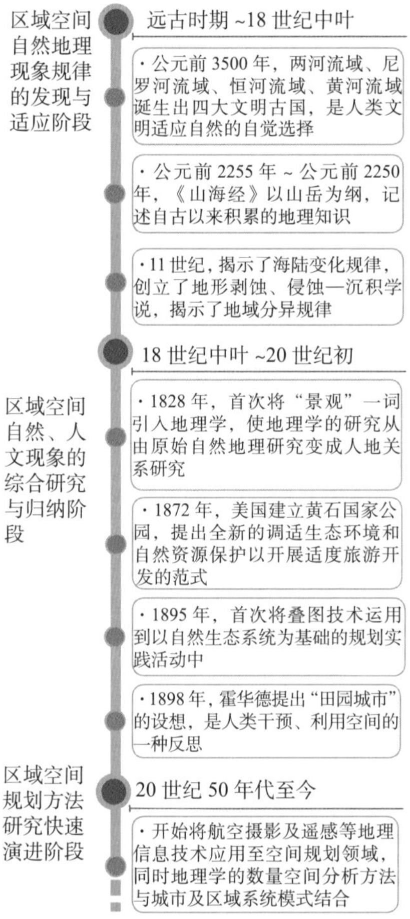

区域空间自然地理现象规律的发现与适应阶段
远古时期 ~18 世纪中叶
·公元前 3500 年，两河流域、尼罗河流域、恒河流域、黄河流域诞生出四大文明古国，是人类文明适应自然的自觉选择
·公元前 2255 年 ~ 公元前 2250 年，《山海经》以山岳为纲，记述自古以来积累的地理知识
·11 世纪，揭示了海陆变化规律，创立了地形剥蚀、侵蚀—沉积学说，揭示了地域分异规律
18 世纪中叶 ~20 世纪初
区域空间自然、人文现象的综合研究与归纳阶段
·1828 年，首次将“景观”一词引入地理学，使地理学的研究从由原始自然地理研究变成人地关系研究
·1872 年，美国建立黄石国家公园，提出全新的调适生态环境和自然资源保护以开展适度旅游开发的范式
·1895 年，首次将叠图技术运用到以自然生态系统为基础的规划实践活动中
·1898 年，霍华德提出“田园城市”的设想，是人类干预、利用空间的一种反思
区域空间规划方法研究快速演进阶段
20 世纪 50 年代至今
·开始将航空摄影及遥感等地理信息技术应用至空间规划领域，同时地理学的数量空间分析方法与城市及区域系统模式结合

▲图 4 地理学介入空间规划的 3 阶段

地理学与区域空间规划的交叉

1. 地理学知识介入区域空间的发展历程

地理学学科的发展历程始终伴随着对区域空间的研究探索及科学干预，具体可以分为 3 个阶段：区域空间自然地理现象规律的发现与适应阶段（远古时期至 18 世纪中叶），区域空间自然、人文现象的综合研究与归纳阶段（18 世纪中叶 ~20 世纪初），区域空间规划方法研究快速演进阶段（20 世纪 50 年代至今）（图 4）。

2. 区域空间规划的基本内涵

区域是一个空间概念，是地球表面上占有一定空间的、以不同的物质与非物质客体为对象的地域结构形式。区域是包含人类聚居、经济社会活动在内，各种物质流与自然环境要素的综合空间载体，是人类为了自身发展而进行开发、利用的对象。地理学作为研究人类活动与地表自然环境关系即人地关系的学科，其核心就是研究反映各种人地关系的地域系统，又称区域系统。因此，区域研究历来都是地理学持续关注的应用基础领域。

区域空间规划知识及应用

区域空间的规划干预是建立在区域空间现象规律认识基础上的，纵观地理学的发展历程，对于空间现象规律的认识蕴含着从自然地理规律到人文地理规律渐进的内在范式。本文将区域空间划分为“自然区域”“乡村区域”和“城市区域”3 种空间情境（图 5），结合地理学知识构建了应用知识框架（图 6），并在后文对应用知识框架中涉及的部分理论进行解析（表 1~ 表 5）。

乡村区域
城市区域
自然区域

▲ 图 5 自然、乡村和城市区域的空间关系图

地理学的应用知识框架
自然区域
乡村区域
城市区域
地域分异理论
土地适宜性评价
堆积地貌理论
文化景观理论
中心地理论
核心边缘理论
微域分异
坡向分异
垂直分异
冲积扇
地形地貌
乡土景观
乡土文化
中心地
中心性
核心区域
边缘区域

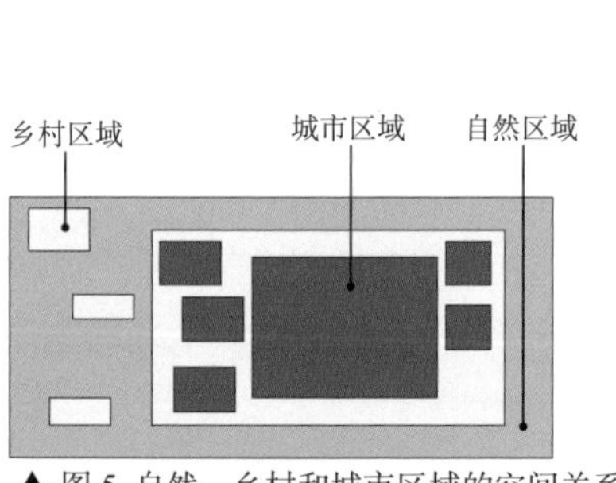

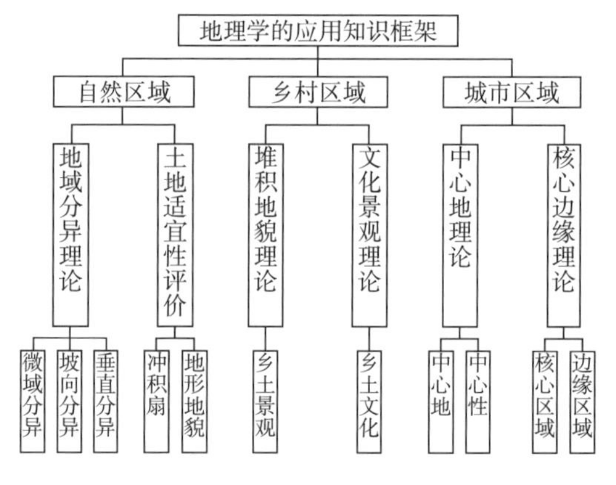

▲ 图 6 地理学的应用知识框架

表 1 自然区域规划情境下的地域分异理论知识解析（梁进社，2009）

理论知识解析	概念知识解析	设计手法 / 技术手段
地域分异理论 地域分异是指自然地理环境整体及其组成要素在某个确定方向上保持特征的相对一致性，而在另一确定方向上表现出差异性，因而发生更替的规律；即自然地理环境整体及其组成要素（地貌、气候、水文、生物和土壤等），沿地表确定的方向（水平或垂直）有规律地发生分化引起差异的现象 北寒带 北温带 0° 热带 南温带 南寒带	①**微域分异**：由于受小地形和成土母质的影响，在小范围内简单的自然地理单元既重复出现又相互更替、相间分布的现象 ·y（河漫滩生态修复）=f（河流平面结构、断面结构） ·模拟自然水网形态设计河道 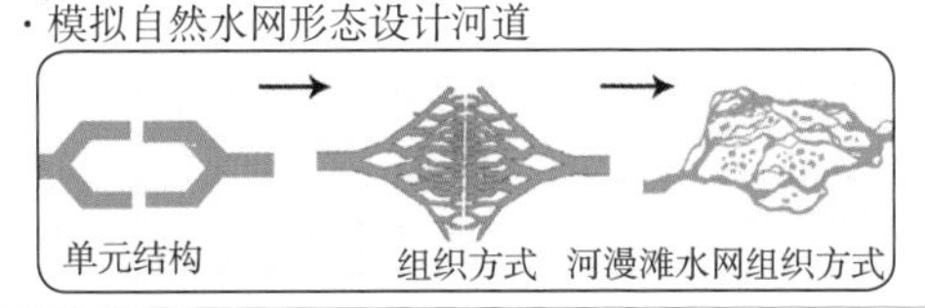	**·季节性河漫滩水网修复** 湿地生境岛随着水位的消长呈季节性隐现 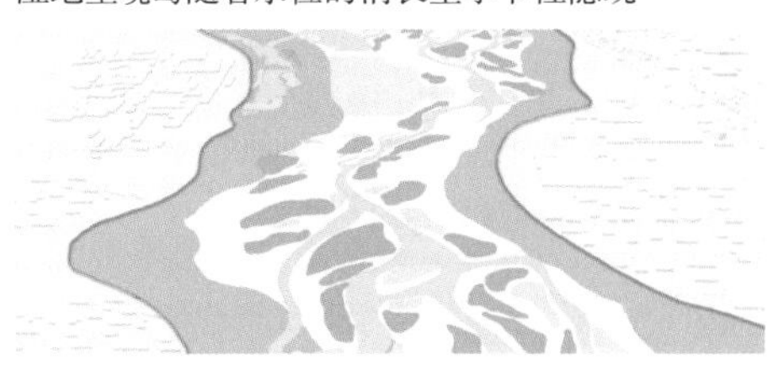
	②**坡向分异**：山体的坡向不同导致地表水热条件差异，引起土壤、植被的相应变化的现象 ·y（营造健康的生境）=f（坡向选择、植物种植） ·向阳坡光照更充足 ·迎风坡降水更充足 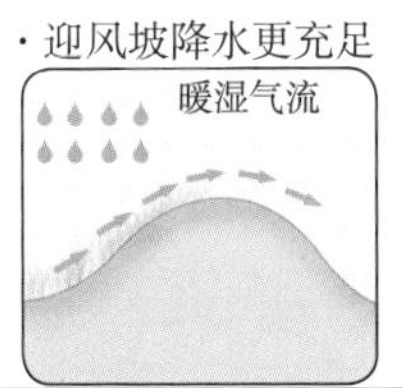	**·人工造林，山体植被修复** 坡向的不同会导致土壤、温度、水分的区别，在植物种植的时候需要根据坡向选择不同植物进行适宜性的种植 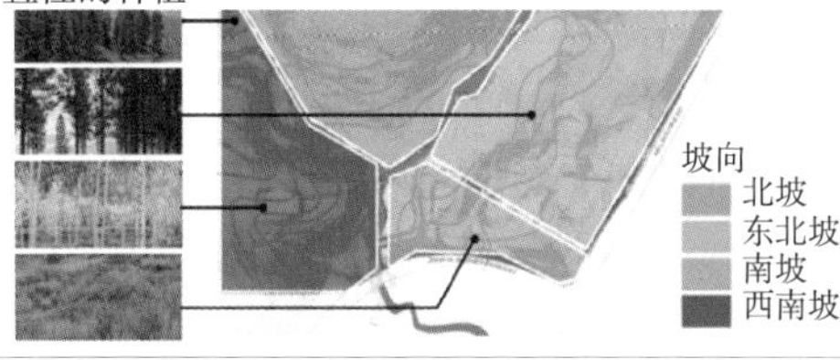
冰雪带 雪线 高山草原带 林线 海拔升高 阔叶林带 针叶林带 苔原带 冰原带 纬度升高	③**垂直分异**：在陆地上，自然景观随高度递减发生类似纬度地带性的梯度变化，并影响到人类的生活及社会经济活动的现象 ·y（营造健康的生境）=f（根据海拔选择不同的植物） ·海拔越高气温越低 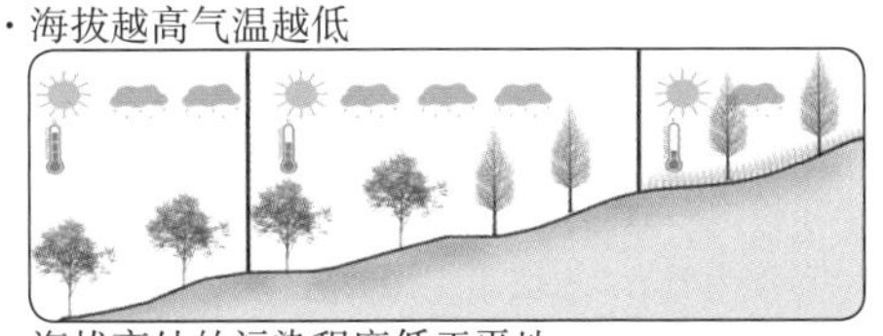 ·海拔高处的污染程度低于平地 	**·山地农业设计** 自然景观随高度递减的温度变化等而发生着变化，影响到农业种植；山地农业种植呈现着从放牧业、天然林、经济林到农田的垂直分异现象 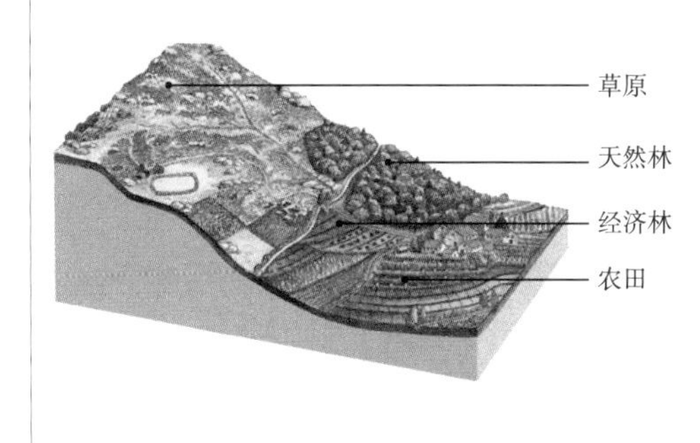

表 2 乡村区域规划情境下的文化景观理论知识解析（王声跃 等，2015）

理论知识解析	概念知识解析	设计手法 / 技术手段
文化景观理论 文化景观，又称人文景观，是指自然与人类创造力的共同结晶，反映区域独特的文化内涵，特别是出于社会、文化、宗教上的要求，并受环境影响与环境共同构成的独特景观	**乡土文化**：最主要的体现即聚落，还包括服饰、建筑、音乐等。建筑方面的特色反映为城堡、宫殿以及各类宗教建筑景观，具有历史性 ·y（地域文化）=f（建筑形式、本土植物） ·建筑采用乡土材料  ·种植乡土植物 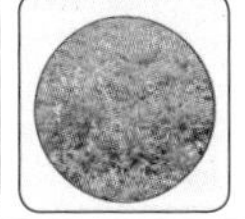	**·山西灵石县静升镇乡土建筑** 山西灵石县静升镇在建筑更新时利用乡土材料，体现了当地的乡土文化 

表 3 乡村区域规划情境下的堆积地貌理论知识解析

理论知识解析	概念知识解析	设计手法 / 技术手段
堆积地貌理论 堆积地貌主要指外动力地质作用中由流水、风、冰、湖水、海水等各种介质搬运的物质，在一定条件下沉积形成的地貌。根据沉积环境可分为冲积地貌（冲积平原、冲积扇、三角洲等）、洪积地貌（洪积扇）、冰碛地貌（终碛堤、侧碛堤、冰水扇等）、风积地貌（沙丘）、湖积或海积地貌等 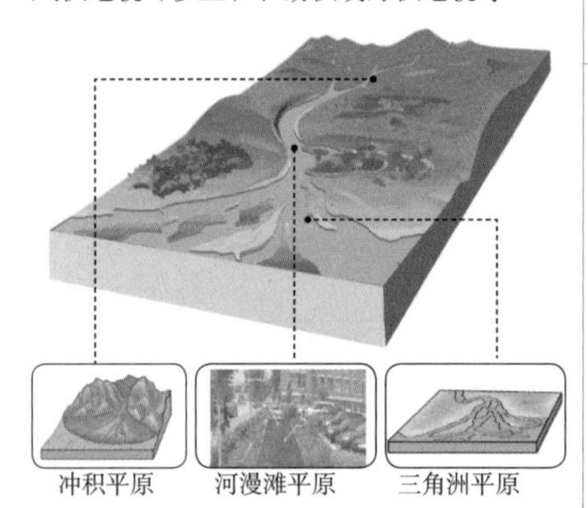	①**冲积扇**：河流出山口处的扇形堆积体；当河流流出谷口时摆脱侧向约束，其携带的物质便铺散沉积下来 ・y（良好的居住环境）=f（聚落选址）  > 	**・西安市长安区留村村庄选址** 长安区留村位于终南山南五台山下的冲积扇地区，该地土壤条件和水源条件较好，适合定居 
	②**地形地貌**：指地势高低起伏的变化，即地表的形态，分为：高原、山地、平原、丘陵、盆地五大基本地形，不同的地形地貌对村庄的空间布局有不同的影响 ・y（聚落形态）=f（聚落选址地形地貌） ・依据地形布局 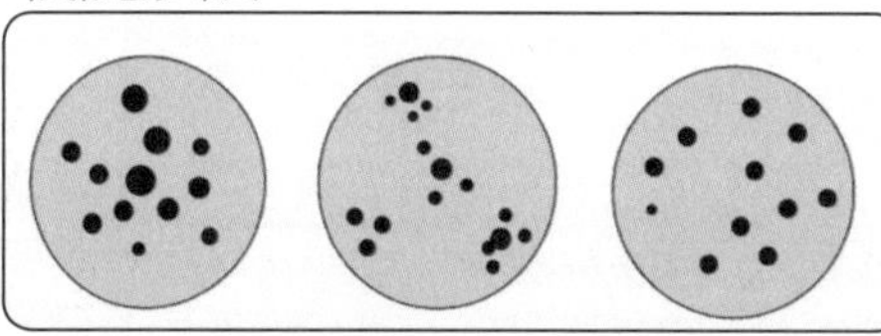	**・彝族聚落区及其空间格局** 彝族聚落区位于高程 800~1420m 的中山区，热量充足，降水量小，水网稀疏；聚落为适应地形地貌，形成众多生产空间环绕村落四周，对水依赖度较低的“村—林—田”的山地圈层式空间格局 

表 4 城市区域规划情境下的中心地理论知识解析

理论知识解析	概念知识解析	设计手法 / 技术手段
中心地理论 理想的城镇分布图式是在 6 个农村居民点的中心形成一个服务中心，这个服务中心是最低级的城镇；集合 6 个最低级的服务中心，产生一个较高的服务中心——较大的城市。由此图式逐渐扩大，形成各级城市的层次状体系图式 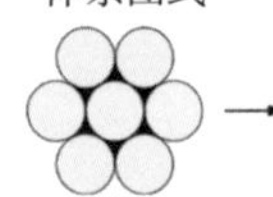 → 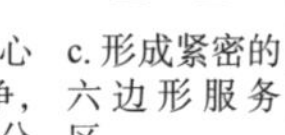 a. 呈圆形的中心地的服务区，3 个中心地之间的阴影区得不到服务 b. 相邻的两个中心地重叠，充分竞争，彻底瓜分相交部分 c. 形成紧密的六边形服务区 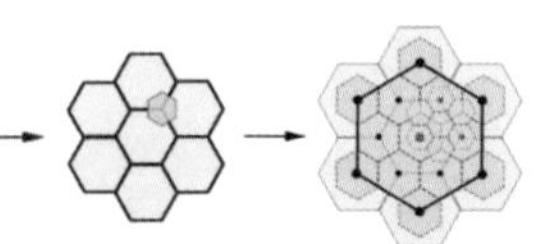 d. 次一级的中心地在服务的最薄弱处即六边形节点上产生 e. 形成不同等级的中心地体系	①**中心地**：相对于散布在一个区域中的居民点而言的中心居民点，它能够向居住在它周围地域（尤指农村地域）的居民提供各种货物和服务 ・y（合理有效地为周边居民提供生态系统服务）=f（建立中心城绿地系统结构） ・围绕城市中心绿地建立次级绿地 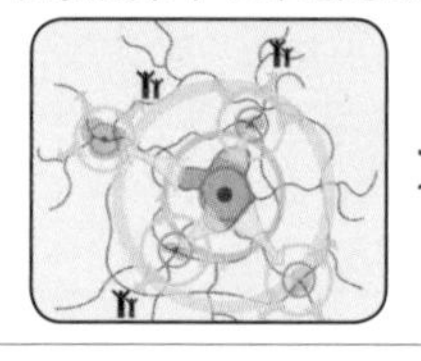 > 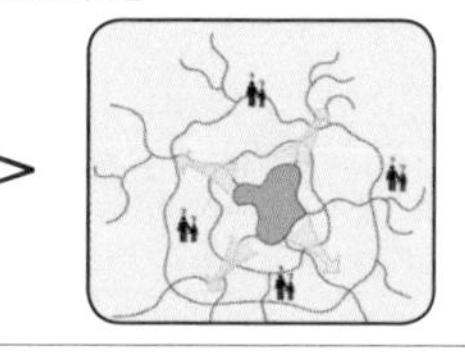	**・建立中心城绿地系统** 北京通州区中心为开敞的公共滨水空间，能够便捷地向居住在周边的居民提供各种休闲活动场所 
	②**中心性**：对围绕在周围地区的相对重要性，或者说起的中心职能作用的大小 ・y（增强绿地对于周边区域的重要性）=f（城市绿地选址） ・绿地选址市区，尽可能地服务更多人群  > 	**・在城市中心设置城市绿心** 将城市绿地选择在靠近片区中心的位置，有利于增加绿地对于周边区域的重要性 

表 5 城市区域规划情境下的核心边缘理论知识解析

理论知识解析	概念知识解析	设计手法 / 技术手段
核心边缘理论 核心边缘理论是一种关于城市空间相互作用和扩散的理论，模型以核心和边缘作为基本的结构要素；核心区是社会地域组织的一个次系统，能产生和吸引大量的革新；边缘区是另一个次系统，与核心区相互依存，其发展方向主要取决于核心区 ①小巷口、零星村落 ②极化阶段：产生中心边缘 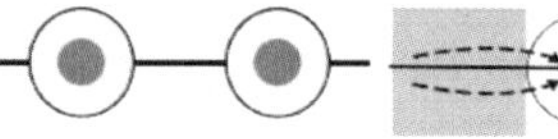  ③单核结构变多核结构 ④核心边缘结构消除，区域融为一体  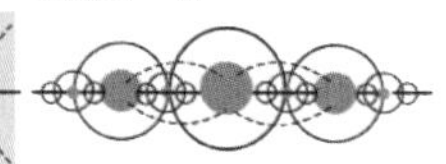	①**核心区域**：一般指城市或城市聚集区，此区工业发达，技术水平高，资本集中，人口较密集，经济增长速度快 ・y（城镇体系整体化发展）=f（构建核心发展结构） ・城镇布局选择中心区域 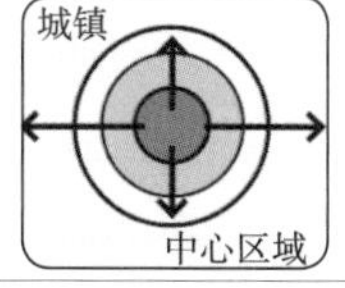 > 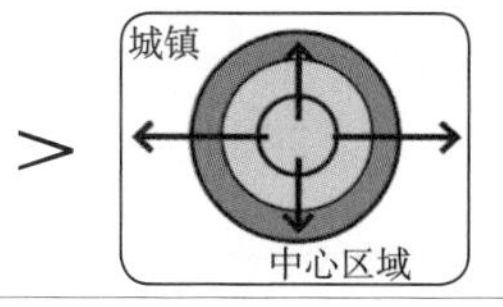	・**区域城镇体系结构规划** 武汉城镇体系规划以核心边缘理论为基础，构建了以中心区域为城市主核并逐渐向外辐射的多层级核心体系 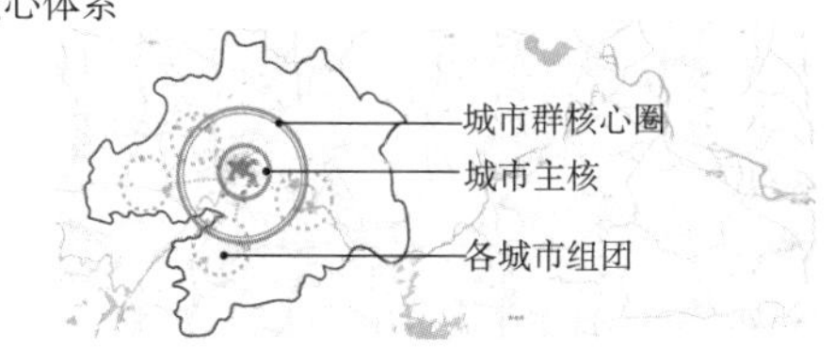
	②**边缘区域**：是国内经济较落后的区域，分为过渡区域和资源前沿区域 ・y（农业区域发展）=f（构建边缘发展结构） ・城镇布局选择中心区域 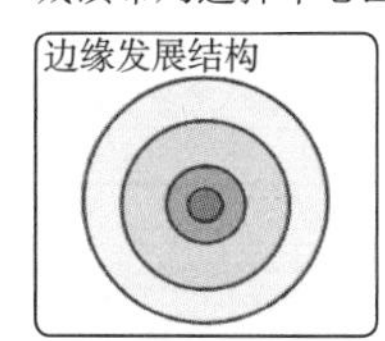 > 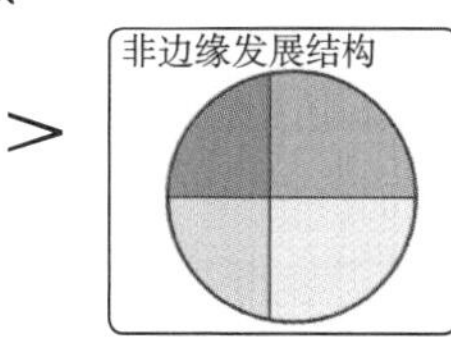	・**大巴黎地区都市农业项目的空间分布** 巴黎地区的农业分布在城市集中居住区外围，呈边缘发展结构 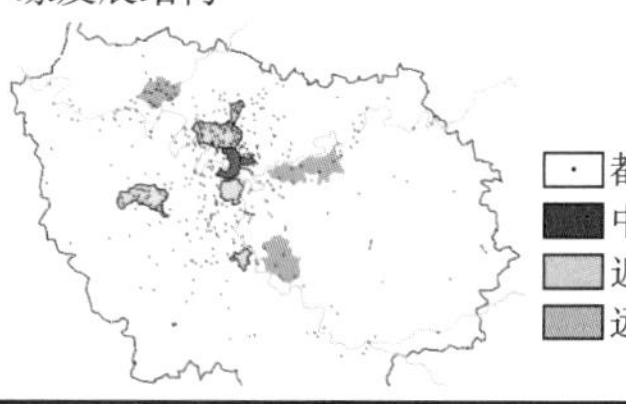

CASE
情境化案例

在上文对知识点的讲解与应用情境举例的基础上，本部分将通过知识点组合以及相关案例应用，依次从自然区域、乡村区域、城市区域 3 个部分出发，具体解析地理学知识的实际应用程序。

■ 地理学在区域空间规划设计中的目标与程序

1. 基于地理学的区域空间规划设计目标（表 6）

表 6 基于地理学的区域空间规划设计目标体系

一级目标	二级目标	三级目标
区域可持续发展	自然生态系统平衡与可持续发展	生境保护与修复
		生物保护与发展
		科学游憩与环境教育
	人类系统与自然生态系统的协调与可持续发展	营造适应自然环境的人居环境
		土地生态改良设计
		文化传承与教育
	人类系统健康、高效运转与可持续发展	区域资源的合理空间配置
		建设健康、安全的城市人居环境
		合理布局生活、生产与公共服务空间
		维护社会公平与空间正义

2. 区域空间规划设计流程及知识应用

地理学知识在区域空间规划设计中的应用程序为 5 个步骤，分别为基础资料收集、区域分析与资源评价、规划设计目标、空间规划与干预、空间管控与监测（图 7）。

1 基础资料收集
- 自然地理概况
- 社会经济发展
- 相关政策法规

2 区域分析与资源评价
- 区域历史发展分析
- 生态敏感性分析
- 建设适宜性分析

3 规划设计目标
- 自然：自然生态系统健康发展
- 乡村：人类系统与自然生态系统的协调
- 城市：人类系统高效与可持续发展

4 空间规划与干预
- 自然生态系统修复与保护
- 土地资源规划与利用设计
- 城镇体系规划
- 城市空间格局规划
- 公共服务设施与空间布局规划

5 空间管控与检测
- 生态环境分区管控与监测
- 土地分类分级管理
- 城市用地分类分区管控

地理学知识应用
- 自然地理原理：地域分异理论、土地适宜性评价
- 人文地理原理：堆积地貌理论、文化景观理论

▲图 7 地理学知识在区域空间规划设计中的应用程序

▲ 图 8 三江源国家公园区位分析图

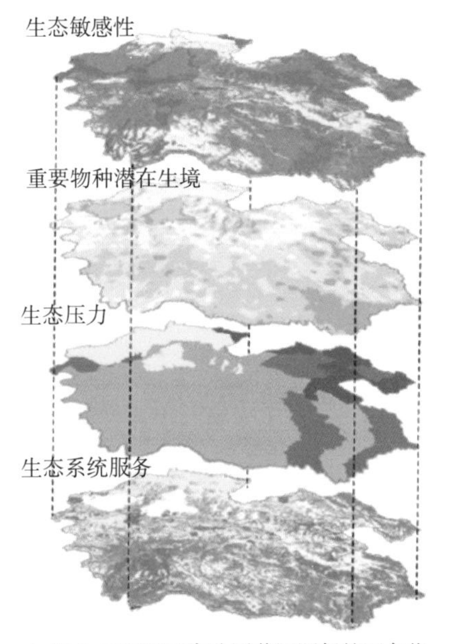

▲ 图 9 三江源国家公园黄河源保护区各指标项的空间分布

▲ 图 10 三江源国家公园功能分区

■ 三江源国家公园总体规划（康渊 等，2018；闫展珊，2018）

1. 基本概况与范围划定

青海三江源地区地处青藏高原腹地，是长江、黄河、澜沧江三大河流的发源地，是国家重要生态安全屏障、重要的淡水资源供给地和高原生物多样性最集中的地区，生态系统保持着较高的原始性和完整性，并保存着丰富的传统民族文化资源，是我国第一个国家公园体制试点（图 8）。

2. 分析与评价

三江源国家公园总体规划以自然环境因素为主，综合考虑人类活动因素，兼顾评价因子的重要性、系统性和可获得性进行评价因子的选取与评价，并叠加得到最终评价结果（图 9）。

3. 分区规划目标

三江源地区的重要生态价值和综合评价结果，确定了三江源国家公园建设的总体发展目标和分区建设目标，并依此制定了生物保护与发展、营造适应自然环境的人居环境、地方文化传承、科学游憩与环境教育的规划设计目标。

4. 规划设计

三江源国家公园采用分区保护的原则。基于现状评价成果，将各园区划分为核心保育区、生态保育修复区、传统利用区，结合相应的建设目标实行差别化管控（图 10）。核心保育区采取严格保护模式，重点保护自然生态系统；传统利用区在保护生态系统的基础上，允许部分人类活动的开展。

5. 动态监测与管控

三江源国家公园在青海省生态环境监测网络建设的基础上，依托地理信息平台，建设可为生态环境管理、环境监测提供有力支撑的生态环境大数据中心，实现多部门协同管控，建设立足政府服务、环境科普教育、生态演化模拟的多功能管控数据云平台。

6. 三江源国家公园总体规划案例的实践分析框架

综上所述，笔者总结该案例“程序—措施—知识—目标”之间的关系（图 11）。

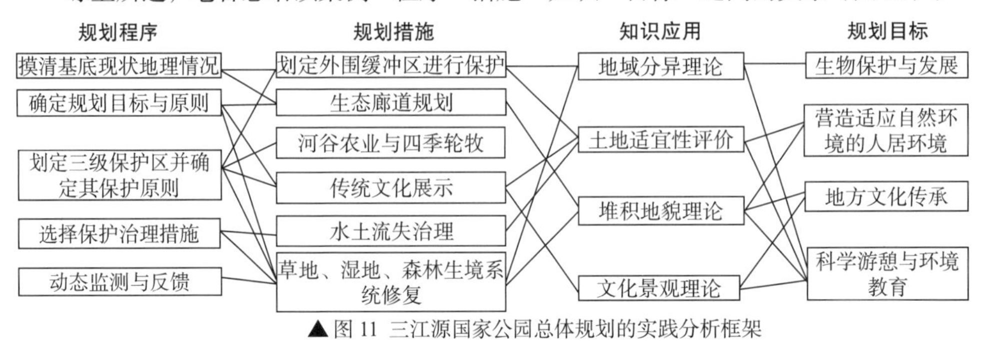

▲ 图 11 三江源国家公园总体规划的实践分析框架

市域空间规划知识点应用

中心边缘理论

北京边界扩张时序

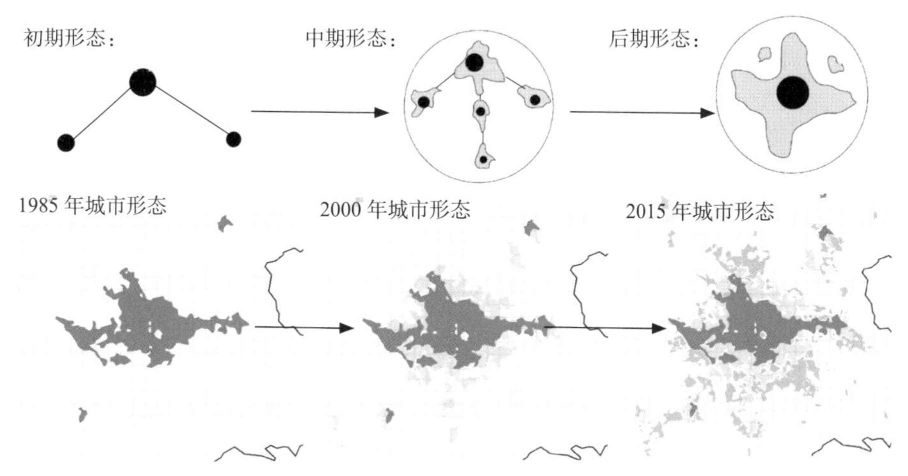

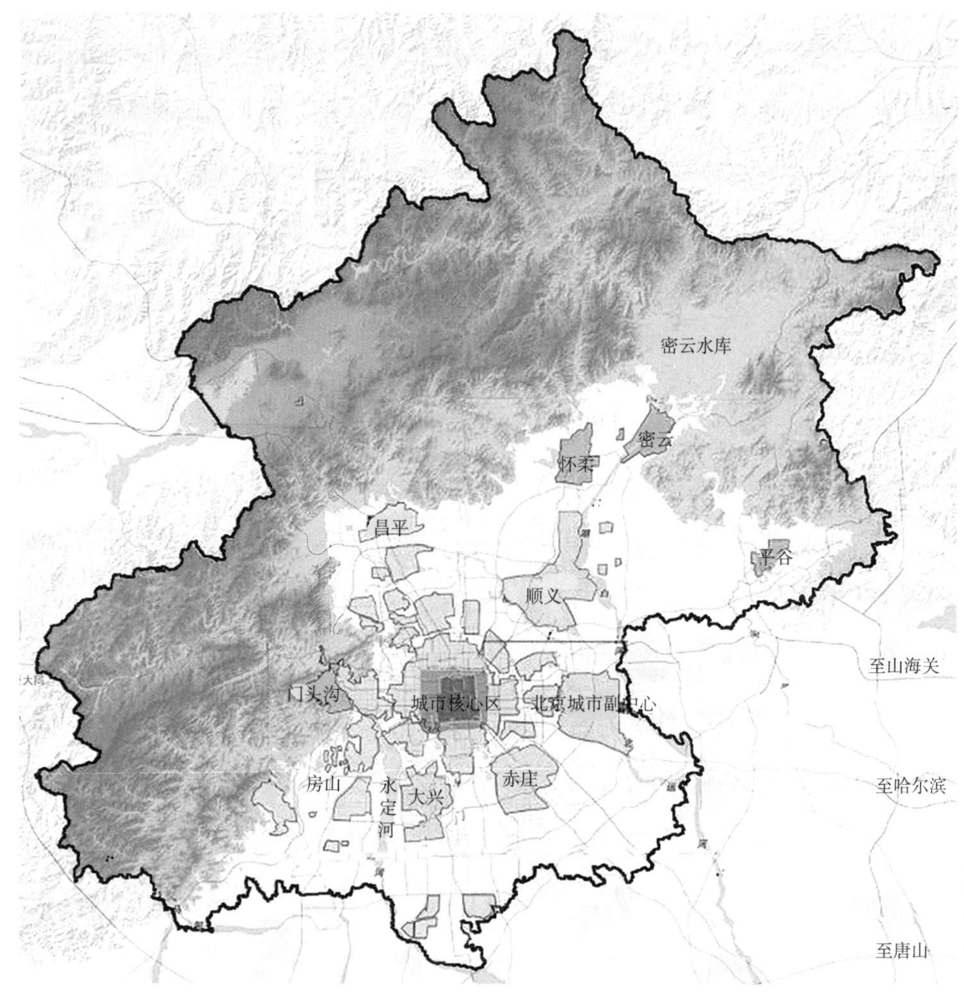

· 中心地理论

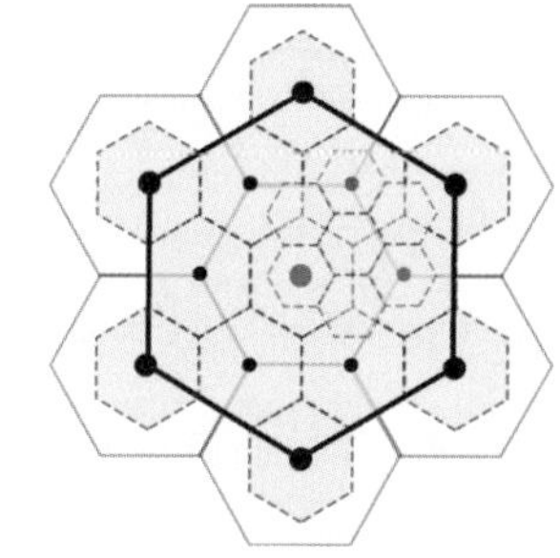

· 北京主城区商业中心地分布

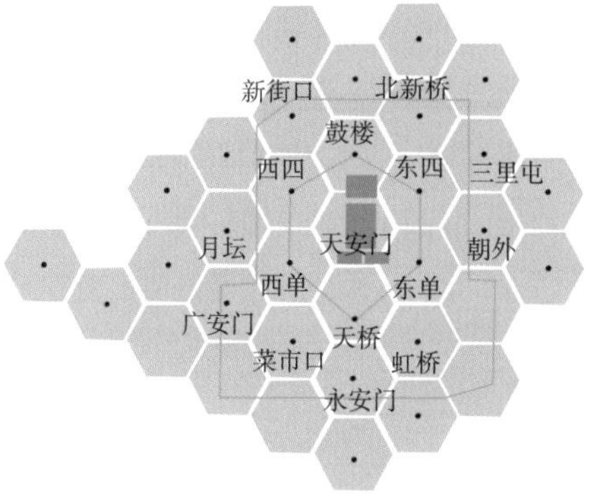

北京城市的最中心——天安门地区与其周围围绕着鼓楼、东四、东单（王府井）、天桥、西单、西四 6 个繁华商业中心之间的地理区位关系正好符合六边形关系

· 北京城市中心地分布

房山、大兴、通州、顺义、昌平、门头沟 6 个区分别位列北京城区的 6 个方向，把它们用线段在地图上连接起来，就会出现一个围绕京城的六边形

参考文献

傅伯杰，2017. 地理学：从知识、科学到决策 [J]. 地理学报，72（11）：1923-1932.

康渊，王军，2018. 三江源国家公园试点区乡村景观营造模式探讨 [J]. 中国园林，34（12）：93-97.

梁进社，2009. 地理学的十四大原理 [J]. 地理科学，29（3）：307-315.

林超，1981. 试论地理学的性质 [J]. 地理科学，2（2）：97-104.

蒙吉军，2020. 综合自然地理学 [M]. 3 版 . 北京：北京大学出版社 .

王爱忠，舒小林，崔颖洁，等，2006. 从地理学角度看科学发展观 [J]. 科技信息（学术研究），12（7）：228.

王声跃，王龚，2015. 乡村地理学 [M]. 昆明：云南大学出版社 .

吴传钧，1991. 论地理学的研究核心 —— 人地关系地域系统 [J]. 经济地理，4（3）：1-6.

伍光和，王乃昂，胡双熙，等，2008. 自然地理学 [M]. 北京：高等教育出版社 .

闫展珊，2018. 青海牧区藏族传统聚落景观形态研究 [D]. 西安：西安建筑科技大学 .

于沪宁，1997. 试论地理科学与持续发展 [J]. 地理科学进展，4（3）：3-9.

张国友，2001. 地理学的理论和方法 [J]. 中国地理与资源文摘，4（4）：2-3.

思想碰撞

本讲以建设和谐人地关系为指导思想，以关怀土地和土地上的自然、生命和人文过程为伦理基础，以“问题”为导向进行跨学科交叉，讨论了城市、乡村和自然区域的景观规划知识。针对人地关系，有人认为随着科学技术的不断发展，人类经历了从不了解自然时的畏惧自然到慢慢认识自然，终有一天会通过不断地探索征服自然（人定胜天）；也有人认为我们不能完全依赖于现代科学技术，将自己武装成“超人”和“超人”的城市——构造一个远离自然的安全堡垒，而应给现代科技插上土地伦理的翅膀，成为“播撒美丽的天使”（天人合一）。你认同上述哪种观点呢？

专题编者

岳邦瑞

丁禹元

席愉

高李度

贾祺斐

环境科学与工程

承载人类命运的方舟 13讲

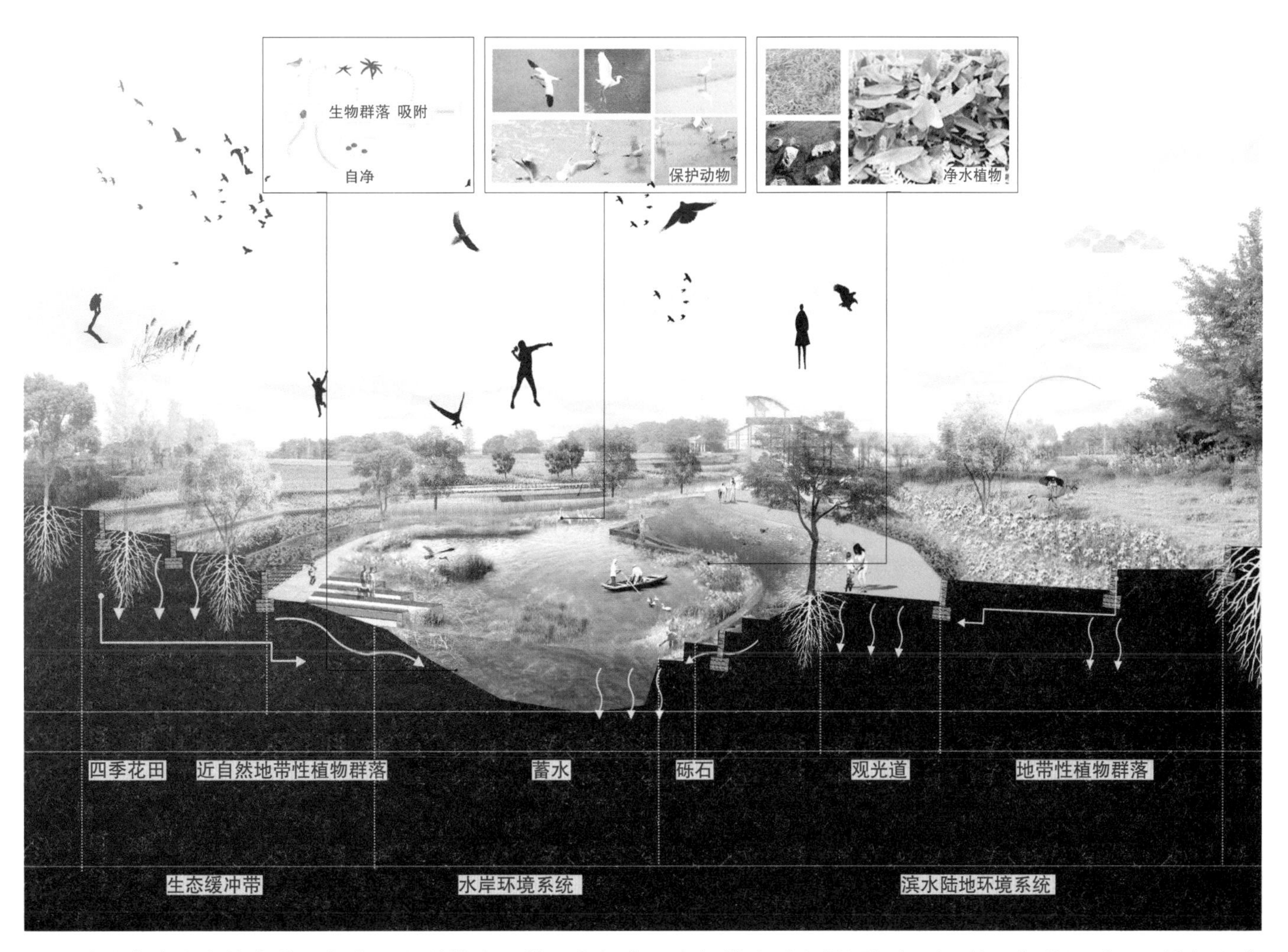

随着人类生产技术的不断发展和科技水平的不断提高，人们的生活变得更加便利，然而与此同时，环境问题也愈发突出。在这一背景下，环境科学与工程应运而生，其发展对全球人类的命运产生了重要影响。该学科以人类的生存和发展为中心，综合运用自然科学原理和工程技术知识，构建了一个完整的学科体系。环境科学与工程承载着人类与自然相互作用的基石，也是未来引领人类命运的科学方舟。本讲让我们共同踏上环境科学与工程这艘神奇的方舟，探索它的神秘与美妙。

学科书籍推荐：

《环境学导论》何强，井文涌，王翊亭
《环境学》左玉辉

分化发展阶段

柏拉图
Plato

· 公元前427年~前347年，柏拉图在《对话》中描述了环境破坏的景象

约翰·伊夫林
John Evelyn

· 1661年，英国人约翰·伊布林写了《驱逐烟气》一书献给英王查理二世，指出空气污染的危害，并提出一些防治对策

海克尔
August Haeckel

· 1859年，德国博物学家海克尔（E·Haeckel）在《普通生物形态学》中首次提出了"环境"一词

· 1954年，美国科学家海克尔提出"环境科学"，当时指的是研究宇宙飞船中人工环境问题

蕾切尔·卡逊
Rachel Louise Carson

· 1962年，蕾切尔在《寂静的春天》中详细描述了滥用化学农药造成的生态破坏，是环境科学与工程的里程碑著作

分化与整体化同时发展阶段

· 1972年，《只有一个地球》作为环境科学的绪论性著作出版，说明环境科学的思想已不再是一种纯粹经验性的概念，而是具有了理性的反思

格罗·哈莱姆·布伦特兰
Gro Harlem Brundtland

· 1987年，挪威前首相布伦特兰夫人作出演讲《我们共同的未来》，将可持续发展的概念提上国际议程

· 1992年，巴西里约热内卢召开了联合国环境与发展大会，《里约环境与发展宣言》《21世纪议程》作为全球行动的纲领，倡导实现人类的持续发展

▲图1 环境科学与工程的发展历程

环境科学与工程的学科内涵

1. 环境科学与工程的基本概念

"环境"一词来自法语单词"environnement"，由"environner"（环绕）和"ment"（名词后缀）两部分组成，是指以人类为主体的外部世界，主要是地球表面与人类发生相互作用的自然要素及其总体。环境科学与工程是一门研究人类与环境系统的相互关系，调控二者之间的物质、能量与信息的交换过程，寻求解决环境问题的途径和方法的学科。环境科学与工程通过研究环境演化规律，揭示人类活动同自然生态系统的相互作用关系，探索人类与环境和谐共处的途径与方法，其目的是要通过调整人类的社会行为来保护、发展和建设环境，使环境能够为人类社会持续、稳定、协调发展提供良好的支持和保证（何强 等，2004）。

2. 环境科学与工程的研究对象与特点

环境科学与工程的研究对象是"人类与环境"之间的矛盾关系，研究它们对立统一关系的发生和发展、调节和控制、利用和改造的原理（刘培桐，1995）。

环境科学与工程是一门综合性很强的学科，主要有如下特点：①环境问题导向性，其研究对象随着不同阶段出现的环境问题特征而发生改变；②交叉学科与跨学科性，环境科学与工程涉及自然科学、工程技术、社会科学等多个学科领域，需要综合运用不同学科的理论和方法，形成综合性的研究体系（左玉辉，2002）。

3. 环境科学与工程的学科发展历程

虽然古代就已经产生了朴素的环境科学思想，但是作为一门独立的学科，环境科学是20世纪60年代才诞生的，70年代得到了迅速发展，90年代学科体系趋于成熟。它的形成和发展可分为两个阶段。①分化发展阶段（20世纪50~70年代），环境问题成为全球性重大问题后，许多其他学科的科学家对环境问题开启了调查和研究；科学家们在各个原有学科的基础上，运用原有学科的理论和方法研究环境问题，使环境地学、环境生物学、环境工程学等分支学科诞生和发展，并最终形成较为综合和系统的环境科学体系。②分化与整体化同时发展阶段（20世纪70年代至今），人们逐渐认识到环境问题主要是来自经济和社会方面的原因，必须使人类社会活动适应环境的演化规律，这是人类认识的一大飞跃；因此，环境科学的研究扩展到了社会科学、经济学等领域（杨志峰 等，2004）（图1）。

■ 环境科学与工程的学科体系

1. 环境科学与工程的研究内容

环境科学与工程研究在 50~60 年代侧重于自然科学和工程技术方面，目前已扩大到社会学、经济学、法学等社会科学方面，并形成多样的交叉分支学科。时至今日，环境科学可以归纳为以下几大研究领域：①探索全球范围内整体环境演化的规律，从自然科学的视角探索不同环境的基本特性、环境结构的形式和演化机理等；②揭示人类活动同自然生态之间的关系，实现人与环境共同可持续发展；③探索环境要素系统变化作用于人类时的影响，以及污染综合防治的技术和管理措施，用人类工程科技手段干预环境和改造环境，以求更科学地为人类服务，实现可持续发展（图 2）（左玉辉，2002）。

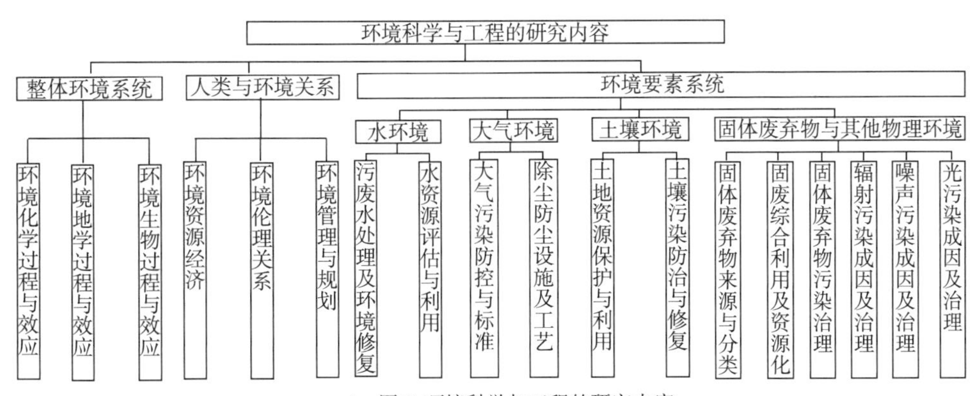

▲ 图 2 环境科学与工程的研究内容

2. 环境科学与工程的基础研究框架

环境科学与工程着重研究人类与环境矛盾之间的关系，并在此基础上实现环境的可持续利用。因此识别人类与环境矛盾——环境问题、确定环境问题发生的载体——环境要素、最终优化提升环境质量是环境科学与工程的核心。环境科学与工程的核心概念包括“环境问题”“环境质量”以及“环境要素”。环境问题是环境科学与工程的核心，包括由自然力或人力破坏生态平衡、影响人类生存和发展的问题（图 3），重大环境灾害和问题推动环境科学与工程研究的发展，也反映了人类与环境关系矛盾；环境质量是人类用来评价环境的概念，它反映了环境对人类生存、繁衍和社会经济发展的适宜程度，是环境科学与工程的核心理论之一；环境要素是构成人类环境的基本物质组分，包括自然环境和人工环境要素（张勇 等，1999）。

本文提出以环境科学与工程的核心议题“人类与环境矛盾”为中心，结合环境科学与工程的研究领域、任务，一方面从人类对环境的认知角度即环境质量出发，研究环境演化的客观规律，另一方面根据环境要素的针对性问题梳理相应的研究方向，即针对要素问题的解决技术、工程等（仝致琦 等，2012）（图 4）。

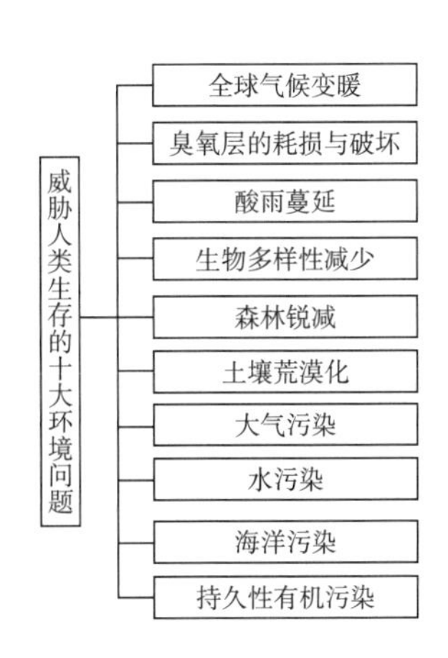

▲ 图 3 十大环境问题

表 1 环境科学与工程的分支学科体系

分类标准	交叉科学	学科分类
按交叉科学	社会科学	环境经济学、环境生物学、环境化学、水环境学等
	自然科学	环境工程学、环境医学、环境控制学、环境规划学等
	技术科学	环境伦理学、环境法学、环境心理学、环境管理学等

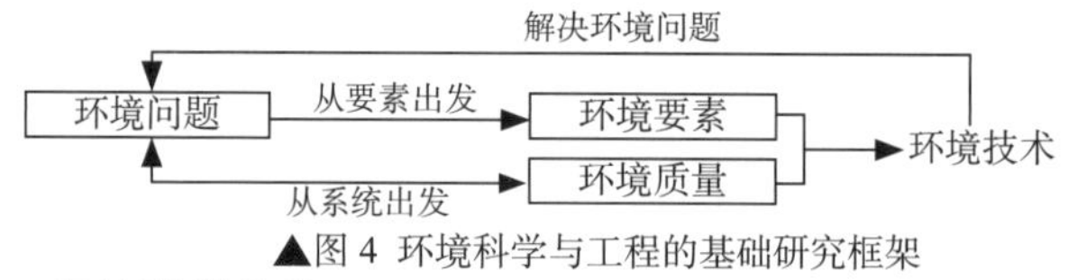

▲图 4 环境科学与工程的基础研究框架

3. 环境科学与工程的学科分类

20 世纪 80 年代以来，很多学者对环境科学与工程的学科体系进行了探讨。学者对其体系的划分原则和划分方案各不相同，直到目前为止尚未取得一致意见。当前环境科学与工程的研究分支门类主要是通过与自然科学、社会科学和技术科学的交叉研究所形成（表 1），其中与景观规划设计联系最为紧密的是环境工程学，是专门研究、解决环境问题的环境技术学科。为景观环境设计提供了相应环境元素与景观设计的环境技术支撑，尤其是水环境污染的相关技术，在湿地公园设计、河道景观修复等景观设计项目中已被广泛应用（杨志峰 等，2004）。

APPLICATION 环境科学与工程知识在水体污染控制中的应用

环境科学与工程和景观规划设计的交叉

1. 环境科学与工程介入空间的发展历程

环境科学与工程是在环境问题日益严重后产生和发展起来的一门综合性科学，其诞生发展也伴随着人类与自然环境关系的多阶段转化。从环境技术的空间应用视角出发，环境知识的空间运用历经了 3 个阶段。①第一阶段（公元前 4000 年 ~19 世纪 20 年代）：尝试改造自然阶段，人类尝试挑战改造自然空间的时期；②第二阶段（19 世纪 70 年代 ~20 世纪 60 年代）：自然保护意识萌发阶段，反思环境污染问题认识到保护自然重要性的时期；③第三阶段（20 世纪 70 年代至今）：保护修复自然阶段，系统地研究自然、运用技术手段认知与修复自然空间的时期（图 5）。

环境科学的发展伴随着人类与自然空间演化系统关系的探索过程。在 20 世纪 60 年代后，伴随着科技的发展，逐渐演化出针对各种环境要素问题的具体技术工程科学体系，其中水环境作为与人类生存关系最为密切的环境类型，是最早被环境科学与工程作为重点研究领域，而水体污染的防控又是水环境研究中的核心。

2. 水环境及水体污染控制的基本内涵

水环境是指水在自然界中形成、分布和转化所处的环境。由于人类活动的影响，水形成了社会循环，即从自然水体中提取淡水资源并通过处理用于生产和生活，大部分使用过的水最终成为农业、工业和生活废水，并通过排放系统排回自然水体。这些废水中可能含有污染物，影响水资源的可利用性，需要进行治理和防控，其中关键环节是对污水的收集处理（威廉·M. 马什，2006；朱强 等，2007）（图 6）。

尝试改造自然阶段

公元前 4000 年 ~19 世纪 20 年代

公元前 4000 年，两河流域对沙漠地区的灌溉用水进行过详细规划

公元前 102 年，罗马人曾将湿地改造成可耕作的农田，并重新布置港口以改善人居环境

自然保护意识萌发阶段

19 世纪 70 年代 ~20 世纪 60 年代

1870 年，由环境主义者约翰·缪尔（John Muir）和 J. J. 奥特朋（J. J. Audubon）倡导的“保护运动”，促使了后来北美地区国家公园系统的建立和发展

1872 年，美国正式建立黄石国家公园，提出全新的调适生态环境和自然资源保护以及适度旅游开发的范式

1938 年，比利时生物学家弗胡斯特（P.E.Forest）根据马尔萨斯的《人口论》，提出环境容量的概念

保护修复自然阶段

20 世纪 70 年代至今

1969 年，国家环境政策法案的颁布直接导致环境规划作为一个正式专业领域的出现

1998 年，特纳（Turner）认为“景观规划应当为环境公共利用服务”，并提出了“环境影响设计（Environmental Impact Design，EID）”的概念

2005 年，《景观规划的环境学途径》论著全面地提供了景观规划中所涉及的大量关键性方法和技术

▲ 图 5 环境科学与工程介入空间的发展历程

■ 水环境污染控制知识在景观规划设计中的应用

1. 环境科学与工程的应用知识框架

应用知识框架与研究基础框架的研究逻辑保持一致，首先明确要素环境的具体研究领域是点源污染与面源污染，进而通过“水环境质量理论”对水体质量进行分析，判断污染物的性质和含量，再根据其特征选择相应的污染治理手段和工艺。此应用知识框架包括了6个环境质量分析知识和9个环境技术知识（苏会东 等，2017）（图7）。

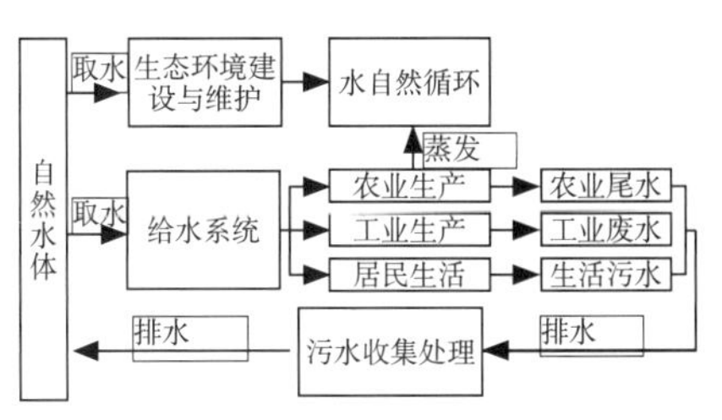

▲ 图6 水的社会循环及污染来源示意图

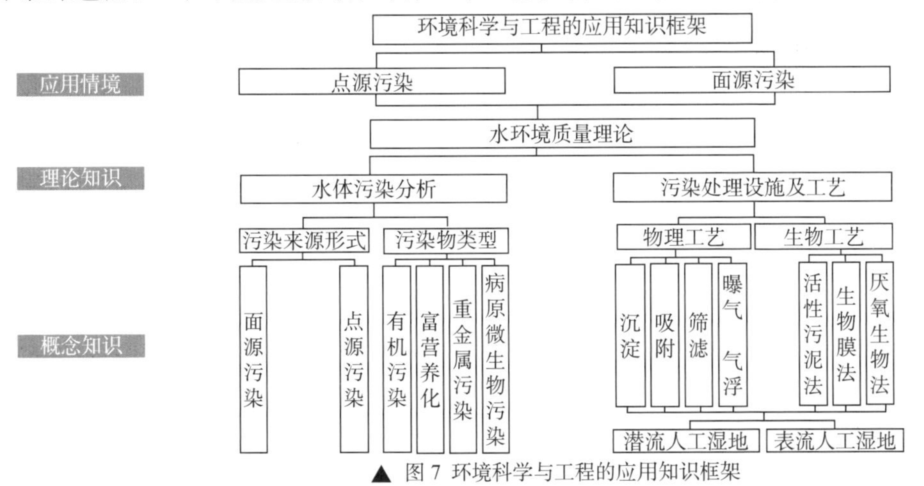

▲ 图7 环境科学与工程的应用知识框架

2. 环境科学与工程的应用知识解析

基于应用知识框架，本文总结了15个技术原理知识，详见表2~表6。其中，环境质量理论认为环境质量是环境的一个基本属性，对环境科学分支学科具有指导作用，具体应用于水环境的点源污染与面源污染中。对此类环境问题识别环境要素是解决水环境问题的基础，即对水环境的质量进行人为判定（表2）。水环境的污染防控工作需要对现状水体质量的评测界定后，才能准确地选择水污染治理相应的工艺与设施。而水体污染的空间形式不同、污染源成分不同都影响着相应控制措施的选择（表3~表6）。

表3中主要解析了点源污染与面源污染的作用机制。表4主要解析四种污染类型如何去除、管控，展示相应的基础防治手法，以及景观设计中以植被、基质为核心的人工生态湿地营建手法。表5则着重介绍常用的水环境污染治理工艺和其在景观设计中对应的应用手法。值得强调的是，现实中不是所有的水环境污染问题都能通过景观设计生态湿地的方式予以解决，必须通过对污染物浓度、成分进行详细的测定和评估，才能最终决定污染治理的手法。同时，各种手法应该灵活组合，其空间形式和工艺形式应根据场地地形、水体流通汇聚的具体情况进行设计，表5、表6解释了污水处理工艺的原理和具体应用情境。

表2 水环境质量相关知识点

知识点解析	分类
水质指水与水中杂质共同表现的综合特征。水中杂质具体衡量的尺度称为水质指标	I类水质主要适用于源头水、国家自然保护区
	II类水质主要适用于集中式生活饮用水地表水源地一级保护区、珍稀水生生物栖息地、鱼虾类产卵场、仔稚幼鱼的索饵场等
	III类水质主要适用于集中式生活饮用水地表水源地二级保护区、水产养殖区等渔业水域及游泳区
	IV类水质主要适用于一般工业用水区及人体非直接接触的娱乐用水区
	V类水质主要适用于农业用水区及一般景观要求水域

表 3 污染来源形式相关知识点解析及应用（朱强 等，2007；威廉 · M. 马什，2006）

概念及图示解析		景观设计手法及图示解析	
①面源污染 指溶解的和固体的污染物从非特定的地点，在降水（或融雪）的冲刷作用下，通过径流过程而汇入受纳水体并引起污染的现象	 	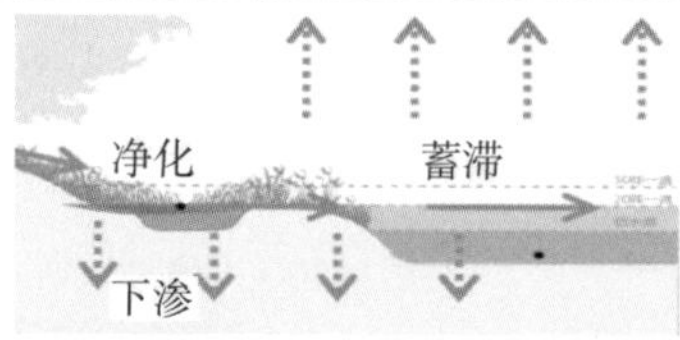 	生态缓冲带建设：在河湖与陆地交界的一定区域内建设乔灌草相结合的立体植物带，起到滞缓、过滤径流的作用
②点源污染 固定的排污口集中排放的工业废水及城市生活污水等水体污染源	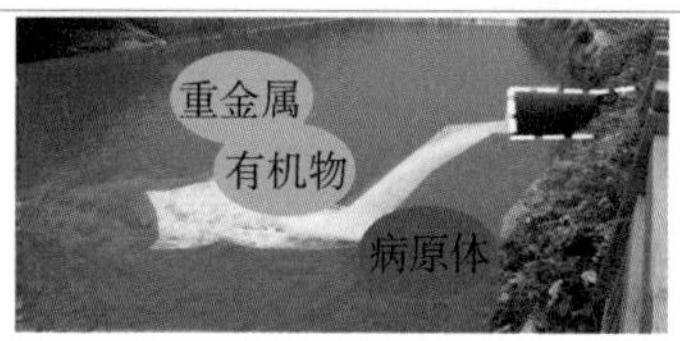 	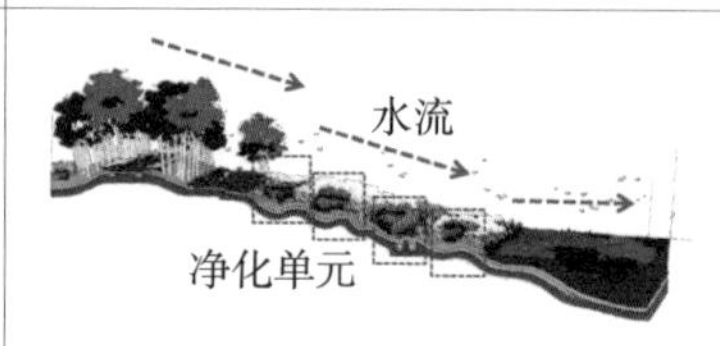 	多级人工湿地：多个串、并联的水池单元铺设防渗漏隔水层，填充基质，种植水生植物，污水由湿地的一端进入后以推流的方式与介质表面和植物根区接触而实现水质净化

表 4 污染物类型相关知识及去除机制应用（朱强 等，2007；威廉 · M. 马什，2006）

知识点解析	去除机制及图示解析	景观设计手法及图示解析
①有机污染 因有机化合物对水环境造成的污染，主要污染物质有酚类、石油类等，还包括腐殖质、蛋白质和多肽类等	· 消耗水中溶解氧，去除固体有机物 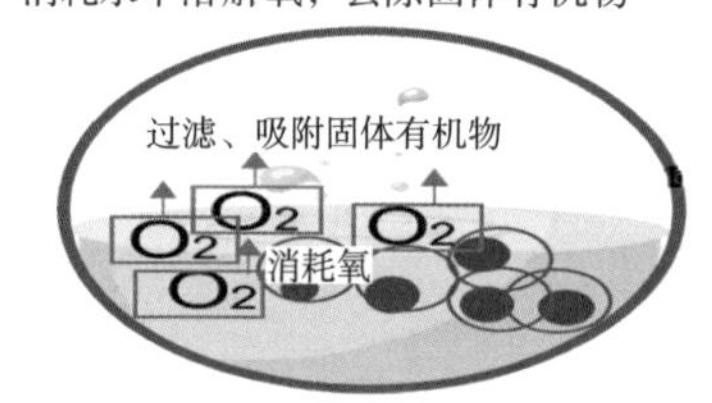 	· 水生植被高密度种植、投放底栖生物 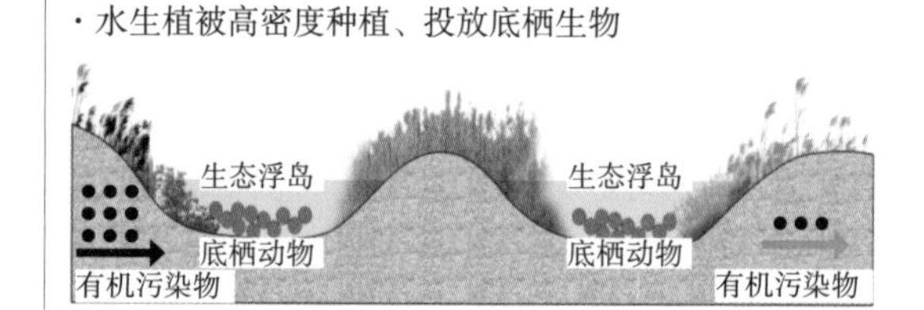
②富营养化 氮、磷等营养物质大量进入水体，引起藻类及其他浮游生物迅速繁殖、水体溶氧量下降、水质恶化的现象	· 控制内源增加，防治外源输入  	· 水生植被净化和基质吸附 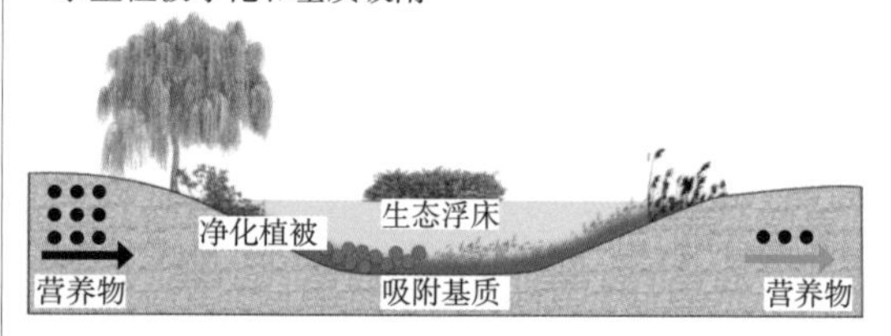
③重金属污染 重金属及其化合物对水环境造成的污染。重金属元素主要包括镍（Ni）、铅（Pb）、铬（Cr）、镉（Cd）、汞（Hg）等	· 降低重金属的生物可利用性和在水体中的迁移能力 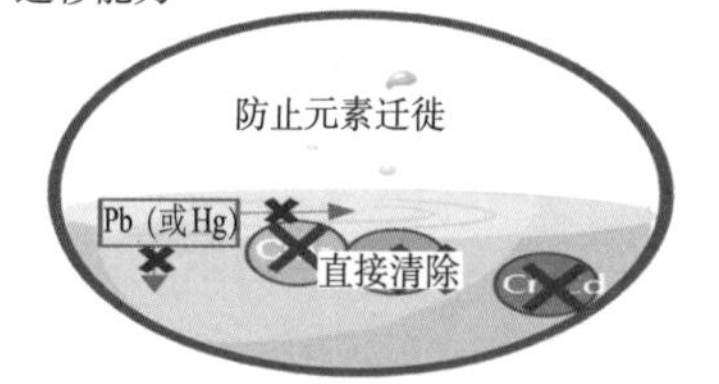 	· 水生植被根系净化和基质吸附 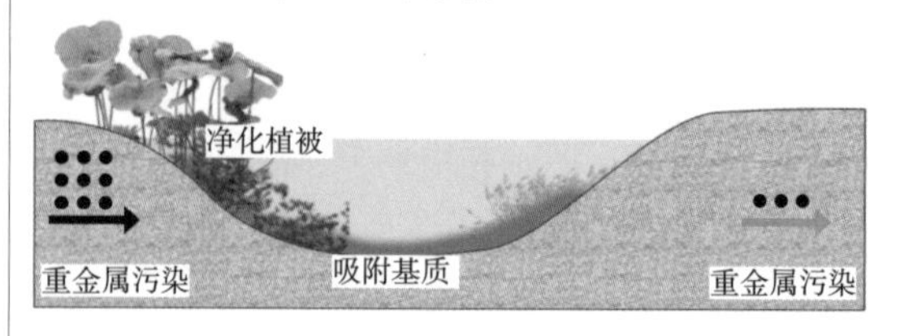
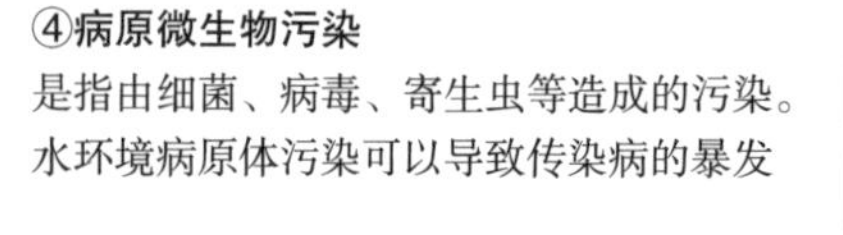 **④病原微生物污染** 是指由细菌、病毒、寄生虫等造成的污染。水环境病原体污染可以导致传染病的暴发	· 对病原微生物进行消灭、转化或是囚禁 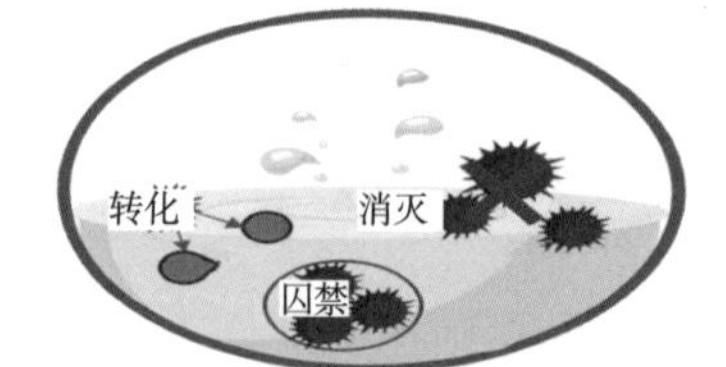 	· 水生植被净化和生物填料转化、吸附 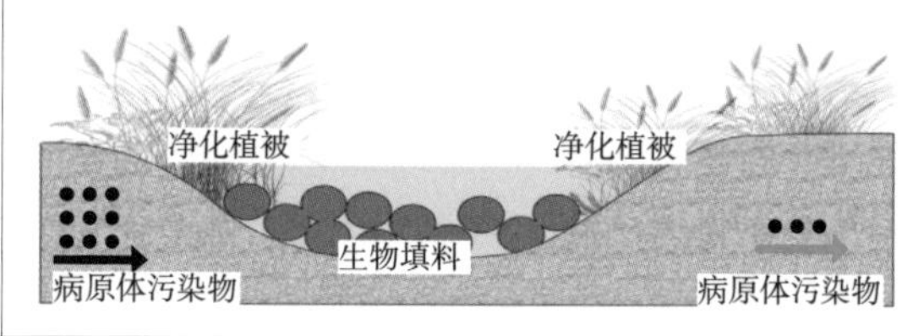

表 5 污染处理工艺及景观应用（朱强 等，2007；威廉·M. 马什，2006）

知识点解析	工艺作用机制及图示解析	景观设计手法及图示解析
①沉淀 利用水中悬浮颗粒的可沉降性能，在重力作用下使污染物下沉，以达到固液分离的一种过程	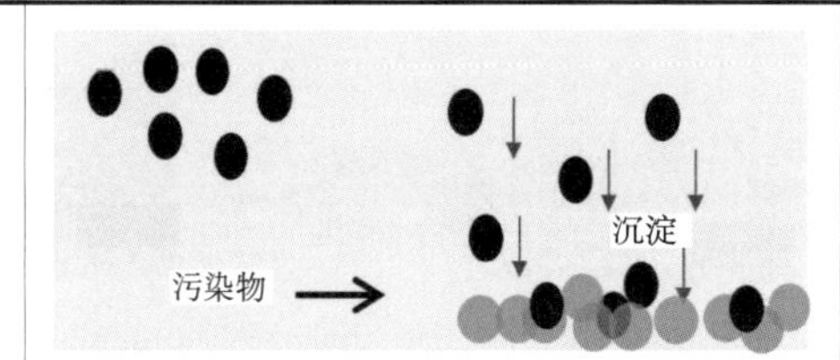	·通过种植漂浮植被的沉淀池让污染物沉淀或被基质吸附 
②吸附 让污染物质在净化基质物质表面上进行自动累积或溶集的现象	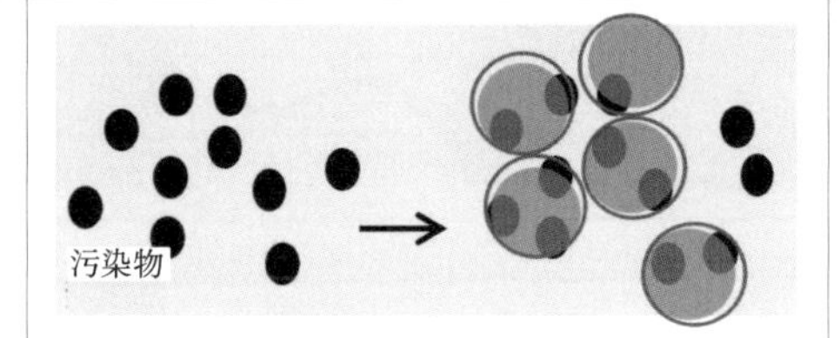	·通过潜流和与吸附力较强的基质结合，充分吸附水中的有害物质 
③筛滤 用格网、基质层等去除废水中粗大的悬浮物和杂物，以保护后续处理设施能正常运行的一种预处理方法	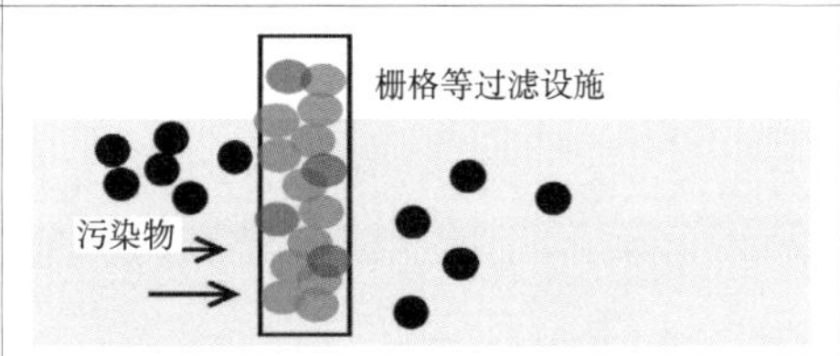	·通过种植箱筛滤漂浮杂物和大颗粒污染物 
④曝气（或气浮） 气浮是利用高度分散的微细气泡作为载体去黏附废水中的污染物，曝气是将空气中的氧强制向液体中转移的过程	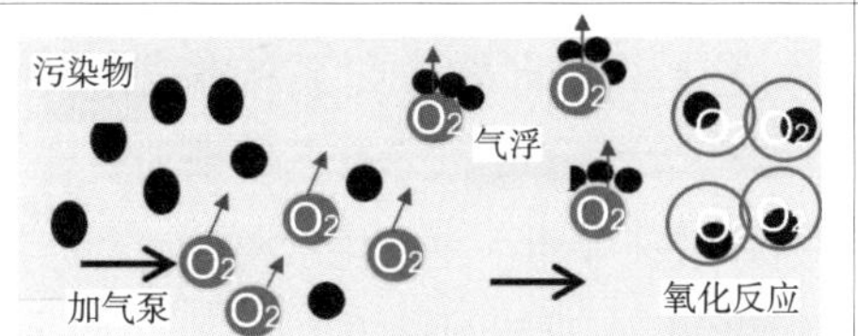	·通过喷泉曝气和增氧处理，让水中的厌氧污染物和其他有机污染物与水体分离 
⑤活性污泥法 以废水中的有机污染物为培养基，在有溶解氧的条件下，连续培养活性污泥，再利用污泥的吸附凝聚和氧化分解作用，净化废水中的有机污染物	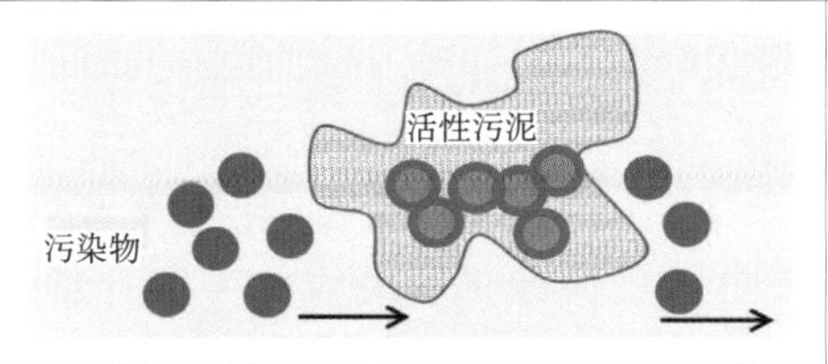	·生物工艺的统一手法是有机物通过扩散作用，从流动水中转移到附着水层中去，同时氧通过流动水层、附着水层进入生物膜的好氧层中，使生物膜中的有机物进行好氧分解 生产者 第一级消费者 第二级消费者 第三级消费者 无机营养物 微生物石料 细菌分解作用 有害污水入侵 底泥垃圾 植物产生氧气，提高石料微生物活性
⑥生物膜法 利用附着生长于某些固体物表面的微生物（生物膜）进行有机污水处理的方法	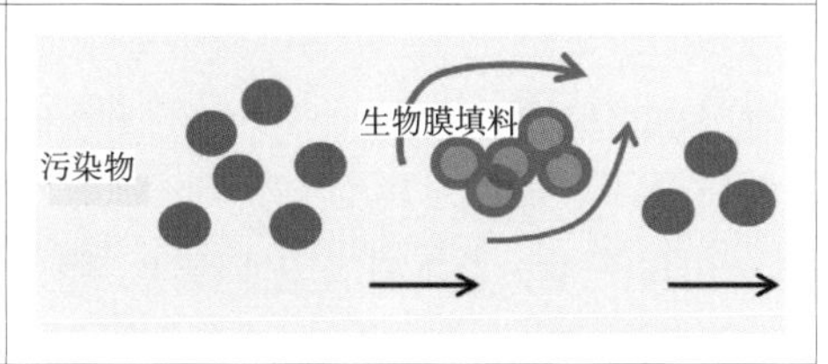	
⑦厌氧生物法 通过厌氧微生物的作用，将污水中的各种复杂有机物分解转化为甲烷和二氧化碳等物质的过程，也称为厌氧硝化	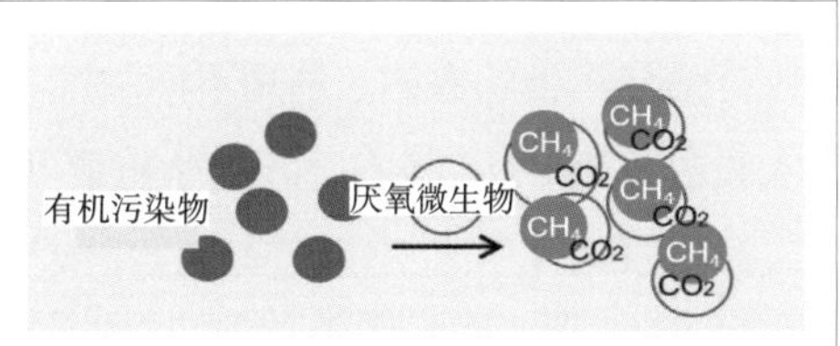	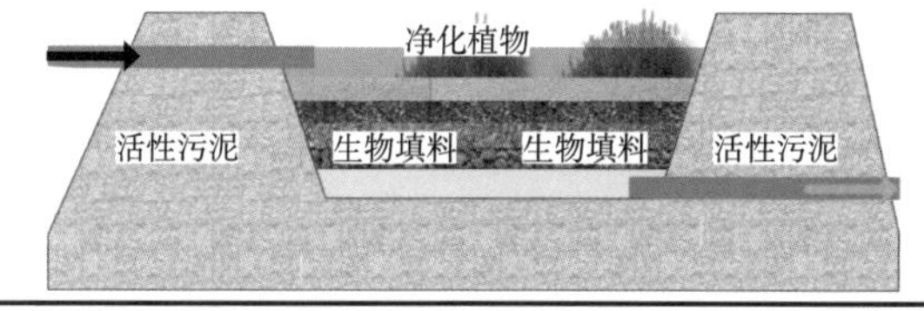

表 6 人工湿地及其景观设计解析（朱强 等，2007；威廉 · M. 马什，2006）

知识点解析	机制及图示解析	景观设计应用及图示解析
①潜流人工湿地 指污水从人工湿地表面垂直向下流过基质床的底部，或从底部垂直向上流向表面，使污水得以净化的人工湿地形式	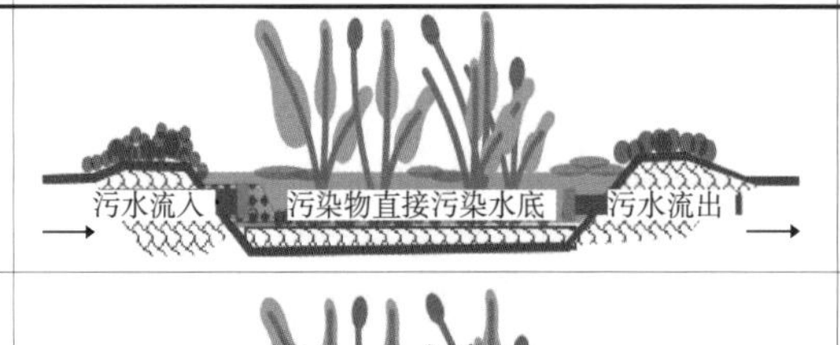	
②表流人工湿地 指污水在人工湿地的土壤等基质表层流动，依靠植物根茎与表层土壤的拦截作用以及根茎上生成的生物膜的降解作用，使污水得以净化的人工湿地形式		

表 7 水环境污染防控设计目标体系

一级目标	二级目标	三级目标	对应问题
保障水体生态系统稳定及功能健康	维护水系统的生态健康	保护水生及滨水动植物的生存环境	水环境污染引起滨水及水生生物大量死亡
		提升水生及滨水生物多样性	水环境污染破坏滨水及水生生态系统结构
	保障水资源的可持续	维护自然水文循环	下渗、蒸发等水文循环过程遭到破坏
		优化水社会循环	水社会循环浪费、污染水资源
	净化水质	遏制水环境恶化	区域水环境污染引发连锁污染
		恢复水体自净能力	水体自净能力受到损伤，无法自我恢复
		维护水质稳定	水质容易受污染，无法维持健康状态

CASE
案例知识分析

在上文对知识点的讲解与应用情境列举的基础上，本部分通过知识点组合以及相关案例应用，以点源污染和面源污染两个典型人工湿地应用场景为例，具体解析风景园林设计中的水质净化系统。

■ 风景园林设计中的水质净化系统规划设计目标与程序

1. 风景园林设计中的水质净化系统规划设计目标（表 7）

2. 风景园林设计中的水质净化系统规划设计程序（图 8）

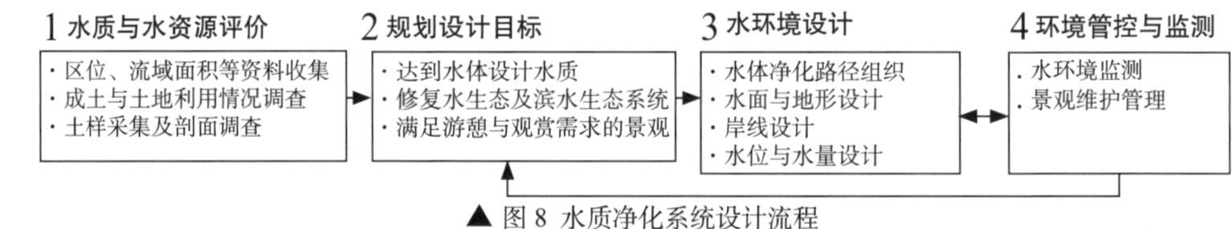

▲ 图 8 水质净化系统设计流程

■ 上海世博后滩公园净化湿地设计（俞孔坚，2010）

1. 公园水质以及水资源评价

后滩公园位于世博园区西端、黄浦江东岸与浦明路之间，西至倪家浜，北望卢浦大桥，为狭长的滨江地带，总用地 14hm²。场地原为钢铁厂和后滩船舶修理厂所在地（图 9），场地污染严重，为典型的工业棕地，周边黄浦江水污染严重，为劣 V 类水。

2. 公园规划设计目标

湿地引入黄浦江污染的水体，利用不同深度、不同宽度和不同生物群落的湿地自净能力，将水质提高为 II~III 类水，并且净化量可达 3000m³ /d。净化后的水不仅可以提供给世博园做水景循环用水，还能满足世博园与后滩公园自身的绿化浇灌需求（俞孔坚，2010；陈计伟 等，2011）。

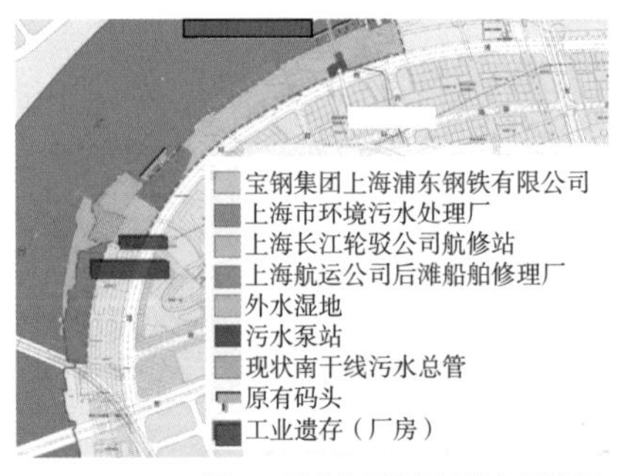

▲ 图 9 后滩公园场地周边环境图

3. 水质净化系统设计与工艺组织

案例从工程技术与植物种植设计两方面来达到水质优化的设计目标（图 10）。

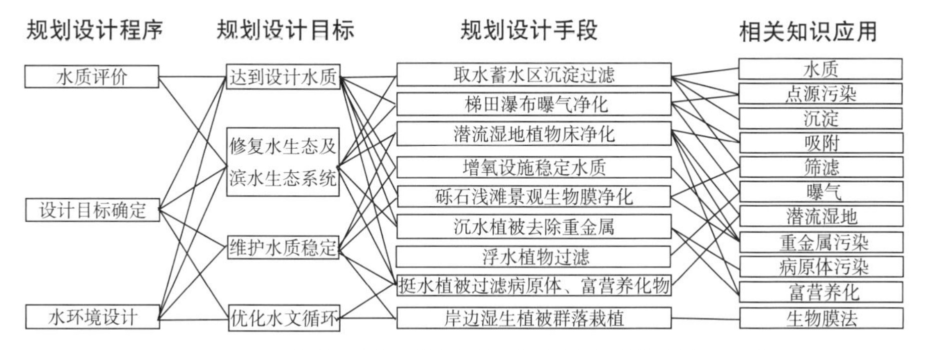

▲ 图 10 上海后滩湿地公园的水环境修复实践应用框架

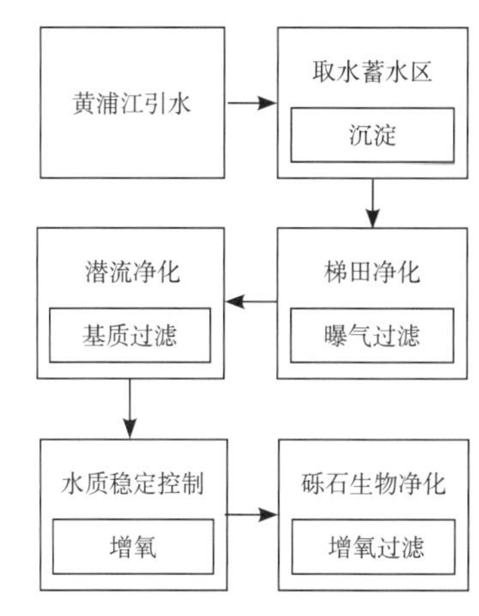

▲ 图 11 后滩公园水质净化工艺流程

在环境工程技术方面，公园在内滩湿地设计中结合狭长的地带组织水质净化系统，总体按照工艺与功能分为蓄水沉淀、曝气过滤、基质过滤、水质增氧和水质增氧过滤五大环节（图 11）。①取水蓄水区，取水后江水被汇入预处理池，对其进行重力沉淀、过滤；在严冬或其他特殊情况下，江水可通过添加絮凝剂使水质迅速沉淀净化。②梯田曝气，水源自蓄水池出水后由引水槽内沿石墙向下滴水，石墙表面的生物膜起到了污水净化作用的同时也营造出瀑布水景；进入梯田的水体在灌溉植被的同时得到净化，梯田内的土壤层、滤沙层、煤渣层等多层基质可同时过滤江水和雨水。③潜流湿地净化，中部区段结合植物床布设沙质土壤层、滤沙层、砾石层等五层过滤层，并在其中布置江水管网装置；利用基质和植物根系和部分植物浮岛装置，对有 TP（总磷）、重金属、病原体等污染物进行过滤。④水质稳定，为保持净化后达标的水体水质稳定，此区段在水体中增设了曝气增氧设施，提高水体含氧量，维护水体内生态系统稳定，保持水质不变。⑤砾石生物净化，此处水质已达到标准，在砾石滩区利用石头孔隙使微生物附着并形成生物膜，通过微生物膜来净化并营造砾石浅滩景观。

在植物种植设计方面，上海世博后滩公园的湿地植物景观带主要由各种当地的乡土植物组成，由耐湿乔木、湿生植物、挺水植物、浮水植物、沉水植物等按照一定的空间平面布局，共同构成一个完整的湿地植物群落。湿生植物本身具有良好的固土作用，以萱草、梭鱼草等水边湿生植物进行带状种植，形成特色景观。潜流湿地区域需要布置吸污能力强、向根部输氧能力强、根系对介质穿透能力强且景观效果好的植物，如芦苇、茭白等；同时考虑到去除重金属的需求，根据沉水植物大于漂浮植物大于挺水植物的原则，选择沉水植物为主，浮叶植物为辅，其余净化单元种植挺水植物用于去除病原体和富营养化污染物（图 12、图 13）。

▲ 图 12 植物种植设计示意

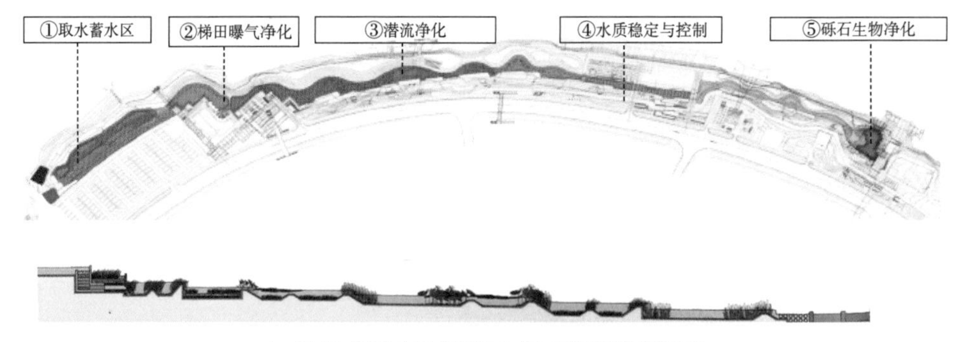

▲ 图 13 后滩公园水质净化分区平面图与剖面图

■ 长潭水库入库溪流生态湿地设计（蔡卫丹 等，2019）

1. 公园水质以及水资源评价

长潭水库位于浙江省台州市黄岩区西部，设计场地地处长潭水库南侧，工程建设范围约 42.85hm²，由小坑溪、象岙溪及其周边湖滨带构成，现状以农田、梯田为主，沿湖有少量低洼草甸、鱼塘，入库溪流携带的污染连同水库周边的面源污染一起对水库水体环境造成了威胁（施小涛 等，2020）。

2. 设计目标与思路

入库溪流生态湿地的建设将农田、荒滩改造为生态保育林、草甸、湿生与水生植物带，即因地制宜的生态缓冲带。该建设一方面可减少周边区域面源污染进入水库，另一方面构建了水生—湿生—陆生逐渐过渡的完整湖滨生态带，提升水库周边区域的生物多样性的同时，形成沿湖优美的生态景观（杜晨，2015）（图 14）。

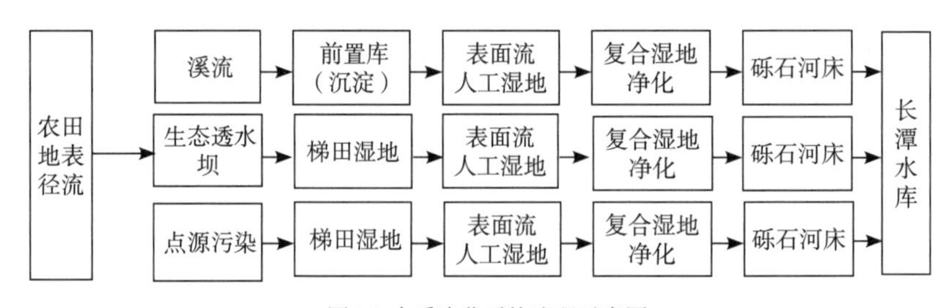

▲ 图 14 水质净化系统流程示意图

3. 植物与生境设计

生态湿地设计以原生地域的“田、林、溪、塘、湖”生境为参考，局部堆山理水、优化植被组合，结合湿地功能分区形成“梯塘湿地区、生态涵养林区、表面流湿地区、前置库区”的各色景观风貌区域。入库小坑溪溪流生态湿地采用堆“岛”造坡、植被造景等手法：南部以“堆坡＋生态密林”的组合形式，作为自然山体的延伸，沿路散播大花金鸡菊等乡土植被，营造带状景观；中部以“生态跌潭”形式过渡场地竖向高差；北部以人工湿地和强化净化塘为主，结合湿生植被营造，在保留现状长势良好的乔木基础上，选取水杉、南川柳、枫杨、狼尾草、白茅、大叶胡枝子、萱草、鸢尾、斑茅和芦竹等乡土植物，彰显黄岩地域特色（图 15、图 16）。

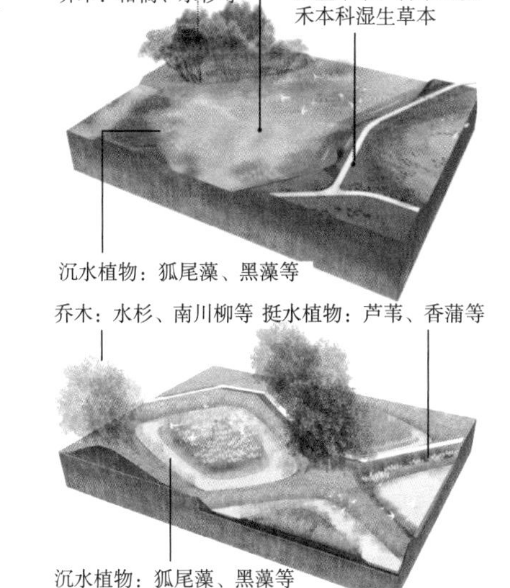

▲ 图 15 植被配置示意图

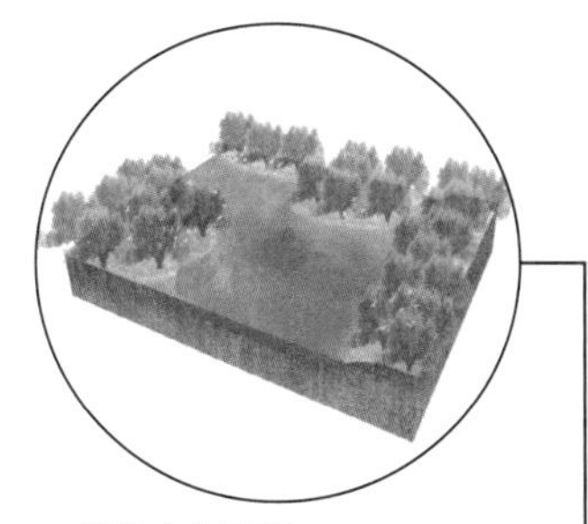

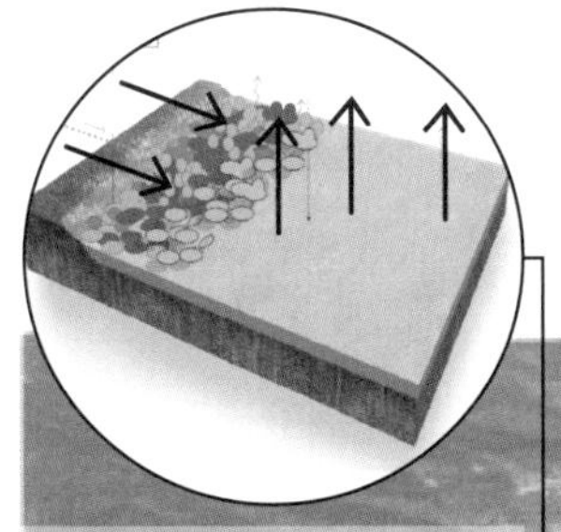

①生态保育林
以黄岩蜜橘、杨梅等乡土经济林种植为主，也可加植水杉等乡土植被，控制水土流失，地被实行苜蓿间种和土壤秸秆覆盖来控制氮磷等污染
②生态透水坝
生态透水坝的主要作用是拦蓄径流，初步去除污染物，为后续净化单元提供自流的能力，使得后续系统的无动力运行成为可能，同时保证径流在系统中较长的停留时间，确保系统的净化效果
③复合湿地净化区
复合人工湿地是为了使人工湿地对各种类型污水都能达到较好的处理效果而把不同类型的人工湿地串联构成的复合系统，实现在同一个污水处理系统内同时提供去除多种污染物质的功能。本区域选取河沙、沸石、卵石、细砂、碎瓦片和当地土壤为基质，串、并联多个净化单元，种植沉水、沉水 + 挺水 / 浮水植被群落以应对不同的污染物去除目标
④砾间氧化与水质稳定塘
将泥质河床改造为砾石河床，水中污染物在砾石间流动过程中与砾石上附着的生物膜接触沉淀，通过水流与砾石的充分接触，增加河流的自净能力；稳定塘是将单元湿地水塘进行适当的人工修整，设置围堤和防渗层，依靠塘内生长的微生物来净化污水、稳定水质
⑤梯田湿地
利用原生梯田地形让污水在重力作用下从水平和垂直两个方向逐层净化的形式，具有垂直流湿地和表面流湿地的净化特性；植被可选取具有观赏和净化作用的植被进行栽植，同时结合微生物投放等手段，达到净化水质的目标

▲ 图 16 长潭水库入库溪流生态湿地设计手法

参考文献

蔡卫丹，章晶晓，王嘉伊，等，2019. 台州市长潭水库饮用水水源地环境状况分析与保护对策研究 [J]. 中国资源综合利用，37（10）：122-124，127.

陈计伟，王聪，张饮江，2011. 上海世博园后滩公园湿地景观设计 [J]. 中国给水排水，27（16）：42-46.

杜晨，2015. 表流—水平流复合人工湿地对高污染河水的净化 [D]. 西安：西安建筑科技大学 .

何强，井文涌，王翊亭，2004. 环境学导论 [M].3 版 . 北京：清华大学出版社 .

江河，2019. 国土空间生态环境分区管治理论与技术方法研究 [M]. 北京：中国建筑工业出版社 .

刘培桐，1995. 环境学概论 [M].2 版 . 北京：高等教育出版社 .

施小涛，徐康立，2020. 环保、生态、景观三位一体的生态湿地营造——以长潭水库小坑溪与象岙溪入库溪流生态湿地建设为例 [J]. 中国园林，36（S2）：67-72.

苏会东，姜承志，张丽芳，2017. 水污染控制工程 [M]. 北京：中国建材工业出版社 .

仝致琦，谷蕾，马建华，2012. 关于环境科学基本理论问题的若干思考 [J]. 河南大学学报 (自然科学版)，42（2）： 167-173，197.

威廉・M. 马什，2006. 景观规划的环境学途径 [M]. 朱强，黄丽玲，俞孔坚，等译 . 北京：中国建筑工业出版社 .

杨志峰，刘静玲，等，2004. 环境科学概论 [M]. 北京：高等教育出版社 .

俞孔坚，2010. 城市景观作为生命系统——2010 年上海世博后滩公园 [J]. 建筑学报，57（7）：30-35.

张勇，杨凯，徐启新，等，1999. 环境科学研究传统的建立与进化——兼论理论环境学 [J]. 环境科学进展，20（4）：142-147.

朱强，黄丽玲，俞孔坚，2007. 设计如何遵从自然——《景观规划的环境学途径》评介 [J]. 城市环境设计，4（1）：95-98.

左玉辉，2002. 环境学 [M]. 北京：高等教育出版社 .

思想碰撞

本讲介绍了环境科学与工程的起源、发展以及如何利用相关知识进行实践，文中阐明环境科学与工程是以人类为中心的科学，那么大家可以对比生态学对生态环境的研究描述，体会一下与本文所述有何不同。从古到今人类在整个生态系统中究竟扮演着何种角色？环境问题的解决除了依靠环境科学与工程相关技术的不断进步，是否还有其他的解决途径？

专题编者

岳邦瑞

丁禹元

彭佳新

植物学 14讲

生命的自身净化

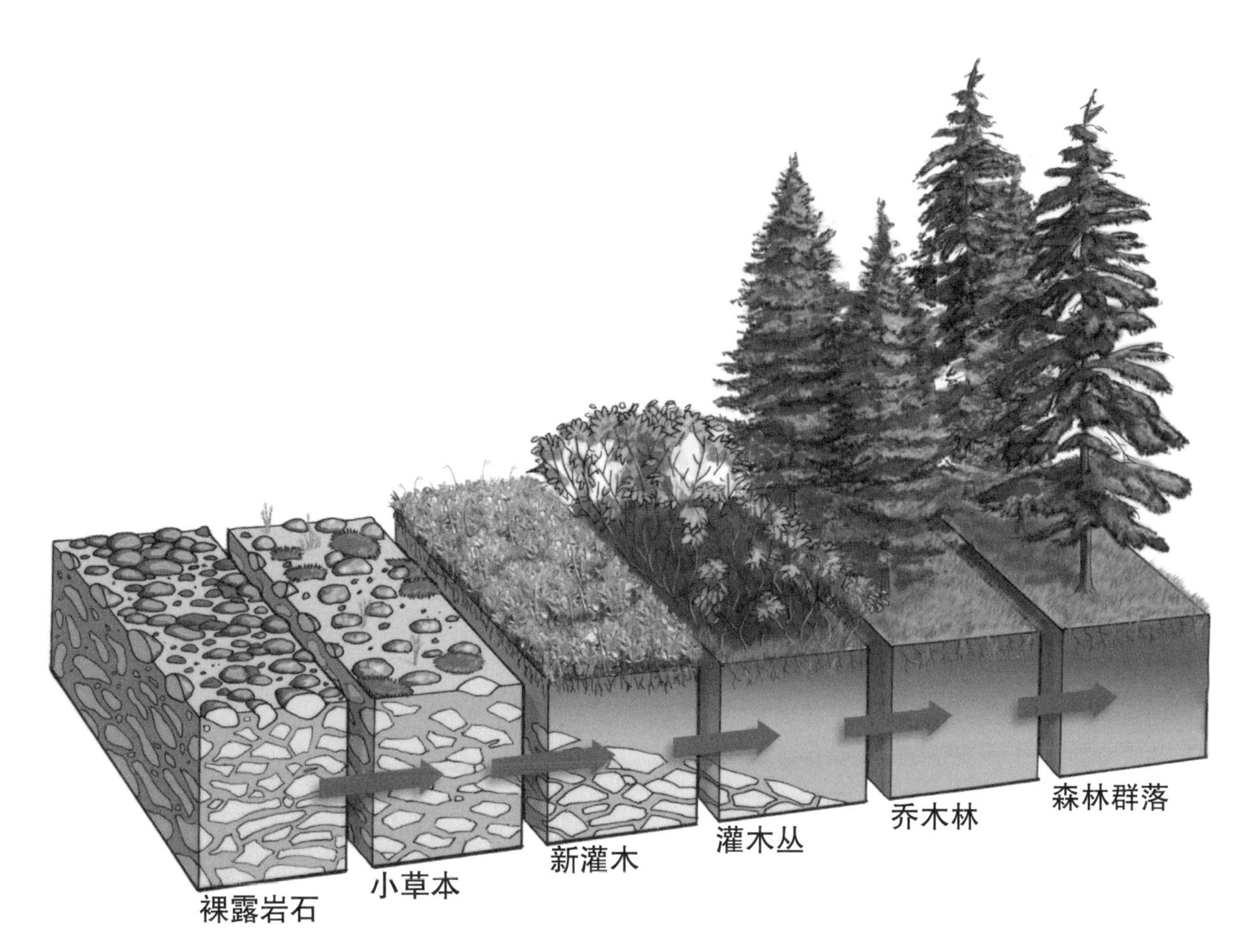

植物学是一场无声的戏剧，以植物演替为魔力，帮助土地恢复生机。勇敢的先锋植物铺设种子，小植物为大植被铺垫舞台，年轻树木伸展枝干，绽放的花朵如芭蕾演员。这场戏剧揭示了植物演替的魅力和力量，唤起人们思考生态修复的真理。我们每个人都能成为这场戏剧的监督者和演员，共同努力让每个角色在舞台上发挥最美妙的表演。本讲将结合植物学的理论与方法，带你一同去看看风景园林下的植物学应用实践。

学科书籍推荐：

《植物生态学》杨允菲，祝廷成

《植物学》吴万春

描述植物学时期

·前372年～前286年，特弗拉斯托斯出版《植物的历史》和《植物本原》两本书，书中记载了500多种植物，是植物学的奠基者

李时珍

·1578年，李时珍的《本草纲目》总结了我国16世纪以前的本草著作，共记录1173种植物，描述详细，内容极为丰富，为世界学者所推崇

鲍欣
Bauhin

·1665年，鲍欣出版了《植物界纵览》一书，并用属和种进行分类，在属名后接"种加词"来命名植物，首次提出了后来由瑞典植物学家林耐加以系统化和推广的双名法命名系统

罗伯特·虎克
Robert Hooke

·1665年，虎克自制复式显微镜观察软木薄片，发现并命名了植物细胞，使植物科学的发展进入植物的微观世界

实验植物学时期

林奈
Carl Linnaeus

·1753年，林奈出版了《植物种志》一书，在书中正式使用了双名法对植物进行命名，为现代植物分类学奠定基础

·1839年，德国科学家施莱登与施旺共同建立了细胞学说，认为动、植物的基本结构单位是细胞，证明生物体结构和起源上的同一性

▲ 图1 植物学的发展历程

■ 植物学的学科内涵

1. 植物学的基本概念

中文中"植物"一词最早出现于《周礼·地官司徒·大司徒》，指树木花草类，与动物相对，是草木的总称。在英语中，Plant一词源于拉丁语Planta，最早出现在13世纪，最初指代的是Young Shoot（嫩芽），后来逐渐演变为泛指植物的总称。植物学（Botany）一词源于希腊语"botane"，意思是"草药、草本植物"。Botany在英语中首次出现于17世纪，来指代作为一个正式科学学科的植物学。李善兰运用中国传统植物学知识，将Botany翻译为植物学（孙雁冰 等，2023）。植物学是研究植物的形态结构、生长发育规律、类群和分类，以及植物的生长分布与环境之间相互关系的科学（张文彦 等，2014）。

2. 植物学的研究对象和特点

植物学的研究对象是整个植物界。植物在生物分界中，依据生物的营养方式和生物的进化水平，可以定义为含有叶绿素，能进行光合作用的真核生物。植物学的研究具有以下特点：①宏观与微观相结合，微观领域在生物分子水平上揭示生物界的高度同一性；宏观领域在生物圈水平上发展对大气圈、水圈、岩石圈相互作用的认识；②多学科交叉，各分支学科间的界限逐渐淡化，植物科学也与其他生物学科、非生物学科间进行交叉渗透、相互影响和相互推动（周云龙 等，2016）。

3. 植物学的发展历程

植物学的发展可以分为3个阶段（图1）：①描述植物学时期（18世纪以前），这一时期采用描述和比较的方法，对植物界的各种类型加以区别，确定这些类别的界限；②实验植物学时期（18世纪~20世纪初），这一时期植物学的发展和19世纪的三大发现（进化论、细胞学说、能量守恒定律）密切相关，主要是以实验方法了解植物生命活动的全过程；③现代植物学时期（20世纪初至今），应用先进技术从分子水平层面研究生命现象，分子生物学和近代技术科学，以及数学、物理学、化学等的新概念和新技术被引入到植物学领域，植物学科在微观和宏观的研究上均取得显著成就（周云龙 等，2016）。

■ 植物学的学科体系

1. 植物学的研究内容

植物学的研究任务具体有以下3点：①植物的种类、群落、区系和应用价值等的调查、鉴定、分类和综合；②认识和揭示植物界所存在的各种层次生命活动的客观规律；③揭示新原理，探索新技术，并用植物科学的理论和方法来解决人类面临的重大问题（许玉凤 等，2013）。因此，围绕三大研究，植物学展开3个方面的研究内容：基本资料调查、基础理论研究、应用基础研究（图2）。

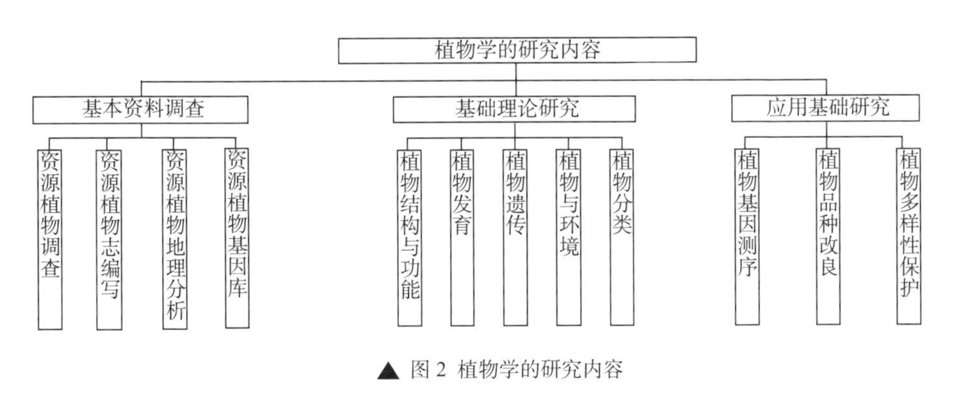

▲ 图 2 植物学的研究内容

达尔文
Charles Darwin

· 1859 年，达尔文发表的《物种起源》创立了进化论，使植物分类学开始建立在科学反映植物界进化真实情况的系统发育的基础上，完善了植物界大类群的划分

孟德尔
Gregor Mendel

· 1866 年，孟德尔的《植物杂交试验》揭示了植物遗传的基本规律，使植物遗传学得到了迅速的发展

现代植物学时期

· 微观领域：由于 DNA 双螺旋结构的发现，人们开始从分子水平上认识植物，用分子生物学的手段对植物体结构与机能进行更深入的探索

· 宏观领域：由植物的个体生态进入到种群、群落及生态系统的研究，甚至采用卫星遥感技术研究植物群落在地球表面的空间分布和演化规律

▲ 图 1 植物学的发展历程（续）

2. 植物学的基础研究框架

植物学的研究核心在于揭示植物“结构—功能”的相互关系。植物学的核心概念有“环境”“基因”“植物结构”“植物功能”等。“植物结构”与“植物功能”具有细胞、组织、器官、个体、群落等多个层次，受到环境（外因）与基因（内因）的共同影响。特定的“植物结构”体现出特定的“植物功能”。一方面，植物通过某些功能（净化水质、保持水土等）的发挥，反作用于环境；另一方面，植物在不断适应环境的过程中，“植物结构”不断变化，通过遗传变异改变基因（图 3）。

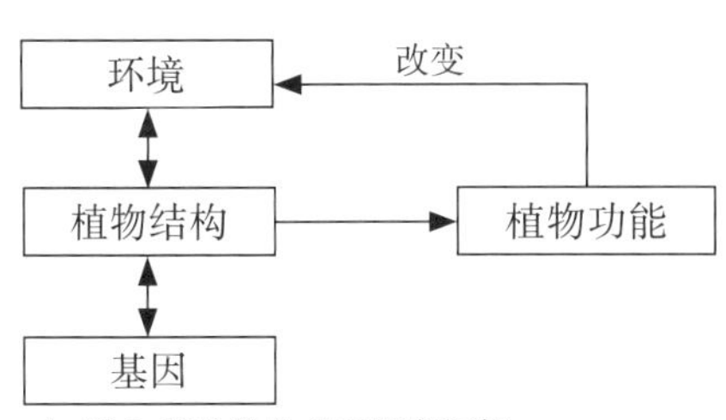

▲ 图 3 植物学的基础研究框架

3. 植物学的学科分类

植物学按照研究生命现象和研究内容，通常可分为植物形态学、植物生态学等（表 1）。其中植物生态学与景观规划设计间的关系最为密切，其主要研究植物之间、植物与环境之间的相互作用规律，主要包括植物个体对不同环境的适应性、环境对植物个体的影响、植物种群和群落在不同环境中的形成及发展过程、生态系统能量流动、物质循环中植物的地位和作用等（杨允菲 等，2011）。

表 1 植物学的学科分类

分类标准	分类结果
按研究内容	植物形态学、植物分类学、植物系统学、植物生理学、植物生态学、植物遗传学
按研究层次	植物分子生物学、植物细胞学、植物解剖学、居群生物学、植物群落学
按植物类群	藻类学、真菌学、苔藓生物学、蕨类生物学、种子植物学

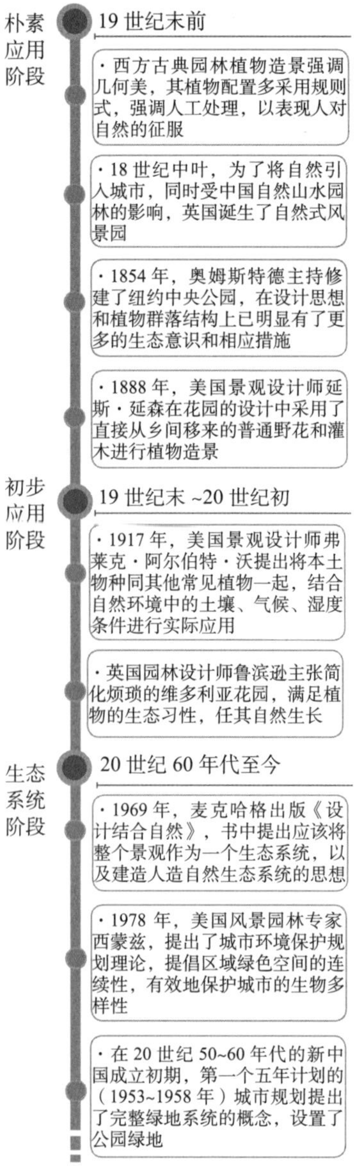

▲图 4 植物生态学介入空间的 3 个阶段

植物生态学与景观规划设计的交叉

1. 植物生态学介入空间的发展历程

植物生态学介入空间规划的历程与植物生态学应用的发展有关，其发展历程具体可划分为三大阶段（图 4）。①朴素应用阶段（19 世纪末前），植物配置主要基于美学和装饰性考虑；植物生态学的角色相对较小，主要局限于植物的基本生长需求，如阳光、水分和土壤要求等；②初步应用阶段（19 世纪末 ~20 世纪初），城市园林绿化也逐步把植物生态学原理应用到建设和管理中，人们开始重视对植物形态和植物品种的培养研究；③生态系统阶段（20 世纪 60 年代至今），注重自然系统中植物的生长过程和相互作用，并将其应用于景观规划设计中，研究植物的种间关系、群落结构和生态演替等（况平 等，2014）。

植物生态学包括植物个体生态学、植物种群生态学、植物群落生态学。应用于空间规划设计中则主要体现在植物种群生态学、植物群落生态学上。其中，植物种群生态学研究植物的种群结构、种群分布、种群动态、种群遗传以及种群进化等。植物群落生态学研究植物群落的结构、演替、形成机理、和分类分布规律。两者的应用情境包括自然生态系统研究、退化受损生态系统恢复、自然保护区管理等。

2. 植物生态学介入空间的典型情境

植物生态学中植物结构在一定程度上体现植物在时间与空间的变化过程和规律、种内与种间的相互作用关系，反映在空间中则体现为种群共生的发展策略和调节机制。在空间规划设计中多应用于退化受损生态系统的种植恢复情境中，旨在保护和修复受损的生态系统，提高生态系统的稳定性和可持续性。

退化生态系统以修复植物群落为主要目标，将生态效益和经济效益相结合，初始目标就是帮助促进植被的恢复过程，其实质是利用植物群落的自然演替对现状环境进行修复改善。

植物生态学在景观规划设计中的应用

1. 植物生态学应用知识框架

结合植物生态学的原理知识，笔者列出在退化受损生态系统的种植恢复情境的应用知识框架。在退化受损生态系统恢复中，植被恢复是重建任何生态系统的第一步，是以人工手段促进植被在短时期内得以恢复（彭少麟，1996）。

种间关系与生态位对于生态系统的恢复重建至关重要，其影响着物种的种植选择、竞争、共生和相互作用方式，从而影响植物群落的发展和生态系统的恢复过程。因此，该情境选取种间关系与生态位理论作为应用情境的核心理论，其中相关的种群竞争与互惠、生态位宽度、生态位重叠、生态位分化是与核心理论相关的概念知识。

植物群落动态演替是实现退化受损生态修复目标的关键过程，是在时间上发生的动态相互作用的转变，所以选取在植被恢复过程中初期基质、先锋物种、顶级群落作为重点概念知识。综上所述，笔者归纳出用于规划设计的 2 条理论及其对应的 7 条实质性知识（图 5）。

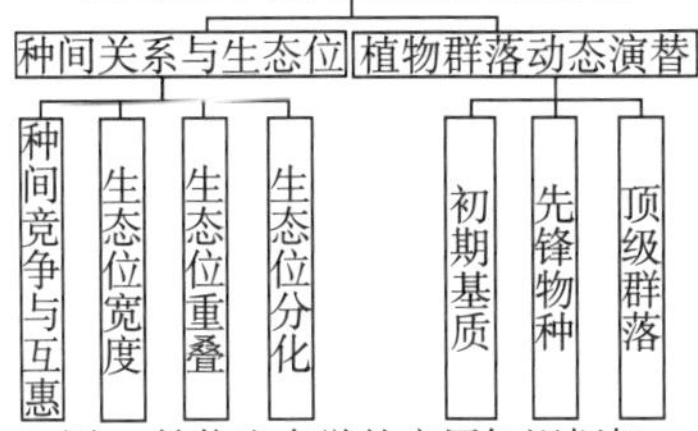

▲图 5 植物生态学的应用知识框架

2. 植物生态学应用知识解析（表 2~ 表 5）

表 2 退化受损生态系统种植恢复情境下的种间关系与生态位理论知识解析（劳炳丽 等，2020；赵平 等，1998）

理论知识解析	理论知识图解
种间关系与生态位 种间关系是指不同物种之间相互作用的方式或效果；根据种间关系的性质，大致可分为竞争与互惠两大类；生态位是指自然生态系统中一个种群在时间、空间上的位置及其与相关种群之间的功能关系 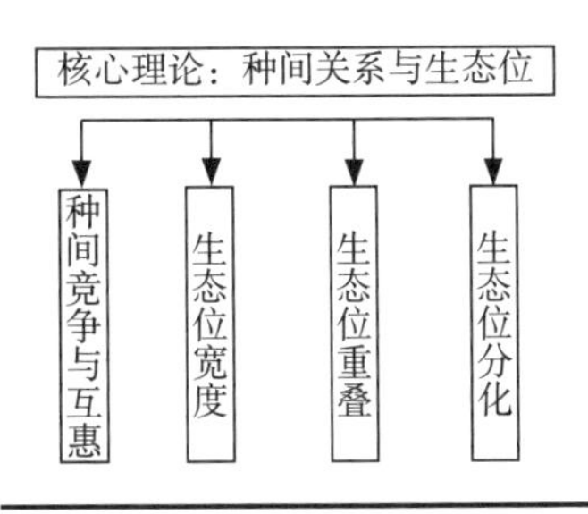	·不同植被的生态位宽度有所差异，在演替过程中种群根部生态位重叠度高，对于有限资源的利用增加导致根系竞争激烈，为了避免竞争，种群生态位开始分化，寻找各自适合生长的资源利用方式，找到竞争相对较少的资源利用空间，从而促进物种的共存和生态系统的稳定 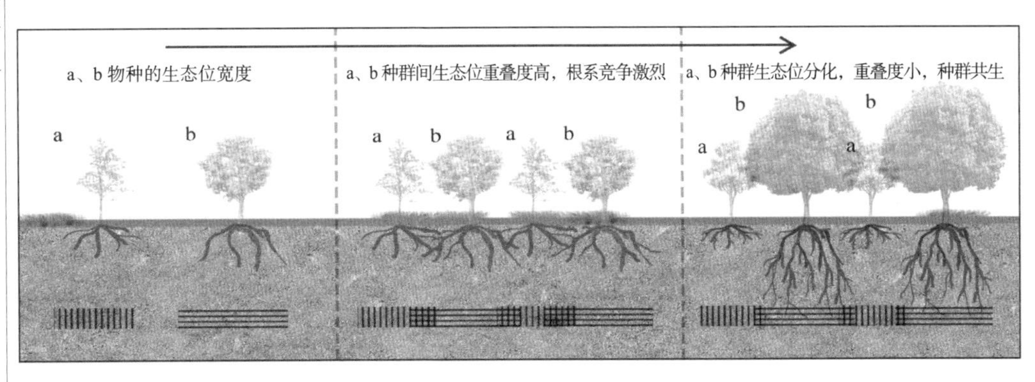

表 3 退化受损生态系统种植恢复情境下的种间关系与生态位概念知识解析（侯继华 等，2002；赵平 等，1998）

概念知识解析	空间机制解析	设计手法
①种间竞争与互惠 植物种间竞争指的是不同植物个体之间为获取有限的资源（如光线、水分、养分）而进行的竞争；这种竞争可能表现为根系竞争、光合竞争和空间竞争等；植物通过生长速度、根系分布、叶片结构等适应策略，与其他植物竞争资源，以获得更多的生存条件和生长空间；种间互惠是指两种或多种植物之间相互依存、互利共生的关系；植物间可以通过相互帮助、共享资源的方式实现互惠	**生境保护与改善 =f（优势种与伴生种生态位重叠度，优势种与优势种生态位重叠度、+ 郁闭度、植被沿河带宽度）** ·控制优势种与伴生种生态位重叠度，减少种间竞争 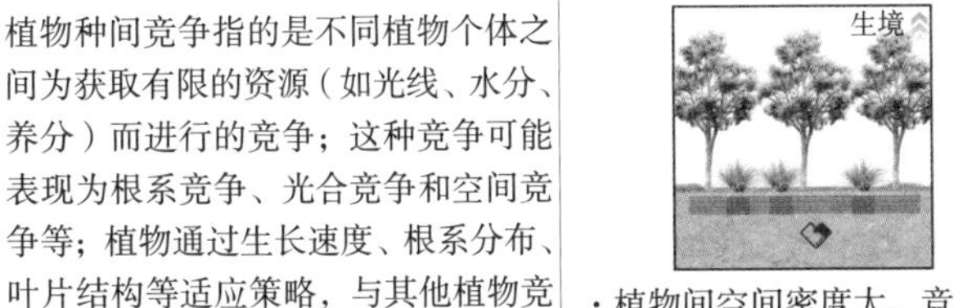 > 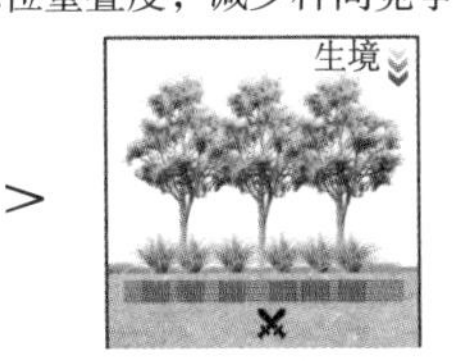 ·植物间空间密度大，竞争关系弱 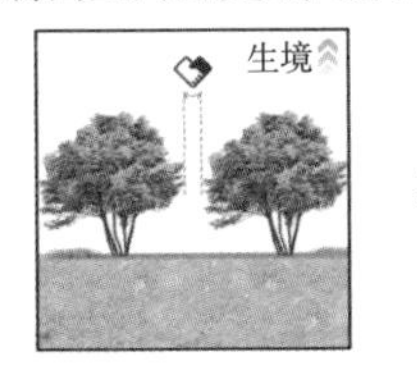 > 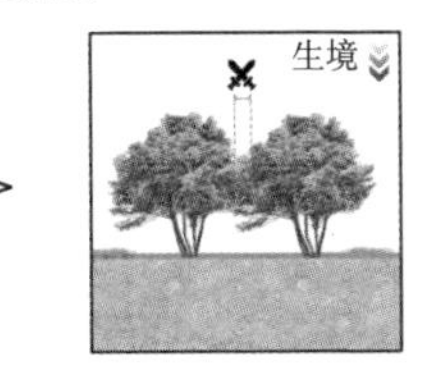	·控制植被种植距离：足够的植被生长空间有利于植被的演替、种植的恢复，从而提高生物多样性 

续表

概念知识解析	空间机制解析	设计手法
②生态位宽度 生态位宽度是指一个物种在生态系统中所占据的资源利用空间的范围或能力；它描述了一个物种在资源利用和生态位分布方面的适应性和灵活性； 生态位宽度取决于物种对不同资源的利用能力，包括食物类型、生境偏好、温度范围、光照条件等；一个物种的生态位宽度越宽，意味着它具有更广泛的资源利用能力，能够适应多样的环境条件和资源利用策略	**水源涵养 =f（植被类型、郁闭度）** ·植物生态位宽度大，对水分有更强的吸收储存能力  > 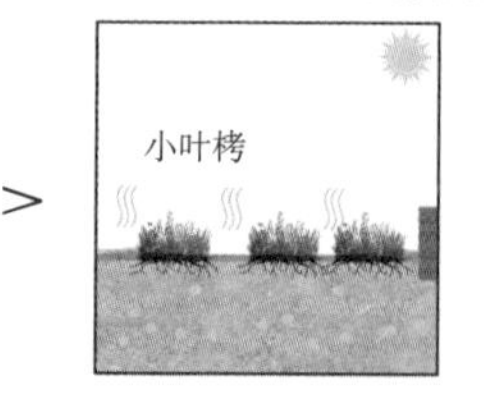  ·叶面相互遮挡，减少了水分的蒸发和蒸腾量  > 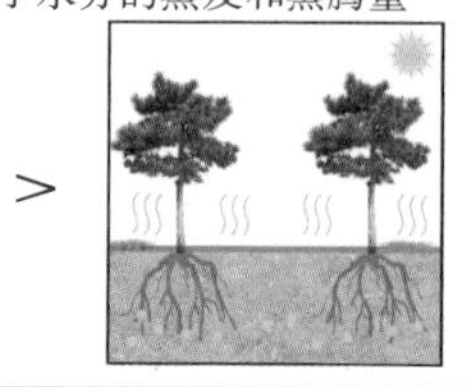	·根系结构设计：选择具有发达根系结构的植物，吸收更多的地下水 ·屋顶花园：通过植被间遮挡，减少建筑水分蒸腾，降低建筑温度
③生态位重叠 生态位重叠是指不同物种的生态位之间的重叠或共有生态位空间的现象，即两个或更多的物种对资源空间或资源状态的共同利用； 生态位重叠的存在可以导致物种相互作用的不同结果；当物种的生态位重叠较大时，它们可能在资源获取上发生竞争，导致资源的限制和生存条件发生变化；生态位重叠较小的物种可能会在资源利用上相对独立，并且它们之间的相互作用可能更多地涉及互惠、共生关系	**生物多样性保护 =f（＋植被丰富度、＋垂直结构复杂度、± 种群密度）** ·水平单一物种，重叠度高，生物多样性少  > 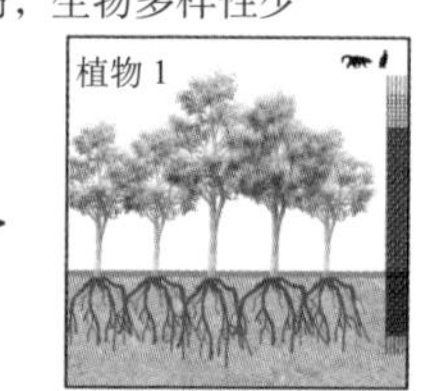 ·垂直结构丰富，重叠度低，减少竞争 > 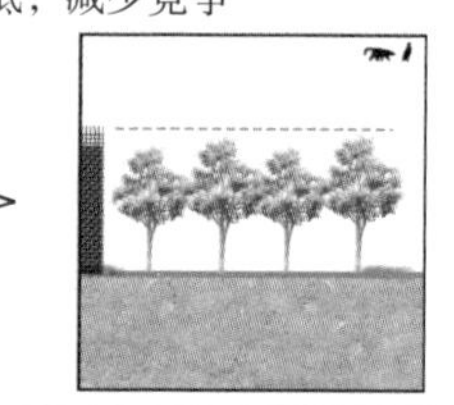	·提高植被丰富度：选择不同生长习性的植物，可减少种间竞争压力，提高存活度  ·丰富植被垂直结构：提高植被竖向丰富度，减少竖向竞争压力，提高生物多样性 
④生态位分化 生态位分化是指在资源利用和生活方式上，物种在共存环境中逐渐发展出差异化的适应策略和角色；生态位分化可以是一个渐进的过程，也可以是物种共存和资源利用多样性的结果；不同物种能够在共存环境中占据不同的资源和生活方式，从而降低直接竞争的程度	**水土保持 =f（群落层数、植被类型、植被覆盖度）** ·增加群落层数，减少地表冲刷  > 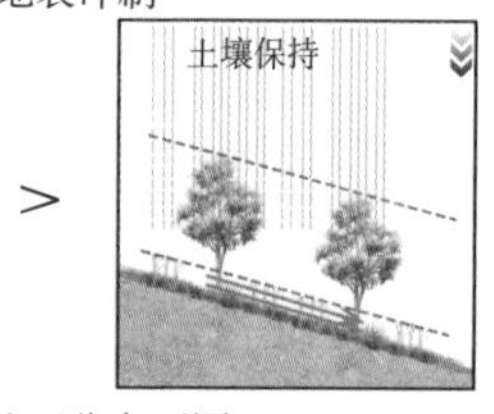 ·植被层次不同，植被地面分布不同 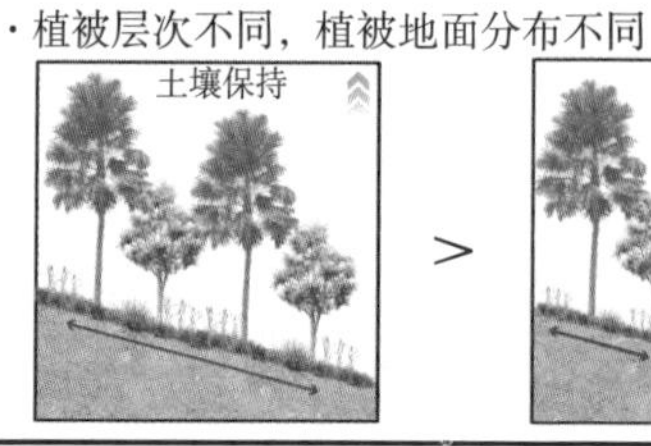 > 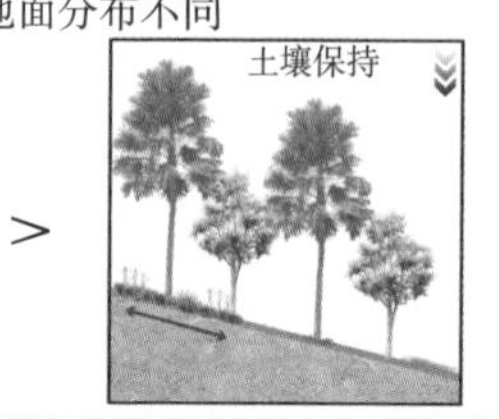	·边坡绿化设计：减少雨水对地表的直接冲刷，减少水土流失 ·缓冲带设计：地面植被层次增加，有效拦截悬浮固体颗粒和有机污染物 

表 4 退化受损生态系统种植恢复情境下的植物群落动态演替理论知识解析

理论知识解析	理论知识图解
植物群落动态演替 植物群落动态演替是指区域或生态系统中植物群落随着时间的推移经历连续变化的过程。它描述了植物群落从初始阶段到成熟阶段的演替过程，以及环境条件、物种相互作用和竞争等因素对植物群落组成和结构的影响 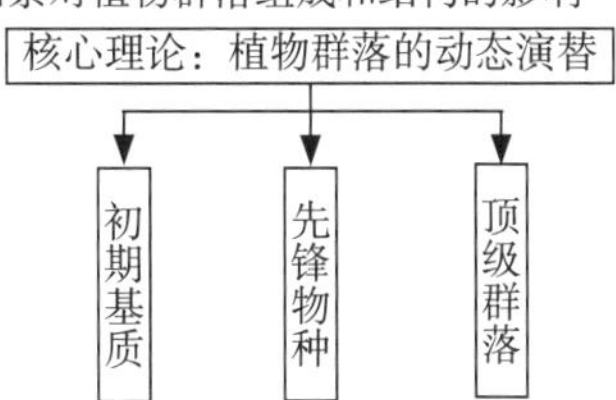 	・初期基质为先锋物种提供了生长和繁殖的条件，先锋物种在初始阶段快速定居并改善基质条件，为后续物种的定居创造条件，最终形成顶级群落 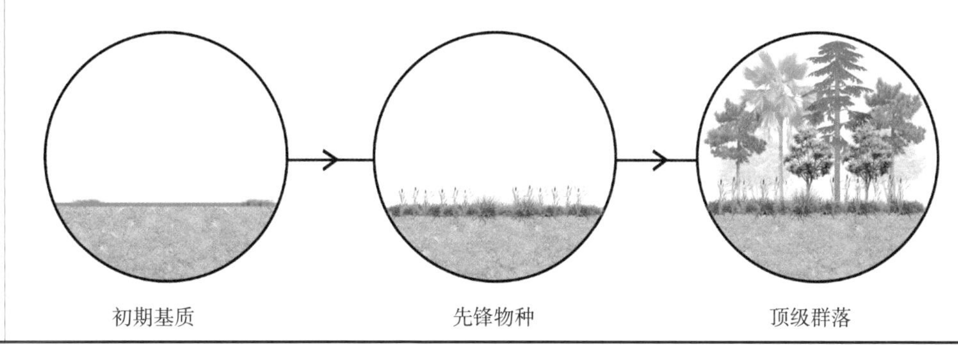

表 5 退化受损生态系统种植恢复情境下的植物群落动态演替概念知识解析（许伟，2007）

概念知识解析	空间机制解析	设计手法
①初期基质 初期基质是指生态系统或生境中在初始阶段还未被植物群落定居和占据的物质或环境。它可以是裸露的土壤、裸岩表面、砂质地或裸露的水域等；它们为先锋物种的定居和生长提供了一个起点，并为后续物种的定居和生态系统的发展奠定了基础	**土壤保持 =f（降解技术，养分供给）** ・好氧修复：氧气注入垃圾堆，加速其腐烂降解过程 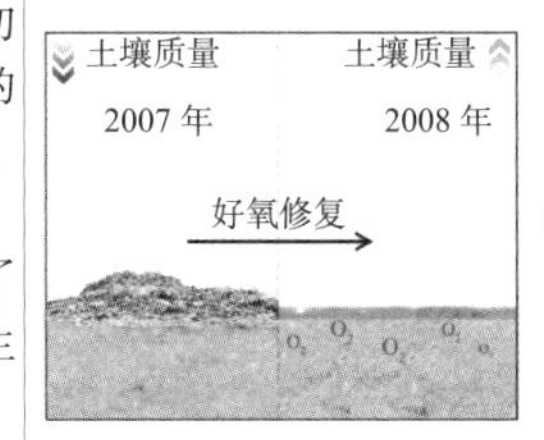 > 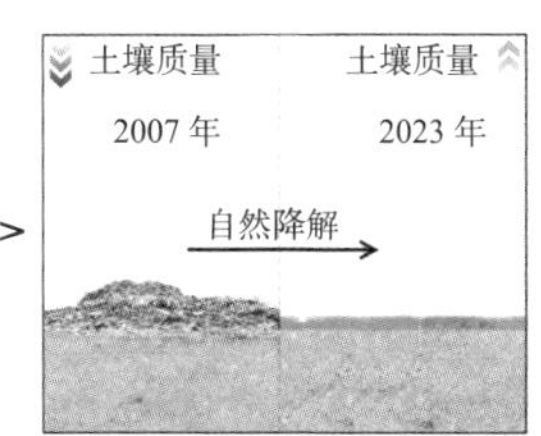 	・好氧修复：垃圾堆内注入氧气，经好氧微生物作业快速降解，缩短垃圾分类的时间 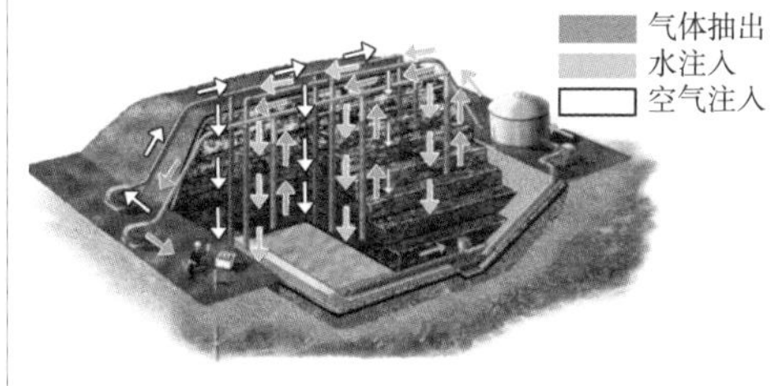
②先锋物种 先锋物种是指在群落演替过程中最先定居并适应恶劣环境条件的物种；它们通常是对干扰或破坏环境条件具有较高耐受性和适应性的植物种类；先锋物种通过改善环境条件、积累有机质、固定土壤、提供栖息地等方式，为后续物种的定居和生长创造有利条件	**生境修复 =f（植被类型，水源供给，种植密度）** ・选择适合生长环境的先锋物种，提高其应变能力和生长速度 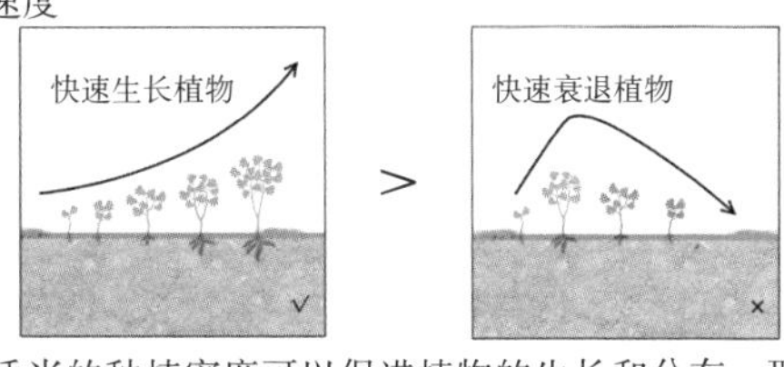 ・适当的种植密度可以促进植物的生长和分布，形成较好的植被结构 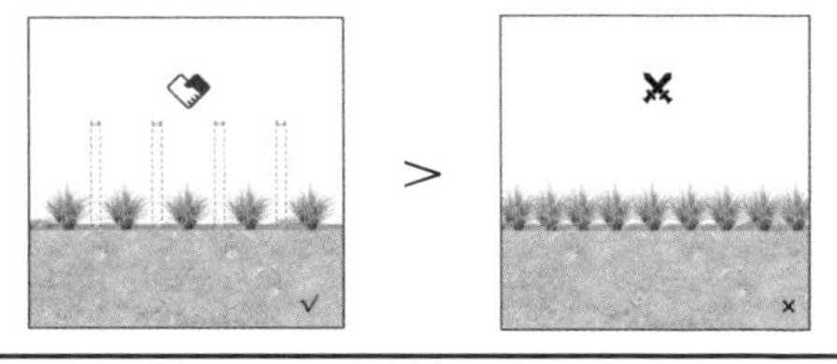	・选择适合环境且快速生长的植物  ・植被种植留出适宜的生长空间 

续表

概念知识解析	空间机制解析	设计手法
③顶级群落 顶级群落是指在群落演替过程中，处于最终阶段或最稳定阶段的群落；它是一个相对成熟和相对稳定的生态系统单位，具有较高的物种多样性和复杂的生态相互作用；该群落在出生率与死亡率、能量输出与输入等方面都达到均衡	**生态稳定性 =f（群落结构，植物耐受性）** · 乔、灌、草复层式群落，提高种群共生能力  >  · 乡土植物为主的植物品种或是对环境适应能力强的品质种 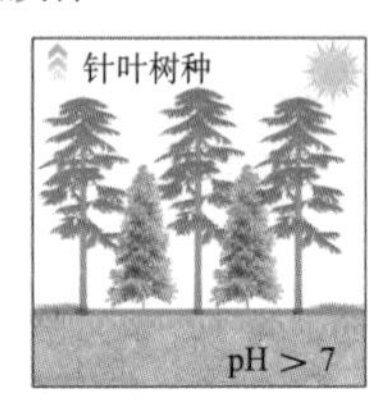 > 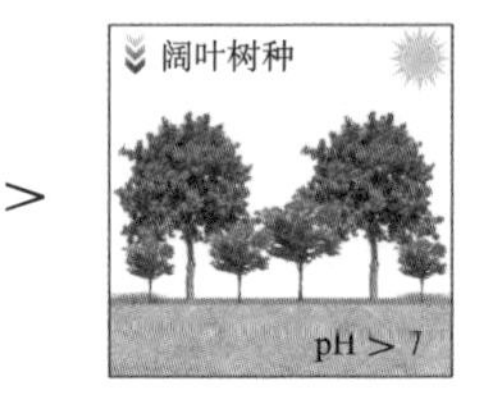	· 植物群落配置优化：多样的植物物种组合和空间分布可以提供丰富的资源和生境条件，吸引更多的物种定居和繁殖，实现生态均衡 · 采用透气铺装：松散或密实土壤改土，促进土壤气体交换过程 

CASE
案例知识分析

1 **植被修复场地分析**
- 区位、地形地貌等资料收集
- 修复区的整体生态环境
- 明确植被优势种与先锋物种

2 **植被修复方法与途径**
- 自然修复
- 人工辅助修复
- 物种框架法
- 最大多样性法

3 **植被修复具体措施**
- 种植岛应用
- 植被类型选择
- 优化植物配置
- 对林下植物封育保护
- 林冠过密处间伐并留置倒木
- 林相过于单一处间伐间种
- 人工施肥，提高土壤养分

4 **后期保障措施的监督与管理**
- 建立监督管理机构及管护制度
- 栽种植物个体的适应状况
- 依照生态修复评价标准
- 严禁污染物排放

▲ 图 6 基于植物生态学在退化受损生态种植恢复情境的规划设计程序

■ 植物生态学在退化受损生态系统种植恢复情境的规划设计目标与程序

1. 基于植物生态学在退化受损生态系统种植恢复情境的规划设计目标（表 6）

表 6 基于植物生态学在退化受损生态系统种植恢复情境的规划设计目标体系

一级目标	二级目标	三级目标	现实问题
提高生态系统可持续性	生境修复与改善	调节小气候	调节温湿度
			净化空气
			改善风环境
		水源涵养	净化水质
			缓解内涝
		土壤保持	减少土壤污染物
			加固土壤
	生物保护与发展	丰富生物多样性	改善动物栖息空间
			调节微生物数量

2. 基于植物生态学在退化受损生态系统种植恢复情境的规划设计程序

基于植物生态学在退化受损生态系统种植恢复情境的规划设计程序有 4 个步骤（图 6）。

■ 实践案例解析：安徽淮南市大通区煤矿废弃矿区生态修复（张雨曲，2009）

1. 植被修复场地分析

大通区煤矿废弃矿区所处的大环境位于淮河中游南岸，地形南高北低，高程在 30~200m 之间。修复区南面为舜耕山，山势较高，大部分为石灰岩山体，绿化条件较好，但由于采石工业的破坏，部分区域山体裸露无植被。

2. 植被修复方法与途径

通常植被修复途径包括自然修复以及人工修复两种。自然修复强调通过自然演替来修复退化的生态系统，而人工修复指通过人为的方法，按照自然规律修复天然的生态系统。本项目中以自然修复为主，以人工干预为辅，将物种框架法与最大多样性法相结合，达到修复改造的目的。

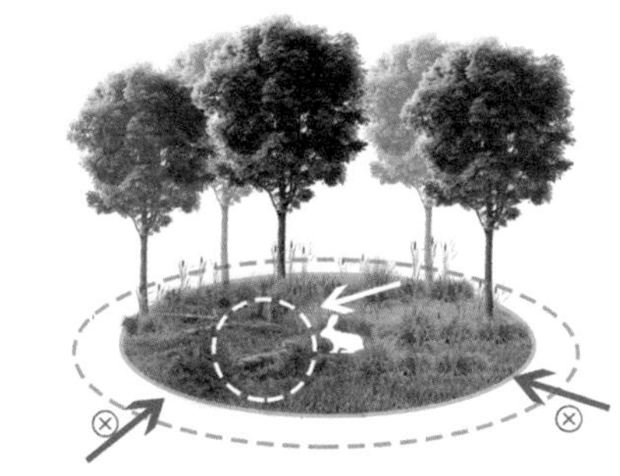

▲图 7 封育保护与留置倒木

3. 植被修复具体措施

自然修复。①对林下植被进行封育保护：减少自然因素的影响以及人为的破坏干扰；②留置倒木：可促进动物间的相互作用，腐朽后可以促进其他物种生长（图 7）。

▲图 8 水杉林和麻栋林修复对比

人工修复。①林冠过密处间伐：对树冠密度过大的地方开林窗，减少林木的郁闭度，促进下层林被的生长；②林相过于单一处进行间伐间种：可抑制某种动物的大量繁殖，防止生态系统问题；③不同林种处理：水杉林和麻栋林的生长处于稳定状态，其植株密度过大，几乎无林下植物，结构单一，因此采取适当的间伐以及林下植被的种植保护的措施（图 8）；④固氮植物的选择：固氮植物可以通过增加有机物质和改善土壤结构等方式改善土壤的物理性质和水分保持能力，进而提高生态系统的恢复；⑤种植岛的应用：区域内覆盖较厚的土层，每个岛的直径为 10m，覆土厚度在 20cm 以上，种植乔木和灌木，种植岛可为周围持续提供种质资源（图 9）。

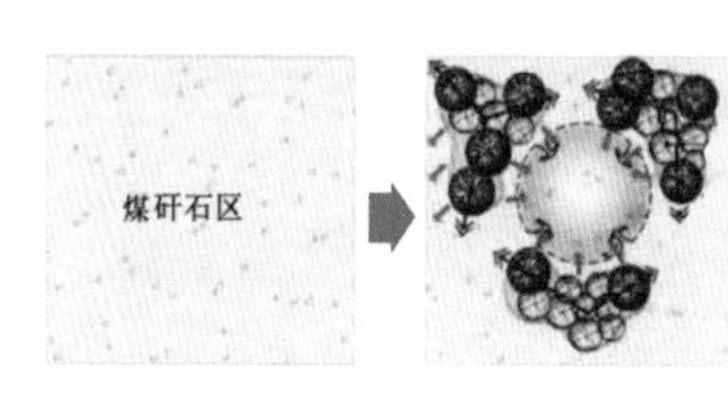

▲图 9 种植岛应用

4. 后期保障措施的监督与管理

对初期生态系统的养护首先要做 3 个层次的检测：①监测环境的因素是否健康；②监测生物多样性；③监测生态过程，同时对水分供应、土壤肥力情况进行持续人为的管理与维护。

5. 煤矿废弃矿区退化生态系统种植恢复案例的实践分析框架

案例中矿区生态修复设计以自然修复为主，以人工干预为辅。合理控制植被与环境，种群之间的相互作用，利用植被演替规律对植被的生长状态及时监测，达到废弃矿区生态系统种植恢复的规划设计目标。综上所述，笔者总结该案例“程序—手段—知识—目标”之间的关系（图 10）。

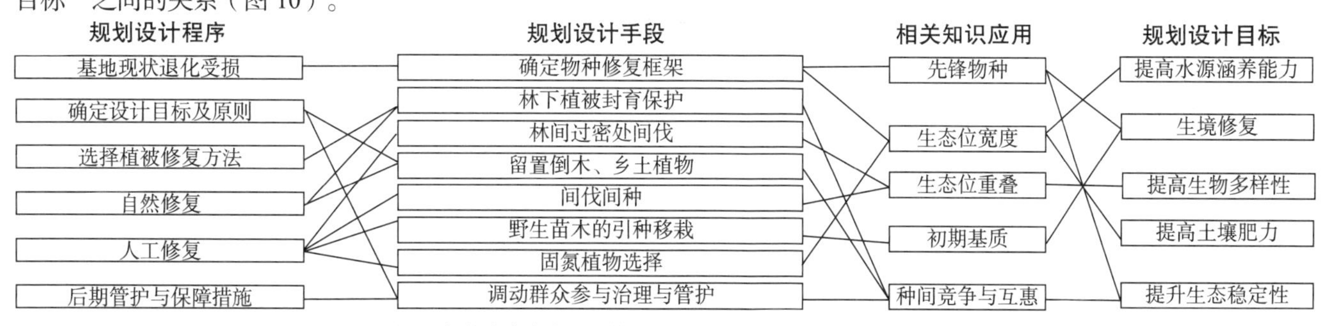

▲图 10 安徽淮南市大通区煤矿废弃矿区生态修复的实践分析框架

■ 参考文献

方炎明，2015. 植物学 [M].2 版 . 北京：中国林业出版社 .

侯继华，马克平，2002. 植物群落物种共存机制的研究进展 [J]. 植物生态学报，48（S1）：1-8.

况平，艾丽皎，王萍，等，2014. 植物生态学在城市园林中的应用 [J]. 农业科技与信息（现代园林），11（11）：26-37.

劳炳丽，卓伟德，朱荣远，2020. 人工橡胶林的蜕变——西双版纳三达山热带雨林生态修复规划 [J]. 景观设计学，8（1）：108-125.

彭少麟，1996. 恢复生态学与植被重建 [J]. 生态科学，15（2）：28-33.

孙雁冰，惠富平，2023. 晚清《植物学》的创译及其科学传播意义研究 [J]. 农业考古，12（1）：157-161.

许伟，2007. 无锡市城市生态绿地人工植物群落结构研究 [D]. 南京：南京林业大学 .

许玉凤，曲波，2013. 植物学 [M]. 北京：中国农业大学出版社 .

杨允菲，祝廷成，2011. 植物生态学 [M].2 版 . 北京：高等教育出版社 .

张彦文，周浓，2014. 植物学 [M]. 武汉：华中科技大学出版社 .

张雨曲，2009. 安徽淮南大通煤矿废弃矿区生态修复研究 [D]. 首都：首都师范大学 .

赵平，彭少麟，张经炜，1998. 生态系统的脆弱性与退化生态系统 [J]. 热带亚热带植物学报，06（3）：179-186.

周云龙，刘全儒，2016. 植物生物学 [M].4 版 . 北京：高等教育出版社 .

■ 思想碰撞

《与大卫·爱登堡一起探索植物王国》纪录片中形象地演绎出植物种群的种内竞争，可以发现植物个体的种内竞争在自然界中十分普遍。那么植物种内竞争会产生什么样的结果？小兴安岭中红松林和云杉林的种内竞争随着时间的变化而发生改变，那么植物群落的种内竞争是否有利于群落发展？什么情况下会产生不同的影响？谈谈你的理解。

■ 专题编者

岳邦瑞

费凡

李馨宇

胡丰

动物学 15讲
地球生命圈的维护者

30 多亿年前，地球上开始出现生命，各种生命经过地质时期的变迁形成了丰富多彩的生物，动物是自然资源的创造者，它们贴近自然，维护自然，但是由于人类活动的强烈干扰，近代物种的丧失速度比自然灭绝速度快 1000 倍，比形成速度快 100 万倍，濒危物种的保护已经成为国际社会关注的热点问题。因此，许多自然保护学家开始运用动物学相关理论，结合规划设计途径，在濒危物种分布比较集中的地区以及生态系统的关键地区打造“自然保护区”——一种物种保护最有效的办法，来保护我们最亲密的朋友，从而维护我们共同的地球生命圈。

学科书籍推荐:

《动物生态学》冯江 等
《自然保护区建设和管理关键技术》
崔国发 等

萌芽时期

亚里士多德
Aristotle

· 公元前 384~ 前 322 年，古希腊学者亚里士多德首次建立了动物分类系统，被誉为动物学之父

柏里尼
Pliny

· 公元前 300 年，罗马柏里尼（Pliny）将动物分为陆栖、水生和飞行三大生态类群

成长时期

卡尔 · 林奈
Carl Linnaeus

· 1741 年，林奈创立了动物分类系统及双名法，将动、植物分为纲、目、属、种和变种 5 个阶元

查尔斯 · 罗伯特 · 达尔文
Charles Robert Darwin

· 19 世纪中期，英国科学家达尔文确立了生物进化的学说，自此开始了从微观上研究生命现象本质的生活

格雷戈尔 · 孟德尔
Gregor Johann Mendel

· 1950 年，孟德尔用豌豆进行杂交实验的成果与后来发现的细胞分裂时染色体的行为相吻合，推进了动物遗传学的研究

发展时期

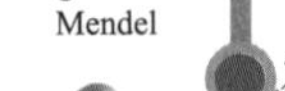

詹姆斯 · 沃森
James Watson

· 1953 年，沃森和克里克提出了 DNA 双螺旋结构模型，为动物遗传学的发展奠定理论基础

弗朗西斯 · 克里克
Francis Crick

· 1996 年，细胞克隆技术诞生，多莉是一只通过现代工程创造出来的雌性绵羊，也是世界之初第一个成功克隆的人工动物

▲ 图 1 动物学的发展历程

动物学的学科内涵

1. 动物学的相关基本概念

动物（animal）是生物的一个种类，一般理解为以有机物为食，能够自主运动之物。动物学（zoology）是揭示动物生存和发展规律的生物学分支学科。它研究动物的种类组成、形态结构、生活习性、繁殖、发育与遗传、分类、分布移动和历史发展，以及其他有关的生命活动的特征和规律。学科研究的目的则是阐明动物界物质运动形式和生命的基本规律，从而积极保护动物资源，为合理开发和利用资源并消除害源提供理论、方法及其原则（刘凌云 等，2009）。

2. 动物学的研究对象和特点

动物学的研究对象分为宏观、微观两个层面，宏观研究对象包括动物的形态、动物的生态、动物的行为等，微观研究对象包括比较生理、内分泌、细胞等（吕朝阳，2000）。研究特点如下：①以实验为主，以实验研究为主要手段，以实验结果为准则；②系统、综合性，运用系统学知识、综合研究动物的结构、发育、进化等；③运用现代科学技术，如遗传学、分子生物学、生物技术等进行研究（王国秀 等，2019）。

3. 动物学的发展历程

动物学的发展经历了 3 个阶段（图 1）。①萌芽时期（公元前 500 年 ~16 世纪）：建立动物分类系统，为动物学学科的形成与独立奠定了基础；②成长时期（16 世纪文艺复兴后 ~20 世纪）：卡 · 林奈等学者从不同层次解释了动物界的多样性、统一性和变异性；③发展时期（20 世纪 50 年代至今）：随着分子生物学的发展，动物科学在分子水平上的研究和发展得到了极大的促进（冯江 等，2005）。

动物学的学科体系

1. 动物学的研究内容

动物科学主要研究动物的外部形态、内部构造、生理、演化以及与人类的关系，其研究内容包括以下 5 个部分（图 2）。①动物的生理研究：动物体的生理机能、各种机能的变化、发展情况等；②动物的形态研究：动物体结构及其在个体发育和系统发展过程中的变化规律；③动物的遗传研究：从微观上研究生命现象的本质；④动物的行为研究：动物对复杂环境的适应性表现，帮助动物更好地生存、繁衍；⑤动物的生态研究：动物与其所处环境因子间的相互关系（刘凌云 等，2009）。

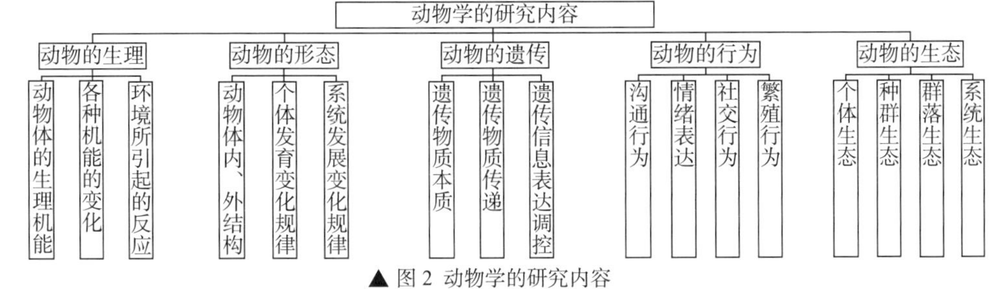

▲ 图 2 动物学的研究内容

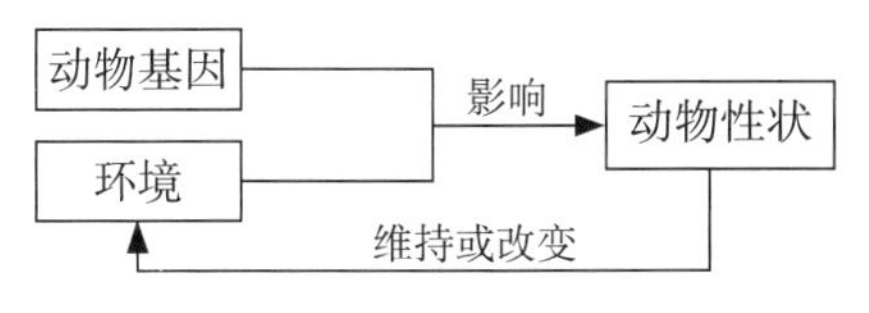

▲ 图 3 动物学的基础研究框架

2. 动物学的基础研究框架

随着学科发展，动物学形成了通过探讨“动物基因”“环境”与“动物性状”3个核心概念之间的相互作用关系而促进学科发展的动态机制。“动物基因”指产生一条多肽链或功能 RNA 所需的全部核苷酸序列，支持着动物生命的基本构造和性能；“环境”指动物生存的空间及其中可以直接或间接影响动物生活发展的各种自然因素（陈德第 等，2001）；“动物性状”是指动物的形态、结构和生理生化等特征的总称。上述三者在动物学研究中的作用逻辑为：从进化的角度出发，非随机的环境自然选择或随机的动物基因遗传漂变决定动物性状，主要表现在形态结构、生理功能和行为方式。动物在适应环境的过程中由于性状差异而形成不同生存与繁殖的需求，继而进一步维持或改变环境。综上所述，笔者提出动物学的基础研究框架（图 3）。

APPLICATION
保护区规划设计中的动物生态学知识

动物生态学与景观规划设计的交叉

动物学的学科分类中，动物生态学侧重于对动物与其所处环境因子间相互关系的研究，其内容对解释环境与动物行为之间维持或改变，发挥着决定性作用。因此，动物生态学作为动物学与景观规划设计的交叉点，为开展各种尺度和类型的保护区规划设计提供了实质性知识。

动物生态学发展因其研究内容的关系，起初未能与空间规划设计学科产生联系，后期因相关社会问题的出现，使其可为野生动物及生境保护和管理提供理论支撑，由此基础理论开始转向空间实践。该过程具体可划分为三大阶段：动物生态学初步应用阶段、动物生态学介入空间规划设计阶段、动物生态学介入保护区规划设计阶段（图 4）。

动物生态学在景观规划设计中的应用

1. 动物生态学的应用知识框架

自然资本评估与布局分区设计是动物生态学介入空间规划设计的核心内容，其中自然资本评估是对保护区自然资源和环境进行评估，布局与分区设计是在自然资本评

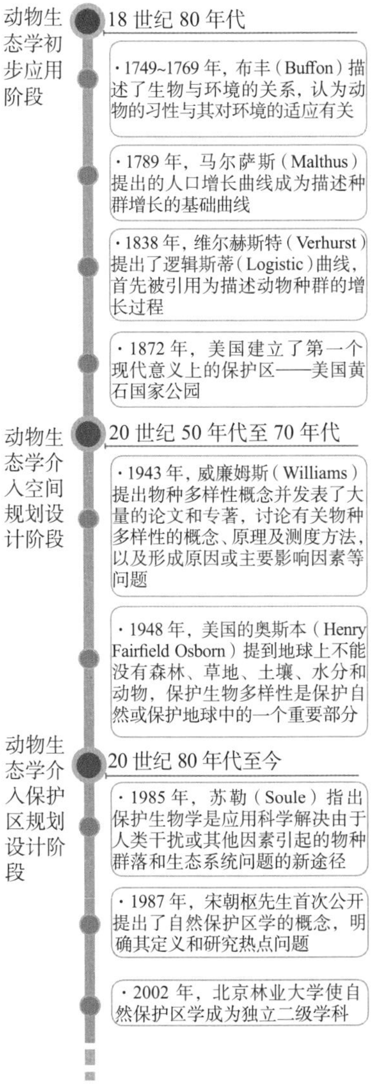

动物生态学初步应用阶段

18 世纪 80 年代

· 1749~1769 年，布丰（Buffon）描述了生物与环境的关系，认为动物的习性与其对环境的适应有关

· 1789 年，马尔萨斯（Malthus）提出的人口增长曲线成为描述种群增长的基础曲线

· 1838 年，维尔赫斯特（Verhurst）提出了逻辑斯蒂（Logistic）曲线，首先被引用为描述动物种群的增长过程

· 1872 年，美国建立了第一个现代意义上的保护区——美国黄石国家公园

动物生态学介入空间规划设计阶段

20 世纪 50 年代至 70 年代

· 1943 年，威廉姆斯（Williams）提出物种多样性概念并发表了大量的论文和专著，讨论有关物种多样性的概念、原理及测度方法，以及形成原因或主要影响因素等问题

· 1948 年，美国的奥斯本（Henry Fairfield Osborn）提到地球上不能没有森林、草地、土壤、水分和动物，保护生物多样性是保护自然或保护地球中的一个重要部分

动物生态学介入保护区规划设计阶段

20 世纪 80 年代至今

· 1985 年，苏勒（Soule）指出保护生物学是应用科学解决由于人类干扰或其他因素引起的物种群落和生态系统问题的新途径

· 1987 年，宋朝枢先生首次公开提出了自然保护区学的概念，明确其定义和研究热点问题

· 2002 年，北京林业大学使自然保护区学成为独立二级学科

▲ 图 4 动物生态学介入空间的 3 个阶段

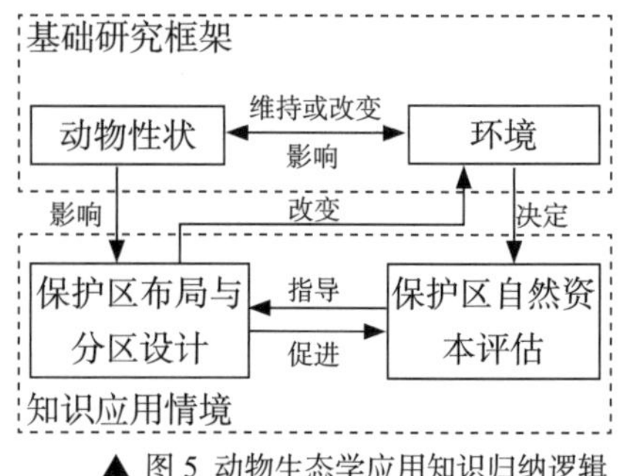

▲ 图 5 动物生态学应用知识归纳逻辑

估的基础上，依据动物性状对其生存环境进行改善（图 5）。综上所述，笔者将保护区建设的自然资本评估和保护区建设的布局与分区设计作为动物生态学知识应用的典型情境。自然资本评估情境选取栖息地选择理论和栖息地适宜度评价理论作为该情境的核心理论，布局与分区设计情境选取复合种群理论、岛屿生物地理学理论等作为该情境的核心理论（图 6）。

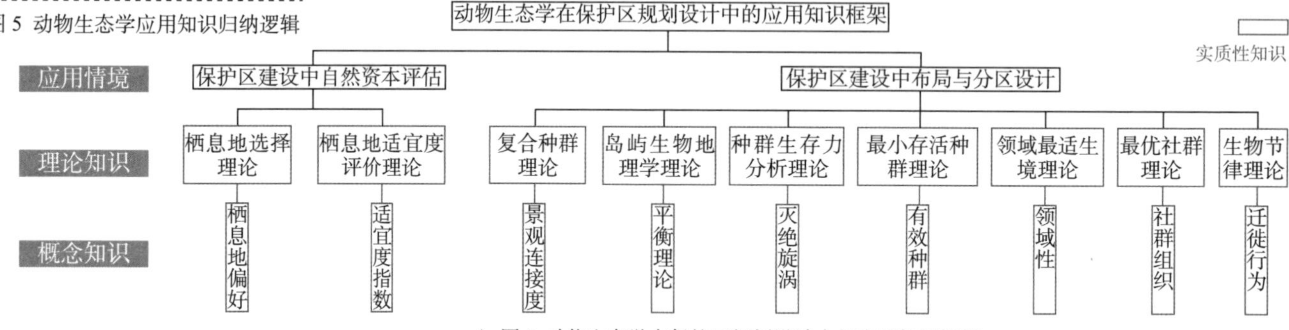

▲ 图 6 动物生态学在保护区规划设计中的应用知识框架

2. 动物生态学的应用知识解析

基于应用知识框架，笔者归纳了两种情境下的 9 条理论及其对应的 9 个重要概念（表 1、表 2）。

表 1 自然资本评估情境下的理论与概念解析（戴强 等，2007；易雨君 等，2013）

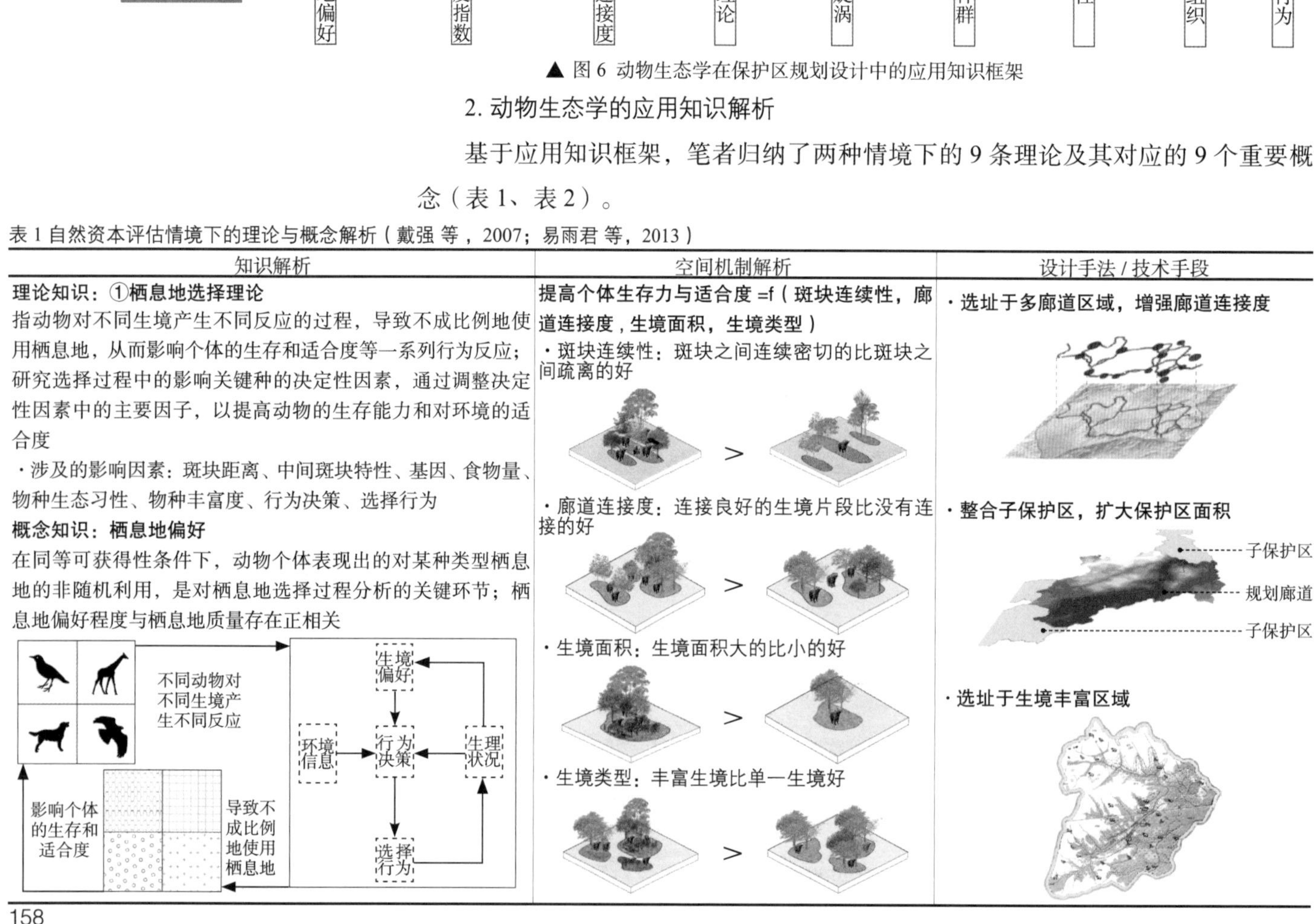

知识解析	空间机制解析	设计手法 / 技术手段
理论知识：①栖息地选择理论 指动物对不同生境产生不同反应的过程，导致不成比例地使用栖息地，从而影响个体的生存和适合度等一系列行为反应；研究选择过程中的影响关键种的决定性因素，通过调整决定性因素中的主要因子，以提高动物的生存能力和对环境的适合度 ·涉及的影响因素：斑块距离、中间斑块特性、基因、食物量、物种生态习性、物种丰富度、行为决策、选择行为 **概念知识：栖息地偏好** 在同等可获得性条件下，动物个体表现出的对某种类型栖息地的非随机利用，是对栖息地选择过程分析的关键环节；栖息地偏好程度与栖息地质量存在正相关	**提高个体生存力与适合度 =f（斑块连续性，廊道连接度，生境面积，生境类型）** ·斑块连续性：斑块之间连续密切的比斑块之间疏离的好 ·廊道连接度：连接良好的生境片段比没有连接的好 ·生境面积：生境面积大的比小的好 ·生境类型：丰富生境比单一生境好	**·选址于多廊道区域，增强廊道连接度** **·整合子保护区，扩大保护区面积** **·选址于生境丰富区域**

续表

<table>
<tr><th>知识解析</th><th>空间机制解析</th><th>设计手法 / 技术手段</th></tr>
<tr>
<td>

理论知识：②栖息地适宜度评价理论

指通过多元统计、模糊逻辑理论、人工神经网络等方法对物种和群落进行统计分析，以描述物种—生境的关系；分析过程中获得影响生境指示物种的制约因素，调整制约因素，为生物提供一个适宜的物理生境

· 涉及的影响因素：布局方式、食物量、物种丰富度、地形、栖息地指示物种生境因子

概念知识：适宜度指数

是用来定量生物对栖息地偏好与栖息地生境因子之间的关系的指数，栖息地定量的经典方法是栖息地适宜度指数法。

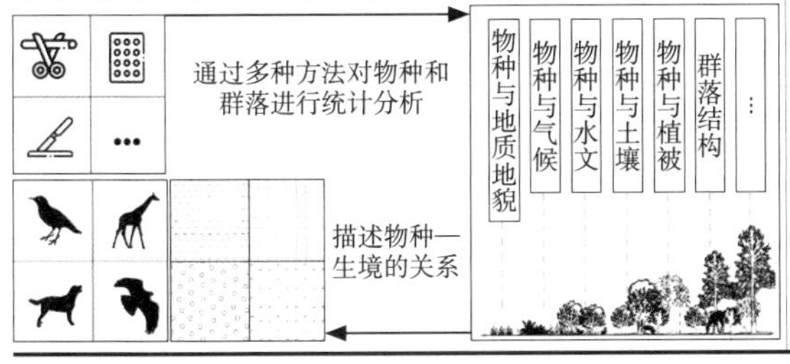

</td>
<td>

提供适宜生境 =f（生境类型、地形形态特征、布局方式）

· 生境类型：符合动物需求的生境好

· 地形形态特征：变化丰富的地形比平坦的好

· 布局方式：布局集中比布局散漫的好

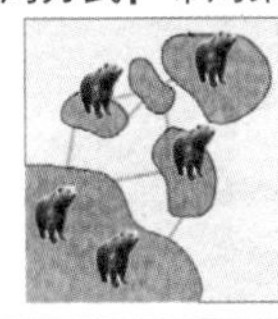

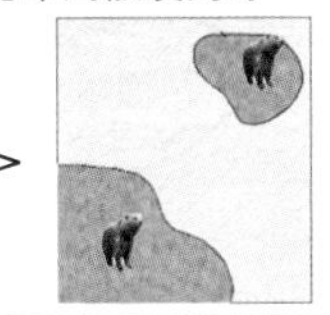

</td>
<td>

· 适宜性评价高的位置设置核心区，满足动物生境需求

· 分区遵循原地形，尽可能包含多种地形类型

· 集中与分散结合，构成联结良好的生境网络

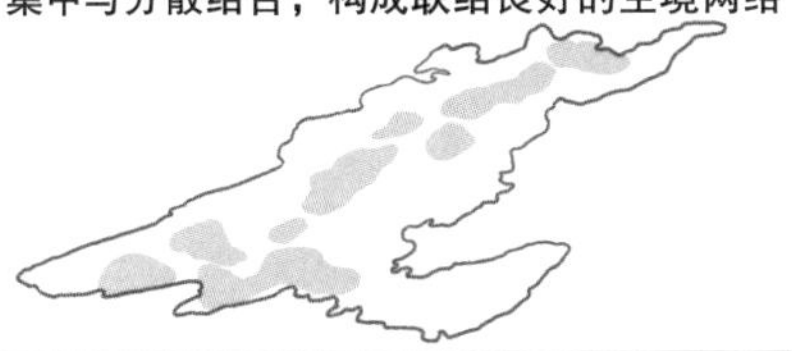

</td>
</tr>
</table>

表 2 布局与分区设计情境下的理论与概念解析（武正军 等，2003；张大勇 等，1999；赵淑清 等，2001；王虹扬 等，2004；田瑜 等，2011；李义明 等，1994；桂小杰，2005；徐宏发 等，1996；钱迎倩 等，1994；崔国发 等，2018）

<table>
<tr><th>知识解析</th><th>空间机制解析</th><th>设计手法 / 技术手段</th></tr>
<tr>
<td>

理论知识：③复合种群理论

是指在相对独立的地理区域内，由空间上相互隔离、但又有功能联系（一定程度的个体迁移）的两个以上的局部种群组成的镶嵌系统，这一种群可由局部斑块中种群的不断绝灭和再迁入，达到平衡而长期生存

· 涉及的影响因素：斑块数量、距离、面积、连接度、缓冲区

概念知识：景观连接度

是对景观空间结构单元之间连续性的度量，判定复合种群的标准之一是各个生境斑块之间具有一定的景观连接度

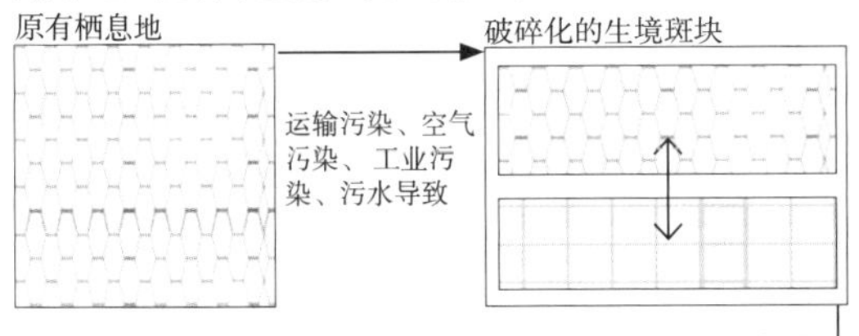

形成在空间上相互隔离、但又有功能联系的两个以上的局部种群组成的镶嵌系统

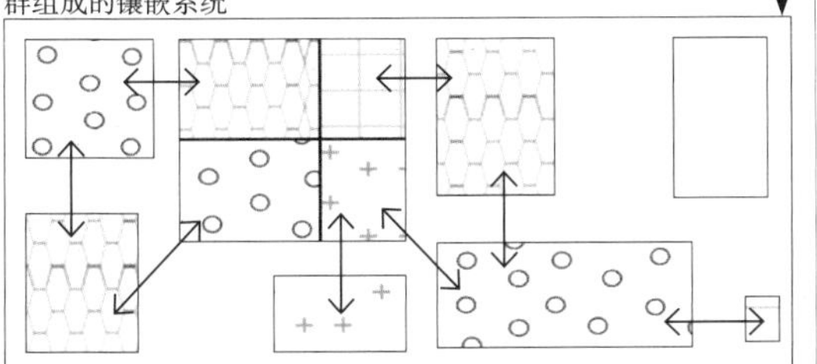

</td>
<td>

提升物种多样性 =f（斑块数量、距离、连接度、缓冲区）

· 斑块数量：数量多的比数量少的好

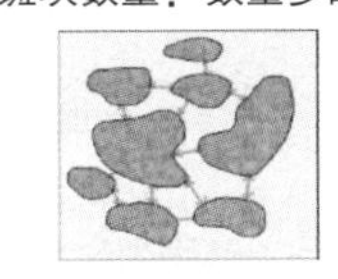

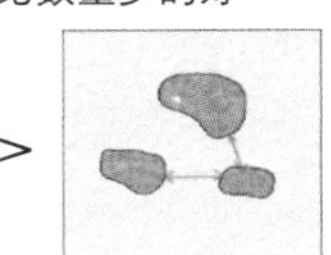

· 距离：距离近的比远的好

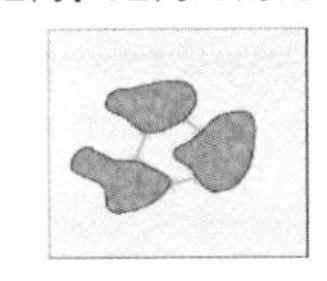

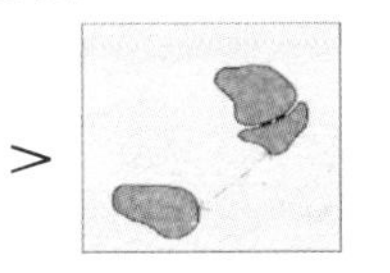

· 连接度：良好连接的生境片断比没有连接的更有利于物种的续存

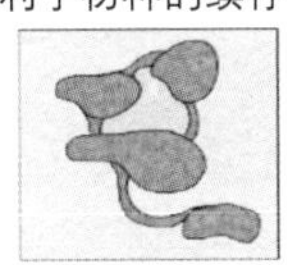

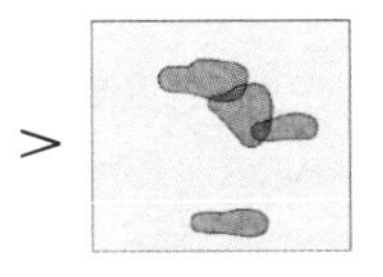

· 缓冲区：建立缓冲区比没有建立的稳定

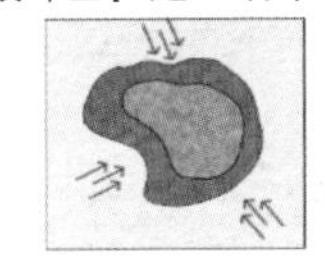

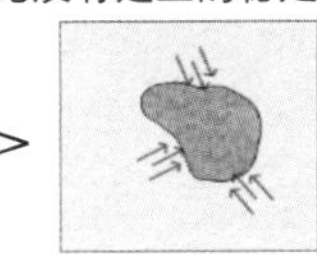

</td>
<td>

· 形成多核心区的保护区网　**· 整合斑块距离，尽可能扩大斑块的面积**

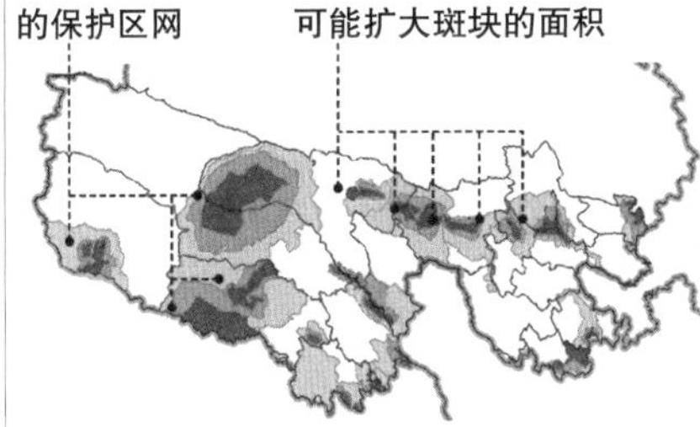

· 廊道区建设，加强斑块间连接度

· 内部环状缓冲带，增强生态系统稳定性

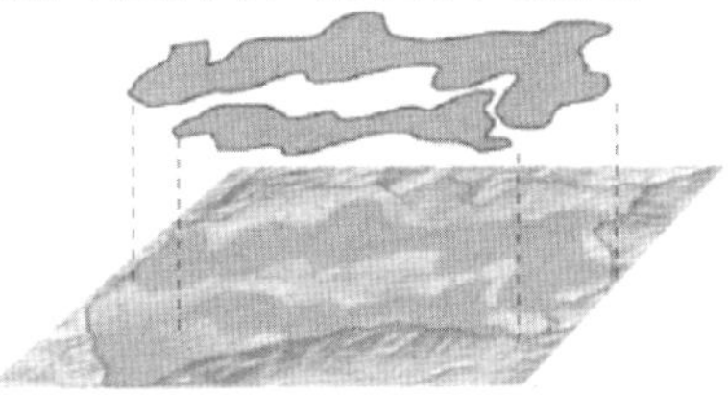

</td>
</tr>
</table>

续表

知识解析	空间机制解析	设计手法 / 技术手段
理论知识：④岛屿生物地理学理论 指从动态方面阐述物种丰富与面积及隔离程度的关系，认为岛屿上物种的丰富度取决于新物种的迁入和原来占据岛屿物种的灭绝 · 涉及的影响因素：生境多样性、干扰、面积、年龄、基质异质性、隔离、边界不连续性 **概念知识：平衡理论** 指当迁入率和灭绝率相等时，岛屿物种数达到动态平衡的状态，即物种的数目相对稳定，但物种的组成却不断地变化和更新；平衡理论是岛屿生物地理学理论的核心 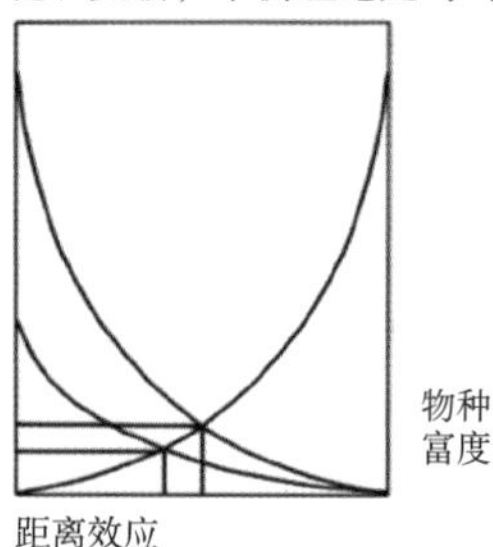 物种丰富度 距离效应 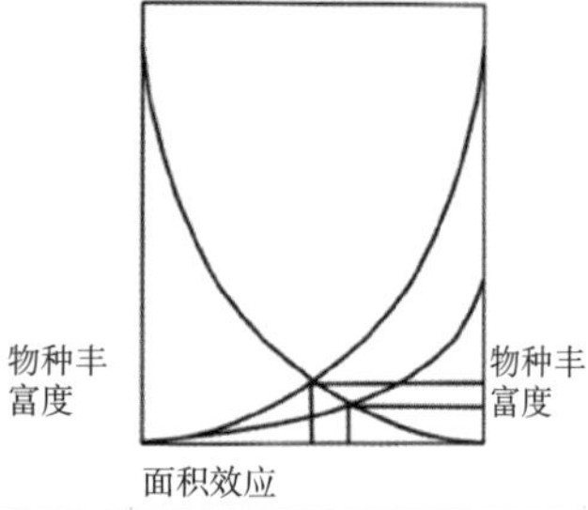 物种丰富度 面积效应	**增加动物多样性 =f（生境类型、面积、距离、形状）** · 生境类型丰富的比生境类型单一的好 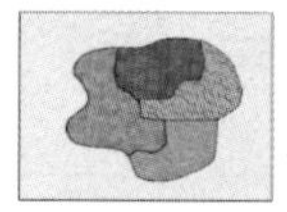 > 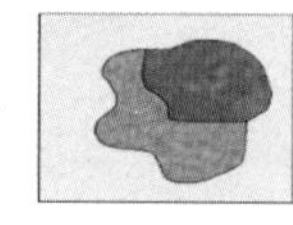 · 面积：斑块面积大的比小的好 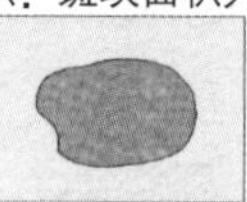 > 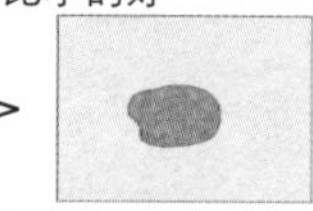 · 形状：斑块圆的比扁的好 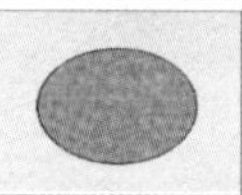 > 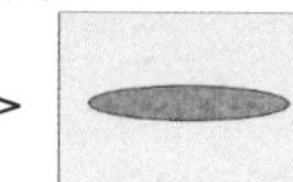 · 距离：斑块之间距离较近且存在连接的比距离远且没有连接的好 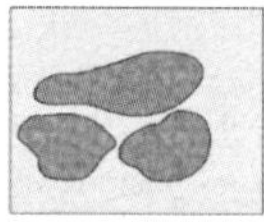 > 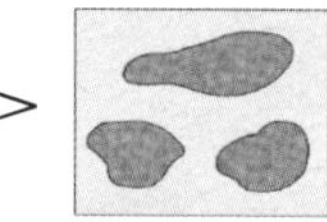	**· 营造丰富的生境类型** 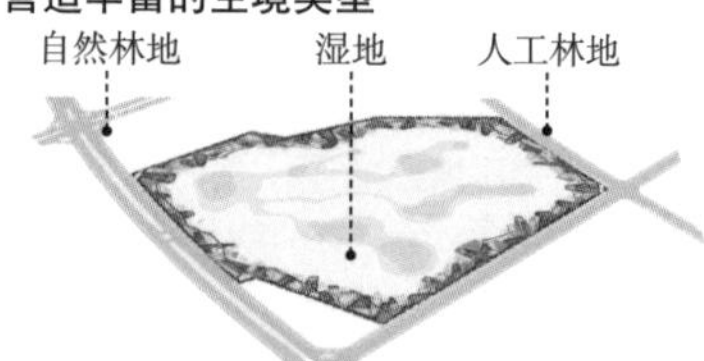 **· 促使保护区核心区面积较大，形状较圆** 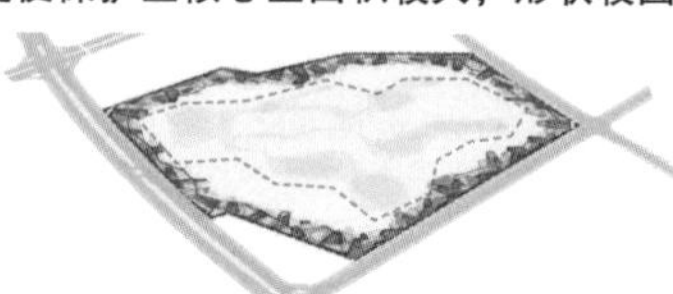 **· 使斑块之间距离较近且之间有连接** 
理论知识：⑤种群生存力分析理论 指利用计算机模型，结合分析和模拟技术，研究小种群的动态、命运，测算其灭绝概率的过程，其重点研究随机干扰对种群生存力的影响和物种绝灭的问题 · 涉及的影响因素：统计随机性、环境随机性、遗传随机性、灾害随机性、种群数量变化、环境类型、过度开发、斑块间的隔离程度、斑块破碎、种群定向选择的效率 **概念知识：灭绝旋涡** 任何环境的改变可以造成生物与环境之间的正反馈，这种正反馈对种群产生进一步的负影响，最终导致种群的灭绝；导致种群灭绝的事件称为灭绝旋涡，通常用旋涡模型预测种群未来生存的可能性 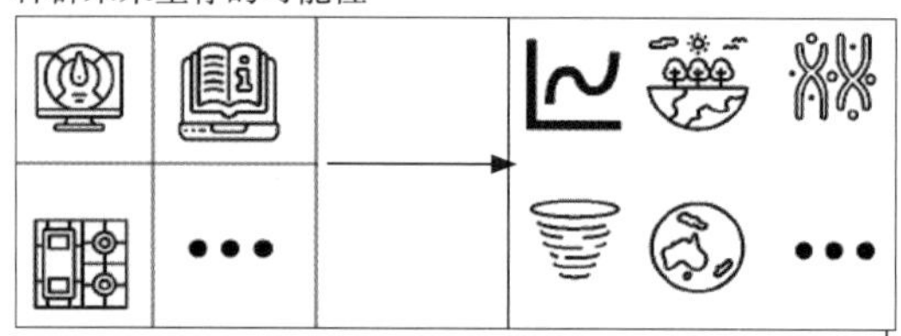 利用计算机模型结合技术，分析统计随机性、环境随机性、遗传随机性等对小种群的影响，研究小种群的动态、命运，测算其灭绝概率的过程分析 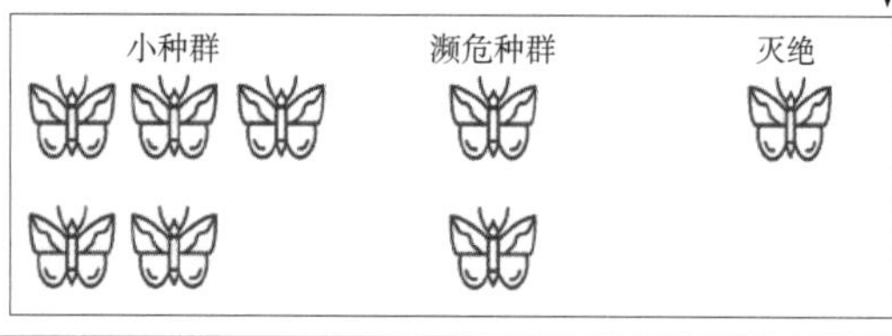 	**降低种群灭绝速率 =f（生境类型、用地类型、斑块间的隔离程度、斑块破碎化分布）** · 生境类型：丰富的比生境类型单一的好 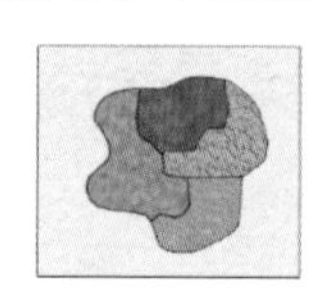 > 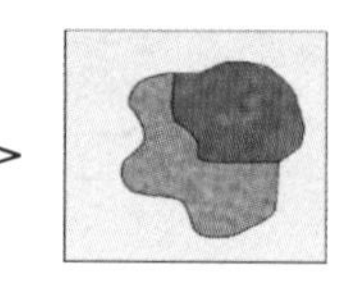 · 用地类型：人工环境少的比人工环境多的好  >  · 斑块间的隔离程度：斑块之间距离较近且存在连接的比距离远且没有连接的好 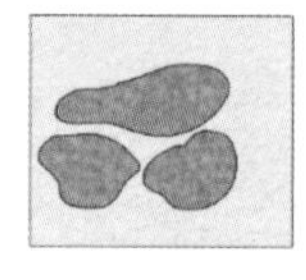 > 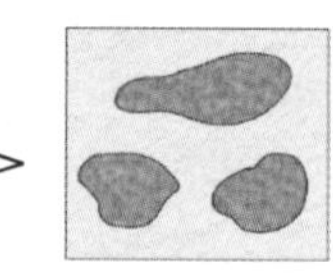 · 斑块破碎化分布：斑块适当破碎的比斑块过分破碎的更利于物种生存 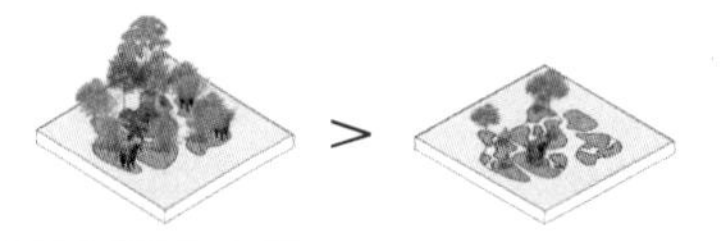	**· 种植适生植物，增加生境多样性** 河流 森林 草地 **· 合理布局观光旅游用地，控制人为干扰程度** 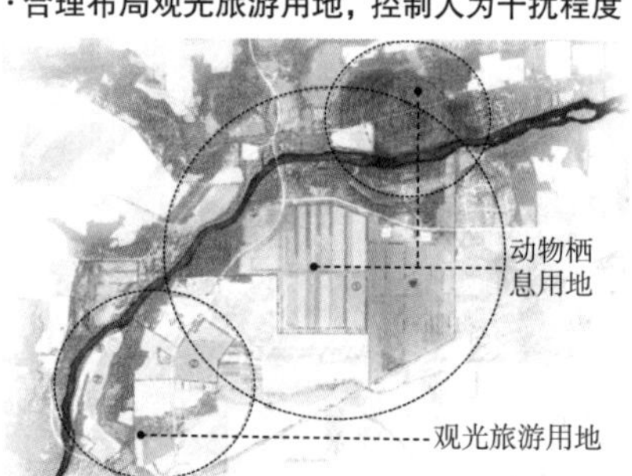 **· 整合破碎化斑块**　**· 建设生态廊道** 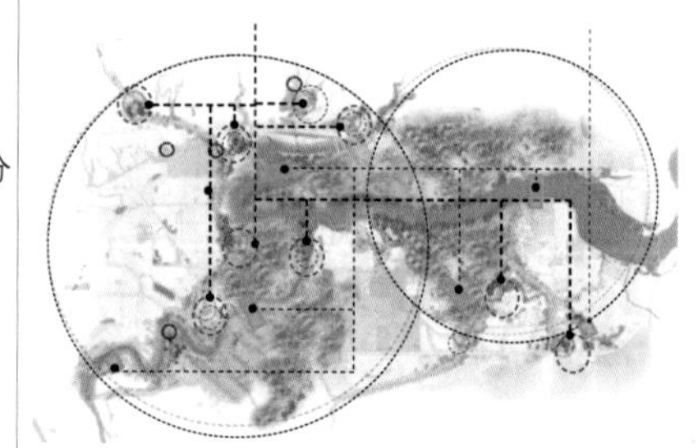

续表

<table>
<tr><th>知识解析</th><th>空间机制解析</th><th>设计手法 / 技术手段</th></tr>
<tr>
<td>

理论知识：⑥最小存活种群理论

指种群为了保持长期生存持久力和适应力应具有的最小种群数量；长期生存持久力指种群具有不受统计随机性、环境随机性、遗传随机性及灾害随机性影响的能力；生存适应力指种群能保持一定的活力、生育力和遗传多样性，以适应自然界的变化

· 涉及的影响因素：时间、种群中性比、种群繁殖量、种群增长率、种群数量、年龄结构、出生率、死亡率、杂合子的丧失率

概念知识：有效种群

是指具有正常繁殖、生育能力和不至于引起近缘变异和突变的群体数量，是想要保持遗传多样性的最小种群数量；性别比例、年龄组成、迁入和迁出率三个因素会影响种群密度，进而影响其有效种群的大小

</td>
<td>

濒危物种恢复 =f（种群栖息地、外界干扰）

· 种群栖息地：物种栖息环境符合生存条件

· 外界干扰：有缓冲带的生境受外界干扰比没有缓冲带的少

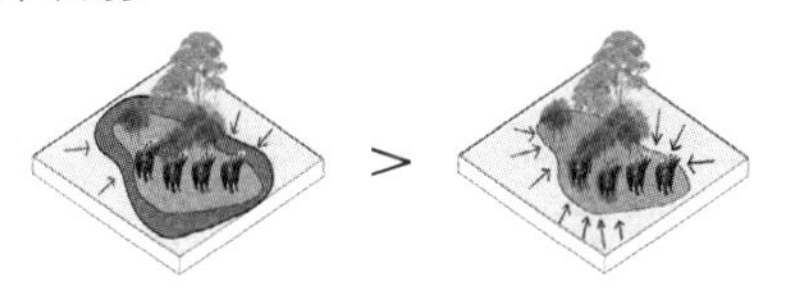

</td>
<td>

· 种植适生植物，满足栖息地生境要求

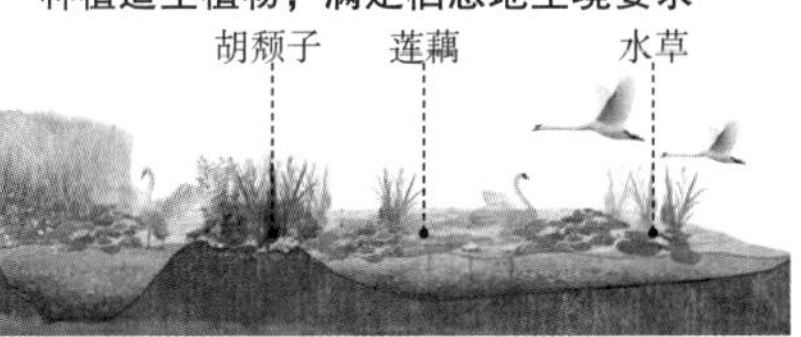

· 在核心区外设置缓冲区，同时避免人为过度干涉栖息地生境

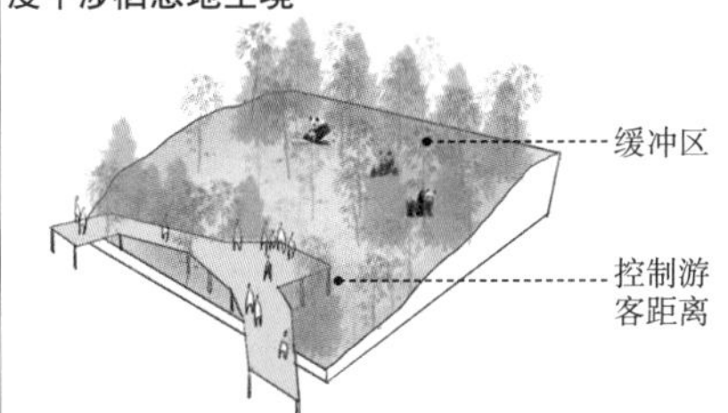

</td>
</tr>
<tr>
<td>

理论知识：⑦领域最适生境理论

是指个体存活的机会及繁殖成功率达到最高点的生境，最终促使栖息生境的适宜性良好

· 涉及的影响因素：领域的面积、功能、食品质量，占区动物的身体大小、食性、种群密度

概念知识：领域性

指动物在一段时间内占领一定地区的一种特性，可以通过最适生境的观点来分析；领域性限制占区动物的种群密度，并且影响动物繁殖密度，同时起到保证种群稳定的作用

</td>
<td>

满足个体领域需求 =f（生境类型、生境面积、人为质量改善）

· 生境类型：物种栖息环境符合生存条件

· 生境面积：面积较大的生境可以承载较多的物种

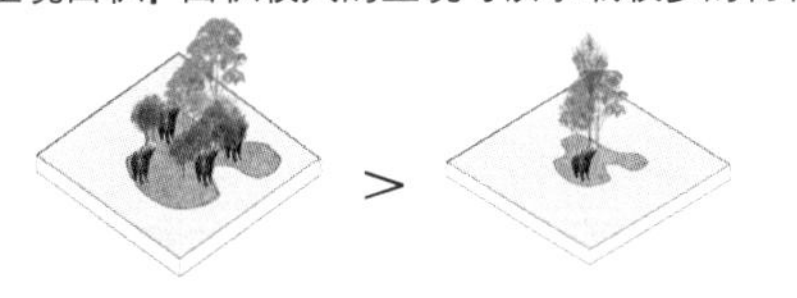

</td>
<td>

· 构建多样生境类型

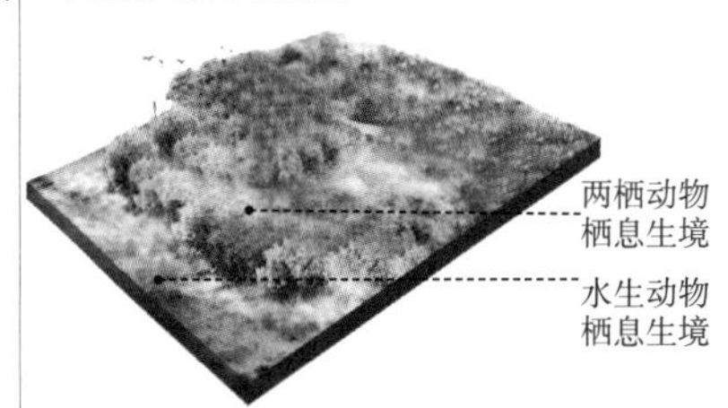

· 扩大核心区面积

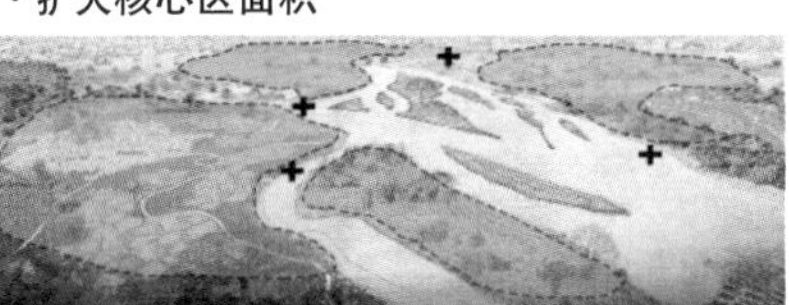

</td>
</tr>
<tr>
<td>

理论知识：⑧最优社群理论

指该社群捕食效率较高且社群中个体每天的食物获得量可达到最多，以促进社群整体的适合度

· 涉及的影响因素：社群捕食范围、个体数、外来入侵物种、生境面积

概念知识：社群组织

是指动物通过社会行为的相互作用使社群内部形成各种组织或结构，社群组织要靠社会等级、领域和社会分工来维护

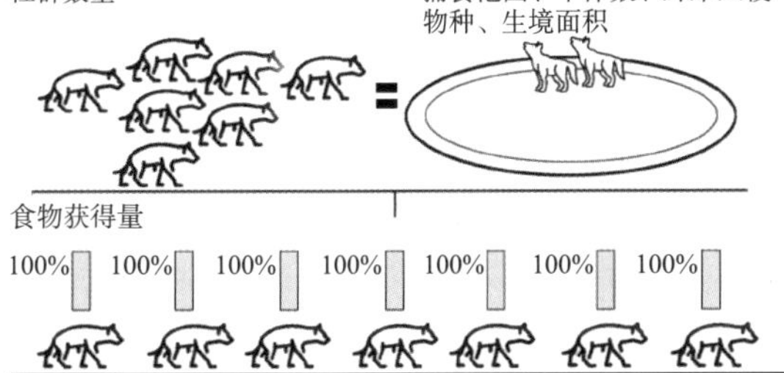

</td>
<td>

提高社群捕食效率 =f（社群捕食范围、个体数）

· 社群捕食范围：捕食范围较大可以满足社群每个物种的生存需求

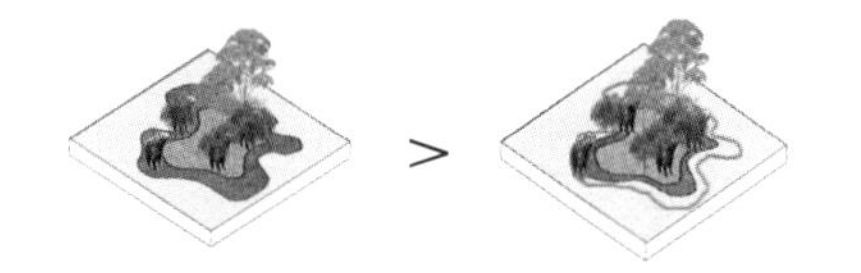

· 个体数：相同自然条件下，社群内部物种过多或过少都不利于社群发展

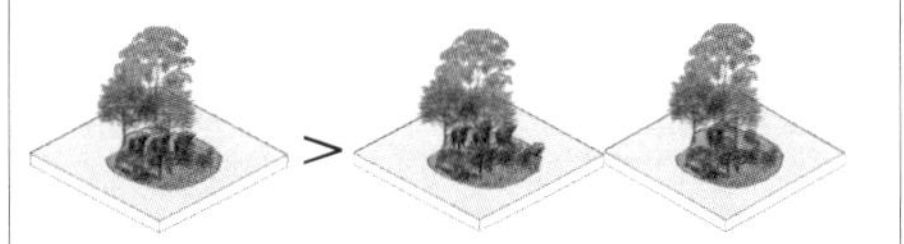

</td>
<td>

· 根据社群组织大小，调整缓冲区边缘界线

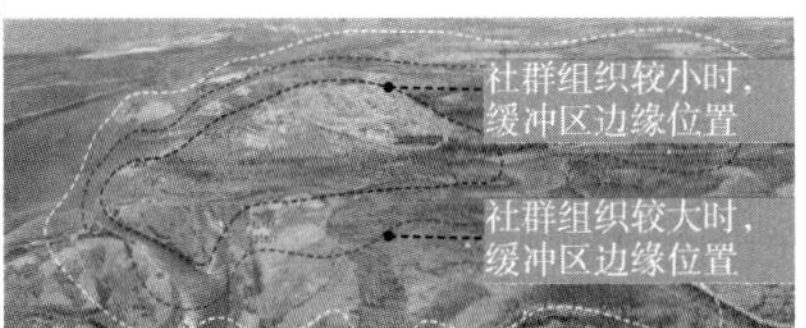

· 努力降低灾害发生频率，减少个体死亡率，设入侵物种防护栏，控制社群组织数量稳定

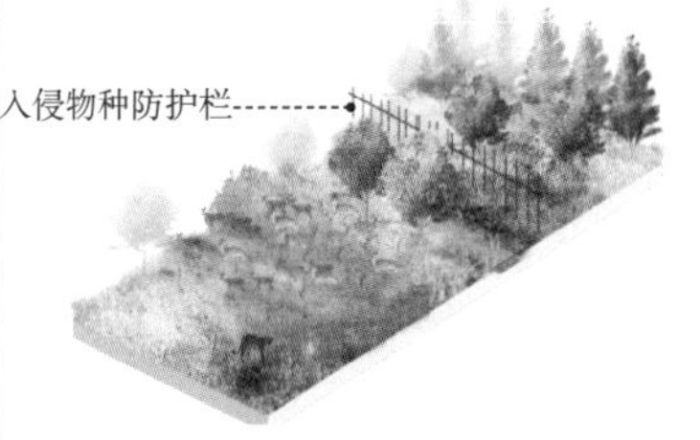

</td>
</tr>
</table>

续表

知识解析	空间机制解析	设计手法 / 技术手段
理论知识：⑨生物节律理论 是生物为了与环境变化相适应，而逐渐形成的内源性与自然环境周期性变化相似的周期变化现象；其中动物的活动或运动适应环境中自然因素的变化而发生有节律性的变动，叫作节律行为，包括季节节律、月运潮汐节律、潮汐节律、日节律 4 种 · 涉及的影响因素：环境中自然因素的变化、动物生物钟 **概念知识：迁徙行为** 是动物由于繁殖等原因而进行的从一个区域或栖息地到另一个区域或栖息地的有一定距离的移动行为，是动物节律行为的表征之一  	**整合破碎化景观 =f（迁移线路的位置、迁移线路的生境要求、迁移线路的宽度、迁移线路的数量）** · 位置：生境适宜性高比适宜性低好 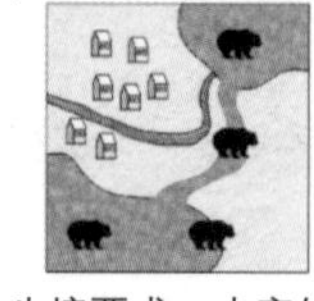 > 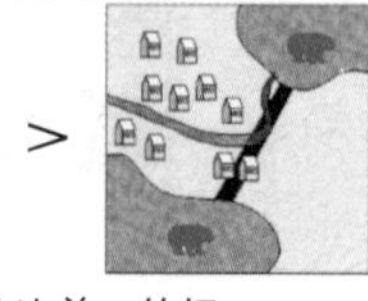 · 生境要求：丰富的比单一的好  >  · 宽度：宽的比窄的好 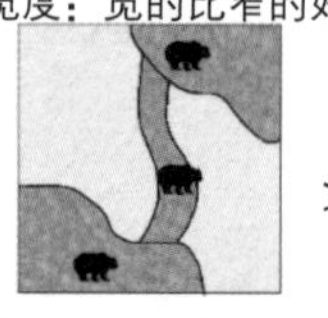 > 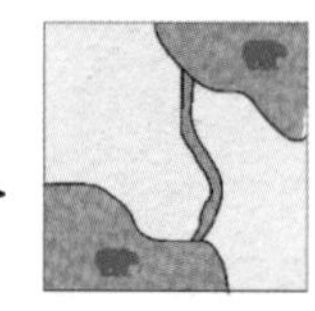 · 数量：路线多比路线少好 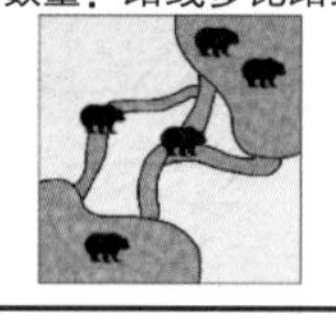 > 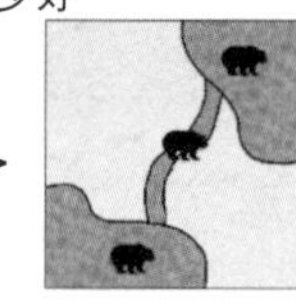	**· 在适宜性较高的位置建设廊道，避开人类活动密集区，形成天然人工屏障** 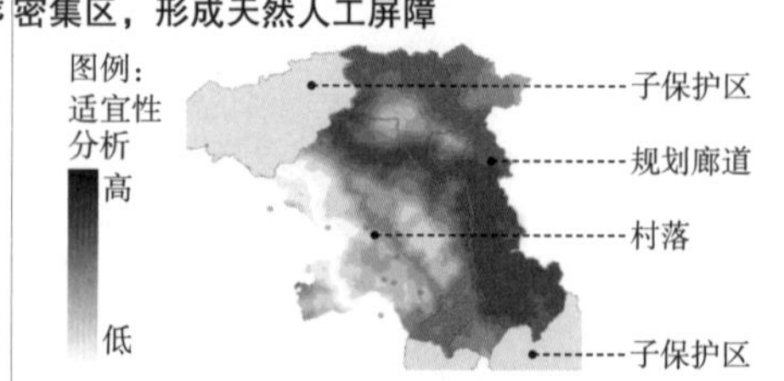 **· 在连接较远斑块的廊道上有针对性地种植区域保护动物的喜食植物，并应满足关键物种通过所需的最小宽度** 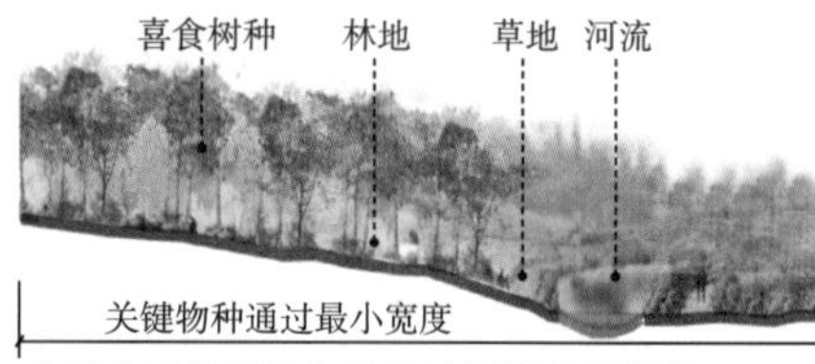 **· 在符合动物迁移条件的地段都建设通道** 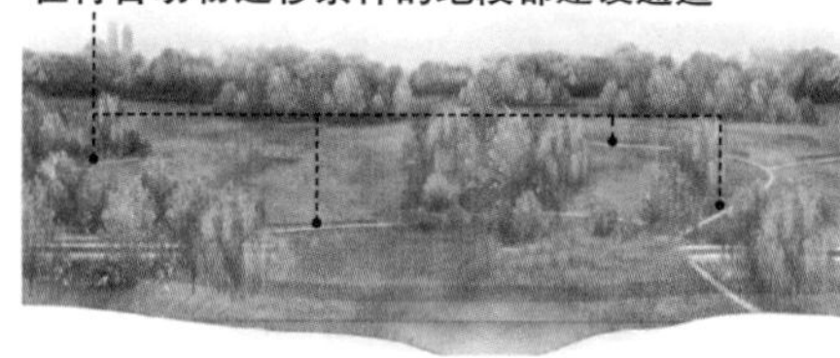

CASE
案例知识分析

1 **基础资料收集**
- 地理概况
- 政策法规
- 社会经济
- 特色动物资源等

2 **自然资本评估**
- 动物背景资料
- 动物栖息地分区
- 动物栖息地现状问题及其影响因素

3 **设计目标**
- 提升物种丰富度
- 稳定物种结构
- 保护和改善栖息地

4 **确定位置**
- 保护区具体位置及边界
- 保护区与周围保护区的面积和距离

5 **空间形态实现**
- 基于自然资本评估指导下的规划空间布局和相关规划设计建议

▲图 7 基于动物生态学的保护区规划设计程序

动物生态学在保护区规划设计中的目标与程序（表 3、图 7）

表 3 基于动物生态学的保护区规划设计目标体系

一级目标	二级目标	三级目标
保护动物，保持生态平衡	提升物种丰富度	保护保护区内原有物种的多样性
		合理添加与保护区适宜的物种
	稳定物种结构	减少外来物种、人为破坏对物种的干扰
		增加动物抗随机性的能力
	保护和改善栖息地	保护区内生物栖息地的保护与管理
		整合保护区内破碎化景观
		合理调节保护区空间尺度，增加生境多样性

贵州麻阳河国家级自然保护区黑叶猴栖息地研究（曾娅杰，2011）

本案例通过野外调查、3S 技术、多元统计分析，得出贵州麻阳河国家级自然保护区的黑叶猴种群及其栖息地的最小面积，分为基础资料收集、自然资本评估、设计目标、确定位置与空间形态实现 5 个主要步骤。

1. 基础资料收集

本研究在贵州省麻阳河国家级自然保护区内进行。该保护区位于黔东北沿河土家族自治县及务川仡佬族苗族自治县接壤处（图 8），主要保护对象是国家一级重点保护野生动物黑叶猴及其栖息地。

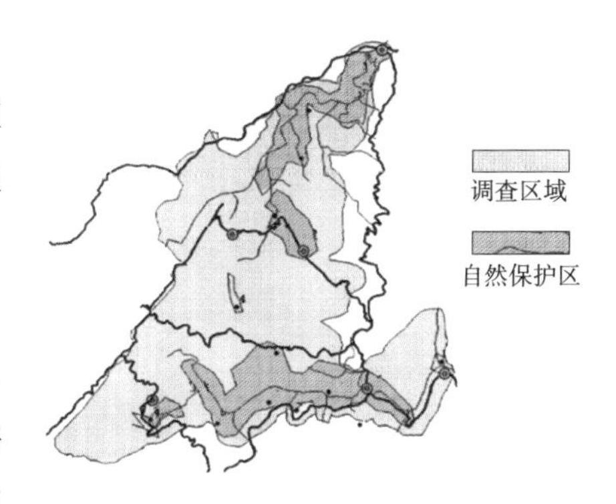

▲ 图 8 区位图

2. 自然资本评估

该案例通过数据处理、GIS 分析，对麻阳河国家级自然保护区的自然资本进行评估，具体评估结果有以下 4 点（图 9）：①在麻阳河自然保护区共记录到黑叶猴 87 群共 319 只；②黑叶猴主要分布在麻阳河、洪渡河及其支流的两岸山涧中，其中洪渡河的中游及其支流的种群密度较大；③黑叶猴对植被类型为常绿阔叶林、常绿阔叶落叶混交林和灌丛的地区表现出了选择性；④沿河地区是黑叶猴适宜栖息地的主要分布区。

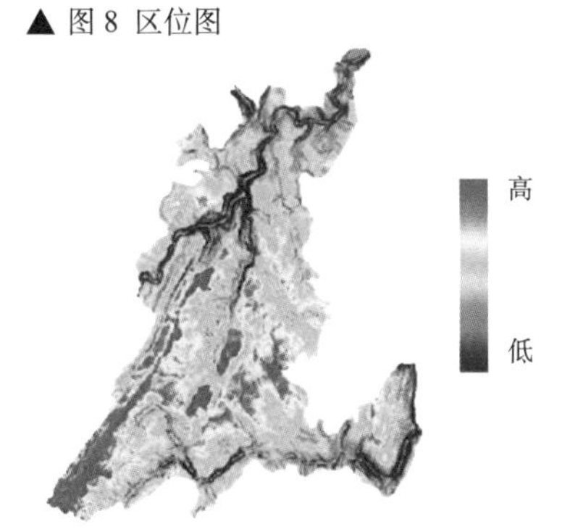

▲ 图 9 黑叶猴适宜性评价结果

3. 设计目标

该案例基于动物生态学，利用适宜性评价等方法对自然保护区现状特征，提出如下优化目标：①在确定保护区位置及总体布局的同时，提升该区域物种丰富度；②分区设计时需稳定关键物种的物种结构；③针对特殊栖息地需进行保护和改善。

4. 确定位置

该案例基于黑叶猴种群分布和栖息地选择的研究，运用栖息地评价的结果，对自然保护区的最小面积进行研究。结果显示，自然保护区内的黑叶猴为 87 群，当黑叶猴出现的概率为 0.6 时，自然保护区的最小面积可设定为 21322.97hm^2（图 10）。

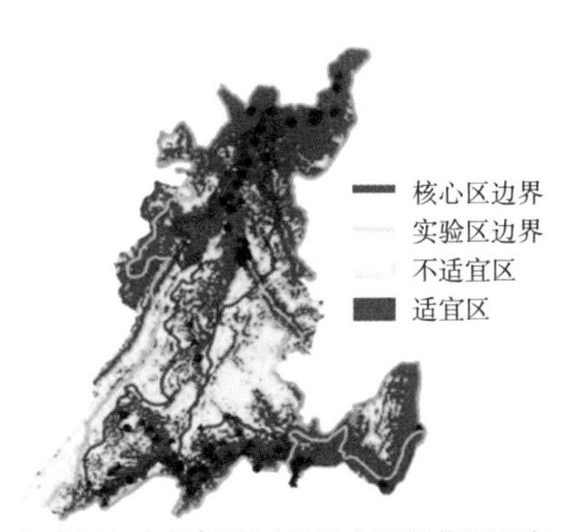

▲ 图 10 自然保护区的最小面积范围研究

5. 空间形态实现

该案例结合评估结果、保护区建设目标等内容，确定麻阳河自然保护区的最小面积、核心区边界、实验区边界，并提出 3 个方面的空间形态实现手段：①规范用地类型、合理布局观光旅游用地等，并构建多核心区的保护区网；②整合自然保护区破碎化斑块，种植目标物种喜食树种，建设多样化栖息地生境；③建设廊道，避开人类活动密集区。

6. 贵州麻阳河国家级自然保护区案例的实践分析框架

综上所述，笔者总结该案例“程序—手段—应用—目标”之间的关系（图 11）。

规划设计程序	规划设计手段	相关知识应用	规划设计目标
基本概况及现状评价	多核心区的保护区网	栖息地适宜度评价	提升物种丰富度
确定保护区范围	多样化栖息地生境	复合种群理论	稳定物种结构
保护区总体布局	内部环状缓冲带	岛屿生物地理学	保护和改善栖息地
确定各区域保护强度	用地类型规范，避免繁殖生境干旱等	种群生存力分析	
核心区设计	努力降低灾害发生频率，减少个体死亡率	最小生存种群理论	
缓冲区设计	廊道建设避开人类活动密集区，设置天然人工屏障	领域最适生境	
实验区设计	根据社群组织大小，调整缓冲区边缘界线	生物节律	
廊道—通道设计	整合破碎化斑块		

▲ 图 11 贵州麻阳河国家级自然保护区案例的实践分析框架

动物生态学知识在保护区规划设计中的应用模式

① 保护区自然资本评估选址布局

知识应用：栖息地选择理论 + 栖息地适宜度评价理论

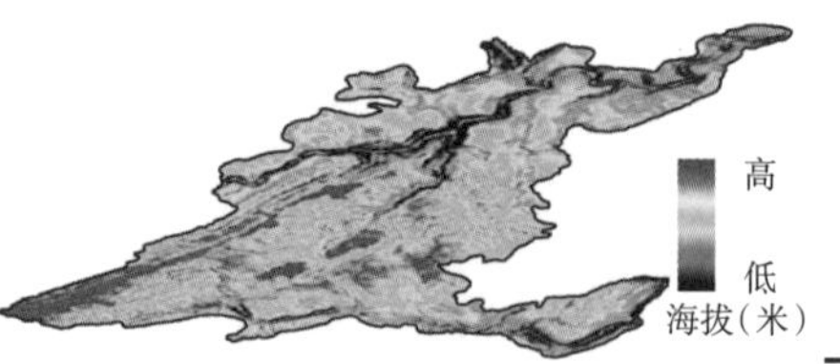

预测了整个自然保护区内黑叶猴栖息地的适宜性分布情况，沿河地区是黑叶猴适宜栖息地的主要分布区，适宜性明显优于海拔 1200m 以上的地区

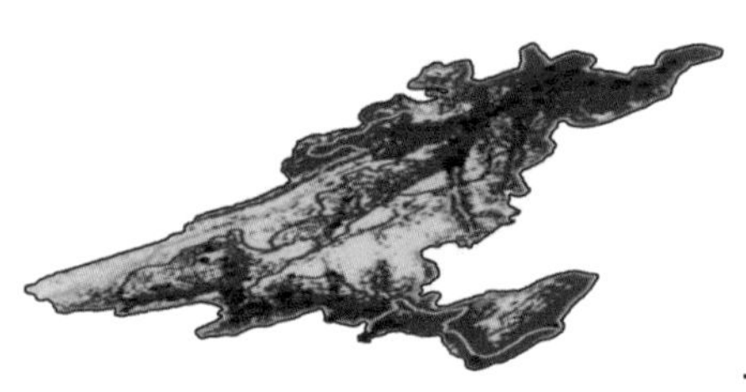

麻阳河自然保护区内的黑叶猴出现的概率为 0.6 时，自然保护区在最小适宜面积下可容纳的黑叶猴群数为 120~425 群，可以保证当前的种群存活及增长，即麻阳河自然保护区的最小面积可设定为 21322.97hm²

结合评估结果、保护区建设目标、预测适宜栖息地最小面积等相关内容，确定麻阳河自然保护区的最小面积、核心区边界、实验区边界

麻阳河自然保护区内不同斑块之间呈现集中与分散相结合的布局结构

② 保护区核心区空间设计

知识应用：复合种群理论 + 岛屿生物地理学理论 + 种群生存力分析 + 最小存活种群理论 + 领域最适生境理论 + 最优社群理论

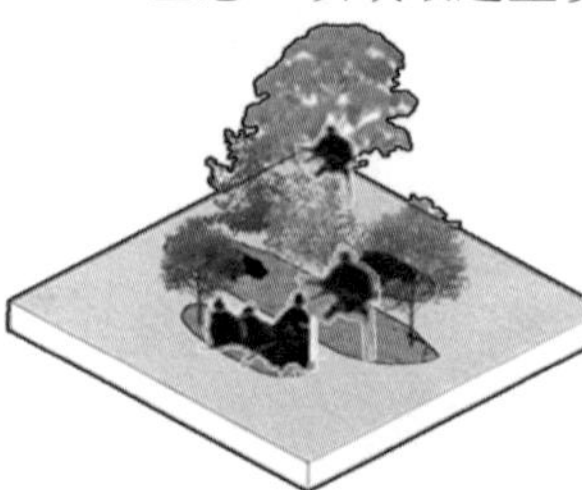

斑块连续性：
黑叶猴栖息斑块之间联系密切

廊道连接度：
黑叶猴栖息斑块连接良好的生境片段更有利于物种的续存

面积：
尽可能保持黑叶猴栖息斑块面积较大

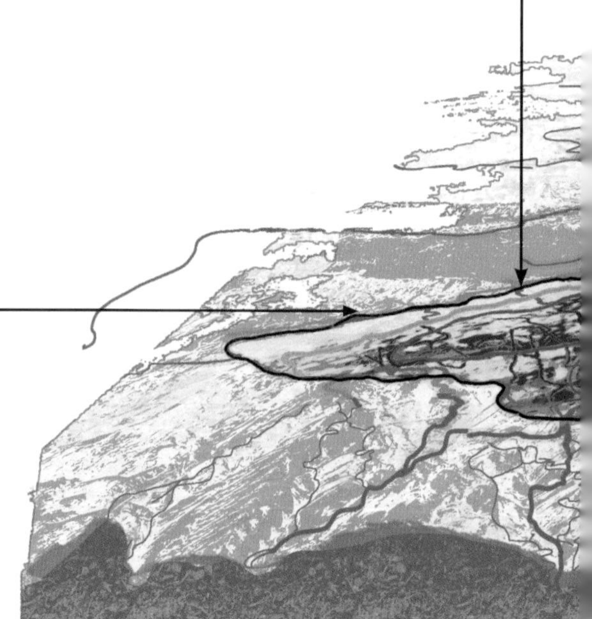

③ 保护区缓冲区空间设计

知识应用：种群生存力分析理论 + 最优社群理论

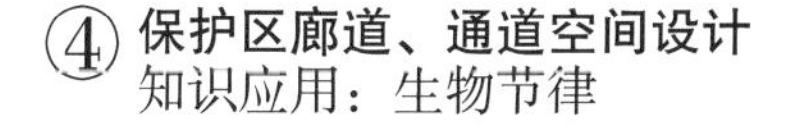

④ 保护区廊道、通道空间设计

知识应用：生物节律

生境需求：
满足黑叶猴对生存生境——密林的需求

生境类型：
黑叶猴水源充足、森林茂密、喀斯特溶洞丰富

个体数：
相同自然条件下，黑叶猴社群内部物种保持在最优社群区间，便于社群发展

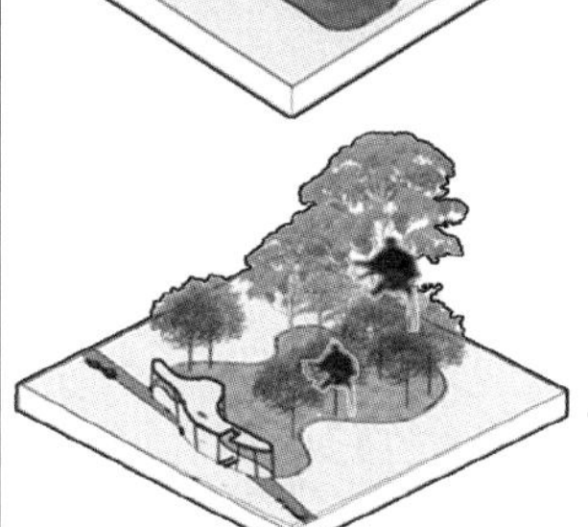

社群捕食范围：
黑叶猴捕食范围较大，需要根据社群组织大小，调整缓冲区边缘

用地类型：
黑叶猴栖息地周围减少人工环境，合理布局观光旅游用地

迁移线路的生境要求：
黑叶猴迁移线路生境应种植常绿阔叶林、阔叶混交林和灌木，并构建多样的生境类型，以满足物种的多样需求

黑叶猴迁移线路一　　黑叶猴迁移线路二

迁移线路的数量：
动物迁徙是“有计划”的行为，但对于迁徙线路的选择存在不确定性；因此，在保护区建设中需要在可以建设廊道、通道的区域尽可能建设

迁移线路的宽度：
人为干扰致使黑叶猴在不同斑块之间进行迁徙，其迁移线路宽度应满足该物种通过所需的最小宽度

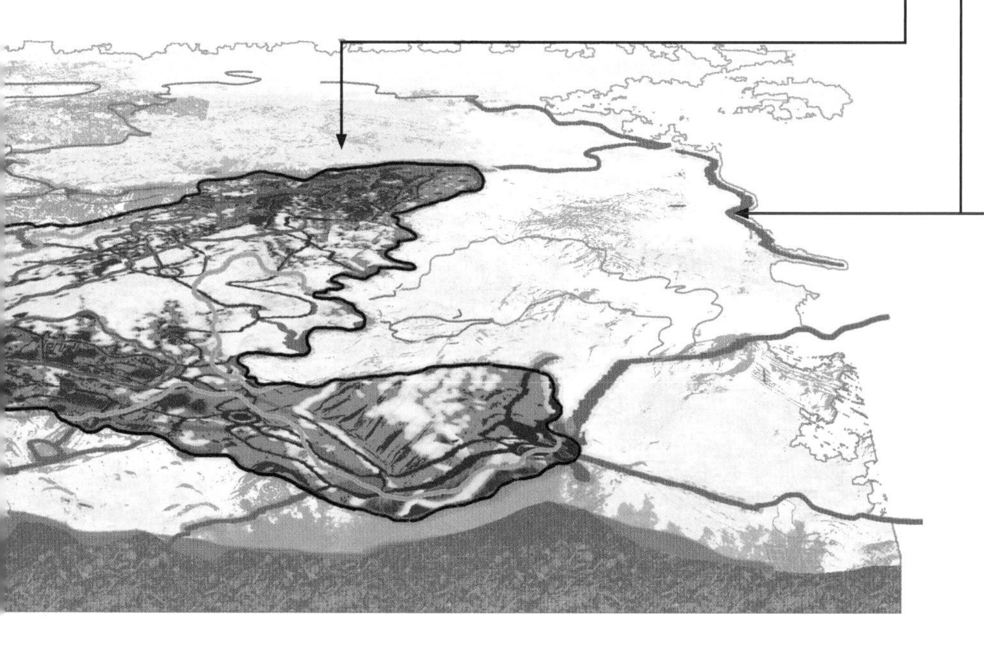

图例

保护区边界　核心区边界　实验区边界　不适宜区　适宜区　核心区　缓冲区　实验区

参考文献

陈德第，李轴，库桂生，2001. 国防经济大辞典 [M]. 北京 : 军事科学出版社 .

崔国发，郭子良，王清春，等，2018. 自然保护区建设和管理关键技术 [M]. 北京 : 中国林业出版社 .

戴强，顾海军，王跃招，2007. 栖息地选择的理论与模型 [J]. 动物学研究，28（6）：681-688.

冯江，高玮，盛连喜，2005. 动物生态学 [M]. 北京 : 科学出版社 .

桂小杰，2005. 种群生存力分析及其在自然保护区设计中的应用 [J]. 中南林学院学报，25（1）：33-37.

李义明，李典谟，1994. 种群生存力分析研究进展和趋势 [J]. 生物多样性，2（1）：1-10.

刘凌云，郑光美，2009. 普通动物学 [M].4 版 . 北京 : 高等教育出版社 .

吕朝阳，2000. 从系统动物学的诞生和发展探讨现代动物学研究的特点 [J]. 生物学杂志，18（2）：4-5.

钱迎倩，马克平，1994. 生物多样性研究的原理与方法 [M]. 北京 : 中国科学技术出版社 .

田瑜，邬建国，寇晓军，等，2011. 种群生存力分析（PVA）的方法与应用 [J]. 应用生态学报，22（4）：257-267.

王国秀，闫云君，周善义，2019. 动物学 [M]. 武汉 : 华中科技大学出版社 .

王虹扬，盛连喜，2004. 物种保护中几个重要理论探析 [J]. 东北师大学报（自然科学版），54（4）：116-120.

武正军，李义明，2003. 生境破碎化对动物种群存活的影响 [J]. 生态学报，23（11）：2424-2435.

徐宏发，陆厚基，1996. 最小存活种群——保护生物学的一个基本理论——Ⅱ . 物种灭绝的过程和最小存活种群 (种群脆弱性分析 PVA)[J]. 生态学杂志，15（3）：50-55.

易雨君，程曦，周静，2013. 栖息地适宜度评价方法研究进展 [J]. 生态环境学报，22（5）：887-893.

张大勇，雷光春，ILKKA HANKI，1999. 集合种群动态 : 理论与应用 [J]. 生物多样性，7（2）：81-90.

赵淑清，方精云，雷光春，2001. 物种保护的理论基础——从岛屿生物地理学理论到集合种群理论 [J]. 生态学报，21（7）：1171-1179.

曾娅杰，2011. 贵州麻阳河国家级自然保护区黑叶猴栖息地适宜性和保护区最小面积研究 [D]. 北京：北京林业大学，20-35.

思想碰撞

本讲阐述了如何利用动物学知识，通过人为干涉恢复自然生境，从而保护野生动物的方法。然而自然界的动植物自始至终本就有其生存的自然之道，比如我们的小学课文《自然之道》中讲到一群人救下一只即将被海鸥吃掉的小海龟，导致其他小海龟以为很安全而纷纷爬向海洋，却被等候的海鸥吃得干干净净。这则寓言也启发我们，在人为干涉的同时是否可以做到对所有的生物都公平？我们到底应该人为干涉保护动物还是遵守自然的选择呢？对此你怎么看？

专题编者

岳邦瑞

费凡

吴淑娜

王玉

戴雯菁

生态学 16讲
科学与社会的桥梁

生态学作为继物理学之后的下一个带头学科，整合了生物、自然环境及人类社会方面的研究，成熟地发展成为关于人类生活环境的一门基础科学；其边缘学科的兴起，使生态学在解决人类社会的实际问题中发挥越来越重要的作用。生态学研究不只是给我们提供实践知识，同时也向我们展示了地球那难以置信的完美和不可思议的生命多样性，唤醒越来越依赖于机器及人造结构的人类心灵深处热爱自然的强大力量，成为弥合自然科学与人文科学之间差距的“第三种力量”，构建起科学与社会的桥梁。本讲基于生态学研究的特性，探究解决如何恢复生命支持系统的价值及其背后的生态学原理。

THEORY
生态学的基础理论

■ 生态学的学科内涵

1. 生态学的基本概念

生态学（ecology）一词源于德语“oekologie”，“oikos”的含义是住所、栖息地，“logos”表示学科，原意指研究生物栖息环境的科学（卢学强 等，2021）。生态学是研究生物之间及生物与环境之间相互影响、相互作用的科学，目的是指导人与生物圈（即自然、资源及环境）协调发展（曹凑贵 等，2002）。

2. 生态学的研究对象与特点

早期生态学研究生物与环境之间的相互关系，经典生态学研究的最低层次是有机体（个体）。随着生物学向宏观方向变化，生态学作为宏观生物学，主要以个体、种群、群落等不同的生命体系为研究对象。现代生态学研究的重点在于生态系统中各组成成分之间，尤其是生物与环境、生物与生物之间的相互作用。因此，现代生态学的研究对象是由生物与环境相互作用构成的整体——生态系统（曹凑贵 等，2002）。

生态学研究的重点在于生态关系，生态关系研究的重点随着生态学的发展而不断变化：①基于生物生理，研究生物与环境的相互关系；②基于生态系统概念，研究生态系统的结构功能关系。

3. 生态学的发展历程

生态学的发展经历了 4 个阶段，涌现出众多杰出的生态学家及重要理论（图 1）：①生态学思想萌芽阶段（16 世纪以前），古人在生产生活中积累朴素的生态学知识，形成质朴的生态观；②经典生态学建立阶段（16 世纪 ~19 世纪末），对前期探索的生态学知识进行整合梳理，促进形成了独立学科；③学科知识形成体系阶段（20 世纪初 ~20 世纪 50 年代），研究渗透到生物学领域，生态现象定量研究促进形成了植物生态学、动物生态学等分支学科；④现代生态学应用领域拓展阶段（20 世纪 50 年代至今），环境问题引发全球变化研究，生态系统热点问题促进生态学向解决现实问题的应用研究发展（于贵瑞 等，2020）。

■ 生态学的学科体系

1. 生态学的研究内容

生态学是环境科学、地球系统科学的重要组成部分，其研究成果可直接服务于植物、动物、微生物的生物多样性保护、生物资源利用及生物产业管理等应用领域。生

学科书籍推荐：

《生态学基础》奥德姆 等
《恢复生态学概论》郑昭佩

恢复生态学概论

生态学思想萌芽阶段
·公元前 4 世纪，亚里士多德按动物活动的环境类型及食性将其分类

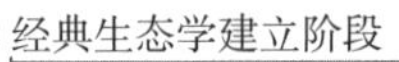

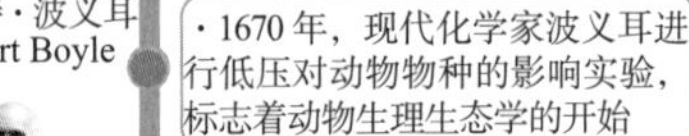

·1670 年，现代化学家波义耳进行低压对动物物种的影响实验，标志着动物生理生态学的开始

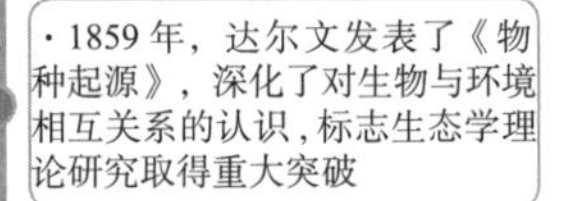

·1859 年，达尔文发表了《物种起源》，深化了对生物与环境相互关系的认识，标志生态学理论研究取得重大突破

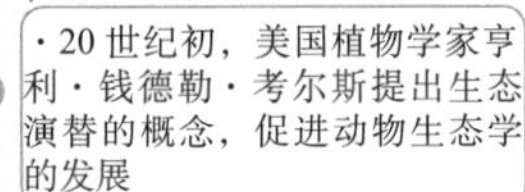

▲ 图 1 生态学的发展历程

态学研究内容具体为（图 2）：①生态学基础理论研究：探究个体及以上的生物组织层次与环境之间相互作用的规律，如个体适应、种群波动、群落动态、景观变化等；②生态学热点问题研究：研究并解决由社会经济发展引起的环境、资源等问题；③现代生态学应用研究：生态学最初仅仅关注自然界本身的平衡，而人类的社会行为极大地改变了土地覆盖和利用方式。生态学的关注点从自然界内部转向了对人与自然关系的研究，为合理开发和利用生物资源、维护和改善自然环境，以及人类社会可持续发展，提供科学理论和有效手段，其研究在较大程度上转向了应用性研究，与人类面临的生态问题联系起来（罗康智，2020）。

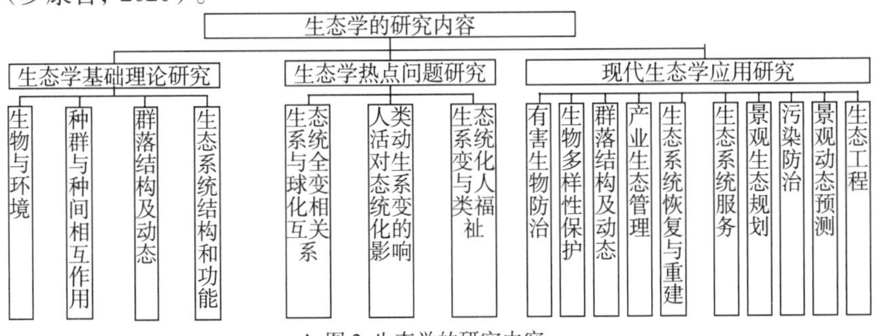

▲ 图 2　生态学的研究内容

2. 生态学的基础研究框架

生态学的研究经历了两次转变。第一次是从个体的观察转向群体的研究；第二次转变是从对生命有机体的研究转向对整体性生态系统的研究。生态系统的研究强调系统中各成分的相互作用，形成了“结构—过程—功能”一体化的研究逻辑（张红玉，2015）：①“结构”指生态系统中生物成分与非生物成分构成的营养结构，即能流与物流的载体（图 3）；②“过程”指生态系统结构对能量的固定和对物质利用的过程，表现为光合作用、分解作用的过程等；③“功能”指生态系统的生产功能，以及对能量流动、物质循环、信息传递的维持与促进。生态系统结构要素相互作用，驱动并承载生态过程，过程产生的系统功能丰富系统要素，并维持系统结构的稳定（陈利顶 等，2019）。综上所述，笔者提出生态学的基础研究框架（图 4）。

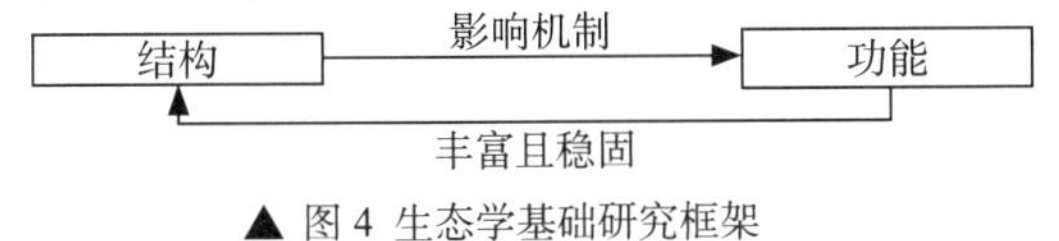

▲ 图 4　生态学基础研究框架

3. 生态学的学科分类

按照不同的标准将生态学进行分类，形成了丰富的学科分支体系（表 1）。LA 在发展过程中引入一些生态学知识来解决生态问题，与生态学应用的交叉领域有：景观生态学、恢复生态学、城市生态学、资源生态学等应用型分支学科，其中景观生态学发展成熟，因此另写章节详细讲解，本章将基于其他几个交叉学科进行阐述。

卡尔·特罗尔
C.Troll

·1939 年，德国区域地理学家特罗尔提出“景观生态学”的概念，强调综合生态学的功能性、垂直性与地理学的空间性、水平性的研究途径

奥德姆
Eugene P.Odum

·1953 年，奥德姆应用生态系统的思想和方法，促进生态系统生态学的产生和发展，出版《生态学基础》一书，被誉为生态系统生态学的奠基人

现代生态学应用领域拓展阶段

·20 世纪 60 年代以来，环境问题促进了多学科研究的交融，将生态系统科学研究推到了一个多学科交叉的前沿领域

·1962 年，奥德姆首先使用生态工程一词，提出生态学应用的新领域——生态工程学

·20 世纪 80 年代，发展出恢复生态学，成为应用生态学的重要研究领域

·21 世纪初（2001~2005 年）的千年生态系统评估（MA），以及 2011 年生物多样性和生态系统服务政府间科学—政策平台（IPBES）等，将生态学不断地推向大尺度宏观研究

▲ 图 1　生态学的发展历程（续）

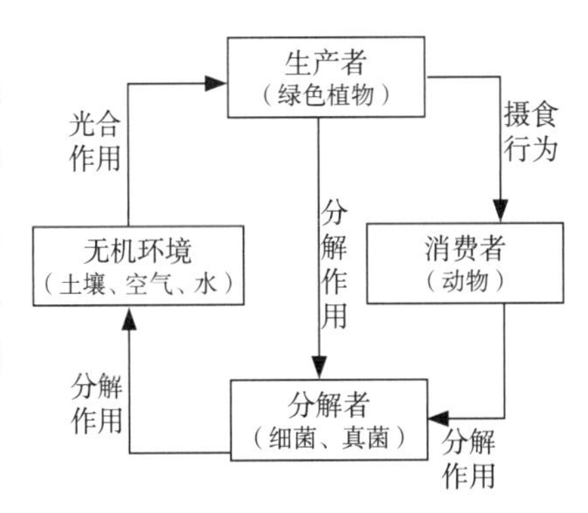

▲ 图 3　生态系统结构的一般性模型

表 1　生态学的学科分类

分类标准	一级分类
按应用领域	景观生态学、恢复生态学、城市生态学、污染生态学、资源生态学、环境保护生态学、农业生态学、医学生态学等

20 世纪 60~90 年代

景观生态学介入空间规划阶段

· 1969 年，麦克哈格在《设计结合自然》中极力提倡将生态学作为景观设计与区域规划的科学基础，适宜性分析方法将生态与规划设计联系起来

· 1970 年前后，景观生态学专家基于环境退化问题，采用景观资源调查评估方法进行管理规划

· 1987 年，福曼（Forman）出版《景观生态学》，提出“斑块—廊道—基质”原理

· 20 世纪 90 年代，斯坦纳、鲁兹卡、斯坦尼茨等人提出景观生态规划的体系方法

20 世纪 60~80 年代

城市生态学介入空间规划阶段

· 20 世纪 60 年代，联合国教科文组织的人与生物圈（Man and Biosphere Programme，MAB）计划提出将城市作为一个生态系统来研究

· 1959 年，邓肯的生态复合理论模式（POET）提出，生态系统可以看作是由人口、组织、环境、技术四个关联变量所组成的生态复合体

· 1977 年，德国法兰克福将城市与郊区视为一个生态系统，建立敏感度系统模型，预测城市的发展方向

· 20 世纪 90 年代，中国一些大中城市，如北京、上海、广州等都进行了城市生态研究工作，取得显著成绩

20 世纪 80~90 年代

恢复生态学介入空间规划阶段

· 1973 年，美国召开了“受害生态系统的恢复”国际会议

· 1985 年，阿伯（Aber）和乔丹（Jordan）首次提出了“恢复生态学”这个科学术语

· 1996 年，北京召开以“退化生态系统的生态恢复”为主题的国际会议

· 20 世纪 80 年代以来，随着生态系统日益退化、环境问题加剧，美国实施了一系列大的生态恢复工程，包括采矿废弃地、湿地、草地、森林的生态恢复

▲ 图 5 生态学介入空间的 3 个阶段

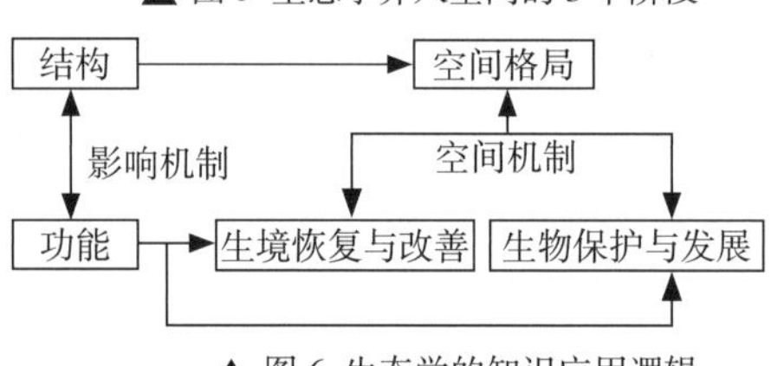

▲ 图 6 生态学的知识应用逻辑

APPLICATION
生态学知识在景观规划设计中的应用

■ 生态学与景观规划设计的交叉

景观规划设计被赋予利用空间改善生态环境、协调人与自然关系的使命，其本身与生态学研究密切相关，生态学在不同领域为景观规划设计提供支撑思想及科学原理。

生态学介入空间的发展历程伴随着面对的生态问题的变化而逐渐发展：①景观生态学介入空间规划阶段（20 世纪 60~90 年代）：随着环境问题加剧，景观规划设计开始关注大尺度生态环境问题，通过研究空间格局与生态过程关系来解决生态问题；②城市生态学介入空间规划阶段（20 世纪 60~80 年代）：随着城市人口增加和环境污染加剧，城市生态学应运而生，研究以人为核心的城市生态系统的结构、功能、动态，以及城市系统与周围系统之间相互作用的规律，并利用这些规律提高物质转化和能量利用效率，改善环境质量；③恢复生态学介入空间规划阶段（20 世纪 80~90 年代）：随着生态系统的日益退化及相继引起环境问题的加剧，恢复生态学开始研究生态系统退化原因、恢复与重建技术和方法，及其生态学过程和机理（王晓安，2019），为生态系统恢复与重建提供依据（图 5）。

■ 生态学在景观规划设计中的应用

1. 生态学的应用知识框架

全球范围内普遍存在生物灭绝、生境污染与退化等环境问题，因此后文将从恢复生态学方面知识进行研究。根据生态恢复的主要目标，选择“生境恢复与改善”与“生物保护与发展”两种应用情境（图 6）。本文结合对生态学理论的深入探讨，构建生态学在生态恢复中的应用知识框架（图 7）。

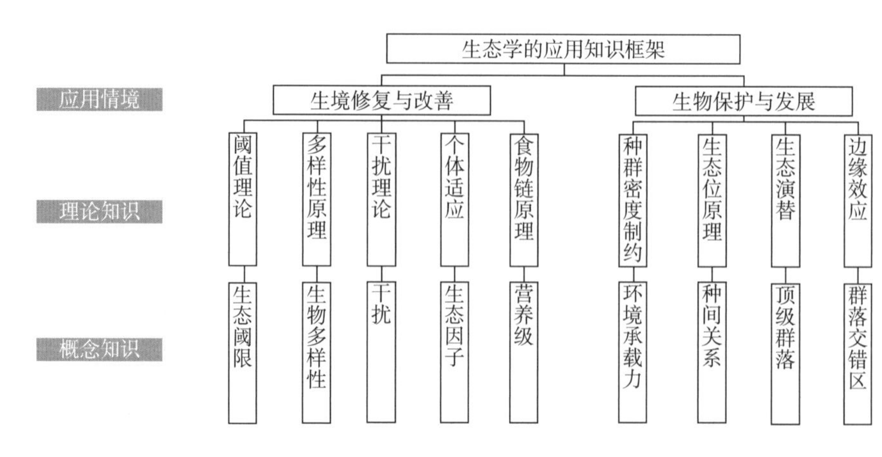

▲ 图 7 生态学在生态恢复中的应用知识框架

2. 生态学应用知识解析

基于应用知识框架，本文归纳了两种应用情境下的 9 条实质性理论知识及其对应的 9 个概念知识（表 2、表 3）。

表 2 生境修复与改善情境下的知识解析（任海 等，2014；岳邦瑞 等，2017）

知识解析	空间机制解析	设计手法 / 技术手段
①阈值理论 当生态系统退化程度没有越过临界阈值时，去除干扰可以使其自我调节恢复到未退化状态；当生态系统退化程度已经越过临界阈值时，需要人为干预帮助其恢复状态 （生态系统退化影响因素：干扰、生态阈限） **生态阈限：**生态系统能够通过自调节和自修复达到自维持、自发展，保持生态平衡；但是生态系统的自动调节能力对外来冲击的耐受力有限，只在某一限度内可以自调节，这个限度就是生态阈限，即生态系统的恢复阈值 生物控制跃迁阈值 非生物控制跃迁阈值 系统功能 / 健康水平 功能完全 功能丧失 1 2 3 4 5 6 恢复需要提高管理 恢复需要植被处理 恢复需要物理环境改造 未受干扰 生态系统的状态 退化	**恢复方案制定 =f（生态系统服务功能评价）** 生态系统服务功能评价指标体系 功能类别 评估指标 涵养水源：调节水量、净化水质 保育土壤：固土、保肥 固碳释氧：固碳、释氧 积累营养物质：营养物质量 净化大气环境：提供负离子、吸收污染物、降低噪声、滞尘 生态系统防护：防护效益 生物多样性保护：物种保育 游憩：游憩价值 物质量与价值量计算	· 恢复方案制定：根据退化程度决定恢复措施 高 恢复方案 恢复目标 管理与建设健康的生境格局 利用演替进行植被恢复，进而恢复生境 利用物化手段改善环境质量，加强人工管理 生境质量指针 当前状态 完全退化 低
②多样性原理 指生物多样性，包含多个层次：遗传多样性、物种多样性、生态系统多样性以及景观多样性，生物多样性的增加促使处于平衡的群落容量增加，从而稳定生态系统 （生态系统稳定性影响因素：基因、物种丰富度、物种均匀度、环境类型、食物链结构复杂度、种间关系） **生物多样性：**指生命有机体的种类和变异性，及其与环境形成的生态复合体以及与此相关的各种生态过程的总和 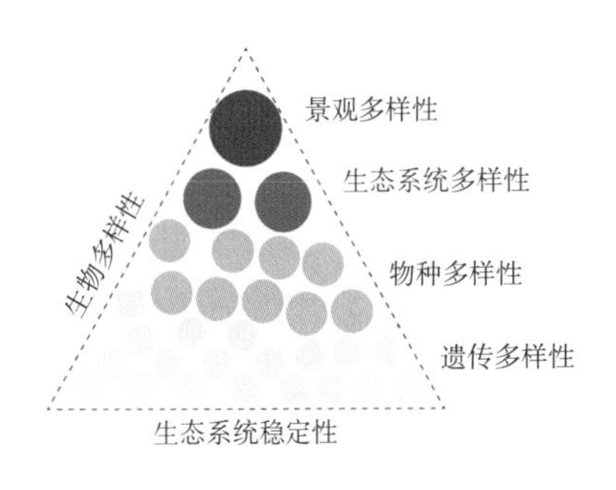	**提高生态系统抗干扰能力 =f（+ 生境类型，+ 生境面积，种群空间分布格局）** · 生境类型多样性 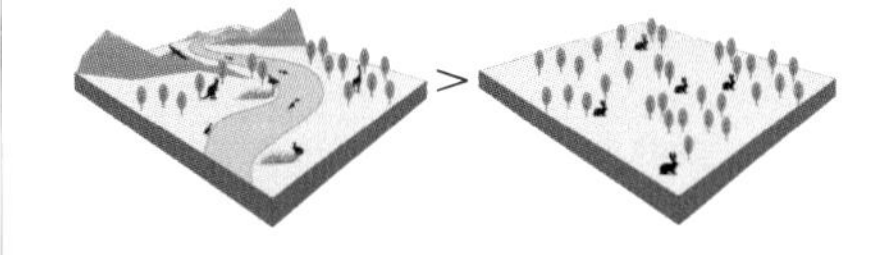 · 生境面积大小 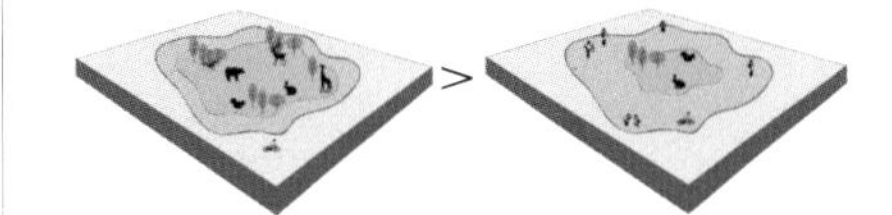 · 种群空间分布格局 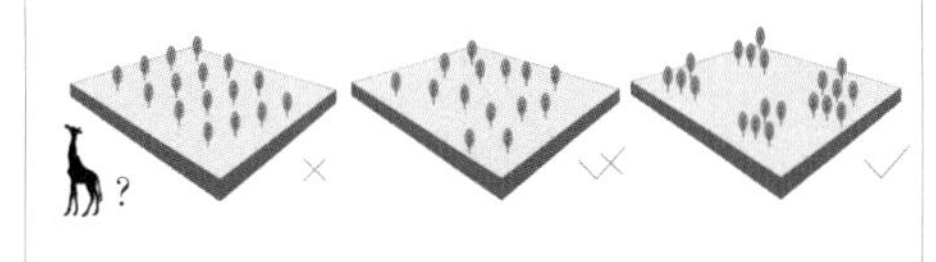	· 蜿蜒河道：增加生境多样性 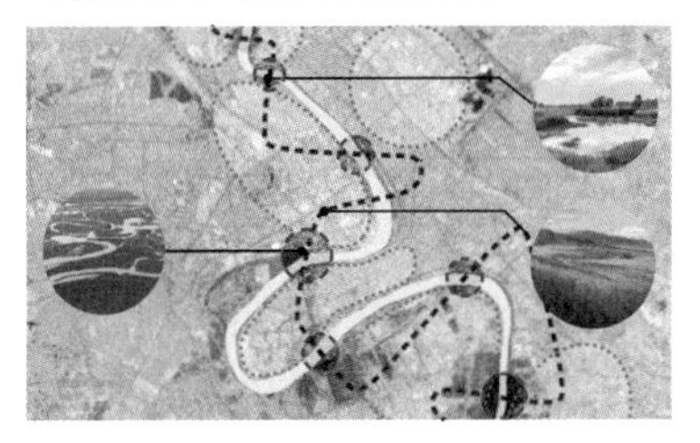 · 控制栖息地密度：调整种群分布格局 

续表

知识解析	空间机制解析	设计手法 / 技术手段
③干扰理论 干扰打破原有生态系统的平衡，使系统的结构和功能发生变化和障碍，形成破坏性的波动和恶性循环，导致生态系统的退化，影响了生态系统的服务价值 （生态系统退化影响因素：干扰分布、干扰频率、恢复周期、干扰面积、干扰强度、干扰协同、干扰传播、干扰类型） **干扰：**破坏生态系统、群落或种群的结构，并改变资源、基质的适宜性，或者是物理环境在任何时间上发生的相对不连续事件，能够改变生态系统结构、功能，促进生态系统发生动态变化 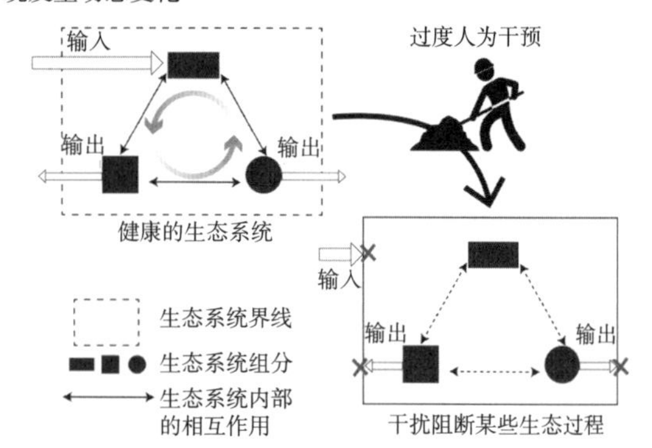	**减缓生态系统退化 =f（+ 植被覆盖，用地类型，地形条件，干扰斑块面积，空间异质性）** · 增加植被覆盖率 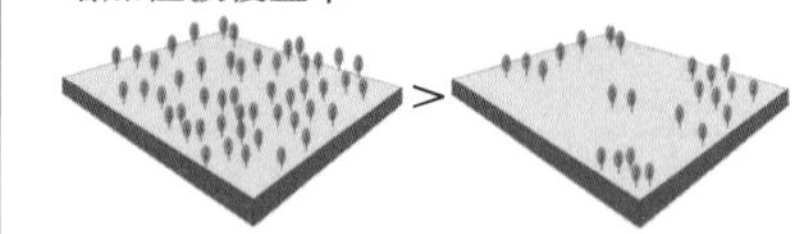 · 合理布局用地类型  · 地形条件阻隔 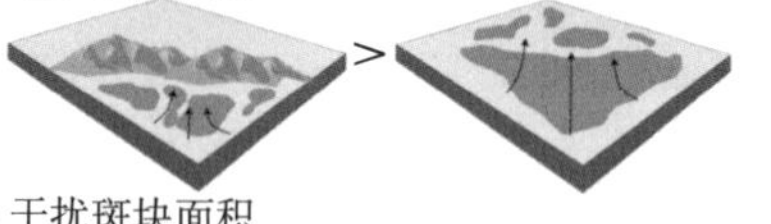 · 干扰斑块面积  · 空间异质性差异 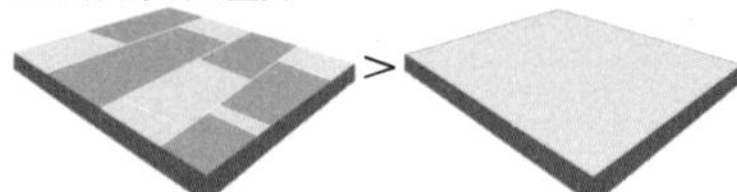	· 红线划定：划定生态保护红线，严格控制用地类型  · 控制干扰斑块面积：农田引入适宜面积的干扰斑块，加强空间异质性 
④个体适应 环境中限制因子的变化对生物施加环境压力，迫使其为了生存而产生形态、生理或行为上的变化或调整，改变其耐受极限；在生态系统恢复中，限制因子往往是限制生态恢复的主要生态因子 （生态适应影响因素：生态因子含量、物种群聚行为、时间、物种生态习性、耐受性、种间关系） **生态因子：**对生物有影响的各种环境因子；当其含量接近或超过某种生物的耐受极限而阻止其生命行为时，这些因子就被称为限制因子；可以通过调整限制因子的含量改变生物适应的难易程度，创造物种生存最适区 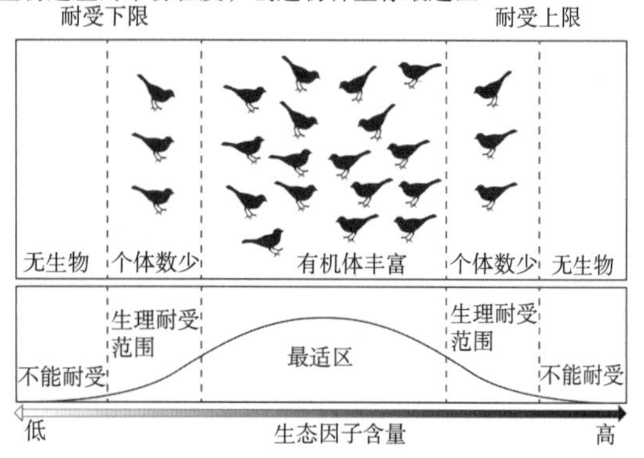	**生境的物种生存环境适宜性 =f（用地类型，植物配置方案，植物缓冲带，栖息地类型）** · 减小人类活动影响 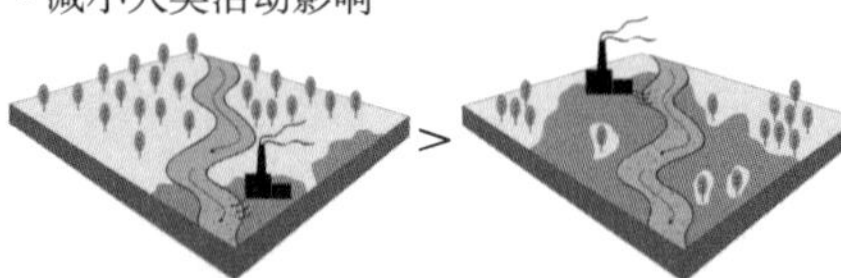 · 合理的植物配置 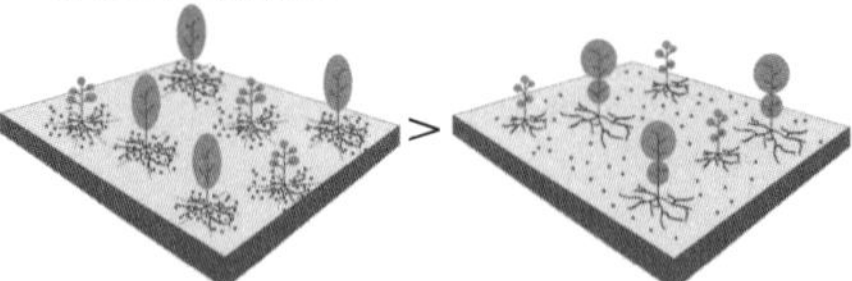 · 设置植被缓冲带 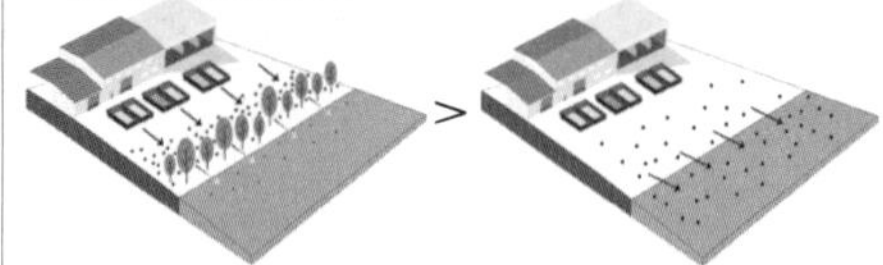 · 多样的栖息地类型 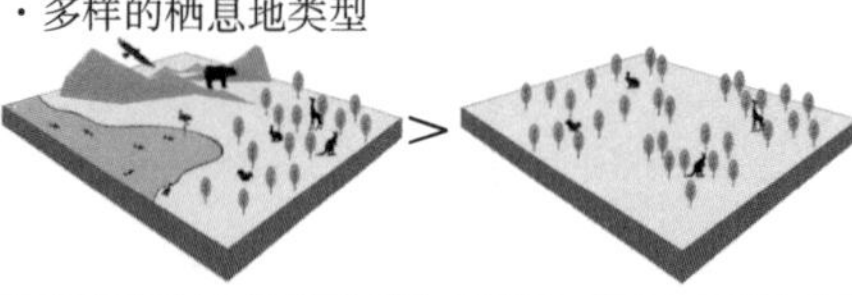	· 超富集植物种植：利用超富集植物构建植物群落，吸收污染物  · 植被缓冲带：河道设置植被缓冲带，截流污染物质或过量营养物 

续表

知识解析	空间机制解析	设计手法 / 技术手段
⑤食物链原理 生物为维持生命所需的各种营养元素，被以绿色植物为代表的生产者吸收进入食物链，通过生物的捕食与被捕食的关系，将食物能量进行转移与传递 （能量传递影响因素：捕食与被捕食、营养级生物量、环境异质性、群落复杂度、物种丰富度、生境面积、种子资源、人为干扰） **营养级：**生态系统的食物能量流通过程中，按生物在食物链所处位置而划分不同的等级；能量和营养沿着食物链逐级传递且逐级递减 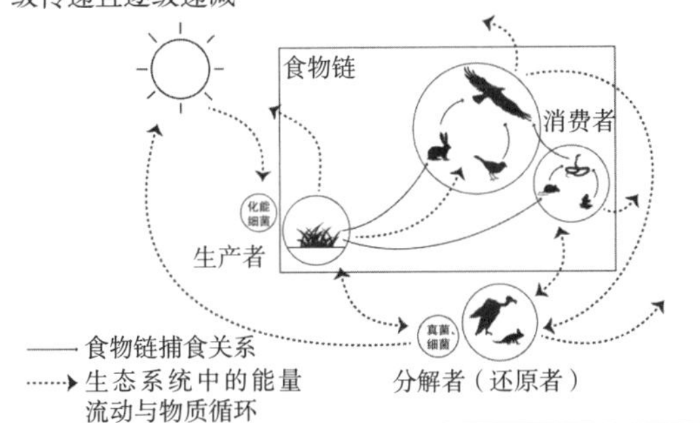	**丰富营养级层次结构 =f（生境类型，+ 生境面积，+ 群落结构）** · 增加系统内的生境类型、生境面积，构建稳定的群落结构，为各营养级生物提供栖息条件 · 丰富系统内的生境类型 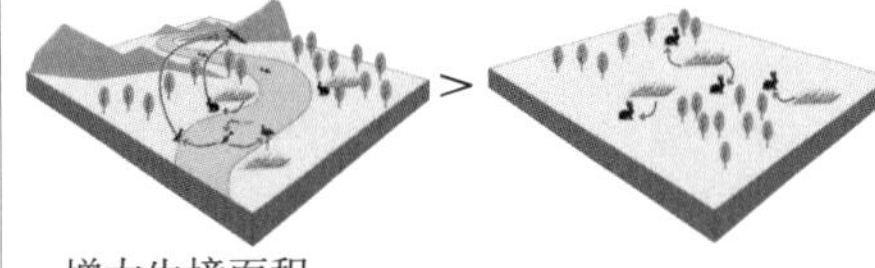 · 增大生境面积 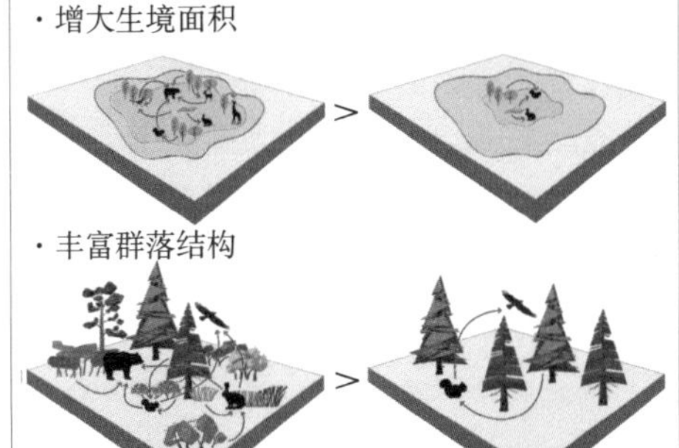	· 保护区划定：扩大核心保护区的面积，丰富食物链营养级结构  · 构建完整食物链：补充土壤生物群落结构，处理污染物质，恢复土壤 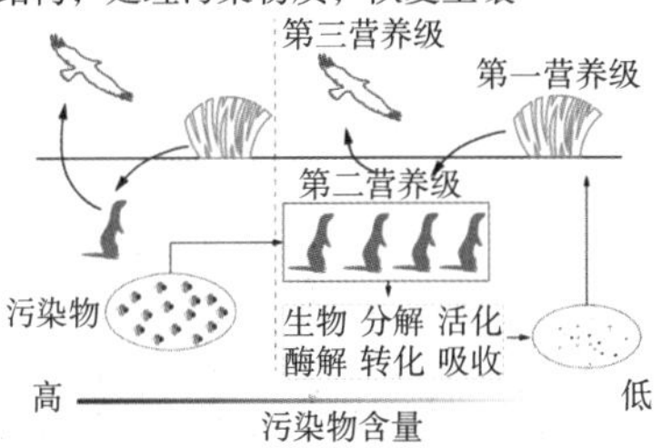

表 3 生物保护与发展情境下的知识解析（岳邦瑞 等，2017）

知识解析	空间机制解析	设计手法 / 技术手段
⑥种群密度制约 种群数量与动态影响因子，和种群密度有函数关系，密度制约效应随着种群密度接近上限（环境承载力）而加强，是阻止种群数量过剩的主要机制之一 （种群调节影响因素：环境承载力、食物量、生殖力、抑制物分泌、种内与种间关系、疾病） **环境承载力：**也称为环境容纳量，是指在一定时期内，在维持环境相对稳定的前提下，环境资源所能容纳的物种规模的大小 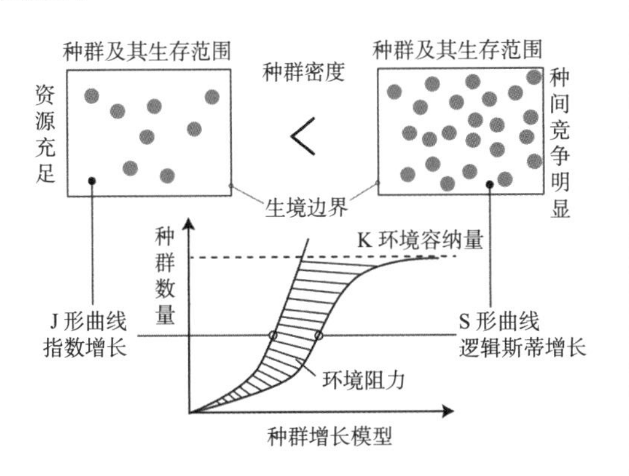	**保障种群稳定波动 =f（+ 生境面积，— 个体数，种群空间分布格局，物种配置方案）** · 增大生境面积 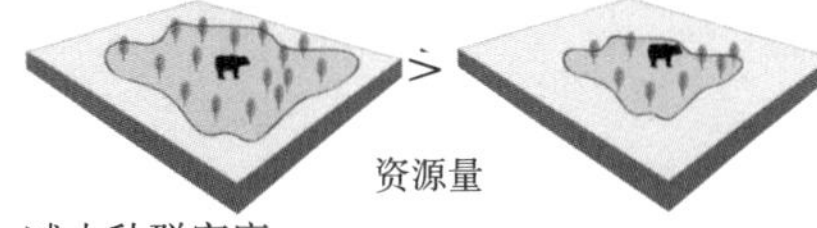 · 减小种群密度 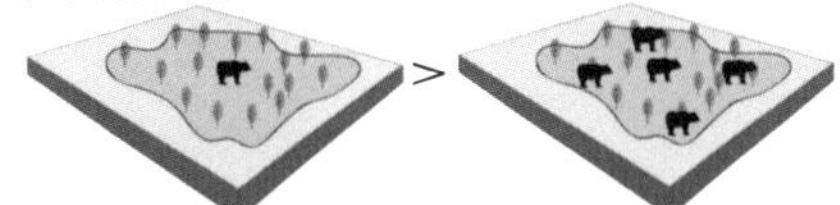 · 合理配置种群空间分布格局 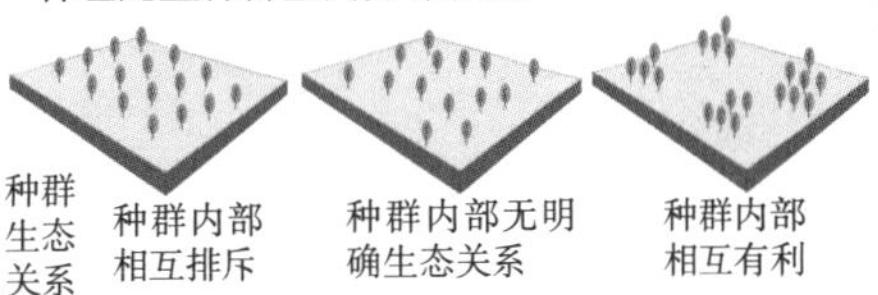 · 优化物种配置方案 	· 引入天敌：控制种群过度增长 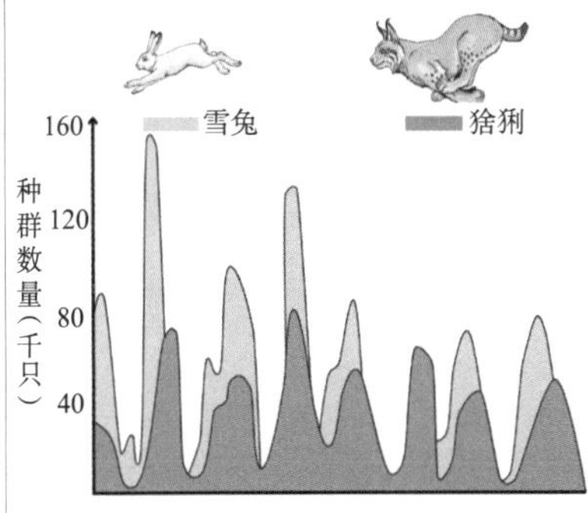 · 合理密植：调整农作物种植间距，保障个体资源量 

续表

<table>
<tr><th>知识解析</th><th>空间机制解析</th><th>设计手法 / 技术手段</th></tr>
<tr>
<td>

⑦生态位原理

指在自然生态系统中一个物种所占有的时空位置、特定资源及其与相关种间的机能关系，包含它的各种环境需求的总和，分为空间生态位、营养生态位等

（物种资源影响因素：竞争、生态习性、竞争排斥、生态分化、物种功能、栖息地类型）

种间关系：指不同物种种群之间的相互作用所形成的关系，包括竞争、捕食、互利共生、寄生等；其中竞争导致了种群的生态分化，且由于竞争的排斥作用，生态位相似的两种生物不能在同一地方永远共存

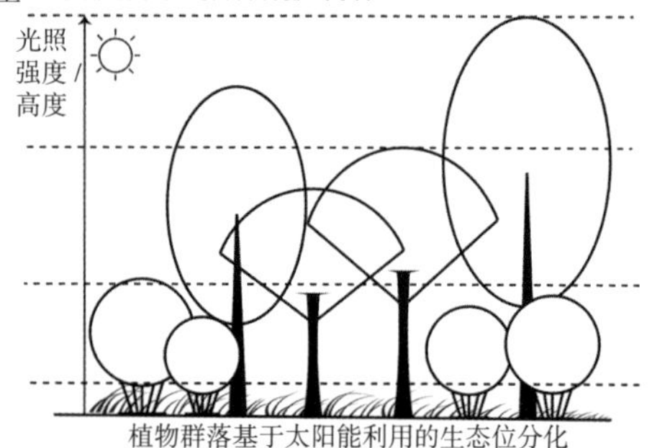

植物群落基于太阳能利用的生态位分化

</td>
<td>

合理利用空间资源 =f（+生境面积，+生态位宽度，—邻种生态位重叠）

· 扩大生境面积（减弱种间竞争）

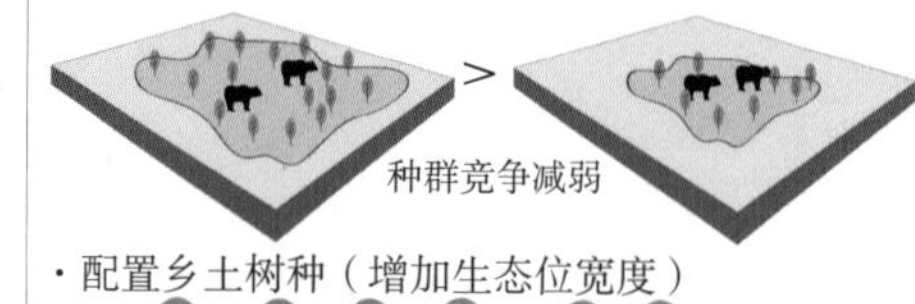

· 配置乡土树种（增加生态位宽度）

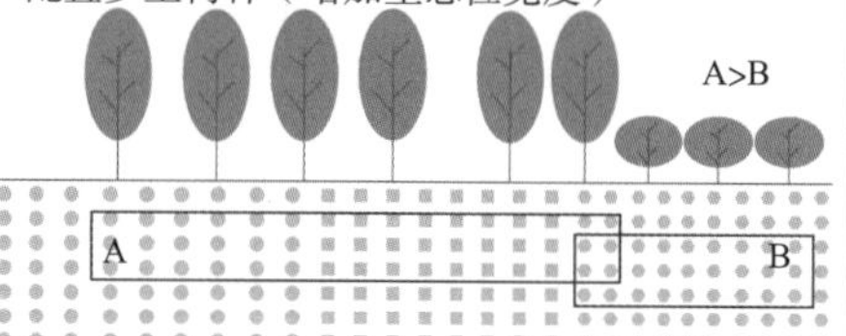

· 优化物种配置（生态位重叠）

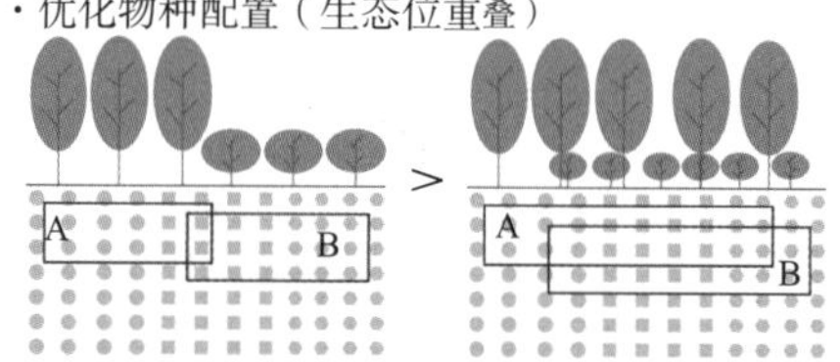

</td>
<td>

· 植物群落构建：最大化利用空间资源

· 扩大物种生境面积：补给环境资源，减弱种间竞争带来的损耗

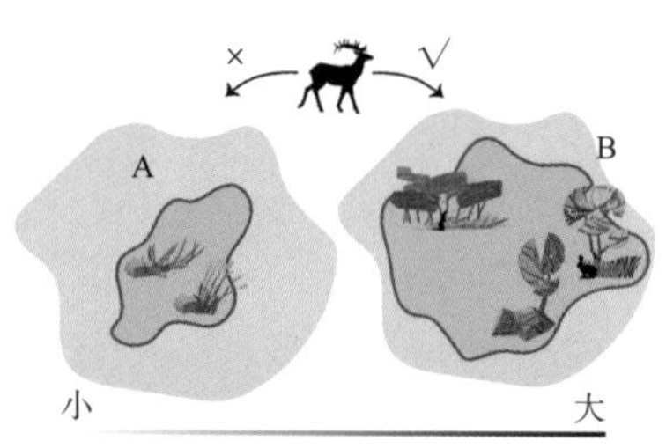

</td>
</tr>
<tr>
<td>

⑧生态演替

随着时间的推移，一个类型的生态系统被另一个类型的生态系统代替的过程；以生物群落演替为基础，包括生命系统和非生命系统的演替

（生物群落影响因素：裸地条件、演替阶段、演替基质、顶级群落格局、干扰、种内与种间关系、物种生态习性、物种迁移、先锋物种）

顶级群落（顶级—格局）：顶级群落是适应各自特殊生境特征并处于稳定状态的群落；顶级群落的实质是最后达到相对稳定阶段的一个生态系统，它是变化过程中相对稳定的环境系统和生物系统的总和

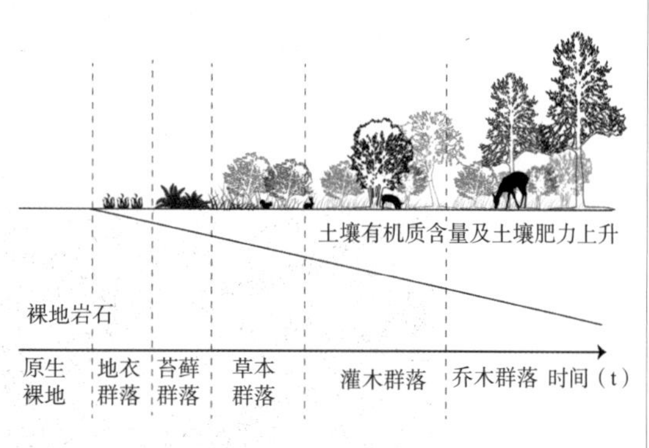

</td>
<td>

建立顶级群落 =f（裸地条件，生境岛，先锋物种配置，物种迁移廊道，植被修复位置）

· 具有植被和地被基础

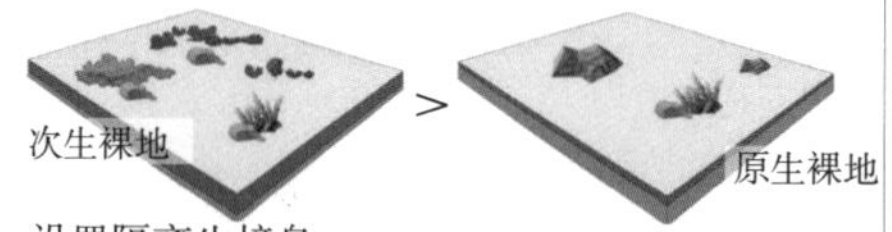

· 设置隔离生境岛

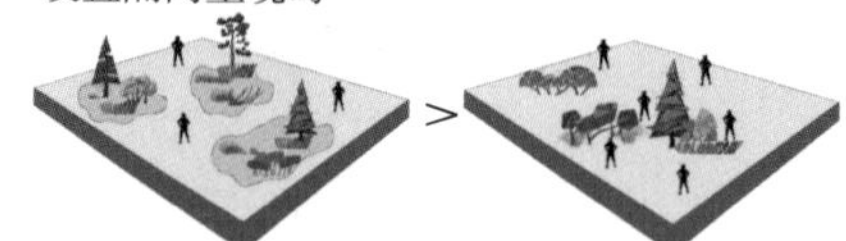

· 配置先锋物种加快演替

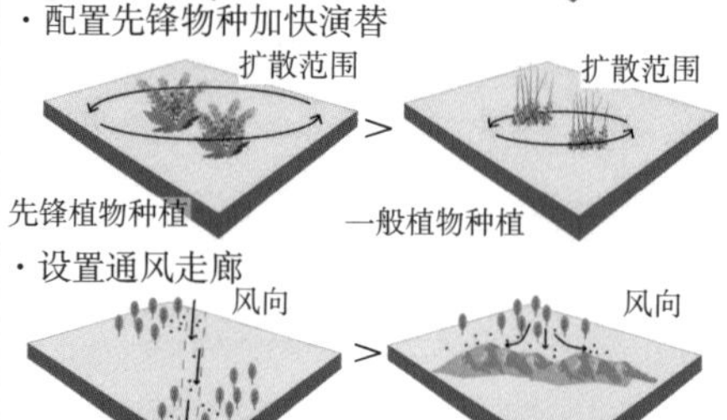

· 改变植被修复位置

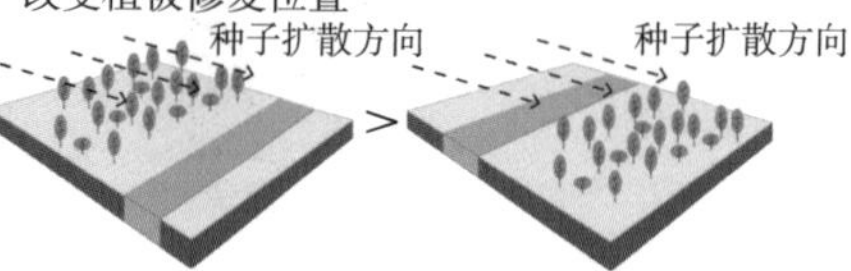

</td>
<td>

· 生境岛：构建生境岛隔离干扰，保护原生演替

· 城市通风走廊构建

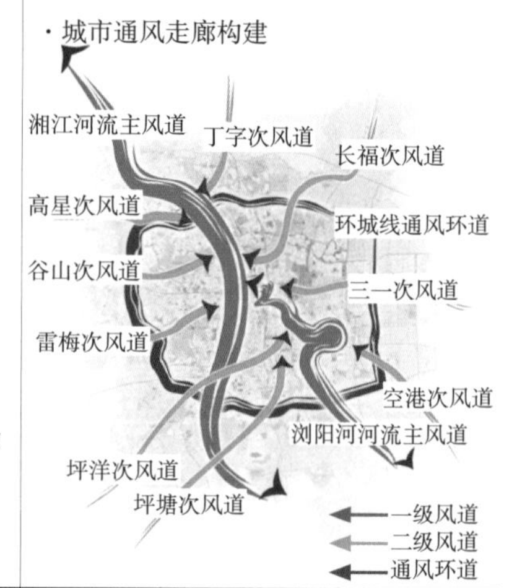

</td>
</tr>
</table>

续表

理论与重要概念解析	空间机制解析	设计手法 / 技术手段
⑨边缘效应 因每个生物群落都有向外扩张的趋势，使交错区的生物种类数量比交错区所邻的群落多，生产力也较之为高的现象（形成群落交错带影响因素：环境条件梯度变化、异质性栖息地重叠、相邻群落相互作用、景观锐化） **群落交错区：**两个或多个群落间的过渡区域 群落 A 群落 C 群落 B 群落交错区 群落向外扩张行为 填充深浅程度反映物种丰度及生产力	**提高生态系统生产力 =f（群落交错宽度，群落边缘结构，群落边缘形状）** · 增大群落交错宽度 > · 丰富群落边缘结构 > · 丰富群落接触边缘长度 >	· 自然化驳岸：改造垂直硬质驳岸，形成群落交错带，丰富边缘群落结构 生物多样性增加 水陆交错带（水生—陆生群落交错区）

CASE
案例知识分析

生态学在矿山废弃地修复中的规划设计目标与程序

1. 基于生态学的矿山废弃地修复的规划设计目标（表 4）

表 4 基于生态学的矿山废弃地修复的规划设计目标体系（岳邦瑞 等，2020）

一级目标	二级目标	三级目标
恢复生态系统健康及可持续发展	生态系统结构与功能恢复	污染治理
		改良土壤性状
		恢复植被群落结构
		增加生境多样性
		提高群落自我维持能力与稳定性
		减少水土流失
		恢复能量、养分及水循环
	创造自然景观的多样性与创造适宜的人居环境	营造适应自然的人居环境
		修复受损空间肌理
		提高蓝绿空间质量

2. 基于生态学的矿山废弃地修复的规划设计程序

基于生态学的矿山废弃地修复的规划设计程序分为 5 个步骤（图 8）。

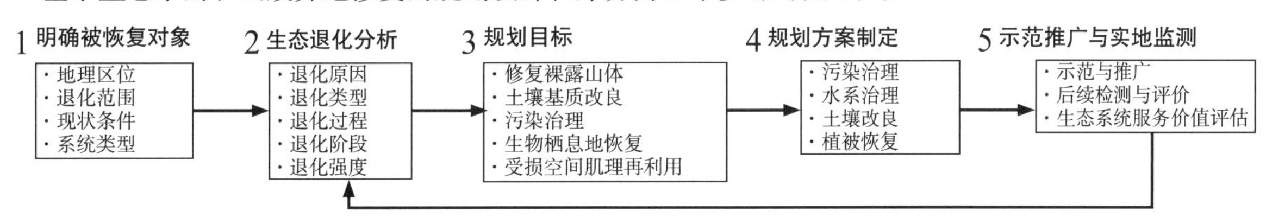

▲ 图 8 基于生态学的矿山废弃地修复的规划设计程序

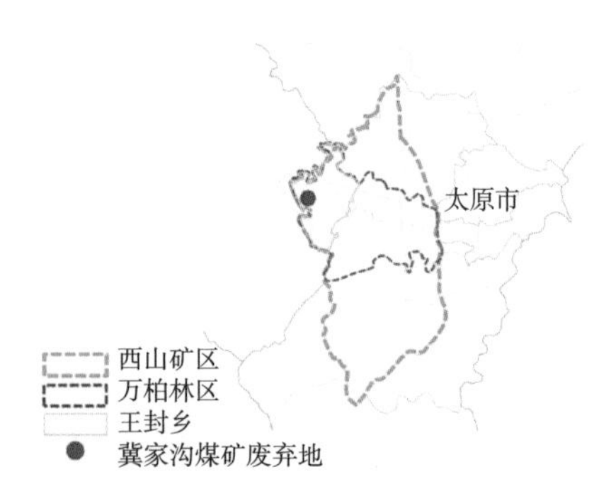

▲ 图 9 规划区域的地理位置

▲ 图 10 规划区域煤矿废弃地分布现状

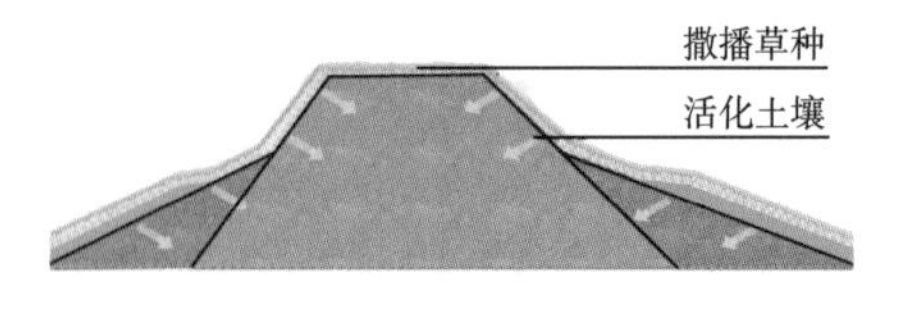

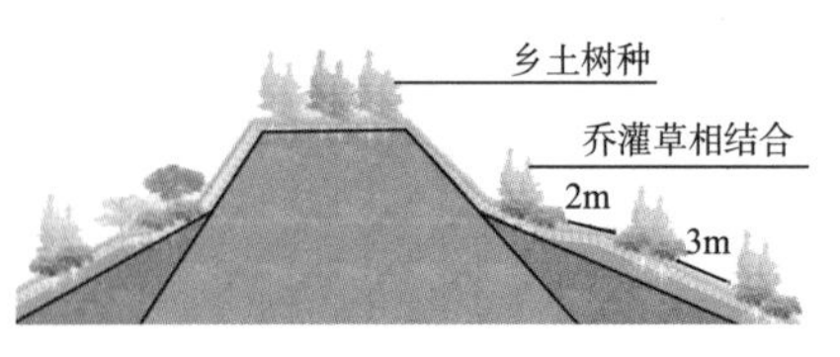

▲ 图 11 煤矸石堆改良与修复

■ 实践案例解析：太原市冀家沟煤矿废弃地景观重建规划（董晨歆，2016）

1. 基本概况

规划区域位于山西省太原市万柏林区王封乡西部的冀家沟村（图 9），以冀家沟行政村内的孟家沟自然村村界为边界，规划总面积 396hm²。规划区域内有大面积煤矿废弃地，其类型主要有两种：排土场废弃地与煤矸石废弃地（图 10）。

2. 生态退化分析

由于长期大量开采煤炭资源，导致矿区地表塌陷、裂缝，土地大面积积水、受淹或盐渍化，山体滑坡、崩塌和泥石流等自然灾害频发，水资源与环境污染加剧，农田和林地破碎程度加重，野生动物栖息环境受到巨大影响，生物多样性持续下降。

3. 规划目标

该区域景观重建所面临的主要问题：①区域内可利用面积小，地形地貌复杂；②土壤、水等环境资源污染严重，栖息地破碎化程度高，农田大面积荒废；③本地资源差，缺少核心景观；④地质灾害频发。基于此，该项目提出如下规划目标：修复裸露山体、治理污染、改良土壤基质；修复生物栖息地、提高生物多样性；受损空间肌理再利用；完善区域基础服务设施、提升区域游憩价值、延续矿业文脉传承。

4. 规划方案制定

煤矿废弃地的景观重建集中在生态修复与景观规划两方面，两者相辅相成，不可割裂，在此重点探讨关于生态修复的部分。

裸露山体修复。区域内的裸露山体表面不附着土层，植被难以存活，需利用植被混凝土喷播技术改良土壤基质，形成表面土壤层，植入本地根系发达的先锋物种；通过生物固氮技术为其创造适宜的土壤条件，继而选取本地耐瘠薄、根系发达的乡土物种种植，构成稳定多物种的立体植被结构，演替形成季相景观。

采空区及水系修复。采空区由于采矿导致地面形成塌陷形态，坑内常年积水。治理时，首先将水系进行挖掘引导并汇聚为中央大水面；其次修建污水沉淀池，将塌陷区的污水引入可吸收和降解污染物的池塘内，利用池塘内的芦苇、香蒲等植物分解有毒、有害物质；最后引入本地动植物的栖息环境，构建湿地生物多样性。

煤矸石废弃地修复。裸露的煤矸石土质不稳定，水土流失严重，且煤矸石极易自燃，易造成危险及环境污染。治理时，以台阶或缓坡的形式弱化矸石山陡坡，固定边坡角；添加化学剂促进土壤活化降解；在稳定山体和改良土壤后，选择先锋树种进行绿化。种植时，灌木、草本的比例为 1 ∶ 2；乔灌行数为 1 ∶ 1 种植，行距以 2~3m 为宜，形成具有高低错落的群落种植形式；隔离矸石堆上自然定居的本土野生植物要使其保持自然演替，杜绝人工干预，从而形成近自然的生态系统（图 11）。

排土场土壤基质改良。排土场废弃地主要由剥离的表层土壤、采集的岩石碎块和质量低劣的废石所堆砌而成，修复时需要将堆积物聚集隔离，利用客土覆盖进行土壤基质改良，并通过景观重新塑形对受损肌理进行保留与利用（图12）。在土壤中添加有机肥料，引入蚯蚓、超富集植物等，利用动植物的生化特性对地表土壤进行改良（王如椁，2014）。例如，蚯蚓可以促进土壤疏松、改善土壤透水、通气性；豆科植物可以通过根瘤菌发挥生物固氮作用；超富集植物可以对污染物进行聚集，进而降低污染物含量。

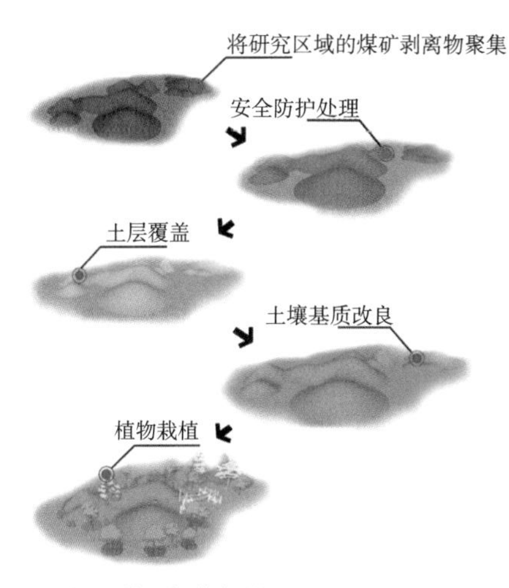

▲ 图12 排土场修复措施

生态保育措施。为灾害易发地、交通系统、污染源、水系、农田、游憩点等构建防护林体系（图13）；通过水土保持林、环境保护林、水源涵养林、风景林及用材林，形成林地、湿地、耕地、园地的植物安全格局，保证区域的农业生产、调蓄净化以及高压防护等功能；针对生态脆弱区进行生态封育，隔绝人为干扰。

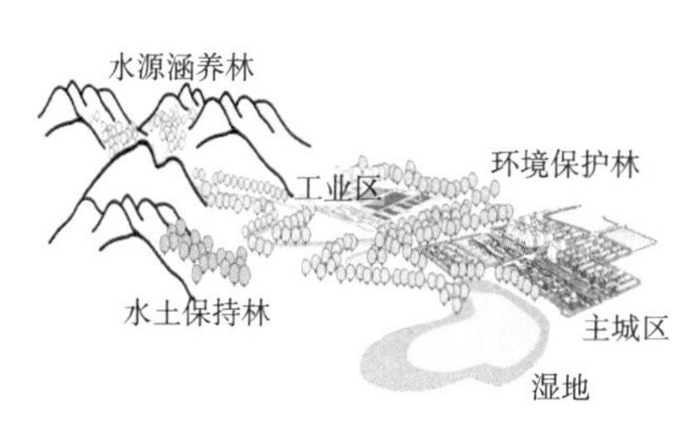

▲ 图13 防护林体系构建

5. 生态恢复的示范推广与动态监测

生态恢复需要一定时间来实现，需要不断对人工输入生态系统的成分进行检测、调控，通过判断恢复或演替的阶段来确定下一阶段的恢复措施，直到将生态系统状态调整至生态阈限内，使生态系统不断优化获得自我发展与维持的能力，并定期对生态系统服务价值进行评估计算。

6. 太原市西山矿区冀家沟煤矿废弃地生态修复规划的实践应用框架分析（图14）

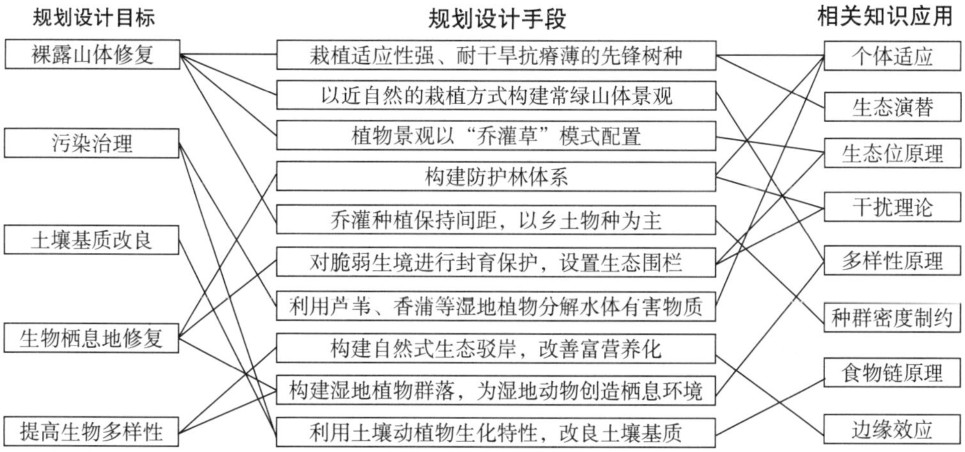

规划设计目标
裸露山体修复
污染治理
土壤基质改良
生物栖息地修复
提高生物多样性

规划设计手段
栽植适应性强、耐干旱抗瘠薄的先锋树种
以近自然的栽植方式构建常绿山体景观
植物景观以"乔灌草"模式配置
构建防护林体系
乔灌种植保持间距，以乡土物种为主
对脆弱生境进行封育保护，设置生态围栏
利用芦苇、香蒲等湿地植物分解水体有害物质
构建自然式生态驳岸，改善富营养化
构建湿地植物群落，为湿地动物创造栖息环境
利用土壤动植物生化特性，改良土壤基质

相关知识应用
个体适应
生态演替
生态位原理
干扰理论
多样性原理
种群密度制约
食物链原理
边缘效应

▲ 图14 冀家沟煤矿废弃地景观重建生态修复规划的实践分析框架

■ 参考文献

曹凑贵，严力蛟，刘黎明，2002. 生态学概论 [M].2 版 . 北京：高等教育出版社 .

陈利顶，吕一河，赵文武，等，2019. 区域生态学的特点、学科定位及其与相邻学科的关系 [J]. 生态学报，39（13）：4593-4601.

董晨歆，2016. 太原市西山矿区冀家沟煤矿废弃地景观重建研究 [D]. 北京：中国林业科学研究院 .

卢学强，郑博洋，于雪，等，2021. 生态修复相关概念内涵辨析 [J]. 中国环保产业，27（4）：10-14.

罗康智，2020. 从生态到生境：人类生态学的兴起与发展 [J]. 贵州民族研究，41（3）：58-63.

任海，王俊，陆宏芳，2014. 恢复生态学的理论与研究进展 [J]. 生态学报，34（15）：4117-4124.

王如桴，2014. 煤矿废弃地景观生态环境修复与可持续利用研究——以太原西山煤矿废弃地为例 [D]. 大连：大连工业大学 .

于贵瑞，王秋凤，杨萌，等，2020. 生态学的科学概念及其演变与当代生态学学科体系之商榷 [J]. 应用生态学报，32（1）：1-15.

王晓安，2019. 恢复生态学的理论和发展趋势 [J]. 山西农经，37（9）：21.

岳邦瑞，等，2017. 图解景观生态规划设计原理 [M]. 北京：中国建筑工业出版社 .

岳邦瑞，等，2020. 图解景观生态规划设计手法 [M]. 北京：中国建筑工业出版社 .

张红玉，2015. 基于“结构—过程—功能”一体化的喀斯特退化生态系统恢复和评价指标研究 [J]. 生态科学，34（5）：205-210.

■ 思想碰撞

自恢复生态学诞生以来，生态恢复的目标一直备受争议。虽然恢复到“生态系统原有状态”在理论和实践上都存在很大困难，但仅从人类利益的角度过分强调“生态产品”和“生态服务”的生态恢复目标也不甚合理。研究生态历史是确定生态恢复目标的有力手段。目前，生态恢复应该在可能实现的地区尽可能地保护和恢复历史生态系统，同时设置一些小范围的生态系统保证生态产品和生态服务功能的实现。我们应该如何把握这个范围的边界，达到人类利益与自然系统健康的共赢呢？

■ 专题编者

岳邦瑞

费凡

席愉

司耕硕

王晨茜

景观生态学 17讲
“流”的传输与交换

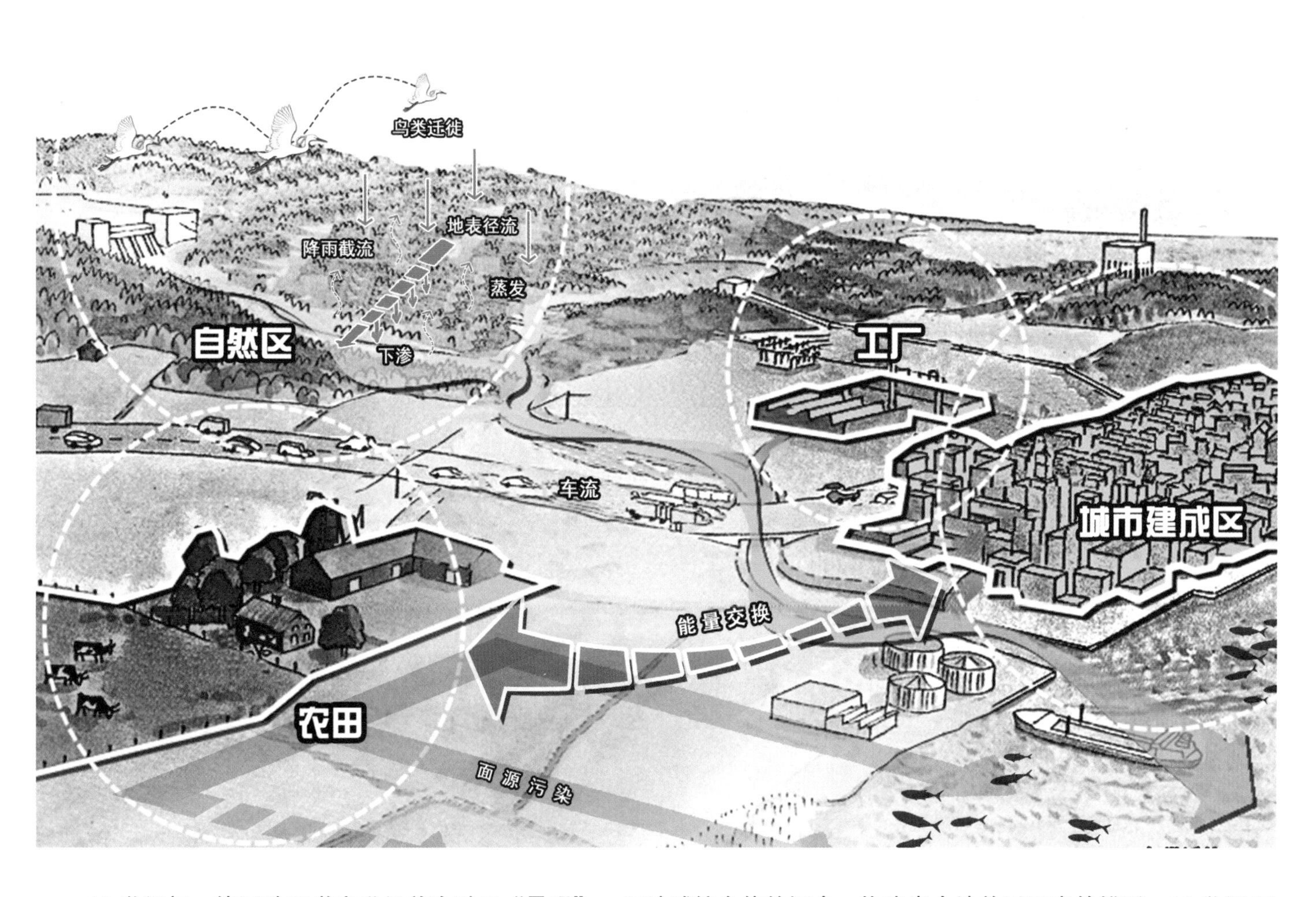

19 世纪初，德国地理学家洪堡首次赋予“景观”一词地域综合体的概念，构建出人地关系研究的雏形；20 世纪 30 年代末，卡尔·特洛尔提出“景观生态学”，将景观概念引入生态学，系统研究景观结构和功能、景观动态变化以及相互作用机理；20 世纪 80 年代，理查德·T.T. 福曼提出“斑块—廊道—基质”模式，进一步明确出景观生态学的空间规划范式 …… 景观生态学作为生态学与地理学、环境科学的横断、交叉学科，将地理学的格局研究和生态学的过程研究相结合，广泛应用于土地利用规划、生态空间管理等领域，成为指导科学人地互动的重要空间工具。

学科书籍推荐：
《景观生态学原理及应用》傅伯杰 等
《景观生态学》邬建国

学科综合思想的萌芽阶段

洪堡
Humboldt

·1806年，洪堡提出了科学的景观概念，为景观生态学的产生奠定了基础

海克尔
Haeckel

·1869年，海克尔首先应用了生态学一词，成为生物科学显著的里程碑之一

坦斯利
A.G.Tansley

·1935年，坦斯利提出生态系统概念，其核心思想是认为生物体与其环境是统一的功能整体

学科的形成和初创阶段

卡尔·特洛尔
CarlTroll

·1939年，卡尔·特洛尔将“景观”与“生态系统”整合，提出“景观生态学”一词，标志着景观生态学的诞生

苏卡乔夫
Sukachev

·1940年，苏卡乔夫提出生物地理群落学说，其内容与早期的景观生态学相似

·20世纪70年代，宗奈赛尔德等将欧洲景观生态学作了系统总结和发展，标志着欧洲景观生态学的形成

学科的全面发展阶段

理查德·T.T.福曼
Richard T.T.Forman

·1981~1983年，理查德·T.T.福曼将景观生态学思想引入美国，并提出了“斑块—廊道—基质”模式，为研究景观格局与过程提供了系统的概念构架

·1982年，国际景观生态学会成立，标志着景观生态学成为国际性学科

·1987年，景观生态学杂志《Landscape Ecology》创刊，提升了景观生态学在学术界的地位

·2001年，联合国千年生态系统评估（MA）计划实施，生态系统服务的提出使景观生态学从理论认知逐渐走向决策实践

·21世纪初，由中国学者编著的《景观生态学》专著陆续出版

▲图1 景观生态学的发展历程

■ 景观生态学的学科内涵

1. 景观生态学的基本概念

景观生态学（landscape ecology）一词最早源于德语“landschaftsökologie”，译为“景观生态”。景观生态学通过物质流、能量流、信息流等在地球表层的传输和交换，生物与非生物要素以及人类之间的相互作用与转换，运用生态系统原理和系统方法研究景观结构和功能、景观动态变化以及相互作用机制，研究景观的格局优化、合理利用和保护（傅伯杰，2001）。景观生态学的目的是通过对景观格局、景观过程的理解来解决人与自然辩证关系中的空间问题、协调人地关系（NDUBISI F，2002）。

2. 景观生态学的研究对象与特点

景观生态学以整个景观为研究对象。景观生态学视角下的“景观”指由不同生态系统组成的不同尺度上的异质性空间单元（空间格局）。景观生态学将地理学中强调空间分析的空间方法同生态学中关注生态系统运行的功能方法相结合。相比其他生态学科，景观生态学强调空间异质性、等级结构和时空尺度等在研究格局和过程及其相互关系中的重要性，并且其发展从一开始就与土地规划、自然保护等实际问题相关联。因此，景观生态学的特点可以简单概括为：①多尺度性，同时考虑局地和区域尺度；②空间异质性；③综合性；④实践性（邬建国，2007）。

3. 景观生态学的发展历程

作为地理学与生态学之间的交叉学科，景观生态学的产生与发展经历了3个阶段：①学科综合思想的萌芽阶段（20世纪30年代以前），地理学的景观学思想与生物学的生态学思想各自独立发展，为景观生态学的诞生奠定了基础；②学科的形成和初创阶段（20世纪30~80年代初），地理学与生态学开始交叉，景观生态学研究兴起；③学科的全面发展阶段（20世纪80年代以后），以20世纪80年代初国际景观生态学会的成立为标志，之后理论与应用成果不断丰富，应用领域不断拓展（图1）。

■ 景观生态学的学科体系

1. 景观生态学的研究内容

景观生态学以研究景观生态系统自身发生、发展和演化的规律特征，以及探求合理利用、保护和管理景观的途径与措施为基本任务。具体任务包括：①景观生态系统结构与功能研究；②景观生态监测和预警研究；③景观生态规划与设计研究；④景观生态保护与管理研究。围绕上述四大研究任务，笔者提出景观生态学研究体系，形成基础理论研究、应用基础研究和实践应用研究 3 个层次：①基础理论研究，由景观生态学基本原理及相关重要理论组成，为应用基础研究与实践应用研究提供科学理论基础；②应用基础研究，主要包括建立在基础理论之上的、面向空间规划设计的各种应用性理论、方法与技术研究；由于这些空间设计原理是面向实践应用而开展的，通常体现为生态规划设计中所使用的各种模型、方法、流程、步骤，以及能够被空间化转换的策略、导则、格局、模式、手法与语汇；③实践应用研究，面向社会的各种生态问题与实践需要开展的，是对于多个实践尺度、类型及领域的项目开展的具体规划设计与实践操作程序（岳邦瑞 等，2017）（图 2）。

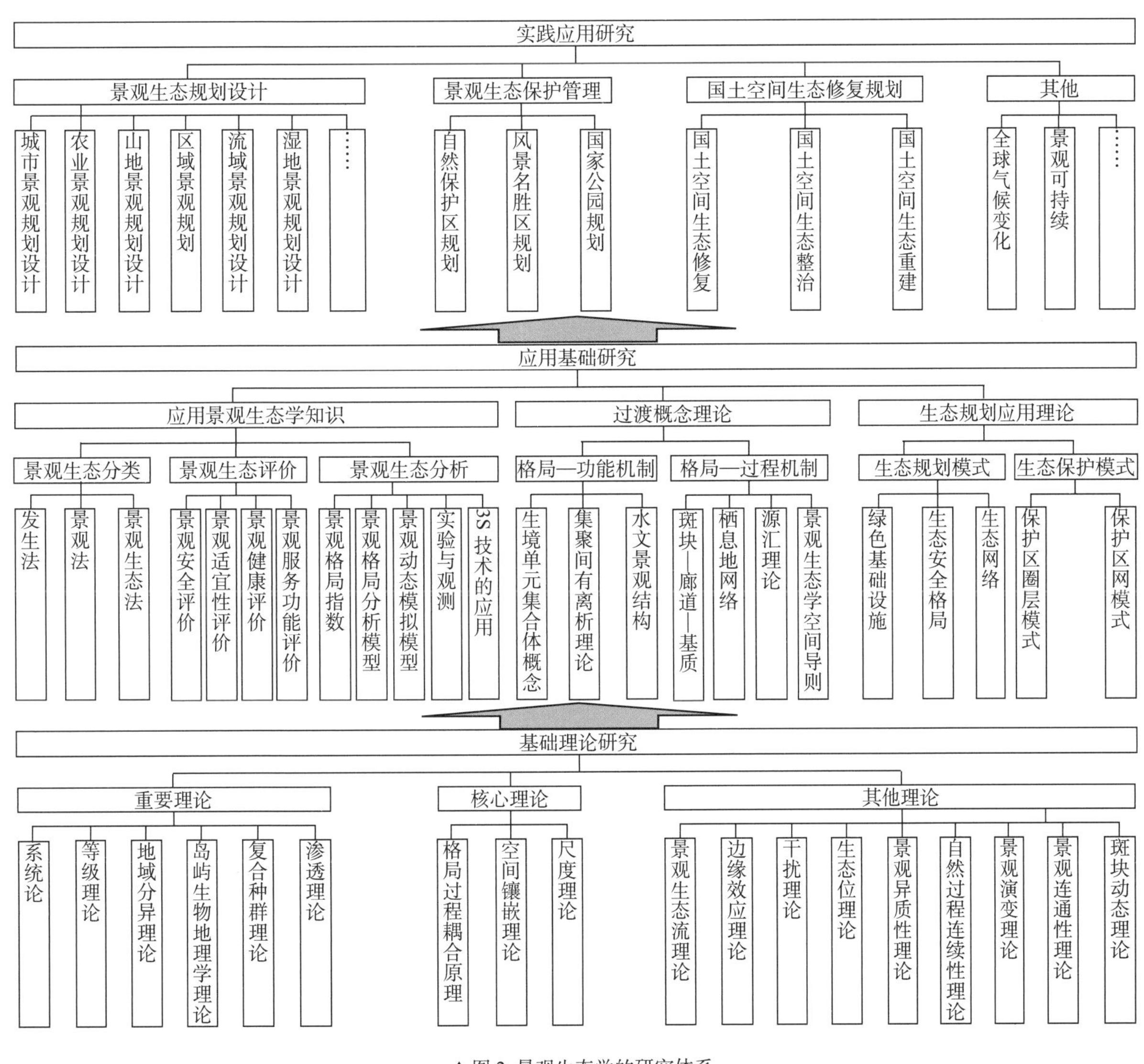

▲图 2 景观生态学的研究体系

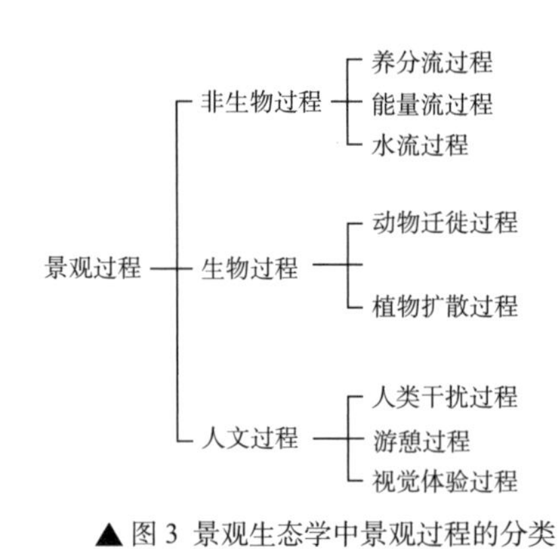

▲ 图 3 景观生态学中景观过程的分类

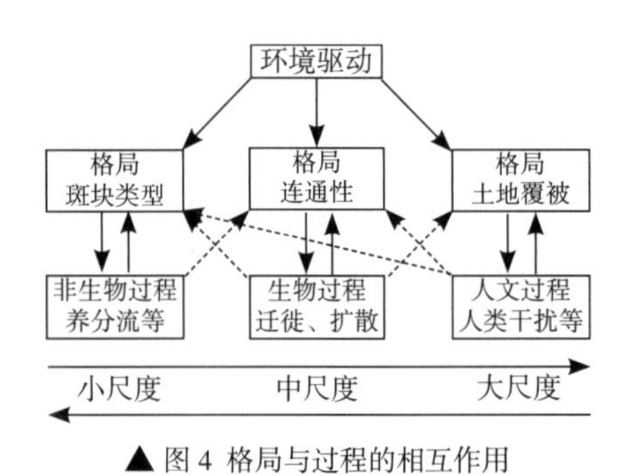

▲ 图 4 格局与过程的相互作用及其跨尺度关联

2. 景观生态学的基础研究框架

结构与功能、格局与过程之间的联系与反馈是景观生态学的基本命题与研究核心（TurnerM G，1990；王仰麟，1998）。景观结构指景观的组分构成及空间分布形式；景观格局指景观组分的空间分布和组合特征（前者包括空间与非空间特征，而后者仅指空间特征，现有研究往往不区分二者差异）；景观过程指物质、能量在景观格局中的流动（图 3）；景观功能指生态系统与生态过程所形成及所维持的人类赖以生存的自然环境条件与效用，包括调节、供给、支持、文化等功能。格局是过程在地表上的空间投影，二者密不可分；景观作为系统，具有一定的结构和功能，而其格局（结构）和过程（功能）在外界的干扰和本身自然演替的作用下，呈现出动态的特征（傅伯杰，2001）。过程产生格局，格局作用于过程，二者相互作用，具有尺度依赖性（图 4）。综上所述，笔者提出景观生态学的基础研究框架（图 5）。

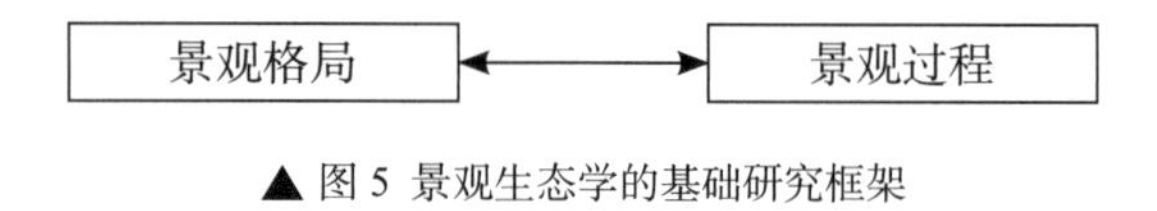

▲ 图 5 景观生态学的基础研究框架

3. 景观生态学与景观生态规划的关系

规划师将景观生态学家的研究成果作为空间规划过程的基础。景观生态学理论关注格局、过程及变化，是景观生态学者的主要科研领域。应用生态学者通过景观生态分类等方法分析景观的异质组成。过渡概念理论（NDUBISIF，2002）则是景观生态学理论研究和景观生态规划实践连接的桥梁，关注景观中的空间关系，强调通过综合格局与过程信息，达到既定目标及功能；通过将过渡概念转译归纳，可得到景观生态规划常用的空间格局模式，并应用于景观规划实践当中。每一阶段（AB，B，BC，C）都可能产生反馈，促进 A 的发展（图 6）。

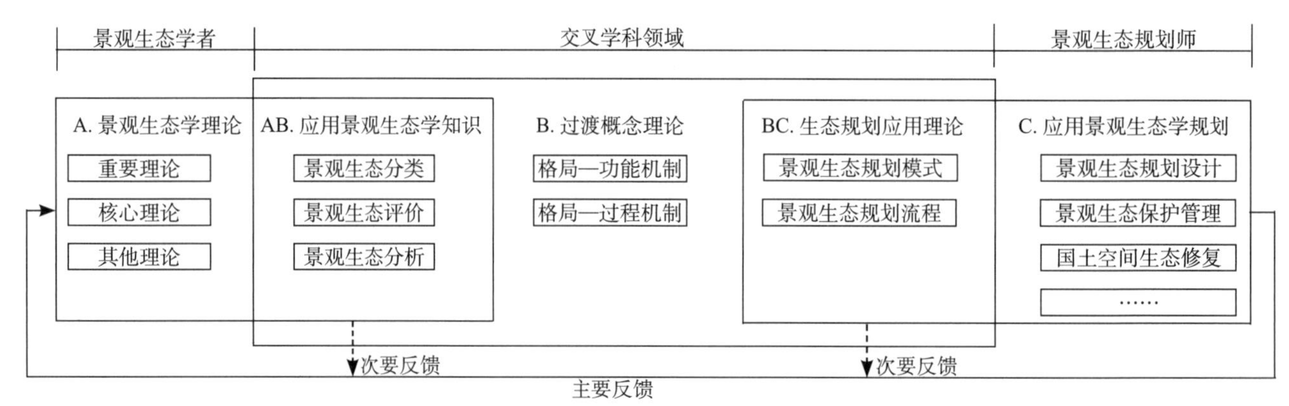

▲ 图 6 景观生态学与景观生态规划联系的概念化表述

景观生态学知识在景观规划设计中的应用

景观生态学介入景观规划设计

景观生态学知识介入景观规划设计的历史大致可划分为 3 个阶段（图 7）：①学科衔接阶段（1969~1991 年），景观生态学与土地利用规划开始建立联系，逐渐形成了众多景观生态规划的理论与方法；②科研与实践差距的弥合阶段（1992~2008 年），景观生态学的空间格局研究与景观规划中的生态过程联系进一步深化，逐渐弥合了景观生态科学研究与景观规划实践的差距；③可持续景观规划阶段（2009 年至今），景观生态规划的新认识和新方法开始出现，人们开始讨论景观生态学和可持续性科学，同时认识到景观生态学概念和方法的应用有助于可持续规划（ALEKSANPRAM M et al.2020）。

景观生态学在景观规划设计中的应用

1. 景观规划设计空间机制

在景观规划语境下，笔者提出“格局—过程—功能”的空间机制分析框架（图 8）。空间机制是在特定的景观规划设计对象中，特定景观格局与特定景观功能之间存在因果关系。从因果关系的思维看，规划设计过程就是通过塑造空间格局（原因）来获得特定功能的实现（结果），空间机制分析就是要找出格局与功能之间必然的、稳定的“因果关系”。

在应用“格局—过程—功能”框架中，景观过程分析起到关键的“开黑箱”作用。景观过程分析让我们直观看到养分流、物种流、能量流如何从一个景观单元迁移到另一个景观单元的过程，从而揭示出不同景观单元之间（格局）的相互作用过程及其结果（功能）。

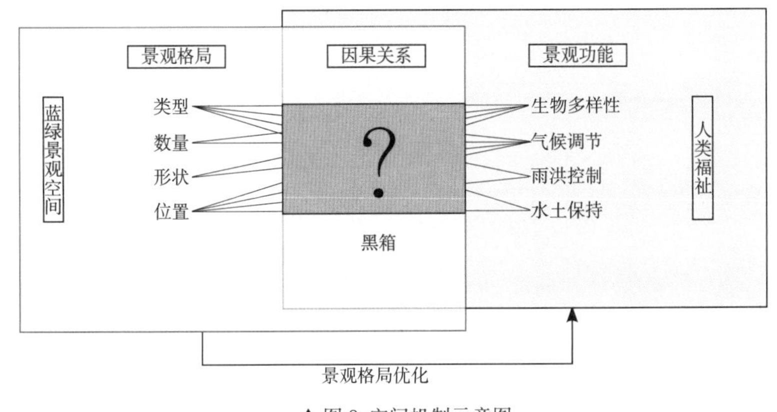

▲图 8 空间机制示意图

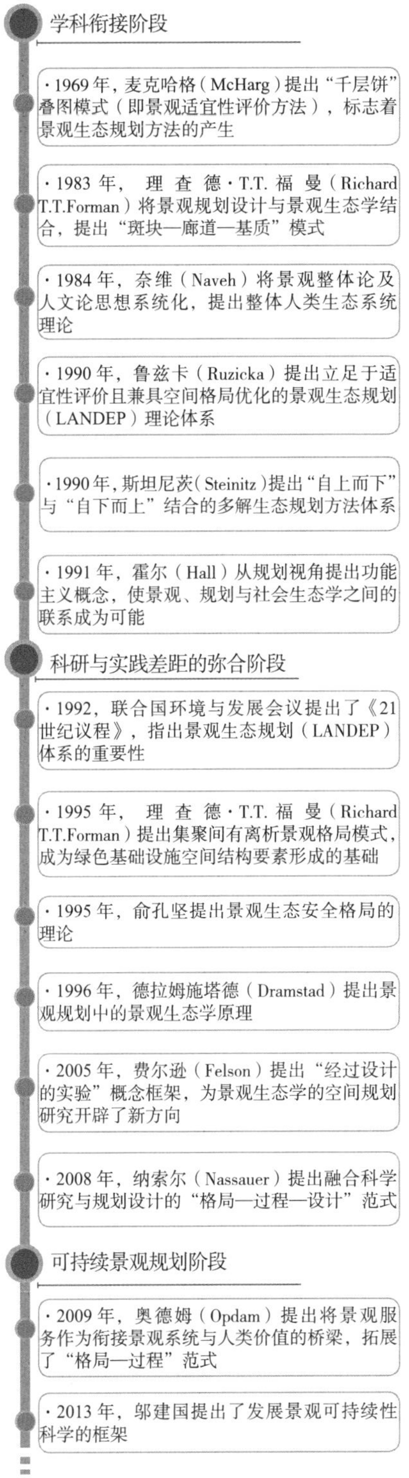

学科衔接阶段

· 1969 年，麦克哈格（McHarg）提出“千层饼”叠图模式（即景观适宜性评价方法），标志着景观生态规划方法的产生

· 1983 年，理查德 · T.T. 福曼（Richard T.T.Forman）将景观规划设计与景观生态学结合，提出“斑块—廊道—基质”模式

· 1984 年，奈维（Naveh）将景观整体论及人文论思想系统化，提出整体人类生态系统理论

· 1990 年，鲁兹卡（Ruzicka）提出立足于适宜性评价且兼具空间格局优化的景观生态规划（LANDEP）理论体系

· 1990 年，斯坦尼茨（Steinitz）提出“自上而下”与“自下而上”结合的多解生态规划方法体系

· 1991 年，霍尔（Hall）从规划视角提出功能主义概念，使景观、规划与社会生态学之间的联系成为可能

科研与实践差距的弥合阶段

· 1992，联合国环境与发展会议提出了《21 世纪议程》，指出景观生态规划（LANDEP）体系的重要性

· 1995 年，理查德 · T.T. 福曼（Richard T.T.Forman）提出集聚间有离析景观格局模式，成为绿色基础设施空间结构要素形成的基础

· 1995 年，俞孔坚提出景观生态安全格局的理论

· 1996 年，德拉姆施塔德（Dramstad）提出景观规划中的景观生态学原理

· 2005 年，费尔逊（Felson）提出“经过设计的实验”概念框架，为景观生态学的空间规划研究开辟了新方向

· 2008 年，纳索尔（Nassauer）提出融合科学研究与规划设计的“格局—过程—设计”范式

可持续景观规划阶段

· 2009 年，奥德姆（Opdam）提出将景观服务作为衔接景观系统与人类价值的桥梁，拓展了“格局—过程”范式

· 2013 年，邬建国提出了发展景观可持续性科学的框架

▲图 7 景观生态学介入景观规划设计的发展历程

2. 景观生态学的应用知识框架

景观格局与景观过程以及景观功能形成因果映射关系。基于空间机制，笔者提出景观生态学的应用知识框架（图 9），并以河流廊道为例进行因果链条分析（图 10）。

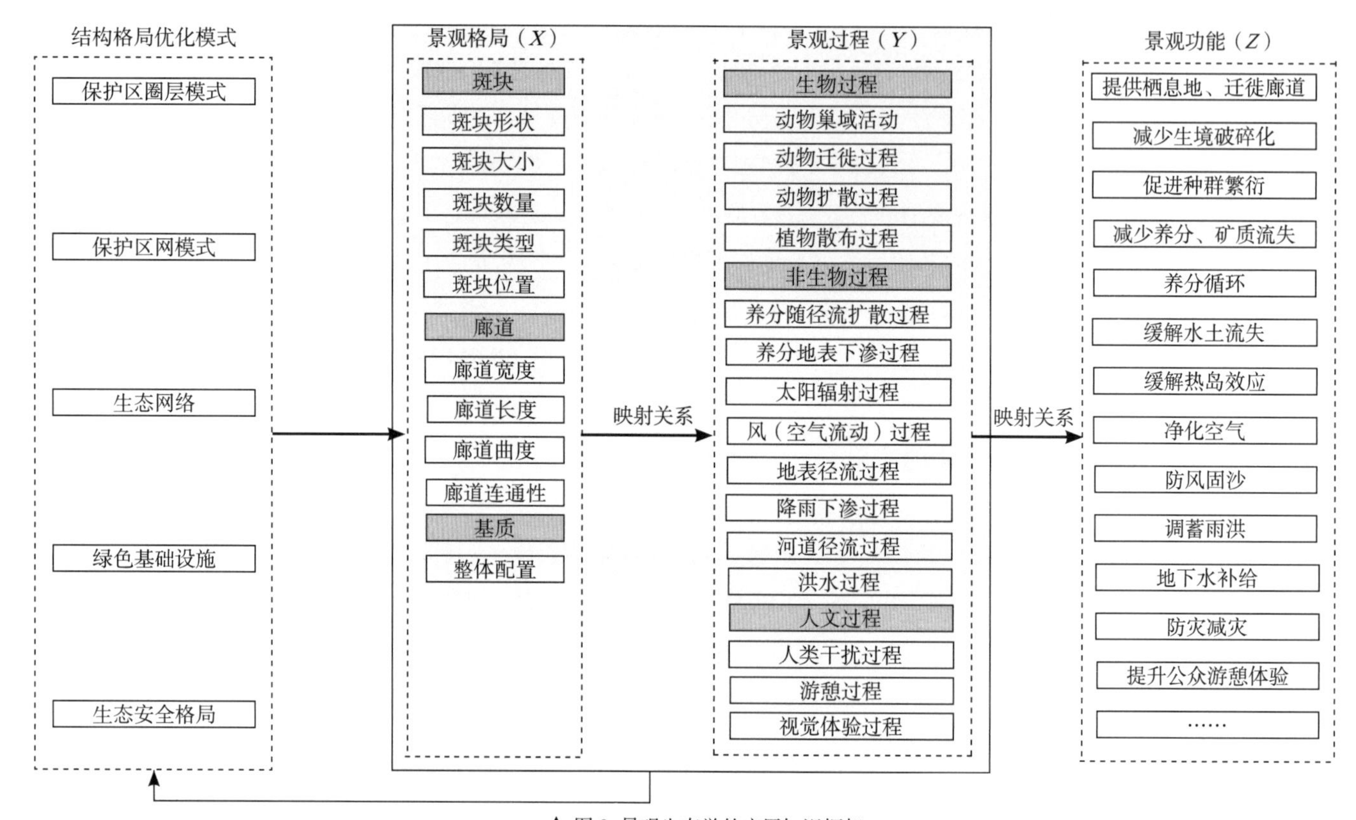

▲ 图 9 景观生态学的应用知识框架

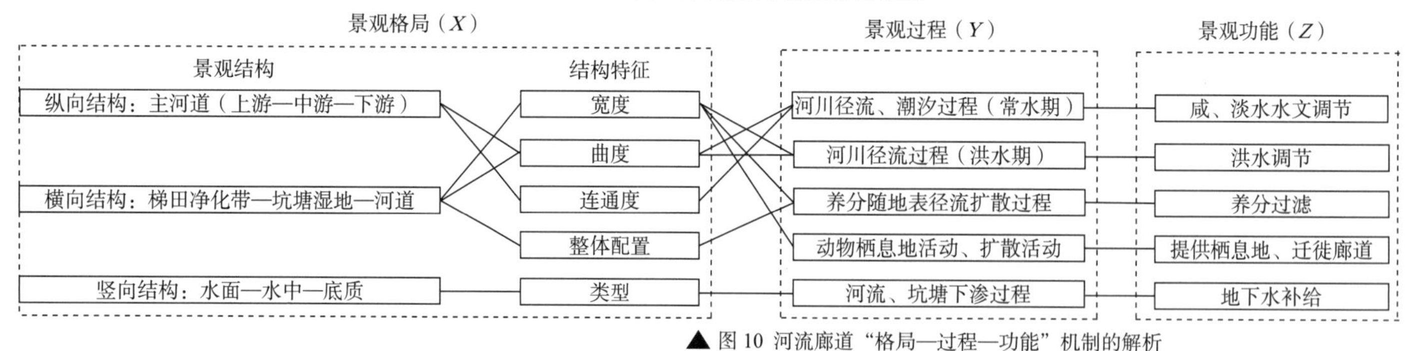

▲ 图 10 河流廊道“格局—过程—功能”机制的解析

3. 景观生态规划的模式

景观生态规划强调格局与过程的相互作用，并通过格局改变来维持景观过程的健康安全，基于格局与过程的关系，常见的景观生态规划模式及机制分析如表 1、表 2 所示（从非生物过程、生物过程、人文过程角度针对性分析了各模式的主要机制）。

表 1 生态规划模式（俞孔坚，1999；Forman RTT et al，1986）

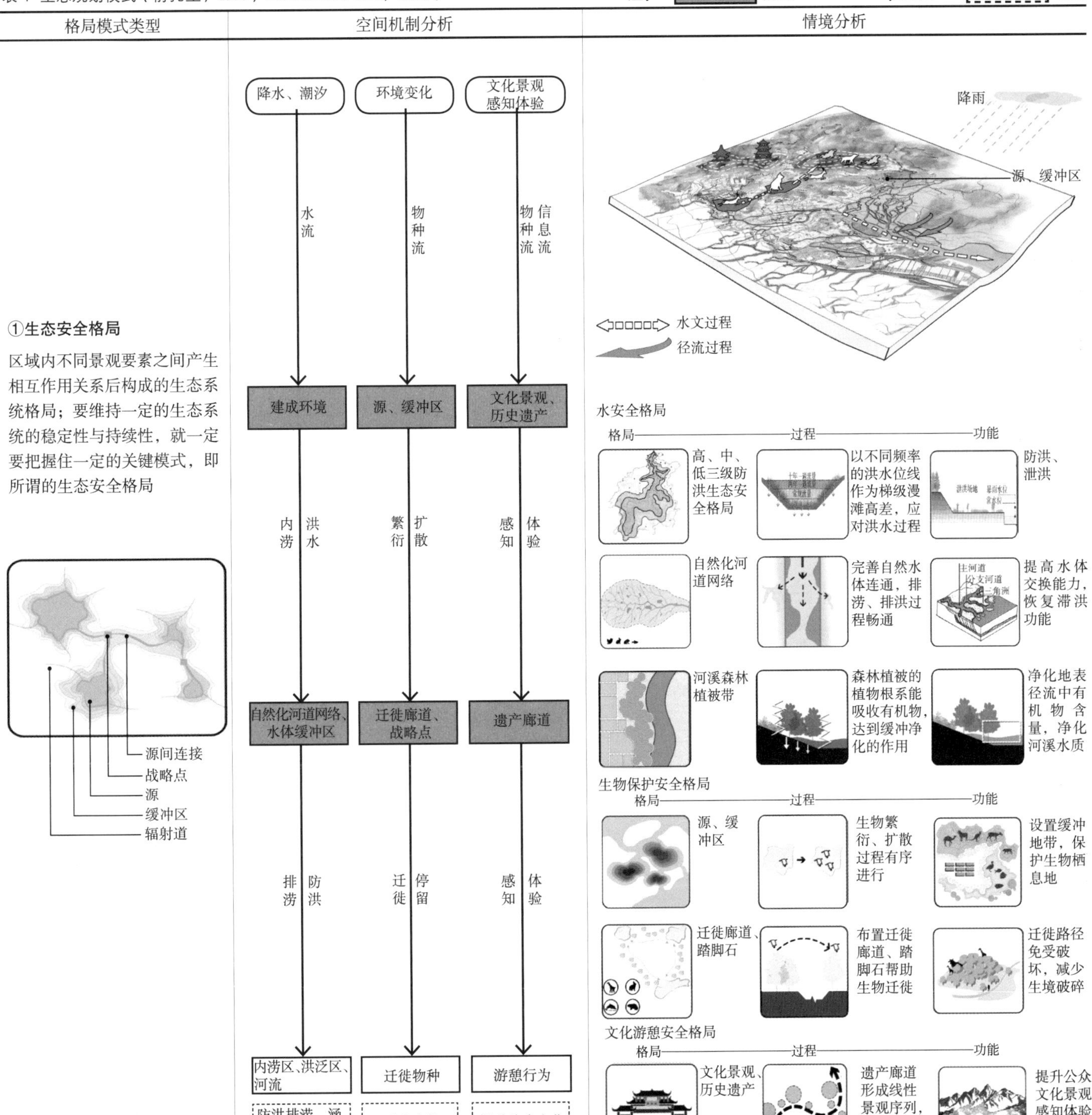
注：
格局
过程
功能
格局模式类型
空间机制分析
情境分析
①生态安全格局
区域内不同景观要素之间产生相互作用关系后构成的生态系统格局；要维持一定的生态系统的稳定性与持续性，就一定要把握住一定的关键模式，即所谓的生态安全格局
源间连接
战略点
源
缓冲区
辐射道
降水、潮汐
环境变化
文化景观感知体验
水流
物种流
物种流
信息流
建成环境
源、缓冲区
文化景观、历史遗产
内涝
洪水
繁衍
扩散
感知
体验
自然化河道网络、水体缓冲区
迁徙廊道、战略点
遗产廊道
排涝
防洪
迁徙
停留
感知
体验
内涝区、洪泛区、河流
迁徙物种
游憩行为
防洪排涝、涵养水源、提升水体质量
减少生境破碎化
提升公众文化景观感知体验
降雨
源、缓冲区
水文过程
径流过程
水安全格局
格局
过程
功能
高、中、低三级防洪生态安全格局
以不同频率的洪水位线作为梯级漫滩高差，应对洪水过程
防洪、泄洪
自然化河道网络
完善自然水体连通，排涝、排洪过程畅通
主河道
分支河道
三角洲
提高水体交换能力，恢复滞洪功能
河溪森林植被带
森林植被的植物根系能吸收有机物，达到缓冲净化的作用
净化地表径流中有机物含量，净化河溪水质
生物保护安全格局
格局
过程
功能
源、缓冲区
生物繁衍、扩散过程有序进行
设置缓冲地带，保护生物栖息地
迁徙廊道、踏脚石
布置迁徙廊道、踏脚石帮助生物迁徙
迁徙路径免受破坏，减少生境破碎
文化游憩安全格局
格局
过程
功能
文化景观、历史遗产
遗产廊道形成线性景观序列，促进景观体验过程
提升公众文化景观感知体验

续表

注：格局 →过程 功能

格局模式类型	空间机制分析	情境分析

②生态网络

生态网络为应对生境破碎化问题而诞生，旨在构建一个将隔离生境斑块通过廊道连接的网络体系，以促进生物在不同斑块间的扩散与迁移，进而实现生物多样性保护的目的

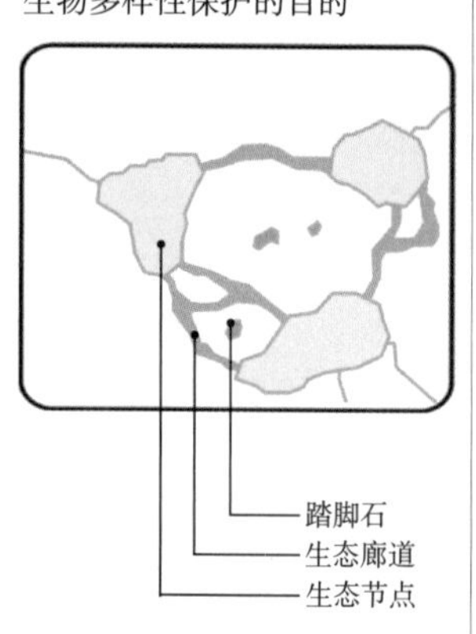

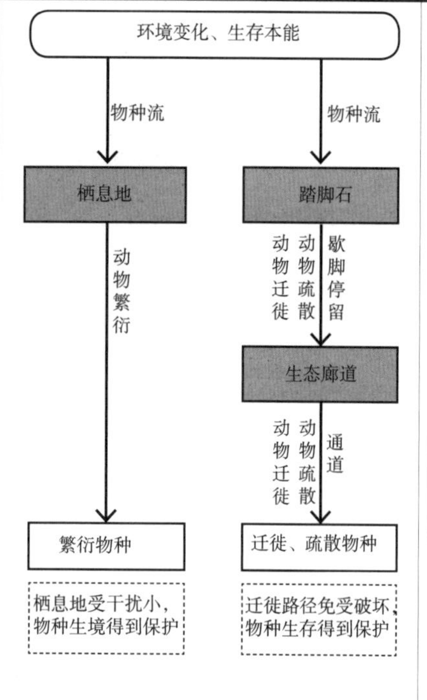

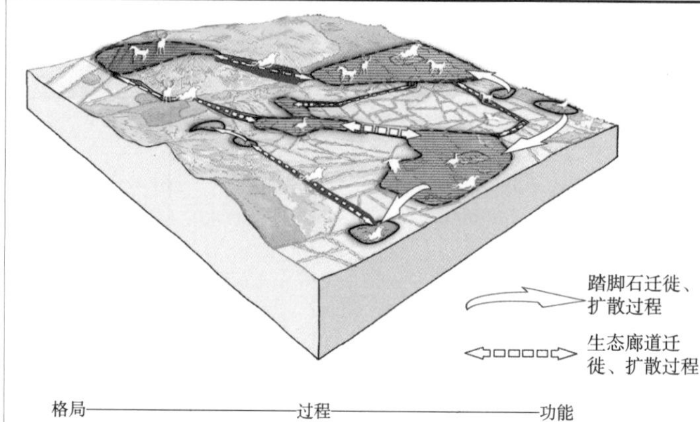

格局——过程——功能

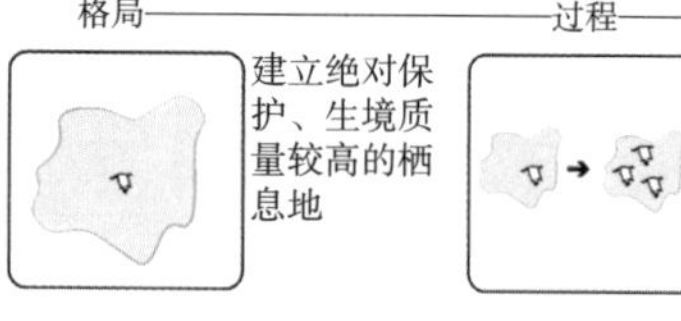

建立绝对保护、生境质量较高的栖息地

物种繁衍过程有序进行

栖息地受干扰小，物种生境得到保护

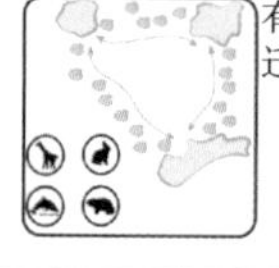

有踏脚石与迁徙廊道

布置迁徙踏脚石形成迁徙廊道帮助迁徙

迁徙路径免受破坏，物种生存得到保护

③绿色基础设施

城市可持续发展所依赖的自然系统，是城市及其居民能持续获得自然服务的基础。空间上是一个跨尺度层级、由开敞空间相互连接的生态网络结构

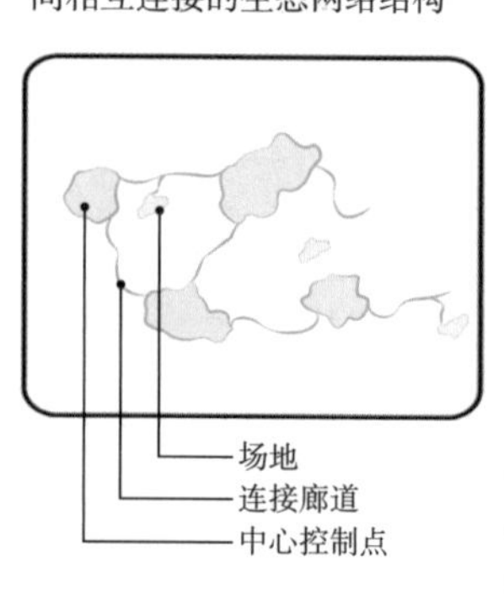

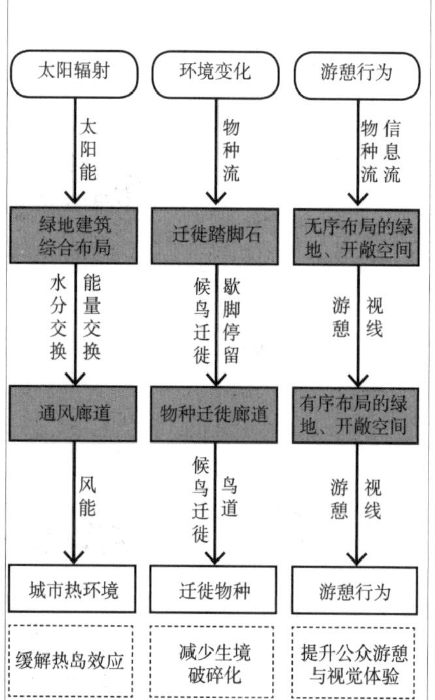

缓解热岛效应场景

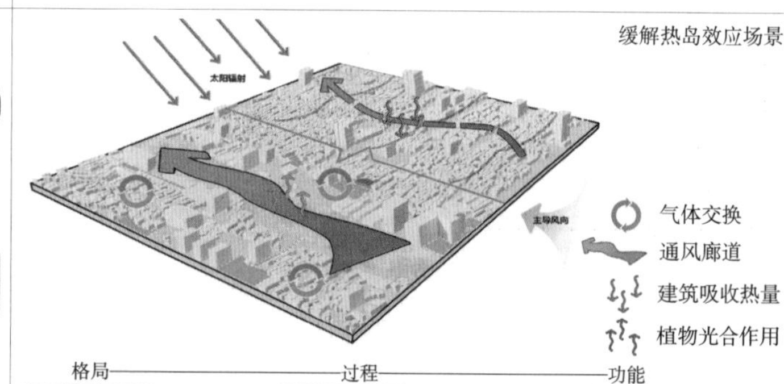

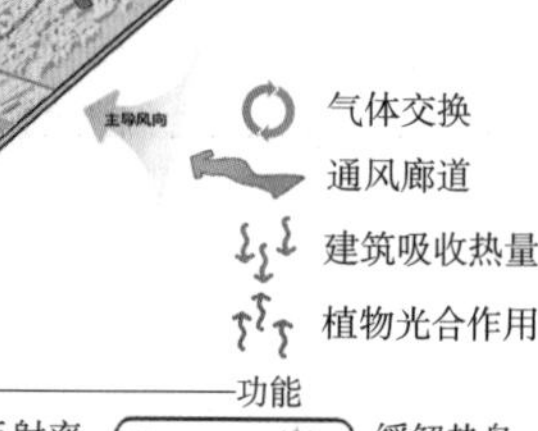

格局——过程——功能

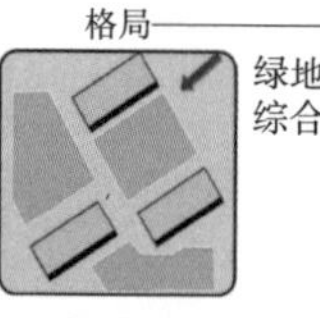

绿地建筑综合布局

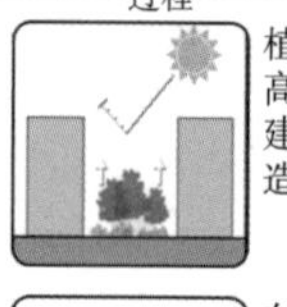

植物反射率高，绿地与建筑布局营造通风廊道

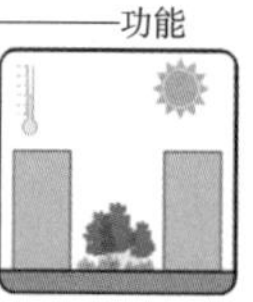

缓解热岛效应

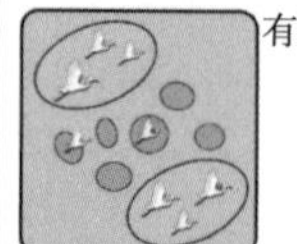

有迁徙廊道

布置迁徙踏脚石，形成迁徙廊道，帮助迁徙

减少生境破碎化

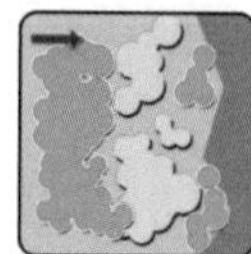

有序布局的景点、绿地、开敞空间

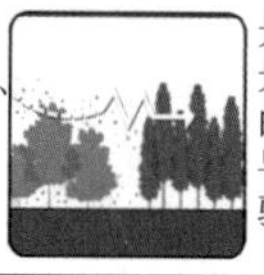

景点相互借景，有相应的视线引导，游憩体验更佳

提升公众游憩与视觉体验

表 2 生态保护模式（岳邦瑞 等，2017；岳邦瑞 等，2020）

注：格局 →过程 功能

格局模式类型	空间机制分析	情境分析
①保护区圈层模式 该模式认为一个科学合理的自然保护区应由核心区、缓冲区、外围控制区组成 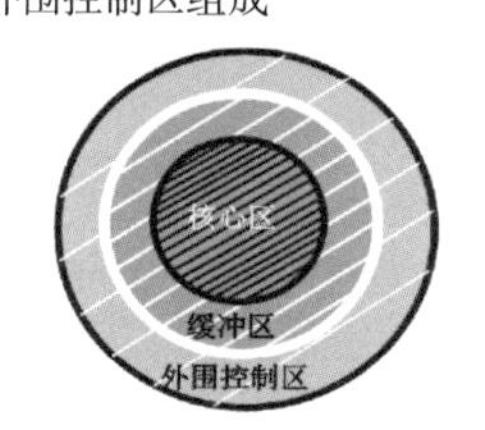 ②保护区网模式 汲取了圈层模式的优点，着重于破碎生境的重新连接，通过廊道将保护区之间或与其他隔离生境相连，构成保护区网 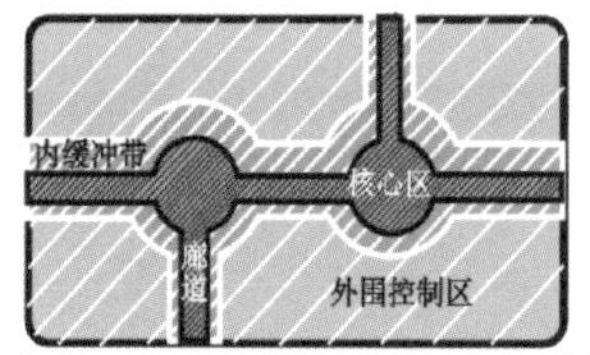	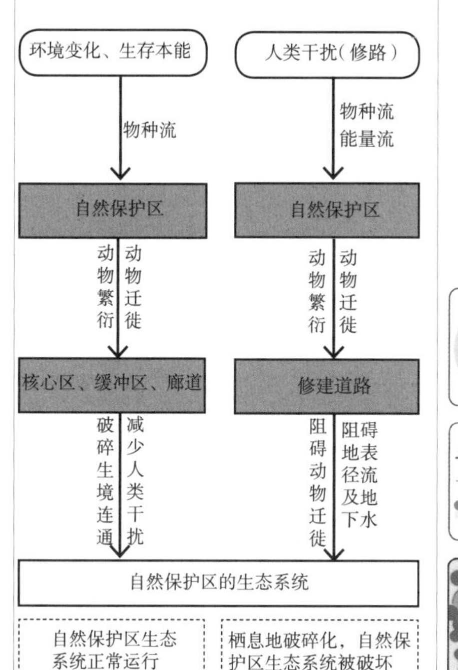	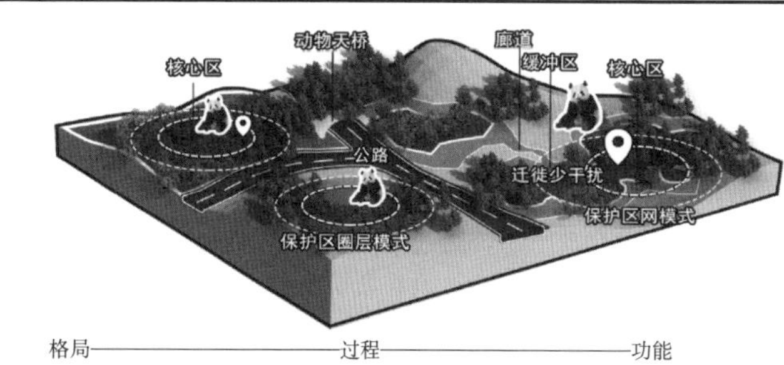

格局	过程	功能
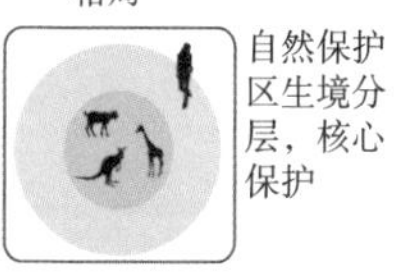 自然保护区生境分层，核心保护	分级管控，减少人类干扰对物种迁徙、觅食等流的阻碍	核心物种得到保护
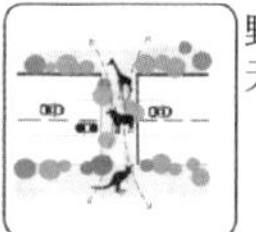 野生动物天桥	 分隔的生境联通，实现物种流、能量流、信息流等过程畅通	 自然保护区生态系统正常运行
 自然保护区修路	 阻碍物种迁徙，阻碍地表径流及地下水	 自然保护区栖息地破碎化，破坏生态系统

CASE
案例知识分析

■ 景观生态规划的设计程序（图 11、图 12）

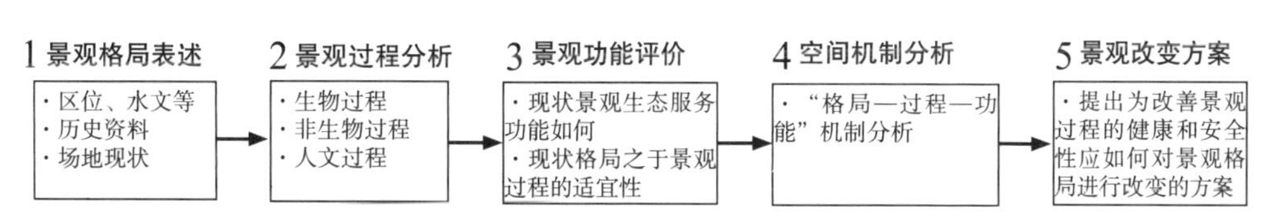

▲ 图 11 景观生态规划的设计程序

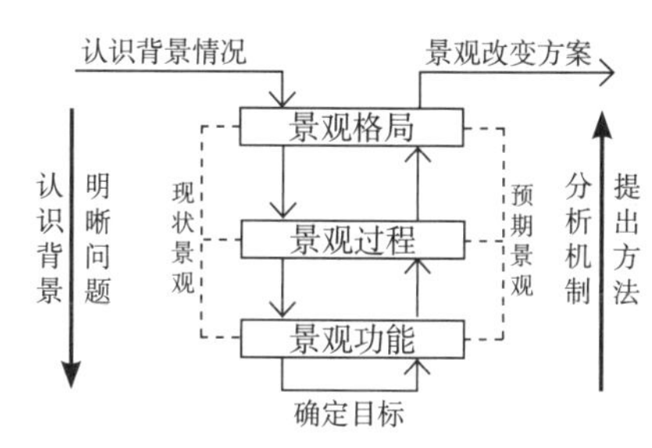

▲ 图 12 景观生态规划设计理论框架

■ 实践案例解析：三亚红树林生态公园（俞孔坚，2020）

1. 景观格局表述——场地概况

三亚红树林生态公园位于三亚河东岸（图 13），场地恰巧处于下游海水与上游淡水交汇的分界位置，季节性水量不均，旱季河道缺水，湿生植物阻塞河道。河道两岸为钢筋混凝土驳岸，与道路间有较大高差。城市雨水、污水直接排入河道，水体污染严重。原有坑塘系统被大量开发用地侵占，场地内保留有部分红树林，主要分布于驳岸边潮间带区域，长势较差，退化严重（图 14）。

▲ 图 13 三亚红树林生态公园总平面图

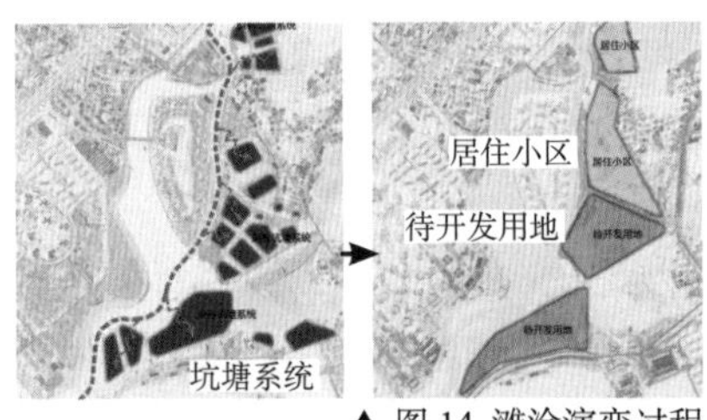

▲ 图 14 滩涂演变过程

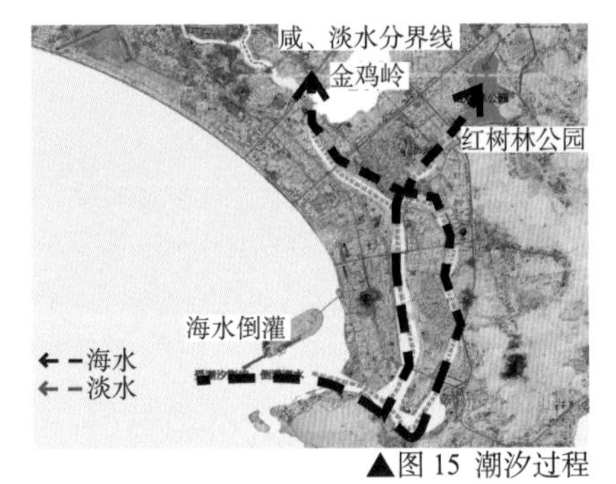

▲图 15 潮汐过程

2. 景观过程分析——三亚红树林生态公园中的生物、非生物与人文过程

对三亚红树林生态公园中的各种过程进行分析（表 3），明确景观如何运转。

表 3 景观过程分析

景观过程分类	景观过程分析
生物过程	红树林生长过程：红树喜盐，一般分布于潮间带，不见于海潮达不到的河岸
非生物过程	物质、能量交换过程：河岸滩涂地带是典型的生态交错带，物质、能量的流动交换过程频繁
	潮汐过程：受到地形以及三亚河口的强潮影响，形成以金鸡岭为界的潮汐咸、淡水分界线（图 15）；潮汐过程带来的水位变化是红树生长的必要条件
	地表径流过程：来源于上游湿地放水、降雨以及城市界面排水
	洪水过程：雨量丰沛，夏季易受台风影响，季风期上游汇集洪水，平原河道淤积严重易形成洪涝
	季风过程：地处亚热带季风气候带，夏季易受台风影响
人文过程	城市开发扩张过程：堤坝、道路、商业开发致使坑塘系统破坏

3. 景观功能评价与空间机制分析（图 16）

首先，对场地生态服务功能状况进行评价，分析现状景观格局对景观过程的利害，即促进或阻碍过程的发生，判断目前景观是否运转良好（自上而下，明确现状问题）；其次，对比现状景观功能，提出理想景观功能，并倒推对应的理想景观过程，最后对应到影响特定景观过程的景观格局，为景观改变方案的提出提供依据（自下而上，提出解决方法）。

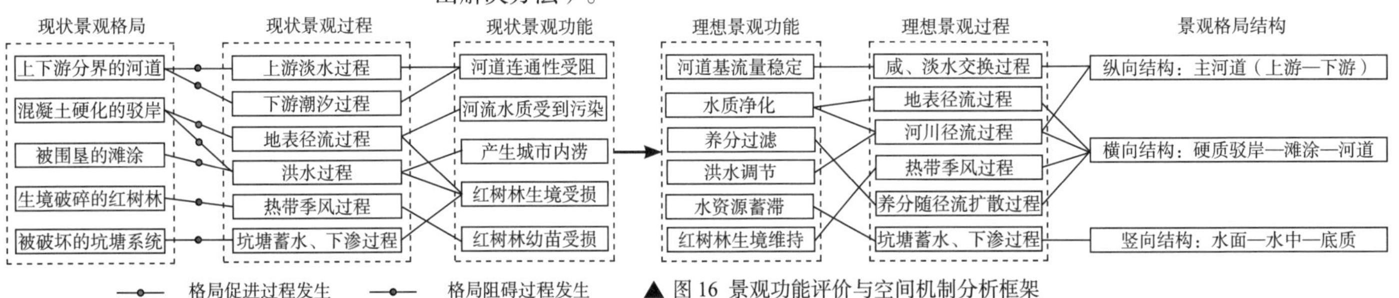

▲ 图 16 景观功能评价与空间机制分析框架

4. 景观改变——三亚红树林生态公园基础设施规划设计

基于水质提升、生境修复的整体目标及“形式服从过程”的理念，河段尺度上提出环状湿地净化格局模式，即通过建立梯田净化廊道、坑塘净化区域的方式，优化现状区域整体景观格局，减少地表径流污染、调蓄洪水（图 17）；节点尺度上提出枝杈状格局模式，即通过改变河流廊道连通度、地形、宽度、曲度等景观结构特征，营造适合红树林生长的生存环境。其中，纵向通过改变河道曲度、连通度，顺应潮汐过程与淡水过程，将海水引入公园，同时避免上游来水对红树林的冲刷；横向通过改变红树林植物的配置形式以及河道宽度，顺应风过程、洪水过程、地表径流过程，既避免了季风直吹造成红树林倒伏，同时满足洪水调蓄与水质净化；竖向通过填挖的方式创造滩地坑塘，形成各种水位高差，顺应潮汐过程与洪水过程，满足红树水源涵养功能（图 18）。

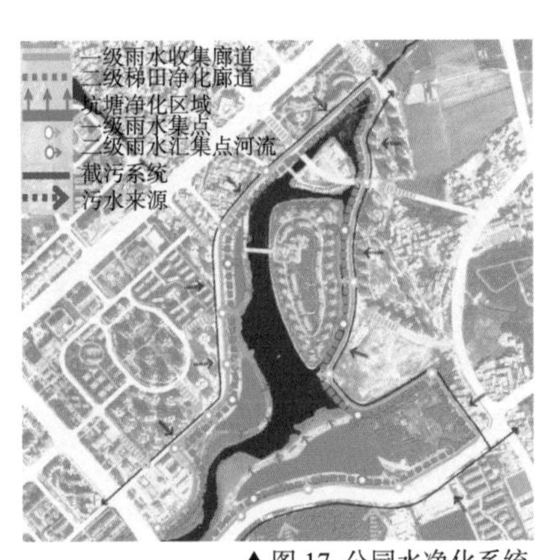

▲图 17 公园水净化系统

优化前景观格局——————优化后景观格局——————景观过程——————景观功能

纵向

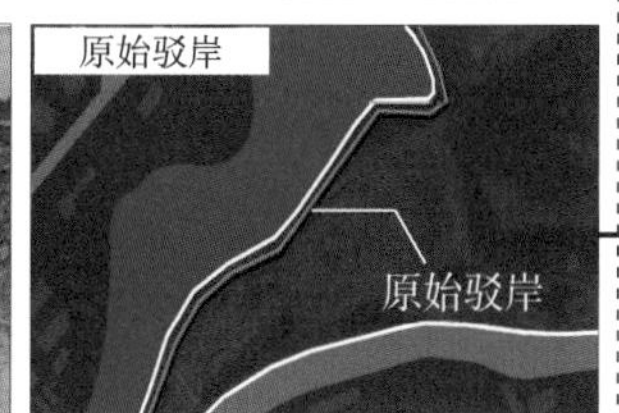

驳岸长度仅 700m，不仅被硬化，且线型平滑，不适宜红树生长；红树林即便可以恢复，生存空间也较为有限

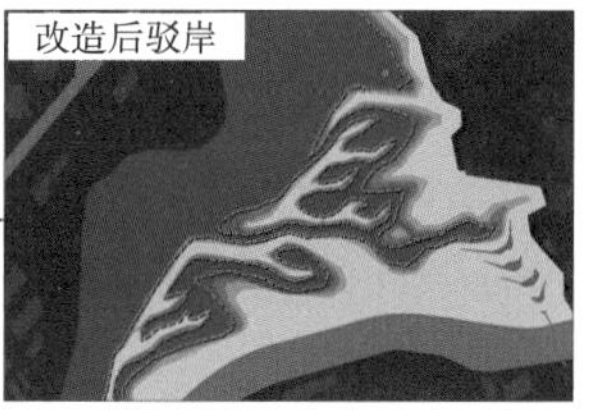

驳岸不仅更加自然(曲度)，岸线长度也增加到 4000m

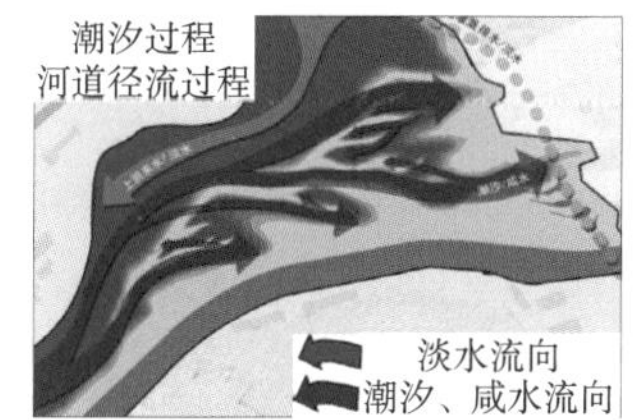
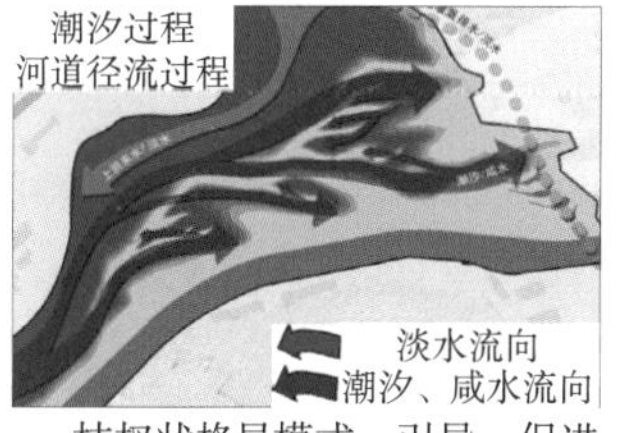

枝杈状格局模式，引导、促进潮汐过程，避免淡水对红树林冲刷

水文调节：连通了上游淡水与下游海水，为喜盐的红树林提供有利的生长环境，同时避免上游受污染的淡水对红树林的冲刷

横向

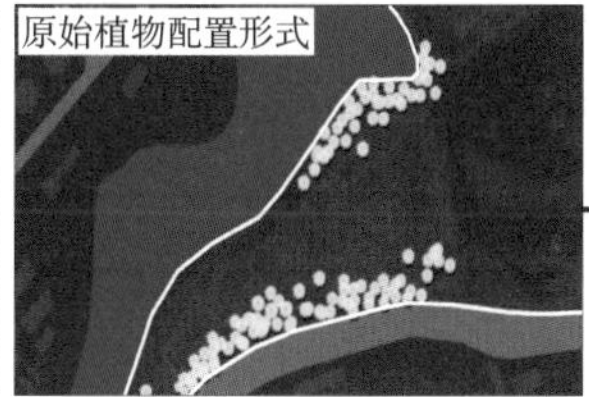

驳岸边缘有部分保留的红树林，散乱生长，受风浪侵蚀影响，长势较差

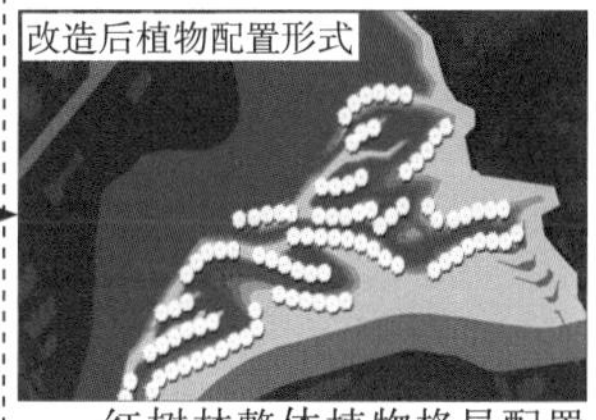

红树林整体植物格局配置与当地风向相结合

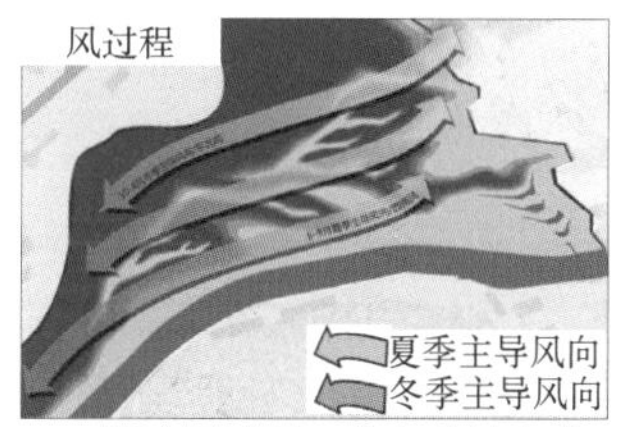

顺应风过程，避免季风直吹

防风固根：避免季风直吹，减少红树林的倒伏

竖向

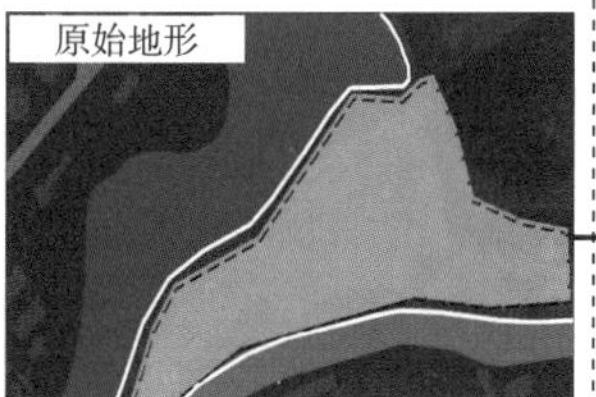

原有坑塘系统被开发用地侵占，基底结构无法蓄滞海水，红树林长期缺水

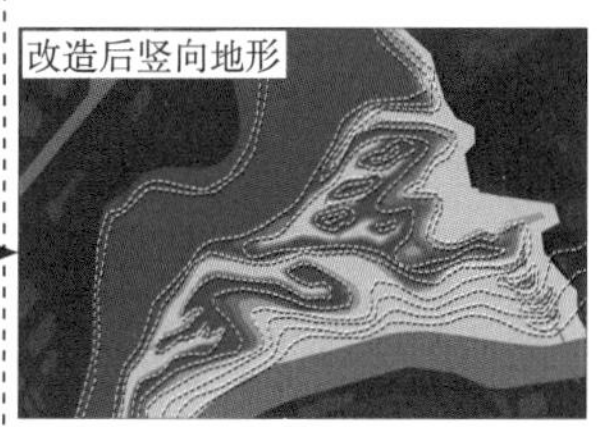

地形改造形成滩地、坑塘

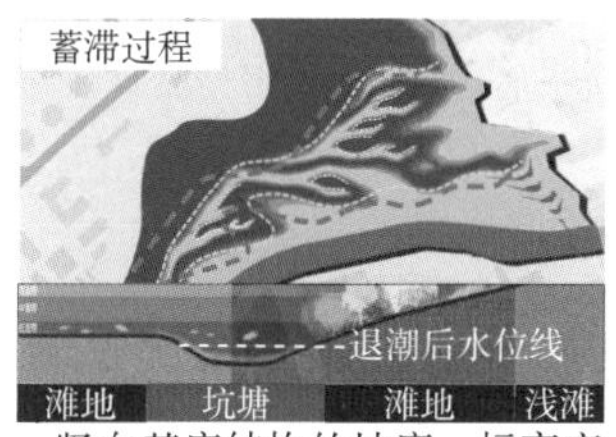

竖向基底结构的坡度、标高变化，有利于退潮时蓄滞海水

水源涵养：滩地坑塘长期有水，增加土壤盐度，利于红树林生长

▲ 图 18 三亚红树林生态公园景观改变策略图解

■ 参考文献

ALEKSANDRA M，RODIC M，MARIJA M，2020.Eighty-year review of the evolution of landscape ecology: from a spatial planning perspective[J].Landscape Ecology，35:2141-2161.

FORMAN R T T，GODRON M，1986.Landscape ecology[M].NewYork：John Wiley&Sons，Inc.

FORMAN R T T，1995.Some general principles of landscape and regional ecology[J].Landscape Ecology，10：133-142.

NDUBISI F，2002.Ecological planning：a historical and comparative synthesis[M].Baltimore：Johns Hopkins University Press.

TURNER M G，1990.Spatial and temporal analysis of landscape patterns[J].Landscape Ecolpgy，4（1）：21-30.

傅伯杰，陈利顶，马克明，等，2001. 景观生态学原理及应用 [M]. 北京：科学出版社 .

王仰麟，1998. 农业景观格局与过程研究进展 [J]. 环境科学进展，（2）：30-35.

邬建国，2007. 景观生态学——格局、过程、尺度与等级 [M]. 北京：高等教育出版社 .

俞孔坚，2020. 三亚红树林生态公园 [J]. 景观设计，（4）：4-8，2.

俞孔坚，1999. 生物保护的景观生态安全格局 [J]. 生态学报，（1）：10-7.

岳邦瑞，等，2017. 图解景观生态规划设计原理 [M]. 北京：中国建筑工业出版社 .

岳邦瑞，等，2020. 图解景观生态规划设计手法 [M]. 北京：中国建筑工业出版社 .

■ 思想碰撞

本讲以人类和自然协调共生思想为指导，强调在无机环境之上，以生物为中心、人类为主导、景观综合体为研究对象，以优化、维持景观生态过程及格局的连续性和完整性、保护生物和景观多样性为目标，旁征博引、援引成例，讨论了景观生态学及景观生态规划相关知识。针对土地可持续利用，人们总是试图寻找或创造一种最优的景观格局。那么我们是以自然服务为依托，让土地告诉我们适宜的城市空间形态、景观格局，还是脱离土地和人的本质需求，以社会和技术条件为依据，构建“霍华德式”的理想城市模式，以实现人地和谐呢？

■ 专题编者

岳邦瑞

朱宗斌

彭佳新

戴雯菁

林学与园艺学 18讲

植物造景的理性基础

林学与园艺学的研究目的最初是出于生产与生活的需求，其主要研究对象（树木和花卉）是风景园林的重要造景要素，因此林学与园艺学为风景园林学的孕育与发展作出了不可磨灭的贡献。植物造景是风景园林成景的重要手段，对设计师的美学素养要求极高，林学与园艺学为植物造景提供了理性的基础，使植物在正常生长发育的基础上，充分发挥其经济、生态和美学价值，如在上图中，营造防护林来减缓土地荒漠化，是充分关注森林生态价值的结果。那么在风景园林中我们如何平衡植物的经济与美学价值？本讲将带你一探究竟。

■ 林学的学科内涵

1. 林学的基本概念

“林”表示大量的、成排成片丛生的树木。林学是研究森林生长发育的规律和结构功能，以及对森林进行培育、管理、保护与利用的科学（赵忠，2008）。人们对森林的认识，也经历了由单株树木到树木群体，再到森林生态系统的变化。在陆地生态系统中，森林占有 30% 左右的面积，是陆地生态系统的主体，具有巨大的生物量，森林生物量占地球生物量的 60% 以上。林学的研究目的就是以森林生态系统的生态环境功能为核心，全面发挥森林生态系统的多种效益与功能（吕澈妍，2016）。

2. 林学的研究对象与特点

林学的研究对象是森林生态系统，它包括自然界保存的未经人类活动显著影响的原始天然林、原始林经采伐或破坏后自然恢复起来的天然次生林以及人工林（赵忠，2008）。林学研究有以下 3 个特点：①基础研究与应用研究并重，林学本质上是一门应用科学，但基础理论研究是保障其持续发展与进步的原动力；②宏观研究与微观研究结合，林学的研究涉及不同尺度的多个领域；③学科交叉性，生物学、生态学、信息学、气候学等学科相互渗透（刘立鑫，2016）。

3. 林学的发展历程

林学的发展历程可分为 3 个阶段，各时期都涌现出了诸多杰出的专业人士和研究成果（图 1）。①林学奠基时期（18 世纪初 ~19 世纪末）：林业科学最早起源于欧洲；18 世纪初，德国出现了历史上第一次恢复森林的运动，一批著名林学家提出了在破坏的林地上重新造林的措施，有关森林经营培育的科学技术开始产生；②林学科学体系形成时期（20 世纪 20~60 年代）：由于生物科学及其他领域的科技革命，加上林业科技知识与实践经验的积累，林学建立了近代林学的科学体系；③现代林学发展时期（20 世纪 60 年代至今）：由于现代科技的渗透与采用、林业科学研究的发展和生产实践经验的进一步总结，学科的分化更趋明显，进入了现代林学发展时期（陈祥伟 等，2005）。

林学奠基时期

黑格 R.Hager：1764 年，出版《造林学》，是森林培育学发展成为独立系统科学的开始

科塔 Cotta：1804 年，发表了《森林估价系统》，随后又发表了《造林学浅说》，为森林资源的管理和保护提供了有益的理论和实践指导

哈廷 Hartig：1878 年，出版了《木本植物解剖学与生理学》，对欧洲树木生理研究作了较为全面的总结

林学科学体系形成时期

贝克 F.S.Baker：1950 年，出版了《森林培育学原理》。树木生理学、林木遗传学也得到一定的发展

拉森 C.S.Larsen：1937 年，《种、类型和个体在林业上的应用》发表以来，遗传学的原理开始普遍应用于森林培育学

现代林学发展时期

对于现代林业中的重大问题，单一学科往往无能为力，需要多学科联合才能解决

▲ 图 1 林学的发展历程

■ 林学的学科体系

1. 林学的研究内容

林学的研究任务是探讨造林更新、合理经营森林的方法，阐明森林生态系统的结构与功能，厘清森林的形成、生长、发育与外界环境的相互关系，具体为：①通过对

森林资源的调查和评估，了解森林生态系统的现状和变化趋势，为科学合理地利用和管理森林资源提供依据；②通过研究森林生态系统的组成、结构、功能及其环境效应，开展森林生态系统的保护与恢复，实现森林资源的可持续发展和利用；③通过研究森林树种的遗传规律和育种方法，提高森林树种的生产力和经济效益。因此，林学的研究内容可以分为以下 4 类（图 2）：森林基础研究、森林培育与保护、森林资源利用和森林资源管理。

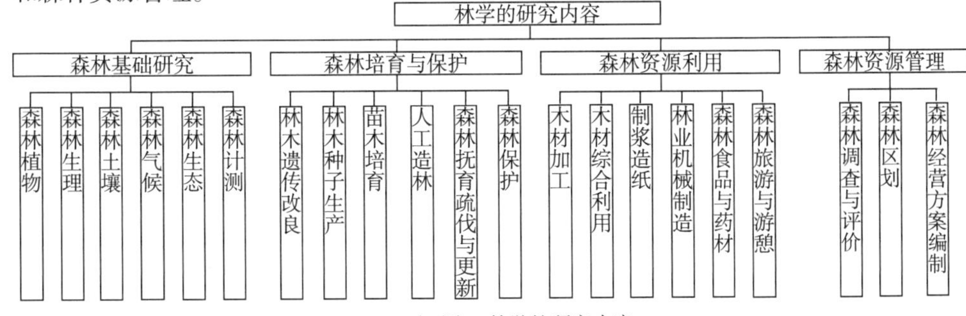

▲ 图 2 林学的研究内容

2. 林学的基础研究框架

林学的研究核心是在维护森林生态系统健康、生产力、多样性和可持续性的前提下，结合人类的需要和环境的价值。林木生长对自然的依赖性大，对立地条件的要求很高，在培育过程中，不断地采取人为措施调节森林生态系统的结构，同时满足人类的需求。因此，相关的核心概念有“立地条件”“林分结构”“抚育间伐”。其中“立地条件”是指影响林业生长的外部自然条件的总和；“林分”是指内部特征大体一致而与邻近地段又有明显区别的一片林子；“林分结构”是指组成林分的林木群体各组成成分的时空分布格局；“抚育间伐”是指从幼林郁闭开始，至主伐前一个龄级为止，为改善林分质量、促进林木生长，定期采伐一部分林木的措施（赵忠，2008）。上述概念的逻辑关系为：以可持续经营为目的，在进行立地条件的判断后，通过林分结构的分析进行抚育间伐。综上所述，笔者提出林学中人工林培育的基础研究框架（图 3）。

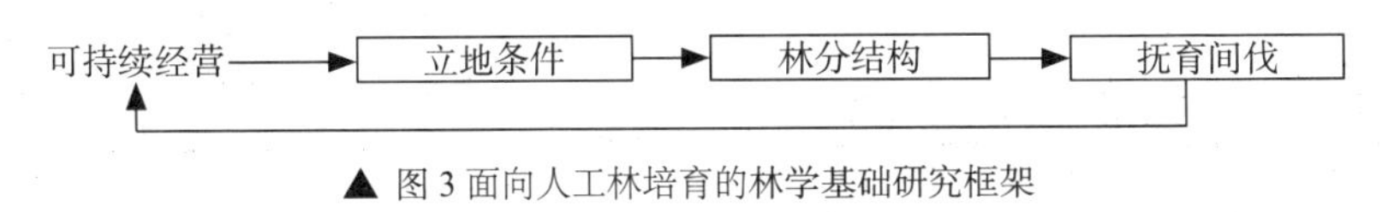

▲ 图 3 面向人工林培育的林学基础研究框架

3. 林学的学科分类

由于林学研究对象较为聚焦，所以林学学科的分类形式并不多。其中最主要的学科分类标准是按广、狭义林学进行的（表 1），狭义林学中的森林生态学、造林学、森林经理学与景观规划联系紧密；测树学中的林分调查方法提供各类标准，为景观规划设计中的人工林种植形式提供了科学依据。

表 1 林学的学科分类

分类标准	分类结果
按概念范畴	广义林学：以木材采运工艺和加工工艺为中心的森林工业技术学科
	狭义林学：以培育和经营管理森林的科学技术为主体，包含森林植物学、森林生态学、林木育种学、造林学、森林保护学、木材学、测树学、森林经理学等
按应用方向	林木遗传育种学、森林培育学、森林经理学、森林保护学、野生动物保护与管理、防护林学、经济林学、园林学、林业工程、森林统计学、林业经济学、林学等其他学科

林业以经济为主阶段

18 世纪初 ~20 世纪 70 年代

· 1713 年，森林永续利用原则和人工造林思想，以木材收获的不断持续为目的

· 1811 年，木材培育论，追求在短时间内获得木材的大量产出，注重纯经济利益

· 1826 年，森林多功能理论，提出应重视森林与人类的复杂关系，认为森林的作用不只是物质利益，更应重视它对伦理、精神、心理的价值

· 1970 年，林业分工论，中心思想是全球森林是朝着各种功能不同的专用森林方向发展，最大限度地发挥森林的生物学潜力

林业介入风景园林阶段

20 世纪 70 年代至今

· 1898 年，近自然林业理论，核心是以一种理解和尊重自然的态度经营森林，使其达到接近自然的状态

· 1985 年，新林业理论，以森林生态学和景观生态学原理为基础，以实现森林的经济、生态和社会价值相统一为经营目标，不但强调木材生产，而且极为重视森林生态效益和社会效益

· 1992，现代森林可持续经营理念，林业经营应考虑到在不过度减少其内在价值及未来生产力、和对自然环境和社会环境不产生过度负面影响的前提下，使期望的林产品和服务得以持续产出

▲ 图 4 林学介入风景园林的两个阶段

■ 林学介入风景园林的发展历程

林学介入风景园林主要体现在两个方面：一方面，造林过程中植物要素围合出空间；另一方面，随着对森林认识的不断深化，造林思想与景观中人与自然和谐的思想正在逐步融合，打造用材林、经济林的同时，如何满足景观要求已成为一个热点话题（图 4）。介入过程分为两个阶段：①林业以经济为主阶段（18 世纪初 ~20 世纪 70 年代），为持续收获木材，对森林结构进行调整的过程中逐渐围合出空间；②林业介入风景园林阶段（20 世纪 70 年代至今），森林可持续经营理论与风景园林中协调人与自然关系的使命高度契合。

■ 林学在人工林培育与保护中的应用

1. 林学的应用知识框架

不论是天然林还是人工林，风景园林的实践中都存在林木分化与自然稀疏的现象。根据林学的基础研究框架，通过抚育间伐等森林结构调整手段，以人为稀疏来代替自然稀疏，使森林既能保持合理密度，又能保留经济价值较高的林木。同时，还利用伐掉的林木，提高经济效益。本文围绕人工林培育与保护情境，归纳出 5 个实质性知识点（图 5）。

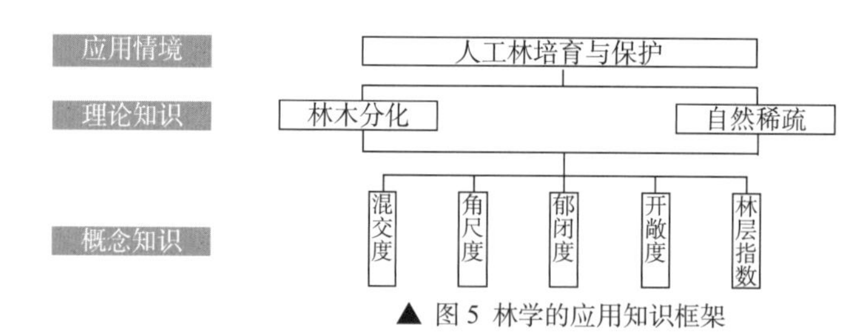

▲ 图 5 林学的应用知识框架

2. 林学的应用知识解析（表 2、表 3）

表 2 人工林培育与保护情境下的理论知识解析

理论知识解析	理论知识图解
①自然稀疏 无论是天然林还是人工林，在其生长发育过程中，密度是随着年龄的增加而减小的，这种现象称为森林的自然稀疏	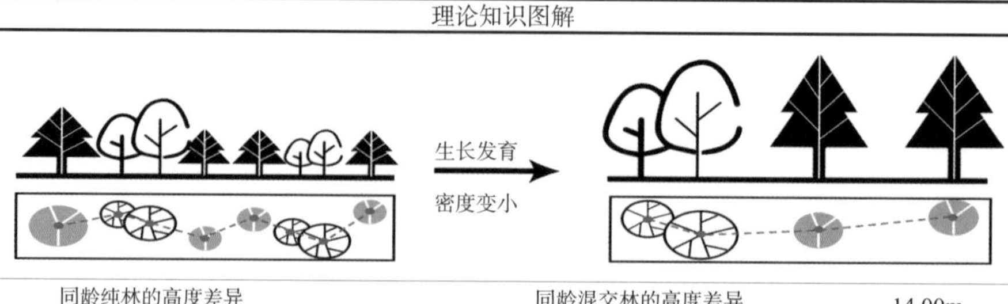
②林木分化 森林内的林木无论在高矮、粗细上都参差不齐，即使在同龄纯林中，各林木之间的差异依旧很大，森林内林木间的这种差异被称之为林木分化	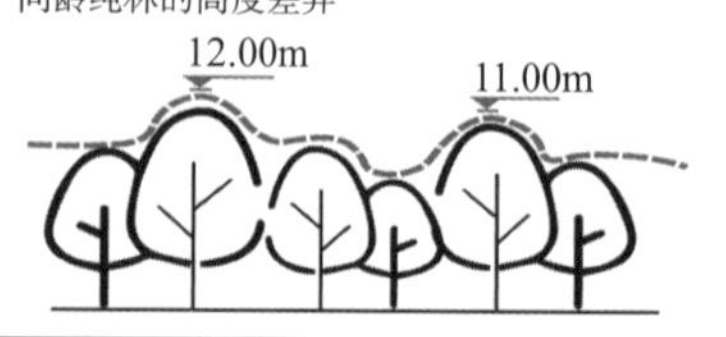 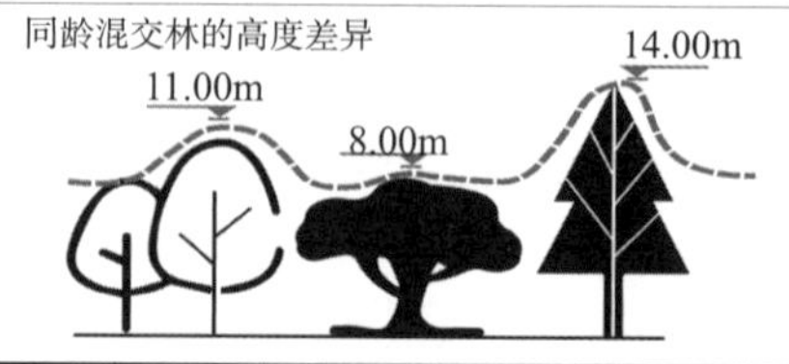

表 3 人工林培育与保护情境下的概念知识解析

概念知识解析	空间机制解析	设计手法 / 技术手段
①混交度 与优势树种不为同种的树种比例，用混交度来表达不同树种的隔离情况；其中树木种类的丰富有利于进行树种隔离，从而防止相同树种间的激烈竞争	**加大树种隔离程度 =f（邻近木种类）**  > 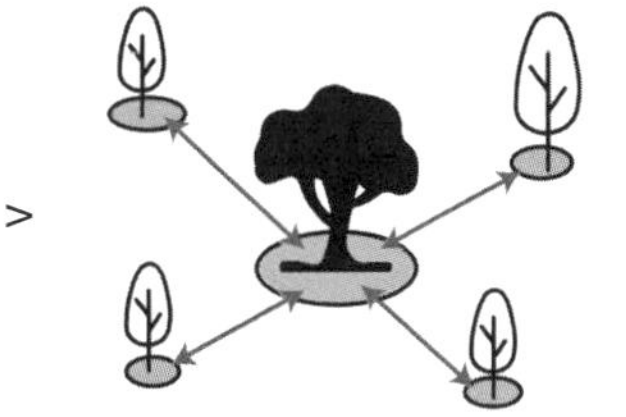	按不同目的进行带状混交、株间混交设计 
②郁闭度 指用林冠投影面积与林地面积的比值来反映林分密度的指标，以十分法表示；郁闭度影响植物的采光，从而影响其生长发育	**满足光照、增加果实产量 =f（种植间距、冠幅大小）** 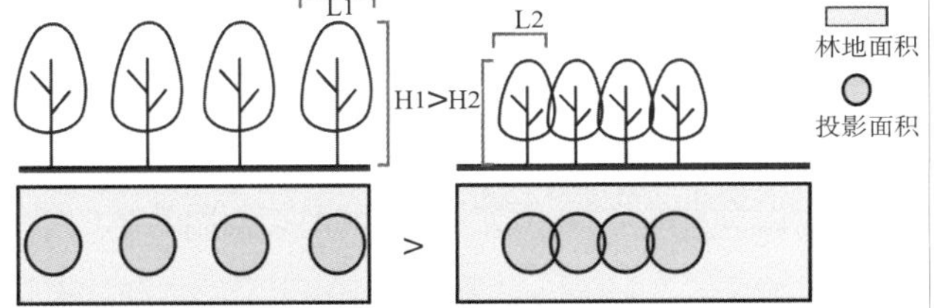	通过控制郁闭度，保证植物采光正常，有利植物正常生长与景观效果的维持 投影面积 投影面积 林地面积
③角尺度 指描述邻近树木围绕参照树木的位置的均匀程度，反映周围树种对参照树种的影响程度；通过控制植物的角尺度，避免树木之间竞争过于激烈，影响树木生长	**增加木材产量 =f（种植布局规整性）** 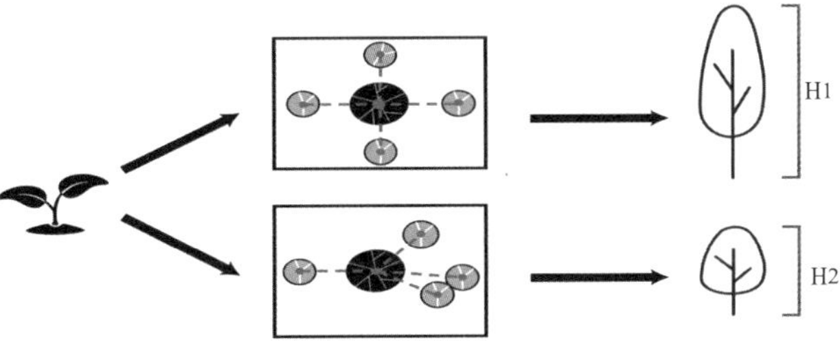	通过控制角尺度，保证树木正常的生长发育 
④开敞度 开敞度反映林分的透光性，是参照树木和邻近树木之间的水平距离与邻近树木高的比值	**降低种间竞争、景观美化 =f（树种间距、树木高度）** 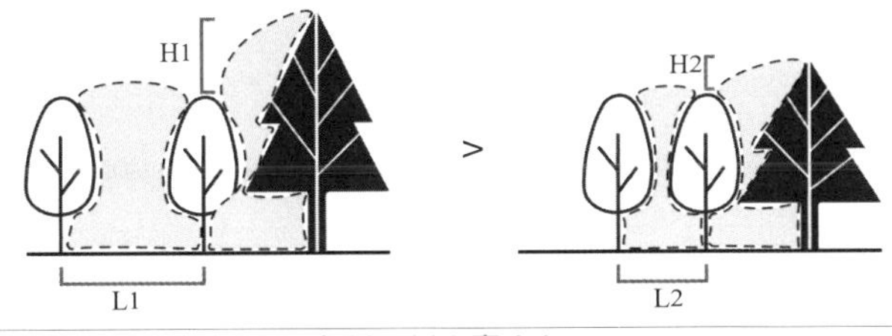	控制树木的开敞度，营造不同功能的空间 
⑤林层指数 参照树木的所有邻近树木中，与参照树木不在同一高度层的邻近树木所占的比例，与林层结构多样性的乘积	**外围防护林建设 =f（林层数量、树木高度）** 林层数量相同，树木高度差异不同 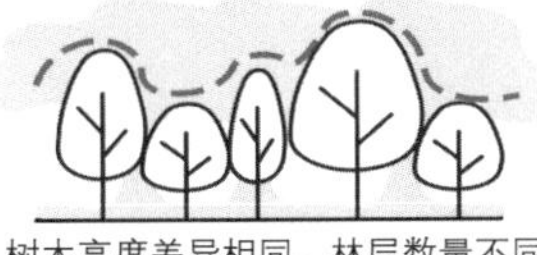 > 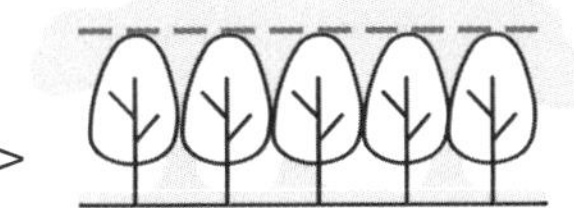 树木高度差异相同，林层数量不同  > 	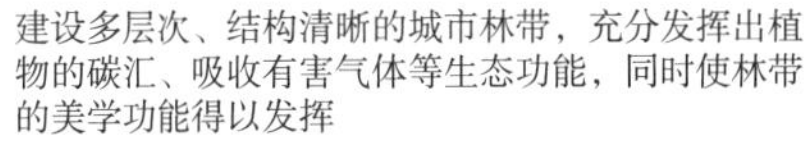建设多层次、结构清晰的城市林带，充分发挥出植物的碳汇、吸收有害气体等生态功能，同时使林带的美学功能得以发挥 

学科书籍推荐：
《园艺学总论》章镇，王秀峰
《园艺学概论》程智慧

园艺学的学科内涵

1. 园艺学的基本概念

“园艺”是由“园”和“艺”组成的复合词。《辞源》中有“植蔬果花木之地，而有藩者”为“园”；《论语》中称“学问技术皆谓之艺”。因此，栽培蔬果花木之技艺，可称之为“园艺”。英国传教士罗存德（Lobscheid）首次将英文“horticulture”一词译为“园艺”，并解释为“种园之艺”。园艺学是研究园艺植物的种质资源及其品种选育、生长发育、栽培管理，以及采后处理或造型造景等理论和技术的科学，是一门以应用为主的学科（程智慧，2003）。园艺学的研究目的是通过科学种植、管理和利用植物，为人们提供美观的环境、丰富的食物和可持续的经济效益。

2. 园艺学的研究对象和特点

园艺学主要研究果树、蔬菜、观赏园艺及茶等，在国际上有的还将香料作物、中草药等归入园艺学。园艺学具有以下特点：①产品利用形态为生鲜状态；②需要特有的流通和加工技术；③集约管理（劳动力和技术）；④一般在园地（garden）小规模生产。因此，园艺植物和园艺业虽然是农作物和农业生产的一部分，但与大田植物及其生产有明显的区别（朱立新 等，2015）。

3. 园艺学的发展历程

中国不仅有丰富的园艺植物资源，而且有悠久的园艺史。园艺学的发展分为三个时期。①萌芽期（1368 年以前）：神农氏时期已经在黄河流域开始引种驯化芸薹属植物——白菜和芥菜等，形成了一整套精细的栽培技术；②发展期（1368~1949 年）：明清时期，对外交往日渐增多，新的园艺植物不断由海路和陆路引入中国，保护地生产体系也初步形成；③成熟期（1949 年至今）：新中国成立后，随着农业结构的调整，产业内部结构也更趋合理，设施蔬菜、设施花卉产业稳定增长并趋向成熟（图 6）。

萌芽期

· 神农氏时期，古代先人为生存而学会了选择和栽培野生植物

· 春秋战国时期，梨、橘、枣和韭菜等园艺产业大规模发展，开始使用原始温室和（葫芦）嫁接技术

· 唐、宋、明时期，著有《本草拾遗》《平泉山居草木记》《荔枝谱》《橘录》《芍药谱》《群芳谱》《花镜》等

发展期

英国传教士
Lobscheid

· 1867 年，将英文 “Horticulture” 一词译为 “园艺”，并解释为 “种园之艺”

石井勇义

· 1944 年，《园艺大辞典》中将 “园艺” 解释为在园圃或温室等场所从事果树、蔬菜和花卉的集约化农业生产活动

成熟期

· 新中国成立后，果树在种类和品种结构上趋向多元化，设施果树也得以发展，设施茶生产也取得成功

▲ 图 6 园艺学的发展历程

园艺学的学科体系

1. 园艺学的研究内容

园艺学的研究任务主要是探究人类对作物的驯化与栽培，到后期出现了园艺学的相关栽培技术与造型造景需求，具体为：①植物的遗传和育种，培育新品种，提高植物的适应性、产量、抗病能力和品质；②研究环境因素对植物生长和发育的影响，制定合理的管理措施；③各种园艺资源的开发和利用，发挥园艺植物的经济与美学

价值。围绕三大研究任务，园艺学的研究内容可分为以下 3 类：①提升园艺物种资源的管理；②提高园艺植物选育栽培技术；③发挥园艺植物的造型造景功能（图 7）。

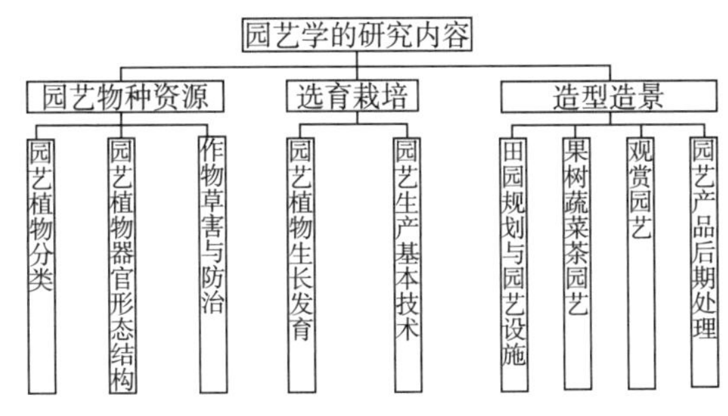

▲ 图 7 园艺学的研究内容

2. 园艺学的基础研究框架

园艺学研究旨在揭示植物个体“基因 — 功能”间的相互关系，相关的核心概念有“基因”“功能”“园艺设施”与“造型造景”。“园艺设施”是指园艺生产中为改善气候条件、保护作物、提高产量和品质而建造的各种设施，主要包括温室、大棚、冷藏库、喷淋灌溉设备、通风设备等。通过基因分析技术找到控制植物性状的关键基因，进而对其进行编辑、优化和改善。园艺设施则为植物提供各种生长环境条件，从而满足人们对园艺植物的各种需求。由此，笔者总结出了园艺学的基础研究框架（图 8）。

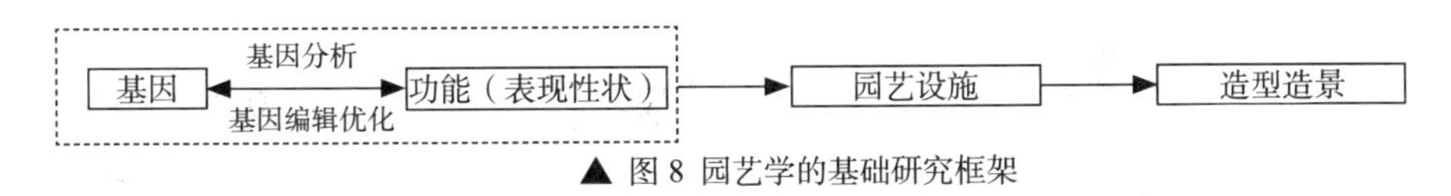

▲ 图 8 园艺学的基础研究框架

3. 园艺学的学科分类

园艺学的学科分类主要以研究对象为主（表 4），其中观赏园艺学与景观规划联系较为密切，在观赏园艺的种植园设计中提到的四种克服“连作障碍”的方法，为景观规划设计中实现可变景观提供了理论依据。

表 4 园艺学的学科分类

分类标准	分类结果
按研究对象	果树学、蔬菜学、观赏园艺学、茶学、香料作物、中草药
按应用方向	果树学、瓜果学、蔬菜学、果蔬贮藏与加工、茶学(包括茶加工等)、观赏园艺学、园艺学等其他学科

■ 园艺学介入风景园林的历程

园艺学是现代风景园林的开端之一，与风景园林的关系密切相关。①半包含时期：贝利在其著作《园艺百科全书》中将“园艺”分成“果树学或果树栽培”“蔬菜学或蔬菜栽培”“花卉栽培”以及“造园业”四大部分；石井勇义在《园艺大辞典》中将“园艺”解释为在园圃或温室等场所从事果树、蔬菜和花卉的集约化农业生产活动，并对其产品进行加工处理，或者是以花卉为主要素材创造新的综合美的艺术活动；后者包括花卉装饰、盆栽和造园；②区分时期：现代园艺学主要包括果树学、蔬菜学和观赏园艺学（花卉学），造园部分已与园艺学领域分离成为风景园林学（Landscape Architecture）的一部分；③相互借鉴融合时期：园艺学中的植物育种、繁殖、生长管理等技术方法可以为风景园林学提供丰富的植物资源和技术支持（图 9）。

半包含时期　20 世纪 60 年代

·1925 年，贝利将“园艺”分为“果树学”“蔬菜学”“花卉栽培”及“造园业”四大部分

·1944 年，石井勇义将“园艺”解释为在园圃或温室等场所从事果树、蔬菜和花卉的集约化农业生产活动，并对其产品进行加工处理，进而创造综合美的艺术活动

区分时期　20 世纪 50~70 年代

·造园部分已与园艺学领域分离，成为风景园林学（Landscape Architecture）的一部分

相互借鉴融合时期　20 世纪 70 年代至今

·园艺学中的植物育种、繁殖、生长管理等技术方法可以为风景园林学提供丰富的植物资源和技术支持，而风景园林学将园艺植物作为其主要材料

·风景园林学对于景观构成、空间布局、色彩搭配等方面的研究，为园艺学中的生态园艺和旅游观光园艺提供美学的指导，使得植物的种植和使用更加合理

▲图 9 园艺学与风景园林关系变化的 3 个阶段

■ 园艺学在农业种植园规划设计中的应用

1. 园艺学的应用知识框架

园艺学在基础理论方面侧重于植物的基因遗传研究，在应用领域，尤其是植物造景方面与风景园林相互协作。植物种植时普遍出现连作障碍的现象，导致植物发育不良，影响最终的景观效果。本文围绕农业种植园设计的应用情境，为降低连作障碍带来的危害，提出 4 个实质性知识点（图 10）。

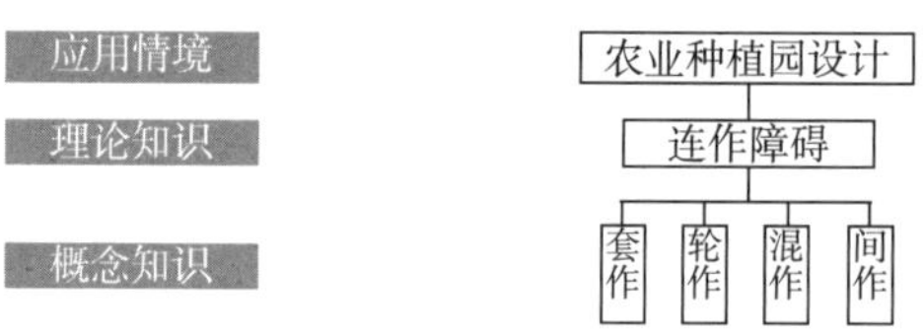

▲ 图 10 园艺学的应用知识框架

2. 园艺学的应用知识解析

基于应用知识框架，本文归纳了农业种植园设计情境下的 1 个理论知识及其对应的 4 个概念知识（表 5、表 6）。

表 5 农业种植园设计情境下的理论知识解析

理论知识解析	理论知识图解
连作障碍 在同一块土地上连续栽培同一种作物而引起作物机体的生理机能失调、出现种种影响产量和品质的异常现象；蔬菜栽培茬次多，尤其是在温室、塑料大棚里的生产易发生连作障碍，但不同作物耐连作的能力有很大差异	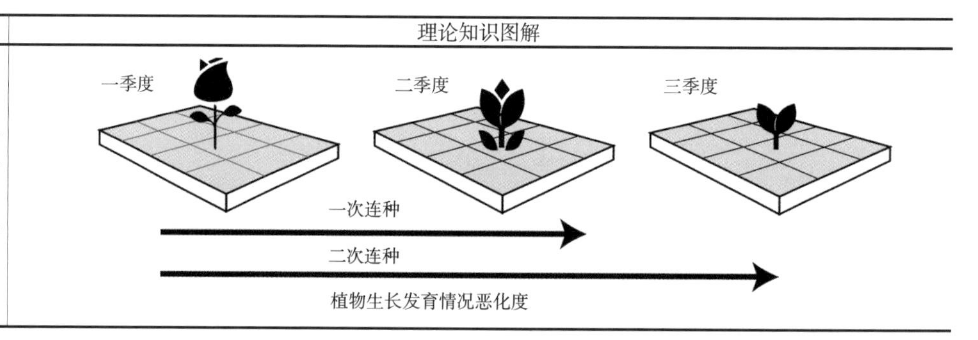

表 6 农业种植园设计情境下的概念知识解析

概念知识解析	空间机制解析	设计手法 / 技术手段
①套作 指一种在作物生长期结束前，种植上另一作物，前者收获后，后者很快长起来；蔬菜栽培上有冬瓜架下播芫荽，架豆下栽芹菜等形式，也有玉米套种白菜、萝卜，小麦套种菠菜等	**补充冬季景观缺陷 =f（垂直种植结构、植株种类）** 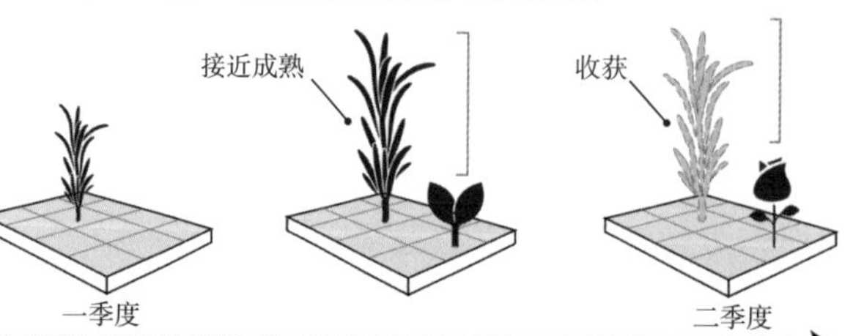	保护和建设农田景观，提高土壤肥力，通过施行套作来补充冬季景观缺陷，提高农田景观效果 

续表

概念知识解析	空间机制解析	设计手法 / 技术手段
②轮作 即在同一块土地上轮流种植不同种类的作物，其循环期短则一年，在这一年内种几茬不同作物，循环期长则 3~7 年或更长；蔬菜、花卉生产上较普遍采用轮作，轮作是克服连作弊端的最好方法	**提升产量与景观 =f（植株种类、种植比例、种植结构）** 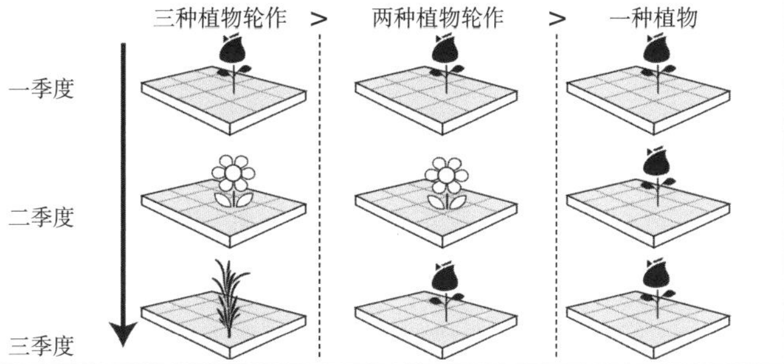 三种植物轮作 > 两种植物轮作 > 一种植物 一季度 二季度 三季度	规划可变花木（观赏经济作物）与可变花田（季节草花）进行轮作种植，满足经济产量与景观目的；采用“轮作”“连作”的模式，利用不同种类植物色彩的变化来合理配置景观  春 秋
③混作 指在一块土地上无次序（而有一定比例）地将两种或两种以上作物混合种植，利用生长速度、株形之不同，在不同时间收获（蔬菜）或取得更好的观赏效果（花卉）；草坪为充分发挥各自优势也可以混作	**提升观赏性、发挥优势 =f（种植种类、植株行状）** 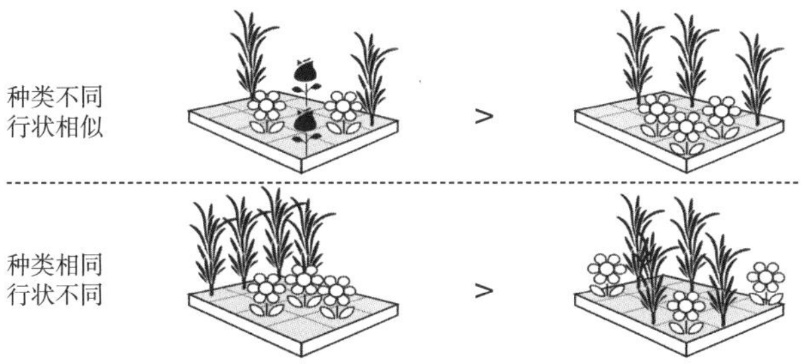 种类不同 行状相似 > 种类相同 行状不同 >	多种作物按不同成熟期混合布局，提高农田景观观赏性，发挥各自优势，提升景观效果  物种三 无序种植 物种二 物种一
④间作 指在一块土地上有次序地种植两种或几种作物，以其中一种为主；高矮不同的作物间作能发挥各自优势，上下空间光照利用充分	**防治草害虫病、提高作物覆盖率 =f（种植位置、植株高度、种植结构）** 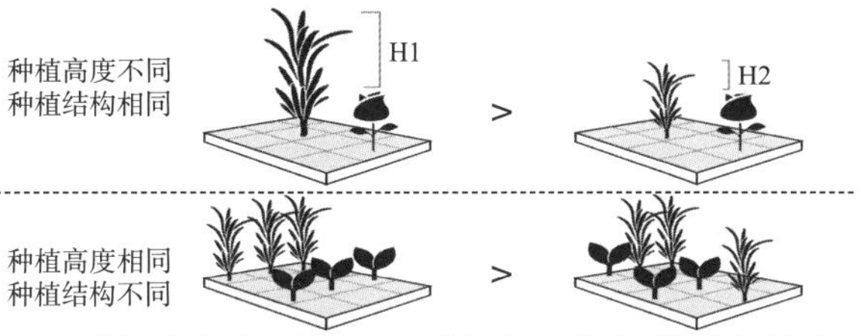 种植高度不同 种植结构相同 H1 > H2 种植高度相同 种植结构不同 >	相间种植，防治病虫害；例如，覆盖木屑与间作黑麦草对杂草的防控效果最好，间作蚕豆与荷兰豆对土壤的改良效果最好  成排种植 物种二 物种一

CASE
情境化案例

■ 林学与园艺学在生态农业观光园中的规划设计目标与程序

1. 基于林学与园艺学的生态农业观光园的规划设计目标（表 7）

表 7 基于林学与园艺学的生态农业观光园的规划设计目标体系

一级目标	二级目标	三级目标
营造可变、可持续的景观	满足提升经济产量	控制郁闭度，满足光照，增加果实产量
		调整林龄，增加木材产量
	满足景观观赏性	补充冬季景观缺陷
		规划可变花木与可变花田进行轮作
		混作种植，增加物种种类
	种植设计科学性	轮作种植设计，提升产量
		防治草害虫害，提高作物覆盖率
		加大树种隔离程度
		适地适树，建设外围防护林

2. 基于林学与园艺学的生态农业观光园的规划设计程序

基于林学与园艺学的生态农业观光园的规划设计程序分为 5 个步骤。林学中的林分调查法可以为农林资源评估阶段提供科学手段；林学与园艺学为物种布局、作物种植方式、造型造景阶段的各类植物种植方式提供指导（图 11）。

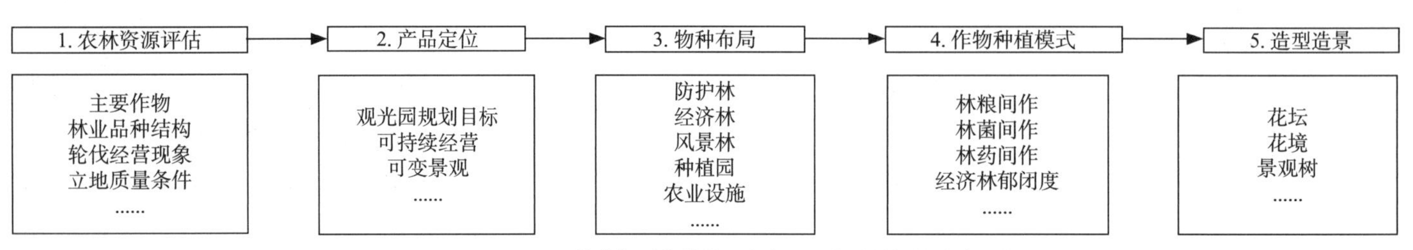

▲ 图 11 基于林学与园艺学的生态农业观光园的规划设计程序

■ 案例分析：清远佛冈生态农业观光园规划设计研究（孟杨，2017）

本案例与上述程序对应性较强，有农林资源评估、产品定位、物种布局、作物种植模式与造型造景五个步骤。农林资源概况部分主要阐明了当地林业资源的优势与适合生长的物种作物，并根据地势条件得出了相应的产品定位与经营模式，由此进行规划物种的布局与种植模式的确定。

1. 区域综合概况与农林资源概况

清远佛冈生态农业观光园位于广东省清远市佛冈县石角镇，基地面积 12.63km²，地势起伏较大，基地中最高点为海拔 430m，最低点为海拔 110m，高差为 320m（图 12）。平原地区主要经济作物为水稻。其他三面为低山丘陵地区，基本为林业用地，地形复杂，森林覆盖率高，大部分为经济林，主要以桉树林、杉木林、地带性植被生态林为主。

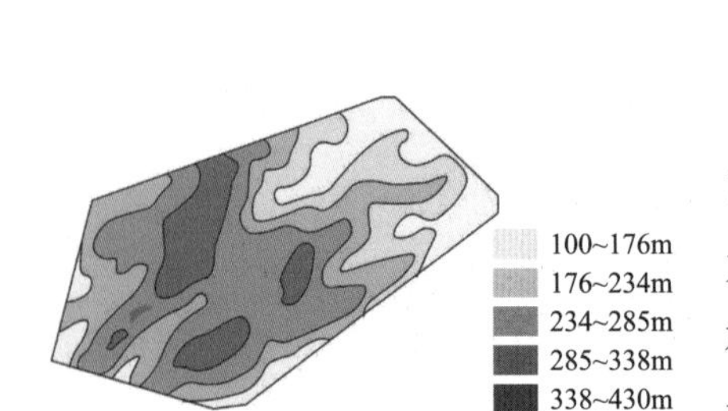

▲ 图 12 高程分析图

2. 产品定位与设计目标

园区整合与升级现有资源，提高基础设施配套程度，增强抵御自然灾害能力，改善生态景观，合理开展旅游，将其建成高标准的生态农业观光园，具体目标为：①开展林下经济模式，园区内植物总量不减少，形成经济产业链；②园区形成林下经济；③实行退耕还林方案，减少水土流失，促进林业发展。

3. 物种布局：立体型生态农业模式的构建

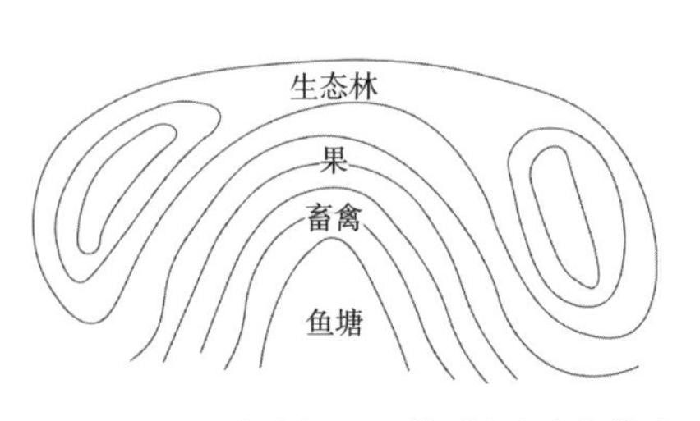

▲ 图 13 立体型生态农业模式

地区由于高差较大，基于间作的原理，采用丘陵立体式种植（图 13），形成立体型生态农业模式（黄可，2007）：①坡度在 25°~45° 地区，规划种植以大果红花油茶为主的经济林带，油茶林以方形规则种植，运用角尺度保证树木正常生长，使得经济效益充分发挥；②坡度在 10°~25° 地区，种植广东特色茶叶“英红九号”，用间作的方法防控杂草及病虫害。③坡度在 0~10° 地区，种植水稻、玉米等传统农业，运用轮作、间作原理，种植豆科植物，发挥固氮作用增加土壤肥力。

4. 作物种植模式：林下经济模式

粤北丘陵地区林下经济模式（图 14）运用间作的原理，主要分为林粮模式、林草模式、林药模式、林果模式及林菌模式。立体型生态农业模式结合林下经济模式形成大果红花油茶产业区、杉木林产业区、地带性植被改造生态林与种质资源圃五大产业区（图 15）。

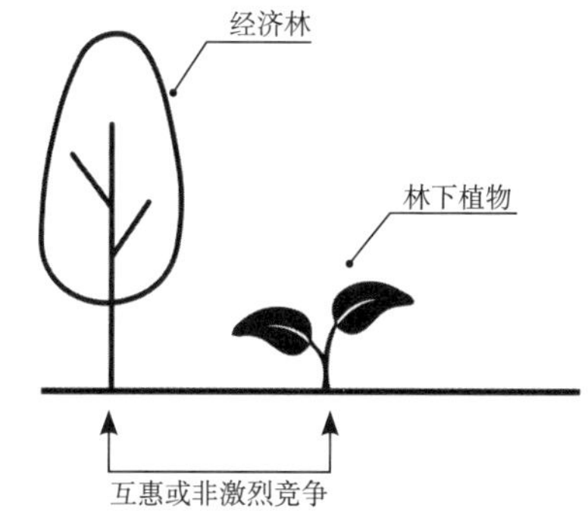

▲ 图 14 林下经济模式图

基地经济林以大果红花油茶林、杉木林、地带性植被改造生态林为主，林下经济模式的排列与组合具体为：①大果红花油茶林产业区，山茶科的大果红花油茶替代桉树，并进行合理的抚育间伐；林下作物可选择红葱、悬钩子等草本植物组合成林药模式；在郁闭度小于 0.7 的林下可栽植柱花草、象草，形成林草模式；②杉木林产业区，基地内有原生植被杉木林，具有净化水质功能，因此杉木不仅兼具经济价值，而且具有良好的生态涵养功能（袁顺全 等，2012）；几乎所有品种的食用菌均可在林下栽植形成林菌模式。

▲ 图 15 产业区划图

5. 造型造景

为提升景观的观赏性，植物造景主要基于林层指数、开敞度、混作、间作等原理，具体方法体现为：①林下种植相应植物，不仅实现经济效益，同时丰富景观层次；②种植时充分考虑开敞度，使得空间开合有序，增强视觉效果；③不同花期的花卉列状、轮作种植，形成可变景观。

综上所述，笔者总结该案例“程序—目标—知识—手段”之间的关系（图 16）。

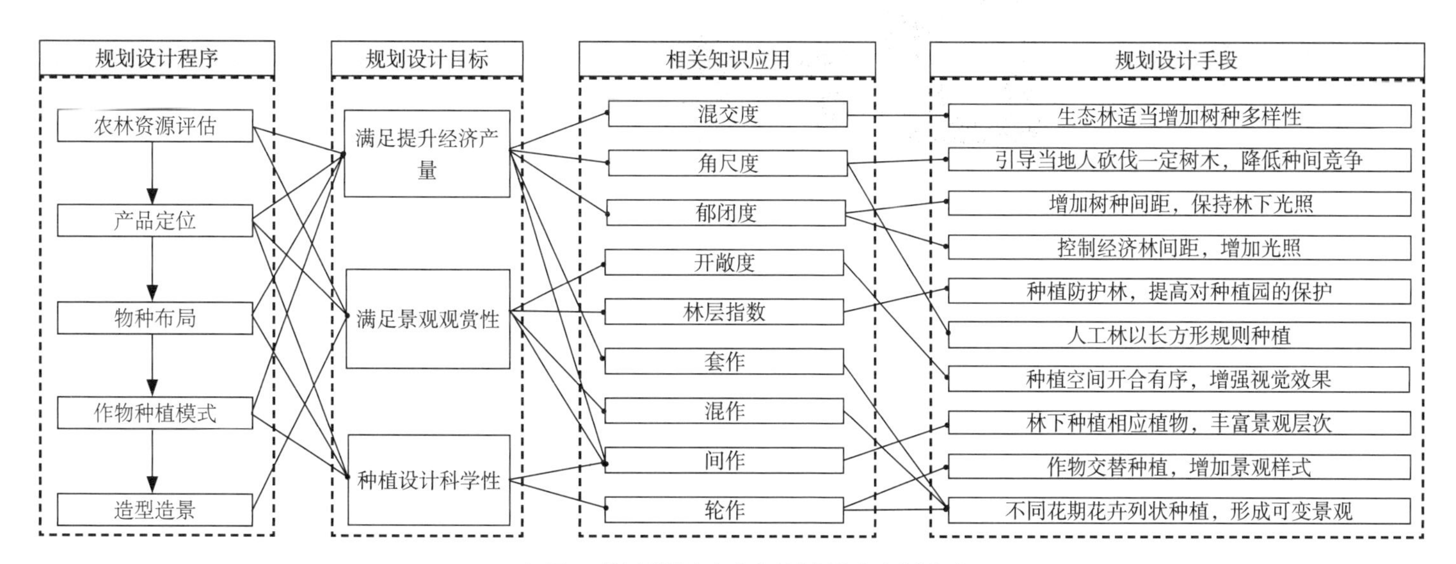

▲ 图 16 清远佛冈生态农业观光园的实践分析框架

参考文献

陈祥伟，胡海波，2005. 林学概论 [M]. 北京：中国林业出版社 .

程智慧，2003. 园艺学概论 [M]. 北京：中国农业出版社 .

黄可，2007. 中南地区农业生态模式述评 [J]. 农技服务，224（5）：74-83.

刘立鑫，2016. 浅析中国林学学科发展趋势 [J]. 现代农业研究，2（2）：39.

吕澈妍，2016. 浅谈现代林学的研究对象及方式 [J]. 现代农业研究，2（2）：38.

孟杨，2017. 粤北丘陵地区生态农业观光园规划设计研究——以清远佛冈生态农业观光园规划设计为例 [D]. 广州：仲恺农业工程学院 .

袁顺全，张庆文，李鹏，等，2012. 生态涵养发展区转变农业发展方式研究——以北京市延庆县为例 [J]. 湖南农业科学，301（22）：43-45.

赵忠，2008. 林学概论 [M]. 北京：中国农业出版社 .

朱立新，李光晨，2015. 园艺通论 [M].4 版 . 北京：中国农业大学出版社 .

思想碰撞

林学当中一直强调通过人工的种植保证树木的正常生长发育，从而提供更多的经济价值。老旧小区改造领域中的“劲松模式”体现了一种对于蓝绿空间中树木经济效益的重新思考。北京劲松北里社区的改造中将果树产生的果实等产品给予居民，从而让居民自发地维护社区中的果树。反观现如今风景园林中的植物造景，更多强调树木提供的美学与生态价值，那么蓝绿空间中的植物究竟在多大程度上需要提供经济价值？又应该如何分配这些价值？

专题编者

岳邦瑞

费凡

李博轩

胡丰

社会学 19讲
正义的天平

长期以来，物质空间的重要性使得规划技术方法更聚焦于空间形态设计。然而这种做法往往忽略了空间背后的一系列复杂的社会属性（社会权利、社会结构、社会关系等），如公共空间中的空间形态如何适应不同人群的社会关系？不同人群的不同诉求如何在公共空间中体现？公共空间如何营建才能让社会正义的天平重新趋于稳定？这些问题都是社会学探讨的重点，本讲将带你揭开社会天平的奥秘。

学科书籍推荐：

《社会学概论新修》郑杭生

《城市空间正义论》袁超

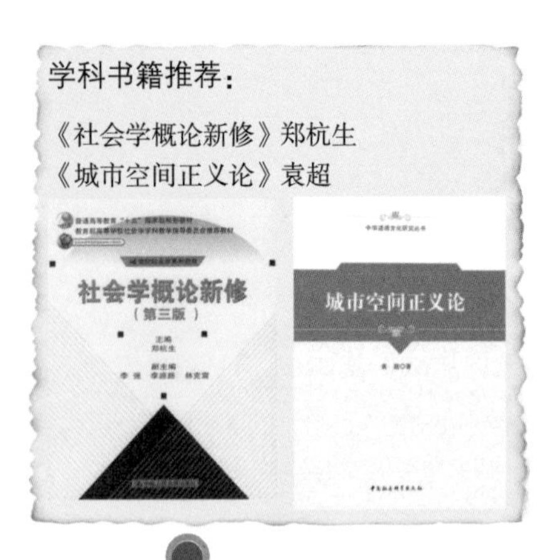

社会学奠基阶段

奥古斯特·孔德 Auguste Comte

·1838 年，在《实证哲学教程》中首次提出建立社会学的构想

赫伯特·斯宾塞 Herbert Spencer

·1855 年，《心理学原理》面世，展示了思想理论是身体在生物学上的互补部分，而不是遥遥相对的部分

社会学形成阶段

马克思·韦伯 Max Weber

·1904~1905 年，出版《新教伦理和资本主义精神》，是古典社会学著名的大师之一

埃米尔·杜尔凯姆 Émile Durkheim

·1904~1905 年，创建了法国《社会学年鉴》，围绕这一刊物形成了由一批年轻社会学家组成的团体——法国社会学年鉴派

社会学系统化阶段

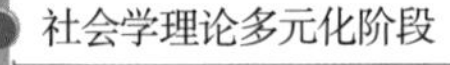

帕森斯 Talcott Parsons

·1951 年，在《社会系统》一书及与席尔斯合写的《价值、动机与行动系统》一文中，对结构—功能分析理论作了系统阐述，并在后来许多论著中不断加以发展

社会学理论多元化阶段

尤尔根·哈贝马斯 Jürgen Habermas

·1969~1981 年，从重建历史唯物主义的角度入手，初步完成了作为社会批判理论的交往行为理论体系的建立

社会学新综合阶段

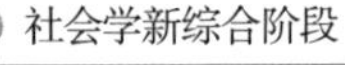

安东尼·吉登斯 Anthony Giddens

·2009 年，出新著《气候变化的政治》，并迅速在全球学术和政治界引起广泛关注

▲ 图 1 社会学的发展历程

■ 社会学的学科内涵

1. 社会学的基本概念

社会（society）一词源于拉丁文“societas”，意思是“联合”“伴侣关系”“友谊”或“团体”。社会广义指以共同的物质生产活动为基础而形成的人类生活的各种形式的总和。狭义指历史上具体类型的社会制度、一定形式的社会关系（孙国华，1997）。社会学就是关于社会统一体、社会结构、社会体系组织发展与发挥作用的规律的科学（达维久克，1988）。社会学最初的产生是为了解决 19 世纪上半叶资本主义极速发展、社会急剧变化所带来的一系列社会问题。该学科的研究目的是通过对社会运行条件和机制的研究，达到促进社会良性运行和协调发展，满足人类对于主观需求的要求。

2. 社会学的研究对象和特点

社会学的研究对象是社会运行和发展的条件与机制。社会运行指社会有机体自身的运动、变化和发展，表现为社会多种要素和多层次子系统之间的交互作用，以及它们多方面功能的发挥。

社会学是一门应用性和交叉性很强的学科，它主要呈现如下 3 个特点。①科学性和人文性的结合：社会学在研究中既使用科学的量化统计方法，也使用人文的质性研究方法；②价值性：研究社会现象时，应保持价值中立；③综合性：社会学研究需要将人和群体的主观方面（生理、情感、动机、价值观念等）与行动者所处的客观环境（自然环境、文化和历史氛围等）相结合进行分析（李斌，2009）。

3. 社会学的发展历程

社会学作为对现代性突出矛盾的回应最早出现于 19 世纪，其发展历程经历了 5 个阶段（图 1），涌现出多位杰出学者及重要成果。①社会学奠基阶段（19 世纪 30~70 年代），社会学家们开始关注社会结构、社会制度、社会变迁等问题，试图通过建立理论框架来解释社会现象；②社会学形成阶段（19 世纪 80 年代 ~20 世纪 20 年代），主要探讨社会学与哲学、历史学、经济学等学科的关系；③社会学系统化阶段（20 世纪 30~60 年代），开始将个体、群体、社会结构等各个层面的因素纳入研究范围，并通过建立理论框架来解释社会现象；④社会学理论多元化阶段（20 世纪 60~70 年代），社会学家们开始将文化、权力、知识等因素纳入研究范围，试图从不同角度解释社会现象；⑤社会学新综合阶段（20 世纪 80 年代至今），新的综合理论大量涌现，试图解释正在出现的信息化、全球化现象，形成更具有多元、综合特征的社会学（郑杭生，2003）。

社会学的学科体系

1. 社会学的研究内容

社会学涉及理论社会学与应用社会学两大研究领域：①理论社会学包括理论、历史和方法三个方面；理论包括元理论或本理论，既指社会学理论，又指社会理论；历史主要是社会理论发展史和社会思想发展史，也涉及社会史等；方法主要指方法论层次，包括提供分析问题的视角、切入点、思考方式等；②应用社会学研究具体社会现象，有许多分支，如城市社会学、教育社会学、劳动社会学、医学社会学等（图 2）。

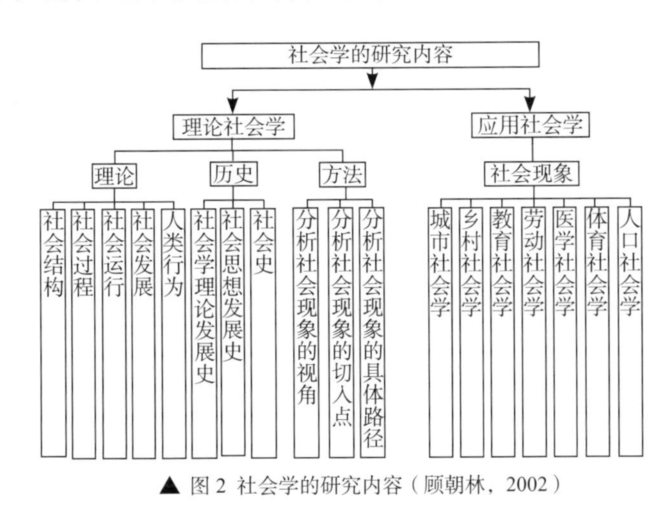

▲ 图 2 社会学的研究内容（顾朝林，2002）

2. 社会学的基础研究框架

社会学着重对社会运行的条件和机制进行研究，通过揭示社会良性运行的条件和机制，达到社会正义的目标，而社会运行的条件和机制是通过分析社会现象而得出的。因此，“社会现象”“社会运行的条件和机制”以及“社会正义”是社会学研究的核心概念。社会现象是人们在社会生活中因相互作用所表现出来的各种现象；社会运行是指社会有机体自身运动、变化和发展，一般可分为三大类型——良性运行协调发展、中性运行模糊发展与恶性运行畸形发展；社会正义是指一个社会中公平和平等地分配资源、机会和待遇的原则，它是一种社会和谐发展的目标，旨在通过确保所有人都受到公正对待来实现社会的稳定和繁荣。上述三者在社会学中的作用逻辑为：通过分析不同的社会现象，揭示出社会良性运行和协调发展的条件和机制，从而指导实现社会正义的目标，而社会正义目标的实现也会影响社会现象，促进良性社会现象的出现，抑制恶性社会现象的出现。综上所述，笔者提出社会学的基础研究框架（图 3）。

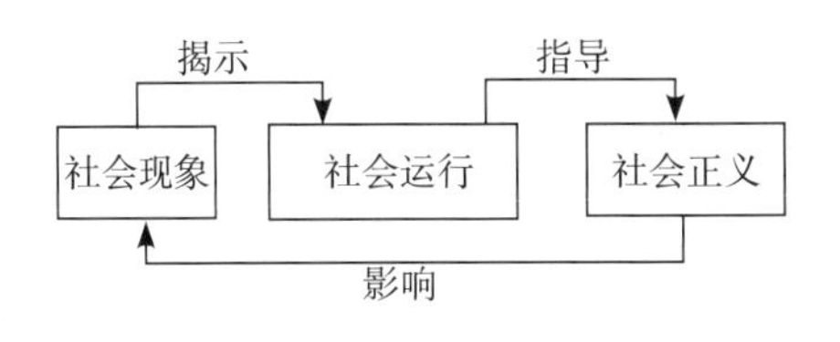

▲ 图 3 社会学的基础研究框架

3. 社会学的学科分类

社会学的分支学科众多（表 1），最新学科分类目录报告中，将社会学按照具体研究内容划分为社会学史、社会学理论、社会学方法、应用社会学、文化社会学等。应用社会学是当前社会学的重点研究领域，包括了工业社会学、城市社会学、农村社会学等。其中，城市社会学与城乡规划、景观规划设计联系最为紧密。

表 1 社会学的学科分类

分类标准	一级分类	二级分类
按研究内容	社会学史	中国社会学史、外国社会学史、社会学史等
	社会学理论	社会学原理、社会思想史、社会学理论等
	社会学方法	社会调查方法、社会学方法等
	应用社会学	职业社会学、工业社会学、医学社会学、城市社会学、农村社会学等
	文化社会学	艺术社会学、知识社会学、道德社会学、文化社会学等
	社会心理学	社会心理学史、社会心理学理论与研究方法、实验社会心理学、社会心理学等

APPLICATION
景观规划设计中的社会学知识

■ 社会学与景观规划设计交叉

1. 社会学介入空间的发展历程

城市空间问题向来都是城市研究的核心话题，同样也引起了社会学家的注意和反思。社会学家对于空间的研究，经历了从客观物质环境的“空间物理属性”，到社会与空间相互作用的“空间社会属性”的转化，并提出社会学“空间转向”这一命题，形成了城市社会学这一研究领域。社会学的“空间转向”可以划分为 3 个阶段。①开拓阶段：涂尔干、马克思等学者将空间视为“客观的物质环境”，此阶段还未出现对于“社会学转向”的空间认知；②激活阶段，由列斐伏尔提出“空间生产论”，认为空间是社会关系的产物，首次将“空间”纳入社会学研究的视野中，改变了空间是空洞和静止的观念；③拓展阶段，在列斐伏尔的影响下，米歇尔·福柯、大卫·哈维等人提出“权力空间”“空间压缩”“第三空间”等概念，主张运用资本主义生产方式的理论考察城市空间问题，力图揭示城市发展与资本主义运作逻辑之间的关系，当代学者多关注空间的过度资本化问题，主张在实践中争取“空间与社会正义”（图 4）。

经过 3 个阶段的发展，众多社会学家的理论促成了与社会学有关的空间转向，学者们开始像解释人类生活的“历史性”和“社会性”那样阐释社会学的“空间性”。在这样的理论背景下，一些概念的思考正日渐被空间化，这些概念包括社会正义、参与式民主和公民权利等（张佳，2015）。

开拓阶段

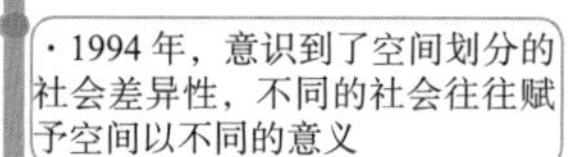

埃米尔·杜尔凯姆
Émile Durkheim

· 1994 年，意识到了空间划分的社会差异性，不同的社会往往赋予空间以不同的意义

马克思
Karl Heinrich Marx

· 1995 年，将空间视为一个物理的情境，是生产场所的总和

乔治·齐美尔
Georg Simmel

· 2002 年，认为空间不仅为人类活动提供可能，而且人类之间的互动也被视为对空间的填充

激活阶段

亨利·列斐伏尔
Henri Lefebvre

· 2005 年，每一种社会空间都产生于一定的社会生产模式之中，都是某种社会过程的结果

拓展阶段

米歇尔·福柯
Michel Foucault

· 2005 年，揭示了空间和权力之间的微妙关系，空间是权力运行的基础，权力是影响空间构形的重要力量

大卫·哈维
David Harvey

· 2005 年，提出空间结构和空间系统不仅是资本主义空间生产所需要的条件，而且是资本主义发展的必然产物，辩证地分析了资本主义城市空间生产的成就和弊端

爱德华·W·苏贾
Edward W. Soja

· 2006 年，提出第三空间，是对第一空间和第二空间的解构和重构，是一种差异化空间，是一种时间与空间、历史和未来的交融状态

▲ 图 4 社会学介入空间的发展历程

2.“空间正义”的发展历程

社会正义是人类社会的基本价值判断，是社会学最终指向的目标。“空间正义”的概念伴随着社会学的空间转向而出现，正是社会正义在空间维度上的体现。“空间正义”的内涵随人们对“空间”认识的发展而迭代。笔者基于不同阶段社会学家对空间的认识，尝试厘清“空间正义”的思想演化。

“空间正义”的概念经过漫长的发展，一共形成了 3 种思想，具体包括空间生产正义、领地再分配式正义与城市权利正义。①空间生产正义是一种社会公正理论，强调城市空间的生产和使用应该符合公正原则；此概念最早是基于列斐伏尔提出“空间是生产出来的，空间是社会实践的产物”，进一步提出“空间生产正义”，至此空间正义理论开始发展；②领地再分配式正义是指社会资源以正义的方式实现公正的地理分配，不仅关注分配结果，而且强调分配过程；此概念由大卫·哈维在《社会正义与城市》中借用布莱迪·戴维斯提出“领地正义”，并创造性地发展为“领地再分配式正义”，进一步揭示空间结构与资本主义发展之间的必然关系；③城市权利正义是指公民控制空间生产的权利，城市居民有权拒绝国家和资本力量的单方面控制；此概念最早也由列斐伏尔提出，他在对资本主义城市空间压迫异化的批判中提出了“城市权利”的思想；其后爱德华·苏贾提出“第三空间”理论，反对空间发展中的资源浪费和不公平分配（张春玲，2014）。

以上不同学者对于空间正义的理解（表 2），其核心都是空间生产和空间资源配置领域中公民空间权益的分配正义，即资源的平等分配。然而，这些理论可能忽略了人在空间正义中的存在，没有将人放在社会关系的背景中进行考虑。这可能导致空间正义理论在实践中缺乏现实维度。基于此，笔者提出用“空间分配正义”来统筹空间生产正义、领地再分配式正义与城市权利正义，并加入“空间承认正义”作为对“空间分配正义”在社会关系层面缺失的补充。“空间承认正义”是指人与人之间人格上的平等，承认所有人的个体尊严，致力于消除资本和权力带来的空间“蔑视”（李妍，2020）。空间分配正义立足于消除资源在空间分配上的不均衡，而空间承认正义立足于维持空间中内构的社会关系，两者从不同的角度规范空间生产，共同构成“空间正义”，使其作为景观规划设计中的关键指向（袁超，2020）（图 5）。

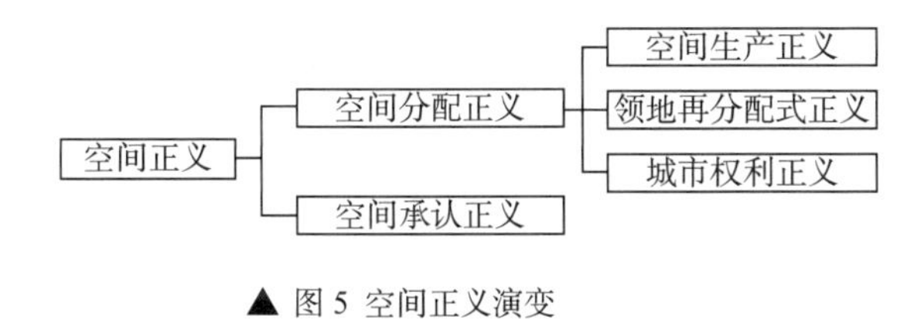

▲ 图 5 空间正义演变

表 2 社会学的发展阶段（郑震，2010；高春花，2011；袁超，2020）

空间正义概念变化	代表人物	经典空间理论	“空间正义”的内涵
空间生产正义	列斐伏尔 Henri Lefebvre	每一种社会空间都产生于一定的社会生产模式之中，都是某种社会过程的结果	被生产出来的空间
领地再分配式正义	大卫·哈维 David Harvey	认为空间结构和空间系统不仅是资本主义空间生产所需要的条件，而且是资本主义发展的必然产物，辩证地分析了资本主义城市空间生产的成就和弊端	资本空间
城市权利正义	爱德华·W. 苏贾 Edward W.Soja	第三空间是对第一空间和第二空间的解构和重构，是一种差异化空间，是一种时间与空间、历史和未来的交融状态	第三空间

基于社会学的景观规划设计的目标体系构建及其应用解析

1. 基于空间正义的景观规划设计的目标体系构建

空间分配正义目标的构建过程中既需要保证城市公共资源及城市利益分配的公平，也需保证后代人与当代人享有同等数量和质量的自然和文化资源，即代际公平（袁超，2020）。空间分配正义进而可被划分为可持续性、均等化、适宜性、参与度等指标。在城市社区的规划设计中，笔者从分配正义的指标中转化为经过规划设计可以实现的目标体系，分别有绿地质量、可达性、覆盖度、分布均匀度等。

空间承认正义包括：①底线承认认为不能随意划分边界，以免出现差异性的对待；②身份承认认为要保证每个主体能够自由、无被强制地参加到社会交往关系中；③属地承认认为需要建构城市主体归属感，尊重不同空间多样文化，尽可能消除文化歧视和压制。空间承认正义进而可以划分为融合性、差异性、归属感等指标，转换为景观规划设计的目标，分别有社区边界、多样化空间、归属感、多元文化等。景观规划设计通过实现以上目标，促进空间正义的实现（表 3）。

表 3 基于空间正义的景观规划设计的目标体系

<table>
<tr><th colspan="3">社会学目标体系</th><th rowspan="2">景观规划设计目标体系</th></tr>
<tr><th>总体目标</th><th>准则层</th><th>指标层</th></tr>
<tr><td rowspan="13">空间正义</td><td rowspan="8">分配正义：保证城市公共资源、城市利益分配及代际公平</td><td>可持续性</td><td>提升绿地空间质量</td></tr>
<tr><td rowspan="3">均等化</td><td>提高绿地空间可达性</td></tr>
<tr><td>提高绿地空间覆盖度</td></tr>
<tr><td>提高绿地空间分布均匀度</td></tr>
<tr><td rowspan="2">适宜性</td><td>优化居住区选址</td></tr>
<tr><td>优化居住区布局</td></tr>
<tr><td>参与度</td><td>提升社区规划居民参与度</td></tr>
<tr><td colspan="2" style="display:none"></td></tr>
<tr><td rowspan="5">承认正义：消除资本逻辑和权力逻辑带来的空间“蔑视”</td><td>融合性</td><td>弱化社区等级划分边界</td></tr>
<tr><td>差异性</td><td>保证社区空间多样性</td></tr>
<tr><td>归属感</td><td>营造社区空间归属感</td></tr>
<tr><td>多元性</td><td>保证社区空间容纳多元文化</td></tr>
<tr><td>公共性</td><td>提升社区空间公共性</td></tr>
</table>

2. 空间正义目标在景观规划设计中的应用情境

当前人类社会面临城乡贫富差距逐渐拉大、弱势群体需求不被重视、分配不公平等一系列城市社会问题，城市社区作为人类活动的主要场所，成为社会问题爆发的焦点区域，亟待借助社会学知识进行规划设计。综上所述，笔者选取城市社区作为社会学知识在景观规划设计中的典型应用情境进行展开。

3. 空间正义目标在景观规划设计中的应用知识框架

城市社区是指居住于城市某一特定区域、具有共同利益关系、社会互动和服务体系的一个社会群体，是城市中一个人文和空间的复合单元（舒代云，2015）。在当前城市快速发展的过程中，众多社区绿地在规划设计时呈现出分布不均等、社区等级划分明显以及对弱势群体考虑欠妥等特征，从而加剧人地矛盾，增加空间的不公平性。

本文将上文中构建的空间正义目标体系，对应到城市社区情境中，重点解析均等化、融合性以及归属感在景观规划设计中应该如何实现（图 6）。在城市社区情境下，想要达到上述社会学目标，需要借助社区生活圈理论，找到规划设计目标的空间变量。社区生活圈理论是指在适宜的日常步行范围内，满足城乡居民全生命周期工作与生活等各类需求的基本单元，融合“宜业、宜居、宜游、宜养、宜学”等多元功能，引领面向未来、健康低碳的美好生活方式。社区生活圈一般分为两类，城镇生活圈（15 分钟生活圈）和乡村社区生活圈（5~10 分钟生活圈），下文将具体解析空间变量的转化过程。

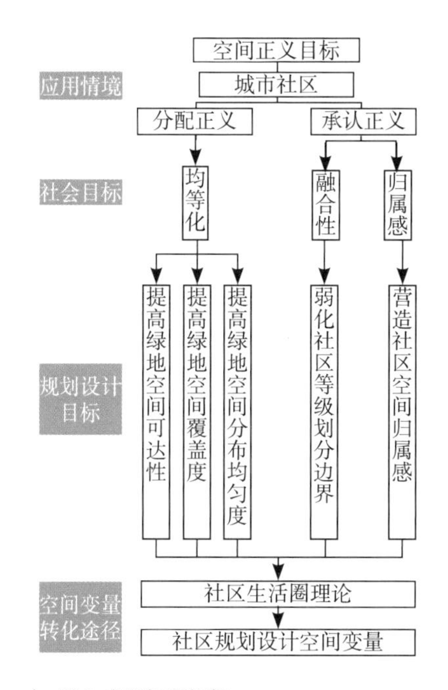

▲ 图 6 应用知识框架

4. 空间正义视角下城市社区规划设计中的目标解析

接下来将探讨如何通过景观规划设计来达到城市社区中的空间正义，并详细解析空间正义中 3 个指标的实现方式。①在宏观尺度，解析城市绿地空间布局情境中均等化如何实现（表 4）；②在中观尺度，解析城市混住社区规划设计情境中的融合性如何实现（表 5）；③在微观尺度，解析儿童友好社区公共空间设计情境中的归属感如何实现（表 6）。

表 4 分配正义目标下城市绿地空间布局情境的知识解析（王梁飞 等，2021）

知识解析	空间机制解析	
均等化 指全体公民公平可及地获得大致均等的基本公共服务，其核心是促进机会均等 **提高城市绿地空间可达性 =f（绿地距离、绿地质量）**	·绿网连接度：通过廊道连通现有绿地，以绿地网络提高公共绿地可达性 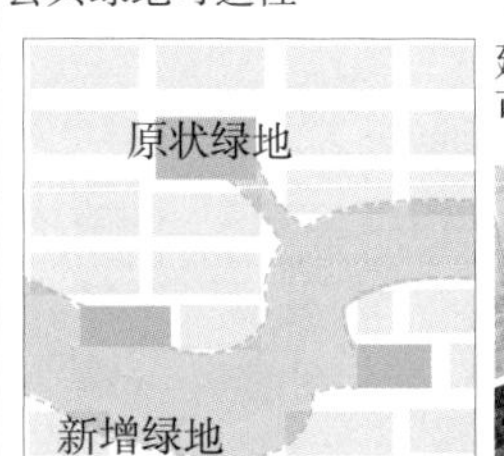 ·建设廊道连接现有绿地，构建绿地网络，来提高公共绿地可达性 	·绿地形态：嵌入式绿楔、多边界绿斑能提高绿地空间的可达性 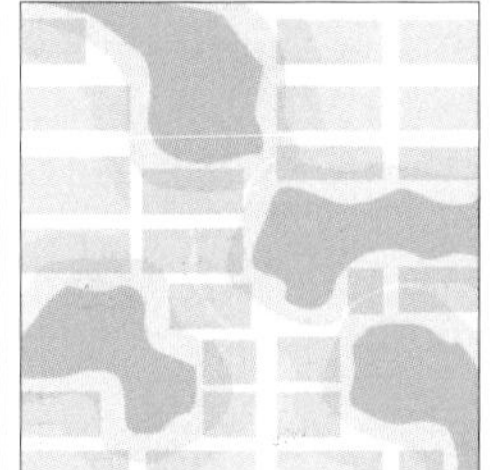 ·案例中的绿地类型和形态多样，为周边居民提供了多样的边界入口 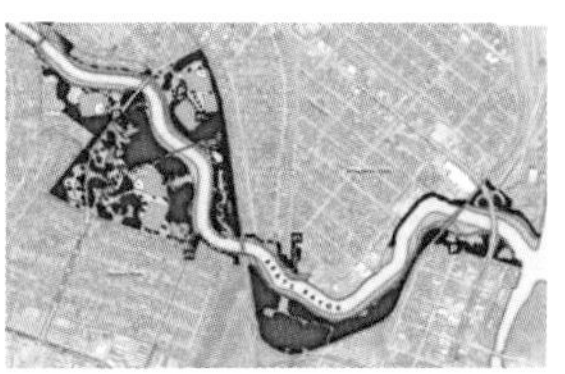

续表

知识解析	空间机制解析	
提高城市绿地空间覆盖度 =f（绿地面积、绿地数量） **提高城市绿地空间均匀度 =f（绿地布局）**	·绿地质量：对老旧绿地进行更新改造，提高现有绿地服务能力及质量，扩大绿地空间服务范围  ·案例中的绿地新增了设施以及植物设计，提高了场地的使用率 	·绿地面积：在密集社区中心设置服务范围广的大型绿地空间，提高绿地空间使用率和覆盖度 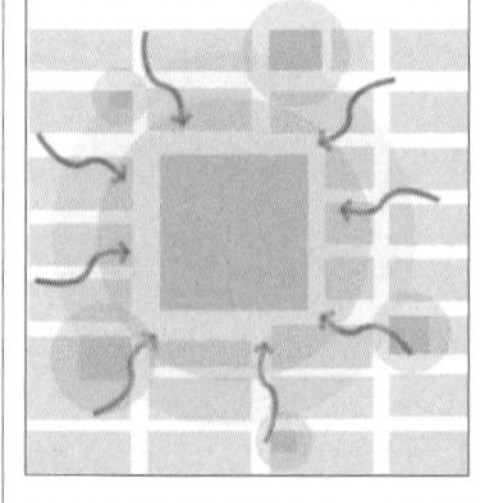 ·案例中周边社区密集，新增绿地作为社区中心，服务周边社区居民 
	·绿地数量：对于绿地可达性低的社区，充分整合利用近距离的零散绿地空间，分散规划建设多个社区公园或增设街头绿地，见缝插绿 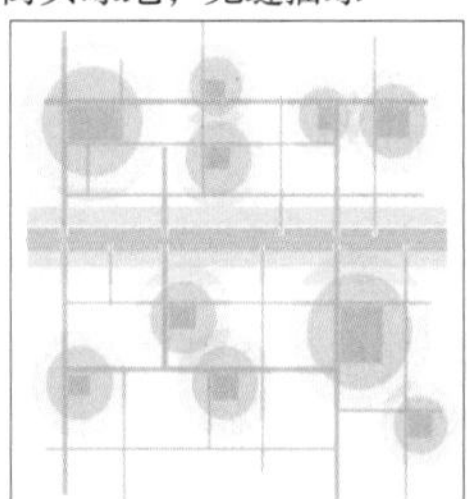 ·原先可达性低的周边社区经过绿地廊道的连接，提高了绿地使用率 	·绿地布局：结合区域社会、经济、人口特征进行规划，使城市绿地供给和需求在数量及空间上相匹配，形成分布均匀的绿地空间布局 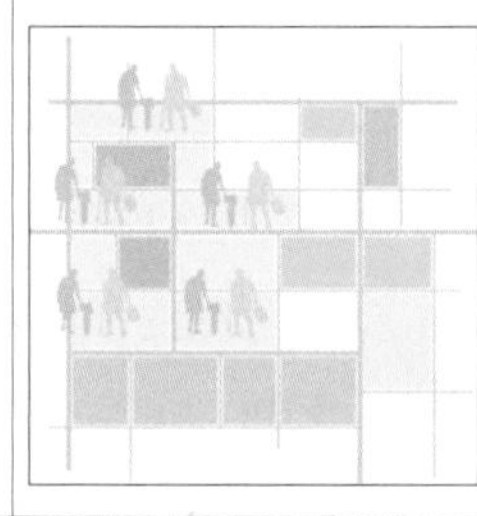 ·案例根据周边人口特点，均匀分配绿地的布局 

表 5 承认正义目标下混居社区情境的知识解析（张涵 等，2021）

知识解析	空间机制解析	
融合性 是指在一个社区内，各种不同的人群能够和谐地共生、互相尊重和理解，从而形成一个紧密的社区共同体；城市混住社区可以通过创造多样性的空间布局、强调共享的空间设计、多元文化的展示和公共参与的推进等方式，促进不同群体之间的融合和共存 **弱化社区等级划分边界 =f（社区选址、公共交通可达性、宅间绿地的质量与数量、公共设施配置）**	·社区选址：混居社区周边应有较齐全的配套设施和相对优美的自然环境，吸引中高收入人群  ·准备修建的社区有高品质的公园，以及医疗资源和商业资源 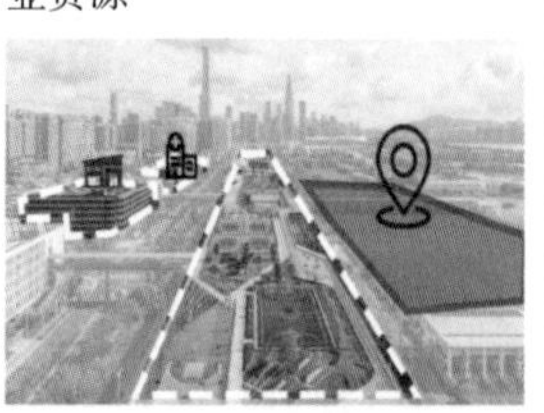	·公共交通可达性：社区周边需有便利的公共交通满足较低收入人群的通勤需求 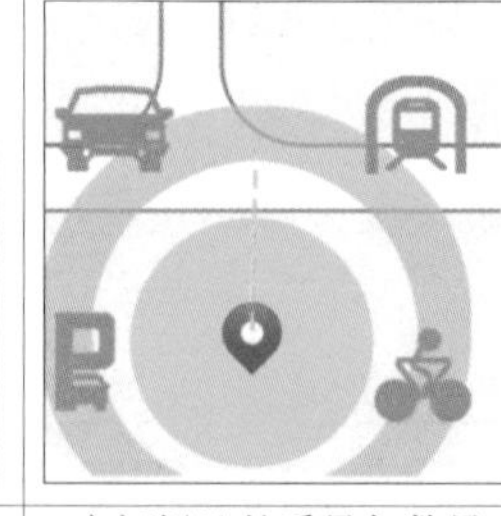 ·案例中社区周边交通十分便利，有利于居民的出行和日常通勤 
	·公共设施配置：基础的公共空间和设施可向较低生活需求的居住组团偏移；而靠近更高收入人群居住组团的公共空间，可用于建设需要较高维护成本与使用成本的其他场所  ·社区的公共设施偏向分布于低收入的老年人群体，能够公平地分配公共设施 	·宅间绿地的质量与数量：宅间绿地在质量上应适当向高收入人群居住区倾斜，较低收入人群居住区也应当配置相当数量的公共绿地  ·图中左侧为一个低收入小区，右侧绿地本来是一块荒地，经过改善提高了使用率 

表 6 承认正义目标下儿童友好社区情境的知识解析（陈思锶 等，2020）

知识解析	空间机制解析	
归属感 是指居民对其所处社区和城市的认同感；景观规划设计中通过营造具有归属感的空间环境，可以提高居民的生活质量和城市的社会凝聚力 **营造社区儿童空间归属感 =f（交通组织、公共活动空间、绿化景观、公共服务设施）**	·交通组织：社区内设置儿童慢行空间，通过树篱、高差等设计实现人车分流；设置儿童专用道，如儿童自行车道、滑车道，打造具有儿童通勤趣味性的儿童友好社区 ·案例中的儿童活动区，通过绿篱与周边的车行道路隔开，提高场地安全性 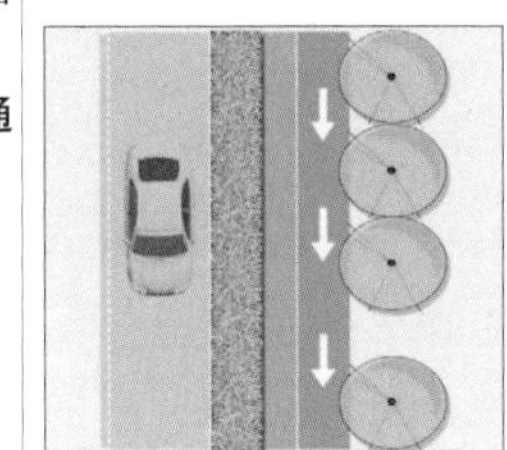  	·公共活动空间：形式多样化且色彩活跃、明亮，铺装满足儿童安全需求，布置陪护者的休憩活动空间 ·儿童活动区采用软质铺装，选用高明度的蓝色，并且在附近设置家长看护区域 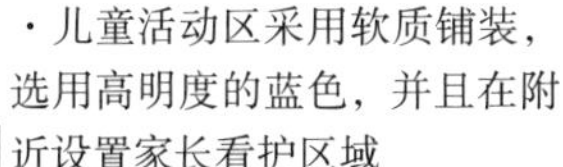 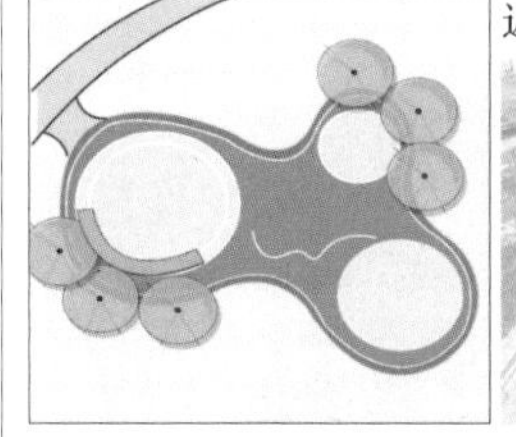 
	·绿化景观：儿童活动区内的绿化树种无毒无刺，色彩鲜艳，遵循乔灌草搭配 ·儿童活动区的植物种植采用“五感设计”，增加儿童探索自然的欲望 	·公共服务设施：公共服务设施符合儿童尺度，设置地灯等照明系统、维护设施等 ·为了确保儿童的安全，儿童活动区的设施加设了防碰撞的栅栏  

CASE
情境化案例

在上文对知识点的讲解与适用情境解析的基础上，本部分通过知识点组合以及相关具体案例，解析社会学知识的实际应用。

■ 实际案例解析：基于空间正义的海滩街旧居住区更新实践（方珂，2022）

1. 基础调查

海滩街旧居住区位于郑州市金水区的中部地段，地理位置优越，周边公共交通发达，紧邻郑州地铁 5 号线海滩寺站，周边有多个公交站点（图 7）。海滩街旧居住区处在生活性街道，附近有多个居住区。该案例选取了海滩街 3-126 号的老旧居住片区（简称海滩街片区）作为研究对象。海滩街片区于 20 世纪 50 年代由工人自发建设，是半开放式的老旧住区，沿街面有多个出入口，其余三面与其他小区以砖墙分隔边界，形成了半围合的空间形态。

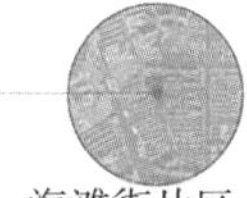

▲ 图 7 场地区位

2. 现状问题与对应空间正义的目标分析

1953 年，随着“一五”计划的实施，郑州市开始了大规模的工业建设。郑州纺织机械厂、陶瓷厂、印刷厂等在此建厂，形成了聚集的厂区。一些商贩、工人、机关单位开始集资在周边自行搭建房屋，这些自建的红砖房就是现在海滩街片区的雏形。到了 2000 年左右，海滩街片区的住宅开始老化衰败，过去的自建房已经无法满足居民的需求。居民为了满足生活需要，开始进行非正规的加建改建，海滩街片区的空间变得更加复杂。2021 年，网络力量使得海滩街旧居住区重新回到了人们的视野。得到媒体、大众关注的海滩街片区也引来了褒贬不一的评价，海滩街片区在迎来发展机遇的同时也暴露出了空间非正义的现象（表 7）。

▲ 图 8 街道外部现状

通过对空间环境调研、社会环境调研以及非正义现象的结果来看，海滩街片区存在问题：①空间环境现状呈现出的异质拼贴界面、混乱无序的街道空间、破败陈旧的内部环境（图 8、图 9）；②社会环境呈现出混合复杂的社会结构、多元丰富的人群活动（图 10、图 11）。

表 7 现状问题汇总

现状问题		空间正义目标
混乱无序的街道空间	外部街道：街道空间安全性较差，汽车、垃圾车、摩托车以及自行车的混行，不仅对行人造成安全隐患，机动车之间也会出现拥堵现象，甚至引发交通事故	增加外部交通可达性
	内部巷道：线路不确定性强，导致空间引导性和视线通达性较差，也存在潜在的交通隐患和不安全因素；另外，在狭窄街道两侧堆积的杂物，使道路的流通性更差	增加内部交通连续性
	街道节点：海滩街片区的街道节点数量有 5 个，海滩街片区是三面围合的半开放住区	保证社区具备多元文化
破败陈旧的内部环境	公共空间问题：公共空间以不规则的点状或带状形式分布在片区内部，碎片化地夹杂在建筑之间	增加绿地面积以及覆盖率
	基础设施匮乏：居民自主搭建晾衣架，社区基础设施落后	合理布置公共设施

▲ 图 9 街道内部环境现状

3. 基于空间正义目标优化的景观规划设计分析框架

基于空间正义的设计策略，海滩街片区推进更新设计，将打造为满足日常生活、居民共建、多元包容的居住空间；依据设计策略、现场空间环境的梳理以及社会环境分析，在不破坏其原有街巷结构的基础之上对海滩街片区进行微改造和更新设计（表 8）。案例通过景观布局、功能分区、道路系统、景观小品、种植设计 5 个方面对社区进行优化，从而达到空间正义的设计目标（图 12）。

▲ 图 10 公园人群活动

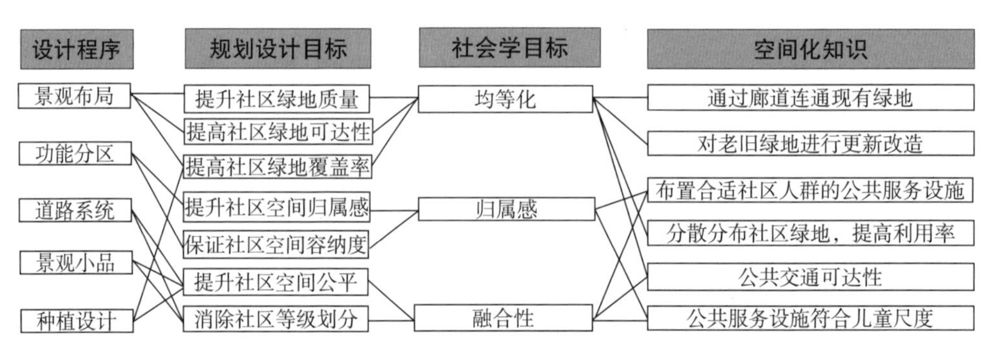

▲ 图 12 海滩街旧居住区更新的实践分析框架

▲ 图 11 公共空间占用情况

表 8 基于空间正义的海滩街旧居住区更新实践的案例解析（方珂，2022）

	空间正义目标指导下的社区空间优化途径	具体设计手法	
整体布局优化	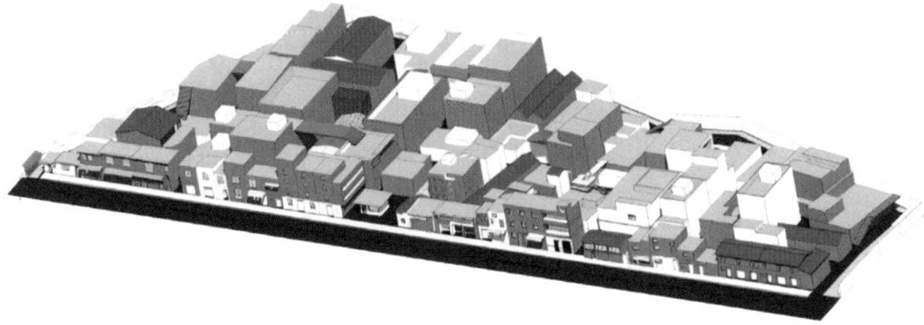	·混住社区模式	·对于海滩街片区其他人群多元丰富的空间诉求，可以适当地增强空间混合性 
公共设施优化	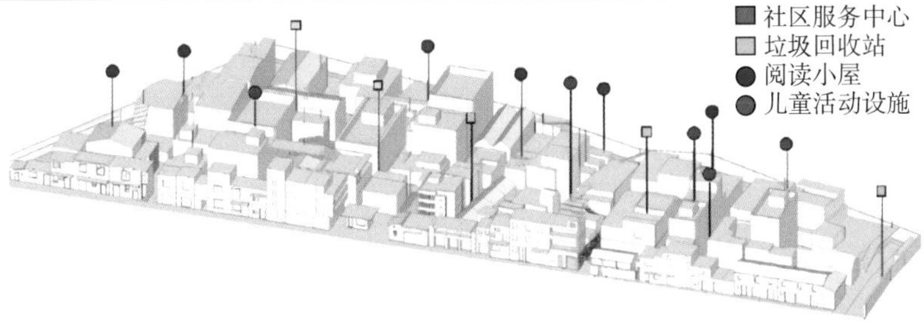 社区服务中心 垃圾回收站 阅读小屋 儿童活动设施	·公共设施偏向弱势群体	·布置老年人社区、废品回收站、阅读小屋等公共设施，为社区内低收入人群提供服务 
景观绿地优化	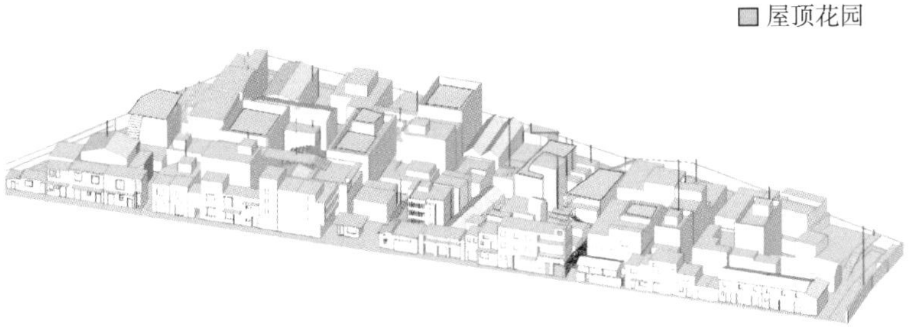 屋顶花园	·增加屋顶的绿化面积	·为了满足居民的日常需求，在屋顶空间设计菜园种植、社区布展、户外交谈等区域 
社区内部道路优化	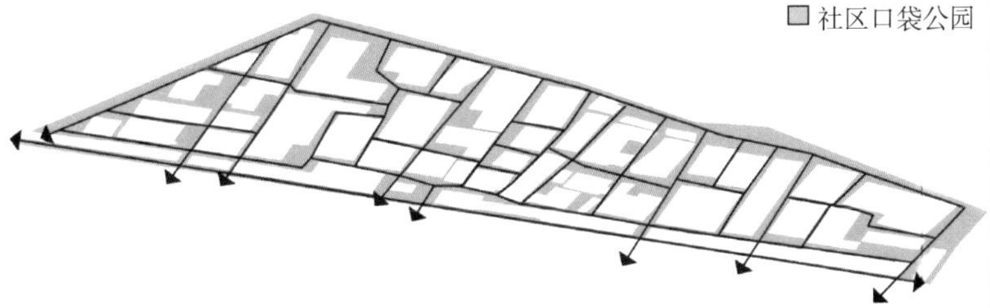 社区口袋公园	·增加内部交通连续性	·根据居民的需求，设置横向空中连廊，形成高于地面的步行与交往空间 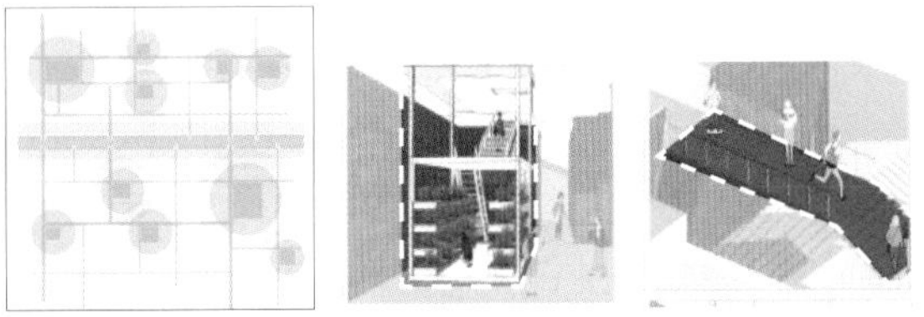
社区外部道路优化	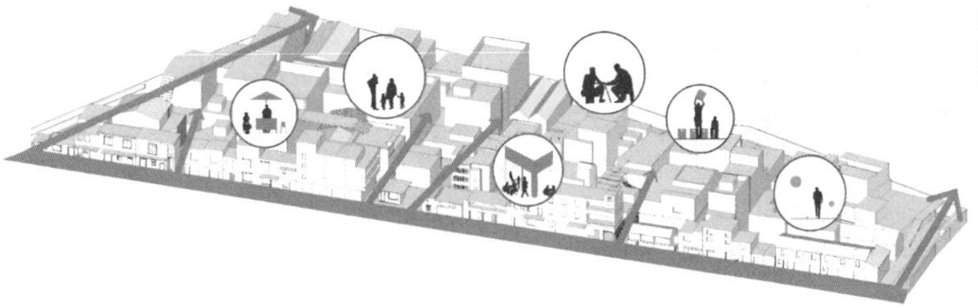	·提高外部交通的可达性	·规划时根据外部交通的交通流线，在社区增设若干入口，提升场地内外的可达性、连通性 

■ 参考文献

陈思锶，杨岗，梁荣，等，2020. 重庆市北碚老城区儿童户外活动空间配置社会绩效评价 [J]. 中国园林，36（9）：87-91.

达维久克，1988. 应用社会学词典 [M]. 哈尔滨：黑龙江人民出版社 .

方珂，2022. 基于空间正义的旧居住区更新设计研究 [D]. 徐州：中国矿业大学 .

顾朝林，2002. 城市社会学 [M]. 南京：东南大学出版社 .

李斌，2009. 社会学 [M]. 武汉：武汉大学出版社 .

李妍，2020. 从分配到承认 : 空间正义的另一种致思路径 [J]. 湘潭大学学报（哲学社会科学版），44（5）：53–57.

刘兆丰，2021. 列斐伏尔空间理论研究 [D]. 长春：长春理工大学 .

舒代云，2015. 安全学视域下城市社区公共空间设计策略研究 [D]. 长沙：湖南大学 .

孙国华，1997. 中华法学大辞典（法理学卷）[M]. 北京：中国检察出版社 .

王梁飞，郭晓华，2021. 生活圈视角下的绿地空间正义 [J]. 中国城市林业，19（5）：83-88.

袁超，2020. 城市空间正义论 [M]. 北京：中国社会科学出版社 .

张春玲，2014. 资本逻辑与空间正义 [J]. 中共福建省委党校学报，35（7）：45-50.

张涵，李春玲，2021. 混居社区中公共空间布局模型构想 —— 基于效率与公平视角 [J]. 城市住宅，28（3）：92-94.

张佳，2015. 大卫 · 哈维的空间正义思想探析 [J]. 北京大学学报（哲学社会科学版），52（1）：82-89.

郑杭生，2003. 社会学概论新修 [M].3 版 . 北京：中国人民大学出版社 .

郑婷婷，徐磊青，2020. 空间正义理论视角下城市公共空间公共性的重构 [J]. 建筑学报，70（9）：96-100.

郑震，2010，空间：一个社会学的概念 [J]. 社会学研究，25（5）：167-191，245.

■ 思想碰撞

社会学视角下的空间规划设计指向了空间正义，空间正义本质上是一种价值观，不同地区或国家有着不同的理解。这也导致了空间正义的定义和实现方式存在多样性，对于空间正义的实现存在不同的理解和实践路径。当前不乏对空间正义的理论研究，但是在实际情况中空间正义所构建的目标很难通过景观规划设计的手段去实现，社会学中所构建的空间正义的价值观，是否能够与景观规划设计的价值观相同呢？景观规划设计师看待事物的价值观又是什么呢？

■ 专题编者

岳邦瑞

魏萍

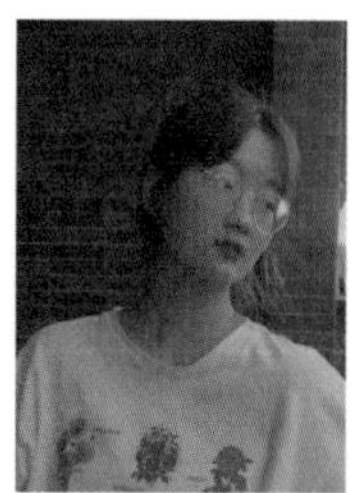
吴淑娜

李博轩

吴烨乔

王玉

彭佳新

政治学 20讲
空间中的权力

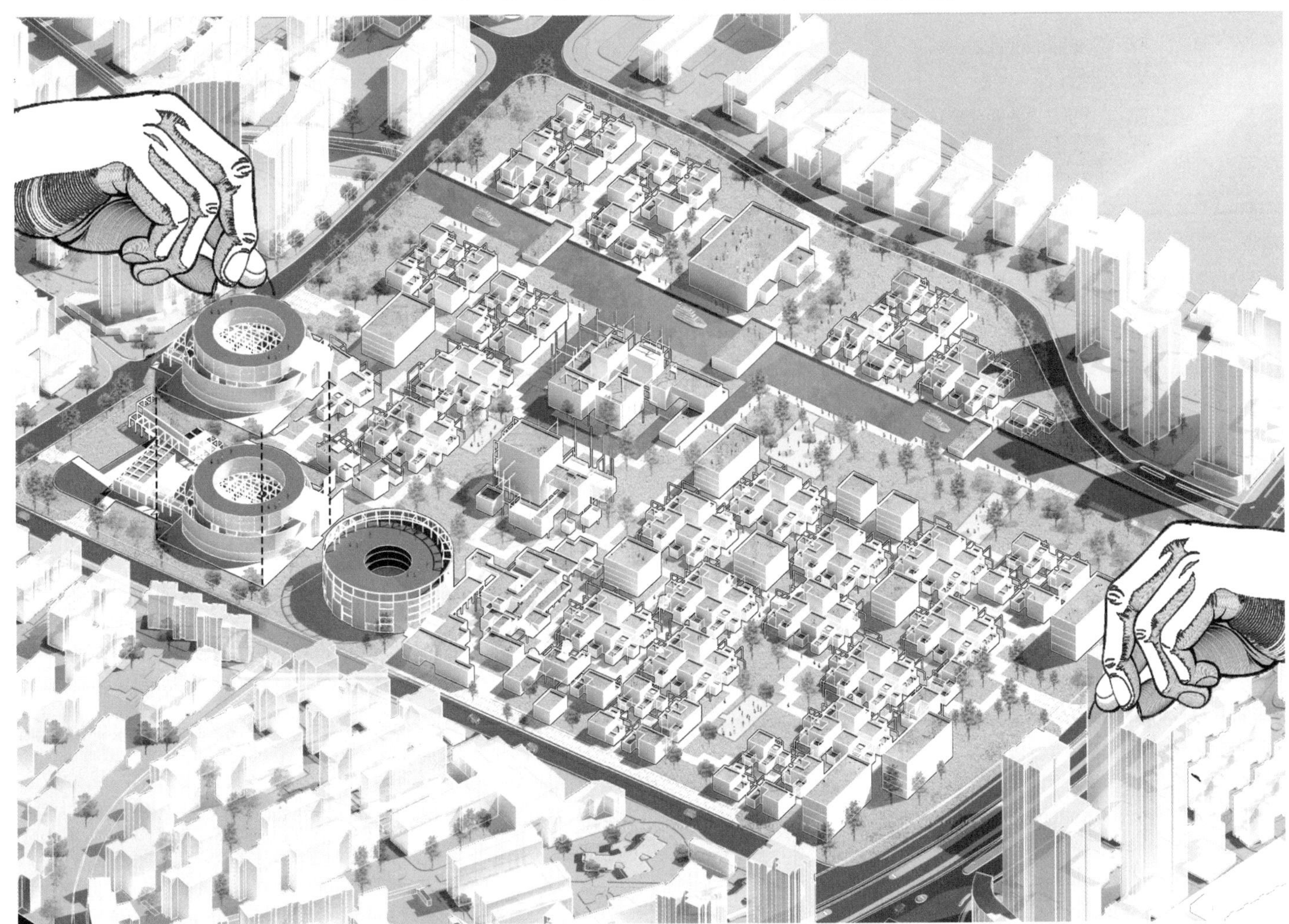

人们对于政治生活的看法不一：谁应当得到什么？权力和资源应如何分配？社会应基于合作还是冲突？按照亚里士多德的观点，人类试图改善生活并创造美好社会的活动即是政治。我们的生活离不开权力的分配与权利的获取，现代社会稳定运转的背后也是权力这把无形的手在发挥作用；现代城市的形态结构、城市功能的划分、城市公共空间分配的背后，也是权力作为主导因素在推动发展。那么权力作为主要因素，如何影响城市空间的生成？如何利用权力去治理城市空间，使其向更好的方向发展？本讲会带领我们一起探索这双无形的手对城市空间的作用。

学科书籍推荐：

《政治学原理》王浦劬
《政治学的思维方式》安德鲁·海伍德

政治学的学科内涵

1. 政治学的基本概念

中文“政治”一词，出自《尚书》“道洽政治，泽润生民”，“政”指国家的权力、制度、秩序和法令，“治”指管理和教化人民。英文 Politics 源自希腊语 πολι，最早的文字记载是在《荷马史诗》中，其含义是城堡或卫城。古希腊雅典人将修建在山顶的卫城称为“阿克罗波里”，简称为“波里”。城邦制形成后，“波里”就成为具有政治意义的城邦代名词，又衍生出政治、政治制度、政治家等词，其观念在两千多年以来经历了各种变化（表 1）。政治学是一门以研究政治行为、政治体制以及政治相关领域为主的社会科学学科。广义的政治学，是研究在一定经济基础之上的社会公共权力的活动、形式和关系及其发展规律；狭义的政治学，是研究国家的活动、形式和关系及其发展规律（杨光斌，2011）。马克思主义认为，政治是人们在特定的经济基础上，运用政治权力实现和维护特定阶级的利益要求，协调各种社会利益关系的活动（王浦劬，2004）。

表 1 政治概念的不同解释

政治观念	政治含义
道德政治观	政治为一种社会价值追求，是一种规范性的道德
神权政治观	政治是一种超自然、超社会力量的体现与外化
权力政治观	政治是围绕着权力展开的活动，包括对于权力的追求、运用和维护
管理政治观	政治是公共管理活动，是对社会价值进行权威性分配的决策活动

2. 政治学的研究对象与特点

政治学以“权力”为研究对象，重点研究建立在一定经济基础上的公共权力的产生、分配、使用的规律，具体涉及以公共权力为中心的政治关系、政治制度、政治思想、政治文化和政治行为等。政治学的特点是：①动态性，政治学的研究对象和研究范围不断演变和扩张；②多元性，政治学者对于研究政治现象持有多元的研究范式；③开放性，政治学并不是一个封闭的知识门类和知识系统。

经典权力观构成了其他权力观的基础，即“权力是使他人去做本不愿意做的事情的能力”（安德鲁·海伍德，1994）。权力的实质是政府对于暴力的合法垄断，政府始终处于政治和权力的核心。此后出现的多元主义权力观和激进权力观，提出了权力的“三张面孔”（表 2），指出“现代社会中的权力行使正在变得越来越隐蔽、越来越柔软，它甚至以一种不为人察觉的方式发挥作用”（景跃进 等，2015）。这进一步引出政治学研究的两个核心问题：一是权力的来源，它涉及政治统治的合法性基础；二是权力的制约，它涉及如何保障个人自由。前者被视为民主问题，后者被归为宪政话题。

表 2 权力的“三张面孔”

分类	内涵
第一面	作为政治决策的权力：泛指以某种方式影响决定内容的有意识行动，特指影响政府决策的能力
第二面	作为议程设置的权力：即阻止决定作出的能力，实际上就是“非决策”能力；这要求有能力确定或控制政治议程，一开始就能阻止某一议题或方案的公开
第三面	作为思想控制的权力：即塑造他人的思想、欲望或需求，从而对其施加影响的能力，具体表现为意识形态灌输或心理控制

3. 政治学的发展历程

政治学经历了 4 个发展阶段，可以勾勒出政治观念的各种形态（图 1）。①古典政治学时代（公元前 5 世纪 ~5 世纪）：出现国家、城邦、世界的观念和理论，形成道德政治观；②神学政治学时代（公元 5~14 世纪）：关于世界政治的神学性解释，形成神权政治观；③“理性主义”政治学时代（16~19世纪末）：经历了一个由君权主义向民权主义转变的过程，形成权力政治观念、民族国家的理论和民主政治思想；④“科学主义”政治学时代（20世纪以后）：政治学术界和思想界围绕政府和公共权力的作用，经历了“制度研究”“对非正式制度的经验描述”“行为主义革命”和“后行为主义”4个阶段的发展，完成了传统政治学向政治科学研究的转变，提出了管理政治观（王浦劬，2004）。

■ 政治学的学科体系

1. 政治学的研究内容

政治学的教科书琳琅满目，其在西方多采取“政治设置”与“政治互动”的分类法，国内则是“政治体系”与“政治行为”分类法。笔者采用政治系统论视角，即政治实体结构和实现该结构的政治功能角度（也称“结构—功能”视角），来梳理政治学的研究内容（图2）。

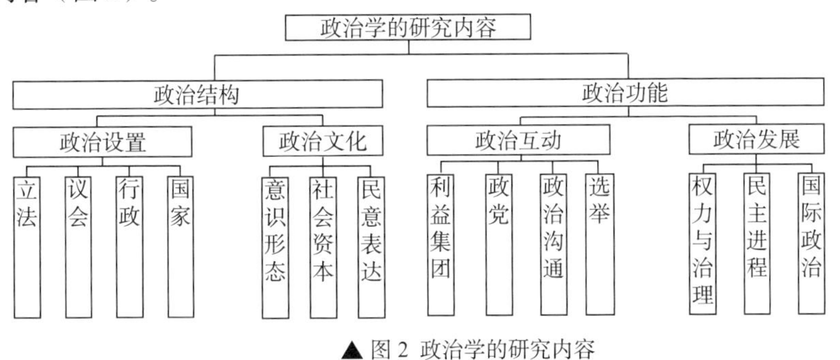

▲图2 政治学的研究内容

2. 政治学的基础研究框架

政治学的核心问题是权力的运行规律以及如何分配。一般来讲，任何权力的行使过程都是权力主体控制权力客体的过程，具体包括权力主体通过利益分配控制权力客体；权力客体则通过利益需求反馈给权力主体以寻求更多的利益。在一定的政治关系中，处于主动和支配地位的即是主体，而处于被动和被支配地位的便是客体。通常来说，政治权力的主体主要是国家。此外，各社会阶级、各政治集团和社会集团、有组织的和无组织的群众、各种政治个体等，也可以成为政治权力的主体。在某种特定条件下，通过互相作用，主客体的地位可以互易。综上所述，笔者提出政治学的基础研究框架（图3）。

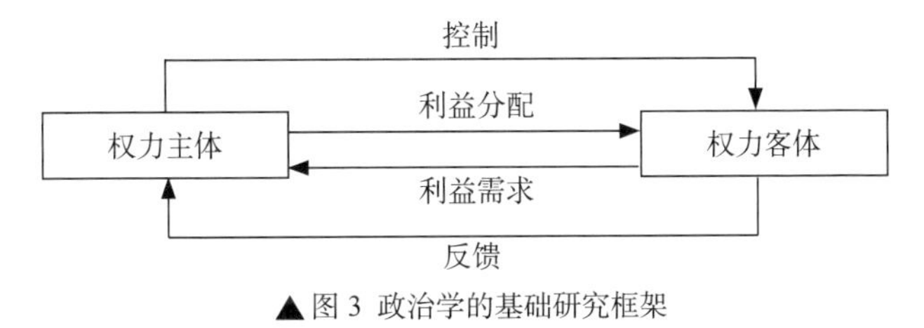

▲图3 政治学的基础研究框架

古典政治学时代

柏拉图
Plato

·公元前427~前347年，柏拉图在《理想国》中论述的理想的国家形态，成为后世国家制度、政治统治的模本

亚里士多德
Aristotle

·公元前325年，《政治学》为西方政治学的开山之作，核心内容是关于城邦问题，以“人是天生的政治动物”为前提，分析了城邦的形成及基础，被视为政治研究体系的典范

神学政治学时代

奥古斯丁
Augustine

·公元354~430年，在《上帝之城》中，综合了当时基督教的哲学和政治传统，重新定义了宗教与政治间的领域界线

托马斯·阿奎那
Thomas Aquinas

·1266~1273年，将希腊哲学和基督教神学进行了有机结合，并且论证了信仰、理性、道德和政治分界的可能性

“理性主义”政治学时代

尼可罗·马基亚维利
Niccolò

·1530年，其著作《君主论》教导君主只顾后果不顾过程的政治手段，内容与基督教教义冲突甚大

让·博丹
Jean Bodin

·1576年，对主权问题进行了系统地探讨，他在《共和六书》中认为主权是国家的基本属性，是至上和不可分割的

“科学主义”政治学时代

哈耶克
Friedrich Hayek

·1930年，哈耶克的政治哲学是自由至上主义最杰出的典范，他的政治哲学思想体系大致上由四个相互联系的主要概念构成：自生秩序、知识分立、方法论个人主义和自由

罗尔斯
Rawls

·1993年，其平等的自由主义理论代表了政治哲学和规范伦理学的现代复兴，对现代自由主义乃至整个西方政治哲学主流的学术贡献无人可及

▲图1 政治学发展的代表事件

3. 政治学的学科分类

政治学分支学科众多（表 3），如环境政治学、生态政治学、城市政治学、乡村政治学、空间政治学、景观政治学、风景政治学等，可为开展景观规划设计提供广泛的应用知识。其中，空间政治学是对城市规划、景观规划影响最大的领域，将在下文中予以重点讨论。

表 3 政治学的学科分类（王邦佐 等，2009）

分类标准	分类结果
按研究取向	政治哲学、政治科学
按研究层次	宏观政治学、微观政治学
按核心内容	政治学理论、中外政治制度、地方政府学、国际政治学、比较政治学、政治与行政学
按学科交叉	政治经济学、政治历史学、政治社会学、政治心理学、政治生态学、政治伦理学、政治人口学、政治人类学、政治地理学、政治计量学、系统政治学、教育政治学、知识政治学
按研究问题	发展政治学、转型政治学、转轨政治学、过渡政治学、权力政治学、政策分析、决策分析、经济政治学、种族政治学、民族政治学、国际和平学、环境政治学、生态政治学、城市政治学、乡村政治学、空间政治学、景观政治学、风景政治学

APPLICATION
景观规划设计中的政治学知识

■ 政治学与景观规划设计的交叉

1. 政治学介入空间的发展历程

城市空间历来是西方城市研究的中心议题。综观城市空间的理论变迁，其经历了从人类生态学范式关注“自然观”，到新古典主义范式着重“个人选址”，再到政治经济学范式的“社会结构和制度制约”分析，形成 3 个发展阶段与范式（图 4）。①人类生态学范式（19世纪末 ~20世纪初）：把城市空间结构和秩序的形成与演变看作是人类群体通过竞争谋求适应和生存的“自然”结果；②新古典主义范式（19世纪末 ~20世纪中叶）：对城市空间结构的解析建立在个体选址行为上而不是社会结构体系的层面上；③政治经济学范式（20 世纪 60 年代以后）：该时期西方城市社会和空间暴露出严重危机，学者认识到传统的空间理论无法解释危机，他们在批判的基础上，试图用马克思主义的政治经济学概念来分析城市空间问题，空间政治经济学也因此出现（张福磊，2011）。

2. 空间政治经济学的基本内涵

空间政治经济学是应用政治经济学理论分析城市空间的研究领域。政治经济学是一门以人们的社会关系（即经济关系）为研究对象的科学，它阐明人类社会各个发展阶段

人类生态学范式
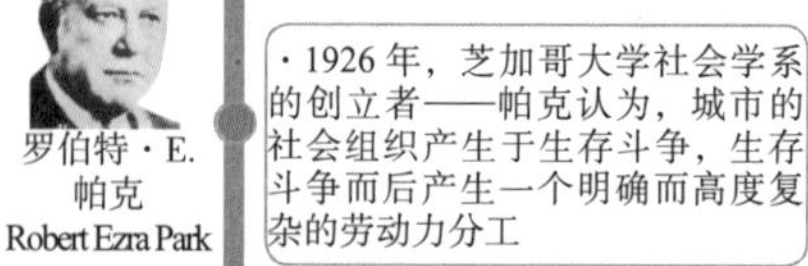
罗伯特·E. 帕克
Robert Ezra Park
·1926 年，芝加哥大学社会学系的创立者——帕克认为，城市的社会组织产生于生存斗争，生存斗争而后产生一个明确而高度复杂的劳动力分工
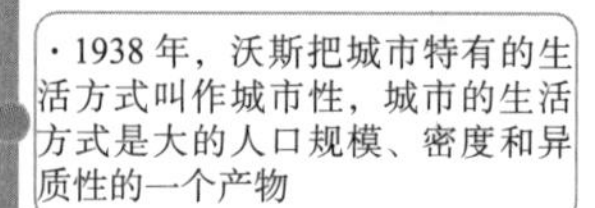
·1938 年，沃斯把城市特有的生活方式叫作城市性，城市的生活方式是大的人口规模、密度和异质性的一个产物
路易斯·沃斯
Louis Wirth

新古典主义范式

霍布豪斯
Hobhouse
·1911 年，霍布豪斯发布《自由主义》，强调自由的社会整体性，认为人既然不能脱离社会而存在，人的自由必然与合乎理性的社会目的相关联
·1958 年，摩根索发表《政治学的困境》，以抽象的人性论作为世界观的理论基础，演绎出权力政治学派的国际法观
汉斯·摩根索
Hans J. Morgenthau
政治经济学范式

列斐伏尔
Henri Lefebvre
·1960 年，列斐伏尔提出空间生产理论，开创了空间政治经济学

大卫·哈维
David Harvey
·1970 年，大卫·哈维提出资本三级循环理论，认为城市的本质是一个人造环境，是一种包含许多不同元素的复杂混合商品

▲图 4 政治学介入空间的发展历程

上支配物质资料的生产和分配的规律。空间政治经济学基于这种“城市空间—政治经济”关系的观察，认为城市空间与社会经济过程是相互作用与反作用的辩证统一，认为城市空间会由于社会生产方式的调整而生产或再生产，同时，空间安排在一定程度上也制约着生产方式的调整。因此，城市空间反映、表达和影响了资本主义的危机。以下核心概念构成了理解空间政治经济学的基础框架（表 4、图 5）。

表 4 空间政治经济学的核心概念（王锐，2020；王继红，2014；任平，2006）

核心概念	概念内涵
社会空间观	“社会空间观”是其哲学基础：城市空间蕴含着密切的“社会关系”和“政治属性”，空间已经成为一种独立而重要的生产要素参与到社会生产过程中，社会生产已经从“空间中物的生产”转变到“空间本身的生产”，或者说是社会空间的生产；这种“社会性支撑的空间”弥漫着密切的社会关系，这种空间也是国家用以调节社会关系的重要工具和手段
空间生产	“空间生产”是其研究对象，也是空间政治学发展的元理论，强调空间的本体性：空间政治学意义上的“空间”并非简单空洞的物质实体，而是被社会建构和生产出来的，是社会生产实践的产物
空间权力批判	“空间权力批判”是其重要论域：将空间视为分析和消解现代性的重要论域，把空间批判与政治权力紧密联结起来，披露空间背后所藏匿的政治权力、意识形态、规训和惩罚等的社会历史性
空间正义	“空间正义”是其价值取向：空间正义是对空间非正义现象进行的理论批判与价值矫正，是指空间生产和空间资源配置领域中公民空间权益的社会公平和公正，包括对空间资源和空间产品的生产、占有、利用、交换、消费的正义
尺度重构	“尺度重构”是其实践机制：空间生产及空间正义实践过程中，特定尺度及其再尺度化过程背后交织的各种权力关系是关键所在。尺度重构是指尺度作为一种实践工具，在不同的政治结构、政治行为及不同尺度体系间移动、转换、跳跃，引起特定空间行为主体权力关系、权力结构、资源配置等要素发生深刻变化，从而形成新的尺度体系和政治策略

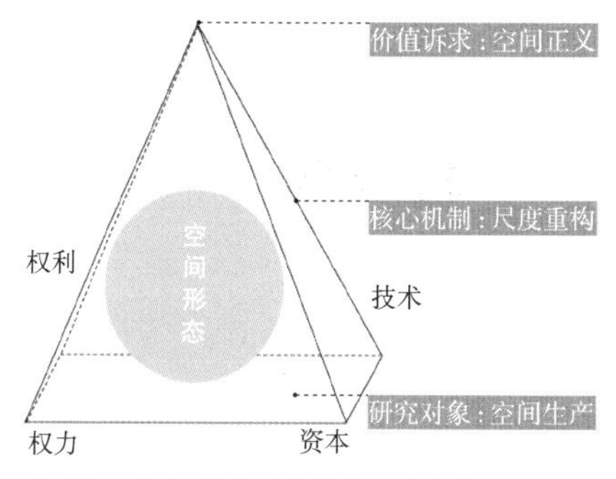

▲ 图 5 空间政治经济学的基础框架

空间政治经济学在景观规划设计中的应用

1. 空间政治经济学的应用

通过对于空间政治经济学核心概念与基础框架的梳理，笔者认为空间政治经济学在城市规划与景观规划中的应用有两个方面（图 6）：①城市空间生产，利用空间政治学中的空间生产理论解释城市空间如何被生产；②城市空间治理，以空间正义为价值规范，提出以空间正义为目标的城市空间治理策略。

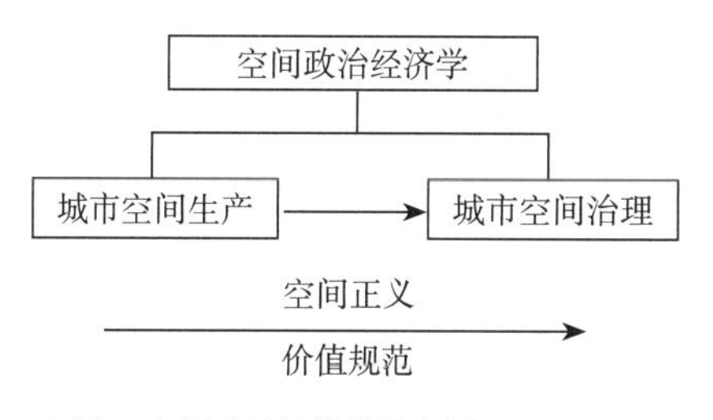

▲ 图 6 空间政治经济学的应用

2. 城市空间生产

空间生产理论重点回答“空间如何进行生产”这一根本问题（王锐，2020）。空间逐渐成为一种特殊的生产要素和统治工具，并且作为生产要素的空间可以生产出新的价值和社会关系。空间的生产性主要体现在 5 个方面：①空间作为生产资料参与生产过程并被赋予商品属性，能够进行生产力的生产；②空间以土地所有制等形式呈现，能够进行新的生产关系和社会关系的生产；③空间可以是消费空间的生产；④空间可以作为反抗的工具进行政治空间的生产；⑤空间还可以是空间观念的生产。因此，空间可以通过多种形式进行社会生产（亨利·列斐伏尔，2022）。笔者通过梳理不同流派学者对空间生产的观点，进一步总结空间生产的逻辑框架（表 5）。

表 5 不同流派与学者对空间生产的观点

流派	代表人物	核心观点
新马克思主义学派	列斐伏尔	列斐伏尔最先提出了空间生产理论，他的核心观点包括：①认为空间是社会实践的产物，每个社会为了能够顺利运作其逻辑，必定要生产出与之相适应的空间；②资本主义正通过空间关系的不断生产和再生产，重新获得新的生存空间；③建构三元一体的空间生产过程框架，即“空间的实践”（大众使用的生活空间）、“空间的表征”（权力塑造的概念空间）和“表征的空间”（差异化的理想空间）
	大卫·哈维	哈维深受列斐伏尔的影响，提出了“资本的城市化”理论，他的核心观点包括：①在第一循环中，过度生产、利润率降低等原因造成了资本主义的“过度积累”，使第一循环面临中断的危险；②为了重启循环，资本转向对城市建成环境的投入，包括生产性和消费性物质环境的投入，此即为资本的第二循环；④资本的第三循环是资本向社会性花费（教育、卫生、福利等方面）的投入，目的是提高劳动力素质，进而提高劳动生产率以获取剩余价值
新韦伯主义学派	雷克斯	雷克斯和摩尔提出住房阶级理论，他们的核心观点是：①城市不同群体面对有限的住房资源，普遍希望拥有高级住宅，按获取住房途径的差异，形成 6 类“住房阶级”及其居住空间分异；②该理论是将“空间生产”转向“空间消费”的政治学，认为个人住房状况比职业更能反映阶级地位；③探讨了住房分配制度对居住空间的影响机制，揭示了通过“市场和科层制方式”对稀缺住房分配是基本的社会过程
	罗伯特·E. 帕克	帕尔继承了雷克斯和摩尔的观点，提出城市经理人理论，他的核心观点是：①城市资源的分配并非取决于自由市场，部分是通过政府的科层制架构去分配的，即资源的不平等分配是由于在社会系统中占据重要位置的个体的行为后果；②“城市经理人”包括政府官员、地产商、城市规划者等，其决定着不同类型的城市稀缺资源在不同人群中的分配；③城市经理人是一个“参与变量”，扮演着协调私人部门利益与社会需要、中央政策与地方民众需求之间关系的角色
后现代主义学派	米歇尔·福柯	福柯为空间研究提供了更加微观和技术性的视角，他的权力空间视角可分为 3 部分：①工具性空间生产，福柯认为权力安排并创造了空间——空间即权力运作所建构的工具，归纳了 3 种主要的权力关系形式——君权、规训和治理或安全，每种权力关系背后都有服务于统治技术的特定工具性空间；②生产性空间的形成，提出国家权力从“战争—外交”转化到公共管理，进而到自我规训，以及统治技术从司法到规训到生命政治的发展，在这种逻辑背后，国家在其中追求一种无上权力与过剩生产之间的比例关系，从而形成了一种生产性的空间视角；③空间的合理争夺

列斐伏尔作为空间政治经济学研究的奠基人，主要从哲学层面对空间本体进行开创性探索，提出了以都市空间生产为核心的空间生产理论。哈维、雷克斯、摩尔、帕尔等人在空间生产理论的基础上分别着力论证了权力、资本为主导的要素在空间生产实践中所起的作用，搭建了空间生产分析不可缺少的要素体系，推动了空间政治学的具象化和实体化研究。综上所述，笔者结合各学者的观点，提出在权力、资本主导下城市空间生产的逻辑框架，以解释城市空间如何生产（图 7），具体过程为权力和资本通过城市规划和投资开发，决定城市空间生产。

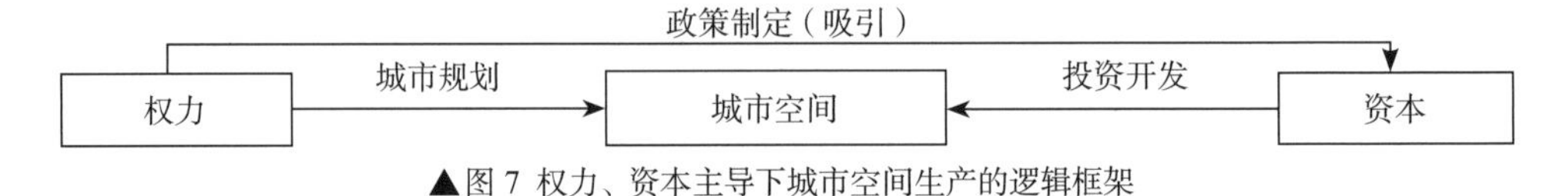

▲图 7 权力、资本主导下城市空间生产的逻辑框架

3. 城市空间治理

随着城镇化进程的不断推进，以权力、资本为主导的空间生产往往会出现大量空间资源配置和空间权力分配不均衡的非正义问题，城市空间治理问题带来了新的挑战。所谓空间正义应该是寻求不同利益主体之间博弈的平衡和不同价值取向之间选择的平衡（张京祥 等，2012），即利益分配均衡。笔者通过分析权力、资本主导的空间生产过程所导致非正义现象的原因，提出以空间正义为价值规范的城市空间治理的 3 个阶段，即“过程正义——规划正义——结果正义”（图 8）。

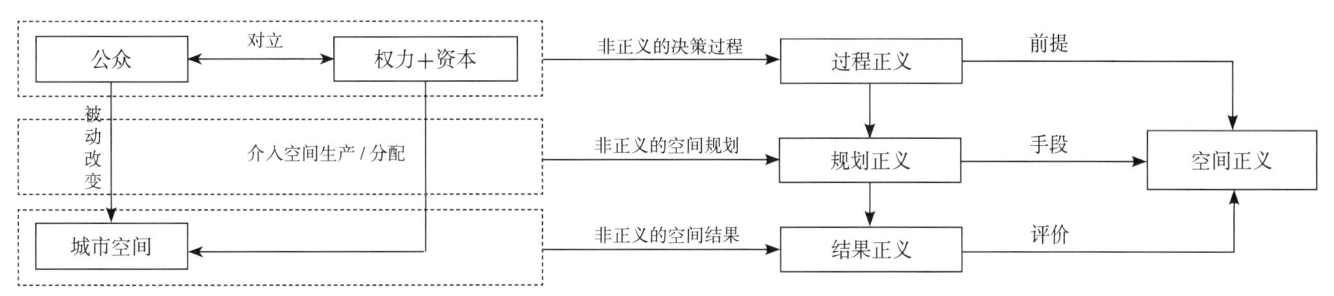

▲图 8 空间治理的 3 个阶段

过程正义——公众参与的决策模式，是实现空间正义的前提。在权力和资本为主导生产的城市空间，市民社会力量较弱，难以对权力和资本形成有效的制约。从治理过程来看，政府、市场及公众等多元主体介入的方式和程度直接决定了城市治理的结果，进而影响了空间生产结果的正义与否。因此，平衡市民、政府和市场的博弈关系，实现三者的话语权对等，成为实现城市治理中空间正义的前提。这一过程的具体要求表现为：①政府应确保公众拥有自主话语权，政府应避免直接代表公众话语权而忽视社会公众的利益需求，保证各主体公正公平地参与规划决策，确保公众的话语权不受侵犯；②社会公众需要有表达话语权的适当途径，政府或相关机构应当建立相应的制度或机制以及相应的协商平台，将公众话语权的表达途径正规化、法治化，从而使空间正义通过正确的途径实现；③应提倡多元学科和各方专家介入公众话语权的具体表达内容，以确保话语权被准确、细致地表达，社会公众需要各个学科的专家学者，从社会利益的角度辅助公众话语权准确且充分地表达，使协商结果最大程度地维护公众利益（彭舒妍，2021）（图 9）。

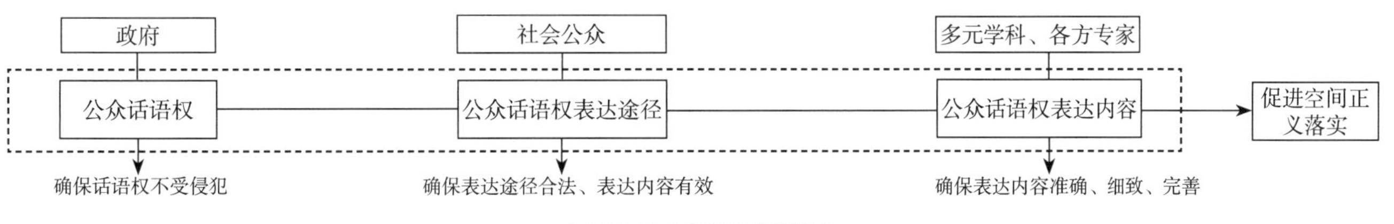

▲图 9 公众参与的决策模式

规划正义——以空间正义为价值规范的规划策略，是实现空间正义的手段。资本和政府以获得空间或资源价值为目的，将规划视为一种工具，通过不合理的空间规划、利益分配剥夺了城市公众的空间或资源，使得公众的利益也被剥夺，这在一定程度上导致了“空间非正义”的产生。空间正义的价值诉求之一在于对城市空间非正义现象的批判（王锐，2020）。权力及资本主导的空间生产也容易产生空间隔离、空间排斥、空间歧视、空间霸权、空间剥夺等非正义现象，造成城市空间结构失衡。因此，规划作为一种手段，应以空间正义为价值诉求对城市空间进行合理分配，以确保空间正义的落实。综上所述，笔者以现存城市非正义问题为导向，提出以空间正义为价值规范的规划策略（图 10）。

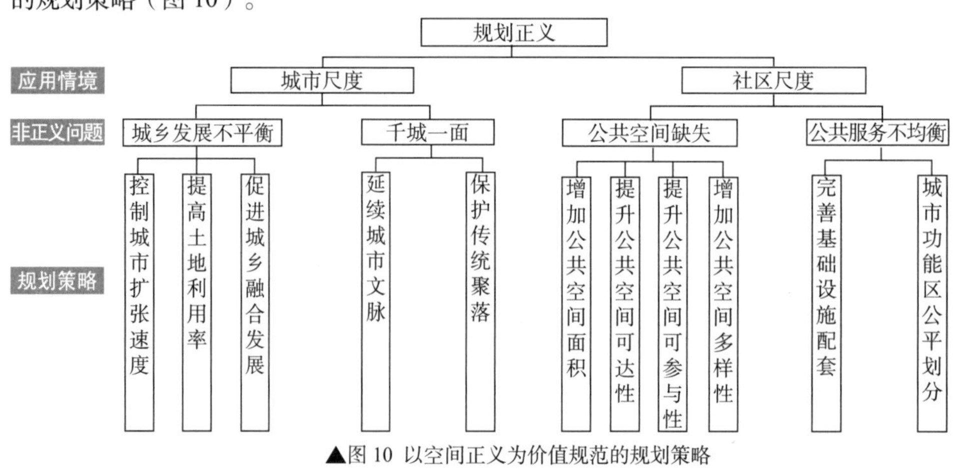

▲图 10 以空间正义为价值规范的规划策略

结果正义——多方利益均衡的分配结果，是空间正义实现与否的评价标准。英国政治学家戴维·米勒认为“结果指的是在任何时候，不同的个体由此享有各种资源、商品、机会或者权利的事态”。城市是一个应该包含富人和穷人的空间，真正的城市不可能实现人人平等，这也不应该是城市的功能。但是一个良性运作的城市应当包含一种伦理上的可能性，即一种都市伦理。这种伦理一方面能够整合吸收每一个城市都会面临的空间不正义问题；另一方面这种伦理又能够使一种不依赖于绝对平等的空间正义成为可能，在实际的规划设计中是很难或者根本无法实现各方利益的绝对均等，这也违背了空间正义的初衷。空间正义要求具有社会价值的资源和机会在空间上的分配是公正的，避免对贫困阶层的空间剥夺和弱势群体的空间边缘化，保障公民和群体平等参与有关空间生产和分配的机会（郁建兴，2018）。

因此在空间规划设计语境中，空间正义的最终结果是利益分配均衡，而结果正义可作为空间正义的最终评价，即通过反馈利益主体的初始意愿与分配结果的匹配程度，在平等而非均等的情况下协调参与规划的各方利益主体的既得利益。

■ 深圳华强北片区的空间生产（刘倩 等，2019）

1. 项目背景

改革开放以来，我国城市空间形态在权力和资本等多种力量的塑造下发生巨大变化。深圳作为中央主导下最早参与全球资本运行的城市，为资本运行提供了更优越的政治制度与政策。其中华强北片区代表深圳电子信息产业融入全球产业链并作为中国最大的电子元器件交易市场。在深圳特区快速发展的背景下，华强北作为深圳改革发展的缩影，可被视为权力与资本主导驱动城市空间发展的典型代表（图 11）。

a. 华强北片区区位图

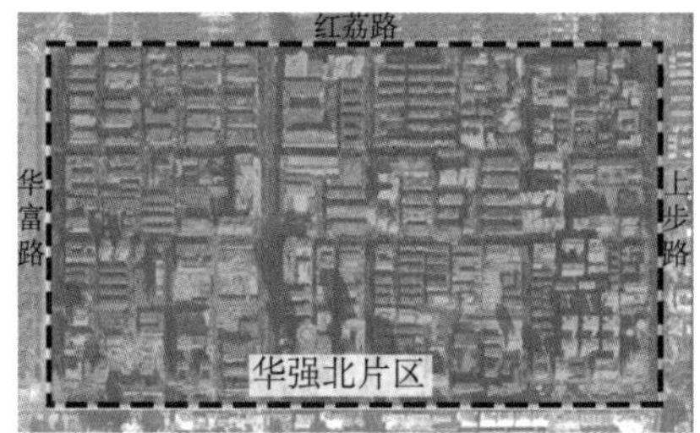

b. 华强北片区范围

▲ 图11 华强北片区地理区位图

2. 华强北的空间发展过程

华强北空间发展可分为 3 个阶段。①工业空间发展（1979~1994 年）：改革开放后，国家大力推进经济体制改革，深圳凭借其地缘优势成为体制改革与工业化的先行地，以制造业为主的各类开发区、工业区大量开发建设；②消费空间发展（1994~2012 年）：为维持资本的循环与积累，保持自身流动性，资本转向商品市场、地产市场等消费空间的生产；③创新空间发展（2012 年至今）：随着全球智能硬件和“创客”运动的发展，依靠高效的电子供应链、销售链，华强北吸引全球创新资本，进而转向创新空间的生产。笔者从权力、资本视角解释华强北这 3 个阶段的空间生产过程（图 12）。

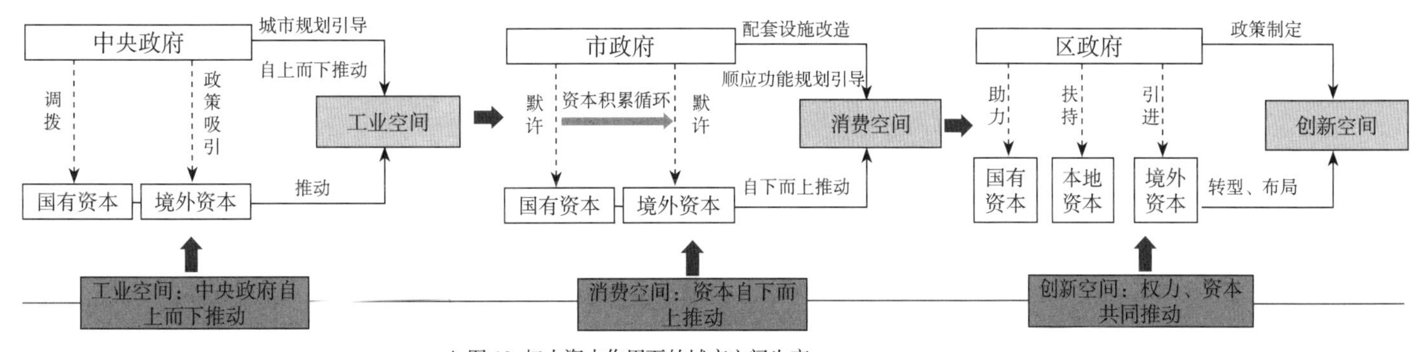

▲图 12 权力资本作用下的城市空间生产

综上所述，在工业空间阶段，以中央政府为代表的权力主体与外资结成合作关系，通过国家制度构建、城市规划、调拨国有资本，吸引国内外资本自上而下地推动空间生产；在消费空间阶段，国有、本地资本以商品市场、地产的形式自下而上地推动空间生产，市政府以配套设施改造，顺应空间功能的转变；在创新空间阶段，区政府制定优惠、扶持性政策，吸引创新型产业，国有、本地资本积极布局创新服务机构、展销平台等创新产业空间，在权力与资本的共同作用下，华强北创新空间初具雏形。

基于空间正义的威廉斯堡城市更新（姜雷 等，2019）

1. 项目背景

与曼哈顿一河之隔的威廉斯堡位于纽约布鲁克林（Brooklyn）的北部，于一百多年前的布鲁克林大工业时期发展起来，整个区域的住宅、商业设施和工厂混杂在一起，土地混合使用的模式一直延续至今。从 20 世纪 80 年代末开始，这两地开始了“去工业化”进程，同时由于曼哈顿苏荷的房地产价格上涨，许多艺术家发现威廉斯堡便宜的工业阁楼既适合居住，又适合工作，自下而上的城市更新进程由此开启，从事创意工作的人口快速增长。

为了提高环境和住房品质、吸引创意阶层的迁入、提高工业用地的使用效益，纽约市规划局等部门在 2003 年完成了针对格林帕恩和威廉斯堡这两地区划更新的环境影响报告（Environmental Impact Statement，EIS）。

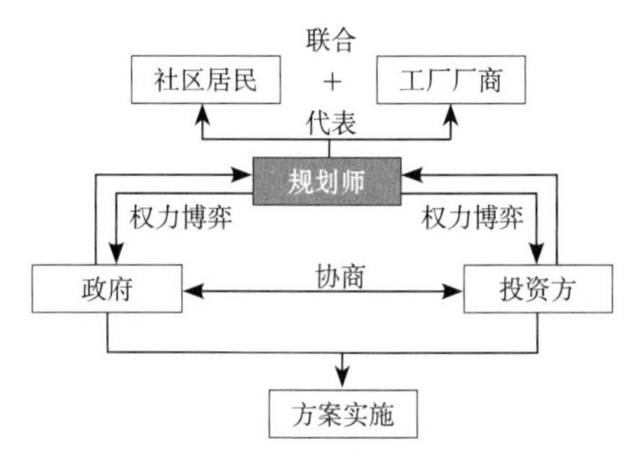

▲图 13 公众参与模式

2. 过程正义——公众参与的决策模式

在基础调研阶段，规划者充分调研现状并征求社区原住居民和创意阶层的意见，采取自下而上的方式，通过发放问卷、入户调研、座谈会等方式收集居民意见，了解居民希望维持既有的空间权力以及希望获得公共空间的诉求。在方案编制阶段，社区居民期望通过争取更多的保障房。社区领袖因此联合起来介入规划进程，他们以选票为筹码，与工作组协商，驳回了开发商最初的保障房比例提案，同时又争取到了更多的绿地、公共空间和停车位，并且在方案编制完成后，经过投票表决确定方案的落实（图 13）。

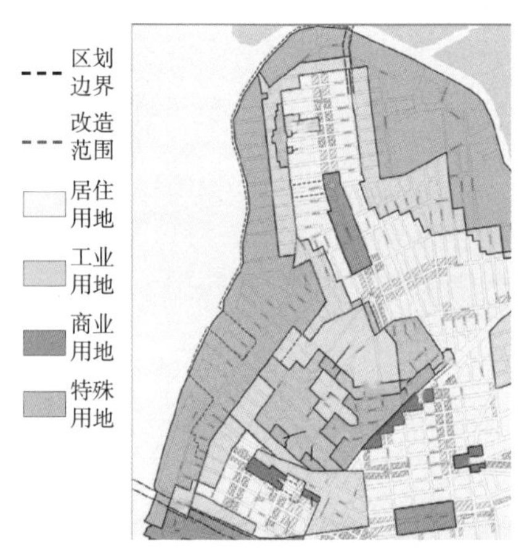

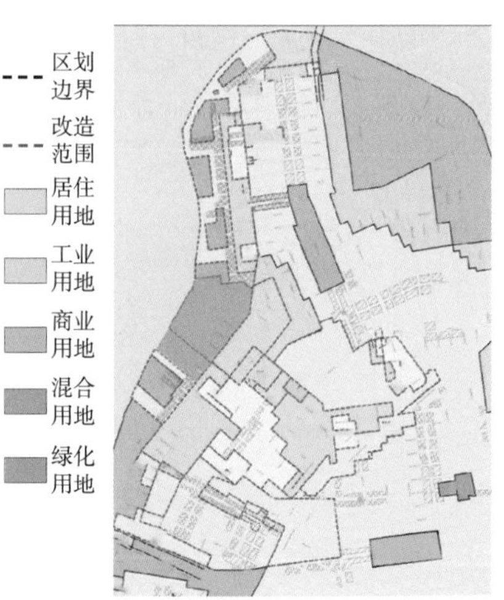

▲图 14 城市更新前后对比

3. 规划正义——以空间正义为价值规范的规划策略

该案例的规划正义主要体现在三个方面。

（1）维持现状原则。“维持混合现状”主要指两个方面：一是尽可能存续既有的社区业态，保持当地传统文脉；二是维持由创意阶层改造的工业区混合现状，维护创意阶层的空间权。基于居民诉求，该案例提出了尽可能“维持混合现状”的区划原则，把已经混合使用的工业用地转变为特殊混合使用用地；同时，适当转变其余难以利用的工业用地性质，增加人口，导入活力。混合用地一方面保障了艺术家租户基本的空间使用权，使创意社区得以保存和发展；另一方面仍然大面积保留工业用地的属性，在一定程度上避免了市场对工业用地住宅的大规模投机（图 14）。

（2）低密度、高容积率策略。在 2005 年的区划调整中，多米诺糖厂所在的工业用地转变为住宅和商业用地，开发商的第一轮高密度、大体量的方案由于受到了社区居民的强烈反对，经过漫长的程序和重新设计，最终的实施方案采取了低密度—高容积率的策略，从而多出了约 60% 的公共空间，且水岸与街道相互贯通，增强了城市空间的公共性和创意活力，并且增加绿地、停车场等空间（图 15）。

（3）包容性住房计划。通过可观的容积率、高度奖励以及税收激励，鼓励开发商提供一定数量的经济适用住房或修缮保护既有的保障房。通过政府的鼓励政策，增强了社会包容性和政府公信力，从而强化了三方的合作共赢关系（图 16）。

4. 结果正义——多方利益分配均衡

该案例中的利益主体分别为社区公民、开发商和政府，三者之间通过规划师对该区域的更新策略，在公众利益与经济效益间相互博弈，最终达到利益的均衡分配。其中政府与社区公民合作，通过居住与工业混合用地的使用，不仅保证了居民空间的使用权、增加了公共空间，而且提高了工业用地的使用效率，促进经济的发展；在社区居民与开发商之间的博弈中，社区领袖因此联合起来介入规划进程，他们以选票为筹码，通过与水岸区划调整特别工作组的协商，驳回了开发商最初的保障房比例提案，同时又争取到了更多的绿地、公共空间和停车位等；政府与开发商合作，制定包容性住房计划，保障了未来开发区内保障房的供应，赋予了低收入者一定的空间权力，受未来地产升值影响而难以负担房租的年轻艺术家等创意阶层，可以通过申请包容性住房而继续留在此地，避免了“苏荷效应”，同时通过容积率的提高使得开发商获取利润。综上所述，通过该案例利益主体之间的博弈行为分析，笔者认为各利益主体的初始意愿与分配结果基本匹配，因此该案例通过利益分配均衡达到了结果正义（表 6）。

表 6 结果正义评价表

利益主体	更新目标	更新结果	是否达成目标
政府	促进城市经济的发展；提高住房品质以及工业用地使用效率	维持混合现状的居住、工业、商业混合空间；通过低密度—高容积率的策略、包容性住房计划，增加了城市公共空间	是
企业	获取投资利润		是
社区公民	维持现有空间权力，期待获得更多公共空间，并且维持较低的租金水平		是

a. 改造前的城市公共空间

b. 改造后的城市公共空间

▲图 15 城市公共空间面积增加

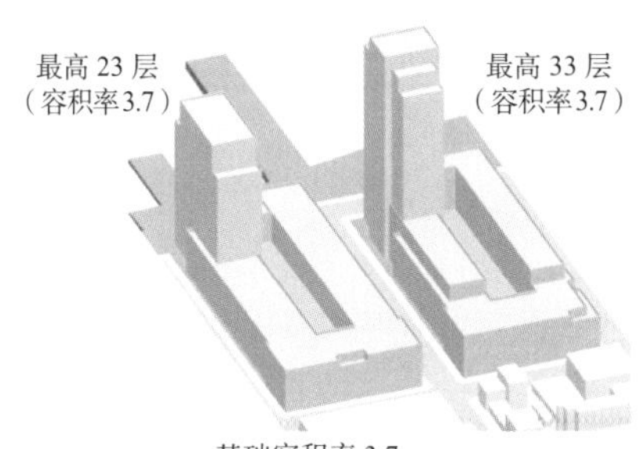

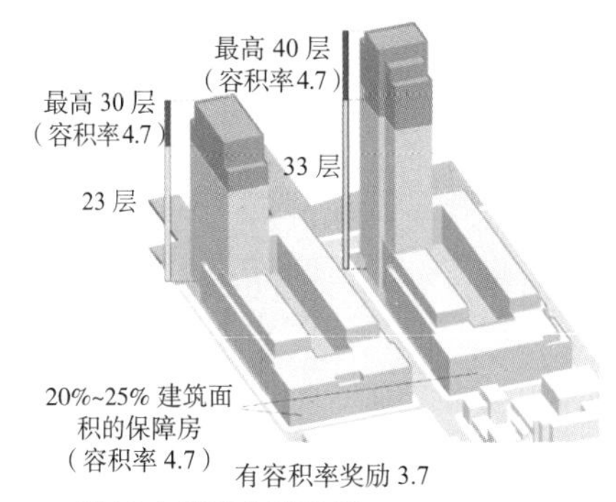

▲图 16 包容性住房计划

参考文献

安德鲁·海伍德，1994. 政治学的思维方式 [M]. 张立鹏，译 . 北京：中国人民大学出版社 .

亨利·列斐伏尔，2022. 空间的生产 [M]. 刘怀玉，等译 . 北京：商务印书馆 .

姜雷，高小宇，王祝根，2019. 空间权力视角下的美国创意型城市更新路径研究 [J]. 规划师，35（6）：71-77.

景跃进，张小劲，2015. 政治学原理 [M].3 版 . 北京：中国人民大学出版社 .

刘倩，刘青，李贵才，2019. 权力、资本与空间的生产——以深圳华强北片区为例 [J]. 城市发展研究，26（10）：86-92.

彭舒妍，2021. 空间正义视角下的城市更新治理模式比较研究 [J]. 住宅科技，41（7）：31-35, 46.

任平，2006. 空间的正义——当代中国可持续城市化的基本走向 [J]. 城市发展研究，13（5）：1-4.

王浦劬，2004. 政治学原理 [M]. 北京：中央广播电视大学出版社 .

王邦佐，等，2009. 政治学辞典 [M]. 上海：上海辞书出版社 .

王锐，2020. 理解空间政治学：一个初步的分析框架 [J]. 甘肃行政学院学报，28（4）：104-113，128.

王继红，2014. 后现代主义空间政治理论研究 [D]. 石家庄：河北师范大学 .

郁建兴，2018. 将“最多跑一次”改革进行到底 [N]. 浙江日报，2018-01-26.

杨光斌，2011. 政体理论的回归与超越——建构一种超越“左”右的民主观 [J]. 中国人民大学学报，25（4）：2-15.

张福磊，2011. 中国城市空间重构的逻辑——城市政治的视角 [D]. 济南：山东大学 .

张京祥，胡毅，2012. 基于社会空间正义的转型期中国城市更新批判 [J]. 规划师，28（12）：5-9.

思想碰撞

一个规划设计项目中存在着诸多利益相关者，其中有与规划项目直接存在利益关系的直接利益相关者，也有与规划项目没有直接利益关系但与此规划项目有关联的间接利益相关者。规划师可以以一个间接利益相关者的身份参与到其他直接利益相关者的博弈斗争中，以协调他们之间的利益分配，因而规划师所进行的规划设计过程可以看作是一个利益协调过程。那么在各利益主体之间发生冲突时，如市民与政府之间或与开发商之间发生冲突，那么作为协调者的规划师，应如何在各利益主体之间进行博弈？

专题编者

岳邦瑞

费凡

高李度

宋逸霏

经济学 21讲
调配资源的隐形之手

现实生活中处处充满了不同的经济要素与知识，小到日常的超市购物，大到跨国贸易。经济学领域的伟大洞见，如亚当·斯密的“看不见的手”、约翰·梅纳德·凯恩斯的总需求理论、罗伯特 C. 莫顿的马太效应等理论方法能够为我们看待日常现象确立基本的经济学思维。在快速变化的当今社会，规划设计从业者基于经济学视角确立的方案能够促进最优成效的实现，并为决策者提供可能的多解方案。那么经济学知识是如何介入景观规划设计的呢？让我们走进这一讲，了解经济学原理被运用于景观规划设计的途径！

学科书籍推荐：
《经济学原理》N. 格里高利 · 曼昆
《城市经济学》阿瑟 · 奥沙利文

经济思想萌芽时期

色诺芬
Xenophon

· 古希腊时期，色诺芬《经济论》的发表，使具有使用价值的财富得以增加，对古罗马经济思想和以后法国重农学派产生巨大影响

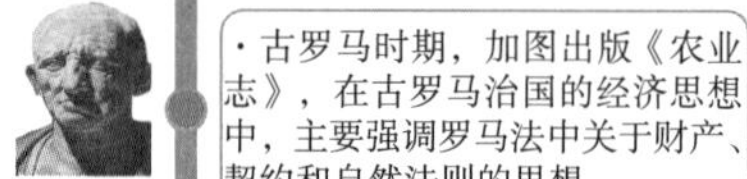
加图
Porcius Cato

· 古罗马时期，加图出版《农业志》，在古罗马治国的经济思想中，主要强调罗马法中关于财产、契约和自然法则的思想

古典经济学时期

威廉 · 配第
William Petty

· 17 世纪中叶，威廉 · 配第提出了劳动决定价值的基本原理，并在劳动价值论的基础上考察了工资、地租、利息等范畴

亚当 · 斯密
Adam Smith

· 1776 年，亚当 · 斯密《国富论》问世，认为人的本性是利己的，追求个人利益是人民从事经济活动的唯一动力，本书的出版标志着古典自由主义经济学正式诞生

新古典经济学时期

马歇尔
Alfred Marshall

· 1890 年，阿尔弗雷德 · 马歇尔出版了《经济学原理》一书，该书建立了一个以均衡价格论为核心的完整的经济学体系，被公认为西方经济学界划时代的著作

凯恩斯与后凯恩斯时期

凯恩斯
John Maynard Keynes

· 在 1936 年出版的《通论》中，凯恩斯提出加强国家对经济的干预，增加公共开支，降低利率，刺激投资和消费，以提高有效需求

▲ 图 1 资产阶级经济学发展历程

经济学的学科内涵

1. 经济学的基本概念

经济（economy）一词源于古希腊语“oikonmos”，本意为“家庭经济管理”。中文“经济”一词始于隋朝王通的《文中子》：“皆有经济之道，谓经国济民”，虽然中国古代对经济有模糊的概念，但并没有对此定下任何一个专门的名词，也无明确定义。清朝末年（1897 年），贵州学政严修奏请清政府开设“经济特科”，此为中国经济学研究之伊始。综合而言，经济学是一门研究人类在资源有限的情况下作出选择的科学（Robbins，1932），其研究目的在于如何优化稀缺资源的配置效率，使经济平稳增长。

2. 经济学的研究对象与特点

经济学的研究对象是人类经济活动的本质与规律。社会经济发展是以主体创造价值活动为主导的、主客体从不对称向对称转化的动态平衡过程。因此，其本质指主体创造、转化、实现价值过程中主客体的对称关系；规律则指以主体创造价值活动为主导的、主客体从不对称向对称的转化（N. Gregory Mankiw，1998）。

持有不同立场的经济学家，常常持有互异的观点，研究时也有不同的目标与侧重方向。目前经济学的主流研究按照实证经济学与规范经济学进行分类，前者研究的特点是关注经济现象和问题的普遍规律，不带有价值倾向，注重回答“是什么、为什么”等问题；后者用于价值判断，用于分析不同经济决策方案的可行性，注重探讨“应该是什么、怎么做”的问题。

3. 经济学的发展历程

本部分内容按照东西方经济思想史进行梳理，将经济学的发展历程分为资产阶级经济学发展历程与无产阶级经济学发展历程两部分加以展开。

资产阶级经济学的发展历程可具体划分为：①经济思想萌芽时期，主要是利用哲学形式论述贷款利息的正当性和交换价格的公正性等问题；②古典经济学时期，其特征为对市场运作满怀希望以及注重研究经济剩余；③新古典经济学时期，强调外向发展和对外贸易，强调经济的私有化，重视农业发展和人力资本投资；④凯恩斯与后凯恩斯时期，主张国家采用扩张性的经济政策，通过增加需求促进经济增长（图 1）。

无产阶级经济学的发展历程可具体划分为：①马克思主义经济学时期，马克思和恩格斯运用辩证唯物主义和历史唯物主义创立了相关理论体系，并阐明了在人类社会的各个发展阶段，支配物质资料生产、分配、交换和消费的规律；②列宁经济思想时期，主要为列宁就如何向社会主义过渡，在帝国主义和无产阶级革命时期对马克思主义政治经济学的发展性探索；③新中国经济发展时期，社会主义建设探索时期，马克思主义经济思想被广泛应用，产生了大量的实践成果（图2）。

马克思主义经济学时期

卡尔·马克思
Karl Heinrich Marx

·1867年《资本论》的问世，阐明了在人类社会各个发展阶段支配物质资料的生产、分配、交换和消费的规律并创立了相关理论体系

列宁经济思想时期

列宁
Lenin

·19世纪初，列宁强调发展社会生产力对巩固社会主义的重要意义；重视经济计划、按劳分配、经济核算、社会主义物质利益原则和各种专家的作用

新中国经济发展时期

·社会主义建设探索时期，马克思主义经济思想被广泛应用，产生了大量的实践成果

▲ 图2 无产阶级经济学发展历程

经济学的学科体系

1. 经济学的研究内容

按研究内容经济学可分为规范经济学与实证经济学（白国应，2002）。规范经济学主要研究经济历史，即人类社会各个历史时期不同国家或地区的经济活动和经济关系发展演变的具体过程及其特殊规律。实证经济学主要研究内容为：①经济理论，论述经济学的基本概念、原理，以及经济运行和发展的一般规律，提供基础理论；②经济方法，研究经济现象和经济运行中的数量关系；③经济活动分为国民经济活动、专业经济活动、地域经济活动、国际经济活动这4个活动（图3）。

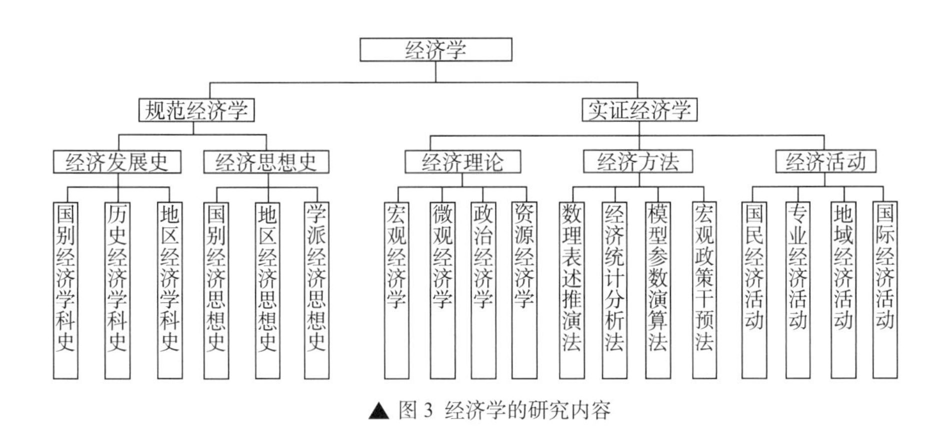

▲ 图3 经济学的研究内容

2. 经济学的基础研究框架

经济学的核心概念为资源配置，经济学家以科学家与决策者的双重身份来分析资源配置的最优方案。其中资源指稀缺性资源，配置则是指在各种不同用途上加以比较作出的选择。

经济科学家通常围绕现实问题解释经济现象并揭示经济规律，看待问题从客观经济因果的角度出发，强调经济主体（供求双方）的作用关系。经济决策者则往往基于现实目的，验证已有经济理论、模型的可用性与有效性。经济活动中的经济决策，是以“理性人”的存在为前提，强调在一定条件下争取效用的最大化，以人的目的为导向，突出决策行为在其中的主观作用。

基于上述内容，笔者归纳总结出经济学的基础研究框架（图 4），经济要素经过资源配置活动后，产生了相应的经济现象。其中，经济要素指人力、财力、物力等稀缺资源；经济现象则类型多样，从宏观的跨国贸易到微观的市场购物均有差异。决策者在从事资源配置活动时，经济学家通常会为其预设最优效率的目标，即如何以最理性的状态达成最小投入或最大产出（林毅夫，2004），在此基础上进一步将经济学知识作为分析经济问题或现象的工具，如成本（机会成本、沉没成本等）、效益（净效益、边际效益等）以及二者之间的平衡关系。

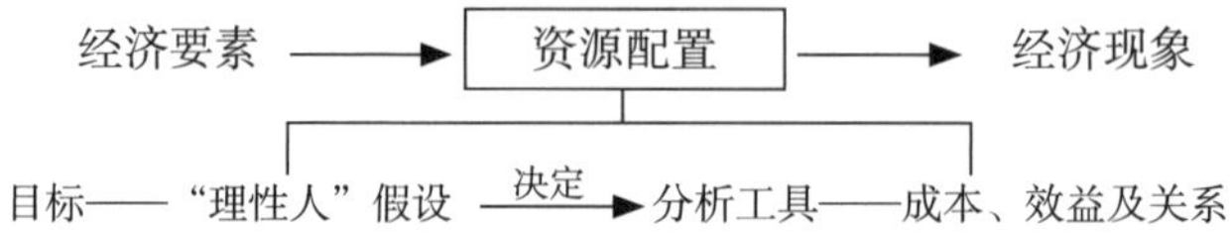

经济要素 ——→ 资源配置 ——→ 经济现象

目标——“理性人”假设 —决定→ 分析工具——成本、效益及关系

▲ 图 4 经济学的基础研究框架

3. 经济学的学科分类

经济学的分支学科按照规范经济学和实证经济学分为 5 类（表 1）。其中，如城市经济学、自然资源经济学等外延分支，基于基础经济概念分析空间规划设计中的经济现象与问题，并为决策者提供参考方案（肖智华，2008）。

表 1 经济学学科分类

学科大类	一级分支	分类标准	二级分支	三级分支
规范经济学	经济发展史	地域范围	国别经济史	中国经济史、美国经济史、英国经济史等
			地域经济史	亚洲经济史、欧洲经济史、拉丁美洲经济史等
		历史阶段	古代经济史、近代经济史、现代经济史	
		部门或专业	工业发展史、农业发展史、手工业发展史	
	经济思想史	地域范围	中国经济思想史、美国经济思想史等	
		历史阶段	古代经济思想史、近代经济思想史、现代经济思想史等	
实证经济学	经济理论	管理主体	宏观经济学、微观经济学、马克思主义经济学等	
	经济活动	国民经济活动	工业经济学、农业经济学、建筑经济学、运输经济学等	
		专业经济活动	劳动经济学、财政学、银行学、货币学等	
		地域性经济活动	城市经济学、农村经济学、区域经济学等	
		国际经济活动	国际贸易学、国际金融学、国际投资学等	
		企业管理活动	企业经济管理学、会计学、市场营销学等	
	经济学外延	学科交叉	城市经济学、环境经济学、自然资源经济学、生态经济学等	

APPLICATION
经济学知识在城市空间规划设计中的应用

经济学介入空间的发展历程

经济学知识介入城市空间布局与规划分析的过程可具体划分为 3 个阶段：①萌芽阶段，经济学知识初步介入空间规划分析，由早期产业区位论引导的经济空间分析；②发展阶段，由城市布局分析转向区域空间发展结构分析，逐步形成区域发展的理论体系；③成熟阶段，结合当前现实问题，探讨空间规划分析的经济思维（图 5）。

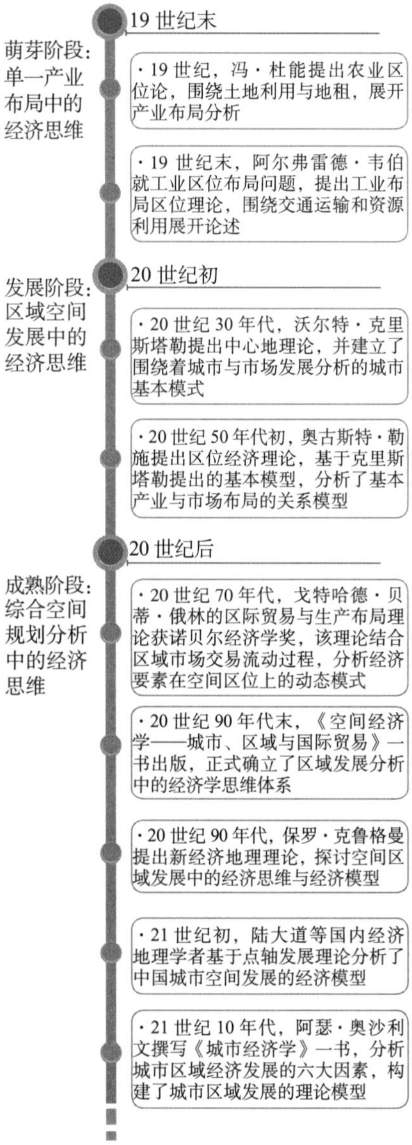

萌芽阶段：单一产业布局中的经济思维

19 世纪末

· 19 世纪，冯 · 杜能提出农业区位论，围绕土地利用与地租，展开产业布局分析

· 19 世纪末，阿尔弗雷德 · 韦伯就工业区位布局问题，提出工业布局区位理论，围绕交通运输和资源利用展开论述

发展阶段：区域空间发展中的经济思维

20 世纪初

· 20 世纪 30 年代，沃尔特 · 克里斯塔勒提出中心地理论，并建立了围绕着城市与市场发展分析的城市基本模式

· 20 世纪 50 年代初，奥古斯特 · 勒施提出区位经济理论，基于克里斯塔勒提出的基本模型，分析了基本产业与市场布局的关系模型

成熟阶段：综合空间规划分析中的经济思维

20 世纪后

· 20 世纪 70 年代，戈特哈德 · 贝蒂 · 俄林的区际贸易与生产布局理论获诺贝尔经济学奖，该理论结合区域市场交易流动过程，分析经济要素在空间区位上的动态模式

· 20 世纪 90 年代末，《空间经济学——城市、区域与国际贸易》一书出版，正式确立了区域发展分析中的经济学思维体系

· 20 世纪 90 年代，保罗 · 克鲁格曼提出新经济地理理论，探讨空间区域发展中的经济思维与经济模型

· 21 世纪初，陆大道等国内经济地理学者基于点轴发展理论分析了中国城市空间发展的经济模型

· 21 世纪 10 年代，阿瑟 · 奥沙利文撰写《城市经济学》一书，分析城市区域经济发展的六大因素，构建了城市区域发展的理论模型

▲ 图 5 经济学介入空间的发展历程

经济学在城市空间规划设计中的应用

1. 应用知识框架

围绕城市土地利用、产业作用机制与空间形态分析，根据城市经济学、区域经济学等研究内容（藤田昌久 等，2011），以城市集约型内涵式发展为主要目标，选择“集约型城市开发”应用语境，构建经济学在城市开发语境中的应用知识框架（图 6）。

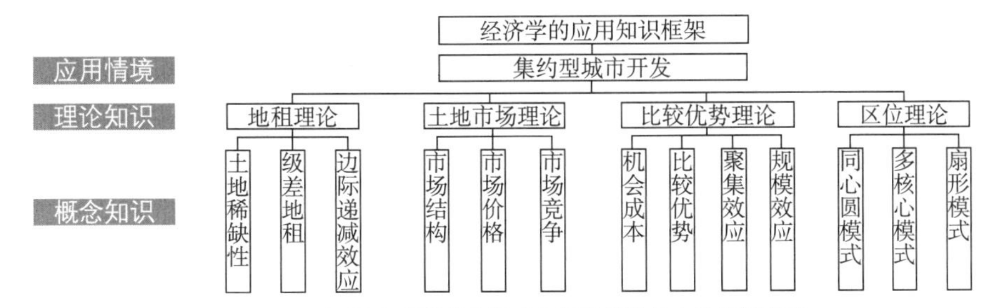

▲ 图 6 经济学在城市空间规划设计中的知识框架

2. 知识解析

基于应用知识框架，本文归纳了集约型城市开发应用情境下的 4 组实质性理论知识及其对应的 13 个概念知识，详见表 2。

表 2 集约型城市开发情境下的知识点解析（林毅夫 等，2003）

理论知识解析	概念知识解析	空间成因解析
地租理论 地租是土地所有者凭借土地所有权，从土地使用者那里获得的报酬；因土地肥沃程度不相同，人们优先选择自然条件优异的土地用于开发，以实现相同投入下的产出最大化；当总需求上升时，优异土地资源有限，因此，最肥沃的土地的使用者需要支付租金，而一般条件等级的土地也会被用来耕种，从而形成不同的产出差额和租金	**土地稀缺性** 土地资源属于再生性资源，本质上是土地资源的供给与需求之间，产出与消费之间的匹配和谐问题；它表现为相对稀缺性，稀缺性是土地资源的又一本质属性	**地租理论空间成因解析** 步骤 1：土地稀缺性 以生产活动为例，土地条件决定土地生产，进而确立土地的稀缺性 步骤 2：边际递减效应 相同条件下，如果不断扩大生产规模，实际获得的生产效益是不断递减的 级差地租
	边际递减效应 指在其他条件不变的情况下，如果一种投入要素连续地等量增加，增加到一定产值后，可变要素的边际产量会递减	
	级差地租 等量资本投资于等面积的不同等级的土地上所产生的利润不同，因而所支付的地租也不同	

续表

理论知识解析	概念知识解析	空间成因解析
土地市场理论 土地市场是土地在流通过程中发生的经济关系的总和，主体是土地买卖双方，客体是土地，主体之间的种种利益关系构成了市场；价格是市场的中心，土地市场理论研究土地供求双方为确定土地交换价格而进行的相关经济活动，具体可分为市场结构与市场过程	**市场结构** 中国的土地市场有城镇国有土地使用权出让市场（亦称“土地一级市场”）、城镇国有土地使用权转让市场(亦称“土地二级市场”)、个人土地使用权转让市场（亦称“土地三级市场”）	**土地市场理论空间成因解析** 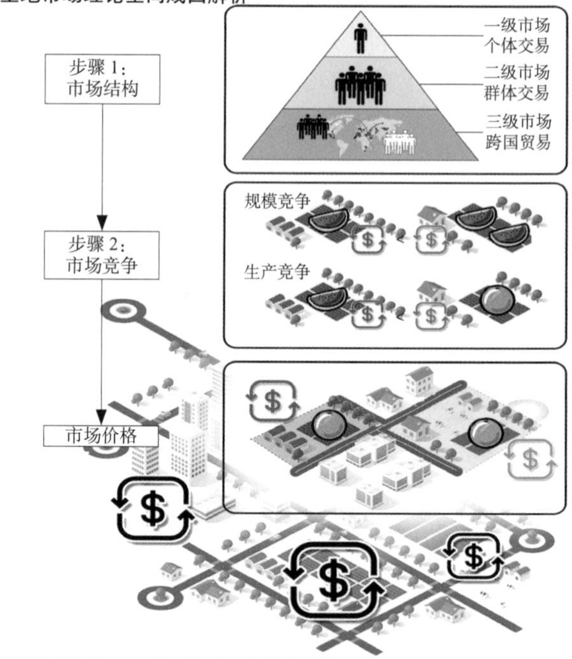 步骤 1：市场结构 一级市场 个体交易 二级市场 群体交易 三级市场 跨国贸易
	市场竞争 在市场经济条件下，为取得较好的产销条件、市场资源而竞争，并通过竞争，实现企业的优胜劣汰，进而实现生产要素的优化配置	步骤 2：市场竞争 规模竞争 生产竞争
	市场价格 土地价格的形成是由土地的供给与需求来决定的，土地的供求机制和价格决定机制是土地市场运行机制的核心	市场价格
比较优势理论 比较优势是指在拥有较低的机会成本的优势下生产，通过贸易促进双方的经济活动；大卫·李嘉图提出比较优势理论，认为一个团体倘若专门生产自己相对优势较大的产品，并通过贸易换取自己不具有相对优势的产品，就能获得利益；李嘉图的理论实际上说明在单一要素经济中，生产率的差异造成比较优势，而比较优势决定了生产模式	**机会成本** 指为从事某项经营活动而放弃另一项经营活动的机会，或利用一定资源获得某种收入时所放弃的另一种收入	**比较优势理论空间成因解析** 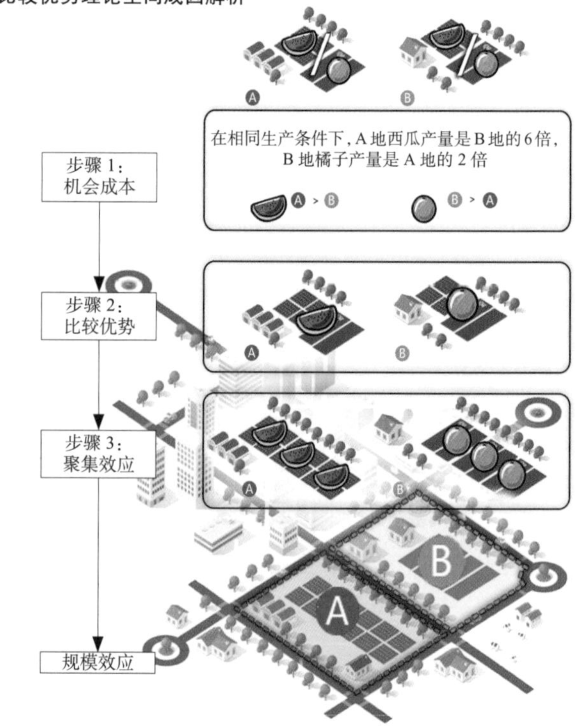 A　B 步骤 1：机会成本 在相同生产条件下，A 地西瓜产量是 B 地的 6 倍，B 地橘子产量是 A 地的 2 倍 A > B　B > A
	比较优势 指一个生产者以低于另一个生产者的机会成本生产一种物品的经济行为	步骤 2：比较优势 A　B
	聚集效应 指各种产业和经济活动在空间上集中产生的经济效果以及吸引经济活动向一定地区靠拢的向心力；聚集效应是导致城市形成和不断扩大的基本因素	步骤 3：聚集效应 A　B
	规模效应 指通过一定经济规模而形成的完整产业链，从而提高资源配置与再生的效率，为企业带来边际效益的增加	B A 规模效应

续表

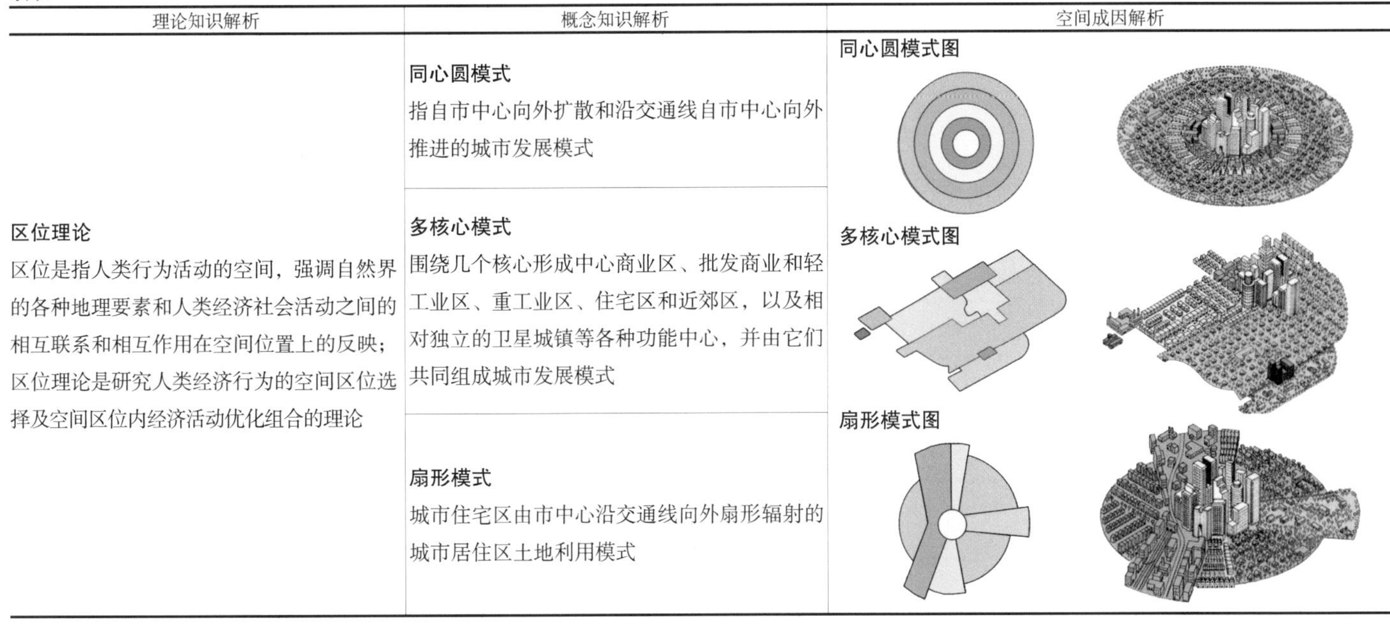

理论知识解析	概念知识解析	空间成因解析
区位理论 区位是指人类行为活动的空间，强调自然界的各种地理要素和人类经济社会活动之间的相互联系和相互作用在空间位置上的反映；区位理论是研究人类经济行为的空间区位选择及空间区位内经济活动优化组合的理论	**同心圆模式** 指自市中心向外扩散和沿交通线自市中心向外推进的城市发展模式	同心圆模式图
	多核心模式 围绕几个核心形成中心商业区、批发商业和轻工业区、重工业区、住宅区和近郊区，以及相对独立的卫星城镇等各种功能中心，并由它们共同组成城市发展模式	多核心模式图
	扇形模式 城市住宅区由市中心沿交通线向外扇形辐射的城市居住区土地利用模式	扇形模式图

CASE
情境化案例

经济学知识指导景观规划的目标设定与分析流程设计

1. 基于经济学的景观规划目标设定（表 3）

表 3 基于经济学的景观规划目标体系

一级目标	二级目标	三级目标
最优 成本—效益	减少投入成本	降低长期成本，如景观养护、勘察调研、后评价跟踪等
		降低短期成本，如土地购买费用、社会补偿、规划编制等
	提升总体效益	提升生态福祉，如生态系统服务、生物多样性、生态过程等
		提升生态价值，如农牧场的生产价值、旅游观赏价值等

2. 经济学知识介入景观规划的分析流程（图 7）

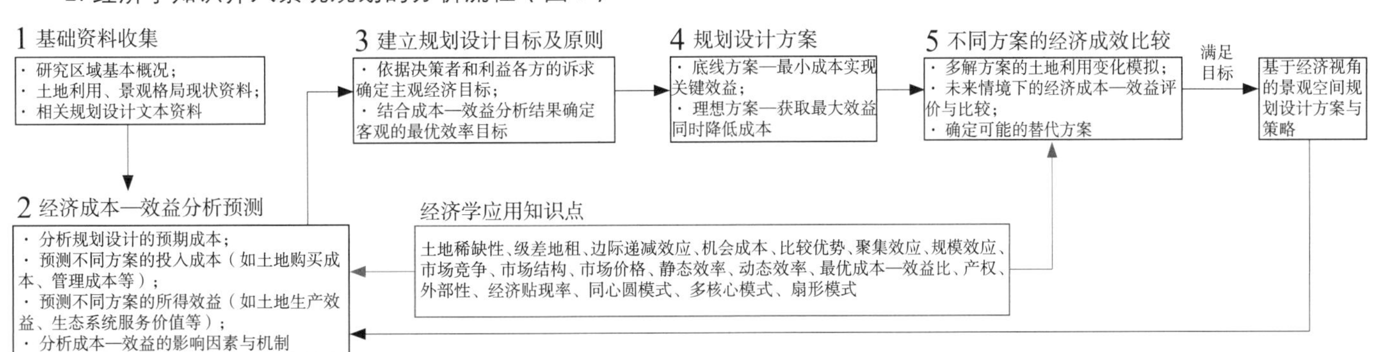

▲ 图 7 经济学知识介入景观规划设计的应用程序

■ 基于机会成本的农业规划的最优调控区域识别（Lyle et al，2015）

调整农用地用途性质并促进农业多功能提升已成为农业规划的关注焦点，但在何处调整土地用途以实现高效规划仍具争议。农用地对粮食生产、生物多样性维持等多种功能具有重要性意义；因此，农业管理者需要依据政策因素与环境变化特征，考虑农用地的多用途倾向并调整耕地用途性质。但由于农用地具有重要的经济生产价值，因此在确定调整方案时，需要考虑方案执行后的农业收益损失，以避免调整活动影响农用地的经济收入。因此，有必要准确比较不同调整方案的经济成本，以确定最优的调整方案。

经济学为计算调整方案的实际投入成本提供了理论方法，能够为管理者确定更有成效的调整方案。传统的土地调整方案主要考虑购买土地所需支出的短期成本，却忽视了土地的长期生产收益损失,这导致管理者将高经济收益的农用地列入调整方案，并可能影响农用地的总体生产价值。采用经济学的机会成本可评价不同地块在不同目标情境中的长期经济收益，相较单一考虑短期成本的传统方案更有指导意义。

因此本案例选择了澳大利亚的小麦主产区作为研究对象，并聚焦于机会成本在确定高效土地调整方案中的实际应用途径。

1. 区域概况

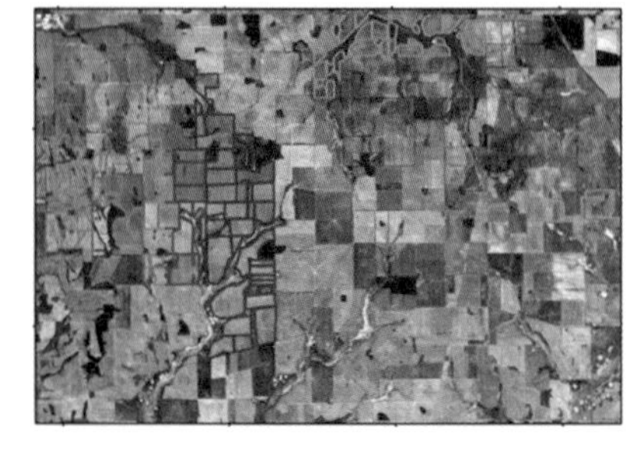

研究区域

相邻农场

▲ 图 8 研究区域概况

研究区域选择了澳大利亚西部的农业主产区，面积约为 2964hm^2（图 8）。主产作物以小麦为主，附属作物包括羽扇豆和油菜籽。该区域是澳洲重要的粮食主产区域，同时也是重要生物多样性的保护热点区域。

2. 基础资料收集

本研究所用到的基础资料包括：① 1997~2005 年各月份、各季节、各年份的小麦产量（t），来源于农场 8 年的相关记录数据；②农用地面积（hm^2），区域内共 156 块农用地，在 ArcGIS 中计算面积，并为各地块赋值小麦产量数据；③粮食平均价格（$/$hm^2$），来源于澳大利亚粮食统计局。

3. 机会成本分析

机会成本指经营者放弃的实际生产收益（具体原理见本讲表 2）。需要考虑各农用地在长周期中的最小、平均和最高生产收益，并扣除农场管理成本，以确定各地块的实际生产价值（机会成本），构建的机会成本评价模型和评价步骤如下：

$$R_i=H_i-Q \qquad H=N\times P_i$$

式中：R_i 为 i 农用地的机会成本（\$/hm^2）；H_i 为农用地生产价值（\$/hm^2）；N 为小麦的多年平均价格，设为 300 \$/t；P_i 为 i 农用地的小麦产量（t/hm^2）；Q 为农场管理成本，设为 250 \$/t。

第一步，通过公式计算农场不同年份的机会成本，同时考虑不同年份的波动性。第二步，通过计算 8 年间各地块的平均产量、平均生产价值、平均生产总值，分析各农用地对生产总值目标的贡献程度，并按照 5%、10%、15%、20%、30%、40%、50% 的贡献目标，分类确定高生产收益的区域。

4. 设定目标并确定多解方案

在第二步的基础上，进一步计算各地块的最低、最高生产价值，并将实际的农场管理成本纳入考虑，以确定各地块的实际机会成本。最终计算得到各地块最小、平均、最大实际生产收益三种情境结果，并进一步确定低机会成本区域。

按照不同贡献度分类确定的农用地分布（图 9），统计结果表明农场内大约 87% 的耕地产量始终高于 5% 的贡献度；大约 57%（1667hm^2）的耕地达成了 20% 的贡献度；而 21%（614hm^2）的耕地区域达成了 50% 的最高贡献度。故该区域应作为重要的生产用地予以保留。

5. 不同方案的经济成效性比较

三种情境的分析结果（图 10）。在最低实际收益情境中，机会成本低于 200 $/hm^2 分布较广，占全域面积的 65%。而在平均实际收益情境中，200~400 $/hm^2 范围内的值占主导地位。在最高实际收益情境中，低于 200 $/hm^2 的区域主要分布于农场北部。管理者可综合三类情境结果，选择低机会成本的区域进行土地调整，这一做法可大幅度减小农业生产总值的损失。

6. 讨论

在确定农业规划的优先调整区域时，可选择低生产回报（低机会成本）的区域，以避免高额的农业价值损失。当经营者需要在同一地块上开展两类以上的生产活动时，需要权衡考虑两类活动的长期回报并确定该土地的唯一生产倾向。在经济学中用机会成本作为长期回报的替代概念，当经营者选择高回报的生产活动时，其支出了较低的机会成本。因此，采用机会成本的视角能够为实际的农业规划提供可参考的建议，其中高（低）机会成本区域能够分别引导土地调整活动和农业生产投入，以提高生产管理活动的成效。

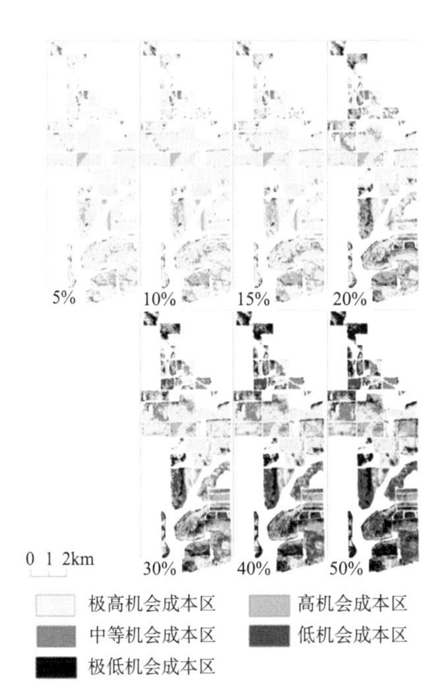

▲图 9 不同生产价值贡献度下的农用地分布

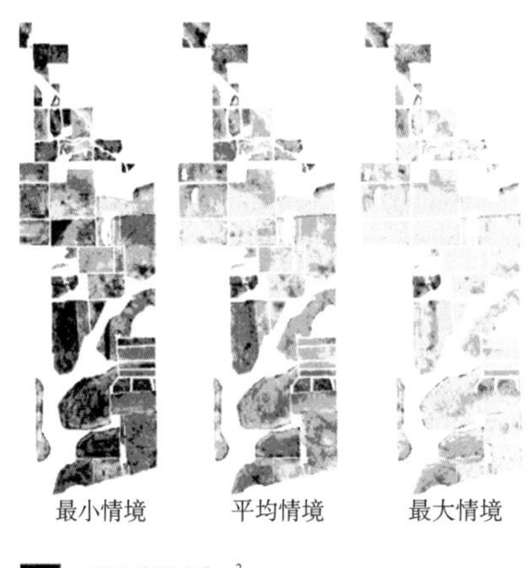

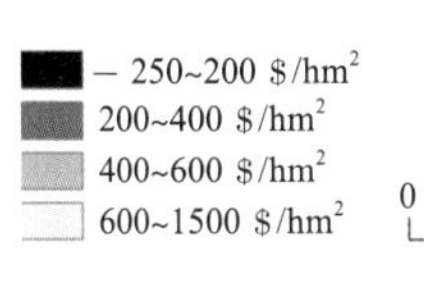

▲图 10 最小、平均、最大情境下低机会成本农用地的分布情况

参考文献

白国应，2002. 关于经济文献分类的研究（上）[J]. 图书馆，30（5）：13-21.

林毅夫，等，2003. 比较优势、竞争优势与发展中国家的经济发展 [J]. 管理世界，19（7）：21-28，66-155.

林毅夫，2004. 经济学研究方法与中国经济学科发展 [J]. 经济研究，50（4）：74-81.

曼昆，1999. 经济学原理 [M]. 梁小民，译 . 北京：生活・读书・新知三联书店 .

藤田昌久，等，2011. 空间经济学——城市、区域与国际贸易 [M]. 梁琦，译 . 北京：中国人民大学出版社 .

肖智华，2008. 对经济学科学性质的反思 [J]. 内蒙古农业大学学报（社会科学版），10（3）：101-102，105.

朱英明，等，2000. 我国城市化进程中的城市空间演化研究 [J]. 地理学与国土研究，16（2）：12-16.

LYLE G，BRYAN B A，OSTENDORF B，2015.Identifying the spatial and temporal variability of economic opportunity costs to promote the adoption of alternative land uses in grain growing agricultural areas: An Australian example[J].Journal of Environmental Management，155：123-135.

ROBBINS L，1932.An essay on the nature and significance of economic science[M].London:Macmillan & Co.,Limited.

思想碰撞

城市作为经济增长机器，不断扩展、变化城市的空间形态，以适应时代背景要求下的经济活动。国内外相关研究表明，由具有决定性的经济活动组成了城市经济系统的基本结构，表现出极点——点轴——网络的基本系统模型。在这样的城市发展模型下，风景园林规划设计如何结合生态思维，弱化经济活动干扰，提高生态环境效益是一个重要课题。对此，你怎么看？

专题编者

岳邦瑞

费凡

姚龙杰

戴雯菁

人类学 22讲

文化的理解与解释

在当地人眼里，哈尼梯田是人们顺应本地特殊地理气候条件，开垦耕地，进行耕种的地方。但是在人类学家眼里，哈尼梯田是农耕文明奇观，凝结着人类的农耕智慧，是人与环境互动的一种重要模式，具有非常重要的文化价值。当地人和外来专家对哈尼梯田具有完全不同的理解和解释体现了人类学主客二元理论。那么我们不禁要问，我们在学习和生活中所面对的各种文化现象、文化景观都存在这样的主客二元性特点吗？在这种情况下，我们该如何准确、全面地理解（景观）文化的意义，并判断它们的价值所在呢？让我们走进人类学，一探究竟吧！

学科书籍推荐：

《文化人类学》林惠祥

《人类学概论》庄孔韶

人类学的学科内涵

1. 人类学的基本概念

人类学（anthropology）一词，源自古希腊文 anthropos(人或与人有关的) 和 logys(学问或研究)。前者是词根，后者是词尾，二者结合，意思是与人有关的研究或研究人的学问（周大鸣，2009）。在现代学科语境中，人类学指全面研究人及其文化的学科。

人类学始于对技术文明外的社会探索，而今已拓展为对人类社会内部普遍问题和文化现象的整体性研究。现代科学的人类学主要涉及两个领域：一是将人作为生物来研究，即体质人类学或生物人类学；二是将人作为社会性的、文化性的存在来研究，即文化人类学。其中，文化人类学注重从生物与文化的角度，通过对社会与文化的分类，线性地解释人类的进化与发展。本讲所涉及的知识均来源于这一领域（周大鸣，2009）。

2. 文化人类学的研究对象和特点

文化人类学的研究对象是人类的文化，人类的文化主要指人类的生活方式，而这种生活方式的研究又要以整体、整合的总的生活方式为研究重点。它包含人类的起源、种族的划分，以及物质生活、社会构造、心灵反应等的原始状况（林惠祥，2011）。

文化人类学的研究特点包括：①整体性，即将文化现象和文化动态变化作为整体进行研究；②科学性，在对文化进行研究时应采用科学技术和科学方法；③规范性，文化人类学研究强调规范地使用参与观察法、全面考察法、比较法等；④联系普遍性，文化人类学与社会学和历史学有着十分密切的联系（王铭铭，2016）。

3. 文化人类学的发展历程

文化人类学作为一门 19 世纪中叶才确立起来的人文学科，其学科研究发展大致经历了 3 个阶段（图 1）：①理性—进化论时期（1850~1890 年），它是文化人类学正规学科史上的第一个母体范式，其形成与达尔文 1859 年提出的生物进化论有直接关系，古典进化论的诞生标志着文化人类学正式登上了科学史的舞台；②实证—结构论时期（1890~1970 年），这个时期的理论包括文化传播论、历史特殊论、结构功能论和社会决定论，重视探讨社会文化的结构体系和平衡机制，是对前期注重起源的进化人类学母体范式的继承和充实；③理解—相对论时期（1970 年至今），这

理性—进化论时期

奥古斯特·孔德 Auguste Comte
· 1844 年，提出了人类理智发展的三阶段：神学—玄学—科学

爱德华·佰内特·泰勒 Edward Burnett Tylor
· 泰勒是英国最杰出的人类学家，英国文化人类学的创始人；1871 年，他的代表作《原始文化》出版，书中追溯了人类从野蛮状态到文明状态的进化过程

路易斯·亨利·摩尔根 Lewis Henry Morgan
· 1851~1877 年，贡献了《易洛魁联盟》《人类家族的血亲和姻亲制度》和《古代社会》三部名著，为人类学登上科学史的舞台奠定了基础

实证—结构论时期

弗里德里希·拉采尔 Friedrich Ratzel
· 1882 年，他撰写的《人类地理学》一书首次提出人类生存空间的概念，他第一个系统说明了"文化景观"的概念

弗朗茨·博厄斯 Franz Boas
· 20 世纪初，博厄斯提出历史特殊论；其精髓是以文化与个人的关系为本体，以经验论和实证论为方法，以文化相对论为原则，来构建各个民族和族群的文化史

布罗尼斯拉夫·马林诺夫斯基 Bronislaw Malinowski
· 1922 年，他发表的《西太平洋上的航海者》一书成为功能学派的奠基之作；功能学派确立了田野工作的范式，并把人类学应用于对复杂社会的研究

▲图 1 人类学发展历程中的代表人物

个时期的文化人类学将重点转向对人文价值的关怀，学术主流也从对社会文化结构法则的探寻转向对研究对象行动意义的探索。

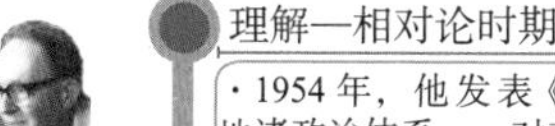

埃德蒙·利奇
Edmund Leach

·1954年，他发表《缅甸高地诸政治体系——对克钦社会结构的一项研究》一书，该书成为象征人类学的代表作；该学派把文化看作由人定义和操作的符号体系

德·安德拉德
ROYD'ANDRADE

·1995年，发表的《认知人类学的发展》对认知人类学作了系统的分析；该学派把文化看作知识，即研究对象的本土知识

▲图1 人类学发展历程中的代表人物(续)

■ 文化人类学的学科体系

1. 文化人类学的研究内容

文化人类学是从文化的角度研究人类种种行为的学科。文化人类学以人为终极目标，试图全方位地、整体地研究人与自然、人与他人、人与自我这三大关系，从而构成人类学的基本理论和基本概念，并探索人类文化的性质及演变规律。其研究范围可大致分为4个部分：①文化研究的基础；②文化的多样性；③文化研究的应用；④变化与变迁。这4个部分的内容代表人类学研究从理论研究走向了现实问题的应对（周大鸣，2009）（图2）。

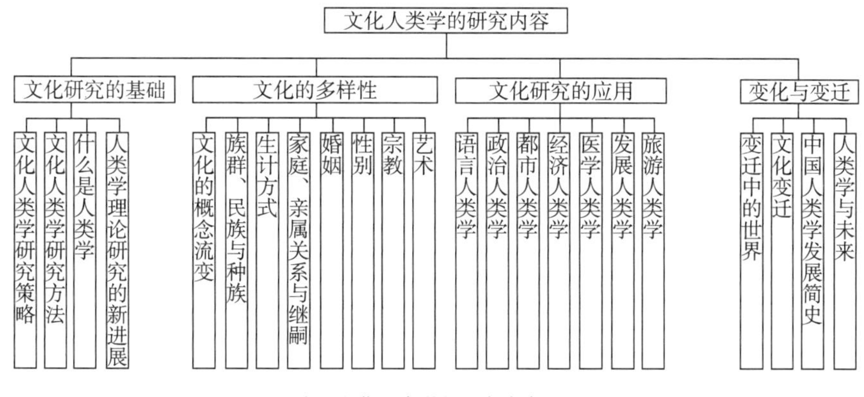

▲图2 文化人类学的研究内容

2. 文化人类学的基础研究框架

文化人类学旨在基于主、客位二元思想剖析文化现象。主位研究指研究人员不凭自己的主观认识，而是站在被研究者（局内人）的立场上，从当地人的视角去理解文化；客位研究指从研究者自身（局外人）的角度去理性分析文化，以科学家的标准对其行为的原因和结果进行解释，用比较和历史的观点去分析当地人的社会和文化材料。简而言之，通过主位（局内人）视角研究，理解文化的价值及其如何运作；通过客位（局外人）视角研究，客观地描述与诠释文化（周大鸣，2009）。最终，综合二元视角，以实现对文化的深入理解与认识。综上所述，笔者提出文化人类学的基础研究框架（图3）。

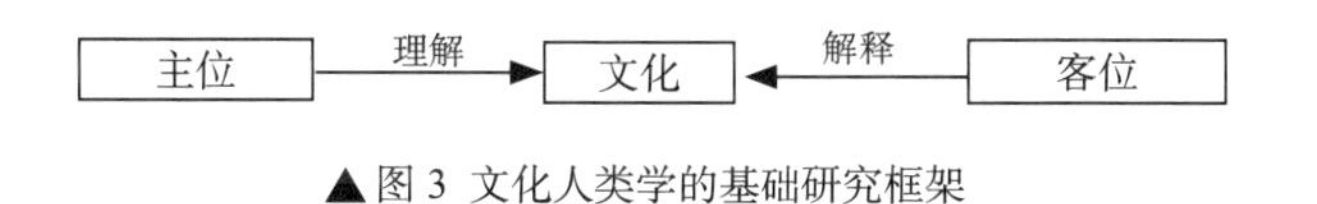

▲图3 文化人类学的基础研究框架

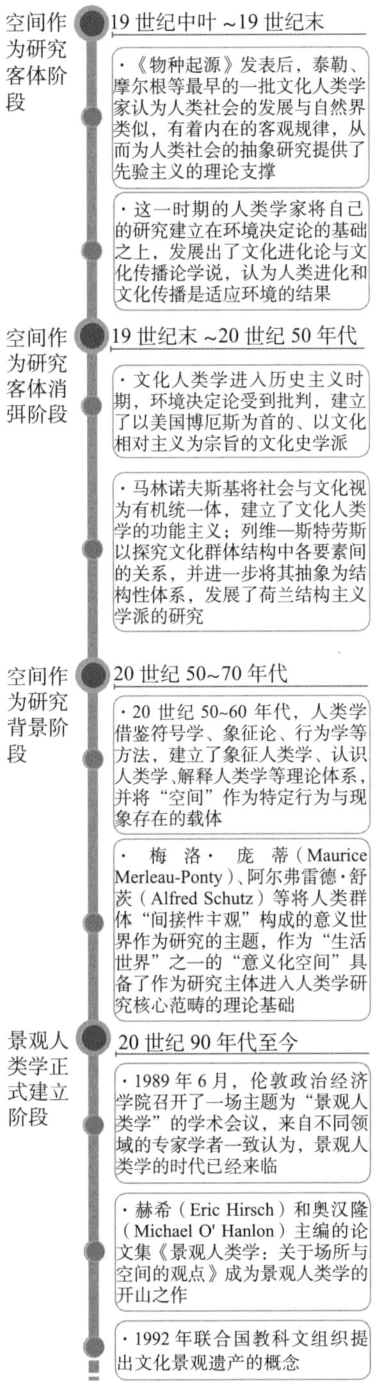

3. 文化人类学的学科分类

文化人类学的学科分类可以按照流派、具体研究对象及其所持理论进行划分（表 1）。在这些分类之中，与空间有关的分支学科有都市人类学与景观人类学。其中，景观人类学代表着人类学研究主旨从“文化”转向“空间”，其研究的核心主旨为空间意义的解析（徐桐，2021），为人类学理论在风景园林中的应用提供了实质性知识。

表 1 文化人类学学科分类

分类标准	分类结果
按流派分类	古典进化论学派、传播论学派、历史特殊论学派、社会学派、结构功能学派、文化与人格学派、新进化论学派、结构主义人类学、象征人类学、解释人类学、反思人类学等
按具体研究对象分类	经济人类学、政治人类学、象征人类学、宗教人类学、都市人类学、医学人类学、法律人类学、心理人类学、历史人类学、景观人类学等
按所持理论分类	进化理论（分为古典进化论和新进化论两种）、传播理论、功能理论、文化与人格理论、结构理论、文化唯物论、象征理论、解释理论、实践理论等

APPLICATION
景观规划设计中的文化人类学知识

■ 文化人类学与景观规划设计的交叉

1. 文化人类学介入空间的发展历程

文化人类学与空间的交叉存在两个主要领域，一个是以研究景观文化为主的景观人类学，另一个是遗产角度的文化景观遗产。景观人类学是人类学和地理学的交叉研究领域，其产生经历了 4 个阶段：①空间作为研究客体阶段（19 世纪中叶 ~19 世纪末），人们认为人类进化、文化传播是人类适应环境的结果，空间是人类学研究的重要客体；②空间作为研究客体消弭阶段（19 世纪末 ~20 世纪 50 年代），人类群体的文化本身成为人类学的研究核心，空间作为人类学研究的客体进一步消弭；③空间作为研究背景阶段（20 世纪 50~70 年代），空间作为特定行为与现象存在的载体，被人类学家作为研究主体的背景重新认识；④景观人类学正式建立阶段（20 世纪 90 年代至今），景观人类学作为人类学和地理学的交叉研究领域，正式进入学术研究视野，标志着在人类学研究中，研究主旨正式从文化转向空间（徐桐，2021）。文化景观遗产作为世界遗产名录文化遗产的一个亚类，其概念于 1992 年被提出，成为当时继自然遗产、文化遗产和自然与文化双遗产之后的第四种世界遗产类型（图 4）。

2. 文化人类学介入空间的相关概念解析

景观人类学是以景观这一文化现象为研究对象，运用人类学主客二分的视角及其细致的田野调查法，对人类景观的多元形态、样貌、性质、结构、历史等作系统的考察及分析，以探求景观在人类社会中的缘起、功能与意义的学科。其核心概念

空间作为研究客体阶段

19 世纪中叶 ~19 世纪末

·《物种起源》发表后，泰勒、摩尔根等最早的一批文化人类学家认为人类社会的发展与自然界类似，有着内在的客观规律，从而为人类社会的抽象研究提供了先验主义的理论支撑

· 这一时期的人类学家将自己的研究建立在环境决定论的基础之上，发展出了文化进化论与文化传播论学说，认为人类进化和文化传播是适应环境的结果

空间作为研究客体消弭阶段

19 世纪末 ~20 世纪 50 年代

· 文化人类学进入历史主义时期，环境决定论受到批判，建立了以美国博厄斯为首的、以文化相对主义为宗旨的文化史学派

· 马林诺夫斯基将社会与文化视为有机统一体，建立了文化人类学的功能主义；列维—斯特劳斯以探究文化群体结构中各要素间的关系，并进一步将其抽象为结构性体系，发展了荷兰结构主义学派的研究

空间作为研究背景阶段

20 世纪 50~70 年代

· 20 世纪 50~60 年代，人类学借鉴符号学、象征论、行为学等方法，建立了象征人类学、认识人类学、解释人类学等理论体系，并将“空间”作为特定行为与现象存在的载体

· 梅洛·庞蒂（Maurice Merleau-Ponty）、阿尔弗雷德·舒茨（Alfred Schutz）等将人类群体“间接性主观”构成的意义世界作为研究的主题，作为“生活世界”之一的“意义化空间”具备了作为研究主体进入人类学研究核心范畴的理论基础

景观人类学正式建立阶段

20 世纪 90 年代至今

· 1989 年 6 月，伦敦政治经济学院召开了一场主题为“景观人类学”的学术会议，来自不同领域的专家学者一致认为，景观人类学的时代已经来临

· 赫希（Eric Hirsch）和奥汉隆（Michael O' Hanlon）主编的论文集《景观人类学：关于场所与空间的观点》成为景观人类学的开山之作

· 1992 年联合国教科文组织提出文化景观遗产的概念

▲ 图 4 人类学介入空间的四个阶段

“景观文化”指将“景观作为一种人与环境互动的文化现象”（徐桐，2021）。

文化景观遗产是指被联合国教科文组织和世界遗产委员会确认的人类罕见的、目前无法替代的文化景观，是全人类公认的具有突出意义和普遍价值的“自然和人类的共同作品”（黄昕珮 等，2017）。其中，“文化景观”特指自然与人类创造力的结晶，反映区域独特的文化内涵，又受环境影响、与环境共同构成的一种景观类型（方志戎，2013）。

文化人类学在景观规划设计中的应用

1. 应用知识框架

文化人类学在景观规划设计中的应用情境主要包括景观文化意义的解析以及景观文化价值保护两类，其中涉及 1 条实质性知识和 2 条程序性知识。它们分别为：场所—空间理论、田野调查法和文化景观遗产价值评价程序（图 5）。

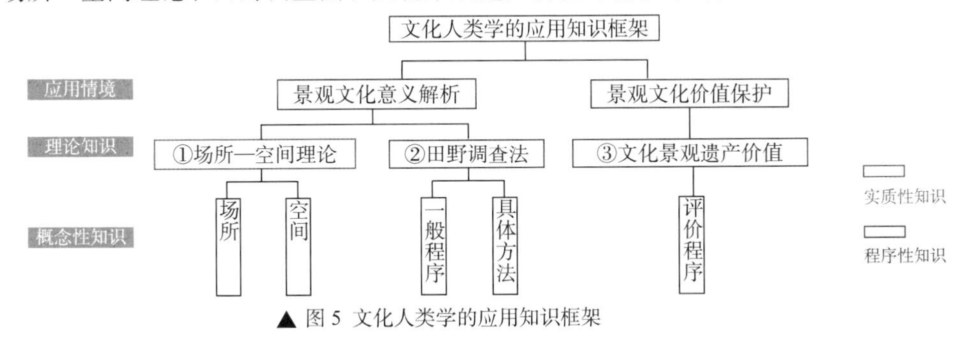

▲ 图 5 文化人类学的应用知识框架

2. 应用知识解析

景观文化意义解析所涉及的关键知识包括场所—空间理论和田野调查法。场所—空间理论来源于对人类学主、客位理论的转译，其主要目的在于辨析当地居民与外来学者对同一环境的认知与印象。我们可以把主位的“文化理解”引申为从内部视角来看本地人建设出的“场所”，该“场所”的构建受传统的文化和认知影响；把客位的“文化解释”引申为从外部视角（局外人）对于地方的观察描述，即“空间”概念。“场所”是当地人的内部视角，“空间”则是观察者的外部视角。场所是“由人们的经验、感觉、思考构建而成的范围”，该视角的研究重点关注“当地人”赋予其所处环境以文化意义的过程，以及人们（当地人）的生活实践如何构建了景观。空间是“为了达成目标而划出的资源领域”，该视角的研究关注学者、企业家、规划师等文化表象的主体如何表达一个地方的“特色文化”，以及这种表达又如何在政治、经济利益的驱使下，生产出了城市规划中展现的景观（河合洋尚，等，2015；徐桐，2021）（图 6）。

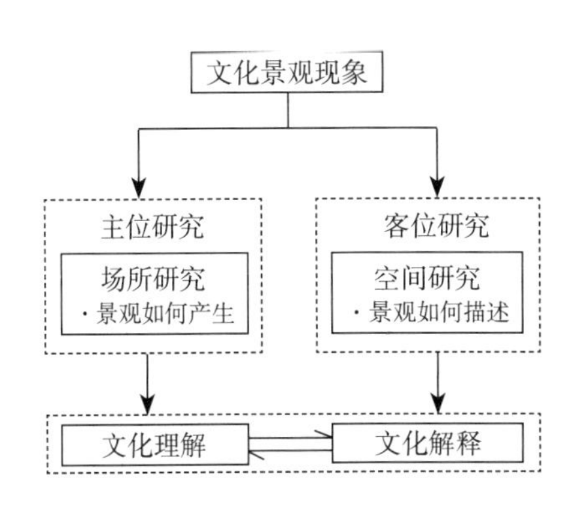

▲ 图 6 空间—场所理论图解

田野调查是文化人类学最重要的研究方法。所谓田野调查指的是经过专门训练的人类学学者亲自进入社区，通过直接观察、访谈、问卷等方式获取第一手研究资料的过程（周大鸣，2009）。上文提到的主位研究方法和客位研究方法均需要通过田野调查获得背景资料。其调查的一般程序如图 7，所涉及的具体方法见表 2（容观复，1999）。

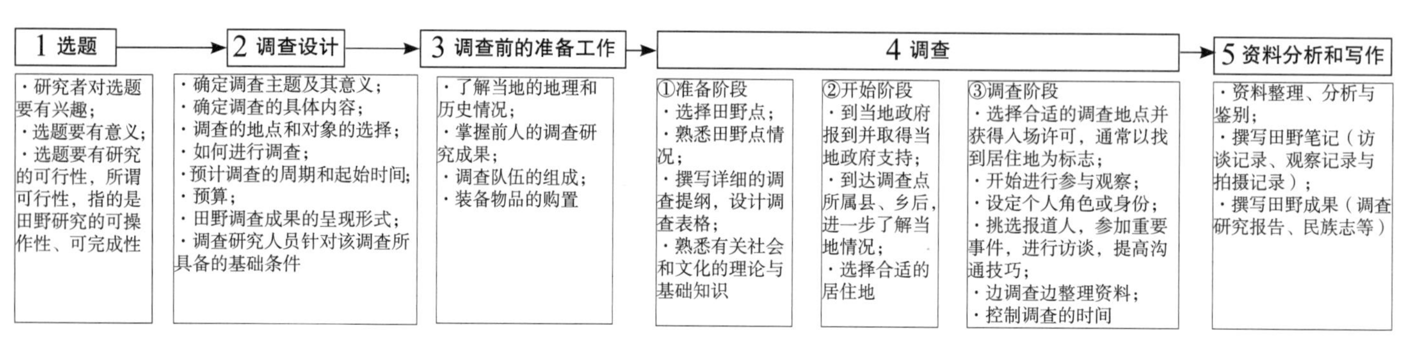

▲ 图 7 田野调查的一般程序

表 2 景观文化意义解析情境下的田野调查知识解析（何星亮，2017）

调查方法		具体内容
田野调查法	参与观察法	参与观察要求调查者在调查地区住一段时间，通常一年是一个时间周期，这可以使调查者有机会看到当地的人们一年内因季节而异的生产活动、宗教仪式和节庆事件；此外，调查者还要学习当地的语言，用当地语言进行交流，像当地社会成员一样生活，深入到当地人的生活之中，这样才能真正观察和了解当地文化，其中包括人们日常工作、生活模式、重大活动、节庆仪式、人际关系及心理状态等
	非正式访谈法	非正式的访谈是建立在观察的基础上并在观察的过程中产生的，可以随着访谈主体和背景环境的变化而调整；正确性和效率较低，且对于资料的分析和整理比较困难；但非正式的访谈对于访谈双方建立和维持健康、密切的关系有着重要的作用，对于发现重要信息也十分有必要，通常在田野调查初期和中期较常使用
	正式访谈法	·结构性访谈：结构性访谈是指调查者提前决定问题的精确表述和提问顺序，在访谈的过程中，所有被访者都被按同样的顺序问及相同的问题； ·半结构性访谈：半结构性访谈介于结构性访谈和非结构性访谈之间；这种访谈有一定的目的性，访谈的题目和内容预先以提纲的形式予以说明，但没有设定严格的限制，在访谈的过程中，由访谈者决定提问的问题和顺序； ·非结构性访谈：非结构性访谈是指在访谈过程中没有预先设定访谈的具体内容，而是以某些主题作为切入点，与访谈对象进行交流；访谈的内容比较宽泛，形式以谈话式和情境式为主，这有助于从被研究对象的角度发现问题
	问卷法	问卷法是由调查对象填写表格或者回答所列问题的方法，是在调查对象数目较大，覆盖区域较广时采用的抽样调查方法；在大多数情况下，人类学的问卷调查不是提前把问卷发给调查对象让其单独完成，而是在拟定好的提纲指引下与被访问者共同完成的
	文献搜集法	文献的收集包括谱牒分析，指对调查人的家谱、族谱和亲属制度的调查分析；它对于调查家族制度、婚姻制度以及民族迁徙等都有价值；谱系调查由现今一家一户的姓氏和名称、亲属称谓、直系和旁系的血亲嫡亲关系为出发点，一代一代地向上追溯到不能记忆为止；进行这种调查要掌握必要的语言学知识
	直接观察法	直接观察是亲临现场进行观察，如果是正式的观察，则要求观察者在一定时间之内实地测量某些行为的发生率；如果是非正式的观察，则是在实地访问期间穿插进行，有时候还可以收集其他资料，比如访谈信息

在文化景观遗产保护情境下，文化人类学所关注的是文化景观中所蕴含的各类价值及其内涵与载体的解读（邬东璠，2011）。以此为目的，笔者尝试结合遗产评估程序与各类遗产的价值标准，提出文化景观遗产价值评价程序。即通过不同评价主体，对文化景观遗产进行价值类型判断和价值内涵解读与载体分析，在获取评价结果后对各主体评价结果进行综合分析，进而提出相应的保护策略（图 8）。

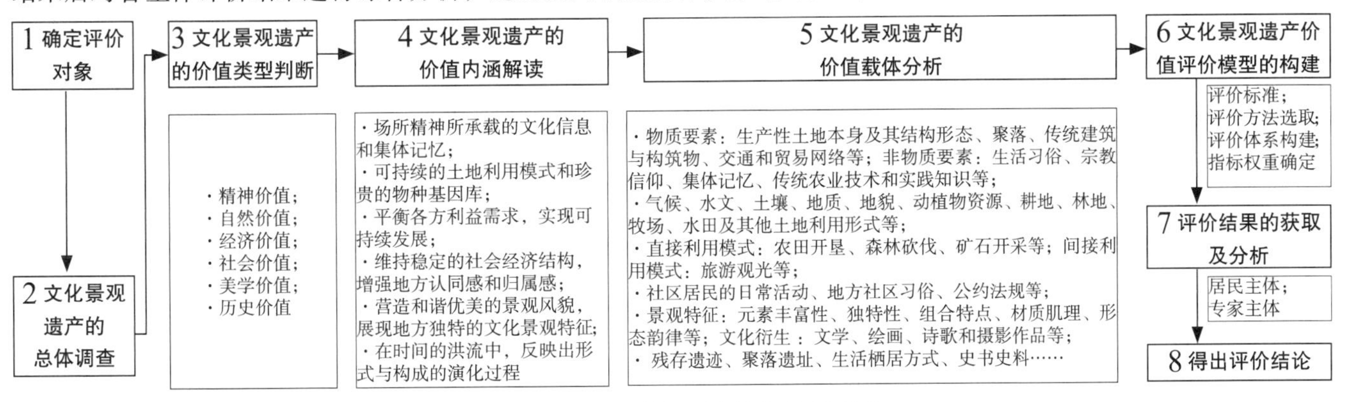

▲ 图 8 文化景观遗产的价值评价程序

CASE 案例知识分析

基于文化人类学的景观规划设计程序

基于文化人类学的景观规划设计程序分为景观意义解析、景观价值评价、景观保护与更新 3 个步骤。其中，景观意义解析程序分为基础调研、场所解析、空间分析和景观模型构建 4 个步骤；景观价值评价程序分为 7 个步骤，分别为总体调查、价值类型判断、价值内涵解读、价值载体分析、评价体系构建、评价结果分析、得出评价结论（图 9）。本讲分别从景观文化解析情境和文化遗产保护情境提取两个案例，对文化人类学知识在景观空间规划设计中的应用进行展示。

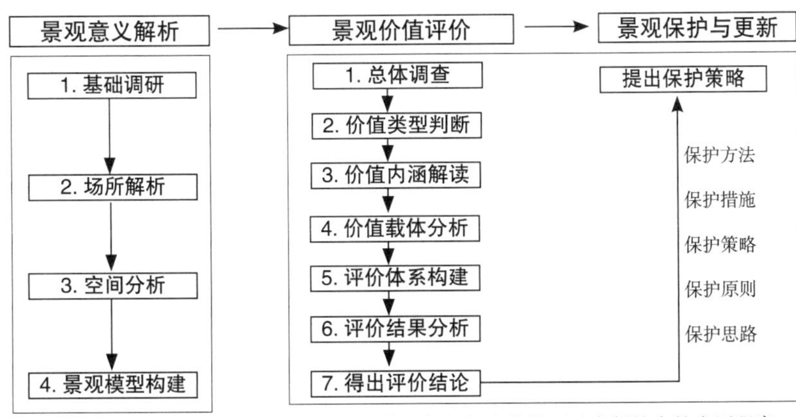

▲ 图 9 文化人类学在景观文化意义解析与文化景观遗产保护中的应用程序

■ 景观文化解析情境：西双版纳傣族风土聚落空间特征分析

1. 基础调查

西双版纳的地理坐标为：北纬 21°08’ ~ 22°36’，东经 99°56’ ~ 101°50’，属于热带湿润区，终年无霜雪、有“常夏无冬，一雨成秋”的特点。西双版纳傣族处在生态交错带上，他们的风土聚落与中原汉族地区的聚落有较大的差异，受其传统文化与认知的影响，在聚落营建上呈现出不同于其他地区的独特风格（王丽君，2013）（图 10）。

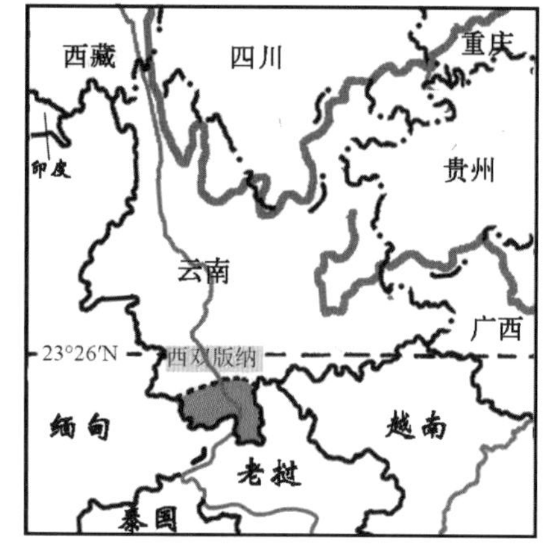

▲图 10 西双版纳地理位置图

2. 场所解析

西双版纳人同时信仰原始宗教、竜林文化和南传佛教。在该信仰的影响下，西双版纳聚落营建呈现出以“竜林为首，林、水、田、米、人有机联系”“寨心定址，方位先行”“寨门、水井、寨神、寨神树、寨神林、佛寺六大要素有机联系”的特点。

在农村聚落营建中，西双版纳聚落营建受竜林文化影响，追求人与自然、人与神灵以及人与动植物和谐共处的环境优美的竜林文化空间。在这种观念的影响下，傣族村寨空间布局将森林神化（即为竜林），并置于系统中的首要位置，自上而下依次为竜林—村寨—稻田—河谷，其相互间的有机联系构成了西双版纳农村聚落系统（莫国香，2016）。

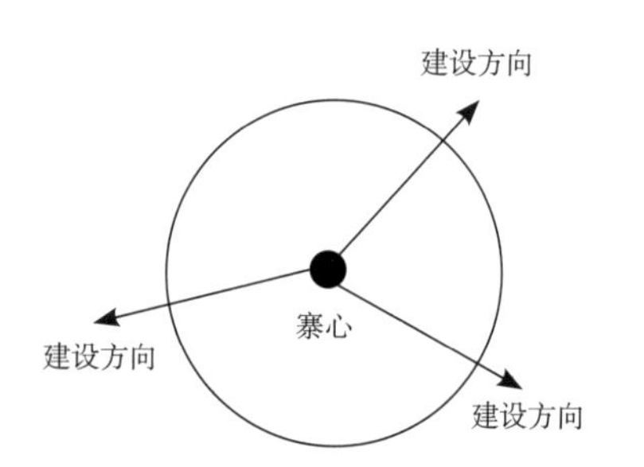

▲图 11 傣族村寨建设方式示意图

在村寨营建中，受原始宗教的影响，确立了凡建立寨子，必先立寨心的文化。与此同时，要用占卜的方式，以寨心的位置来确定寨址。在村寨建设时，采用由里向外的方式（图 11），即先确定寨心、设寨门、建住宅，然后根据其特殊的方位文化与命名文化决定村寨形态外部的各项功能，并进行建设（图 12）。

在整个村寨的布局方面，傣族受竜林文化和原始宗教的影响，将村寨看作一个完整的生命体，将村落的各要素与人的身体对应，村落布局与人体构造对应。如人有心脏，它维系着整个人的生命体；村寨有寨心，并被视作这个村寨生命体的心脏，它维系着村寨结构系统的正常运行。人要有四肢，因此村寨应有 4 个寨门。人有头有脚，村寨也应有寨头、寨尾。寨心、寨门、寨头、寨尾等的有机联系，形成了四通八达且极具特色的村寨布局（郭建伟 等，2020）。

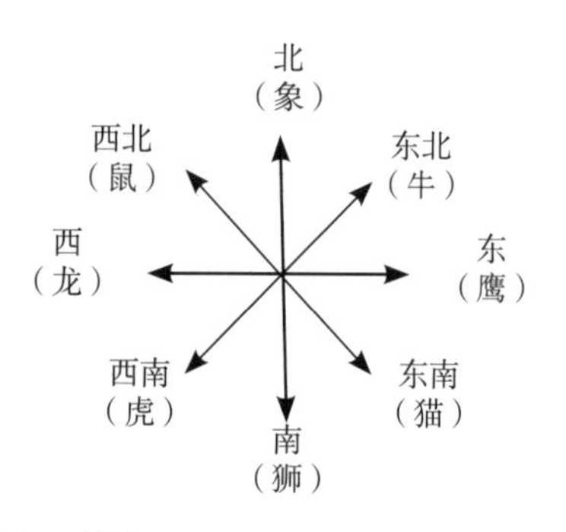

▲图 12 傣族风土聚落属相与方位的对应关系

3. 空间分析

傣族聚落有共同的特征要素，村寨常分布于“水田附近的丘陵地带或依山修建”，聚落一般由“1 界、2 心、5 区域、多节点”构成。1 界指“村寨的边界”；2 心指“寨心”和“寺心”；5 区域指“山、林、水、寨、田”；多节点由“水井、寨门、寨神树、凉亭”等要素构成（图 13、图 14）。其中 2 心和 5 区域是其中最重要的空间特色。2 心是一个村寨最显著的标志，同时也是村民活动聚集的重要场所。“寨心”直译为“村寨的中心”，“寺心”直译为“佛寺的中心”，2心空间的确立，决定着村寨的整体定位与布局。5区域是西双版纳原始村落世代生存和发展的基础；山是林的基础；林是水的来源；水是构建村寨立体生态系统的纽带，联系着山、林、寨、田，并为村寨和农田提供丰富的水资源；村寨是村民生活的场所；农田是村民耕作的场所。山、林、水、寨、田这5个区域有机联系，构成了一个生态可持续的原始村落生态系统。

4. 景观模型构建

该案例从“场所”视角理解傣族聚落的营建模式，从“空间”视角剖析傣族聚落的特征要素。其所构建出的傣族风土聚落模型以“双中心”特征来呈现节点与标志物，通过“山—林—水—寨—田”的立体分布和村寨范围构成区域和边界，以路网和水网的编织形成路径，最终得到由“1界、2心、5区域、多节点”所构成的傣族风土聚落。

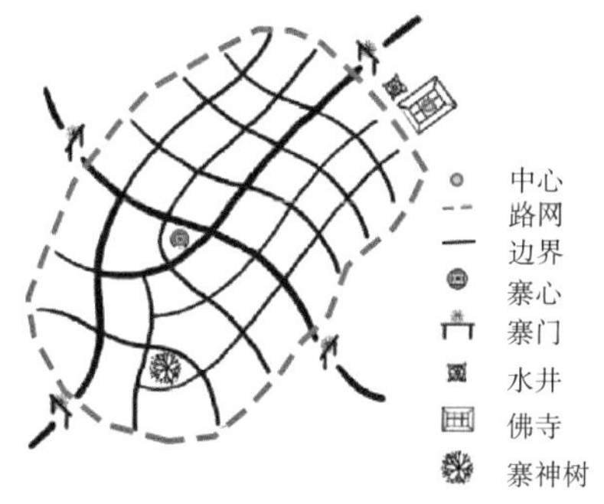

▲ 图13 傣族村落的特殊要素构成

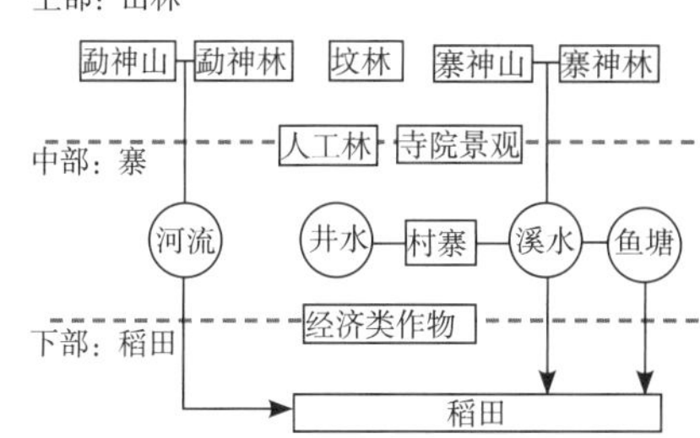

▲ 图14 聚落模式图

文化遗产保护情境：福建省顺昌县元坑古镇景观价值评价

1. 总体调查

元坑古镇位于福建省顺昌县西南部，四周群山环绕，中间地势平坦，整体形状似一个下凹的坑，故称“园坑”，后世传以音同“元坑”而沿用至今。2010年7月被住房和城乡建设部和国家文物局列为第五批中国历史文化名镇名村（徐恒，2018）（图15、图16）。

▲ 图15 古镇实景照片

▲ 图16 古镇红线范围

2. 价值类型判断

村落文化景观属于有机进化的景观（季诚迁，2011），且其核心价值在于人与自然共生共存的关系体现。对传统村落文化景观价值进行评价更应注意其内在人文、历史、信仰等精神的支撑要素。本案从文化价值、历史价值、美学价值、社会价值4个方面对传统村落文化景观进行价值评价。

3. 价值内涵解读

元坑古镇文化景观的文化价值与历史价值主要体现在村落演变过程中所承载的历史文化信息和集体记忆；其社会价值体现在日常活动及地方习俗对地方认同感和归属感的增强；其美学价值主要体现在村落风貌的和谐营造对地方独特文化魅力的展现。

4. 价值载体分析

根据《世界遗产分类及评定标准》《风景名胜区总体规划标准》GB/T 50298—2018、《中国历史文化名镇（村）评价指标》，构建古镇文化景观价值评价模型（图17）。将元坑古镇文化景观价值载体划分为物质与非物质两大类。其中物质类分为民居建筑、宗祠建筑、风景建筑、史迹景观、田园景观5小类；非物质类文化景观分为文化空间、传统表现形式和饮食类3小类。在古镇文化景观价值评价模型的基础上，基于元坑古镇文化景观载体调查结果，构建元坑古镇文化景观价值评价载体分类表（表3）。

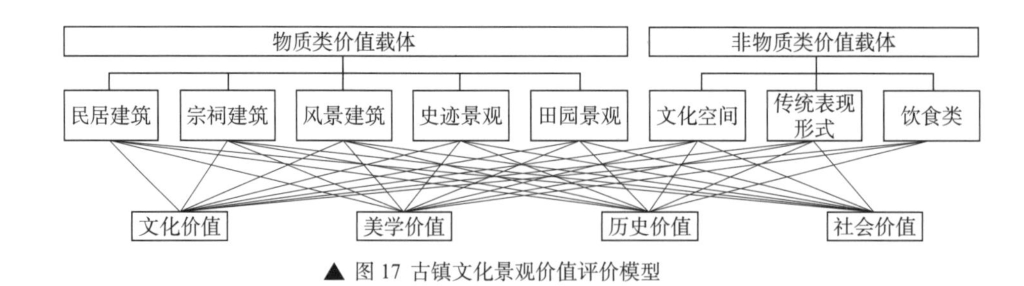

▲ 图 17 古镇文化景观价值评价模型

表 3 元坑古镇文化景观价值评价载体分类表

大类	小类	基本类型	实例	图片
物质类价值载体	民居建筑	传统民居、名人故居、院落布局、建筑结构等	①东郊三大栋 ②福峰三大栋 ③福峰三小栋	
	宗祠建筑	宗族祠堂	①陈氏宗祠 ②萧氏宗祠 ③蔡氏宗祠	
	风景建筑	廊桥、寺庙、宫观、路亭、书院、廊桥、楼阁等	①文昌桥 ②文昌阁 ③关帝庙	
	史迹景观	古水井、古树、古桥、拴马石、古墓葬、碑文等	①停轿石 ②拴马石 ③东郊古井	
	田园景观	农田水系、农田景观、生产工具、特色农业景观等	①梯田式景观 ②农田景观 ③田园景观	
非物质类价值载体	文化空间	历史性公共场所、节庆场所、周期性集会活动场所等	①荷花池 ②九贤广场 ③五福广场	
	传统表现形式	民俗活动、传统知识、神话传说、农谚、婚丧嫁娶礼俗、传统手工艺等	①把盏添丁 ②神讯祭祀 ③观音祭拜	
	饮食类	节日特产、日常零食、特色菜系等	①叶子糕 ②灯盏糕 ③米冻	

表 4 专家定性、定量调查数据统计

目标层	准则层与权重			
	文化价值	历史价值	美学价值	社会价值
民居建筑	0.3667	0.4529	0.1167	0.0637
宗祠建筑	0.3330	0.4078	0.1361	0.1231
风景建筑	0.2458	0.2006	0.3101	0.2435
史迹类	0.3534	0.4150	0.0980	0.1335
田园景观	0.1647	0.1029	0.3853	0.3471
文化空间	0.5364	0.2143	0.0842	0.1651
传统表现形式	0.3780	0.3392	0.1051	0.1777
饮食类	0.5142	0.3533	0.1325	/

5. 价值体系构建

元坑古镇文化景观作为至今仍有居民生活的文化景观，其价值评价应该综合考虑专家意见与居民意愿，该案例对两方的评价都进行了统计分析。

（1）专家评价：筛选征询景观系、历史系及古镇历史文化研究专家 25 人为对象，对判断矩阵进行赋值。运用 AHP 软件进行权重量化计算，将各价值评价指标通过相对尺度下赋值的方式进行两相比较。对其中各个评价指标的权重进行加权平均计算，以兼顾各专家赋值，得出各类文化景观价值评价最终权重表（表 4）。

（2）居民评价：经过多次不同时间段的实地调查，选取古镇不同年龄段、职业、归乡或常住居民作为受众进行访问调查，尽可能涵盖各类人群的不同需求。

6. 评价结果分析与结论

通过对专家调查数据和居民调查数据的整理与统计分析，得到专家组和居民组对景观价值的排序。研究者在综合调查结果的基础上，得出了 8 类文化景观的价值排序，从而得到文化景观载体价值评价结果排序表（表 5、表 6）。

表 6 数据统计与评价结果排序

评价组	文化景观载体价值评价结果排序							
专家组	民居建筑	宗祠建筑	风景建筑	传统表现形式	田园景观	饮食类	史迹类	文化空间
居民组	民居建筑	宗祠建筑	风景建筑	传统表现形式	田园景观	文化空间	饮食类	史迹类
综　合	民居建筑	宗祠建筑	风景建筑	传统表现形式	田园景观	文化空间	饮食类	史迹类

7. 提出保护策略

以元坑古镇文化景观价值评价结果及居民调查结果为依据，以合理利用古镇特色文化景观资源，坚持发展与传承并重为指导思想，结合元坑古镇各类文化景观资源现状及发展程度，确定各类文化景观的重点保护及优势利用时序。优先保护、展示民居、宗祠建筑类文化景观（图 18）；重点发展风景、宗教建筑类文化景观；大力丰富传统表现形式、优化田园生产类文化景观的展示；丰富文化空间的元素展示；加强史迹类文化景观的元素展示及形式应用。最终，基于场地现状及保护策略绘制了元坑古镇文化景观整体保护规划图。

表 5 居民定性、定量调查数据统计

文化景观类型	定性分析				定量分析	
	最具特色的文化景观	排序	最重要文化景观	排序	综合价值评分	排序
民居建筑	4	1	42	1	4.23	1
宗祠建筑	24	2	23	2	4.08	2
风景建筑	21	3	22	3	3.86	3
史迹类	0		0	8	3.35	8
田园景观	5	5	6	5	3.62	5
文化空间	0		4	6	3.45	6
传统表现形式	15	4	15	4	3.76	4
饮食类	4	6	3	7	3.38	7

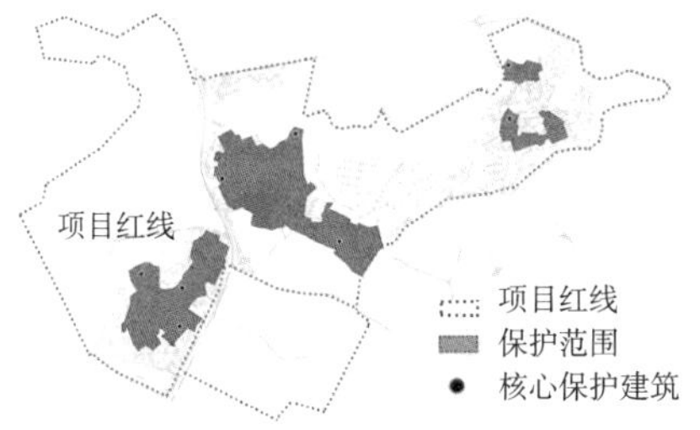

▲ 图 18 民居、宗祠建筑重点保护范围

参考文献

方志戎，2013. 川西林盘聚落文化研究 [M]. 南京：东南大学出版社 .

郭建伟，张琳琳，2020. 傣族风土聚落与建筑中的“双中心”空间特征研究——以中国西南西双版纳地区传统村寨为例 [J]. 建筑学报，15（8）：114–121.

河合洋尚，周星，2015. 景观人类学的动向和视野 [J]. 广西民族大学学报（哲学社会科学版），37（4）：44–59.

何星亮，2017. 文化人类学调查与研究方法 [M]. 北京：中国社会科学出版社 .

黄昕珮，李琳，2017. 不同视角下的文化景观概念及范畴辨析 [J]. 风景园林，24（3）：123–127.

季诚迁，2011. 古村落非物质文化遗产保护研究——以肇兴侗寨为个案 [D]. 北京：中央民族大学.

林惠祥，2011. 文化人类学：中华现代学术名著丛书 [M]. 北京：商务印书馆 .

刘祎绯，2015. 文化景观启发的三种价值维度：以世界遗产文化景观为例 [J]. 风景园林，12（8）：50–55.

莫国香，2016. 西双版纳傣族“竜林”农业文化遗产保护研究 [D]. 南京：南京农业大学 .

容观夐，1999. 人类学方法论：人类学文库 [M]. 南宁：广西民族出版社 .

王丽君，2013. 西双版纳傣族乡村聚落、仪式与象征 [D]. 武汉：中南民族大学 .

王铭铭，2016. 人类学是什么：人文社会科学是什么 [M]. 北京：北京大学出版社 .

邬东璠，2011. 议文化景观遗产及其景观文化的保护 [J]. 中国园林，12（4）：1–2.

徐恒，2018. 传统村落文化景观价值评价及其应用研究 [D]. 福州：福建农林大学 .

徐桐，2021. 景观研究的文化转向与景观人类学 [J]. 风景园林，28（3）：10–15.

周大鸣，2009. 文化人类学概论 [M]. 广州：中山大学出版社 .

思想碰撞

“场所（主位）”和“空间（客位）”是人类学介入景观产生的主要概念，也是景观人类学研究的核心。但是，目前“场所”和“空间”二元对立的思想一直是景观人类学研究的主要范式，即人们认为主位的场所构建与客位空间之间存在着一定的矛盾。当客位空间的植入改变了原有主位场所时，人们就认为这是破坏景观文化原真性的表现，对景观文化的保护是不利的。但近些年来的一些新观点认为场所和空间是可以共生存在、互相适应的，即客位空间与主位场所的碰撞有利于产生新的景观文化，从而促进景观文化的与时俱进。对此你怎么看?

专题编者

岳邦瑞

费凡

赵安琪

赵素君

贾祺斐

历史学 23讲
绵延千年的长卷

历史学是一门古老的学科。人类几百万年的变迁，历史始终用“时间”之笔忠实地刻画着人类发展进程的每一个细节，记载人类前行的足迹。正如黑格尔所言：“没有人能从历史中找到现实问题的具体答案”。如何从历史中汲取智慧是个值得探讨的话题，关键要看人们如何从历史中学到经验，鉴往知来、古为今用。对历史要进行抽象地继承和学习，潜移默化，而不能纸上谈兵。本讲将依据“历史思维”，结合历史学的理论与方法，带你一起打开历史的长卷，探究风景园林的历史学实践。

历史学的学科内涵

1. 历史学的基本概念

历史学也可称为史学，讨论史学首先要回答“历史是什么？”在我国先秦至两汉时期，“史”只是官职名称；唐代以后，“史”用来指称“史籍”“历史的记录”；直至清末，才产生“历史”一词。在西方，各国“历史”一词都来源于希腊语“historia”，原意为“调查、探究”，直至文艺复兴以后，西方的“历史”一词才既指“过去的事件”，又指“关于过去事件的陈述”。综合起来看“历史”一语的最初含意因国而异，但是概括来说，“历史”一是指“实实在在发生过的事”，二是指“对往事所做的记录和陈述，以及对往事真相的追究”。前者可称为“实在的历史”，后者可称为“描述的历史”（王学典，2016）。

历史学是以人类历史为研究对象的学科，是人类对自己的历史材料进行筛选和组合的知识形式。广义的历史包罗万象，分为自然史和人类史两大类。所谓自然史就是除人类以外，上至天体宇宙下及昆虫草芥等自然界万事万物的发展过程；所谓人类史就是人类发生发展的过程。我们通常所讲的历史是狭义的概念，仅指人类社会的发展史。

2. 历史学的研究对象和特点

历史学以人类历史为研究对象，是人类对自己的历史材料进行筛选和组合的知识形式，是静态时间中的动态空间概念，是通过史料研究历史发展过程的学科。

历史学主要呈现如下特点：①一度性，由于历史现象按时间顺序发生发展、一去不复返，这决定了历史学研究也具有此特点；②统一性和多样性，历史的客观规律与人类社会历史的千变万化；③复杂性，人类社会的发展离不开具有一定规律的自然历史过程，同时历史又受到人类有意识、有目的活动的牵动（马卫东，2009；吴泽，2000）。

3. 历史学的发展历程

历史学是人类文明出现的同期产物，笔者从史学理论与方法论角度阐述史学发展史，并以中西方为界作出如下梳理（朱本源，2007）。中国历史学的发展可分为古代史学、近现代史学和现代史学 3 个阶段（图 1）。具体为：①古代史学阶段（先秦至清朝）：史学发展从先秦时期至春秋战国时期，其发展主流以记录为主。春秋战国时期（孔子之后）至清朝，其发展主流以编纂史书为主；②近现代史学阶段（20 世纪初 ~20 世纪 80 年代）：史学家对于史学的基本标准乃至史学方法已经形成了一系列新的认识，史学方法向科学化方向发展；③现代史学阶段（20 世纪 80 年代至今）：改革开放以后，

学科书籍推荐：
《历史学理论与方法》朱本源
《史学引论》（第二版）王学典

古代史学阶段

孔子

· 春秋末年孔子修《春秋》，为中国史学领域的第一部编年体史书，开私人撰史的先河

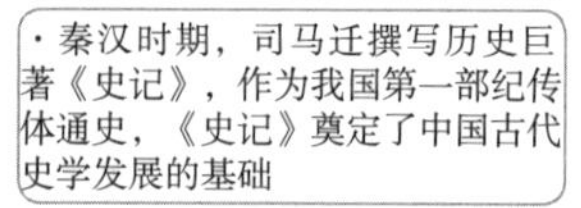

· 秦汉时期，司马迁撰写历史巨著《史记》，作为我国第一部纪传体通史，《史记》奠定了中国古代史学发展的基础

司马迁

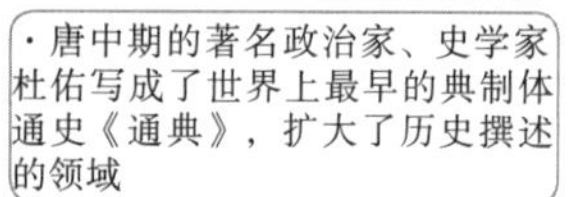

· 唐中期的著名政治家、史学家杜佑写成了世界上最早的典制体通史《通典》，扩大了历史撰述的领域

司马光

· 北宋司马光的《资治通鉴》代表了编年通史撰述的新成就

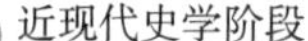

近现代史学阶段

梁启超

· 20 世纪初，梁启超首倡“新史学”，主张扩张史学范围，为国民著史，为今人著史，由此引发的学术震荡，在现代中国学界影响深远

胡适

· 1919 年，胡适出版《中国哲学史大纲》；该书第一次突破了千百年来中国传统的历史和思想史的固有观念标准、规范和通则，成为一次范式性的变革

郭沫若

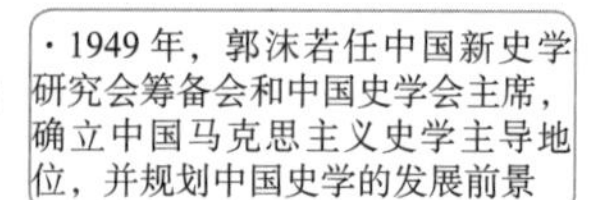

· 1949 年，郭沫若任中国新史学研究会筹备会和中国史学会主席，确立中国马克思主义史学主导地位，并规划中国史学的发展前景

现代史学阶段

· 十一届三中全会解放思想、实事求是思想路线的重新确立，新中国史学发展迎来了巨大机遇；新时期的中国历史学，与改革同行，与开放同步，在理论和实践的双重探索中，呈现欣欣向荣的景象

▲ 图 1 中国史学发展代表阶段与代表人物

中国史学恢复了学术自由且与国际接轨，其主题涵盖政治、经济、文化、社会等多个方面。在传统的文献研究和历史事实考证的基础上，现代中国史学还吸纳了许多新的研究方法。

西方历史学的发展可具体划分为如下 4 个阶段：①古典史学阶段（公元前 5 世纪 ~ 公元 5 世纪）：通常指古希腊和古罗马时期的史学萌芽阶段，有人本观念的历史观，但仍然不能摆脱神话传说的影响，且题材仅限于政治军事史；②中世纪史学阶段（5 世纪后期 ~15 世纪中期）：在神学史观影响下，中世纪史学进入了虚无缥缈的黑暗时期；③近代史学阶段（15 世纪 ~19 世纪）：其发展受到文艺复兴、宗教改革、18 世纪启蒙运动和 19 世纪实证主义的影响，产生理性主义史学，从而确立了近代史学；④现代史学阶段（20 世纪初至今）：自 20 世纪以来，西方史学的新陈代谢过程明显加快，伴随着历史变迁，传统史学走向了新史学（图 2）。

历史学的学科体系

1. 历史学的研究内容

纵观历史学的发展及趋势，结合国内外相关学者的观点，笔者认为历史学的研究内容大致可分为6 个部分：①史学史，即研究和阐述史学本身发展过程的历史；②历史学理论，即史学研究的理论依据和基本方法；③历史哲学，旨在探讨历史学的性质、历史规律等问题；④历史编纂学，旨在研究历史编纂的理论、体例与方法；⑤史学研究方法，包括史学方法论与史学的具体研究方法；⑥历史考据，即研究史料的源流、价值和利用方法等问题（王学典，2016；朱本源，2007；吴泽，2000）（图3）。

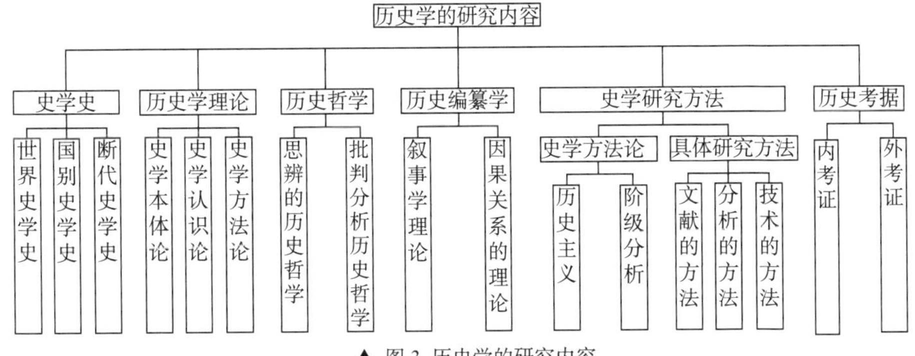

▲ 图 3 历史学的研究内容

2. 历史学的基础研究框架

历史学研究的是已经过去了的历史存在，历史研究主体无法直接看到它，只有通过介质——史料来认识它。史料是指可以据以为研究或讨论历史时的根据的东西。在历史研究中，不同的历史学家对历史思维的性质或特征有着不同的理解；一个历史学家是怎样看待历史学的，也就决定了他是怎样研究历史的。历史思维既是尊重历史事

古典史学阶段

希罗多德
Herodotus

· 公元前 443 年，希罗多德创作《历史》，全书以希波战争为主线，开创了古典人道主义的理性主义历史思维模式

修昔底德
Thucydides

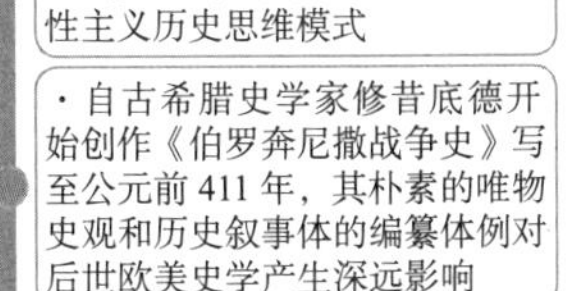
· 自古希腊史学家修昔底德开始创作《伯罗奔尼撒战争史》写至公元前 411 年，其朴素的唯物史观和历史叙事体的编纂体例对后世欧美史学产生深远影响

尤西比乌斯
Eusebius

· 3 世纪前后，尤西比乌斯创作《编年史》《教会史》和《君士坦丁传》，这些作品的问世代表教会史、神学史开始登上历史舞台

中世纪史学阶段

普罗科匹厄斯
Procopius

· 6 世纪初拜占庭帝国著名的历史学家普罗科匹厄斯所著《查士丁尼战争史》和《秘史》为后世研究查士丁尼时期的历史提供了重要史料

格雷戈里
Gregory

· 6 世纪法兰克历史学家、主教格雷戈里创作的《法兰克人史》，被称为“中世纪最出色的史籍”；关于基督教在法兰克的传播发展以及法兰克的国家战争、政治、经济、宗教等都被翔实记录在书中

比德
Bede

· 6 世纪末基督教传入英国，731 年英国史学之父比德所著的《英吉利教会史》既有难得的史实，又有富于哲理的传说

近代史学阶段

弗朗西斯 · 培根
Francis Bacon

· 16 世纪末期，培根将历史学和神学与科学方法论区别开来，使历史学在方法论上成为“人的科学”，也就是一门人文科学

奥古斯特 · 孔德
Auguste Comte

· 1830 年，孔德的《实证哲学教程》陆续出版；认为历史是客观的、有规律的，历史可以真实、客观地反映历史实在

现代史学阶段

卡尔 · 马克思
Karl Marx

· 1867 年，马克思《资本论》出版；他是唯物史观的集大成者，唯物史观为人们提供正确认识社会现象和社会历史发展规律的思想路线，揭示社会基本矛盾及其运动是社会发展的根本动力

马克 · 布洛赫
Marc Bloch

· 1940 年，布洛赫撰写《封建社会》；作为法国年鉴学派的代表人物，强调历史是包罗人类活动各个领域的“整体”，以及历史产生的“结构—功能”关系

▲ 图 2 西方史学发展代表阶段与代表人物

实，把握历史规律的认识方法；也是正确对待历史，科学评价历史的思想方法；还是总结历史经验，汲取历史智慧的工作方法。而历史认识则是指人们依据预先确定的目的，按照既定的价值取向，利用历史事实所遗留下来的各种客观信息，通过自己的实践去反映和表现历史发展客观规律的认识。综上所述，历史学研究是一种三级思维活动，历史思维导致了历史研究的复杂性，不同的历史研究主体对同一史料有不同的认识。因此笔者提出历史学的基础研究框架（图 4）。

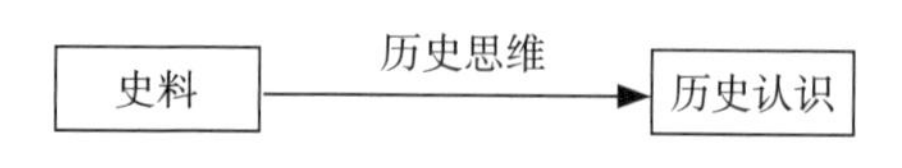

▲ 图 4 历史学的基础研究框架

3. 历史学的学科分类

在历史学众多学科分类中，与风景园林关系密切的主要有景观史、园林史、环境史和人居史。其中景观史研究景观如何随时间演变及其与人之间关系的演变（马欣悦，2020）；园林史阐释园林的来源、演变规律及其特征，着重于小尺度历史园林的研究（周向频 等，2012）；环境史探讨历史上人类发展与环境变迁的关系（包茂宏，2000）；人居史以人居为研究对象，研究人类聚落及其环境的相互关系与发展规律（吴良镛，2014）（表 1）。

表 1 历史学的学科分类

分类标准	分类结果
按研究层次分类	历史科学、历史哲学
按研究对象分类	以客观历史为对象的诸学科、以历史科学本身为对象的诸学科、以历史资料为对象的诸学科
按历史的不同领域	经济史、政治史、文化史、法制史、民族史、哲学史、文学史、教育史、战争史、建筑史、园林史、景观史等
按研究对象的时间跨度	通史、断代史
按研究对象的空间跨度	世界史、国别史、地区史、乡土史
按史学自身进行研究和阐述的学科分类	史学理论、史学史、史料学、历史编纂学

4. 西方近代历史学的学科范型

在历史学理论研究中，主要有以兰克学派（亦称科学学派）为代表的实证主义范型、年鉴学派范型以及马克思主义范型三种方法论模式（朱本源，2007）（表 2）。

表 2 西方近代历史学学科范型对比

历史学学科范型	研究对象	历史观念	主要任务	类型	特点	史学方法	局限性
实证主义范型	单一的历史事件	实证主义史学观	追本溯源，收集原始资料，让事实本身说话	事件的历史	通过史料批判以确定史实，据事直书，而不对事实进行任何价值判断；著述特点是叙事、描述	史料学（发现事实）和史料批判学（确定事实）	过于绝对地看待历史的客观性，否认史家对史料的渗入，研究范围狭窄，方法较单一
年鉴学派范型	一切社会和自然现象	总体的史学观	解决历史问题	问题的、总体的历史	用跨学科的、长时段的、计量的方法，为解决问题而构造（不是重构）过去整个社会图景；主张历史研究在于回答现实问题	跨学科研究途径；结构和长时段；计量方法和系列史	不是主观地构造历史事实，而是在“社会的关系域”中去构想历史事实；不重视事件的历史
马克思主义范型	历史过程	总体的史学观	研究全世界历史的普遍规律	总体的、过程的历史	客观地看待历史事件，认为只有把历史事实纳入历史过程的规律之中才有意义	跨学科与多学科研究方法	经济决定论，为无产阶级政治服务

APPLICATION
景观中的历史学知识

■ 历史学与景观规划设计的交叉

1. 中国园林史学研究的发展历程

中国园林发轫既早，且具有较强的历史延续性。由起初的历史考据到现今的历史解释的范式转变，在近百年的中国园林史学研究中逐渐形成了着力于文献考证、田野调查和解释重构三种研究范式的学术流派（周向频 等，2012）（图 5）。在 3 种研究范式上把地理学的“空间”和历史学的“时间”概念纳入“人类历史时期地理环境的变化”这个历史现象的内容，恰好是景观的历史含义。把原本属于地理学的“景观”话语，纳入历史学专门研究范畴的做法，在 19 世纪晚期已在英国史学界初露端倪。然而迄今为止，以景观为专门对象的历史研究，仍然徘徊在历史学科的边缘，并不为史家所重视。历史学与景观、景观规划之间究竟可以建立起怎样的关系？本讲将通过历史考据与历史解释的方法对此核心问题进行阐述。

2.“历史考据—景观历史复原”与“历史解释—景观历史演变”的基本内涵

景观历史复原对应历史研究中的历史考据阶段，解决的是“What？”的问题，旨在通过考据归本溯源，达到历史原真性的目标。景观历史演变对应历史研究中的历史解释阶段，解决的是“How？”的问题，旨在通过历史编纂——解释学中的理论分析历史演进过程，寻求景观历史演变规律。两种情境涉及 4 个核心概念，分别是历史考据、景观历史复原、历史解释和景观历史演变（表 3）。

表 3 景观历史复原与景观历史演变情境基本概念解析（王学典，2016）

基本概念	概念解析
历史考据	又称历史考证，通过考察和证明，求得正确解释历史问题的史料依据或事实依据；按照近世较宽泛的理解，凡属史料或史事的整理、辨伪、审查等工作，以及偏向于这一路向的相关研究及其成果，都可归入历史考据范畴；考证工作贯穿于史学工作的全过程，考证是历史研究的一项基本功夫
景观历史复原	指还原历史时期的景观原貌；“复原”研究重点在于“原”，因此对原始文献的辨伪、校勘十分重要，从众多文献中提取有效、准确、真实的信息是复原的关键
历史解释	解释指对观察结果作出理性的分析，说明为什么是那样；历史解释就是对历史上的重大事件作出尝试性的解释（即对历史事件和过程的解释），不管这些理论是历史学家在解释过程中自己形成的，还是借鉴自其他社会科学的理论
景观历史演变	景观演变是指经历一定的历史时期，某一地区或区域的自然环境、文化环境、社会环境逐渐发生变化的过程，空间格局就是这种变化所产生的结果；景观历史演变规律是指演变的趋势与秩序，还包括驱动力、过程、格局、功能随时间变化及其相互之间作用的本质关系

在景观规划设计语境下，历史学研究可划分为 3 个阶段，分别是历史考据、历史解释和历史应用。将 3 个阶段与现象学对应可以更好地理解其内涵与目标。其中，历史考据在上述应用情境中对应景观历史复原，历史解释对应景观历史演变（图 6）。

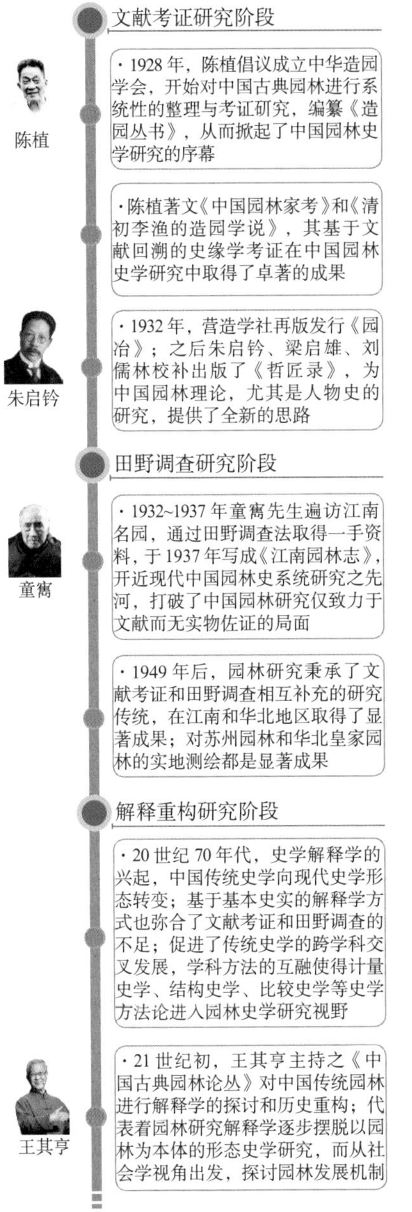

文献考证研究阶段

陈植

· 1928 年，陈植倡议成立中华造园学会，开始对中国古典园林进行系统性的整理与考证研究，编纂《造园丛书》，从而掀起了中国园林史学研究的序幕

· 陈植著文《中国园林家考》和《清初李渔的造园学说》，其基于文献回溯的史缘学考证在中国园林史学研究中取得了卓著的成果

朱启钤

· 1932 年，营造学社再版发行《园冶》；之后朱启钤、梁启雄、刘儒林校补出版了《哲匠录》，为中国园林理论，尤其是人物史的研究，提供了全新的思路

田野调查研究阶段

童寯

· 1932~1937 年童寯先生遍访江南名园，通过田野调查法取得一手资料，于 1937 年写成《江南园林志》，开近现代中国园林史系统研究之先河，打破了中国园林研究仅致力于文献而无实物佐证的局面

· 1949 年后，园林研究秉承了文献考证和田野调查相互补充的研究传统，在江南和华北地区取得了显著成果；对苏州园林和华北皇家园林的实地测绘都是显著成果

解释重构研究阶段

· 20 世纪 70 年代，史学解释学的兴起，中国传统史学向现代史学形态转变；基于基本史实的解释学方式也弥合了文献考证和田野调查的不足；促进了传统史学的跨学科交叉发展，学科方法的互融使得计量史学、结构史学、比较史学等史学方法论进入园林史学研究视野

王其亨

· 21 世纪初，王其亨主持之《中国古典园林论丛》对中国传统园林进行解释学的探讨和历史重构；代表着园林研究解释学逐步摆脱以园林为本体的形态史学研究，而从社会学视角出发，探讨园林发展机制

▲ 图 5 中国园林史学研究的发展历程和代表事件

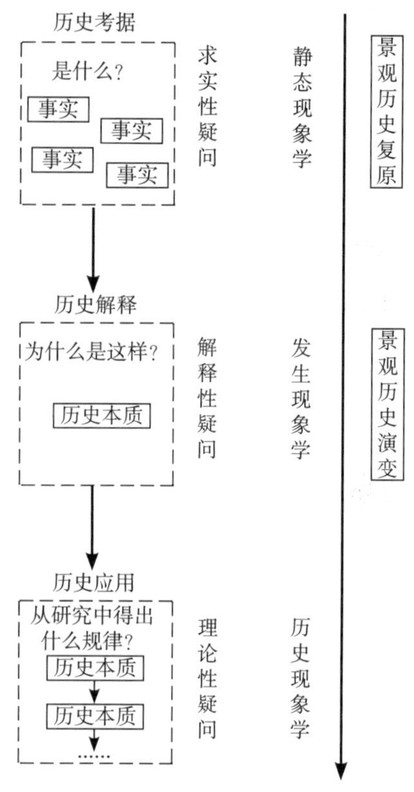

▲图 6 景观语境下历史学研究的 3 个阶段

■ 历史学在景观规划设计中的应用

1. 应用知识框架

针对上述的两个应用情境选取历史研究中的相关方法和理论解释，并结合详细的方法知识得到历史学在景观规划设计中的应用知识（图 7）。历史的考证和解释是有所不同的，但二者并非截然分成两橛。常规的处理是解释中有考证，考证中有解释，虽主导路径有显微之别，但二者关系上的相辅相成历来为史家所首肯。历史解释须以实证为基础，空言不能深切著明；实证亦须联系解释进行，否则便不能更好地发挥它在历史研究中的作用（王学典，2016）。

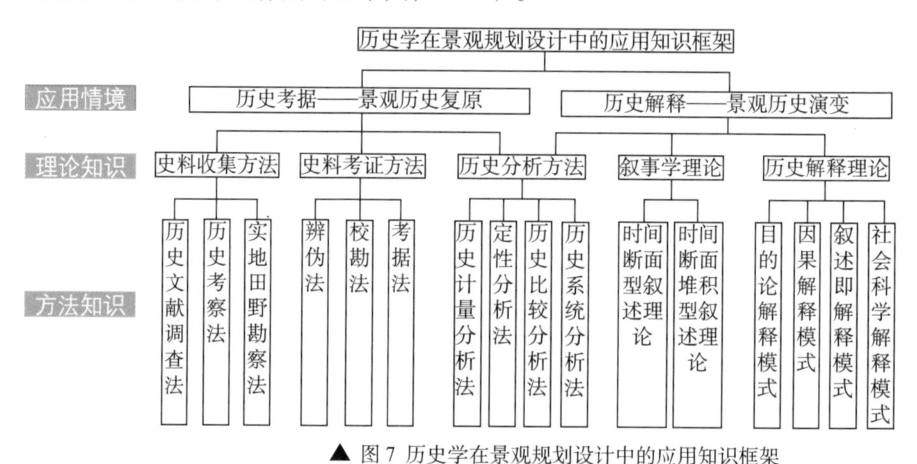

▲ 图 7 历史学在景观规划设计中的应用知识框架

2. 应用知识解析

基于应用知识框架，本文归纳了两种应用情境下的 5 条理论知识及其所对应的 16 个概念知识，详见表 4~ 表 8。

表 4 历史考据——景观历史复原情境下的史料收集方法解析

理论知识	方法知识
史料收集方法	①**历史文献调查法**：历史文献资料主要包括历代古籍、方志典籍、方志舆图、古图、诗词歌赋；其中历史人物本人的著作是研究他们直接经历的历史事件的基本材料，非常重要
	②**历史考察法**：以时间为线索，对不同时期的历史资料进行一定时序的整合分析，梳理风景营建的肇始、发展与演变历程；按其不同时代背景下发展演变的不同特征，将其划分为若干时段进行研究；结合各时期的不同历史背景，对风景营建的影响因素进行分析，探究其发展演变规律
	③**实地田野勘察法**：通过实地踏勘园林遗迹，对周边的自然山水环境、社会文化状况进行资料收集、实地体验与观察记录，以获得第一手材料

表 5 历史考据——景观历史复原情境下的史料考证方法解析

理论知识		方法知识
史料考证方法（考据学方法）	外考证	①**辨伪法**：指考证古籍、古图等史料内容的真伪，对所搜集的史料作初步的、外在的鉴别；其目的在于认真抉择与正确使用史料
		②**校勘法**：指发现和校正史料在传抄过程中产生的文字错误
	内考证	③**考据法**：对史料进行辨伪、校勘之后，还要进行内容的考据；考据方法归纳起来主要有证实（王国维的二重证据法）、证伪（吴晗的证伪考辨）、究人（对史料撰述者进行考察，史料所述是否为作者的主观臆断）、究世（推究史料及史料撰写者所处的时代背景，包括人们的思维方式）

表 6 历史分析方法解析

理论知识	方法知识
历史分析方法	①**历史计量分析法**：指运用数学、统计学等方法和电子计算机技术，通过各种数据关系，揭示和认识历史的方法；通过搜集、整理和存储资料，对数据资料进行数量分析，以建立景观格局与各种影响因子之间的函数关系；制定各种数据模型，开展对历史现象与过程的模拟研究；常见的有基于遥感图像的空间逆向分析和基于历史资料的空间正向分析
	②**定性分析法**：主要是通过逻辑推理、历史思辨等思维方法探究史料真伪和历史景观格局变迁的原因等；其中，史料考证是最重要的历史分析方法
	③**历史比较分析法**：指通过对不同时间、空间条件下的各种历史现象进行横向共时性或纵向历时性的对比研究，分析异同，探索历史发展的一般规律或特殊性；例如，园记、文献中很多关于建筑的描写过于笼统，建筑的位置难以准确定位，也没有建筑制式的相关描述，可通过对于同时期、同地域的园林进行比较分析，帮助历史复原
	④**历史系统分析法**：指运用现代科学系统论原理，将历史作为一个整体的系统加以分析研究的方法

表 7 历史解释——景观历史演变情境下的叙事学理论解析

理论知识	方法知识
叙事学理论	①**时间断面型叙述理论**：时间断面是指在历史时间流中，截取与时间流向垂直的任意时段作为研究区段，在叙述和解释历史时，将历史事物置于时间断面之上；时间断面不是瞬时的时间点，而是存在一定厚度的时间阶段，时间厚度的选择根据研究对象确定
	②**时间断面堆积型叙述理论**：是在时间断面叙述的基础上，叠加若干时间断面进行叙述，并将这些断面连接，形成整体连续的时间序列；时间断面堆积型叙述具有两种叙述方式：一为时间断面水平堆积法，二为时间断面垂直堆积法；时间断面水平堆积法是指通过机制研究，描述时间断面中地理事物是如何变化的；时间断面垂直堆积法则是通过研究事物的发生原理，叙述地理事物形成并变化的过程 时间断面 时间断面 → 时间断面堆积 时间断面叙述示意图　时间断面堆积叙述示意图

表 8 历史解释——景观历史演变情境下的历史解释理论解析

理论知识	方法知识
历史解释理论	①**目的论解释模式**：指从人类行为的目的、动机或理由去解释自然现象或历史现象（不考虑认为历史事件或过程是按照某种超历史的、预定的目的而发生的外在目的论解释，基督教的神学观作为典型例子）；和自然科学家的“外部”观察不同，历史学家的任务是要深入历史的“内部”，洞察行为背后的思想动机；这种解释模式把理性作为理解人类行为的关键，因而又称“理性解释模式”
	②**因果解释模式**：指在历史中像在其他任何经验科学领域中一样，即发现变量之间的因果关系；具体说就是把单个事件、现象的解释归入假定的一般规律之下，因而又称覆盖律模式或概括律理论；实证主义的解释观以覆盖律模式为代表
	③**叙述即解释模式**：是超越历史解释的两大对立模式，而将覆盖律模式与目的论解释模式相统一的模式；历史是一种独立的经验方式，对它的解释并不依赖一般化的概括，而是依靠更多、更具体的细节，通过比较完整的详细叙述来实现；只要历史学家“填出”介于两个事件之间的所有其他事件，他就能理解它们之间的承接关系；这种详细叙述本身就具有一种解释的力量，当历史学家把独立的事件纳入一系列事件构成的叙述网络时，也就是作了解释
	④**社会科学解释模式**：在目前的历史研究中，学者从事历史的解释与分析，既不简单立足于宏大的普遍规律，也不仅仅依靠直觉和移情，而是更多地借助于相关社会科学理论，它是目前看来可操作性最强、最有效的历史解释模式；在运用社会学解释历史方面，马克思主义史学可谓典范；人们熟知的经济基础与上层建筑的关系、社会阶级的构成等，都是考察分析历史现象和历史运动过程的社会学理论工具，即用唯物史观研究历史本身就是用社会学来解释历史

CASE
案例知识分析

在上文列举理论知识与方法知识的基础上，本部分通过“历史考据——景观历史复原”与“历史解释——景观历史演变”情境化案例解析历史学知识在风景园林中的应用。

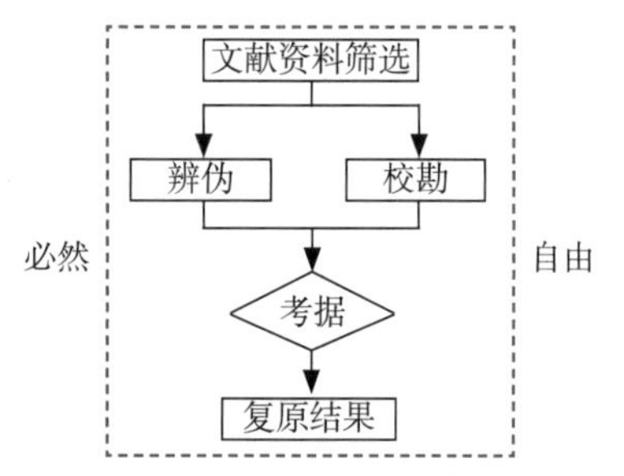

▲ 图 8 景观历史复原分析框架

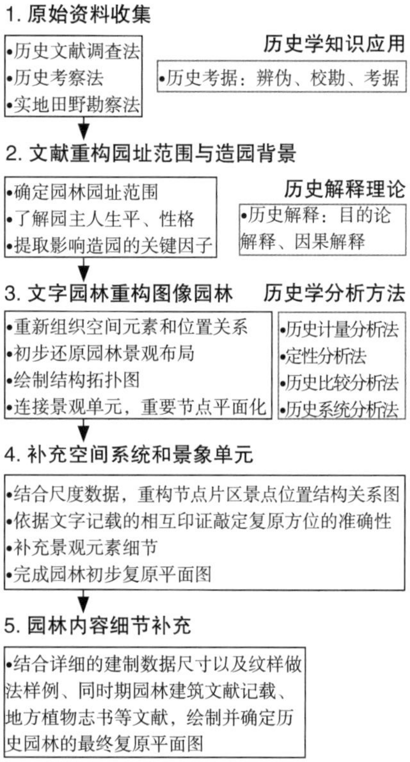

1. 原始资料收集

•历史文献调查法
•历史考察法
•实地田野勘察法

历史学知识应用

•历史考据：辨伪、校勘、考据

2. 文献重构园址范围与造园背景

•确定园林园址范围
•了解园主人生平、性格
•提取影响造园的关键因子

历史解释理论

•历史解释：目的论解释、因果解释

3. 文字园林重构图像园林

•重新组织空间元素和位置关系
•初步还原园林景观布局
•绘制结构拓扑图
•连接景观单元，重要节点平面化

历史学分析方法

•历史计量分析法
•定性分析法
•历史比较分析法
•历史系统分析法

4. 补充空间系统和景象单元

•结合尺度数据，重构节点片区景点位置结构关系图
•依据文字记载的相互印证敲定复原方位的准确性
•补充景观元素细节
•完成园林初步复原平面图

5. 园林内容细节补充

•结合详细的建制数据尺寸以及纹样做法样例、同时期园林建筑文献记载、地方植物志书等文献，绘制并确定历史园林的最终复原平面图

▲ 图 9 景观历史复原流程及知识应用

类别	名称
诗词	司马光《独乐园记》《独乐园七咏》；李格非《洛阳名园记》；苏轼《司马君实独乐园》；费衮《梁溪漫志》；王得臣《麈史》；张端义《贵耳集》；范纯仁《同张伯常会君实南园》；阮元《石渠随笔》；司马光《种竹》《园中书事二绝》《独乐园新春》《独乐园二首》；苏辙《司马君实端明独乐园》；《洛阳县志》
书画	赵孟頫《独乐园记》；文徵明《独乐园图并书记》；仇英《独乐园图》

▲ 图 10 独乐园复原依据的主要文献资料

■历史考据——景观历史复原和历史解释—景观空间演变的规划流程

中国传统私家园林作为反映地理环境和历史文化变迁的重要载体，承载了古人造园所采用的艺术手段和工程技术创造，体现了东方人对自然环境和人居环境的审美思考与生存智慧。多以古籍、地方志等文献资料作为复原依据，对历史园林进行平面布局的复原，重构历史园林。由此提出景观历史复原的分析框架（马欣悦，2020）（图 8）和复原流程（邹怡蕾 等，2021）（图 9）。

■ 实践案例解析：独乐园历史考据与解释

独乐园是司马光在晚年政治生涯受挫后，于洛阳城尊贤坊北关营建的宅园，是其编纂《资治通鉴》之所。关于园名“独乐园”，他解释说自己既不能像王公大人那般与民同乐，又不似圣人那样甘于清苦，享受圣贤之乐，又害怕别人不屑于与他同乐，故只能“各尽其分而安之”，独自知足而乐了（赵睿佳，2018；贾珺，2014）。

1. 文献资料筛选

在独乐园复原设计的过程中，以司马光独乐园营造的读书堂、弄水轩、钓鱼庵、种竹斋、采药圃、浇花亭、见山台等 7 个原型范式为基础。根据相关诗词与图作记载（图 10），从园林营造形式与营造精神两个方面，对历史上的司马光独乐园进行复原。

2. 司马光独乐园营造思想解释（目的论解释）

司马光在《独乐园记》中记载了独乐园主要由 7 部分组成，并且作了《独乐园七咏》，分别与此七景对应。每一处景致除了营造园林形式，满足日常生活需要之外，还有其特殊的含义：七景分别对应一位司马光所钦慕的前贤的事迹及精神，同时也是独乐园空间构成的精神文化动力。正是司马光的价值观念影响其决策，决策又影响空间（即决策影响独乐园的空间格局、建筑形制等）。因此，对于七景的原型探究，梳理七景营造原型的空间范式与思想内涵，有助于对司马光独乐园的复原设计和营造思想作进一步解读。

3. 位置、规模及整体布局推想

清嘉庆年间《洛阳县志》载：“独乐园遗址，在洛阳城东南伊洛河间司马街村”（图 11）。司马光《独乐园记》中记载：“于尊贤坊北关，以为园。”关于独乐园的规模，司马光《独乐园记》中记载：“熙宁四年迂叟始家洛，六年，买田二十亩于尊贤坊北关，以为园。”由刘敦桢的《中国古代建筑史》可知，1 宋尺等于 30.9~32.9cm（小于现在的 1 市尺），以此进行推算，20 亩约合今 19.48 亩（即约合 12986.67m^2）。根据《独乐园记》等完成整体布局推想，完成独乐园山水布局复原（图 12）。结合尺度数据，重构节点片区景点位置结构关系图，依据文字记载的相互印证敲定复原方位的准确性。

4. 空间布局及其功能推想（以见山台为例）

经记载，见山台“园中筑台，构屋其上，以望万安、轩辕，至于太室”，其修筑利用了中国古典园林中的借景手法。通过远借高山、近借流水，园林空间进一步得到了拓展。见山台除了利用借景手法将远山与园景加以结合，使之浑然一体，还巧妙自然地将独乐园内的园林空间过渡至院外的自然空间，充当了纽带作用（图 13）。

5. 独乐园园林内容细节补充

以手工业为主的前工业时代，文化发展对技术的依赖性很强。尤其对于建筑活动而言，地方材料和地区的建造技术在相当程度上限制其发展，从而也决定了空间的形成和形式。结合同时期的建筑文献记载、地方植物志书等文献，得出建筑形制、规格等信息，完成独乐园建筑复原。独乐园在植物种植方面，以修竹为主景，注重观赏价值，集中种植了少量芍药、牡丹、杂花等的同时，也种植了一些具有实用价值的草本药材。经过对独乐园的位置、规模、山水布局、空间营造、建筑特点以及植物种植等构成要素的分析，绘出独乐园的全貌复原图（图 14）。

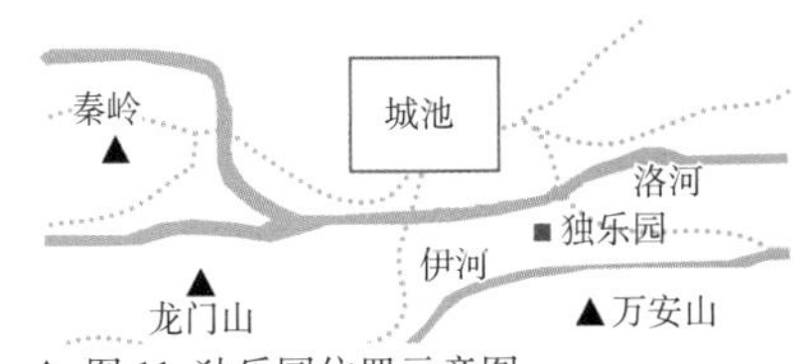

▲ 图 11 独乐园位置示意图

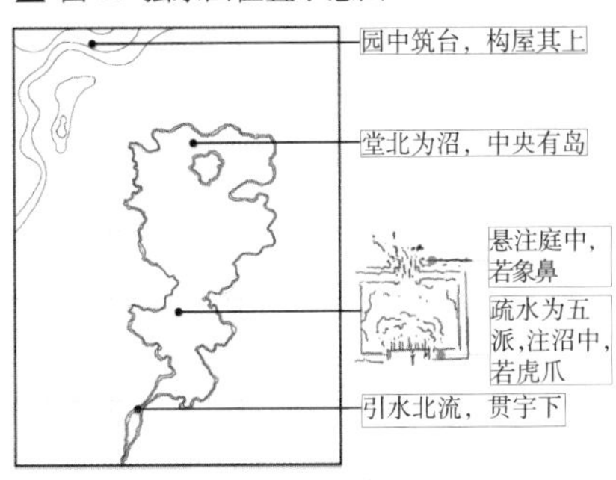

▲ 图 12 独乐园山水布局复原图

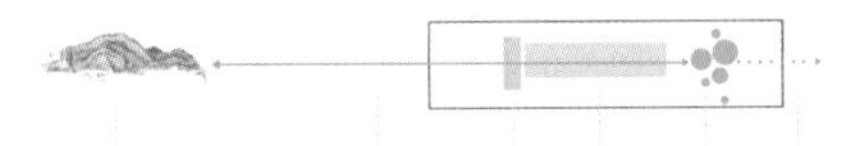

▲ 图 13 见山台空间营造分析

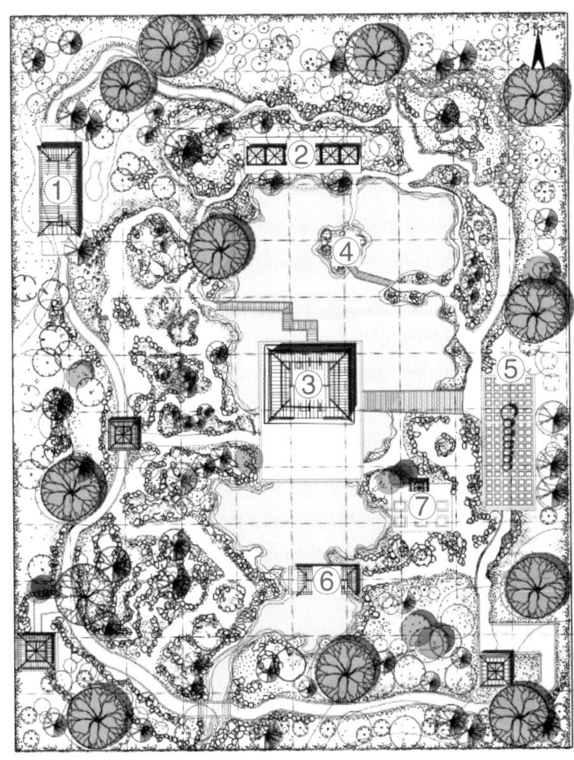

①见山台
陶渊明见南山
借景，登高远眺，与山对望；表达了向往隐逸、高风亮节的思想感情

②种竹斋
王维竹里馆
建筑前大量植竹，营造安静空间；表达作者高雅绝俗之情

③读书堂
董仲舒读书台
临水而建，空间独立，形成对景，视线辽阔；表达了潜心著书、学习的思想

④钓鱼庵
严子陵钓台
空旷幽静的格局，追求自然静谧；表达作者向往隐逸之情

⑤采药圃
韩康采药卖都市
临近水系，有一亭与药架，围栏隔挡；表达作者淡泊名利、向往隐逸之情

⑥弄水轩
杜牧弄水轩
临水而建，水环抱景亭，“结亭弄水”；表达了不同流合污、洁身自好的思想

⑦浇花亭
白居易履道坊园
挖渠引水，便于灌溉，园林中置一景亭；表达作者寄情花草，隐居田园之情

▲ 图 14 独乐园复原图

参考文献

包茂宏，2000. 环境史：历史、理论和方法 [J]. 史学理论研究，9（4）：70-82，160.

马卫东，2009. 历史学理论与方法：新世纪高等学校教材 [M]. 北京：北京师范大学出版社 .

马欣悦，2020. 秦岭北麓蓝田县清至建国初年农业景观格局重建研究 [D]. 西安：西安建筑科技大学 .

吴泽，2000. 史学概论 [M]. 合肥：安徽教育出版社 .

吴良镛，2014. 中国人居史 [M]. 北京：中国建筑工业出版社 .

王学典，2016. 史学引论 [M].2 版 . 北京：北京大学出版社 .

周向频，陈喆华，2012. 史学流变下的中国园林史研究 [J]. 城市规划学刊，56（4）：113-118.

周向频，王妍，2017. 中国近代园林史研究范式回顾与思考 [J]. 中国园林，33（12）：114-118.

邹怡蕾，王欣，2021. 园林复原原则与平面复原方法初探 [J]. 园林，38（1）：42-48.

赵睿佳，2018. 北宋司马光独乐园营造思想与实践研究 [D]. 西安：西安建筑科技大学 .

贾珺，2014. 北宋洛阳司马光独乐园研究 [J]. 建筑史，34（2）：103-121.

朱本源，2007. 历史学理论与方法 [M]. 北京：人民出版社 .

思想碰撞

本讲以历史认识、历史思维为主线，将历史二重性作为底层逻辑贯穿始末，以历史考据、历史解释为情境疏凿源流、扶隐钩沉，进行跨学科交叉，讨论了历史学在风景园林规划设计中的应用。对历史的认识，有人认为，历史本身不可能有什么普遍规律可循，因为历史研究的对象是个别事件，而观察一种独一无二的事件或过程，无法去检验一种普遍的假说或发现一种为科学可以接受的类似自然规律那样的规律。按此观点，历史研究的意义似乎大打折扣，对此你怎么看？

专题编者

岳邦瑞

朱宗斌

宋逸霏

伦理学 24讲
规范行为的标尺

相信我们小时候都听过这样的故事：孔融是东汉末年著名的文学家，他年幼时每次和哥哥吃梨都只拿最小的，父亲问他原因，他说："我是弟弟，年龄最小，应该吃小的。"后来"孔融让梨"成为团结友爱的典故，不论老师、家长都会告诉我们要学习孔融良好的道德品质。当我们看到有人随地扔垃圾时，我们会认为这种行为是不道德的；当听说某一个建筑工程因为偷工减料而造成坍塌事故时，我们觉得负责设计的工程师没有职业道德……道德存在于我们的日常生活中，每个人都会遇到道德问题，都能感受到道德的存在。那么道德是什么？道德的作用是什么？风景园林师又应该遵守什么样的职业道德？伦理学会告诉我们答案。

学科书籍推荐：

《新伦理学》王海明
《西方伦理学思想史》宋希仁

古希腊罗马伦理思想

普罗泰戈拉
Protagoras

· 普罗泰戈拉主张“人是万物的尺度”，反映了当时的人们对自身的地位和价值的认识

苏格拉底
Socrates

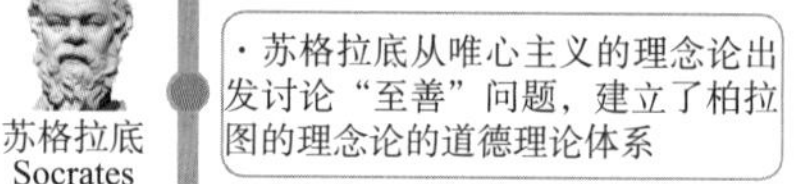

· 苏格拉底从唯心主义的理念论出发讨论“至善”问题，建立了柏拉图的理念论的道德理论体系

柏拉图
Plato

· 柏拉图认为在人的意识之外，存在着永恒的“善的理念”

亚里士多德
Aristotle

· 约公元前 330 年，亚里士多德出版《尼各马科伦理学》，正式使用“伦理学”这一名称，并把它定义为研究人的道德品性的科学

中世纪神学伦理思想

奥古斯丁
Augustine

· 奥古斯丁是教父神学的主要代表，他全面系统地阐述和发挥了基督教的教义和伦理思想

阿奎那
Aquinas

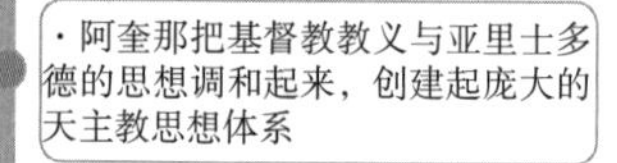

· 阿奎那把基督教教义与亚里士多德的思想调和起来，创建起庞大的天主教思想体系

西方近代伦理思想

边沁
Bentham

· 边沁是 18 世纪功利主义的代表人物，在善恶问题上，他认为能够满足人们需要的行为和原则就是善的，反之为恶，而所谓需要就是利益

康德
Kant

· 康德是 18 世纪欧洲理性主义伦理思想的集大成者，他认为理性是道德的基础，并把感性经验排斥于道德领域之外，否认道德与功利的关系

▲ 图 1 伦理学的发展历程

伦理学的学科内涵

1. 伦理学的基础概念

“伦”即关系、条理，是指符合一定的规范、准则，而且代代相传的人们之间的伦常及辈分。“理”治理、协调社会生活和人际关系。“伦理”一般则指处理人们之间不同的关系以及所应当遵循的规则（余仕麟，2004）。从词源学上看，不仅西方的“伦理”“道德”是意思相通的，中国的“伦理”“道德”之含义也有相通之处。因此伦理学的本质是关于道德问题的科学，是关于优良道德的科学（王海明，2019）。

2. 伦理学的研究对象和特点

一般来说，伦理学是以道德现象作为研究对象的科学。所谓道德现象，是对人类现实的道德活动现象、道德意识现象、道德规范现象的总称（许启贤，1989）。道德活动现象，是指人类生活中围绕一定善恶观念而进行的个体行为和群体活动；道德意识现象，是指人在道德活动中形成的各种道德思想、观点、情感、信念和道德理论体系；道德规范现象，是指一定社会条件下评价和指导人们行为善恶的准则。

伦理学是对人类的道德生活进行系统思考和研究的一门科学，它主要呈现如下特点：①科学性，以人的生存关系为对象，探求人性再造的生存规律；②超越现实性，从现实生活中总结并提出相应理论；③普适性，规范人类的道德生活。

3. 伦理学的发展历程

人类伦理思想的产生和发展因地域不同，有着各自相对独立的历史。从整个伦理思想史来看，主要有 3 种不同的发展形式：①中国古代的儒家伦理思想传统；②从古希腊罗马到现代西方的伦理思想；③发生在古埃及和印度的伦理思想（何怀宏，2015）。其中西方的伦理思想发展体系较为完整清晰，故对其作进一步梳理。

西方伦理思想的发展按社会的变迁可分为 4 个阶段（图 1）：①古希腊罗马伦理思想（公元前 6 世纪），伦理学产生并成为学科，随着古代科学兴起和阶级斗争，不少思想家关于伦理的研究逐渐从自然界转向人类自身，伦理学作为一门学科应运而生；②中世纪神学伦理思想（6 世纪 ~15 世纪），神学伦理思想系统化、理论化，由于封建专制主义和教会神权的统治，超自然主义的基督教伦理学占据统治地位；③西方近代伦理思想（16 世纪 ~19 世纪），伦理学从神学中解放出来，由于欧洲资本主义的兴起，思想家们开始强调满足个人的需要，关注人的价值和道德评价的根据等问题，提出了调解个人和他人，个人和社会利益关系的道德原则；④现代西方伦理思想（19 世纪以

后），伦理思想在探讨对象和理论方面产生了较大变化，西方资本主义的高度发展和它所带来的社会问题、新的科学技术革命，以及两次世界大战，使西方伦理思想发生了深刻的变化并呈现多样化发展（余仕麟，2004）。

·黑格尔建立起完整的理性主义伦理思想体系，把伦理道德看作是绝对精神自我发展的一个阶段
黑格尔
G. W. F. Hegel
现代西方伦理思想
·认为反映一定社会关系的道德不是真实的存在
萨特
Jean-Paul Sartre

·1979年，彼得·辛格的《实践伦理学》出版，其内容涉及动物权利、胎儿生命的价值、安乐死、环境、民主、平等
彼得·辛格
Peter Singer

▲图1 伦理学的发展历程（续）

■ 伦理学的学科体系

1. 伦理学的研究内容

伦理学的研究内容，一般可以分为以下几个方面（图2）：①优良道德制定方法，主要通过研究“是与应该”的关系，提出确立道德价值判断之真理和制定优良的道德规范之方法；②优良道德规范制定，主要通过社会制定道德的目的，从人的行为事实的客观本性中推导、制定出人行为的优良道德规范；③优良道德实现途径，主要研究优良道德如何由社会的外在规范转化为个人的内在美德，从而使优良道德得以实现（王海明，2010）。

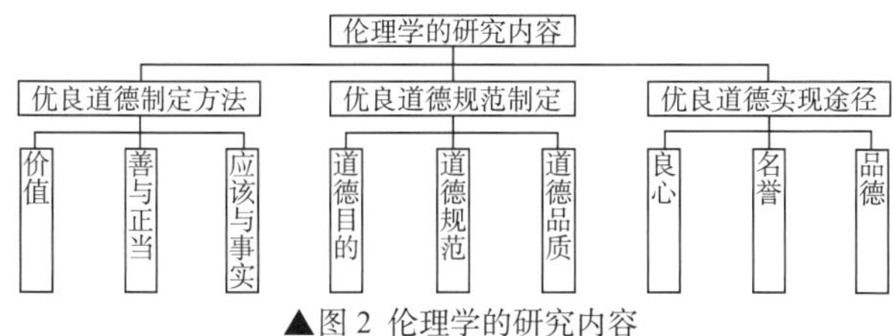

▲图2 伦理学的研究内容

2. 伦理学的基础研究框架

伦理学的底层逻辑是如何制定优良道德，也就是从事实如何得到应该如何。不同的道德目的会产生不同的价值观念，从而指导行为和道德规范。因而道德规范是通过道德目的，从行为事实中产生和推导出来的，即符合道德目的的行为之事实，就是行为之应该；违背道德目的的行为之事实，就是行为之不应该。综上所述，笔者提出伦理学的基础研究框架（图3）。

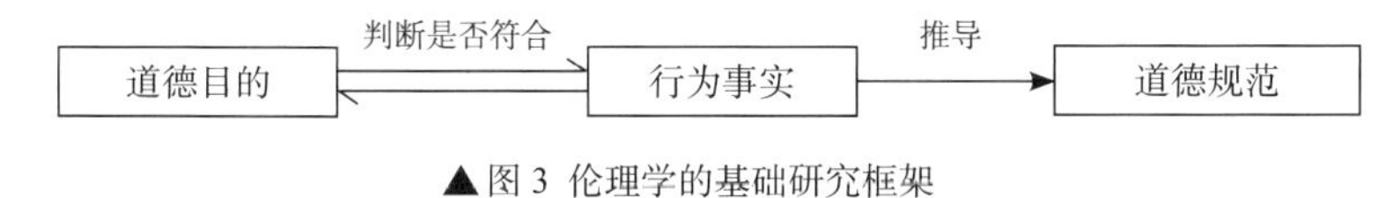

▲图3 伦理学的基础研究框架

3. 伦理学的类型

伦理学按照具体研究内容可分为5种（图4），其中规范伦理学与应用伦理学同风景园林的关系最为密切。规范伦理学是通过研究道德的起源、本质和发展规律等，建构人类道德规范体系和社会的道德要求，以达到规范人们伦理行为，协调人们伦理关系和指导人们道德实践的目的；应用伦理学是研究将伦理学的基本原则应用于社会生活的规律的科学，是对社会生活各领域进行道德审视的科学。应用伦理学又可分为生态伦理学、工程伦理学、职业伦理学等。规范伦理学与应用伦理学可以为风景园林师应秉持的职业精神（观念层面）和职业道德（行为准则）提供依据。

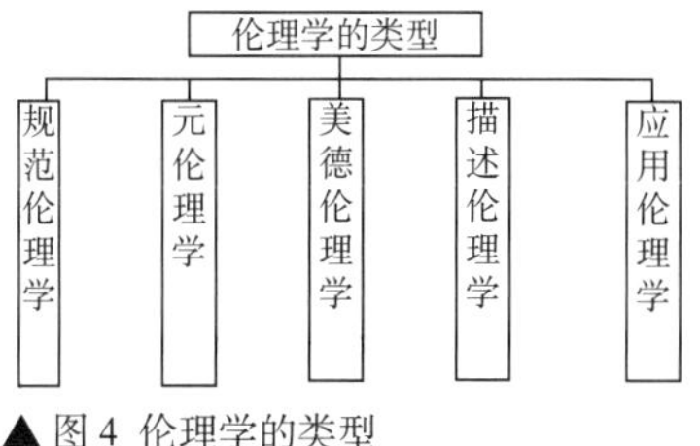

▲图4 伦理学的类型

风景园林的价值体系构建

关于“风景园林的价值观是什么”这样一个学科基本问题，如今并未得到应有的重视。虽然学科的内涵与外延被不断地丰富与拓展，但由于缺乏正确价值观的引导，因此学科难以真正得到繁荣与发展。我国风景园林行业实践亟待正确价值观的引导。因此，笔者根据伦理学“道德目的—价值观念—行为规范”知识，提出了风景园林“职业目标（学科宗旨）—价值观—设计准则”的价值体系。

1. 风景园林的学科宗旨

2011 年国务院学位委员会和教育部在《学位授予和人才培养学科目录》中明确提出：风景园林学是研究人类居住的户外空间环境、协调人和自然之间关系的一门复合型学科。其研究内容涉及户外自然和人工境域，是综合考虑气候、地形、水系、植物、场地容积、视景、交通、构筑物和居所等因素在内的景观区域的规划、设计、建设、保护和管理（杨锐，2011）。但是从风景园林的发展与演变来看，笔者认为风景园林的学科宗旨不仅包括协调人与自然的关系，也包括协调人与人和人与自身的关系。

2. 风景园林的价值观及其价值规范

当代风景园林专业 (Landscape Architecture) 虽然是从 19 世纪奥姆斯特德的实践开始的，但西方园林的源头却可以追溯至古埃及、古希腊、古罗马这些被不断沿袭的古老文化中对户外空间的一些早期处理方式。而早在公元前 21 世纪以前，中国园林也出现了“囿”和“台”等园林雏形。在其后漫长的发展过程中，中西方园林大致经历了以下几个阶段（表 1）。由该表可以看出，历史上的西方园林经历了包括美与艺术、社会、生态三次价值演变；而中国古典园林由于受到社会历史条件的限制，其价值主要体现为对美与艺术价值的追求（沈洁 等，2015）。

表 1 风景园林发展阶段与价值观演变（沈洁 等，2015）

社会时期	服务对象	创作对象	指导思想	代表人物	代表作品	主要价值观
农业时期	皇权贵族	宫苑、庭院、花园	唯美论，包括西方的形式美和中国的诗情画意	法国的勒诺特尔、英国的布朗	法国的勒诺特尔式宫苑、英国布朗式风景园	美与艺术
工业时期	以工人阶级为主体的广大城市居民	公园绿地系统	以人为中心的再生论，绿地作为城市居民的休闲空间	奥姆斯特德	纽约中央公园、波士顿“翡翠项链”	社会
后工业时代	人与自然	整体生态系统	可持续论，强调人类发展和资源及环境的可持续性	麦克哈格	美国东海岸的生态规划	生态

依据风景园林学科宗旨以及风景园林价值观的演变，笔者认为在当代的风景园林价值观体系中，应当包含三个方面的内容，即美与艺术价值观、社会价值观、生态价值观。并且依据艺术伦理、社会伦理、生态伦理的相关知识为这三个维度的价值观提供价值规范，以指导设计行为。

艺术伦理，指人与自身的道德问题，即人对同一事物的多重价值需求之间的差异。具体到风景园林语境下，主要协调的是实用与审美之间的关系。风景园林艺术是实用性艺术，主要包含三个层次：①实用指的是风景园林提供游憩、服务空间，在游憩与服务的时候，审美潜在地成为其主导因素；②审美指的是风景园林中的景观不仅能给人愉悦的视听享受，还能引发人的意境联想，形成多重感官体验；③伦理指的是对于社会群体形成一个普遍的规则。风景园林艺术中的实用、审美、伦理应该融为一体，在规划设计中如何处理实用与审美的关系即是应受艺术伦理制约的范围（李砚祖，2005）（图 5）。

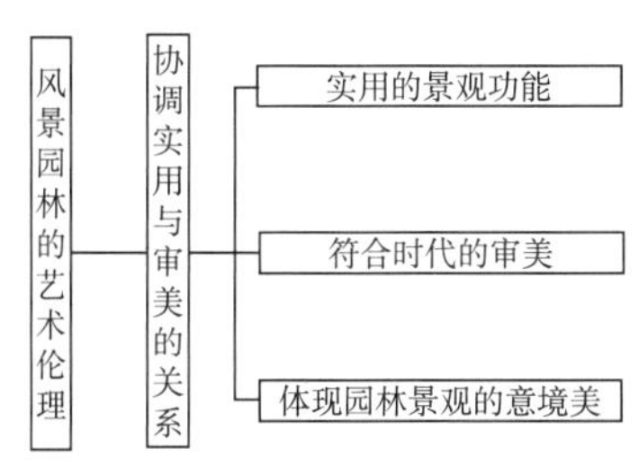

▲图 5 风景园林艺术伦理的价值规范

社会伦理，指人与人之间的道德问题。风景园林与社会伦理都是以社会作为场域而存在或者发挥作用，都有着明显的地域性和时代性。社会伦理本身就影响了风景园林的风格及其社会功能。正如海德格尔所表述的，人们懂得如何栖居是他们栖居活动的开始，风景园林与社会伦理之间紧密的关联不可割裂。因此，风景园林应该做到：①满足社会与人的需要，维护社会各阶层的合法利益，促进各族群的和谐与发展；②成为公众可以参与、容易参与也应该参与的重要社会活动领域；③与经济活动的发展相互促进，形成良性互动，风景园林的建设也是社会经济活动的一部分（盛宇坤，2013）（图 6）。

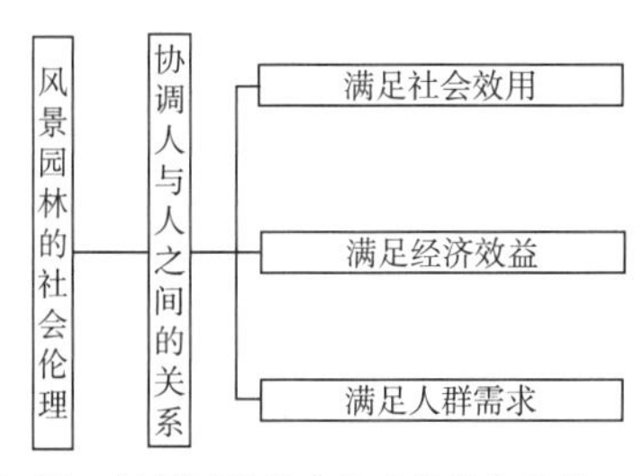

▲图 6 风景园林社会伦理的价值规范

生态伦理，指人与自然的道德问题。风景园林学科产生的目的就是通过规划、设计、管理户外的自然、人工境域，而起到保护自然、文化资源的作用。尤其是面对全球性的生态环境问题时，风景园林的实际工作已经转入地球表层规划的尺度，其对于环境的意义不言而喻。从这个意义上说，风景园林与生态伦理学的根本目的是一致的，最终都是协调人与自然的关系（沈洁，2012）（图 7）。生态伦理学有着两种不同的立场：①人类中心主义，评价人与自然关系的根本尺度是人类的整体利益，在规划设计时出于城市建设和发展的需要，优先供给建设用地；②非人类中心主义，把人与人的伦理关系扩展到人与自然的关系上，道德关怀的范围不断扩展，从所有生命，到自然界乃至整个生态系统。在规划设计时，将城市作为区域生态系统的一个生态单元，优先识别生态空间并控制不可建设用地（王海明，2006）。

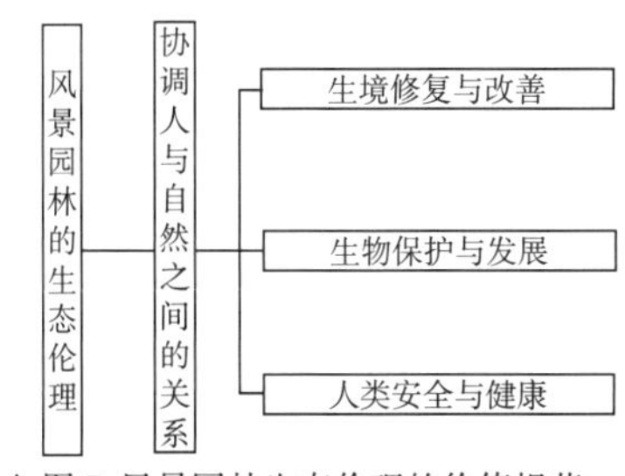

▲图 7 风景园林生态伦理的价值规范

3. 风景园林的价值体系

综上所述，笔者提出风景园林“职业目标（学科宗旨）—价值观—价值规范—行为准则”的价值体系，此框架既可以作为设计师在设计过程中的行为准则，也可以用来作为评价设计作品的标准（图 8）。

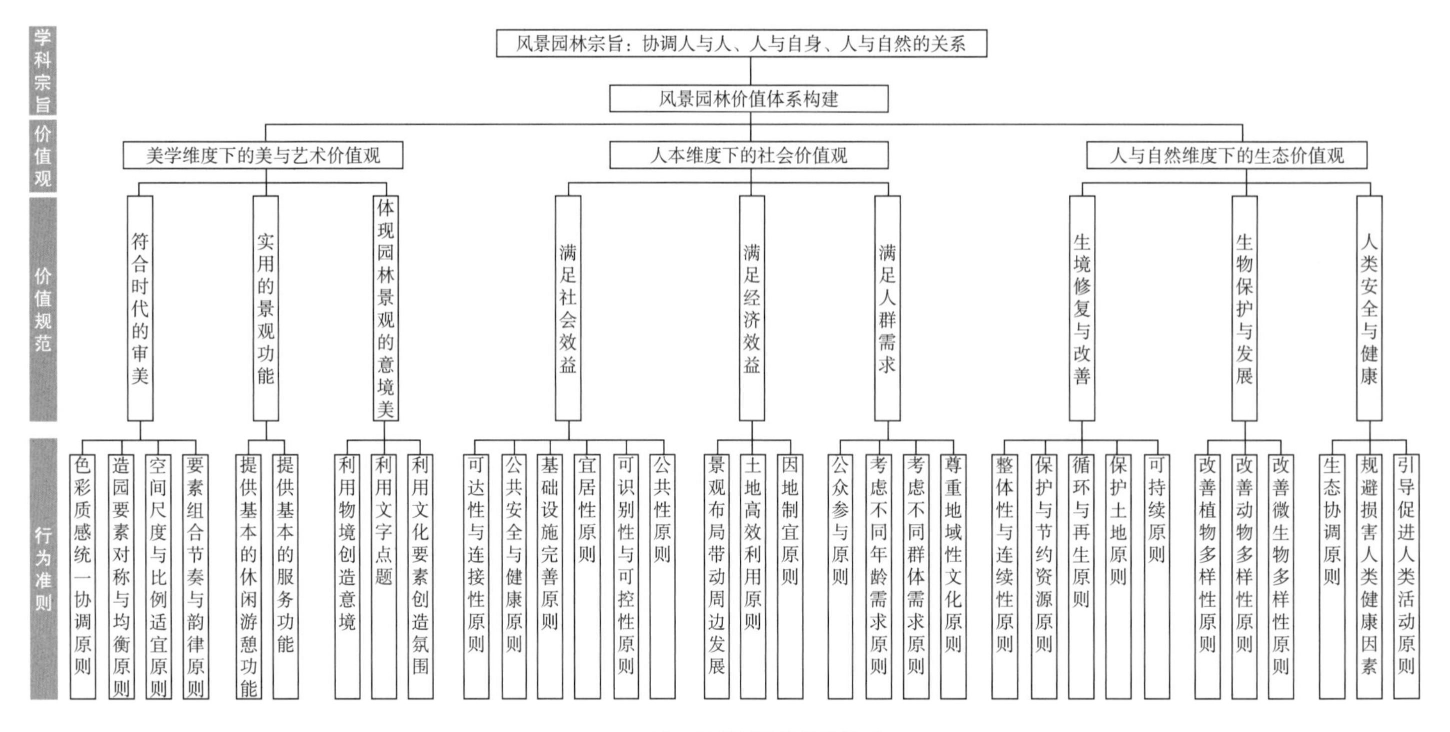

▲图 8 风景园林的价值体系

SCENARIO TWO
应用伦理学对风景园林职业道德中的启迪

■ 风景园林的职业道德

职业活动是人类生存、发展的基本前提，是社会进步的根本条件。人们要满足自身的物质、文化生活需要，推动社会发展，就要从事职业活动，结成生产关系，遵守职业道德规范。正确的职业道德观念，对于人们的职业行为选择和贡献大小具有积极的导向、调节和激励作用。因此，风景园林师在从事职业活动时也要树立正确的职业道德观念，遵守正确的职业道德规范，以便更好地推动社会发展。综上所述，笔者根据当前在风景园林职业实践中的典型问题提出相应的实践准则。

1. 问题一：不符合公众利益，唯领导 / 甲方是从

一些设计师甚至技术专家不讲原则，明明知道是错的，也不发表意见，不给出正确的建议。只要是领导确定的，不管对错都能给出技术上的解释。为迎合某些领导的政绩欲望，运用技术手段、合法程序来达到目的（申世广，2007）。

2020年，国家自然资源督察机构对全国31个省（区、市），开展以耕地保护为重点的土地例行督察。自然资源部对57个土地例行督察发现的耕地保护重大问题典型案例进行公开通报。其中，违法占用耕地和永久基本农田挖田造湖造景问题28个；地方政府及部门责任落实不到位，非法批地、监管不力、管理职责不落实等问题7个；虚假整改、应付干扰督察问题7个；补充、复垦耕地不实问题15个。例如武汉市光谷韵湖公园违法占用耕地（图9），现需对侵占部分进行拆除复耕，拟拆除内容包括园路、木栈道、儿童乐园、厕所等。此公园违法占用未经批准的耕地，导致部分村民无法入保，占用水源地严重破坏了公众利益。城市公园的建设应当符合当地的实际利益，贴近当地民众的现实需求，这一点值得风景园林师去反思。笔者针对以上现象提出风景园林师的职业准则（一）（图10）。

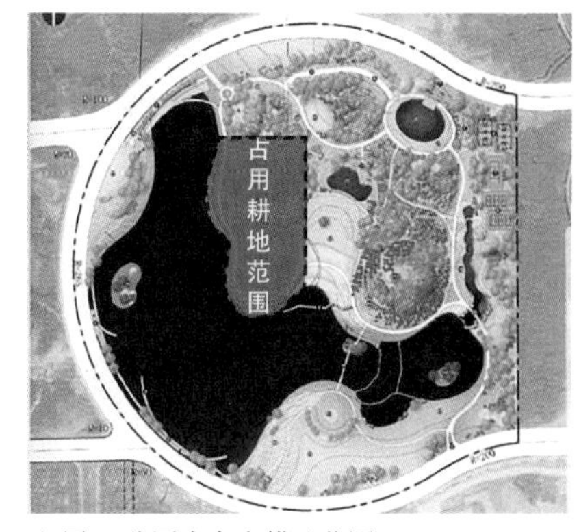

▲图9 公园内存在耕地范围

风景园林师依照法律、标准、规范来进行职业活动，他们的职业活动应该符合并提高公众利益

准则1 · 如果在一个项目的工作过程中，意识到委托人或雇主作出的决定违背了法律法规，并判定这个项目会对公众的安全造成实质性的危害，那么应该：

①建议他们的委托人或雇主改变这个决定；

②拒绝同意这个决定；

③把委托人或雇主的这个决定向当地的建筑监管部门或主管相关法律和规章的官方机构报告，除非设计师有其他能够圆满解决的途径

准则2 · 应避免造成与雇主或委托人相关的所有已知的或潜在的利益冲突，且应及时告知雇主或委托人所有可能影响到他们的判断或服务质量的商业关联 / 利益或情况

准则3 · 当设计师通过自己的研究，确信某个项目不可行时，应该向他们的雇主或客户提出建议

准则4 · 设计师在其职业交往活动中应该坦率和真诚，应该使委托人恰当地了解他们的项目

准则5 · 不得通过夸大成果，故意或者不计后果地误导现有的或潜在的委托人，不得宣称他们可以通过违反相关法律或者本准则来取得成果

▲图10 风景园林师的职业准则(一)

2. 问题二：缺乏质量意识，一味追求经济利益

在规划设计时，有的设计师不仔细进行现场调查，不认真分析资料，不研究区位和历史，更不研究地质、气象和人文条件，甚至不顾地形图上已标明的地形、地貌现状。以不违法、不违标为底线，只要完成任务，拿到钱就行，一味追求经济利益，最终导致设计失败，造成不好的影响（庞瑀锡，2015）。例如，由上海裕都集团投资20亿元打造的龙潭水乡古镇，该项目位于成都市成华区龙潭总部经济城核心区，占地面积220亩，经过4年打造和建设后完成。由于设计师前期规划定位不准确，最终在运营4年后成为成华区龙潭总部经济城中的一座“空城”。最初招商的50多户商家几乎全部关门（图11）。针对以上设计师一味追求经济利益，不顾作品质量的现象，笔者提出风景园林师的职业准则（二）（图12）。

a. 建成之初

b. 运营失败

▲图11 成都龙潭水乡古镇

质量第一，精心设计，为公众提供合格的设计作品

- 准则 1 · 在规划设计过程中，风景园林师不仅要进行自然环境、生态状况方面的考察，还要进行社会环境、人文环境方面的考察；要了解风景园林每个部分的作用及其主要交通设施
- 准则 2 · 风景园林师需要配合规划及建筑专业的设计师并与其协同工作，以便设计出最合理的规划布局和总图方案
- 准则 3 · 要对项目有准确的市场定位预估，以指导后续的设计工作
- 准则 4 · 风景园林师对各种景观元素进行细节推敲，并通过绘制各类效果图、示意图来展现预期的图景效果
- 准则 5 · 对园区场地、道路、构筑物、园林建筑的尺寸规格和材料形态等进行反复修改，直至最终落地
- 准则 6 · 要明确种植设计中的树种、种植点位及搭配；要根据建筑、机电等专业的设计要求，合理调整景观设计内容
- 准则 7 · 风景园林师要全面了解各类场地的尺寸以及常规的工程做法，深入了解各类施工材料的用途及使用方法，熟悉各类乡土树种的习性
- 准则 8 · 要对建设成本和投资成效有足够的考虑，从而尽量保证设计的合理性和可实施性
- 准则 9 · 风景园林师必须重视施工现场的配合，要到现场确认施工样板和施工材料，对施工方提出要求并进行指导，及时解决施工中的问题

▲图 12 风景园林师的职业准则（二）

3. 问题三：设计师不提高自身能力，不与时俱进

一些设计师不求精品，凡事一混了之，靠老本，只要能找到活就行。不注重新知识、新技能的补充和提高，对于生态知识、历史文化、空间理论等都不关心。认为技术是有些过时，但只要不出事就行，不担心自己找不到事情做。笔者针对以上现象提出风景园林师的职业准则（三）。一些设计师凭借过去的经验进行规划设计，但是时代需求已经改变，很多设计在现在不仅不合时宜，还可能会产生较大问题。例如大理市洱海流域苍山十八溪入湖河道治理工程，投资 3 亿元在河底“抹水泥”（图 13），把自然溪流变成了人工水渠，去做防渗，修建大量的人工堤坝。这将导致当地生物多样性的丧失，河道失去自净能力，水土涵养功能被人为阻断。水流加速反而加大了道路涵洞的泄洪压力，这事实上跟工程目标背道而驰。针对这类设计师自身水平不够导致作品失败的现象，笔者提出风景园林师的职业准则（三）（图 14）。

▲图 13 大理苍山十八溪入湖河道治理河底“抹水泥”现象

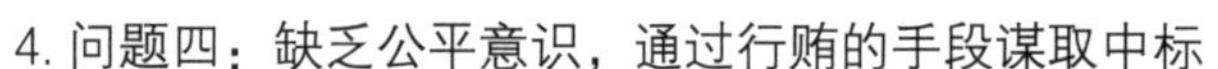

4. 问题四：缺乏公平意识，通过行贿的手段谋取中标

一些设计师在规划设计中贪污行贿，败坏行业风气。笔者针对这种贪污行贿等不公平现象提出风景园林师的职业准则（四）（图 15）。

风景园林师应该保持和提高他们专业水平，致力于自身的成长和发展

- 准则 1 · 设计师应该努力提高自身的专业知识和技能，如与设计相关的理论知识以及各类绘图软件的使用
- 准则 2 · 设计师应不断地提高自身的审美、教育、研究、训练和实践

▲图 14 风景园林师的职业准则（三）

当与将建项目或在建项目利益相关时，设计师不应给官员提供或创造任何形式的报酬，以影响官员作出公正的判断

- 准则 1 · 在一个公众职位就职时不应接受旨在影响他们判断的报酬或礼物
- 准则 2 · 发现设计师行贿或官员的贪污受贿行为要及时举报

▲图 15 风景园林师的职业准则（四）

5. 问题五：设计作品抄袭，缺乏原创性

作为一名设计师，对自身而言，想要在业界与圈外走出一条康庄大道，首先就要有好的原创作品、要有自己独特的风格。一个设计作品最大的价值就在于它的原创性。设计师本着对自我负责的精神，也不应去抄袭、模仿，做创意的搬运工。但有的设计师缺乏原创性，一味抄袭搬运，造成了设计作品雷同的现象。例如苏州的地标建筑塔影桥，当地居民也将其称为苏州“伦敦桥”。这座塔桥具有两处廊桥和四座塔楼，属于典型的欧洲古典建筑风格，其外形和构造与英国的伦敦塔桥极其相似（图 16）。针对这类作品一味照搬照抄、缺乏原创性的现象，笔者提出风景园林师的职业准则（五）（图 17）。

a. 苏州塔影桥

b. 英国伦敦塔桥

▲图 16 作品抄袭现象

综上所述，合格的风景园林师必须具有良好的职业道德。职业道德是园林师职业的基本组成部分，是为社会和公众服务的职业精神的具体体现，它既是对整个行业行为的基本规范，也是对从业人员的基本要求（李向锋，2013）。

设计师有义务尊重和认可同行的职业追求和贡献，应尊重同行及业内人士的设计作品

准则 1	· 设计师不得在未得到原创设计师明确授权的情况下挪用其知识产权或不适当地利用其创意；设计师应将职业声誉建立在自己的服务和表现上
准则 2	· 设计师不得恶意或不公正地批评其他设计师或他们的工作，或企图败坏其名誉
准则 3	· 如果设计师被要求承接某项委托，而他已经知道另一名建筑师正准备承接此项委托，他必须要求客户告知那名设计师
准则 4	· 设计师必须为其同事或雇员提供良好的工作环境，公平地给予报酬，并为他们的职业发展创造条件

▲图 17 风景园林师的职业准则（五）

■ 参考文献

何怀宏，2015. 伦理学是什么：人文社会科学是什么 [M]. 北京：北京大学出版社 .

李向锋，2013. 寻求建筑的伦理话语：当代西方建筑伦理理论及其反思 [M]. 南京：东南大学出版社 .

李砚祖，2005. 从功利到伦理——设计艺术的境界与哲学之道 [J]. 文艺研究，27（10）：100-109.

庞瑀锡，2015. 现代风景园林整体性框架背景下风景园林师的培养 [J]. 中国林业教育，33（4）：1-6.

沈洁，2012. 风景园林价值观之思辨 [D]. 北京：北京林业大学 .

沈洁，王向荣，2015. 风景园林价值观之思辨 [J]. 中国园林，31（6）:40-44.

申世广，2007. 培养风景园林师的职业道德意识——对风景园林学科专业教育的思考 [C]// 中国风景园林学会 2007 年全国风景园林教育研讨会论文集 .52-55.

盛宇坤，2013. 风景园林的伦理意蕴——从海德格尔“诗意地栖居”论 [D]. 杭州：浙江大学 .

王海明，2006. 人类中心主义与非人类中心主义辩难 [J]. 辽宁大学学报（哲学社会科学版），29（2）：1-5.

王海明，2010. 伦理学究竟研究什么 [J]. 阴山学刊（社会科学版），23（3）:5-11.

王海明，2019. 伦理学定义、对象和体系再思考 [J]. 华侨大学学报（哲学社会科学版），40（1）：26-48.

许启贤，1989. 伦理学研究初探：学术研究指南丛书 [M]. 天津：天津教育出版社 .

杨锐，2011. 风景园林学的机遇与挑战 [J]. 中国园林，27（5）：18-19.

余仕麟，2004. 伦理学概论 [M]. 北京：民族出版社 .

■ 思想碰撞

本讲以建设和谐的人地关系为指导思想，以关怀土地和土地上的自然、生命和人文过程为伦理基础，以“问题”为导向，跨学科讨论了城市、乡村聚落和自然区域的景观规划知识。针对人地关系，有人认为，随着科学技术的不断发展，人类经历了从不了解自然时的畏惧自然到慢慢地认识自然，终有一天会通过不断地探索征服自然（人定胜天）；也有人认为，我们不能完全依赖于现代科学技术，将自己武装成“超人”和“超人”的城市——构造一个远离自然过程的安全堡垒，而应给现代科技插上土地伦理的翅膀，成为“播撒美丽的天使”（天人合一）。你认同上述哪种观点呢？

■ 专题编者

岳邦瑞

高李度

王晨茜

美学 25讲

流淌的审美之川

自古希腊以来，哲学家们就经常思考什么是美，怎样欣赏美，美是否有规律可循。随着时间的流逝，“美”的评判标准在不同的时代差异巨大。直到今天，这些问题依然没有定论……在人类孜孜以求追寻美的道路上，园林无疑是展现不同时代美学思想的极佳载体。我们不仅可以看到理性美的代表——法国古典主义园林，也可以看到浪漫美学的演绎——英国自然风景园，更可以看到五彩斑斓的现代艺术流派影响下涌现的引领时代潮流的风景园林作品……本讲将带你领略风景园林实践中的美学价值规范。

学科书籍推荐：

《谈美》朱光潜
《美学》黑格尔 著，寇鹏程 译

美学的学科内涵

1. 美学的基本概念

“美”似乎是人类与生俱来的追求，但当询问人们什么是美、为什么美时，却鲜有确切答案。美学正是为此诞生的学科，旨在回答：①从现象上指明美在哪里；②从依据上解释为什么美；③从本质上剖析美是什么；④从实践上指导如何欣赏和创造美。美学研究美的本质、定义、感觉、形态以及审美等基本问题，是研究“人的全部审美关系及意识”最一般规律的人文学科（朱立元，2016）。

2. 美学的研究对象和特点

美学的研究对象是人与世界之间的一切审美现象或审美活动，从主观、客观和主客辩证统一这三个方面研究审美对象和意识、物化形态的本质和特征（寇鹏程，2013）。

美学研究具备如下特点：①客观性与社会性的统一；②形象性与理智性的统一；③真实性与功利性的统一；④内容美与形式美的统一。

3. 美学的发展历程

中西方的美学发展具有一定差异。西方美学发展历程可划分为 4 个阶段：①本体论阶段（古希腊早期 ~16 世纪），以“本体”或者“存在”为思考中心，追寻美的共同本质；②认识论阶段（文艺复兴 ~19 世纪），以自身的认识能力、途径和方法为思考中心，从人的角度探求为什么发生审美活动；③语言论阶段（19 世纪末 ~20 世纪初），探求人如何用语言清晰地表达对世界的认识；④西方现代美学阶段（20 世纪初至今），发展出“科学主义美学”和“新人本主义美学”两大思潮，前者追求研究的精确、客观和科学可靠，想把美学建设成精确的学科；后者强调审美活动中人本身所起的决定作用（图 1）。

柏拉图
Plato

本体论阶段（古希腊早期 ~16 世纪）

· 有用即美，反之，无用

· 美的本质在于美的理式，即事物的共性与普遍本质

亚里士多德
Aristotle

· 亚里士多德把美的形式归结为“秩序、匀称与明确”，认为美的事物的各部分应有一定的安排，且体积应有一定的大小

认识论阶段（文艺复兴 ~19 世纪）

笛卡尔
Descartes

· 欧洲大陆理性主义美学思想的主要观点有：美学以理性为最高标准，只有理性与真才美；美被归结为一种预先存在的理性秩序，美是预定的和谐

休谟
David Hume

· 英国经验主义美学思想主要观点是：美不是事物自身的一种性质，只存在于观赏者心里，不同的观赏者见出不同的美

语言论阶段（19 世纪末 ~20 世纪初）

维特根斯坦
Ludwig Wittgenstein

· 西方美学的视野里，语言具有二重性：一方面是符号；另一方面又是本体是人的“存在的家园”

西方现代美学阶段（20 世纪初至今）

托马斯·门罗
Thomas Munro

· 科学主义美学认为“美”是一种无意义的形而上学的伪概念；“美”仅存在于人们对对象的情感态度的表达，或存在于艺术活动的传统与习俗中

克罗齐
Croce

· 新人本主义美学以人为起点、核心和归宿来探究审美现象，强调直觉在审美活动中的生成、构成作用

▲图 1 西方美学的发展历程

中国美学发展历程可分为 3 个阶段：①中国古典美学（先秦至清），以天人合一为内在精神，以儒、释、道为三原色，历经各朝发展，理论众多；②中国近代美学（清末至 20 世纪中叶），学者们横向转译西方美学，并运用西方美学观念对中国古典美学进行纵向反思，开启了中国美学的现代转型；③中国现代美学（20 世纪中期至今）发展为主观论美学、客观论美学、主客观统一论美学、实践论美学 4 个派别（图 2）。

美学的研究内容与知识体系

1. 美学的研究内容

纵观美学发展历程及趋势，其研究范围大抵可分为 5 个部分：①美学的哲学基础问题，研究美学本质与外延；②美学的自身规律问题，研究一切审美现象及其规律；③美学的演进及其历史发展规律；④各门类艺术中的美学问题，建立以艺术为专门研

究对象的多门类美学；⑤研究美学和其他社会科学的关系问题，运用其他社会科学的最新成果，创立以美学为中心的边缘科学（张松泉，1985）（图3）。

美学研究内容
- 美学的哲学基础问题：美的本质；美的产生；美与人的关系；美学与经济基础的关系；美学与社会存在的关系
- 美学的自身规律问题：美学范畴；美感的产生；审美（审美意识、审美观点、审美理想、审美趣味、审美标准）；艺术审美教育
- 美学的演进及历史发展规律：东方古典美学；东方近现代美学；西方古典美学；西方近现代美学
- 各门艺术中的美学：音乐美学；舞蹈美学；体育美学；戏剧美学；电影美学；绘画美学
- 以美学为中心的边缘学科：环境美学；艺术心理美学；创作心理美学；审美教育学；分析哲学美学；生态美学

▲ 图3 美学的研究内容

2. 美学的基础研究框架

美学是研究“美的本质与审美关系”的学科，其核心概念包括“美的感受”“美的规律”及“审美活动”。美的感受指人类作为审美主体，对美在生理、心理乃至精神层面的感知特征；美的规律指美的载体在客观上体现的本质、范畴及形态等一般法则；审美活动即主客体的相互作用。三者之间的关系为：美的感受与美的规律相互作用，唤起审美活动，三者共同为美的创造提供依据。其中，对美的感受的研究不断发现美的规律，而对美的规律的研究又进一步促发美的感受（图4）。

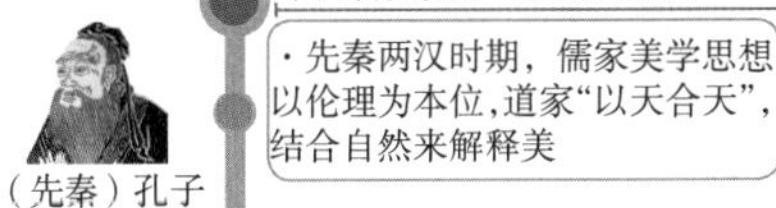
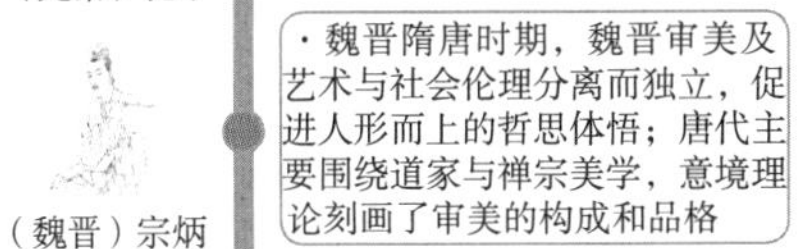
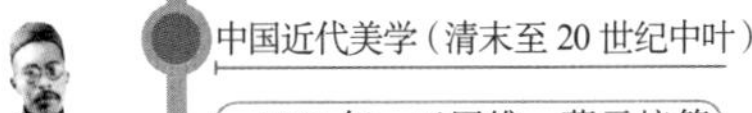

中国古典美学（先秦至清）
（先秦）孔子
·先秦两汉时期，儒家美学思想以伦理为本位，道家“以天合天”，结合自然来解释美
（魏晋）宗炳
·魏晋隋唐时期，魏晋审美及艺术与社会伦理分离而独立，促进人形而上的哲思体悟；唐代主要围绕道家与禅宗美学，意境理论刻画了审美的构成和品格
（清）李渔
·宋至清时期，宋代追求平淡境界，以禅喻诗；明代主张在审美艺术中直率地表现个人的真情实感；清代美学转向为以实学为根基，世俗文化风情喷涌而出
中国近代美学（清末至20世纪中叶）
王国维
·1904年，王国维、蔡元培等人将“美学”一词从日本引入国内，并著书立说、推广美学，此后美学在中国逐渐获得了独立的学科地位
蔡元培
中国现代美学（20世纪中叶至今）
朱光潜
·学界进行了三次中国当代美学大讨论，围绕美本质的观点形成了四大美学流派，对实践美学的全面反思，对建设具有中国特色的当代美学理论作了多方面的有益探索

▲ 图2 中国美学的发展历程

APPLICATION
美学在风景园林中的应用

▲图4 美学的基础研究框架

■ 美学介入风景园林的五大板块

美学与风景园林的交叉与融合古已有之，从时间维度看，可分为5种美学观念：①中国古典主义美学，“体象天地”的山水审美造就了我国造园者独特的园林欣赏与营造情趣；②西方古典美学，将美与艺术等同于形式，通过数理寻求和阐释美的规律；③西方现代美学，从鲍姆加滕的“审美学”到黑格尔的“艺术审美”，再到“丑的升值”，美的主观意识表达得到了前所未有的解放，开启了长达200余年的现代美学思潮；④环境美学，20世纪60年代审美的范围从艺术扩大到自然与环境，开始倡导参与性的、基于自然欣赏与科学认识的环境美学观念，激发景观设计师对环境中“何为美”的思考；⑤生态美学，20世纪70年代全球生态危机，生态美学应运而生，并与景观审美评估、生态艺术设计等应用领域紧密联系（沈洁 等，2015）（图5）。

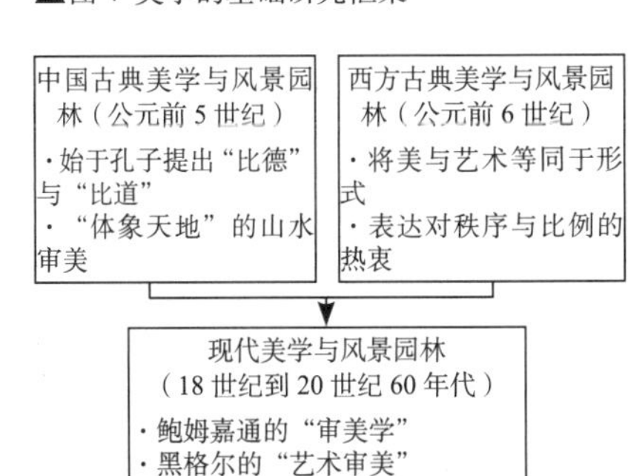

▲ 图5 美学介入风景园林的发展脉络

■ 五大板块的美学流变与风景园林应用

笔者将五大美学板块置于时间维度，研究其流变关系及对风景园林应用的影响，并归纳总结了各自的思想起源以及园林设计策略（图6、图7）。

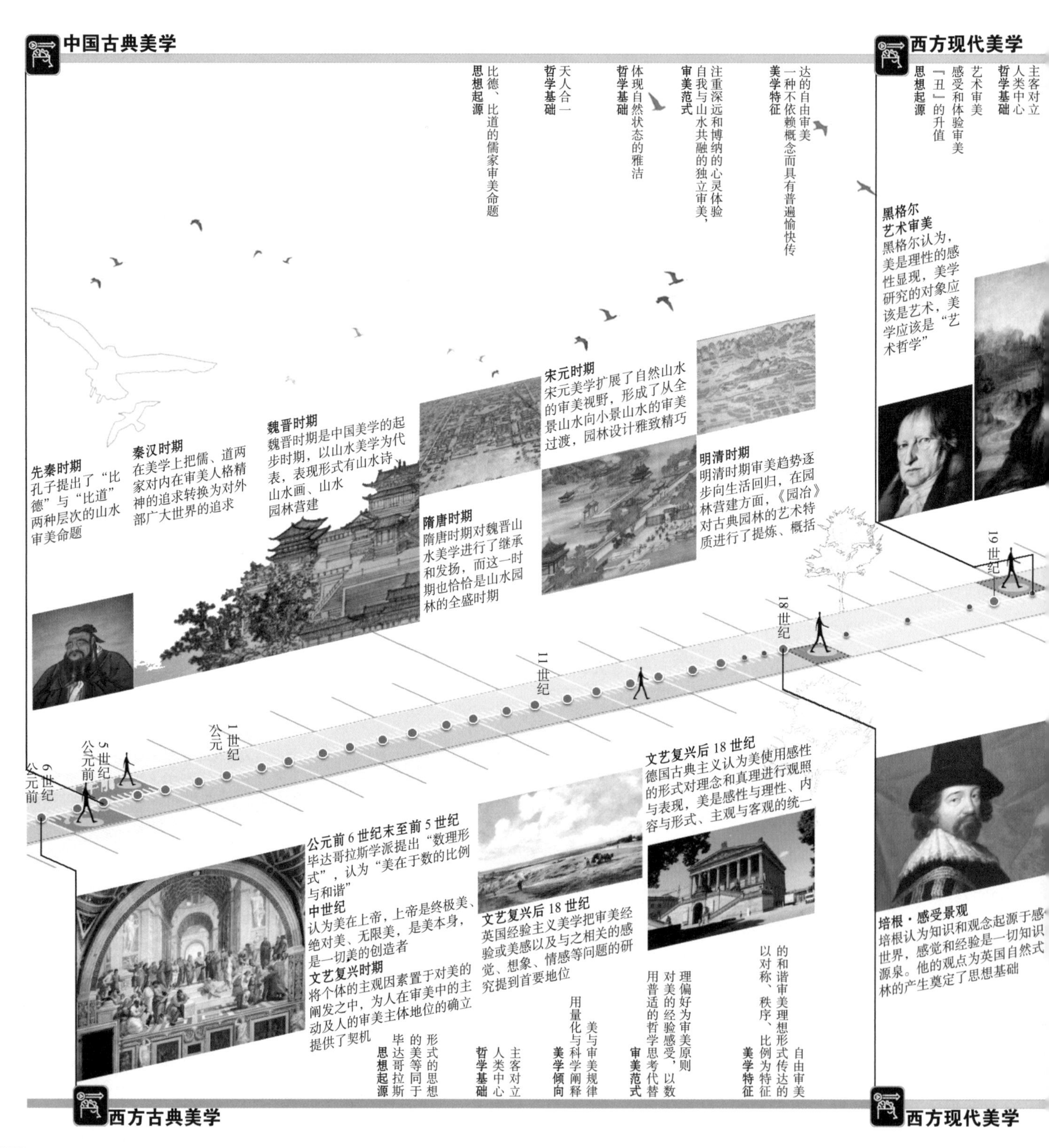

中国古典美学
思想起源
比德、比道的儒家审美命题
哲学基础
天人合一
哲学基础
体现自然状态的雅洁
审美范式
自我与山水共融的独立审美，
注重深远和博纳的心灵体验
美学特征
一种不依赖概念而具有普遍愉快传
达的自由审美
西方现代美学
思想起源
『丑』的升值
感受和体验审美
艺术审美
哲学基础
人类中心
主客对立
黑格尔
艺术审美
黑格尔认为，美是理性的感性显现，美学研究的对象应该是艺术，美学应该是“艺术哲学”
先秦时期
孔子提出了“比德”与“比道”两种层次的山水审美命题
秦汉时期
在美学上把儒、道两家对内在审美人格精神的追求转换为对外部广大世界的追求
魏晋时期
魏晋时期是中国美学的起步时期，以山水美学为代表，表现形式有山水诗、山水画、山水园林营建
隋唐时期
隋唐时期对魏晋山水美学进行了继承和发扬，而这一时期也恰恰是山水园林的全盛时期
宋元时期
宋元美学扩展了自然山水的审美视野，形成了从全景山水向小景山水的审美过渡，园林设计雅致精巧
明清时期
明清时期审美趋势逐步向生活回归，在园林营建方面，《园冶》对古典园林的艺术特质进行了提炼、概括
公元前6世纪
公元前5世纪
公元1世纪
11世纪
18世纪
19世纪
公元前6世纪末至前5世纪
毕达哥拉斯学派提出“数理形式”，认为“美在于数的比例与和谐”
中世纪
认为美在上帝，上帝是终极美、绝对美、无限美，是美本身，是一切美的创造者
文艺复兴时期
将个体的主观因素置于对美的阐发之中，为人在审美中的主动及人的审美主体地位的确立提供了契机
文艺复兴后18世纪
英国经验主义美学把审美经验或美感以及与之相关的感觉、想象、情感等问题的研究提到首要地位
文艺复兴后18世纪
德国古典主义认为美使用感性
的形式对理念和真理进行观照
与表现，美是感性与理性、内
容与形式、主观与客观的统一
培根·感受景观
培根认为知识和观念起源于感
世界，感觉和经验是一切知识
源泉。他的观点为英国自然式
林的产生奠定了思想基础
思想起源
毕达哥拉斯的美等同于形式的思想
哲学基础
人类中心
主客对立
美学倾向
用量化与科学阐释美与审美规律
审美范式
用普适的哲学思考代替对美的经验感受，以数理偏好为审美原则
美学特征
以对称、秩序、比例为特征的和谐审美理想形式传达的自由审美
西方古典美学
西方现代美学

斯 伯克 布朗
加斯和伯克的影响
布朗使用“蜿蜒曲
设计英式自然风景
提出园林应摹仿自
美，并且修正自然
无心之失”

现代艺术
对于现代艺术而言，是否具备“美”不再是判定一件物品是否属于艺术的必要条件，美与艺术也就从此分道扬镳

多样化的艺术流派
现代艺术早期的立体主义、超现实主义、风格派、构成主义，到后来的大地艺术、极简艺术、波普艺术……

纪末，人们就
，是否能成为
价值的唯一标
开了争论，导
丑”的升值

……画的艺术审美
艺术作品表达主观意识的感受

审美范式 以重新回归感性经验作为审美的基础，将哲学思辨回归对实践经验的总结

美学特征 打破了规则的几何形式与流畅的曲线形式之间的藩篱，追求美的个性表达

环境美学

思想起源 对黑格尔『艺术哲学』的批判

哲学基础 主客二分但不对立思想兼而有之

美学倾向 审美与生存息息相关 人类审美与环境功能统一 环境之美无处不在

审美范式 参与体验式的审美 审美遵从整体 审美遵循功能 自然科学协助审美欣赏 理性分析审美

美学特征 引导对自然友好的环境鉴赏模式 着重对环境美的描述分析

起因
反思和批判自黑格尔以来占主导的“艺术哲学”，将审美范围从艺术扩大到自然与环境

罗纳德·赫伯恩
《当代美学与自然美的忽视》一文是最早的生态美学论述，该文论证了自然欣赏在人类审美体验中发挥着无可替代的作用，为环境美学的产生提供了合法性论证

艾伦·卡尔松
基于建构主义思想，初步界定了环境美学的研究性质与范畴，将之扩大为“对于各种环境的审美欣赏”。提出了“自然本美”的审美伦理雏形

约·瑟帕玛
遵循客观主义建构取向，从分析美学角度试图建构环境美学模型，研究环境美以及对于环境之美的各种批评

阿诺德·伯林特
遵循整体主义建构取向，侧重对环境美学的描述和阐释，注重环境体验的感知与描述，旨在描述趣味和各种价值体系

史蒂文·布拉萨
遵循整体主义取向建构景观美学的理论，从生物法则、文化规则和个人策略三个方面来解释景观审美问题

20世纪　20世纪60年代　20世纪70年代　21世纪　2020年

约瑟夫·米克
发表《走向生态美学》一文，根据生物学、生态学知识反思与重构审美理论是该文的思想与理论内涵

利奥波德
生态美学的理论根源是1949年出版的《沙乡年鉴》一书，利奥波德提出的“大地伦理学”为生态美学奠定了最初的思想基础与理论框架

贾苏克·科欧
其《生态美学》一文，将其生态设计理念界定为生态美学，在批判风景美学的基础上，提出了3个原则，作为美学的生态范式

保罗·戈比斯特
《为了森林景观管理的生态美学》一文揭示了生态价值与审美价值的冲突，提出生态美学基本要素与理论框架，明确生态美学的知识来源，进一步为生态美学的实践应用提供了路径

曾繁仁
出版《生态美学的理论建构》一书，详细界定了狭义与广义的生态美学，吸收西方环境美学观点，构建中国当代生态美学范畴，提出生态美学的研究思路与理论内涵

程相占
出版《生态美学与生态评估及规划》一书，认为生态美学就是“生态审美学”，其核心问题是如何在生态意识引领下进行审美活动，并提出生态审美的4个要点

图例
1个世纪
30年
10年

思想起源 应对全球生态危机目标下现代美学的自我反思

哲学基础 生态整体主义的主客交融 人与自然共处 生态系统平等和谐

美学倾向 协调人类审美价值与自然生态价值之间的潜在冲突

审美范式 以自然科学为审美基础 以自然审美哲学为价值依据 以生态艺术与生态设计为传达工具 以公众感知为评价标准

美学特征 生态学基本原理的遵循 生态伦理的价值思辨 生态哲学的整体研究

生态美学

▲图6 五大美学板块的产生与发展（傅晶，2004；杨文臣，2019；程相占 等，2013；彭立勋，2003）

中国古典美学
产生背景
文人隐逸园林的产生
社会政治动荡引发寄情山水的
设计主旨
虽由人作，宛自天开
以娱休沐，用托性灵
设计策略
因意及景色，托物明志的意向美
模仿自然景观的自然美
缩小造园规模的清秀美
西方现代美学
思想起源
「丑的」升值
形式枷锁
突破古典美掣肘下的
设计主旨
谢灵运
谢灵运在道教、佛教、玄学影响下，形成了清新自然，洁净旷远的山水审美眼光，建造的谢氏庄园记载于《山居赋》中，体现清纯趣味及隐逸情调
石崇
石崇的金谷园诞生于西晋繁盛却腐朽的社会背景下，当时的社会奢侈成风，崇尚享乐，独特的庄园经济使得门阀士族可以轻易获取累世财富
计成
计成的《园冶》是中国第一本专论园林艺术和创作的专著，提出了园林规划设计“虽由人作，宛自天开”这一标准，被视作世界造园名著之一
拙政园
拙政园是中国古典山水园林的代表作；明清时期，文人士大夫争名逐利，隐逸思想越来越淡薄，园林的娱乐、社交功能提升，娱于园取代隐于园；因过分追求形式美和技巧性的艺术思想，中国古典园林艺术逐渐走向衰亡
兰斯洛特·布朗
主张通过大片起伏的草地、不规则形状的水域和防护林带打造自然风格，形成了现代英式花园的雏型；其代表园林有邱园、查兹沃斯庄园等
公元前6世纪
公元前5世纪
公元1世纪
11世纪
18世纪
19世纪
布雷·马克斯运用流动、有机、不对称、自由的形式设计园林，其设计手法有非常鲜明的特点：抽象平面、马赛克、本土植物、水景；认为“艺术之间没有隔阂”
布雷·
西方古典园林时期
西方古典园林经历了意大利台地园、法国勒诺特尔式园林等各种园林样式风靡的时期，其中法国勒诺特尔式园林最具代表性，其以比例和谐、几何对称为美，认为艺术在自然之上
勒诺特尔
在造园布局上讲究对称性的轴线结构和几何布局，形成了风靡欧洲长达一个世纪的园林样式
沃勒维贡特庄园
标志着古典主义造园时代的到来，取代了意大利文艺复兴式花园
凡尔赛宫苑
玛莎·施瓦茨
甜甜圈
设计策略
笔直的道路轴线
规整修剪的植被
点线面的整体构成
几何式的平面划分
设计主旨
秩序清晰
比例和谐
整体统一
焦点集中
产生背景
象征意义的景观
欧洲绝对君权制度
西方古典美学
西方现代美学

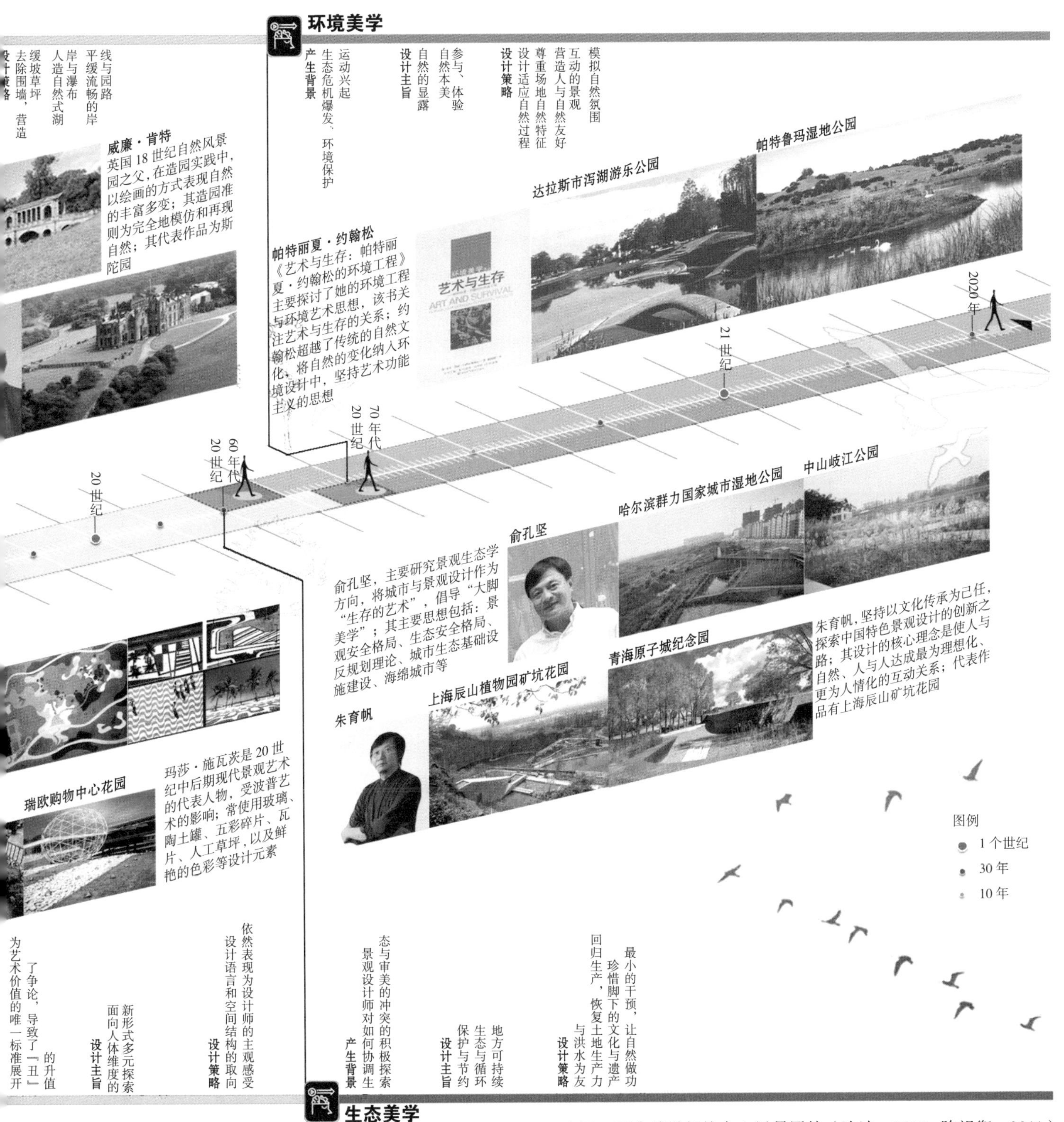

环境美学
产生背景
生态危机爆发、环境保护运动兴起
设计主旨
自然的显露
自然本美
参与、体验
设计策略
设计适应自然过程
尊重场地自然特征
营造人与自然友好互动的景观
模拟自然氛围
设计策略
去除围墙，营造缓坡草坪、人造自然式湖岸与瀑布、平缓流畅的岸线与园路
威廉·肯特
英国18世纪自然风景园之父，在造园实践中，以绘画的方式表现自然的丰富多变；其造园准则为完全地模仿和再现自然；其代表作品为斯陀园
帕特丽夏·约翰松
《艺术与生存：帕特丽夏·约翰松的环境工程》主要探讨了她的环境工程与环境艺术思想，该书关注艺术与生存的关系；约翰松超越了传统的自然文化，将自然的变化纳入环境设计中，坚持艺术功能主义的思想
环境美学
艺术与生存
ART AND SURVIVAL
达拉斯市泻湖游乐公园
帕特鲁玛湿地公园
20世纪
60年代
20世纪
70年代
20世纪
21世纪
2020年
俞孔坚
俞孔坚，主要研究景观生态学方向，将城市与景观设计作为“生存的艺术”，倡导“大脚美学”；其主要思想包括：景观安全格局、生态安全格局、城市生态基础设施反规划理论、海绵城市等
哈尔滨群力国家城市湿地公园
中山岐江公园
青海原子城纪念园
上海辰山植物园矿坑花园
朱育帆
朱育帆，坚持以文化传承为己任，探索中国特色景观设计的创新之路；其设计的核心理念是使人与自然、人与人达成最为理想化、更为人情化的互动关系；代表作品有上海辰山矿坑花园
瑞欧购物中心花园
玛莎·施瓦茨是20世纪中后期现代景观艺术的代表人物，受波普艺术的影响；常使用玻璃、陶土罐、五彩碎片、瓦片、人工草坪，以及鲜艳的色彩等设计元素
图例
1个世纪
30年
10年
为艺术价值的唯一标准展开了争论，导致了『丑』的升值
设计主旨
面向人体维度的新形式多元探索
设计策略
设计语言和空间结构的取向依然表现为设计师的主观感受
产生背景
景观设计师对如何协调生态与审美的冲突的积极探索
设计主旨
保护与节约、生态与循环、地方可持续
设计策略
与洪水为友
回归生产，恢复土地生产力
珍惜脚下的文化与遗产
最小的干预，让自然做功
生态美学

▲图7 五大美学板块介入风景园林（沈洁，2017；陈望衡，2011）

面向未来的风景园林美学价值规范

5 种美学思想本质上体现了不同时期风景园林的价值规范变化。虽然从人文科学的研究性质来看，美学是“求善”的规范研究，并不能对各类美学思想进行简单的对错、优劣判断。但风景园林作为具备工科性质的应用型学科，必须以现实问题的解决为核心目标。因此，面对各类美学思想，如何构建能够适应当下与未来生态文明建设、社会发展需求与公众喜闻乐见的美学价值规范，是风景园林学科亟待解决的问题。

基于此，笔者从“正当性”与“合意性”两个层面进行探讨：①正当性属于规范价值判断，可理解为各类美学思想所倡导的价值标准是否遵循自然规律，是否符合国家发展建设所建立的法律法规；②合意性指的是各类美学指导下的风景园林实践项目是否能适应公众偏好。在正当性与合意性发生矛盾时，我们认为应该做到以正当性为基础的合意性协调，简言之，即正当性为底，合意性为顶。在满足正当性的前提下，寻求适应合意性的最优路径（图 8）。

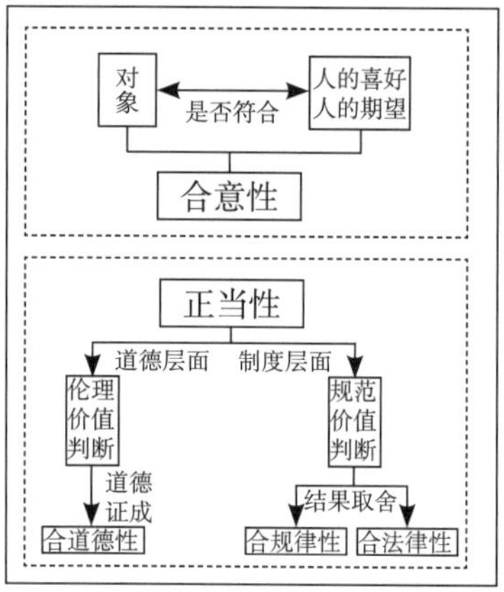

▲ 图 8 正当性与合意性概念图示

基于以上重新审视风景园林的美学思想，在正当性方面，笔者认为：①现在美学所强调的个体意识的肆意发挥使得公共景观环境一度成为设计师的试验场、艺术家的画布，对自然规律缺乏认识的妄为是造成现代全球生态危机的重要因素。②中国古典美学虽然能强化我国受众的归属感,其自然观也在一定程度上契合了时代发展的理念，但其文人士大夫的精英主义或强化统治的皇权意识显然已与社会意识脱节，在其引导下的园林物质形态特点也愈发难以匹配现在渐趋复合的环境需求。③环境美学突破了艺术审美的藩篱，而走向自然审美，强调认识、参与、理解的自然审美范式极大地促进了人与自然之间的平等与共处。但归根结底，这更像是对人类景观审美的一次“美育”，一厢情愿的灌输显然更需要时间接受，单纯审美取向的研究并没有上升到应对现实问题的层面，要将其置于面向未来的园林美学指导地位未免捉襟见肘。④生态美学在一定程度上是对环境美学的继承与发展，强调应对生态危机的学科起点使其直面生态、审美之冲突，学科架构更宏观，也更具学科融合性。其整体主义建构的一元哲学基础、人与自然平等和谐的终极目标，遵循了全球生态系统循环演替的自然规律，也符合我国生态文明建设的基本方针，是各类美学思想中正当性的最优匹配。

从合意性来讲，生态美学提出的整体路径需要设计师的创造性与公众的科学素养共同提升，这将是一个漫长的过程。在此过程中，中国古典美学、现代美学和环境美学的多元介入将会发挥重要的作用。如中国古典美学思想的介入能够强化地方与传统特征，促进受众在生态景观中产生场所共鸣；现代美学思想将影响设计师更具个体创造性地营造景观，探寻显露自然、生态可视化、生态教育等多元的路径与形式；环境美学思想将启发设计师从人地互动的角度优化景观，进而促使受众对景观的态度由短时的浅层感知走向参与性的深层认识。这些美学思想的介入都能够在保护自然、维护生态的基础上进一步优化公众对景观项目的审美体验，以达成公众偏好的协调功能，因此都是协调合意性的可选路径。

综上所述，面向未来的中国风景园林美学价值规范应当以生态美学为基础，是中国古典美学、环境美学与现代美学等的多元协调。值得说明的是，本文探讨的是各种美学思想价值规范的内核问题，同一内核指导的物质外显形态将会随时代的转变而更新迭代，若用固有的景观形式去片面套用某一美学思想是本末倒置的。因此，只有把握各类美学思想的价值内核，融会贯通且不拘一格，才是未来风景园林艺术形态创新的根本逻辑。

最后，笔者将4类美学思想与现代景观生态规划设计的5类基本原则进行了匹配，并建立了不同设计原则下的设计目标，以指导景观实践（图9）。

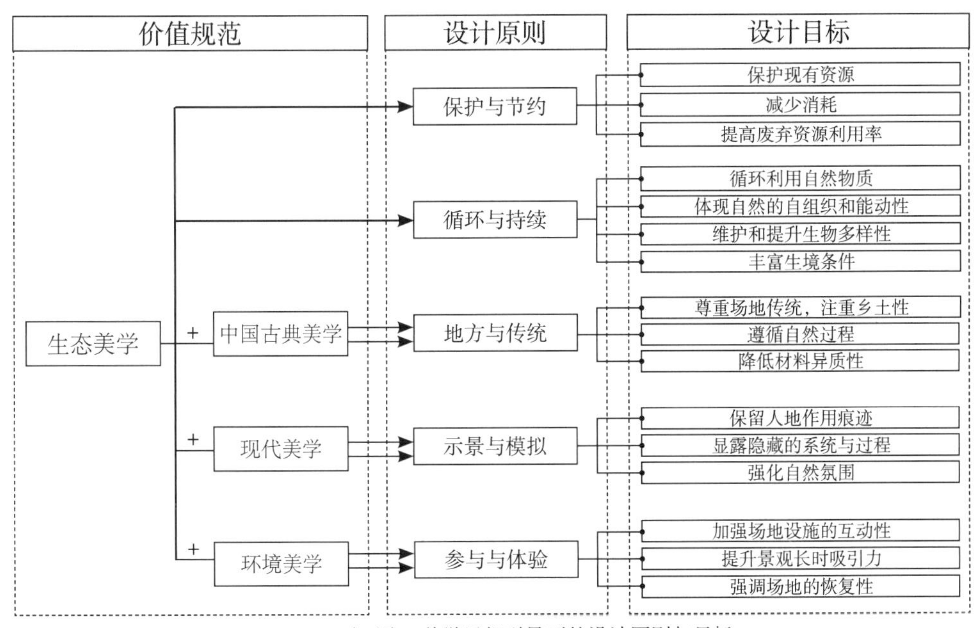

▲ 图9 美学思想引导下的设计原则与目标

CASE
情境化案例

■ 杭州江洋畈生态湿地公园（王向荣 等，2012）

基于上文提出的美学思想、景观规划设计目标和原则，选取了杭州江洋畈生态湿地公园案例，分析其在美学思想指导下的设计原则与目标。江洋畈以生态美学为主要指导思想，兼具现代美学和环境美学思想的影响，以下详细分析其设计原则与措施。

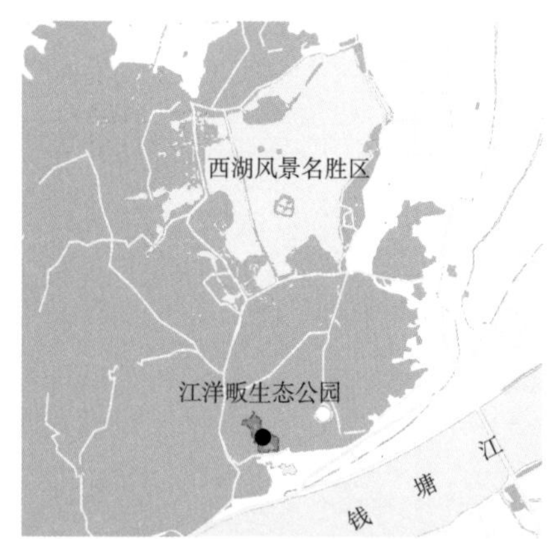

▲ 图 10 江洋畔生态公园区位分析图

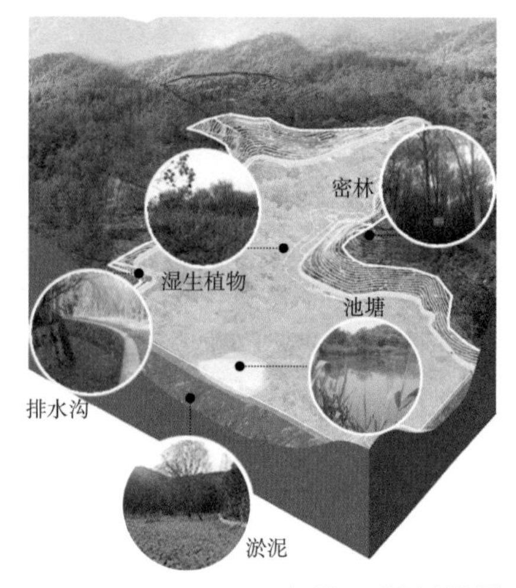

▲ 图 11 场地现状图

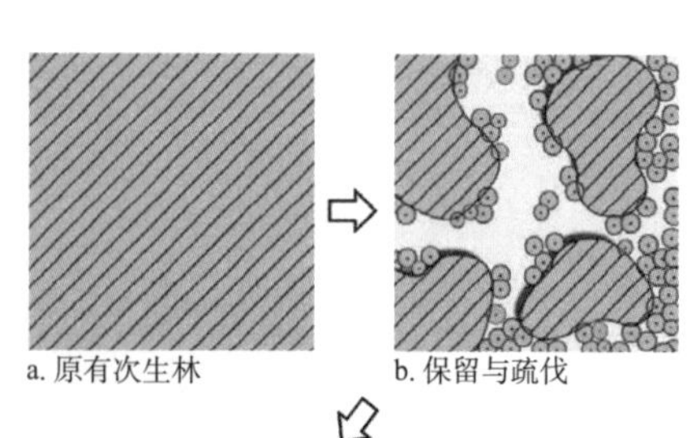

▲ 图 12 植物干预策略

1. 基地概况

江洋畈生态公园位于杭州市西湖风景名胜区凤凰山景区西部，三面环山，南面通透，可远眺钱塘江，规划区位优势明显。总面积约 $20hm^2$，周边有八卦田、吴越国钱王墓遗址、南宋官窑等众多历史遗迹（图 10）。场地原为山间谷地，后容纳了从西湖疏浚出的大量淤泥，淤泥经过几年时间表层自然干化，沉积在淤泥里的水陆植物种子纷纷发芽，形成了以垂柳等湿生植物为主的次生湿地（陈芸，2013）（图 11）。

2. 规划目标与原则

江洋畈本身是千百年来西湖疏浚历史的一部分，有一定的文化价值，通过规划设计，可以与相邻景点形成连贯系统，形成西湖风景名胜区景源互补的格局。江洋畈从山谷变成淤泥库，又变成茂密的次生林地，有一定的生态优势，但由于场地内的大量淤泥导致可达性较差，场地改造难度比较大。

基于此，该项目的总体目标为：①保护和培育原场地的乡土生物种群；②创造独特的雨水湿地景观；③保证游客与大自然亲密互动；④维护和利用淤泥库特有的生态景观，展示不同植物群落的演变过程和独特的生态系统。

3. 规划措施与原则

江洋畔生态公园主要基于生态美学思想进行规划设计，也包含了一些现代美学思想和环境美学思想。基于生态美学思想，江洋畈依据保护与节约原则和循环与持续原则进行规划。其中，依据保护与节约原则的措施包括：①通过清理沉积淤泥，重整地形，提高了废弃资源利用率；②构件设施采用能在湖畔潮湿环境中坚固耐久的、能够与其他材料合理搭接的金属材料，减少了资源消耗。依据循环与持续原则的措施包括：①梳理地被植物，引入动物和昆虫的食源植物、蜜源植物和寄主植物等，维护并提升了生物多样性（图 12）；②运用边缘效应恢复部分沼泽湿地，结合原有场地各类植被，营造多样的场地生境。

基于现代美学思想，江洋畈生态公园依据示景与模拟原则的措施包括：①公园标识系统在外观上融入动植物元素（图 13），园内设立 98 块科普牌，展示公园的历史、地理变迁，生态系统，植被种类，动物种类，生境条件等；②对原有生境进行相应保护，设置生境岛，保留大片原生植被，展示自然演替和自然的自组织与能动性，形成独特的自然和生态文化景观，使公园成为一座露天的自然博物馆。

基于环境美学思想，江洋畔生态公园依据参与、体验原则的措施包括：①公园建成后仍持续进行种植实验，维护植物的观赏效果，提升景观的长时间吸引力；②设置悬浮于淤泥上的栈道，并设置廊架、长座凳和围栏，将游客带入生态系统之中，增强了人与场地的互动性；这种做法不仅为游客带来丰富的视觉体验，也为公园提供了一系列观察平台和休息场所（图 14）。

4. 后期保障措施的监督

公园建成后，由于其特殊的淤泥地质条件，地形、植物、水体等要素仍然处于动态变化之中。公园内引进的部分植物难以适应环境变化，出现消亡或退化现象，逐渐被其他强势植物所替代。因此，设计师持续地观察植物的种类和生长状况，并长期进行植物种植试验，以便引进更适应这里景观变化的物种。

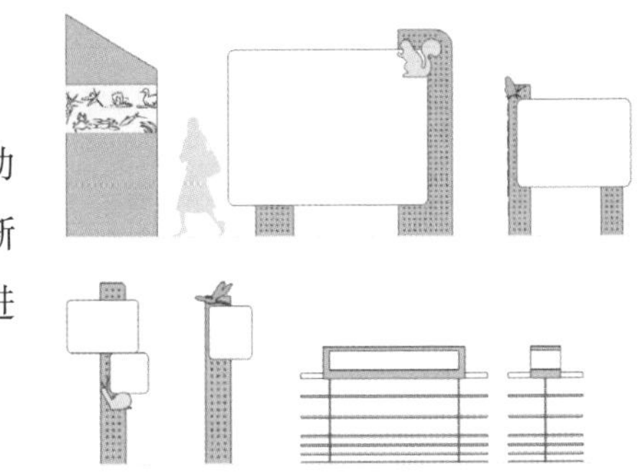

▲ 图 13 公园标识系统设计

设置淤泥上的栈道
在淤泥上设置栈道、观察平台和休息场所，将游客带入生态系统之中，增强人与场地的互动性
选择低成本的生态材料
江洋畔使用了大量的钢材、铝合金和铝镁锰金属，形式简单，施工方便
保护原有生境
用生境岛保留了大片原生植被，以次生湿地植被景观的演替过程作为自然演替的样本，供人参观了解
保护和提升生物多样性
梳理生境岛外的植物，适当疏伐，为下层植物的生长创造条件，引入一些下层植物，并为小型哺乳动物和昆虫提供良好的栖息场所，由此增加生物多样性
创造丰富的生境条件
调整微地形，使雨水汇集到低洼处，恢复部分沼泽湿地，创造更加丰富的生境条件，为动植物提供适宜的栖息环境

▲ 图 14 江洋畔生态公园分析

参考文献

陈望衡，2011. 艺术能够拯救地球——美国当代艺术家帕特丽夏·约翰松的环境工程 [J]. 艺术百家，27（3）：62-66，110.

程相占，伯林特，戈比斯特，王昕皓，2013. 生态美学与生态评估及规划 [M]. 郑州：河南人民出版社 .

陈芸，2013. 杭州太子湾公园与江洋畈生态公园景观设计比较研究 [D]. 杭州：浙江大学 .

傅晶，2004. 魏晋南北朝园林史研究 [D]. 天津：天津大学 .

寇鹏程，何林君，2013. 美学：高等学校规划教材 [M]. 重庆：西南师范大学出版社 .

彭立勋，2003. 论英国经验主义美学的特点和原创性理论贡献 [J]. 华中师范大学学报（人文社会科学版），49（6）：84-91.

沈洁，王向荣，2015. 风景园林价值观之思辨 [J]. 中国园林，31（6）：40-44.

沈洁，2017. 西方园林的美学演进——兼论西方园林的“自然”[J]. 风景园林，25（9）：91-98.

王向荣，林菁，2012. 多义景观 [M]. 北京：中国建筑工业出版社 .

杨文臣，2019. 环境美学与美学重构：当代西方环境美学探究 [M]. 北京：北京大学出版社 .

朱立元，2016. 美学 [M].3 版 . 北京：高等教育出版社 .

张松泉，1985. 美学简论 [M]. 哈尔滨：黑龙江人民出版社 .

思想碰撞

本文从“正当性”与“合意性”的角度分析了既往美学观念，并构建了风景园林美学的价值体系。但在现实中，正当性与合意性之间却时常存在冲突。譬如生态美学作为“以生态价值为基准反观审美特性及其价值序列”的规范性学说，在正当性层面符合时代诉求，值得倡导。但要求审美者既具备主客交融的生态审美意识，又拥有一定的生态学知识，还要克服和超越人类既往的普通审美偏好。其与合意性之间的偏离甚至一度被称为“无人美学”。作为一般公众，你真的能接受这种审美观吗？作为风景园林从业者，你又能否直面这些冲突？

专题编者

岳邦瑞

费凡

赵安琪

王晨茜

环境心理与行为学 26讲

解译情境活动的密码

我们行走于自然山水，也穿梭于钢筋水泥，不同环境与人类心理的关系一直是我们持续思考的问题。围合的私密空间让我们感到安全和放松，拥挤和充满噪声的环境却使我们焦躁不安，甚至做出过激行为；郊野公园的鸟语花香能缓解我们日常的身心疲惫，陌生环境的多变刺激却促使我们不知所措……环境心理与行为学通过对心理活动规律的阐释，帮助我们解译不同情境与个体行为的密码。

学科书籍推荐：

《环境行为学概论》李道增

《环境心理学》（第三版）胡正凡 林玉莲

萌芽时期

费希纳
Fechner

· 1877 年，在《论心理物理学》一书中强调物理刺激在认知研究中的重要性，并形成费希纳定律，将物质刺激与心理感觉之间的关系用公式呈现出来

布伦斯维克
Brunswik

· 1943 年，出版《心理学概念结构》一书，其中着重强调了个体主观能动性的重要作用

爱德华霍尔
E.T.Hall

· 1959 年，出版《无声的语言》一书，描述在不同文化中，空间是如何被利用的，认为空间的使用和语言一样能传达信息

形成时期

凯文 · 林奇
Kevin Lynch

· 1960 年，凯文 · 林奇著《城市意象》，他将人们对城市的意象归纳为 5 种环境要素，该书代表着人类心理行为被引入城市研究

· 1969 年，题为《环境与行为》的第一本以环境心理学为主题的科学杂志创刊

爱特森
W.H.Ittelson

· 1970 年，由普洛尚斯基、伊特尔森和萨默编写的第一部著作《环境心理学：人与他的自然环境》出版

多元发展时期

· 1996 年，建筑环境心理学专业委员会成立，后改名为环境—行为研究学会（EBRA）

· 1981 年，《环境心理学》杂志在英国出版，与《环境与行为》杂志一起，成为这一研究领域的权威学术研究期刊

▲ 图 1 环境心理与行为学发展代表事件

环境心理与行为学的学科内涵

1. 环境心理与行为学的基本概念

环境可以从不同角度、领域和范围对生活于其中的人类产生心理上的影响，进而左右其思想、情感与行为（北京师范大学交叉学科研究会，1994）。本讲所述之“环境心理与行为学”是“环境心理学”与“环境行为学”的合集，因二者在研究范畴与研究目的上有较高的相似性，都是探明物质环境、人类心理、人类行为之间相互影响及作用规律的学科，因此本讲将两个学科合并为“环境心理与行为学”来讨论。

环境心理与行为学一词源于“环境（environment)”“心理（psychology）”和“行为（behavior）”，意为研究地表上影响人类及其他生物赖以生活、生存的空间、资源以及其他有关事物的综合所产生的人脑中认知、思考、记忆等活动的学科，以及人的行为与人所处的物质，社会，文化环境之间的相互关系的学科。即环境心理与行为学研究的是环境与人的心理和行为之间的关系，属于应用社会心理学领域。

2. 环境心理与行为学的研究对象与特点

环境心理与行为学的研究对象包括环境、心理、作用关系。三者又共同构成研究整体，共同达成解决复杂多样环境问题的研究目的。

作为一门应用性、边缘性和交叉性学科，它主要呈现如下特点：①把环境—心理—行为关系作为一个整体加以研究；②强调环境—心理—行为关系是一种交互作用的关系；③研究课题均以问题为指向；④具有较强的多学科性质；⑤以现场研究为主，方法创新、折中（张媛，2015）。

3. 环境心理与行为学的发展历程

环境心理与行为学作为新兴学科，其发展历史经历了 3 个阶段，涌现出多位杰出的学者及重要成果（图 1）：①环境心理与行为学萌芽时期（1960 年以前）：自 19 世纪末以来，许多专家学者开始关注环境、心理之间的关系并开展初步研讨，这为环境心理与行为学学科的形成与独立奠定了基础；②环境心理与行为学形成时期（1960~1980 年）：该时期环境心理与行为学的研究内容从心理研究转向外显行为研究，更将人的行为与环境联系起来，这代表环境心理与行为学的结构体系基本成型；③环境心理与行为学多元发展时期（1980 年至今）：环境心理学家试图从心理学研究中独立出来，并探索独立的研究领域与范式，此后环境心理与行为学从单纯的人与环境间相互作用的研究向环境保护引导、建成环境评价等多方面发展，并在建筑设计、城市规划中有了长足的发展。

环境心理与行为学的研究内容与知识体系

1. 环境心理与行为学的研究内容

从主—客相互作用的角度看，环境心理与行为学的研究内容包含3大板块（图2）：环境美学、环境感知与环境行为：①环境美学旨在探讨引起美感及适宜性行为的客观物质环境所具备的某些特征规律。相关研究从生物习性、心理定式及文化经验等多个角度切入，大抵包括感觉美学、形式美学、象征美学、经验美学等。②环境感知聚焦揭示环境物理特征与人类心理反应间的相互作用关系。从人类感知结构及信息加工过程的角度看，主要包括感觉刺激、知觉适应、认知加工3方面的研究。譬如情感唤起理论、格式塔知觉理论、认知地图理论等诸多学说，均属该板块的经典成果。③环境行为强调从人类的主观外显反应角度归纳相应的环境类别。主要包括涉及个体空间判定及人因工程分析的微观空间行为，关注邻里单元关系、类型造成社群反应的中观空间行为，以及指向宏观环境意象对群体居民活动模式做出引导的宏观空间行为3方面的研究。此外，上述3个板块的研究并非完全独立，近年来在研究问题与范式等多个方面已趋于交融（李道增，1999；胡正凡 等，2012；陈烨，2019）。

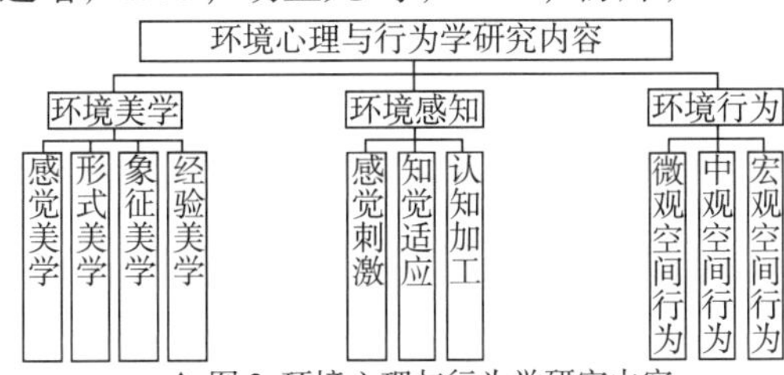

▲ 图2 环境心理与行为学研究内容

2. 环境心理与行为学的基础研究框架

环境心理与行为学是研究环境—心理—行为之间作用关系的学科。从其主干学科心理学来看，环境是刺激源，心理又分为感知与认知两个阶段，行为则是基于心理结果作出的行动反应。因此，环境、感知、认知与行为是环境心理学研究的4个核心概念。环境泛指“围绕某一主体（这里的主体指人）的周围事物”，分为物理环境、社会环境与象征环境；感知是“人类通过器官和组织与外部世界进行的信息交流与传递”，可进一步细分为感觉和知觉过程；认知则指人类结合过去的经验与线索进行的诸如理解、分类、归纳、演绎等信息加工的过程，也可归纳为记忆与思维两类；行为则是受思维结果支配而表现的外在活动。上述4者在环境心理学研究中的作用逻辑为：环境刺激人类感官以获得感知，感知得到人脑的进一步信息加工以达成认知，基于认知结果，人类会选择特定的行为，行为又会进一步影响环境。综上所述，笔者提出环境心理学基础研究框架（图3）。

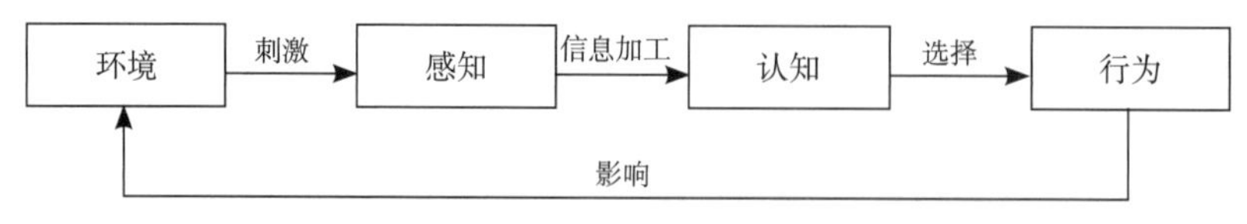

▲ 图 3 环境心理学基础研究框架

APPLICATION
环境心理与行为学的风景园林规划设计知识

■ 环境心理与行为学介入空间的发展历程

环境心理与行为学基础理论介入空间规划设计经历了 3 个阶段（图 4）：第一阶段，环境心理与行为学初步应用阶段，即自 1910 年环境心理学研究被提出以来，经过长期的理论探索，在 20 世纪中叶初步得到实践应用的阶段；第二阶段，环境心理与行为学介入空间规划设计阶段，即 20 世纪 50~70 年代，环境心理学、建筑学，城乡规划等领域产生交集并产生细分理论的阶段；第三阶段，环境心理与行为学介入风景园林规划设计阶段，指随着风景园林学科的崛起，20 世纪 70 年代左右环境心理与行为学研究直接指向风景园林规划设计领域的阶段。

■ 环境心理与行为学介入风景园林规划设计的知识应用

1. 知识框架

环境心理与行为学相关基础知识在风景园林规划设计中的应用分为空间实现研究与使用后评价研究两个板块。并在此基础上形成了环境认知、环境行为与环境评价 3 个研究领域。此处针对 3 个研究领域各选取了与风景园林规划设计相关的理论，形成了环境心理与行为学在风景园林中的应用知识点体系（徐磊青 等，2002）（图 5）。

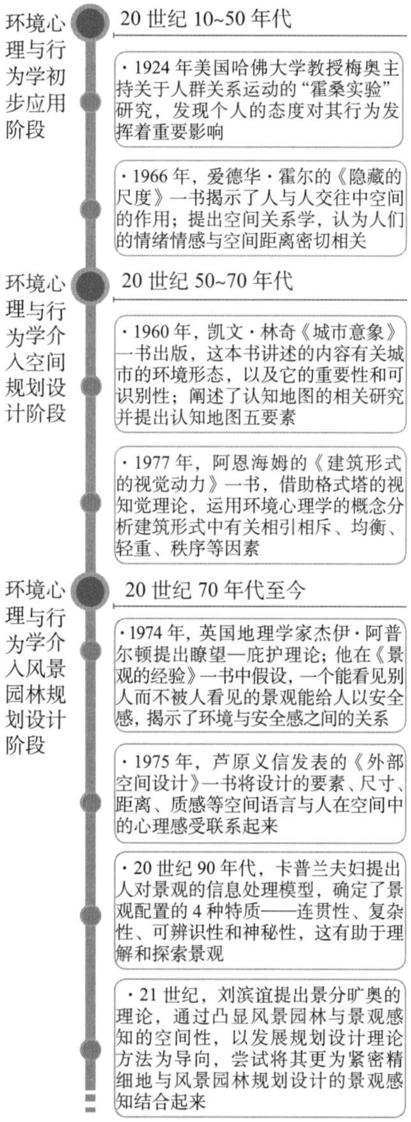

环境心理与行为学初步应用阶段

20 世纪 10~50 年代

· 1924 年美国哈佛大学教授梅奥主持关于人群关系运动的“霍桑实验”研究，发现个人的态度对其行为发挥着重要影响

· 1966 年，爱德华·霍尔的《隐藏的尺度》一书揭示了人与人交往中空间的作用；提出空间关系学，认为人们的情绪情感与空间距离密切相关

环境心理与行为学介入空间规划设计阶段

20 世纪 50~70 年代

· 1960 年，凯文·林奇《城市意象》一书出版，这本书讲述的内容有关城市的环境形态，以及它的重要性和可识别性；阐述了认知地图的相关研究并提出认知地图五要素

· 1977 年，阿恩海姆的《建筑形式的视觉动力》一书，借助格式塔的视知觉理论，运用环境心理学的概念分析建筑形式中有关相引相斥、均衡、轻重、秩序等因素

环境心理与行为学介入风景园林规划设计阶段

20 世纪 70 年代至今

· 1974 年，英国地理学家杰伊·阿普尔顿提出瞭望—庇护理论；他在《景观的经验》一书中假设，一个能看见别人而不被人看见的景观能给人以安全感，揭示了环境与安全感之间的关系

· 1975 年，芦原义信发表的《外部空间设计》一书将设计的要素、尺寸、距离、质感等空间语言与人在空间中的心理感受联系起来

· 20 世纪 90 年代，卡普兰夫妇提出人对景观的信息处理模型，确定了景观配置的 4 种特质——连贯性、复杂性、可辨识性和神秘性，这有助于理解和探索景观

· 21 世纪，刘滨谊提出景分旷奥的理论，通过凸显风景园林与景观感知的空间性，以发展规划设计理论方法为导向，尝试将其更为紧密精细地与风景园林规划设计的景观感知结合起来

▲ 图 4 环境心理学介入空间规划的代表事件

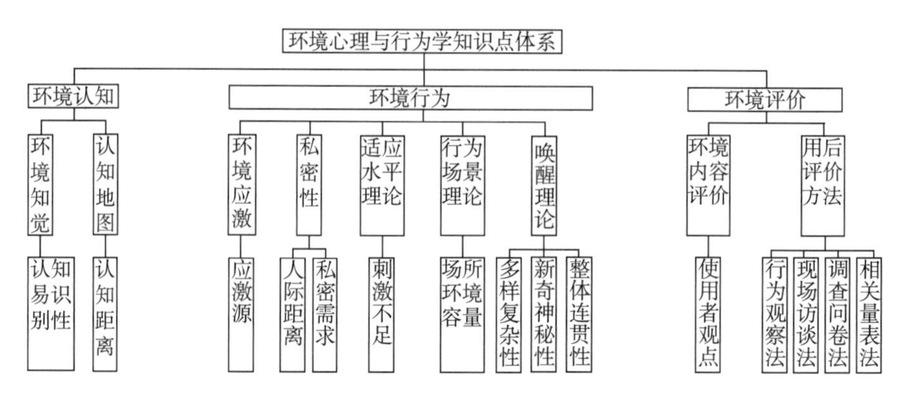

▲ 图 5 环境心理与行为学知识点体系

2. 相关知识点解析及应用情境

基于环境心理与行为学在风景园林规划设计中的 3 个研究与应用领域，再结合实际规划中的空间机制图解以及应用情境形成知识点解读。旨在揭示在环境心理与行为学的环境认知、环境行为及环境评价知识影响下的空间成因，探究环境—行为间的关系。本讲汇集了环境认识的 2 个知识点（表 1）、环境行为的 8 个知识点（表 2）共 10 个环境心理学知识点及其衍生的 18 个空间机制知识点，并总结 2 个与环境心理学相关的后评价及其应用方法知识点（表 3）。

表 1 环境认知相关知识点解析及应用（胡正凡 等，2012；俞国良 等，2000；保罗・贝尔 等，2009）

知识点图解		空间机制图解	应用情境
①认知易识别性 指通过对格式塔心理学组织原则的合理运用，以强化人的认知地图，具体包括：图形与背景的关系；邻近性形成的组团；相似性强调的群体；连续性产生的韵律；封闭性所界定的空间范围；这 5 类原则能够更高效地简化环境信息、反映事物的特性，进而揭露事物对于人心理活动的意义与作用	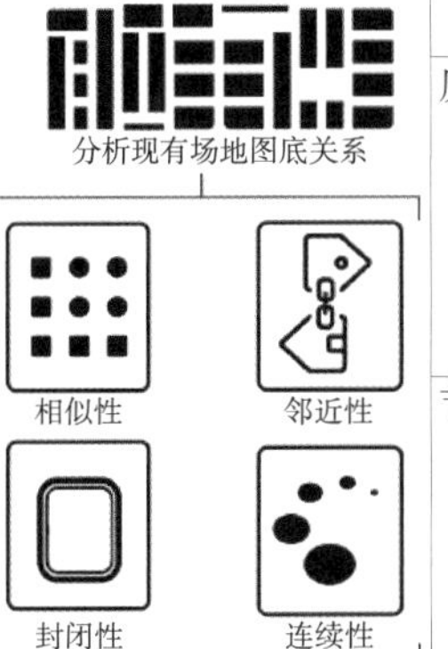 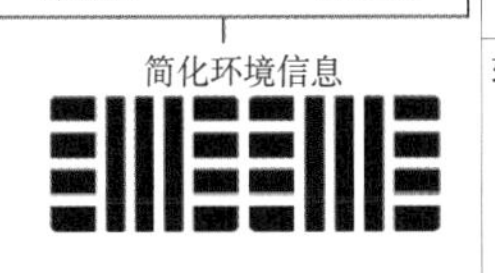	布局结构清晰强化定向认知 	城市规划设计明确的路网布局帮助定向
		历史特色要素统一控制提高整体认知 	特色街区统一风貌控制形成整体感 
		节点标志物布置加强识别认知 	户外空间布置标志物增强认知识别性 
		轮廓线构成城市标志帮助地域认知 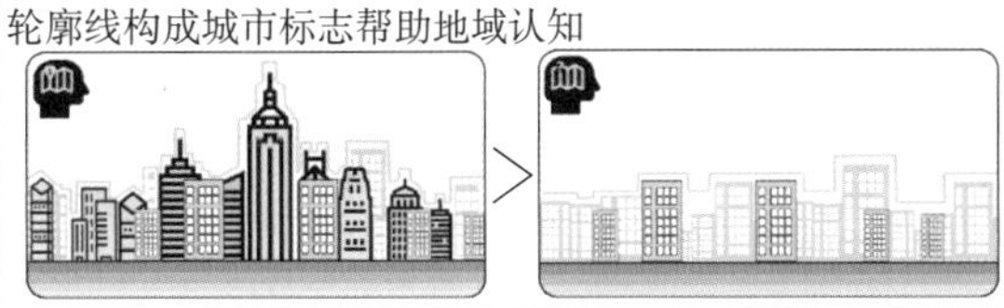	城市规划考虑天际线帮助形成城市标志 
②认知距离 也称“主观距离”，指人们在头脑中凭记忆对环境距离的判断；影响因素包括感知特点累积、路程分割、定向位置判断、偏爱、行为特点、个人动机等	 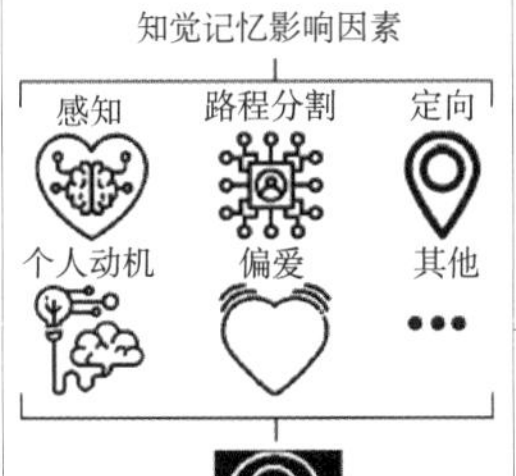  	多要素感官刺激延长认知距离 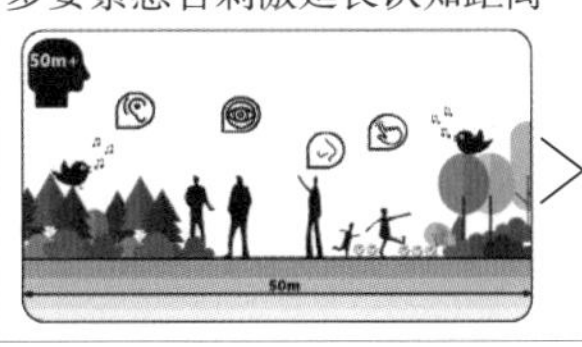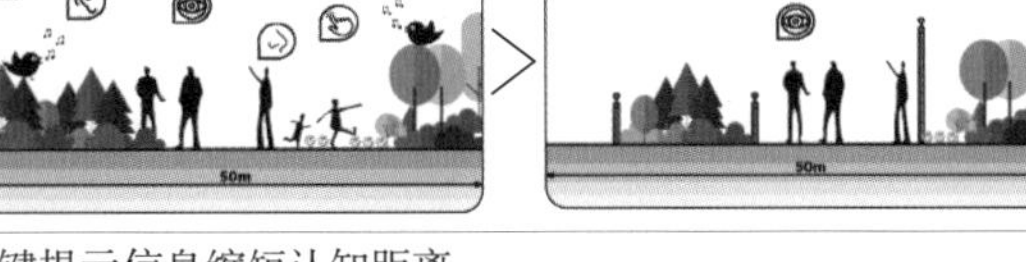	户外空间多种感知形成多样刺激 
		关键提示信息缩短认知距离	城市 / 景区规划因借山水地形辅助定向

表 2 环境行为相关知识点解析及应用（胡正凡 等，2012；俞国良 等，2000；保罗·贝尔 等，2009）

<table>
<tr><th colspan="2">知识点图解</th><th>空间机制图解</th><th>应用情境</th></tr>
<tr>
<td rowspan="3">①应激源
应激是个体觉察环境刺激，对生理、心理及社会系统造成负担过重时的整体现象，所引起的反应可以是适应的，也可以是适应不良的；引起一定反应并产生结果的刺激就是应激源；本讲将应激源分为拥挤、噪声和污染 3 种</td>
<td>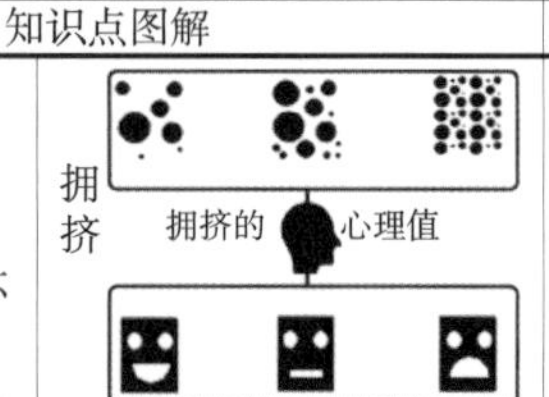

</td>
<td>路网合理分级减弱拥挤心理

</td>
<td>城市规划进行路网分级缓解拥堵</td>
</tr>
<tr>
<td>
</td>
<td>自然乐声覆盖弱化噪声
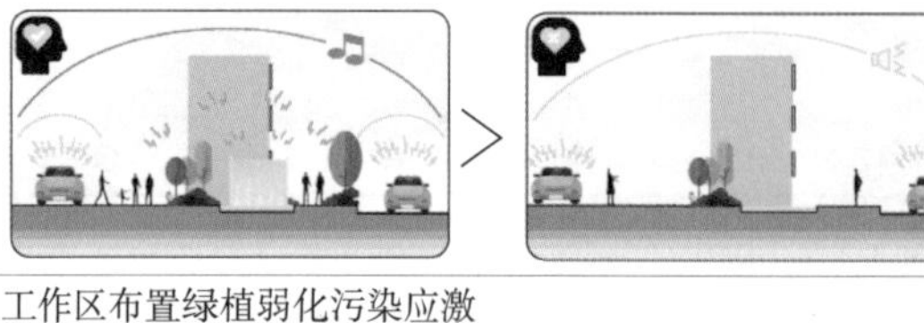</td>
<td>道路两侧设计绿化带隔绝噪声
</td>
</tr>
<tr>
<td>污染
刺激
学习
工作
其他</td>
<td>工作区布置绿植弱化污染应激

</td>
<td>植物种植设计减少污染
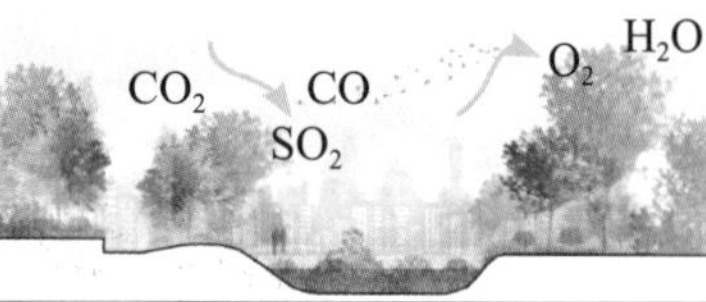
</td>
</tr>
<tr>
<td>②人际距离
指在人与环境的相互作用下，个体为达成个体保护，基于潜在的人与人的边界调节机制，形成的不可见缓冲区域</td>
<td>
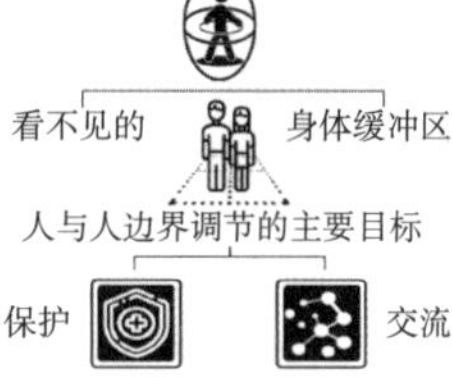
</td>
<td>依据场所功能匹配交往距离
密切距离：接近相密切距离：0–15cm；远方相密切距离：15–45cm
个体距离：接近相个体距离：45–75cm；远方相个体距离：75–120cm
社交距离：接近相社交距离：120–210cm；远方相社交距离：210–360cm
公众距离：接近相公众距离：360–750cm；远方相公众距离：750cm 以上</td>
<td>景观空间设计符合人际交往距离
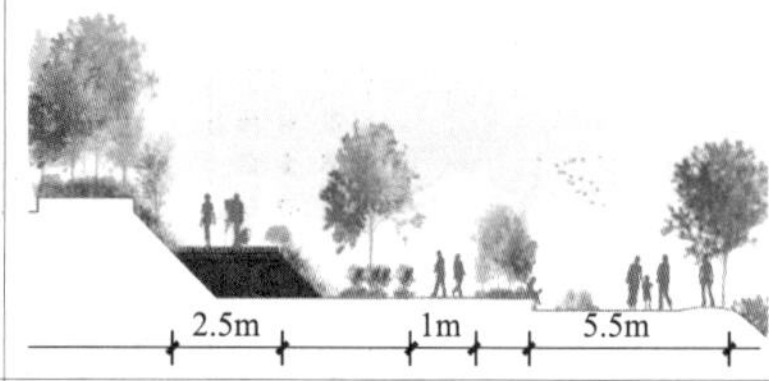
</td>
</tr>
<tr>
<td>③私密需求
指基于个体或群体心理需求，对生活与交往方式的选择和控制；其心理状态表现为对信息输出的控制，其行为倾向表现为退缩</td>
<td>选择与控制
生活方式
交往方式
行为倾向方面为退缩
心理状态为对信息输出的控制</td>
<td>根据私密需求控制空间开合

</td>
<td>景观空间多设计半开敞、半私密空间

</td>
</tr>
<tr>
<td>④刺激不足
指人处于单调乏味的环境中时，由于刺激水平不足而产生的无聊或寻求刺激的心理作用</td>
<td>
</td>
<td>单调空间适当点缀绿化，以增强环境刺激
</td>
<td>城市设计增加公园绿地面积，达到最优刺激
</td>
</tr>
<tr>
<td>⑤ 场所环境容量
指从有机整体的角度看待特定环境场所与特定人群行为之间所形成的匹配关系与程度</td>
<td>
</td>
<td>人数—空间匹配引导场景行为
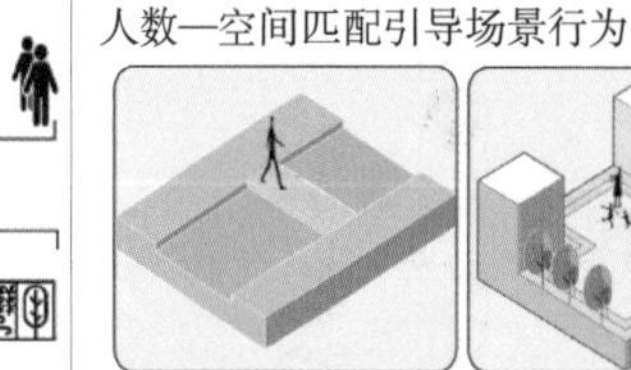
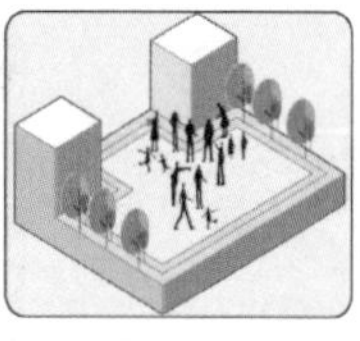
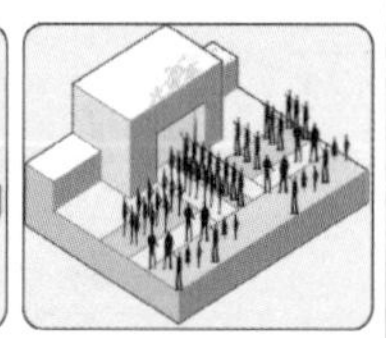</td>
<td>城市空间设计考虑人群数量与环境容量
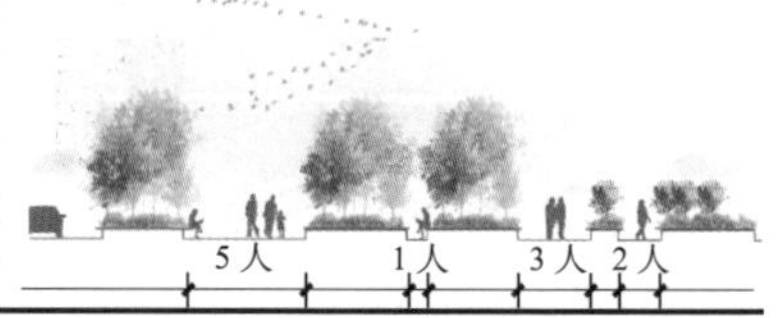
</td>
</tr>
</table>

续表

环境行为知识点及图解	空间转化知识点及图解	应用情境
⑥整体连贯性 指采用不同逻辑方式组织的空间要素对统一整体程度的心理层面影响；良好的整体连贯性对环境中画面的组织、理解、构成与意义传达具有积极的作用 	过渡性景观设计强化连贯性 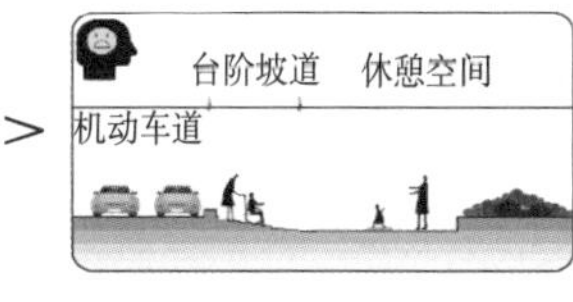 	景观设计逐层过渡，达到连贯效果 
	控制要素数量与种类提升区域整体感	康复花园控制元素数量，舒缓病人精神 
⑦新奇神秘性 指环境中未知信息吸引人探索奥秘的程度；这种程度在恰当的范围会引人惊喜，反之沮丧 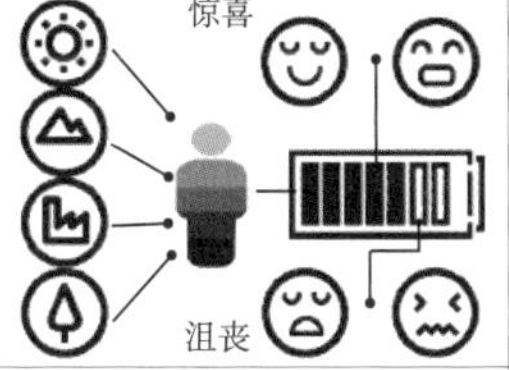 	附属空间适当遮蔽强化神秘感 	休闲街区附属空间围绕主体形成多样体验
⑧ 多样复杂性 分为环境组成要素的多样性与结构组织的复杂性两部分；具体表现为特定环境中显性元素的数量及其复杂程度 	丰富附属路网结构强化多样体验 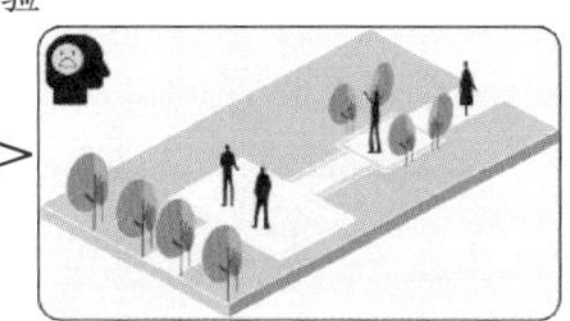	景观空间多样布局带来多种体验 
	复杂环境适当开放显性元素 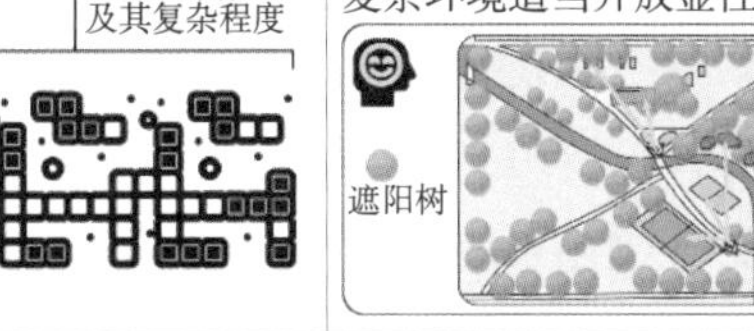 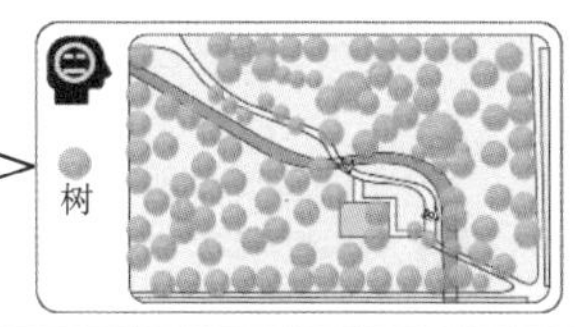 	景观空间多种要素带来多种体验

表 3 环境评价内容知识点解析及应用（徐磊青 等，2002）

环境评价知识点	图示解析	应用情境
①使用者观点 指人进行空间行为后的主观感受；了解使用者观点有利于空间规划者对实际使用情况的把握，从而优化调整空间规划设计；常见的表达方式有描述、满意程度、情绪表达和喜爱程度	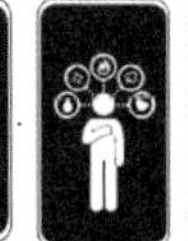 	
②用后评价方法 **访谈法**：访问者有计划地通过口头交谈等方式，直接向被调查者了解有关评价意见或探讨相关问题的调查方法； **调查问卷法**：调查问卷法即运用统一的问卷收集使用者意见、态度和行为等方面的数据，进行使用状况评估的方法； **行为观察法**：调查者根据课题研究的需要，有目的、有计划地运用自己的感觉器官或工具，直接考察研究对象； **相关量表法**：指通过程度性量表对被调查者的使用态度与评价意见进行定量转化的评价方法	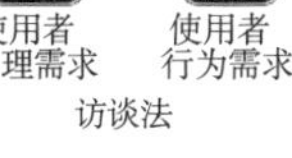 	

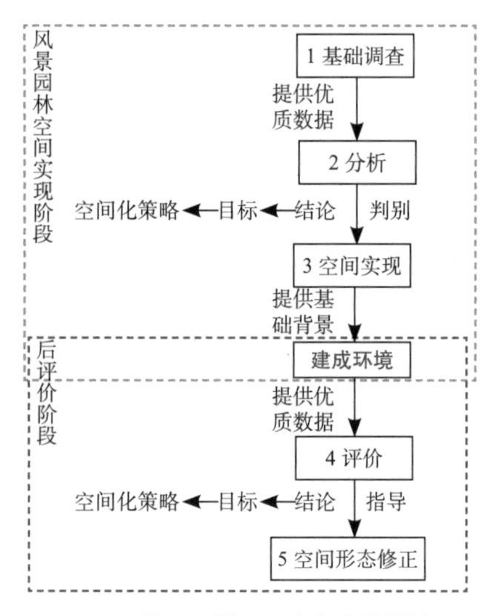

▲ 图 6 环境心理与行为学设计流程

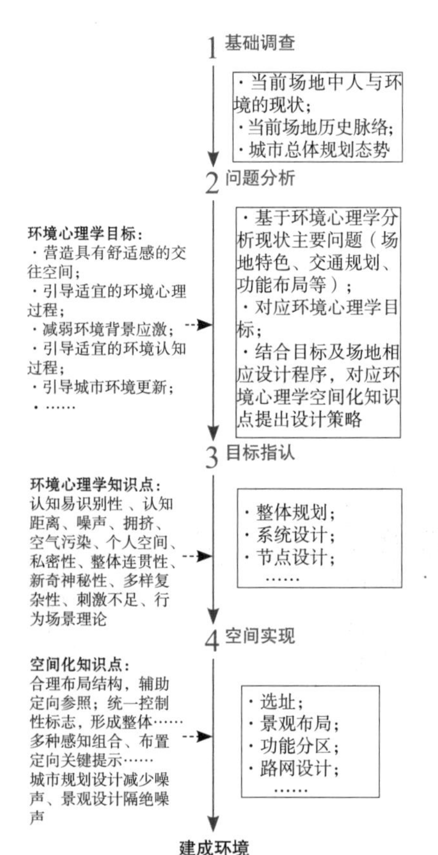

▲图 7 基于环境心理与行为学的空间实现流程

■ 环境心理与行为学知识应用框架

1. 基于环境心理与行为学的城市空间设计目标体系

环境心理与行为学在城市空间设计中的目标根据协调人—自然—社会的关系，可分为 3 个一级目标，并结合具体的实践情境和具体知识点形成设计目标体系（表 4）。

表 4 环境心理与行为学引导下的城市空间设计目标体系

一级目标	二级目标	三级目标
营造适宜人与人交往的城市空间	营造具有舒适感的交往空间	保护私密性
		维护领域感
	引导适宜的环境心理过程	引导人的愉悦感受
营造适宜人与自然共生的城市空间	减弱环境背景应激	减弱噪声
		减少拥挤
		改善空气污染
	引导适宜的环境认知过程	加强空间认知
		加强环境感知
		增强环境行为关系认知
营造适宜人与社会协同的城市空间	引导城市环境更新	加深城市环境认知体验
		改善城市外部公共活动空间
		加强城市人居环境建设

2. 基于环境心理与行为学的风景园林规划设计总程序

环境心理与行为学的风景园林规划设计总程序根据实际应用情况，可以分为两个阶段：第一阶段是风景园林空间实现阶段，包含基础调查、分析与空间实现 3 部分内容；第二阶段是后评价阶段，包含评价与空间形态修正两部分内容（图 6）。

■ 华南理工大学五山校区校园历史核心区空间规划设计

将该案的空间实现流程展开，可分为 4 个主要步骤：①通过对场地的现状、历史等基础调查获取基础资料；②从环境心理学的角度进一步发现场地的主要现状问题；③基于问题发掘场地在不同尺度下的核心目标；④通过目标匹配不同的环境心理学知识点及其对应的空间化知识点，进而指导空间实现（郭建男，2018）（图 7）。

1. 基础调查

华南理工大学五山校区位于广州主要城市道路燕岭路以东、广州环城高速以南、华南快速干线以西、广园快速路以北，东莞庄路和五山路两条城市道路穿过校园内部。校园呈不规则形状，占地约 1.826km^2，校园历史核心区面积约 0.62km^2。华南理工大学在 20 世纪 80 年代以后，针对校园空间景观风貌进行了完善与更新。本案例选择校园中设计建设历史相对久远、活动空间分布相对集中、具有代表性的校园景观空间进行研究。在环境心理学指导下，空间实现主要体现在两方面：一方面是对校园历史文化景观进行保护与优化，突出和体现校园特色、历史文化；另一方面是对校园景观功能进行完善与补充，引导师生走出教室、亲近自然、调节身心，激发校园活力（图 8）。

▲ 图 8 华南理工大学五山校区区位图

2. 现状问题与对应目标及知识点分析

基于环境心理与行为学方法分析出校园现状主要问题：①校园特色体现不足；②校园交通规划混乱；③缺乏景观、功能格局细分规划；④缺乏独特景观场所；⑤缺乏校园游览配套服务。针对以上问题，结合校园规划设计程序，提出优化目标：①引导适宜的环境认知过程；②营造具有舒适感的交往空间；③引导适宜的环境心理过程；④减弱环境背景应激。最终对符合对应目标与尺度的环境心理与行为学知识点与空间化知识点进行匹配，进而为项目的空间优化策略提供指导（图 9）。

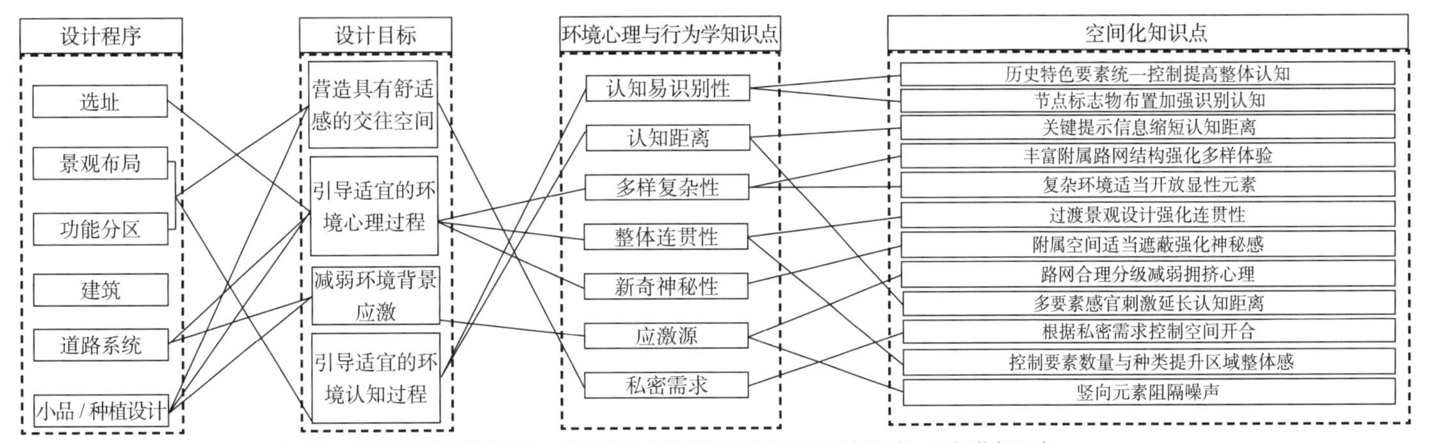

▲ 图 9 与校园规划设计程序、目标相对应的环境心理与行为学知识点、空间化知识点

3. 基于环境心理与行为学知识点的景观规划设计

基于环境心理与行为学的目标与空间化知识点，在校园历史核心区景观设计中，通过选址设计、景观布局设计、功能分区设计、道路系统设计、景观小品设计以及种植设计对空间化设计策略进行空间形态呈现。

在选址设计方面，华南理工大学五山校区历史核心区的设计目标是引导适宜的环境认知过程，认知易识别性是达成目标的关键知识。因此项目采取了如下设计手段：通过顺应历史校区原址的方式，保留并强化了原有地段的特色风貌；优化突出法学院与文学院周边的景观区，与原规划的南北主轴形成了鲜明的结构对比，强化东西轴线定向；通过建筑风格与高度的统一控制、提高整体认知性（图 10）。

在景观布局与功能分区方面，校园历史核心区的设计目标是营造具有舒适感的交往空间和引导适宜的环境认知过程。认知易识别性和认知距离是达成引导适宜环境认知过程的关键知识，多样复杂性和整体连贯性是营造具有舒适感的交往空间的关键知

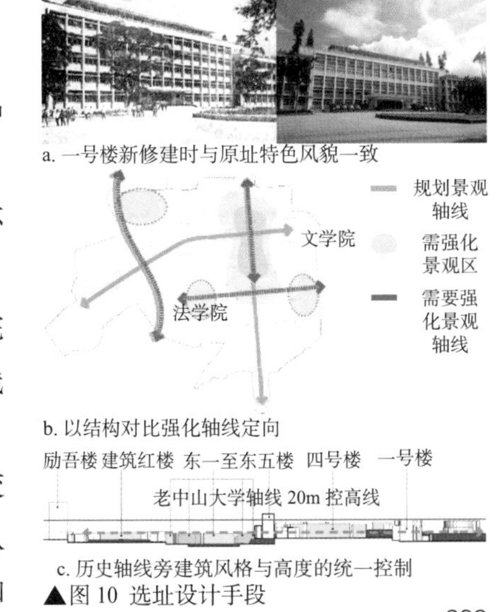

▲图 10 选址设计手段

a. 布置主要水体、突出主体元素增强识别性

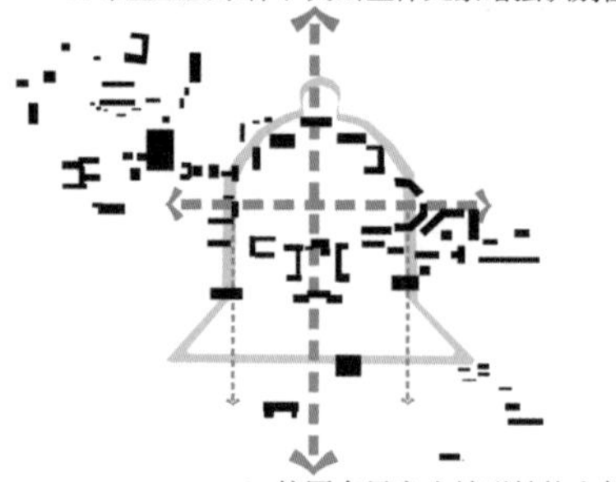
b. 校园布局突出钟形结构主体

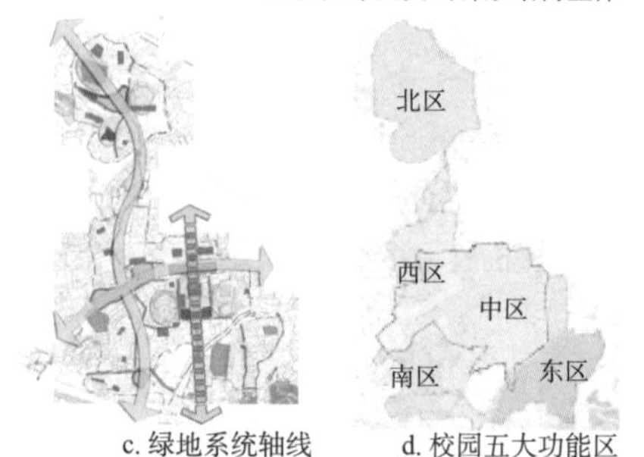

c. 绿地系统轴线　d. 校园五大功能区

▲ 图 11 景观布局与功能分区设计手段

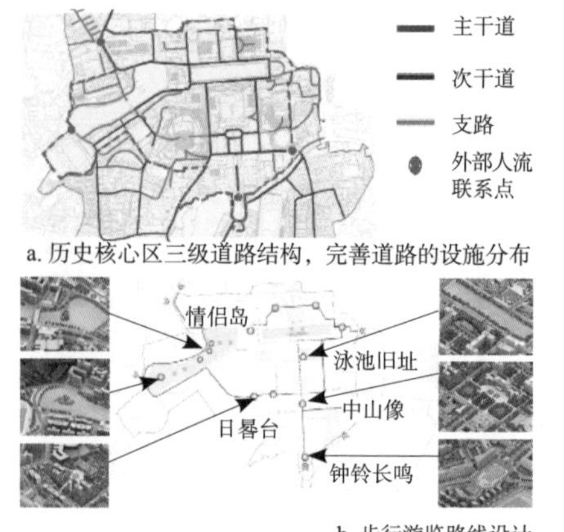

a. 历史核心区三级道路结构，完善道路的设施分布

b. 步行游览路线设计

▲ 图 12 道路系统设计手段

识。因此项目采取的设计手段包括：通过布置中心水景（东湖）、突出主体元素增强识别性；通过校园建筑、道路的布局，突出钟形结构，辅助定向缩短认知距离；划分校园五大功能区，各功能区内景观要素的种类不同，以此突出环境多样性；构建校园景观绿地系统，通过系统轴线关系强化景观整体性（图 11）。

在道路系统方面，校园历史核心区的设计目标是减弱环境背景应激和引导适宜的环境心理过程，拥挤和新奇神秘性是达成规划目标的关键知识。因此项目采取的设计手段包括：在历史核心区内规划 3 级道路结构，部分道路设置塑胶跑道等，以上手段均可以缓解交通拥堵；设计步行游览路线，串联各个历史文化景点，所有附属景点空间围绕历史核心区主体，增加空间新奇感（图 12）。

在景观小品与种植设计方面，校园历史核心区的设计目标是营造具有舒适感的交往空间，引导适宜的环境心理过程以及减弱环境背景应激。私密需求、多样复杂性、应激源是达成规划目标的关键知识。因此项目采取的设计手段是在历史核心区内完善休憩座位的数量与分布，做到兼顾私密性与公共性；在历史核心区内东西湖畔创造多样的游径以及亲水空间，使景观要素多样组合强化、丰富体验；在植物种植设计方面做到乔灌混植，使用乡土特色树种，可以有效阻隔噪声并吸附部分空气污染物（图 13）。

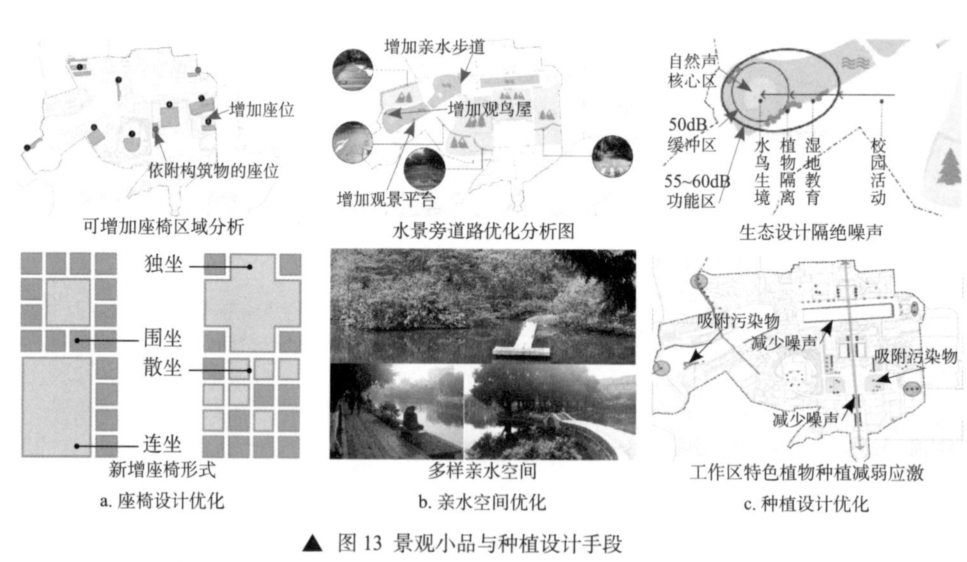

a. 座椅设计优化　b. 亲水空间优化　c. 种植设计优化

▲ 图 13 景观小品与种植设计手段

大明宫国家考古遗址公园使用后评价（刘凡，2013）

1. 基本概况

大明宫始建于唐太宗贞观年间，其遗址占地面积 3.2km^2（图 14）。大明宫废弃距今已 1200 多年，其地面宫殿建筑物早已荡然无存，但整体格局和重要殿基均保存

完好，建筑基址和文物标本埋藏丰富，地形地貌基本未变。大明宫遗址公园作为首批国家考古遗址公园，在保护遗址的基础上，协调公园的游览观光、文化教育等公众需求，基于公众视角的后评价研究是获取设计反馈进行优化设计的重要依据。

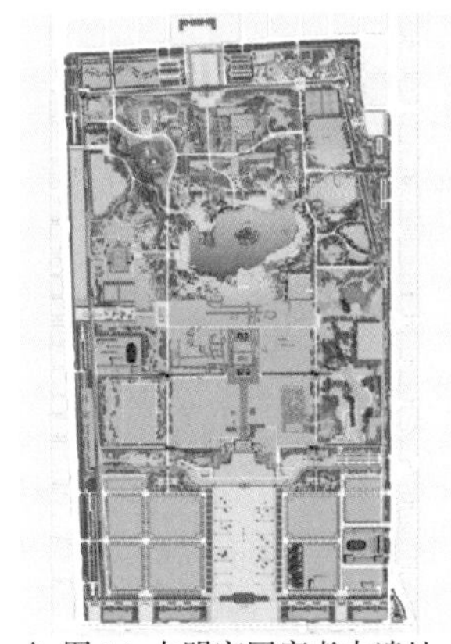

▲ 图 14 大明宫国家考古遗址公园总平面图

2. 评价程序

大明宫国家考古遗址公园案例的后评价研究主要包括使用方式评价与满意度评价两个方面，本文仅对与环境心理与行为学相关的满意度评价进行解析。基于环境心理学的满意度评价一般程序的 5 个步骤，即确定评价维度、判定权重、建立模型、计算评价结果与服务设计，设计大明宫国家考古遗址公园使用后评价模型中关于满意度评价的程序（图 15）。

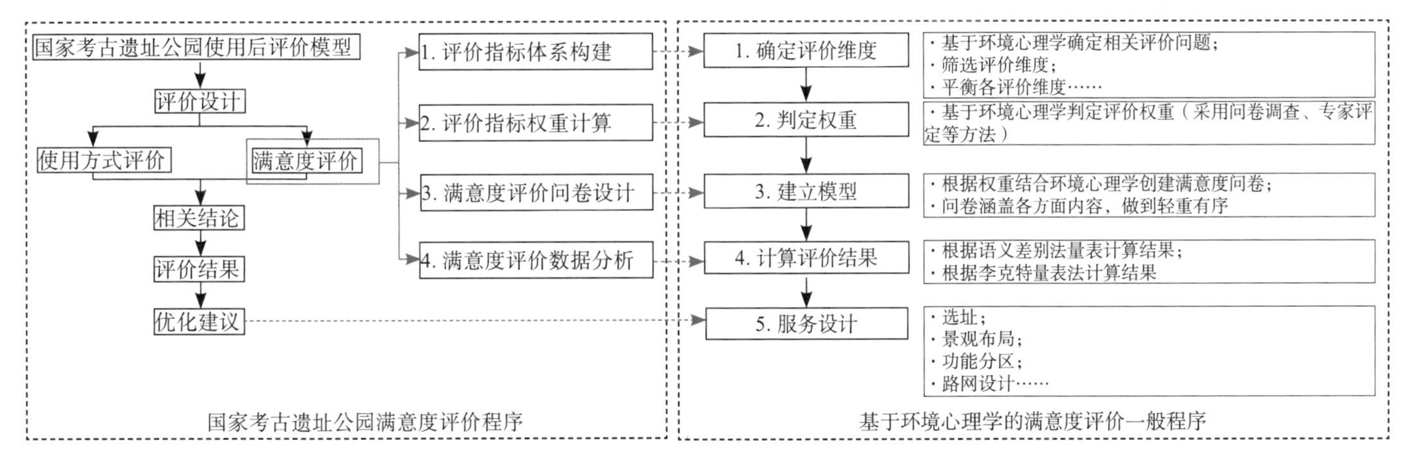

▲ 图 15 本案评价模型与一般程序的对应关系

3. 满意度评价解析

①评价指标体系构建：本案例基于以使用者为主体的评价，从研究评价指标体系的角度出发，将其分为生理舒适的需求和文化与精神满足需求两大类。②评价指标权重计算：在评价指标集的基础上，通过调查问卷法与访谈法两类环境心理学主要评价方法，对各指标赋予相对客观的权重分值。③满意度评价问卷设计：本案例在满意度评价问卷设计中采用了相关量表法中的李克特量表结构，将每个指标的心理反应量分为 5 级，分别赋予分值，以转化成主观评价的定量层次，可较为精确地测量态度。④满意度评价数据计算：根据建立的指标层次结构模型和评价体系中各指标的权重值，把计算出的各指标评价的平均值逐级代入，计算出因素层指标和目标层指标的满意度得分（表 5）。大明宫国家考古遗址公园的满意度评价的最终结果 Z=3.55，对照隶属度函数表可知，该案例的满意度评价定级为 E4 级，为“比较满意”。

表 5 满意度结果计算表（节选）

指标层	得分	权重	因素层	得分	权重	目标层	得分 Z
外部交通状况	3.18	0.75	交通状况	3.25	0.066	大明宫国家考古遗址公园使用后满意度	3.55
内部交通状况	3.43	0.25					
绿化种植	4.51	0.538	环境状况	4.21	0.246		
景观丰富度	3.94	0.208					
声环境	3.73	0.118					
微气候	4.04	0.077					
娱乐餐饮	2.88	0.053	配套设施	3.47	0.094		
休息设施	3.52	0.371					
卫生间	3.48	0.140					
夜间照明	3.57	0.083					
基础设施维护	2.89	0.441	公园管理	3.18	0.178		
环境卫生保持	3.44	0.329					
治安保护	3.37	0.155					
工作人员服务	3.41	0.075					
遗址保护与考古研究	3.97	0.306	遗址保护与展示	3.37	0.416		
遗址展示体系	3.40	0.212					
导游及遗址标识	3.43	0.181					

参考文献

保罗・贝尔，等，2009. 环境心理学 [M]. 朱建军，吴建平，等译 .5 版 . 北京：中国人民大学出版社 .

北京师范大学交叉学科研究会，梁焕国，1994. 中国老年百科全书：生理・心理・长寿卷 [M]. 银川：宁夏人民出版社 .

陈烨，2019. 景观环境行为学 .[M]. 北京：中国建筑工业出版社 .

郭健男，2018. 基于使用后评价的华南理工大学校园历史核心区景观优化设计研究 [D]. 广州：华南理工大学 .

胡正凡，林玉莲 .2012. 环境心理学：高校建筑学与城市规划专业教材 [M].3 版 . 北京：中国建筑工业出版社 .

李道增， 1999. 环境行为学概论 [M]. 北京：清华大学出版社 .

刘凡，2013. 国家考古遗址公园使用后评价（POE）研究 [D]. 西安：西安建筑科技大学 .

徐磊青，杨公侠，2002. 环境心理学：城市规划专业教材 [M]. 上海：同济大学出版社 .

俞国良，王青兰，杨治良，2000. 环境心理学：应用心理学书系 [M]. 北京：人民教育出版社 .

张媛， 2015. 环境心理学 [M]. 西安：陕西师范大学出版总社 .

思想碰撞

通过环境心理与行为学，我们知道了人群所青睐的空间环境往往都有令人愉悦的乐音，适宜的温度、湿度，清新的空气和宽敞的场地。但是在实际规划设计中，设计师常常受限于嘈杂的环境和逼仄的场地，如何在硬性的设计指标和创造宜人环境之间权衡，成为令设计师头疼的事情。与此同时，高速发展的 AI 计算使规划设计成为数字间的博弈，计算结果与人行为间的冲突层出不穷。面对这种情况，环境心理与行为学的设计是否过于理想化？在实际规划设计中又该如何运用？对此你持什么观点呢？

专题编者

岳邦瑞

费凡

吴淑娜

赵安琪

宋逸霏

公共卫生与预防医学

27讲 延续健康的未来

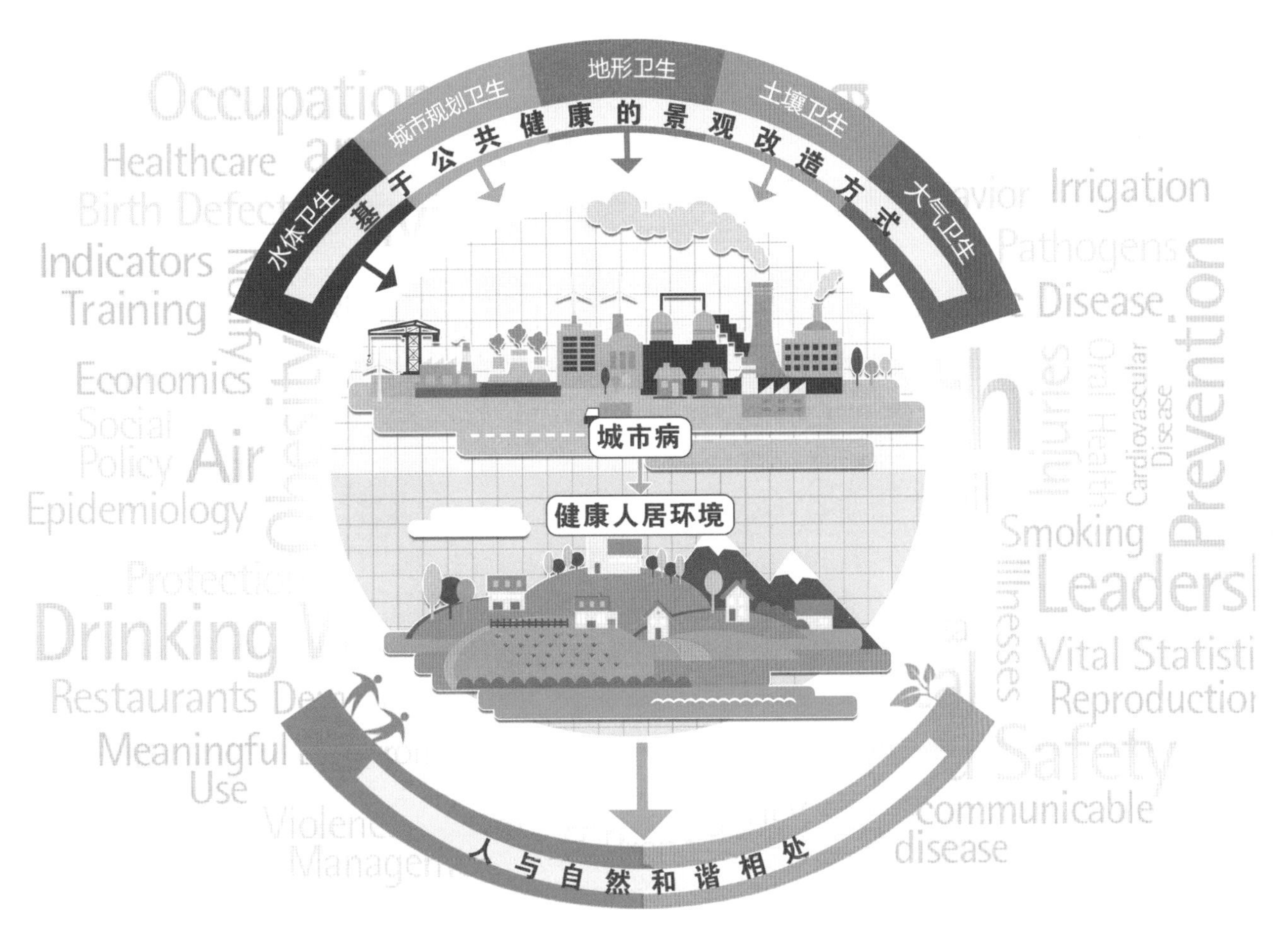

世界上本没有公共卫生，公共卫生因人类的疾苦而诞生，以所有人健康为目标，在社会危难时壮大。几千年来，传染病是人类的主要杀手，而卫生防预措施是人类有效应对传染病的重要法宝。如古罗马时期，人们通过对城市道路以及供水基础设施的有序规划来预防疾病的快速传播。因此，不难看出随着人居环境福祉诉求的快速增长，现代风景园林规划设计需要公众健康观念的引导，以实现更具疗愈性的设计方案。那么，公共卫生知识是如何介入风景园林规划设计实践的呢？让我们一起走进这一讲！

THEORY
公共卫生与预防医学的基础理论

学科书籍推荐:

《公共卫生与预防医学导论》李立明 等
《环境卫生学》杨克敌 等

希波克拉底
Hippocrates

萌芽时期

· 农业革命早期，提出革命性的“四体液学说”，他撰写的《论空气、水和环境》是关于公共卫生的早期论述

· 古罗马时期，建立了城市污水处理系统，促进了公众公共卫生意识的建立

发展时期

约翰·格兰特
John Graunt

· 1662 年，格兰特在经验性观察、假设之后，基于数理逻辑计算人群的死亡率，开启了公共卫生的定量化研究

威廉·配第
William Petty

· 1672 年，配第撰写的《政治算术》一书问世，为现代公共卫生的建立提供了基础

约翰·弗兰克
John Frank

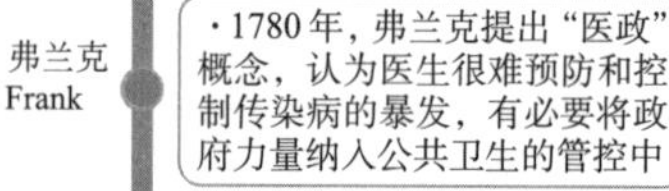

· 1780 年，弗兰克提出“医政”概念，认为医生很难预防和控制传染病的暴发，有必要将政府力量纳入公共卫生的管控中

埃德温·查德威克
Edwin Chadwick

· 1848 年，查德威克通过调查，发现疾病问题由肮脏的环境因素（城市供水排水系统）导致，引起了人们对环境因素的关注

约翰·斯诺
John Snow

· 1854 年，斯诺分析了伦敦霍乱疾病的源头并非“瘴气”，而是由不清洁的生活用水导致，从而引起了人们对城市供水管网及设施的关注

▲ 图 1 公共卫生的发展历程

公共卫生与预防医学中的“公共卫生”旨在改善环境卫生条件，预防控制传染病和其他疾病的流行，培养良好的卫生习惯并预防疾病，促进人民身体健康的实践活动；“预防医学”则关注研究疾病的发生、发展和分布规律，探究影响人体健康的各类因素，并制定对应的预防措施与管控办法，以达到预防疾病、促进健康的目标（李立明等，2017）。

由二者的概念比较可知，公共卫生和预防医学的工作对象均是广大社会群体，均以预防为基本手段，最终目的均为保证公众健康。但是预防医学作为医学的一个分支，更加侧重于对医学原理的解释。而公共卫生作为一种社会实践活动，则隶属于行政管理范畴，即公共卫生是基于预防医学的基础理论而展开的实践活动。因此，为了探讨公共卫生与预防医学和景观规划设计实践的交融，本讲主要针对公共卫生领域的核心知识展开介绍。

■ 公共卫生的学科内涵

1. 公共卫生的基本概念

中文“卫生”一词意为卫护公众的生命和健康，在英文中卫生包含“hygiene”和“sanitation”两种用法，其中“hygiene”指为了维护人体健康而进行的一切个人和社会活动的总和；“sanitation”则指对垃圾、废物进行处理的排污工程手段（高传胜，2022）。因此，公共卫生是通过有组织的社区努力为公众预防疾病和促进健康的科学（Winslow，1920），其研究目的在于通过卫生手段促进公众健康。

2. 公共卫生的研究对象和特点

卫生和公众健康（public health）是公共卫生的主要研究对象，其分别对应英文 hygiene、sanitation 的概念内涵；从专业的角度讲，卫生指通过观察和干预人体外部因素来预防疾病或工业污染；公众健康指国家或社会为了提高人群健康水平而采取的社会性或群体性方略和措施。

随着 20 世纪传染病的盛行，卫生和公众健康逐渐合流，显现出两个重要的相似点：①都以预防疾病和促进健康为目的；②都采取群体性方法应对疾病问题。但是，卫生偏向方法应用，其对象为传染病或工业污染；公众健康则注重价值引导，侧重于提高人群对于健康的认知，其对象包含慢性病、传染病等，研究范畴更加广泛。

3. 公共卫生的发展历程

公共卫生的发展分为 3 个阶段（图 1）：①公共卫生的早期朴素认知，农业革命早期，人类受巫术、巫医迷信思想的影响，因此部分学者为打破以往的禁锢观念，强调用整体观点认识疾病；古罗马时期，形成了公共卫生的雏形；中世纪，瘟疫大流行使人类认识到疾病预防的重要性；现代公共卫生萌芽显现。②公共卫生的快速发展，19 世纪暴露出的严重的公共卫生问题使得定量研究的重要性日益凸显，而数理统计方法和思想的介入又促进了公共卫生的科学系统化。③公共卫生的成熟，20 世纪之后各国出台了相关的卫生法案，为全民保障基本的医疗卫生服务；随后世界卫生组织（WHO）建立，从全球视角关注和促进人类健康，使公共卫生走上了更大的舞台。

成熟时期

查尔斯·温斯洛
Charles
Winslow

· 1920 年，温斯洛在耶鲁大学创办公共卫生学院，他的《公共卫生的处女地》一文给出了为全世界所公认的“公共卫生”的定义

威廉·贝弗里奇
William
Beveridge

· 1944 年，威廉联合英国国家健康服务体系，通过税收和国家保险的筹资方法，为全民提供了完全免费的基本医疗卫生服务保障

· 1948 年，世界卫生组织建立，公共卫生成为全球关注点

· 1978 年 9 月 12 日，国际初级卫生保健大会为保障并增进世界所有人民的健康，订立《阿拉木图宣言》

▲ 图 1 公共卫生的发展历程（续）

公共卫生的学科体系

1. 公共卫生的研究内容

公共卫生的主要研究内容包括卫生学与公众健康学两部分，卫生学的研究目的是预防疾病，注重工业污染废物的清除；公众健康学的研究目的是提高群体健康，由早期对贫穷阶层的关怀逐渐转向对整体社会健康的关注。由此展开：①公共卫生的病理研究，关注传染性、流行性、慢性病等疾病的内源基因组的基础理论研究。环境基因组计划作为典型的内源基因组研究，它与环境因素、环境特征息息相关，推动着具有重要功能的环境响应基因的多态性研究，确定其所引起的环境暴露致病风险性差异的遗传因素，并推动环境—基因相互作用对疾病发生影响的人群流行病学研究（巴月 等，2003）。②环境对公共卫生的影响，聚焦于环境因素的识别与定量分析，关注人类机体对环境因素物理、化学、生物等不同特性的响应过程，通过统计实验定性分析环境因素与健康关系的确认性，借由地理学知识展开空间优化措施的探索。③环境促进公众健康，研究受社会经济文化要素影响下的疾病地理区域分布，导向规划区域的健康状态识别与评价，设计落点于公共空间的开发管控和对社会群体健康行为的促进（图 2）。

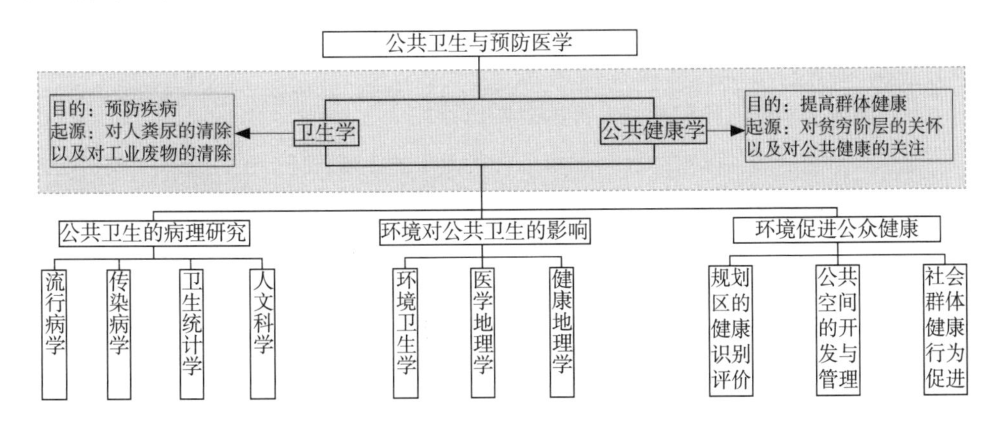

▲ 图 2 公共卫生的研究内容

2. 公共卫生的基础研究框架

基于以上内容，笔者归纳总结出公共卫生的基础研究框架（图 3），通过卫生服务促进广大社会人群的公众健康水平。其中，社会人群包含对疾病易感的全体人群；公众健康指人群个体上、心理上、社会适应上的完好状态；卫生服务包含公共卫生的两类主要内容，一方面是健康形成机制的解读和健康观念的宣传，另一方面是消除致病因素、环境污染因素的卫生措施（王翠绒 等，2010）。

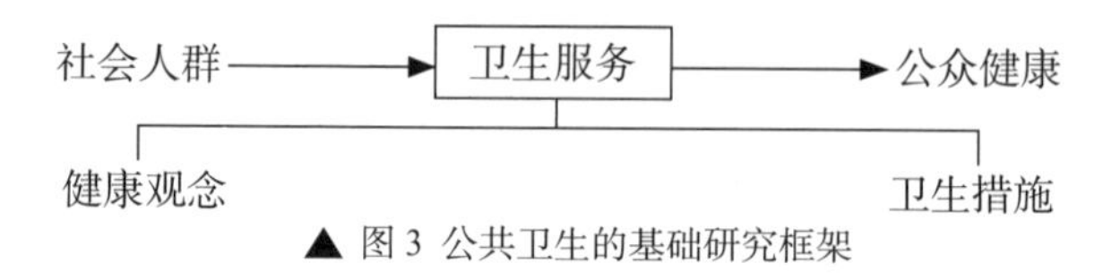

▲ 图 3 公共卫生的基础研究框架

3. 公共卫生的学科范畴

公共卫生的学科分类如表 1 所示。其中，环境卫生学作为应用型学科，根据其基础卫生知识，可为景观规划设计中的环境疾病问题提供理论基础，并为规划设计者和决策者提供参考方案。

表 1 公共卫生学科分支

一级分支	二级分支
流行病与卫生统计学	慢性病流行病学、分子流行病学 / 表观遗传流行病学、临床流行病学、传染病流行病学、健康医疗大数据开发与应用
劳动卫生和环境卫生学	环境辐射健康效应与健康风险、环境辐射安全监测与应急防护、环境污染与健康风险防控、环境信息地理系统
卫生毒理学	环境污染物的毒性评价及毒害作用机制、环境污染与疾病的关系及机制
营养与食品卫生学	分子营养学、代谢组学、营养流行病学、食品安全快速检测技术与应用研究
社会医学与卫生事业管理	卫生政策评价研究、健康事务与社区发展研究、弱势人群健康研究

APPLICATION
环境卫生学知识介入健康景观规划设计

环境卫生学与景观规划设计的交叉

1. 环境卫生学介入景观规划设计的发展历程

随着时代的发展，国家和社会承担了公共卫生的主要责任，关注整体人群的公众健康，管控整体生存环境的公共卫生，落点由传染性、流行性疾病逐渐转向慢性病。借由社会手段控制疾病、提高民众健康，引导卫生与公众健康的融合。在这个发展过程中，景观专业人员不断探索，寻找景观规划设计中的公共卫生实践，并呈现出 3 个发展时期（图 4）：①环境卫生学知识初步介入景观设计时期，健康景观观念初步萌芽；②健康景观观念日益发展时期，公园、林荫道、绿化等绿色设施被视为抵御疾病、促进公众健康的有效手段之一；③健康景观观念深入人心时期，成为当前景观规划设计

环境卫生学知识初步介入景观设计时期

公元前 6 世纪

· 公元前 6 世纪，毕达哥拉斯提出环境在应对疾病问题中的作用

· 公元前 1 世纪，维特鲁威提出城市选址的见解

健康景观观念日益发展时期

19 世纪后

· 1834 年，约翰 · 劳登在《园艺百科全书》中提出避免形成瘴气环境的景观设计导则

· 1854 年，约翰 · 斯诺针对英国霍乱问题，展开多维分析，认为城市规划布局影响了水源并导致疾病传播，为规划设计领域提供了新的思考方向

· 1861 年，奥姆斯特德提出公共卫生与景观改造的原则，以引导城市公众健康设计

· 1878 年，小乔治 · 韦林主导美国各大城市公共卫生规划，推动公共卫生空间措施的完善

健康景观观念深入人心时期

20 世纪后

· 1900 年，德国政府提出“公众公园运动”，推动环境卫生在城市景观规划设计中的应用

· 1903 年，霍华德提出“田园城市”理论，认为应该建设兼有城市和乡村优点的理想城市

· 1909 年，丹尼尔 · 伯纳姆的芝加哥规划掀起了以健康促进为主要目标的“城市美化运动”

· 1950 年以后，人居环境日趋改善，传染疾病逐渐减少；因此健康景观逐渐转向景观对于慢性病的促进与改善

▲图 4 环境卫生学介入景观规划设计的三个阶段

行业的焦点问题。21 世纪之后，趋同于医学研究的重点导向，由原有的传染性、流行性疾病，逐渐转向了慢性非传染病。

2. 环境卫生学知识应用的底层逻辑——环境致病机制

在环境卫生学中，环境暴露是环境因素产生健康有害效应的决定因素，剂量通常指进入机体的有害物质的量，它与机体反应出现各种有害效应关系。但是，靶器官和靶组织中的剂量在测定上较为困难，因此在环境卫生工作实践中，常用环境外暴露量来反映人体的接触剂量。随着暴露剂量的变化，产生反应数量随之改变的关系称为剂量—反应关系（图 5）。环境因素对健康产生影响的过程即为在环境因素外部暴露的前提下，环境因素外剂量变化从而影响机体内部的剂量—反应关系对健康产生不同影响的过程（杨克敌，2017）。

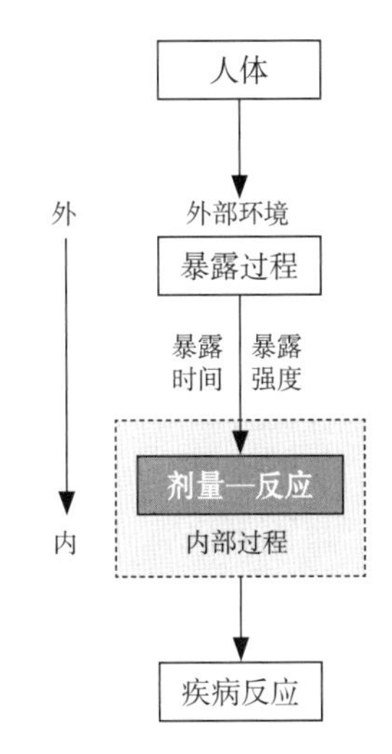

▲ 图 5 环境致病机制解析框架

3. 知识点体系建立

风景园林运用环境卫生学知识促进公众健康，选取相应的应用情境建立环境卫生学应用知识框架（图 6）。以上文剂量—反应关系为核心基础知识，结合环境卫生学应用情境，梳理可空间化的知识点，建立空间手段介入城市疾病控制的具体路径，即通过空间手段（*x*）改变相应的环境因素（*y*），从而降低致病因素剂量，提升人类健康状况（图 7），并运用此路径对应用知识情境进行解析（表 2~ 表 4）。

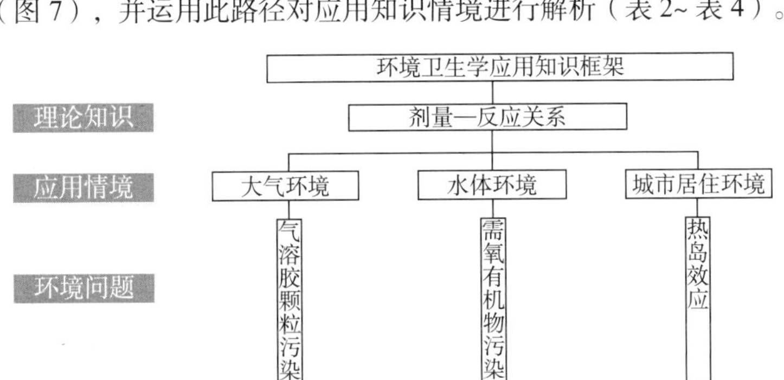

▲ 图 6 环境卫生学的应用知识框架

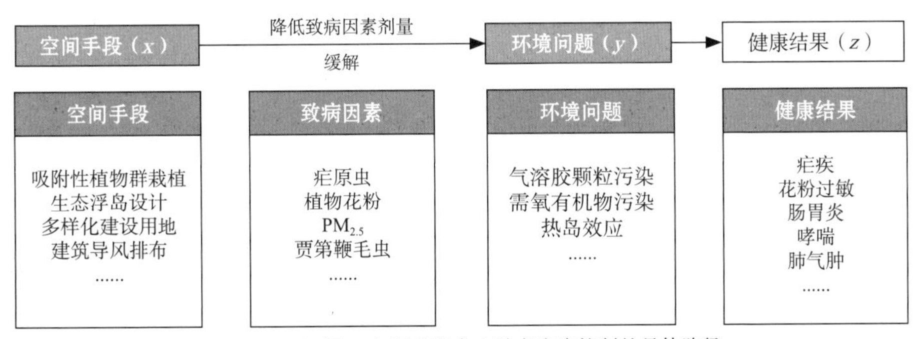

▲ 图 7 空间手段介入城市疾病控制的具体路径

表 2 大气环境中气溶胶颗粒污染情境解析（夏海芳，2013）

知识解析	空间机制解析	应用案例解析
①气溶胶颗粒污染 在大气污染中，气溶胶是指沉降速度可以忽略的小固体粒子、液体粒子或固液混合粒子在气体介质中的悬浮体 **·致病因素**：环境中 $PM_{2.5}$、PM_{10} 等可吸入颗粒污染物超过一定剂量后，经由鼻、咽及喉进入人体，对人体器官造成危害，例如呼吸道疾病、癌症、新生儿低体重、心血管疾病等 **·环境问题（*y*）**：气溶胶颗粒污染 **·空间手段（*x*）**：丰富绿地群落结构，吸附性植物群栽植，植被隔离带，导风型住区植物带等	**降低气溶胶颗粒物污染 =f（丰富绿地群落结构，吸附性植物群栽植，植被隔离带，导风型住区植物带）** ·丰富绿地结构  > 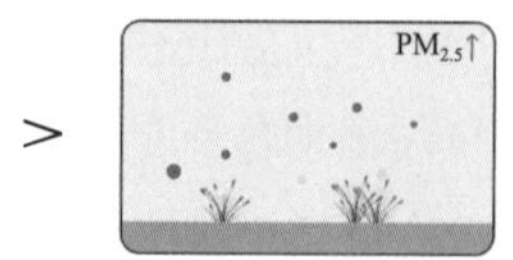 ·吸附性植物群栽植  > 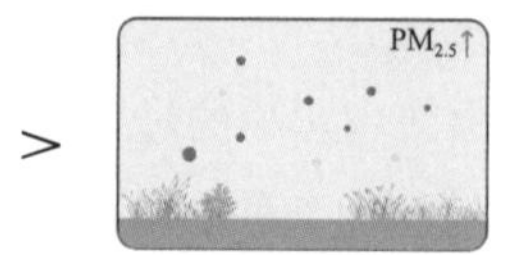 ·植被隔离带  >   ·导风型住区植物带 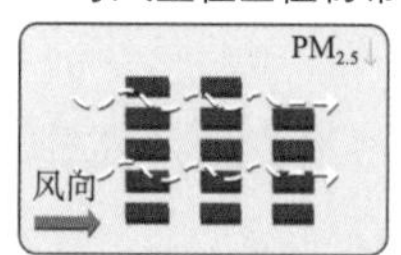 > 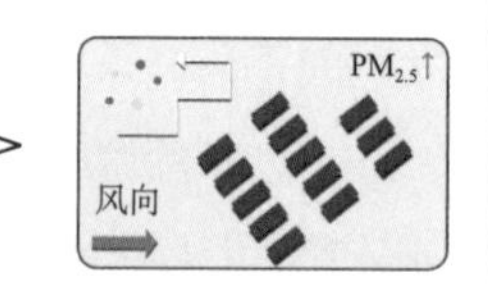	**·上海世博会后滩湿地公园吸附性植物**  **·华南地区微气候社区适应性营造** 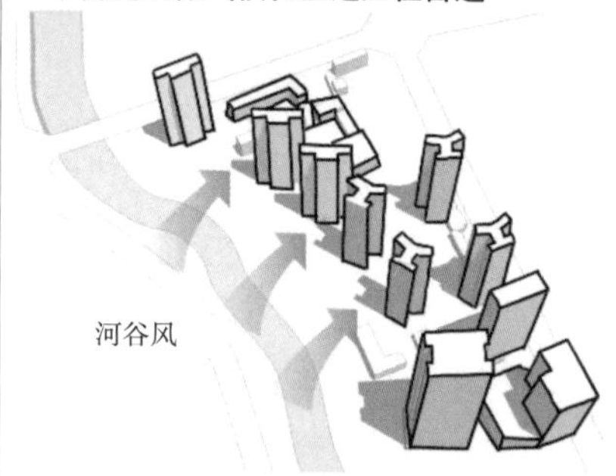

表 3 水体环境中需氧有机物污染情境解析（张奕 等，2005）

知识解析	空间机制解析	应用案例解析
②需氧有机物污染 需氧污染物又称耗氧污染物，是指能通过生物化学作用消耗水中溶解氧的化学物质，耗氧污染物包括无机耗氧污染物和有机耗氧污染物 **·致病因素**：被污染的水体中含有农药、多氯联苯、多环芳烃、酚、汞、放射性元素、致病细菌等有害物质，它们具有很强的毒性，有的是致癌物质；这些物质可以通过饮用水和食物链等途径进入人体，并在人体内积累，造成危害 **·环境问题（*y*）**：需氧有机物污染 **·空间手段（*x*）**：蜿蜒河道设计，生态浮岛设计，梯级河岸滩设计，下凹净化池等	**降低需氧有机物污染 =f（蜿蜒河道设计，生态浮岛设计，梯级河岸滩设计，下凹净化池）** ·蜿蜒河道设计 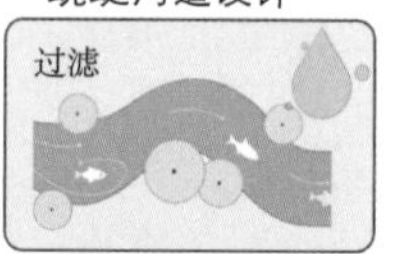 > 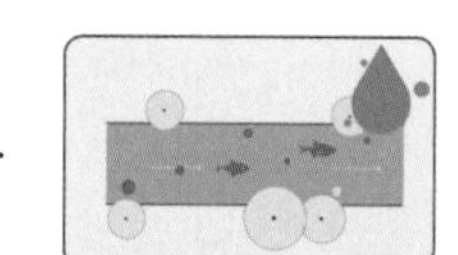 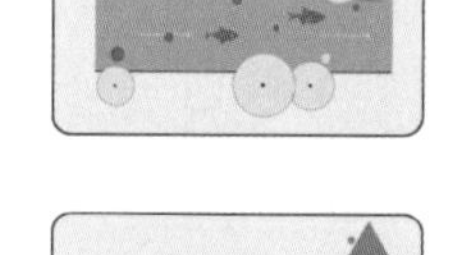 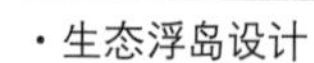 ·生态浮岛设计 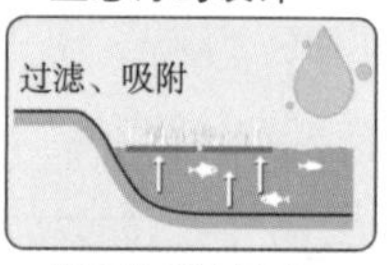 > 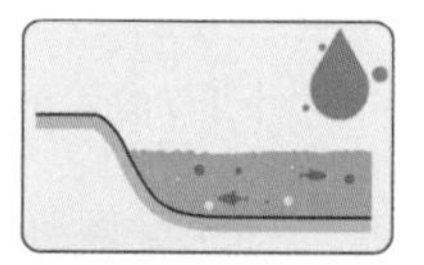 ·梯级河岸滩设计  > 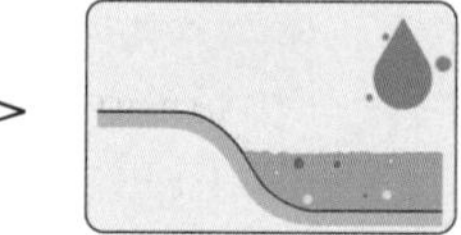 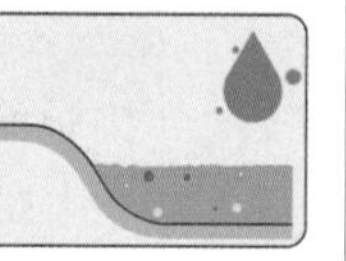 ·下凹净化池 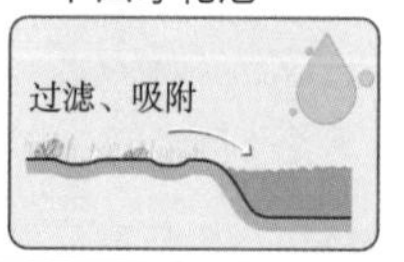 > 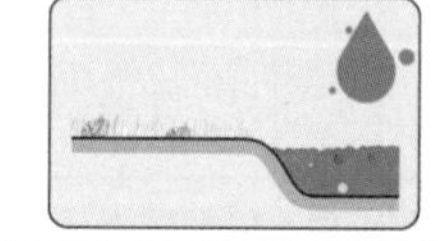	**·新加坡加冷河道生态修复** 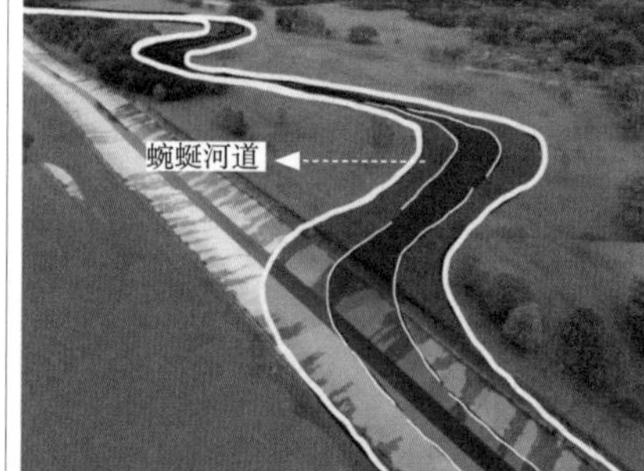 **·美国马里兰州漂浮湿地** 

表 4 城市居住环境中热岛效应情境解析（苏宏伟 等，2017）

知识解析	空间机制解析	应用案例解析
③**热岛效应** 热岛效应是由于人为原因，改变了城市地表的局部温度、湿度、空气对流等因素，进而引起的城市小气候变化的现象；由于城市内建筑密集、柏油路面和水泥路面比郊区的土壤、植被具有更大的吸热率和更小的比热容，使得城市地区升温较快，并向四周和大气中大量辐射，造成了同一时间城区气温普遍高于周围的郊区气温 ·**致病因素**：由于环境温度激增导致热岛效应产生，大量污染物在热岛中心聚集，浓度剧增，直接刺激人们的呼吸道黏膜，轻者引起咳嗽流涕，重者会诱发呼吸系统疾病；长期生活在热岛中心的人们会表现为情绪烦躁不安、精神萎靡、心情压抑、记忆力下降、失眠、食欲减退、消化不良、溃疡增多、胃肠疾病发作等 ·**环境问题（*y*）**：热岛效应 ·**空间手段（*x*）**：增加绿地建设区域，减小建筑的体量，城市水网散热，建筑导风排布等	**缓解热岛效应 =f（增加绿地建设区域，减小建筑的体量，城市水网散热，建筑导风排布）** ·增加绿地建设区域  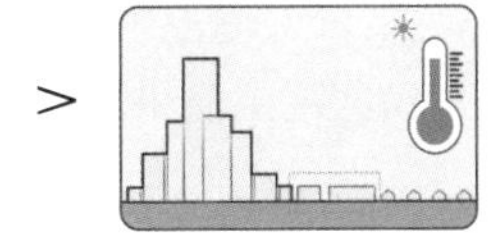 ·减小建筑的体量 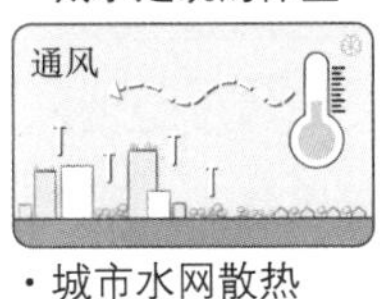 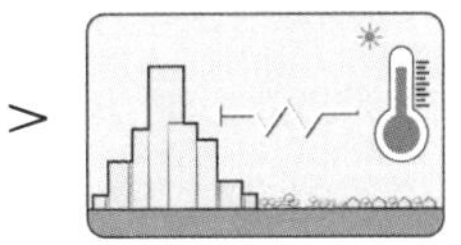 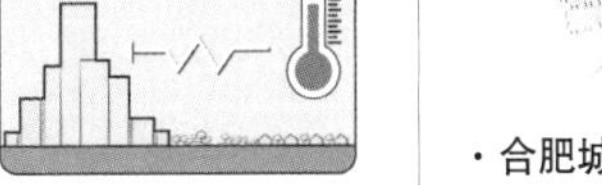 ·城市水网散热  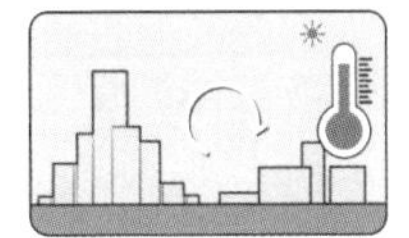  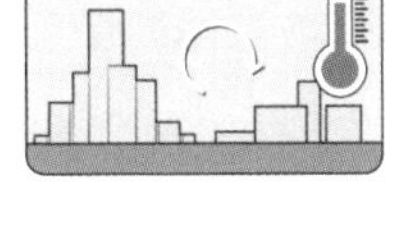 ·建筑导风排布 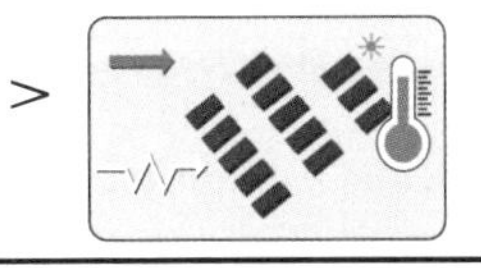 	**·张家浜楔形绿地生态规划改善城市热岛**  **·合肥城市通风廊道改善城市热岛**

CASE
案例知识分析

环境卫生学知识在景观规划设计中的应用目标（表 5）与程序（图 8）

表 5 环境卫生学知识在景观规划设计中的应用目标体系

一级目标	二级目标	三级目标
促进环境效益与公众健康	营造预防疾病、改善污染的城市空间	改善地方的空气、水、土壤质量
		帮助人类适应气候变化和城市扩张带来的健康问题
		控制各类环境致病因素，对相关疾病进行预防
	营造促进健康、满足人类福祉的城市空间	降低压力、促进心理健康
		增加体育运动的机会
		提供积极的生活空间，促进社会交往

1 基础资料收集
· 研究区域基本概况；
· 土地利用、景观格局现状资料；
· 相关规划设计文本资料

2 问题诊断与机制分析
· 分析区域危害严重的卫生问题；
· 分析卫生问题的形成机制与相关可调节环境因素；
· 分析规划设计手段对环境因素的调节机制

3 建立规划设计目标及原则
· 依据决策者和不同社区人群的诉求确定公众健康的需求目标；
· 依据健康—环境的关系设定规划设计调控目标

4 规划设计方案
· 公众健康效益引导的城市绿色基础设施规划 / 绿地景观设计

5 公众健康增效量分析
· 方案的健康效益变化模拟；
· 多情境健康效益比较；
· 深化设计最具健康效益的景观规划设计方案

满足目标

基于公众健康视角的景观规划设计方案与策略

环境卫生学应用知识点
暴露—响应机制、环境暴露、暴露时间（程度）、致病因素、剂量、健康效应

▲ 图 8 环境卫生学知识在景观规划设计中的应用程序

■ 蓝绿基础设施缓解菲利普地区热胁迫问题（Norton et al，2015）

19 世纪工业革命后，世界人口激增，加速了城市化进程。快速城市化发展进一步影响了温度、风速和空气质量等区域气候因素，并加剧了极端高温现象的产生，由此导致在全球范围内，城市人口死亡率和发病率的上升。世界卫生组织的调查数据表明，2000~2016 年，共有约 1.25 亿人受到极端高温 / 热浪的影响。例如，2003 年 6~8 月，欧洲的热浪造成近 7 万人死亡；2010 年，俄罗斯 44 天的热浪导致 5.5 万人死亡。

据预测，全球范围的公共卫生问题会因气候变化进一步而恶化。本章将讨论极端高温问题的形成及其对公众健康的影响，并就此提出缓解热岛问题的绿色基础设施规划框架以及可持续的规划战略。

1. 极端高温现象对公众健康的影响

极端高温（如热浪、高环境温度等）对人类健康有着深远的影响。由于建成区通常由连片的硬质铺装作为基底，因此缺乏持续的地表径流过程和植物蒸散过程，弱化了热量排放能力，导致昼夜温度变化小、热量蓄积等现象，这进一步加剧了城市居民在热环境中的暴露时长，导致热相关疾病的发病率在近年来明显提升。极端高温环境会抑制人体器官功能，导致各类疾病频出（图 9）。由于人体是通过体温自适应调节机制来促进高温环境下各类器官功能的正常发挥，但在持续反复的极端高温环境中人体的调温机制会逐渐失衡从而导致器官功能失调。例如在极端高温环境中，老年人或儿童血管扩缩功能的失调导致热量积累在人体中而无法释放,导致中暑风险显著上升。此外，持续反复的高温环境会抑制神经和认知功能，导致人脑的记忆力、注意力和信息处理能力受到影响。

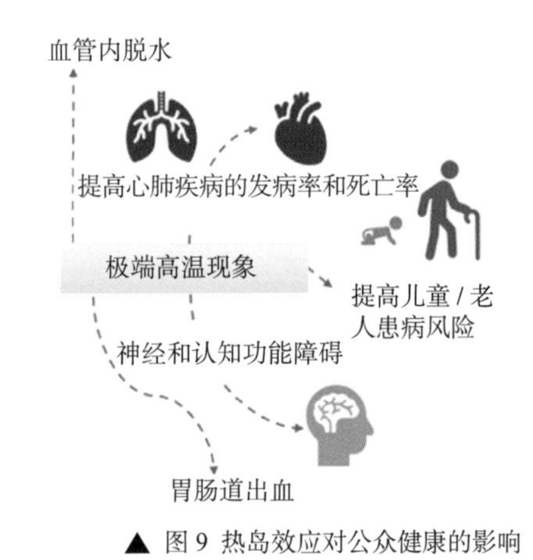

▲ 图 9 热岛效应对公众健康的影响

极端高温现象的形成主要源于城市地区蒸散热减少，由于高层建筑和密集的灰色基础设施布局增加了热传输量，促使建筑物内的温度升高了数倍。另一方面，城市地区在夜间释放的热量会显著提高周围的温度，从而导致环境持续被热浪包围并引发各种不利影响。如何规划具有降温效益的绿色基础设施（UGI）成为风景园林规划设计的待解难题。

2. 减缓城市极端高温问题的 UGI 规划框架

为缓解极端高温对公众健康的影响，Norton 等研究者提出了一套降温效益的分析框架（图 10），考虑到社区人群在高温环境中的暴露脆弱度，该框架由区域尺度向街景尺度逐层递进，分析具有最佳降温效益的 UGI 干预区域。在本案例的研究过程中，Norton 以面临高温问题的典型城市澳大利亚墨尔本菲利普地区为例，依据下述 5 个步骤分析高温胁迫影响与优先规划 UGI 的区域。

确定热缓解目标与高温暴露地区。极端高温造成的死亡和发病风险需要考虑环境

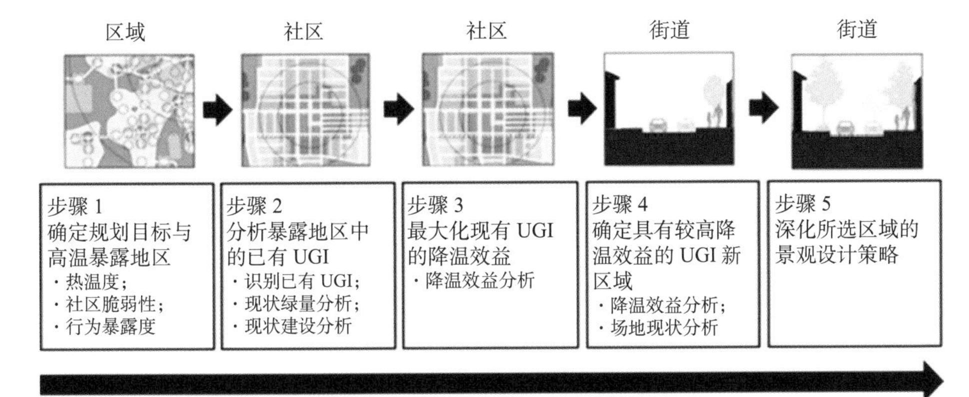

▲ 图 10 识别最具降温效益的 UGI 规划分析框架

热温度、社区人群脆弱性及公共空间使用人数所产生的行为暴露度的综合影响。通过 GIS 平台，将热温度（白天 / 夜间温度）、脆弱性（老年人 / 儿童数量）、公共空间分布区域相交，得到高温暴露风险最高的区域（图 11）。

分析已有 UGI 的基础信息（如街道宽度、植被覆盖度等）。采用遥感图像、多光谱和激光雷达数据组合创建信息底图。进一步采用 GIS 软件监督分类生成 7 种土地覆盖类别的地图：植被 (树木)、灌溉和非灌溉绿地、屋顶、混凝土、沥青道路和水域，并记录建筑物高度信息和街道宽度。

最大化现有 UGI 的降温效益。将遥感数据或实地调查中获得的植被生长态势信息用于确定何处可以最有效地提高现有 UGI 的降温效益（图 12）。

考虑具有较高降温效益的 UGI 新区域并确定规划设计方案。基于上述分析结果确定了菲利普地区的两条街道，其中街道 A 宽约 30m、高约 6m，高宽比为 0.2；而街道 B 宽 5m、高 6m，高宽比为 1.2。目前街道 A 存在零散行道树，可通过额外设计 UGI 促进降温效益；而街道 B 尚无合适的绿地。因此，研究者建议在街道 B 的北例安装一堵绿墙，以提高降温效率（图 13）。

3. 讨论

在本研究案例中探讨了以 UGI 缓解极端高温问题并进一步弱化热胁迫带来的公众健康影响，进而设定规划目标，提出分析三级尺度（区域—社区—街道）降温效益的 UGI 规划框架，以“剂量—反应”的卫生学底层思考逻辑，分析社区人群在高温暴露环境下的脆弱性特征，判别具有高效降温效益的优先区域，并提出景观设计方案。但极端高温现象带来的公众健康问题十分复杂，因此需要兼顾多种致病因素与环境因素，进一步考虑深化不同的设计方案。

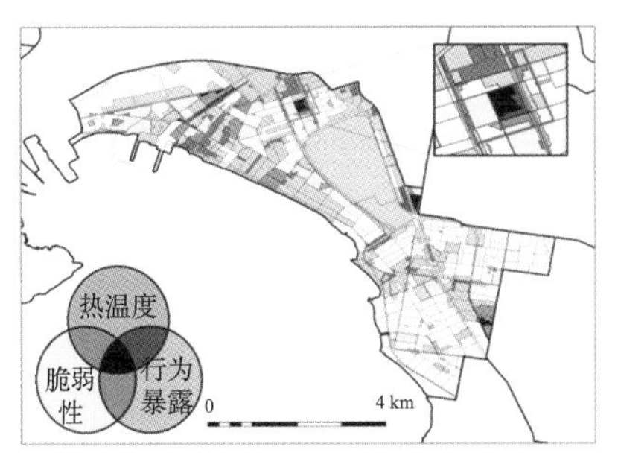

▲ 图 11 高温暴露影响分析

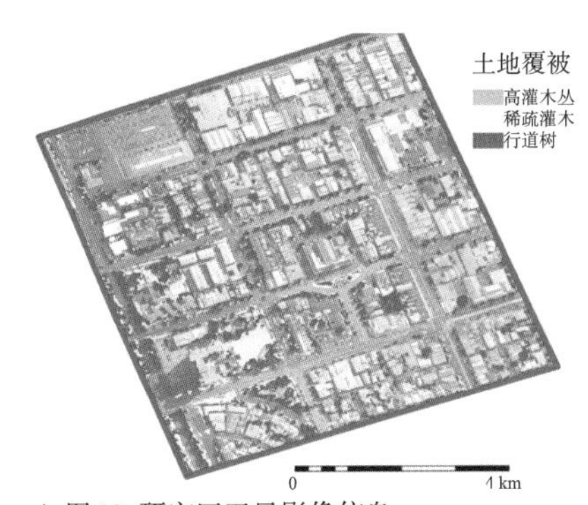

▲ 图 12 研究区卫星影像信息

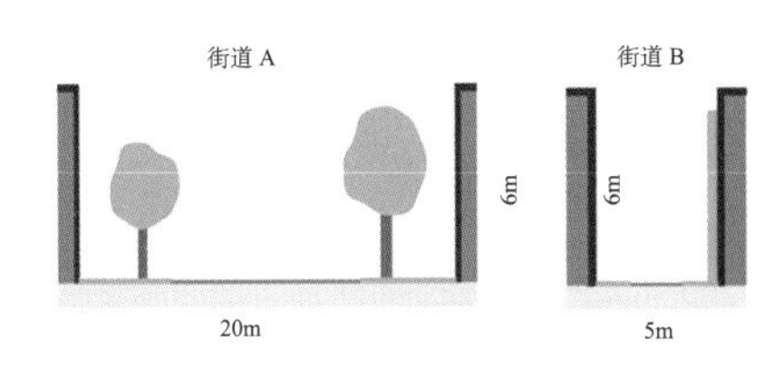

▲ 图 13 促进降温效益的街景设计方案

参考文献

巴月，吴逸明，王国领，2003. 环境基因组计划（EGP）对预防医学发展的影响 [J]. 医学与哲学，24（2）：1-4.

高传胜，2022. 健康中国背景下公共卫生与医疗服务协同发展和治理研究 [J]. 社会科学辑刊，44（6）：136-146.

李立明，叶冬青，毛宗福，2017. 公共卫生与预防医学导论 [M]. 北京：人民卫生出版社 .

苏宏伟，蔡宏，2017. 缓解城市热岛效应的有效路径 [J]. 环境经济，14（Z2）：100-101.

王翠绒，邹会聪，2010. 现代人口健康道德动力与平衡机制 [J]. 求索，31（5）：48-50.

夏海芳，2013. 谈大气污染的危害及防治措施 [J]. 能源与环境，32（6）：81，83.

杨克敌，等，2017. 环境卫生学 [M]. 北京：人民卫生出版社 .

张奕，李明高，余江，2005. 我国水体污染的综合监测及其治理措施 [J]. 环境科学与技术，28（S2）：70-72.

NORTON B A，COUTTS A M，LIVESLEY S J，HARRIS R J，HUNTER A M，WILLIAMS N S G，2015.Planning for cooler cities: A framework to prioritise green infrastructure to mitigate high temperatures in urban landscapes[J]. Landscape and Urban Planning，134：127-138.

WINSLOW C E A，1920. The Untilled Fields of Public Health[J].Science，51(1306)：23-33.

思想碰撞

撑破的垃圾袋、开裂的管道，满溢的垃圾箱、大量繁殖的病原体……随着城市蔓延进程逐步加快，大量生物自然栖息繁衍的环境遭到破坏，它们逐渐向着城市区域迁移，丰富城市区域物种多样性的同时，却带来大量病菌，成为影响人群健康的潜在隐患。如何借助空间手段改变这一现状成为一个难题。对此，你怎么看？

专题编者

岳邦瑞

杜喆

姚龙杰

戴雯菁

思维科学 28讲

揭示景观设计的思维途径

在日常生活中人们会遇到各种问题，例如，学生要完成老师布置的作业，科研人员要完成高水平的论文，设计师要解决设计过程中的难题……有些问题可以找到标准的解决方法，而有些问题的解决却并没有标准范式。景观设计师所面对的就是这类复杂的、没有标准解法的问题，面对这样的问题我们该如何处理？让我们一起进入思维的世界，解开心中的疑惑吧！

设计的本质是“问题的创造性解决的过程”，而问题的解决是一种重要的思维活动。因此本讲以思维为主题，解析设计的心理过程。“思维”一词在英语中为“thinking”，指在头脑中构思。在学科语境下指人接受信息、存贮信息、加工信息以及输出信息的活动过程。“思维科学”以思维为研究对象，主要研究思维的规律和方法。其研究目的是理解人在实践中得到的感觉信息是怎样在人的大脑中被存贮和加工处理成人对客观世界的认识的（王知津 等，2010）。

景观设计是设计的一个门类，其面对的核心思维问题是：在景观设计中如何创造性地解决结构不良问题？即如何创造性地解决界定不明确的问题？该问题可以被分解为“在景观设计中如何解决结构不良问题”和“如何在景观设计中培养创造力”。下文将针对上述两个问题展开讨论。

QUESTION ONE 如何解决结构不良问题

问题解决理论

1. 问题解决的基本概念

在面对一个问题时，人们经常会觉察到当前的初始状态与渴望的目标状态之间的差异，此时人们需要采取一系列操作，为差距间建立起桥梁。因此，“问题”便由初始状态、目标状态、操作这三个要素来定义（NEWELL et al，1972），即问题是现状与目标间的差距（表 1）。“问题解决”是消除目前的初始状态与所想达成的目标状态之间差异的过程，即“在问题的已知状态和目标状态之间寻找一条路径”（伍远岳，2013）。问题空间是问题解决的一个重要概念，是问题解决者对一个问题所达到的全部认识状态，包含给定条件、目标以及它们之间的对应关系。认知心理学从信息加工的观点出发，将问题解决过程看作对“问题空间”的搜索过程。

表 1 “问题”的基本成分

基本成分	内容
初始状态	一组已知的关于问题条件的描述，包括开始时不完全的信息或令人不满意的状况
目标状态	关于构成问题结论的描述，最终希望获得的信息或状态
操　　作	为了从初始状态迈向目标状态可能采取的步骤

2. 问题解决理论的研究内容

在认知心理学中，问题解决是一个重要的心理过程，其主要的研究内容为：①问题的分类；②问题的特征；③问题解决的影响因素；④问题解决的一般策略；⑤问题空间理论（王甦 等，1992）（图 1）。

问题空间的研究是问题解决研究的核心领域。根据问题空间的结构是否良好，可以将问题划分为两类：①结构良好问题即“明确界定问题”，由已知的初始状态和明确的目标状态组成；这类问题有明确的已知条件和要求达到的目标，有确定的运算规则。②结构不良问题即“非明确界定问题”，对问题的初始状态或目标状态没有清楚的说明，或者对两者都没有明确的说明，这些问题具有很大的不确定性。景观设计面对的问题通常是结构不良问题，大致可分为：①已知条件明确，目标要求不明确；②已知条件不明确，目标要求明确；③已知条件和目标要求都不明确（鲁志鲲 等，2004）（图 2）。

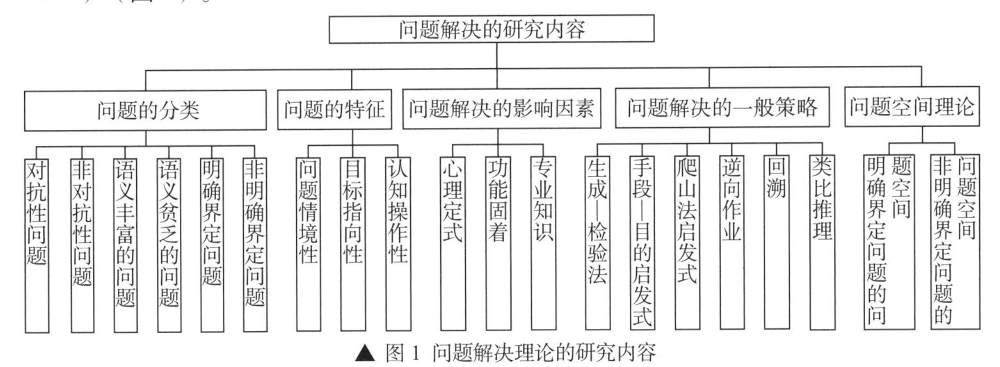

▲ 图 1 问题解决理论的研究内容

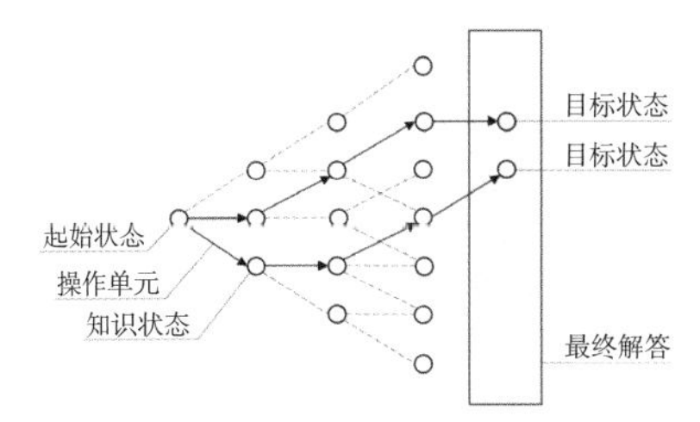

a. 明确界定问题的问题空间结构

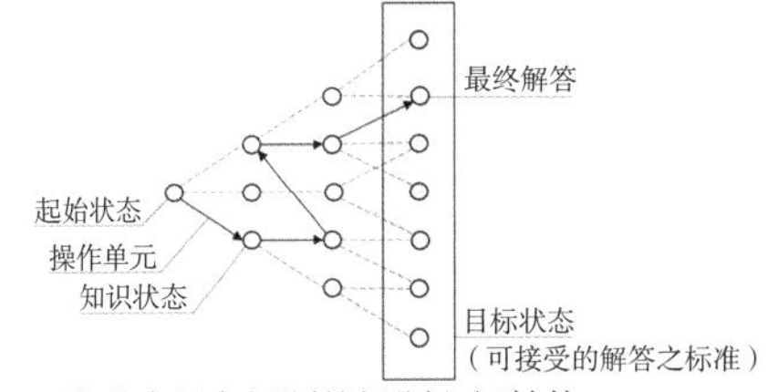

b. 非明确界定问题的问题空间结构

▲ 图 2 问题解决的空间结构

■ 结构不良问题的特征及解决的原则和策略

结构良好问题与结构不良问题在问题解决的空间结构上有着明显的不同，根据对比，我们提出了结构不良问题的 5 个特征 ：①目标不清晰；②给定的初始信息混乱；③初始状态与目标状态的关系不清楚；④应答域不清楚；⑤解题规则不明确。根据上述 5 个特点，绘制结构不良问题的原则及策略图示，为景观设计中面临的结构不良问题提供解决策略（图 3）。

1. 目标状态

结构不良问题具有目标不清晰的特征。景观设计需要在最初明确目标是什么，明确目标的状态或者应答域。其解决策略是“多立场考虑目标状态”。在目标的表征阶段，需要从不同角度提出对目标状态的要求并进行评价，最终明确目标。景观设计中的多立场考虑利益主体（图 4）包括：①公众，即设计成果的使用者；基于公共诉求对目标进行考虑可以增加设计的可操作性。②政府，即与设计、建设关系密切的上级官方机构；作为公共利益的代表，政府具有利益再分配与社会服务的职责，其主导或引导的角色不可或缺。③企业，即参与设计的利益实体，追求一定的利益回报。④景观设计师，设计师具有专业知识，负责项目的实际操作和最终实现。

2. 初始状态

结构不良问题的初始状态具有初始信息混乱、初始状态与目标状态的关系不明确两个特征。其应对策略包括“基于数据库寻找信息收集依据”和“可视化理解现状信息的关系”两类。

在基于数据寻找信息收集依据方面，我们可以通过对已有的数据资料进行分析，明确应收集的具体现状信息。其策略分为两部分：①数据库收集，在景观设计中，数

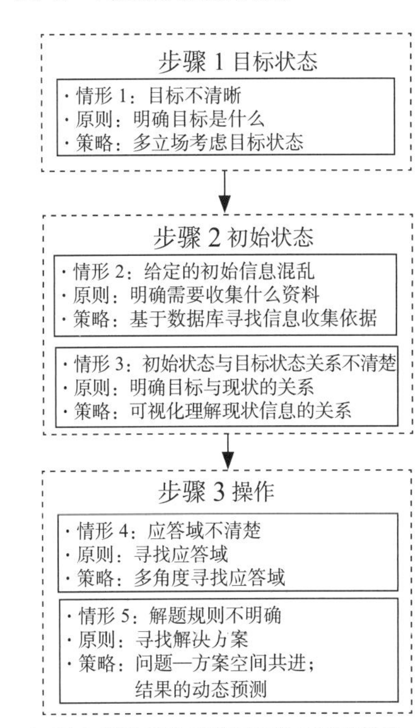

▲ 图 3 解决结构不良问题的原则和策略

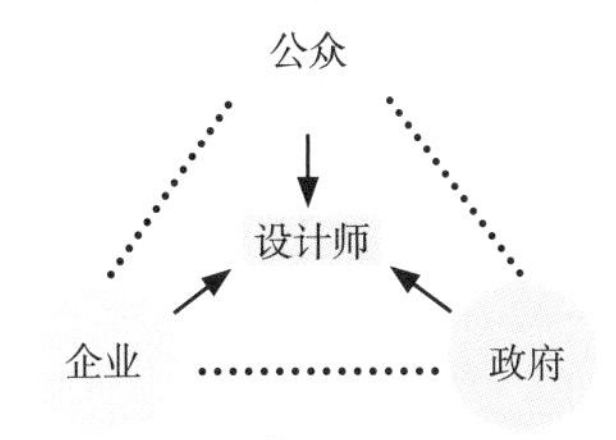

▲ 图 4 多利益主体关系图

据库包括规范文本、文献资料、相似案例。②数据库补充，数据库的补充实际上是由实践到理论，再到实践的具体体现，数据库补充分为在设计过程中的补充和基于设计结果的数据补充两种情况，它们分别作用于设计思维的优化和设计结果的评价（沈洁 等，2019）。

在可视化理解现状信息的关系方面。可视化是指人在头脑中形成事物影像的过程，通过图形的形式更直观、形象地表达信息和信息之间的逻辑关系。根据特征可以将可视化的信息分为以下几类：①多维信息，是由文字、图片、空间等组合而成的复杂信息，可视化的方法包括平行坐标系、散点图、矩阵、星绘法等方法；②序列信息，根据某一属性的特点，按照时间或空间次序排成行列的信息，可视化的方法如空间序列图；③层次信息，可以用来描述各种具有等级或层级关系对象的信息，可视化的方法如节点链接图；④网络信息，具有网状结构的信息，可以通过仿真物理学中力的概念来绘制网状图，进行可视化（杨彦波 等，2014）（图 5）。

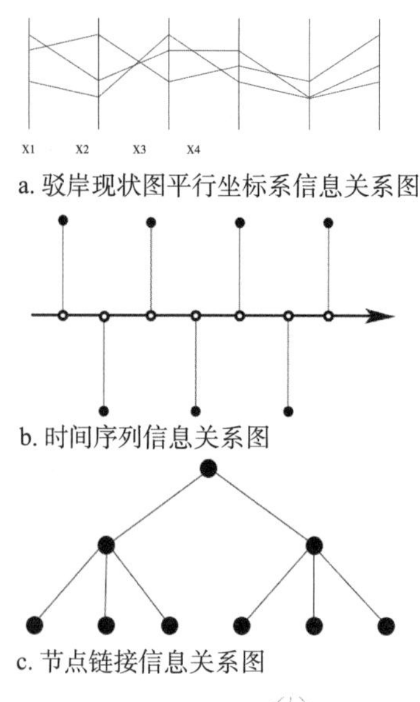

a. 驳岸现状图平行坐标系信息关系图

b. 时间序列信息关系图

c. 节点链接信息关系图

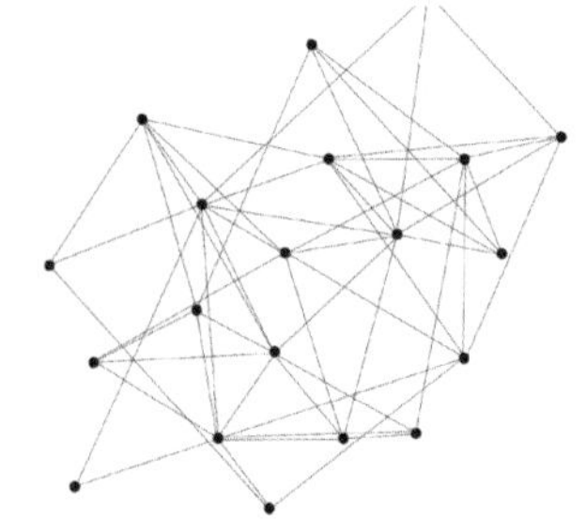
d. 网络信息关系图

▲ 图 5 可视化信息关系图

3. 操作

结构不良问题在操作阶段的主要特点是应答域不明确以及解题规则不明确。因此，在操作阶段的应对策略包括“多角度寻找应答域”“问题—方案空间共进”和“结果的动态预测”3 类。

在多角度寻找应答域方面，景观的系统性和整体性导致景观设计需要从多角度思考，可以多方向、多学科、多层次地寻找方案的解决范围：①从景观设计师的角度，需要具有多方向解决问题的能力，要求景观设计师具有跨学科知识，包括生态、生物等自然学科知识和哲学、社会学等人文学科知识。②从景观设计团队的角度，由于设计对象与设计过程的复杂性，景观设计团队需要各个学科背景的设计人员合作。③从景观设计对象的角度，不同尺度的景观设计项目需要考虑的因素不同，因此在寻找解决范围时要从宏观、中观、微观不同的尺度进行思考。

在问题—方案空间共进方面，问题与方案并不是线性程序的关系，而是动态循环的关系，方案的进行可以对问题空间进行优化，同时问题空间的优化又可以促进方案的深入（图 6）。在景观设计中，对草图的修正就是一个问题—方案空间共进的过程。同计算机的几何模型设计相比，草图最大的特征是模糊、粗糙、多义和不完整。草图模糊的含义促使设计师建立了远方关联，为突破思维的局限性、揭示隐含的方案空间提供了可能，因此景观设计草图具有不可替代的地位。

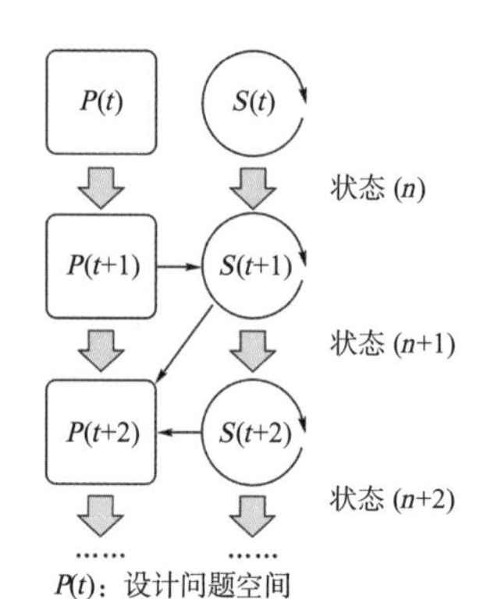

▲ 图 6 问题—方案空间共进模型

在结果的动态预测方面，景观不仅需要对空间设计，还需要考虑时间维度，设计中需要对方案成果进行动态的预测。动态预测包括对景观格局的预测、对生态系统的预测、对工程及其成本的预测、对政策经济等问题带来的挑战的预测等。在景观设计中除了基于知识经验进行人工预测，也可利用各种数学模型和算法，通过发现过去景观现象随时间变化的规律，预测未来的发展趋势，如多智能体系统（Multi-Agent System，MAS）等。

QUESTION TWO
如何培养景观设计中的创造性

创造性的内涵

“创造性”也译作“创造力”，源于拉丁文“creare”一词，意指创造、创建、生产和造就等。创造性通常有两种理解，一是指在问题情境中超越已有经验，突破习惯的限制，形成崭新产品的心理过程；二是指不受成规限制，能够灵活运用知识、经验解决问题的超常能力（张维华，2005）。

创造性能力的培养

创造性能力由知识和心智模式决定。知识是储存在记忆中的认识与经验，是人们各种能力的基础；心智模式则是认识事物的方法和习惯，是人类创造性能力的核心要素。二者的关系好似计算机的信息库和操作系统，知识为创造性提供材料，通过心智模式对材料进行加工，产出创造性的新产品。

1. 知识

知识是人们对客观现实的认识的总和，包含我们从生活中获取的经验和从课本中学到的知识等。创造性能力的高低与个体学识的多少和对知识理解的深度有关，同时受其知识结构的影响。按照知识的结构类型可以将知识分为图式知识、联结知识和基于案例的知识。知识在创造性思维过程中起着不同的作用（郝宁 等，2010）（表2）。

表2 知识的分类及作用

分类	内容	作用
图式知识	通过归纳推理构建出的知识，能帮助人们知觉、组织、获得和利用信息；图式知识包括基于规则的知识和一系列规则程序	图式中蕴含的规则或特征提供了形成新概念的基础，对生成观念的原创性具有影响
联结知识	以网状结构存在，通过刺激—事件的反复配对或反复经历而内隐地、自动地获得，联结知识通过激活传播到网络的许多节点	影响信息搜索的范围和质量，在创造性思维的观念生成和观念评价阶段发挥重要作用
基于案例的知识	个体在意识的监控下从过去经验中抽取和总结信息，建构而成	个体可基于案例中的相关信息形成复杂的心理模型，有利于创造性思维的问题建构、概念性组合、观念生成、观念评价等认知操作

2. 心智模式

心智模式是我们理解世界的方式，指在遗传、环境、教育等因素相互作用的过程中，通过认识、辨别、评估、接受等一系列的心理过程，由个人经历、工作经验、知识素养、价值观念等形成的较为固定的认知方式和行为习惯。在创造性能力的心智模型中，“创造性人格”“创造性思维”和“批判性思维”起主导作用。

在创造性人格方面。创造性人格强调人的品格、性格和体格等非智力因素部分，指主体在后天学习活动中逐步养成，在创造活动中表现和发展起来，对促进人的成才和促进创造成果的产生起导向和决定作用的优良的理想、信念、意志、情感、情绪、道德的总和。在创造性主体的心智模型中，对创造能力起积极作用的人格特征为：①具有强烈的好奇心和求知欲；②喜欢质疑；③独立性强；④对自己能够达到的目标有足够的自信；⑤对于各种情境能灵活应对。

在创造性思维方面。创造性思维对产生创新成果起重要作用。创造性思维是与常规性思维相对的概念（表 3），指在创新过程中发挥作用的一切思维活动的总和，包括发散思维、灵感（顿悟）思维、逆向思维和抽象思维等，其中起核心作用的是发散思维。创造性思维活动一般分为 4 个阶段：①准备阶段，②孕育阶段，③明朗阶段，④验证阶段（张庆林 等，2004）。创新思维能力的培养可以看作突破常规思维限制，转向创新思维的过程。即通过对原有认知、概念、解决方法的唯一性进行质疑，找到创新的突破点，并利用发散思维、顿悟思维等对概念、认知进行重新解释和知识迁移利用，从而找到新的问题解决方法。在下文中，笔者将以解决结构不良问题的 5 个情境为例，说明创造性思维在解决结构不良问题中的具体应用（表 4）。

表 3 创造性思维与常规性思维的对比

类别	常规性思维	创造性思维
定义	是指人们运用已获得的知识经验，按现成的方案和程序解决问题	重新组织已有的知识经验，提出新的方案或程序，并创造出新的思维成果的思维活动
主要思维方式	分析与综合、比较与分类、抽象与概括	发散思维、灵感（顿悟）思维、逆向思维等
特点	习惯的、单向的、逻辑的	多向的、非定势的、非逻辑的
结果	无新思维成果的产生	新的思维成果，如新概念、新认知等

表 4 创造性思维在解决结构不良问题中的应用

阶段	情境（突破点）	案例	方法分析
目标状态	目标设定	·20 世纪 80 年代，人们突破了“景观设计目标是为人们提供优美环境”的认知，创造性地提出了“文化保护与展示”的设计目标，开创了景观设计的新时代	认知突破
初始状态	信息搜集与信息解释	·在认为“前期调查等于对基地及其环境进行勘测”的时代，劳伦斯·哈普林创造性地将社会调查（社区居民的意见调查）纳入前期调查的信息搜集，重新定义了社会调查，开创了“市民参与设计”的开端； ·詹姆斯·科纳在纽约高线公园设计中，突破了“工业遗址是景观糟粕”的观念，将场地内的废弃高架铁路视为具有美学价值、承载城市记忆的宝贵景观资源，成为“变废为宝”的城市公园设计典范	概念重新解释 逆向思维
	目标与现状的关系	·伊恩·麦克哈格突破了“场地要素与土地开发的资源间的关系”，创造性地提出了“场地要素与土地的适宜性关系”，并提出了适宜性叠图分析法，从此开创了景观设计的生态时代	认知突破
操作	应答域	·在认为“城市更新就等于大拆大建”的时代，吴良镛创造性地将城市更新的应答域引向“有机更新”，开创了城市“微更新”的时代	认知突破
	解题	·丹·凯利突破了“古典主义语言”和“现代空间营造”的壁垒，利用“古典主义语言”营造出流动的“现代空间”，并设计出米勒花园等经典景观作品	迁移、转换

注：创造性思维可以应用于结构不良问题解决的各个方面，如果标准方法不能提供解决方案，就需要运用创造性思维；当标准方法可以提供解决方案时，尝试运用创造性思维对于寻找更好的解决方案也有一定的价值。

在批判性思维方面。批判性思维对于“超越已有经验，突破习惯的限制”具有重要作用。批判性思维指通过一定的标准评价思维，进而改善思维，它由求同思维与求异思维相互作用产生。求同思维是根据实际需要，把相关事物联系在一起，进行寻求相同点的思考，通过它们的结合产生创意的思维活动；求异思维是不受以往思路和已有信息的限制，进行多起点、多方向、多层次的分析和思考，揭示事物本质，从而产生创意的思维活动。

在创造性的问题解决过程中，批判性思维贯穿始终，其中在景观基础理论研究层面的批判性思维尤为重要。俞孔坚的“反规划”理论是景观规划设计中典型的基于批判性思维的创造性问题解决。“反规划”不是反对规划，也不是不规划，而是“反向规划”，即在原有规划的基础上，提出生态优先保护的原则，这是批判性思维中求同思维和求异思维相互作用产生的，是对常规规划思路的批判与创新（俞孔坚 等，2005）（表5）。

表5 传统规划与“反规划”的对比

区别	传统规划	“反规划”
价值观念	人类中心主义，主张在人与自然的相互作用中将人类的利益置于首要地位	批判人类中心主义，强调以生态为中心，把人与自然视为一个密不可分的整体
学科基础	主要基于城乡空间发展理论	批判唯城乡空间发展理论，强调生态学、地理学等自然与人文科学介入
规划次序	对建设空间的优先识别，对建设用地的优先供给	批判建设空间优先，强调优先识别生态空间，对不可建设用地的优先控制
成果评价准则	经济或社会效益第一，兼顾生态效益	批判经济或社会效益第一，强调维护生态效益

CASE 情境化案例

■ 目标状态——广州泮塘五约社区微改造（刘文文 等，2022；陆熹 等，2021）

1. 项目概况

泮塘五约位于广州市老西关风情区荔枝湾畔，占地面积约 3.1hm²，处于多条历史街区的交会之处，距今已有 900 多年的历史，是广州市区范围内较少见仍保持着清代街道格局和多宗族共生的传统村落。2016 年，泮塘五约微改造项目成为《广州市城市更新办法》颁布实施后，首个政府主导、居民参与、企业运营的微改造项目。项目需要通过小规模、渐进式微改造，实现古村更新，激发社区活力。

2. 原则及策略

该景观设计作为一个结构不良问题，具有目标不清晰的特征。依据以人为本的原则，该项目需要考虑政府、居民、企业等多方利益。为明确项目的目标，提出了识别利益相关方、明确各利益相关方的利益追求、明确项目更新设计目标 3 个步骤：①识别利益相关方，研究人员通过参与研讨会、专家会议、日常观察、半结构性访谈等方式，确定潜在的利益相关方，后通过访谈和引荐的方式确定其他利益相关方；②明确各利益相关方的利益追求，本研究共识别了 5 大类 14 小类利益相关方（表6）。通过面对面谈话、问卷等方式获得各利益相关方的利益需求资料（表7）；③明确项目更新设计目标，泮塘社区由荔湾区更新局和街道办事处牵头，建立了“泮塘五约微改造共同缔造委员会”，最终通过协商，提出文化保护与展示、基础设施提升、社区活力提升、社区风貌整体提升的微更新目标。

表6 利益相关方分类统计表

大类名称	利益相关方名称
当地利益相关方	当地居民
	租户
	文化产业商户
	其他市民
规划设计专业人士	设计竞赛参与者
	设计师
	社区规划师
	毗邻项目设计师
	专家顾问
政府管理人员	街道管理人员
	区级管理人员
	市级管理人员
新闻媒体	新闻媒体
施工方	施工队总工

表7 利益需求统计表

大类名称	利益需求
当地利益相关方	· 历史记忆保护与展示； · 生活便利，环境良好； · 社区充满活力
规划设计专业人士	· 文化保护与展示； · 环境良好，风貌辨识度高
政府管理人员	· 提升区域价值形象
新闻媒体	—
施工方	· 项目实施性强、经济

规划设计依据

1.《禄劝彝族苗族自治县志（1991—2000）》2002年出版；《禄劝彝族苗族自治县志》1995年出版；《禄劝年鉴》2020年出版；
2. 云南省禄劝彝族苗族自治县官方网站相关资料；
3.《公园设计规范》GB 51192—2016；
4.《防洪标准》GB 50201—2014；
5.《城市道路绿化规划与设计规范》CJJ 75—2023；
6. 甲方提供的规划资料；
7. 甲方提供的水文资料

▲ 图 7 规划设计依据

初始状态——云南昆明禄劝县掌鸠河景观设计

1. 项目概况

项目位于云南省昆明市掌鸠河禄劝县（禄劝彝族苗族自治县）城区段，设计内容包括：河道南北堤岸、岸上带状绿地区、核心城市滨河公园。项目设计定位为“一条安全的廊道、一条生态的廊道、一条遗产的廊道、一条活力的廊道”。项目的目标是打造河流的安全格局，保证河水质量，创造具有地方精神的廊道，将河道的绿廊向城市延展，创造居民活动的便捷性，打造市民及外来游客休闲娱乐的后花园。

2. 原则及策略

原则一：明确收集什么信息。云南省昆明市掌鸠河禄劝县城区段的信息收集依据数据库和现场与网络调研两种形式，其中数据库的信息来源主要为：禄劝县志、公园规划设计相关基本规范、昆明市上位规划相关资料、基地自然条件基础资料，具体资料来源见图（图 7）。

原则二：明确目标与现状的关系。方案将已收集的历史背景、基地内部与外部环境的现状信息进行可视化表现，基于针对各方诉求设定的目标，对场地现状进行评价（图 8、图 9）。

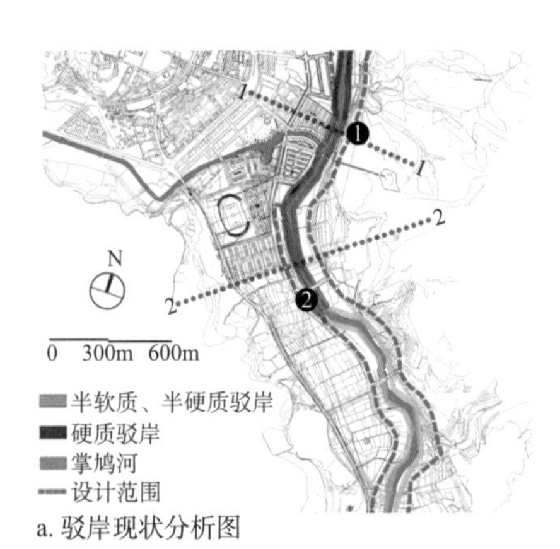

a. 驳岸现状分析图

b. 驳岸现状图

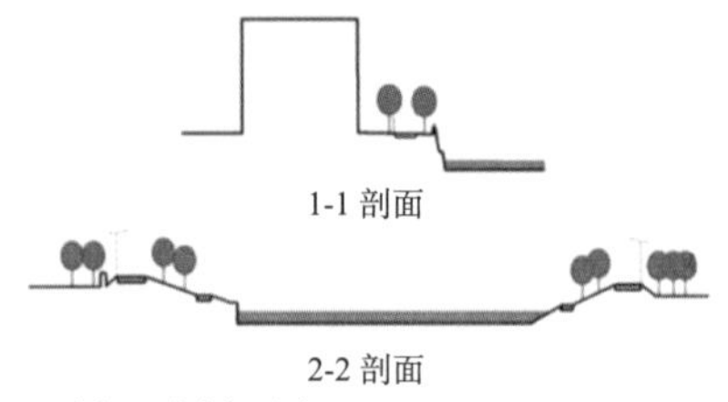

c. 驳岸现状剖面图

▲ 图 8 现状信息可视化图

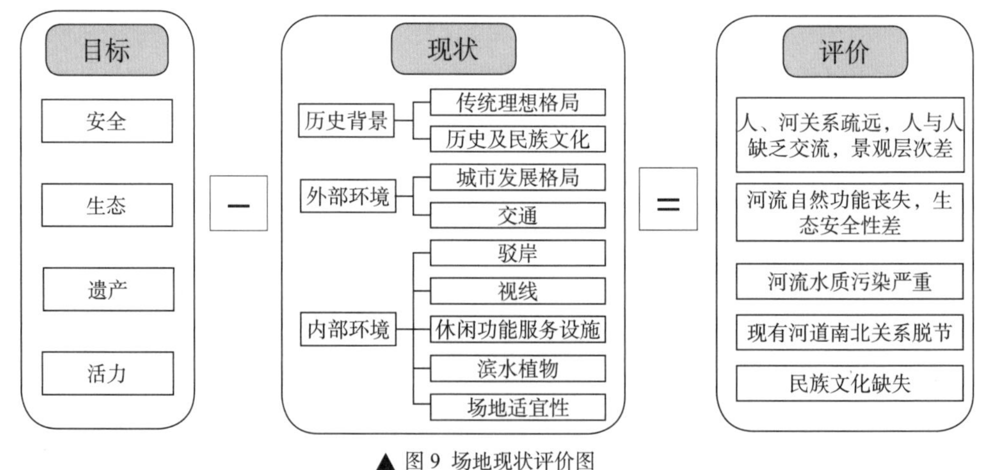

▲ 图 9 场地现状评价图

操作——纽约市清泉公园（朱莉娅·克泽尼亚克 等，2013）

1. 项目概况

清泉公园场地位于斯塔腾岛西岸，场地原本由约 45% 垃圾山组成，另外 55% 由溪流、湿地和干燥凹地构成。关闭该填埋场的决定下达后，城市规划部门举办了国际竞赛以征集该场地的最佳转变策略，其中菲尔德设计事务所（Field Operations）设计的“生命景观”（Lifescape）方案脱颖而出。设计团队对“生命景观”的定义是“生命景观 = 活动项目 + 栖息地 + 循环”（图 10）。方案将线、岛、垫 3 个系统相结合，构成了整体景观的形式、材质与规划结构，从时间与空间两个层面，分阶段、分区域处理施工与生态上的挑战，以应对不断变化的需求和状况。

2. 原则和策略

原则一：应答域的寻找。清泉公园场地的复杂性决定了所需解决的问题的复杂多样，因此项目组建了多学科设计团队，以明确问题的应答域。方案在菲尔德设计事务所主持下，由垃圾填埋工程修复公司、应用生态学服务团队、经济战略分析团队、创意设计公司、照明公司，以及植物与湿地生态学家理查·林奇、野生植物与鸟类生态学家保罗·科林格等团队和专家的共同参与下完成的。

原则二：寻找解决方案。方案将场地视为有生命、有活力的景观，通过动态预测进行整体规划设计。方案的动态设计主要体现在形式的不固定、自然进化与植物生命周期策略、工程的分期。①形式的不固定：设计师在设计中保留了某种特定的流动性，认为景观过程随时间发展的不确定性，要比详细的形式设计更有意义；因此设计了开放的策略框架，以最大程度的自由发展形成最适合未来城市生活需要的场地形式。②自然进化与植物生命周期策略：方案以时间和自然变化这两种存在于景观和景观变迁内部的现象为基础，对植被面临环境持续变化的适应能力进行动态设计，构建出场地生态恢复和景观更新的框架（图 11）。③工程的分期：为了使公园的建造不是一个漫长无期的等待过程，而是在动态变化过程中、可到达的公共空间，整个工程被分为三个阶段，为期 30 年。一期工程初步建立公园大部分基础设施；二期工程重点放在增加项目设置，促进生态恢复上；三期工程主要任务是扩大对外开放面积，增加栖息地面积，合理开发利用垃圾填埋场的原有基础构造（图 12）。

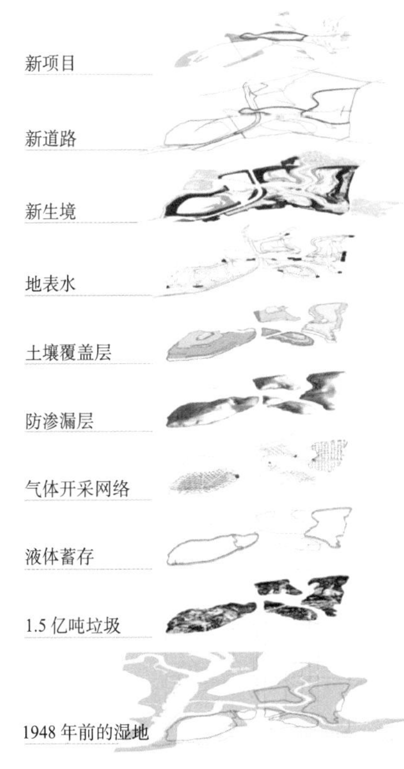

▲ 图 10 系统层叠图

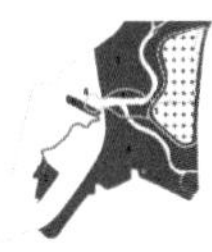

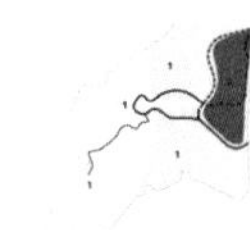

▲ 图 12 工程分期示意图

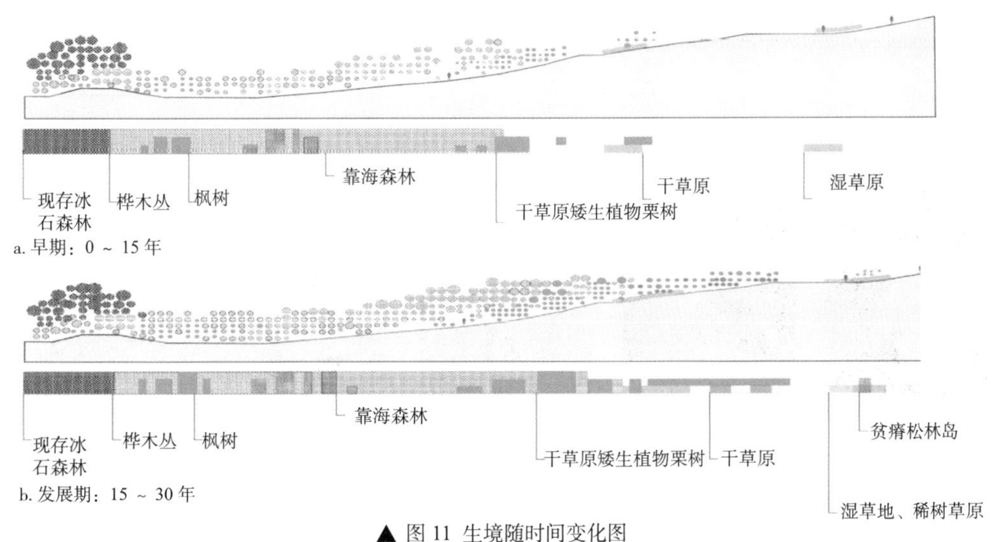

▲ 图 11 生境随时间变化图

参考文献

郝宁，吴庆麟，2010. 知识在创造性思维中作用述评 [J]. 心理科学，33（5）：1089-1094.

刘文文，吕霞，2022. 社区更新的合作治理机制研究——以广州市泮塘五约社区微改造为例 [J]. 新经济，12（3）：27-32.

陆熹，埃卡特・兰格，2021. 参与式社区更新中的利益相关方特征和互动研究——以广州泮塘五约为例 [J]. 风景园林，28（9）：24-30.

鲁志鲲，申继亮，2004. 结构不良问题解决及其教学涵义 [J]. 中国教育学刊，12（1）：44-47，54.

沈洁，林诗琪，2019. 风景园林通过设计之研究 (RtD) 进展 [J]. 风景园林，26（7）：51-56.

王甦，汪安圣，1992. 认知心理学：心理学丛书 [M]. 北京：北京大学出版社 .

伍远岳，谢伟琦，2013. 问题解决能力 : 内涵、结构及其培养 [J]. 教育研究与实验，6（4）：48-51.

王知津，卞丹，王文爽，2010. 论情报学研究中的跨学科思维 [J]. 情报科学，28（5）：641-647，651.

俞孔坚，李迪华，刘海龙 .2005.“反规划”途径 [M]. 北京：中国建筑工业出版社 .

杨彦波，刘滨，祁明月，2014. 信息可视化研究综述 [J]. 河北科技大学学报，35（1）：91-102.

张庆林，曹贵康，2004. 创造性心理学：高等学校通识课程系列教材 [M]. 北京：高等教育出版社 .

张维华，2005. 论学生创造性的培养 [J]. 湖州职业技术学院学报，4（4）：8-10.

朱莉娅・克泽尼亚克，乔治・哈格里夫斯，2013. 大型公园 .[M]. 张晶译 . 大连：大连理工大学出版社 .

NEWELL A，SIMON H A，1972.Human Problem Solving[M]. New Jersey：Prentice-Hall.

思想碰撞

人工智能（AI）是一种由人制造出来的、模仿人的思想和行为的机器。但目前 AI 的发展似乎已经超出了的人们预期。2022 年，一个用 AI 绘图工具 Midjourney 生成并经 Photoshop 润色而成的《太空歌剧院》设计作品，一举拿下了美国科罗拉多州举办的艺术博览会数字艺术类别的冠军。设计师只需输入文字描述，AI 便可以以其高效的计算能力迅速生成多个方案。一部分设计师为其逼真的效果和超快的速度感到兴奋，认为可以利用 AI 设计提高设计师的工作效率，降低工作压力。但同时一部分人也为此感到担忧，认为属于 AI 设计的时代即将到来，AI 设计在不久的将来将代替人类设计成为设计领域的主流。对此，你怎么看？

专题编者

岳邦瑞

王蓓

李博轩

董清榕

雷雅茹

贾祺斐

管理学 29讲

万物的掌舵者

自古以来，人们的社会活动就表现为群体的协作行为，并逐渐形成了各种组织。这些组织就像一辆辆奔跑的马车，装载着各种必需的资源，有着自己的目标和协同机制。马车的动力来自组织中各成员组成的马匹，马车的行进依靠两只轮子共同支撑和协调滚动：一个是管理活动，另一个是技术活动，而驾驭马车的人就是组织的高层管理者。管理存在于各类社会活动中，景观规划设计也不例外。本讲将依托管理学知识，解析特定情境下景观规划设计中的管理活动。

■ 管理学的学科内涵

1. 管理学的基本概念

“管理”一词在汉语中指管辖或疏导，即约束与引导；英文中的“管理”（management）原意是指“训练和驾驭马群”，后来美国人最早把这个词用于管理学中（曾仕强，1981）。管理就是一个组织通过一系列决策活动，营造良好的内部环境，适应多变的外部环境，使其各层次和各领域协调运行，从而实现效率和效果两个目标的过程（张智光 等，2018）。随着时代进步和社会发展，人们逐渐意识到管理的重要性，并从大量实践中总结和发展出一套管理理论、手法和手段，称之为管理学。管理学的研究目的是指导管理实践，以解决管理问题。

2. 管理学的研究对象与特点

管理学的研究对象是现代社会中管理活动的基本规律和一般方法。广义上包括：①生产力，主要研究生产力的合理组织问题；②生产关系，主要研究如何处理各类组织之间、组织内部人与人之间的各种关系；③上层建筑，主要研究如何使组织内部环境与外部环境相适应的问题。狭义上包括管理原理、管理功能或职能、管理的主要方法、管理者、管理历史（周劲波 等，2014）。

管理学的研究特点如下：①一般性，管理学主要研究管理活动中的共性原理和基础理论，它适用于一切企业组织和事业单位；②综合性，管理工作往往涉及众多学科的知识，是一门交叉学科；③模糊性，管理工作兼具艺术性与科学性，实际工作中遇到的复杂问题难以得到最优管理方案；④实践性，管理学是为管理者提供管理的有用理论、原则及方法的实用学科，需要结合实践进行管理理论的运用（周劲波 等，2014）。

3. 管理学的发展历程

管理学的发展经历了3个主要阶段（图1），三者并存发展、相互影响。①古典管理理论阶段（19世纪20年代～20世纪30年代），此阶段确立了管理学是一门科学，以效率主义为主旋律，建立了一套有关管理理论的原理、原则、方法等理论，为管理学的发展奠定了理论基础；②行为科学理论阶段（20世纪30～50年代），从以“事”为中心的管理转变为以“人”为中心的管理，成功地改变了管理者的思想观念和行为方式；③现代管理理论阶段（20世纪30年代至今），这一阶段的最大特点就是学派林立，包括决策理论学派、权变理论学派、系统管理理论学派等（张智光 等，2018）。

学科书籍推荐：

《管理学》周劲波 等

《风景园林管理与法规》张秀省，黄凯 等

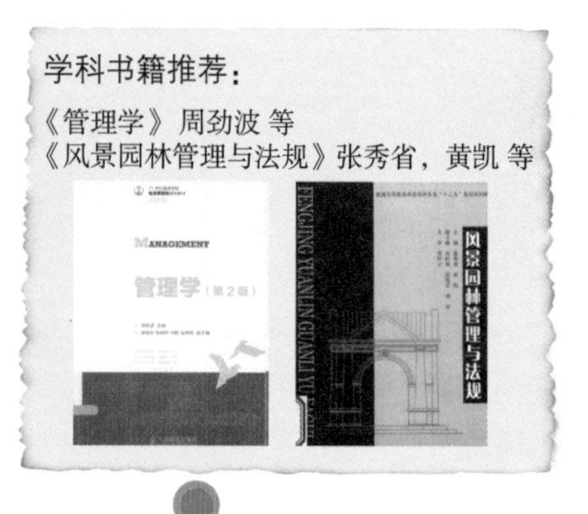

古典管理理论阶段

弗雷德里克·温斯洛·泰勒 Frederick Winslow Taylor

· 1911年，泰勒出版了《科学管理原理》一书，为科学管理制定了4项基本原理，提倡在管理中运用科学方法

亨利·法约尔 Henri Favol

· 1916年，法约尔提出一般管理理论，他提出了管理的5项职能及一般管理的14项原则，是古典管理理论的重要代表

马克斯·韦伯 Max Weber

· 1920年，韦伯提出了行政组织理论，强调理想的组织以合理合法的权利为基础，这样才能有效地维系组织的连续和目标的达成为行政组织指明了一条制度化的组织准则

行为科学理论阶段

乔治·埃尔顿·梅奥 George Elton Mayo

· 1924年，梅奥在霍桑实验的基础上提出了人际关系学说，宣告了“经济人”管理时代的结束，管理进入了新时代

· 20世纪30～40年代，产生了管理科学的行为科学学派，专门研究人的行为的产生、发展和变化规律，主张以人为本的管理方式

现代管理理论阶段

赫伯特·西蒙 Herbert Simon

· 20世纪40年代，西蒙提出决策是管理的首要职能，继而建立了系统的决策理论，着重研究为了达到既定目标所应采取的组织活动过程和方法

哈罗德·孔茨 Harold Koontz

· 1955年，孔茨认为协调是管理的本质，是管理职能有效综合运用的结果；利用管理职能对管理理论进行分析、研究和阐述，最终建立了管理过程学派

▲ 图1 管理学的发展历程

■ 管理学的学科体系

1. 管理学的研究内容

管理学的基本任务是阐释管理理论的一般性，说明管理实践的特殊性，具体为：①研究管理活动的主体和客体，以合理配置资源要素；②研究管理的手段和方法，以充分发挥管理职能；③研究管理思想及原理，以揭示管理的客观规律；④研究现实管理环境，以提高管理的绩效（朱占峰，2009）。围绕上述四大研究任务，展开现代管理学的主要研究内容（图2）。

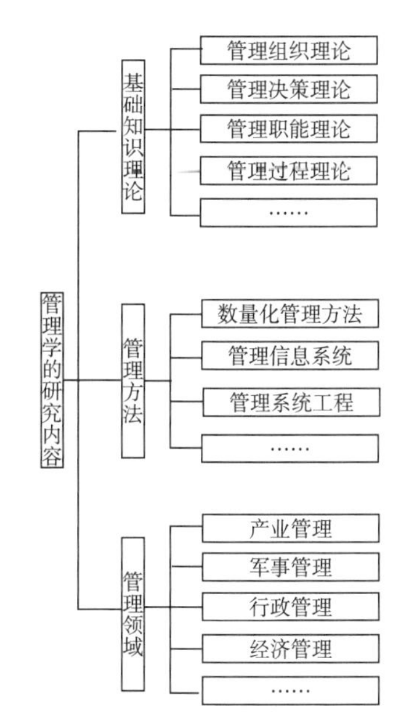

▲ 图2 管理学的研究内容

2. 管理体系的构成要素

管理体系包括管理主体、管理客体、管理目标、管理活动和管理环境5个管理要素。管理主体是指从事管理活动的人员，是管理作用的发出者。管理客体是指管理的对象，是管理作用的接受者。管理活动是管理主体和管理客体之间发生联系的纽带，是管理工作的主要体现。管理目标是指一个组织，或组织的某一层次、部门的管理活动的努力方向和所要达到的目的，可以用绩效来衡量（包括效果和效率）。管理环境就是组织环境，它是指对组织有间接或潜在影响，而组织无法直接施加管理的因素和条件的集合，包括组织的外部环境和内部环境两部分（张智光 等，2018）。

3. 管理系统的基础研究框架

上述5个管理要素相互作用，构成了一个具有特定功能的管理系统，管理主体为了实现管理目标开展一系列的管理活动。管理主体一方面对管理环境进行监测、分析和预测，获得前馈信息；另一方面对组织的运行结果进行实时检测和分析，获得反馈信息；前馈信息和反馈信息对管理客体施加某种作用，以保证组织的运行结果达到管理目标的要求（张智光 等，2018）。其中，管理主体、管理客体和管理活动构成了管理系统的核心体。综上所述，笔者提出管理学的基础研究框架（图3）。

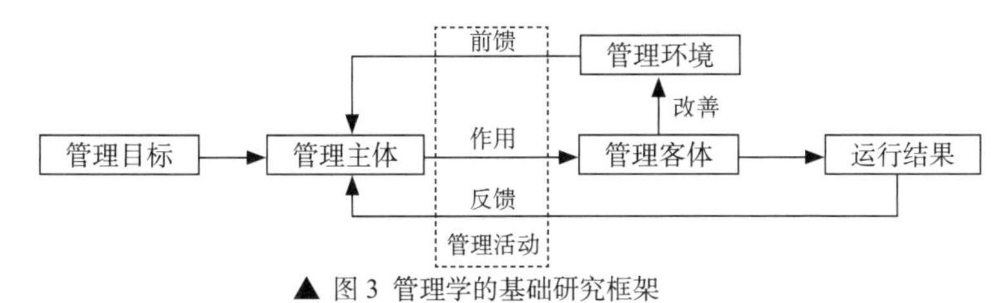

▲ 图3 管理学的基础研究框架

4. 管理学的三维立体结构

将管理核心体中的管理客体、管理主体、管理活动进行分解，分别得到管理领域维、管理层次维及管理过程维（图4），三个维度共同构成管理体系的三维立体结构（图5）。从管理领域维的资源及业务类型对管理客体分类，可划分为资源管理和业务管理

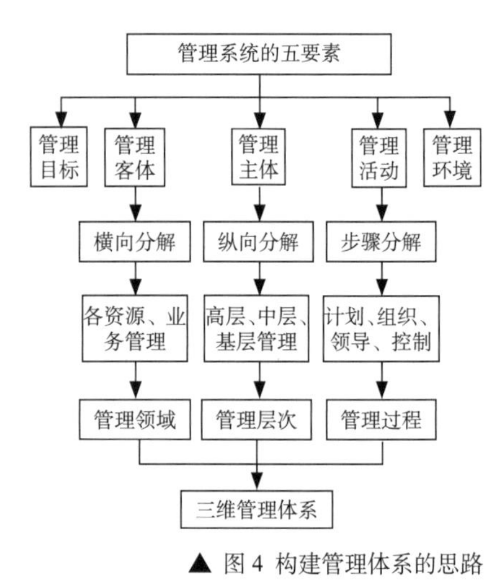

▲ 图 4 构建管理体系的思路

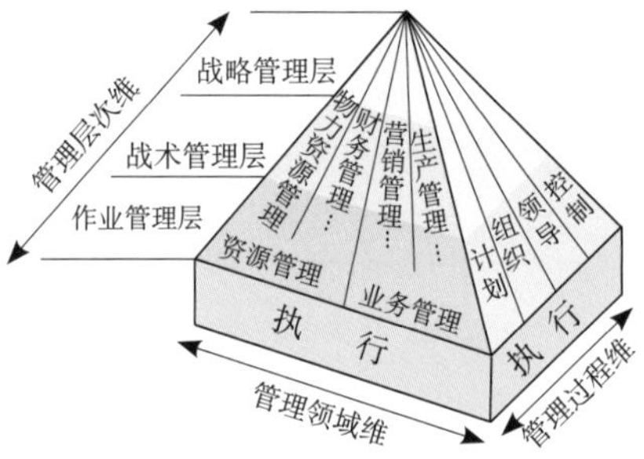

▲ 图 5 管理体系的三维立体结构

两大类别。从管理层次维对组织管理者进行分类，管理与被管理关系构成的等级链中的层级一般分为高层管理（战略管理）、中层管理（战术管理）、基层管理（作业管理），各层次的管理对象、关注重点、主要任务都有所不同（表 1）。

表 1 管理层次分类对比表

管理层次	管理主体	管理对象	关注重点	主要任务
高层管理（战略管理）	处在组织最高领导位置的管理者，例如董事长、首席执行官、总裁、总经理	组织各个部门构成的整体组织	组织全局和长远的发展问题	制订组织的长远发展战略，组织安排战略规划的实施，领导中层管理人员完成组织的各项任务，进行组织与外部环境以及组织内部之间的相互协调与沟通
中层管理（战术管理）	组织中层各部门的负责人，如分公司经理、项目主管、部门主管、人力资源主管	组织的某一部门	该部门的中期工作，完成高层下达给本部门的任务	制订本部门较短期的行动计划，组织力量实施，并在过程中进行协调和控制
基层管理（作业管理）	组织基层执行单元的一线主管，如营销经理、班组长、工头、领班	组织的非管理层的执行单元	执行单元短期的日常工作，中层下达给本执行单元的具体任务	进一步细分计划，制定单项的短期作业计划，在执行中直接监督、调整和控制

管理过程维则由计划、组织、领导、控制 4 项基本的管理过程职能构成。①计划是指管理者通过环境分析，确定管理目标，设计并选定方案，编制实施方案具体安排的管理过程；②组织是指管理者为实现管理目标和计划，分析、设计、构建或优化组织结构，对组织结构中的各部门进行人员配备、任务分配和其他资源配置的管理过程；③领导是指管理者运用权力、权威等影响力，通过非强制手段，对组织成员进行引导并施加影响，使其自觉自愿地配合管理者实现组织目标的过程；④控制是指管理者根据管理目标，对计划的执行情况和组织环境进行实时监测，并分析和判断已发生或将要发生的偏差，然后及时采取纠偏或控制措施，保证执行结果与目标一致（张智光 等，2018）。

APPLICATION
景观规划设计中的管理学知识

■ 管理学与景观规划设计的交叉

1. 管理学介入景观规划设计的历程

风景园林管理问题的学术研究历史较短，大致可以分为以下三个时期：①萌芽时期（1983 ~ 1991 年），将管理介入风景园林，从全新的视角进行风景园林研究；②成长时期（1992 ~ 2000 年），随着相关政策进一步发展，风景园林行业得到了发展，但其管理方面问题也开始凸显；③发展时期（2001 年至今），风景园林事业的发展已从重建设转向重管理（图 6）。总之，风景园林管理已经成为风景园林体系中至关重要的一部分（周如雯 等，2015）。

2. 风景园林管理的内涵及特点

风景园林管理是指为了达到改善环境、保护生态、发展经济、提高居民生活质量等目的，对风景园林行业中的各种人类行为所进行的程序制定、执行和调节，是对整个风景园林系统进行的经济管理（张秀省 等，2013）。风景园林管理对于风景园林行业的质量保证和顺利发展起着至关重要的作用，有着与其他管理领域不同的特点：①城市是风景园林行业的主要载体；②园林既可以由政府提供，也可以由单位或个人提供；③涉及活物管理，在管理过程中涉及具有生命的元素（包括动物、植物、微生物），因此在管理时要重点考虑生态效益。风景园林管理是保障风景园林规划设计得以实施的重要部分，因此在规划设计中，管理者应尽可能寻找最优方案，兼顾生态、社会、经济三大效益。

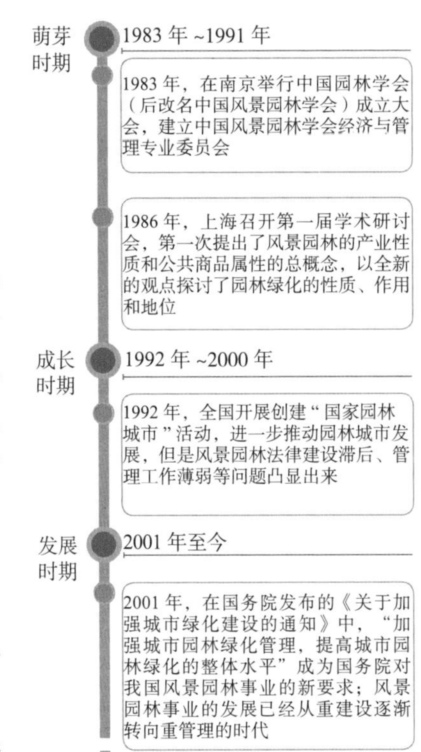

萌芽时期
1983 年 ~1991 年
1983 年，在南京举行中国园林学会（后改名中国风景园林学会）成立大会，建立中国风景园林学会经济与管理专业委员会
1986 年，上海召开第一届学术研讨会，第一次提出了风景园林的产业性质和公共商品属性的总概念，以全新的观点探讨了园林绿化的性质、作用和地位
成长时期
1992 年 ~2000 年
1992 年，全国开展创建“国家园林城市”活动，进一步推动园林城市发展，但是风景园林法律建设滞后、管理工作薄弱等问题凸显出来
发展时期
2001 年至今
2001 年，在国务院发布的《关于加强城市绿化建设的通知》中，“加强城市园林绿化管理，提高城市园林绿化的整体水平”成为国务院对我国风景园林事业的新要求；风景园林事业的发展已经从重建设逐渐转向重管理的时代

▲ 图 6 管理学介入风景园林的 3 个阶段

■ 风景园林管理的三维立体结构

风景园林管理作为组织管理的一个分支，同样也包括管理五要素，其中风景园林管理系统的核心体包括风景园林管理主体、风景园林管理客体、风景园林管理活动。同样，对风景园林管理核心体进行分解（图 7），分别得到风景园林管理领域维、风景园林管理层次维及风景园林管理过程维，3 个维度共同构成管理体系三维立体结构（图 8）。

1. 风景园林的管理领域维

风景园林的管理领域维是通过对风景园林管理客体进行细分而来。根据上述管理学的研究对象,笔者将风景园林管理领域分为非景观资源管理与景观资源管理两部分。其中非景观资源管理涵盖景观行业管理、景观企业资质管理与景观企业内部管理；景观资源管理根据《风景名胜区总体规划标准》GB/T 50298–2018 的分类，分成自然景观资源管理和人文景观资源管理（图 9）。

在景观行业管理方面，我国的风景园林行业管理机构可分为行政管理机构和中介组织。行政管理涉及利用国家权力对社会事务进行管理的活动，同时也包括企业和事业单位的行政事务管理工作。风景园林行政管理机构根据管理尺度可分为国家级、省级和市级 3 个层次。国家级层面包括中华人民共和国住房和城乡建设部及其内设部门，例如城市建设司和建筑市场监管司；省级层面包括住建厅的城市建设处和城市管理处，包括住建局的城市建设处、城市管理局的城市绿地建设处和园林绿化管理处。中介机构是指合法提供专业知识和技术服务，向委托人提供公证、代理和信息技术等中介服务的机构。我国风景园林领域的中介机构主要包括风景园林学会、园林绿化行业协会、公园协会和插花花艺协会 4 类。其中，风景园林学会以学术研究为主要目的。

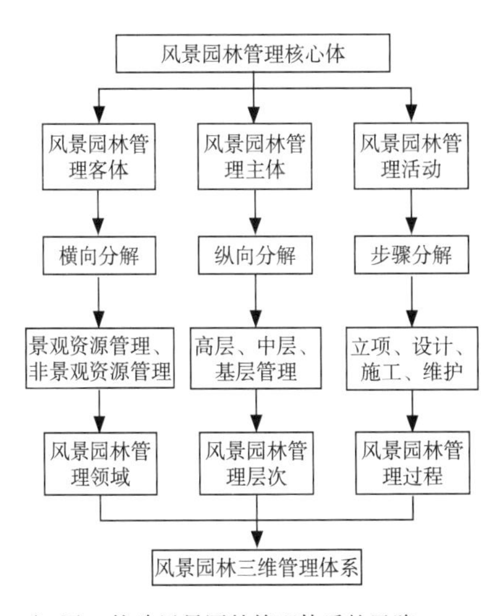

▲ 图 7 构建风景园林管理体系的思路

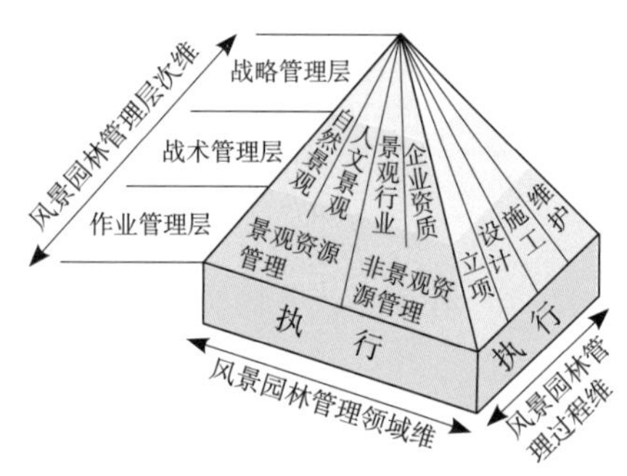

▲ 图 8 风景园林管理体系的三维立体结构

景观企业资质管理，指对风景园林工程设计专项资质的管理，该资质由住房和城乡建设部颁发。这些资质涉及风景区的设计、城市园林绿地系统、园林绿地、城市景观环境、园林植物、园林建筑、园林工程、风景园林道路工程、园林种植设计与风景园林工程配套的景观照明，以及给水排水及相关构筑物的设计（表 2）。

表 2 风景园林工程设计专项资质分类表

资质等级	业务范围
风景园林工程设计专项资质甲级	企业可承担风景园林工程专项设计的类型和规模不受限制
风景园林工程设计专项资质乙级	企业可承担中型以下规模风景园林工程项目和投资额在 2000 万元以下的大型风景园林工程项目的设计

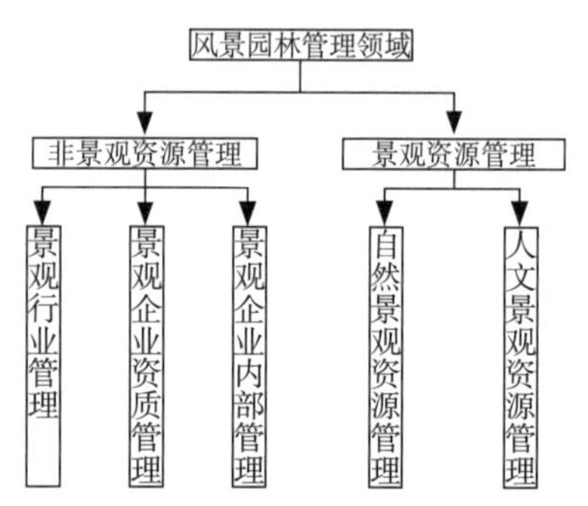

▲ 图 9 风景园林管理领域分类

景观企业的内部管理包括营销管理、财务管理、人事管理、规划设计管理与工程设计管理，其中规划设计管理是风景园林企业内部管理的重点。它涵盖了景观规划、设计方案制定、施工图设计等方面，确保景观项目能够满足客户需求。

景观资源管理。根据《风景名胜区总体规划标准》GB/T 50298—2018，景观资源是能引起审美与欣赏活动，可作为风景游览对象和风景开发利用的事物与因素的总称。是构成风景环境的基本要素，是风景区产生环境效益、社会效益、经济效益的载体。分为自然景观和人文景观。自然景观又可分为天景、地景、水景、生景；人文景观又可分为园景、建筑、遗址、风物。

2. 风景园林的管理层次维

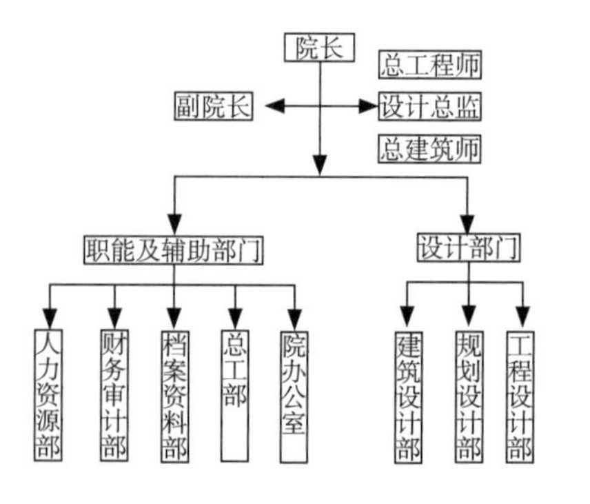

▲ 图 10 某规划设计院管理层次图

以某个规划设计院为例，其高层管理者包括院长及副院长，中层管理者包括总工程师、设计总监、总建筑师及各职能、辅助部门的部长，基层管理者包括各细分部门的负责人（图 10）。

战略管理层主要任务包括：审批景观设计任务书、审批景观设计单位及设计费用、审批景观方案设计、审批景观实施方案设计。战术管理层主要职责包括：全面负责设计部各项工作，对部门各成员下达任务，制定详细的任务目标，合理分配、监督本部门工作的实施过程和实施效果，与其他相关部门的协调工作等。基层管理层主要职责包括：负责组织工程方案设计、方案效果图设计、工程施工图设计、工程设计交底、施工现场设计配合、变更洽商设计调整、绘制竣工图工作的全面管理及与各相关部门的协调配合，从而保证工程总目标的实现。

3. 风景园林的管理过程

计划、组织、领导、控制是在管理活动中普遍存在的管理过程，在景观规划设计的管理过程中也普遍存在且难以剥离，因此笔者按照景观规划设计的一般流程，形成风景园林管理过程维，具体管理阶段有立项阶段、设计阶段、施工阶段及维护阶段（图 11）。

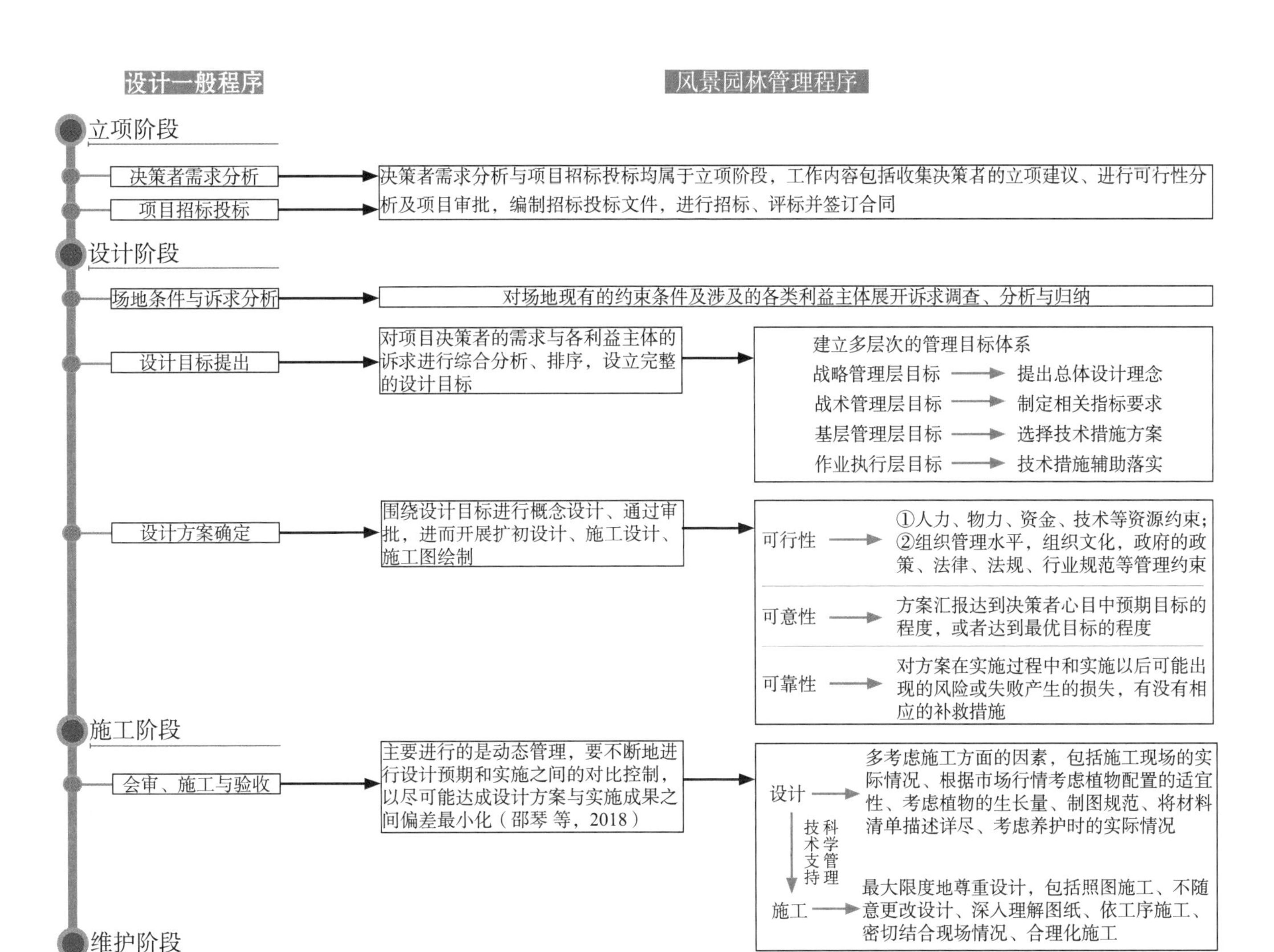
设计一般程序
风景园林管理程序
立项阶段
决策者需求分析
项目招标投标
决策者需求分析与项目招标投标均属于立项阶段，工作内容包括收集决策者的立项建议、进行可行性分析及项目审批，编制招标投标文件，进行招标、评标并签订合同
设计阶段
场地条件与诉求分析
对场地现有的约束条件及涉及的各类利益主体展开诉求调查、分析与归纳
设计目标提出
对项目决策者的需求与各利益主体的诉求进行综合分析、排序，设立完整的设计目标
建立多层次的管理目标体系
战略管理层目标
提出总体设计理念
战术管理层目标
制定相关指标要求
基层管理层目标
选择技术措施方案
作业执行层目标
技术措施辅助落实
设计方案确定
围绕设计目标进行概念设计、通过审批，进而开展扩初设计、施工设计、施工图绘制
可行性
①人力、物力、资金、技术等资源约束；②组织管理水平，组织文化，政府的政策、法律、法规、行业规范等管理约束
可意性
方案汇报达到决策者心目中预期目标的程度，或者达到最优目标的程度
可靠性
对方案在实施过程中和实施以后可能出现的风险或失败产生的损失，有没有相应的补救措施
施工阶段
会审、施工与验收
主要进行的是动态管理，要不断地进行设计预期和实施之间的对比控制，以尽可能达成设计方案与实施成果之间偏差最小化（邵琴 等，2018）
设计
多考虑施工方面的因素，包括施工现场的实际情况、根据市场行情考虑植物配置的适宜性、考虑植物的生长量、制图规范、将材料清单描述详尽、考虑养护时的实际情况
技术支持
科学管理
施工
最大限度地尊重设计，包括照图施工、不随意更改设计、深入理解图纸、依工序施工、密切结合现场情况、合理化施工
维护阶段
完工维护
工作内容为对完工的场地进行阶段性维护
后期管理与反馈
后期管理包括进入使用阶段的设施维护、植被养护、保洁管理等一系列工作，后期维护管理同样是保证景观效果可持续的重要步骤

▲ 图 11 风景园林管理过程维构成图

CASE
案例知识分析

■ 高绩效导向下的同济大学嘉定体育中心景观设计

此案例将以高绩效为目标的景观设计理念融入校园景观设计之中，其中“景观绩效”被定义为“景观解决方案在实现其预设目标的同时，又满足对可持续效率的度量”。同样，

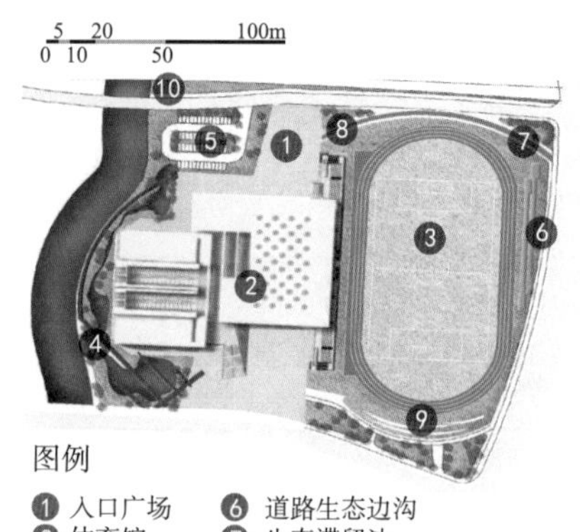

图例

❶ 入口广场 ❻ 道路生态边沟
❷ 体育馆 ❼ 生态滞留池
❸ 运动场 ❽ 交互式景观
❹ 雨水花园 ❾ 草坡看台
❺ 生态停车场 ❿ 生态草沟

▲ 图 12 体育中心景观设计平面图

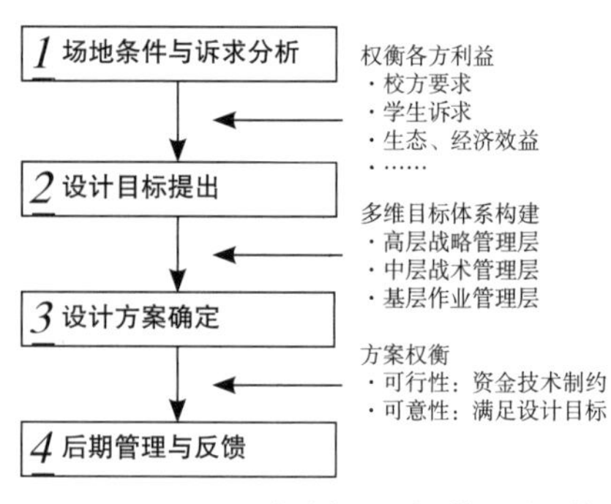

▲ 图 13 项目管理过程维

在管理学中管理的目标是提高资源使用的绩效。因此，基于上文提出的风景园林管理体系的三维立体结构，笔者认为此案例可以从生态效益、社会效益和经济效益的战略管理目标出发，转向规划设计的战术管理目标和基层管理目标，并最终落实到规划设计中的具体手法（戴代新 等，2018）。

1. 项目基本情况

同济大学嘉定校区体育中心景观设计项目占地约 20km²，基地位于上海市嘉定区同济大学嘉定校区北侧，其中建造有体育馆。基地近似方形，基地西侧边界为水面，其他三面皆为交通界面。项目方案主要针对现状场地中零碎、分散的绿地，进行整合性的建设，同时希望建立一套较为完整的水体循环和净化系统（图 12）。

2. 项目管理的三维立体框架

在管理领域维方面，根据上述内容中对风景园林管理领域的分类，该项目属于景观资源管理中的校园景观资源管理。在管理层次方面，该项目由同济大学建筑设计研究院设计完成，分为高层战略管理层、中层战术管理层和基层作业管理层。在管理过程维方面，该项目中的管理过程可以划分为场地条件与诉求分析、设计目标提出、设计方案确定、后期管理与反馈 4 个步骤（图 13）。在风景园林管理三维立体结构中，各个管理层次对风景园林项目都有着不同的管理内容，而只有基层作业管理层直接对接执行层。因此，下文笔者将就基层作业管理层对管理过程各步骤的主要任务展开论述。

场地条件与诉求分析：基于场地现状特征，以可持续为目标，识别场地现存主要问题：①场地自然排水不畅，存在雨水隐患；②场地中绿地零碎、分散，整体性差；③校方希望有效利用场地，解决师生对开放健身空间的需求和体育场馆的管理需求之间的矛盾。

设计目标提出：在该项目中，不同的管理层次有着不同的管理目标，都有其各自考虑的因素。因此建立完整的多层次管理目标体系（表 3）。针对现状问题，提出主要设计理念关键词：①海绵城市，设置雨水花园、生态滞留池、透水地面，打造亲

表 3 多层次管理目标体系

高层战略管理层		中层战术管理层	基层作业管理层
生态效益	材料与废弃物	再利用材料	栈道采用粉煤灰塑木材料
	栖息地	栖息地创建	水生动植物栖息地的创建，雨水花园增加了生物多样性
	植物	低维护植物	使用多年生草本植物
		乡土植物	保留基地乔木
	水体	防洪	减少雨水径流
			设置地下水池
		雨洪管理	雨水花园、植草沟、生态滞留池等绿地空间形式
			广场铺设生态陶瓷透水砖
			生态停车场
		节约用水	游泳池灰水回收，用于绿化灌溉

续表

高层战略管理层		中层战术管理层	基层作业管理层
社会效益	娱乐及教育价值	教育价值	成为生态教育的示范项目，为学生提供生态设计的实践项目
	公共健康与安全	生活质量	为学生提供户外生活空间
		锻炼场所	修建环形慢跑道
	其他社会效益	风景质量 / 视线	增加学校的景点
		创造场所 / 场所感	增加学生交往空间
经济效益	—	节约运行及维护费用	选择节能材料，植物搭配合理、营造生境，以降低养护费用
		建设节约	顺应场地现状条件进行合理设计，绿色材料、再生材料的利用

水空间；②生态设计，设计节能景观照明、绿色道路，提升空气质量，创造可持续景观；③健康生活，营造体育锻炼和游憩活动空间，提升视觉景观质量（图 14）。基于设计理念可知，要达到海绵城市的设计目标，需考虑雨洪管理与防洪等绩效指标。落实生态设计，需要全面考虑水、植物、材料、栖息地的绩效指标。节能、经济目标的落实，需要重点关注材料再利用、植物低维护等环境指标和节约运维费用等经济指标。健康生活理念的落实，要选择教育价值和公共健康的相关绩效指标。此外，还需关注风景质量和场所感等其他社会绩效指标。

设计方案确定：基于项目场地现状，结合上述目标，提出 3 方面设计策略。对生态效益的关注落实在完整的水体循环（图 15）和雨水净化系统（图 16）的建设上。在挖掘社会效益层面，设计针对体育场和体育馆的外部空间创造出环形慢跑道串联场地，为学生提供户外锻炼与交往空间，充分发挥教育价值和提升公共健康潜能。在挖掘经济效益层面，考虑到再生材料的运用，以及建设节约、低维护景观的设计策略。同时针对以上策略，由基层作业管理层制定详细的技术方案。

后期管理与反馈：本研究也对建成后的场地进行了持续的定性观测。观测结果证实，降雨过程中雨水湿地没有产生外溢。然而对于建成项目的量化绩效评估，只有在难以获得实际数据的情况下，才能考虑使用设计参数作为替代，基于设计参数的模拟说服力仍不足，实际的雨水管理绩效指标评估仍需通过后续的实际测量作进一步评定。后续的研究将会根据所拟定的可持续特征指标体系，采集更为全面的场地建成后数据，通过与建设前的数据进行对比，分析场地的景观绩效是否增加，进一步对于场地的景观效益进行研究和评价。

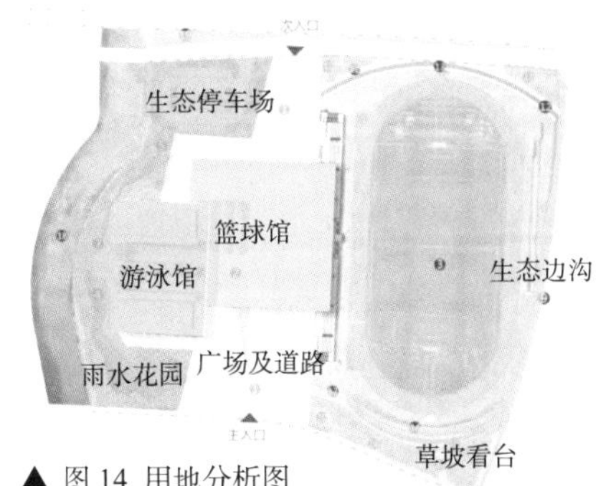

▲ 图 14 用地分析图

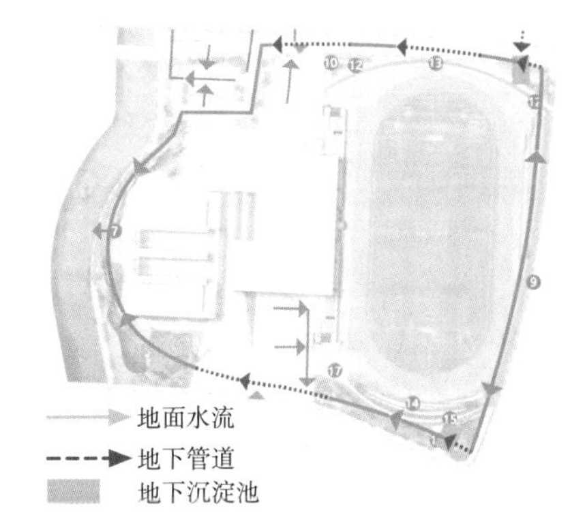

▲ 图 15 水循环示意图

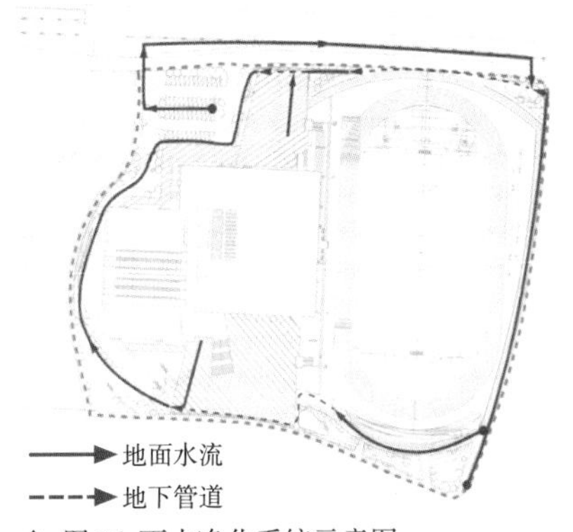

▲ 图 16 雨水净化系统示意图

■ 参考文献

戴代新，陈语娴，曹畅，任晓崧，2018. 以高绩效为目标的校园景观设计方法与实践 —— 同济大学嘉定体育中心景观设计研究 [J]. 风景园林，25（10）：92–97.

邵琴，徐泽，2018. 设计管理在房产项目全生命周期中的管控要点 [J]. 住宅与房地产，24（27）：17–18.

周劲波，等，2014. 管理学 [M]. 2 版 . 北京：人民邮电出版社 .

周如雯，陈伟良，茅晓伟，2015. 风景园林经济与管理学发展的回顾与展望 [J]. 中国园林，31（10）：32–36.

曾仕强，1981. 中国管理哲学 [M]. 台北：东大图书公司 .

张秀省，黄凯，等，2013. 风景园林管理与法规 [M]. 重庆：重庆大学出版社 .

朱占峰，2009. 管理学原理——管理实务与技巧 [M]. 武汉：武汉理工大学出版社 .

张智光，等，2018. 管理学原理：领域、层次与过程 [M]. 3 版 . 北京：清华大学出版社 .

■ 思想碰撞

从理论上讲，只要有人类实践的地方就存在管理活动，管理的目的是最大限度地发挥资源的作用，但在实际景观规划设计项目中，往往会出现管理者凭借主观偏好进行决策的现象，比如说某公司的设计总监在未深入了解项目概况和初始条件的情况下，“一票否决”整个设计团队的设计成果，忽视了管理学科学理论与方法的运用，最终导致了项目成果不尽如人意。对此，你怎么看？

■ 专题编者

岳邦瑞

费凡

王玉

吴烨乔

胡丰

制图学30讲

地球信息加工厂

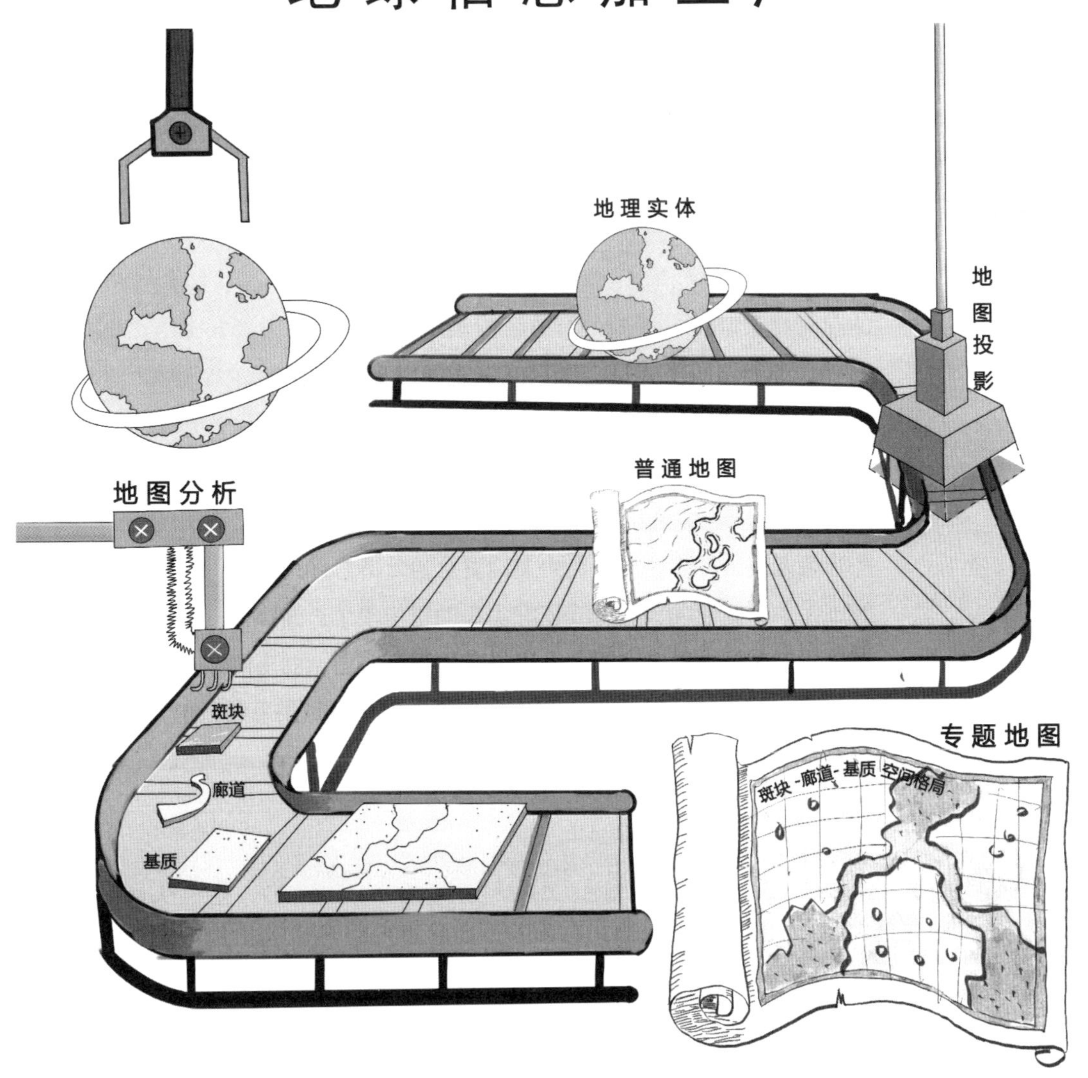

在巧克力的制作中，一道道井然有序的加工流程是必不可少的，从可可豆到巧克力，其中竟然包含了烘焙、压碎、调配、研磨、精炼、去酸、回火铸型等多个步骤。那么在景观图纸的制作过程中，是否同样存在从原材料到产品的加工过程呢？制图学的方法将为你揭晓谜底……

萌芽阶段

· 公元前 7 世纪以前，人类从事农业生产和城市建设等活动带动了古天文观测、平面测量和地图制作技术

发展阶段

克罗狄斯·托勒密 Claudius Ptolemaeus

· 公元 2 世纪，托勒密在名著《地理学指南》（8 卷）中，提出了两种地图投影方法，对后世产生巨大影响

裴秀

· 公元 3 世纪，裴秀主持编绘《禹贡地域图》18 篇，总结出编纂地图的 6 项规则——“制图六体”，为中国传统地图奠定了理论基础

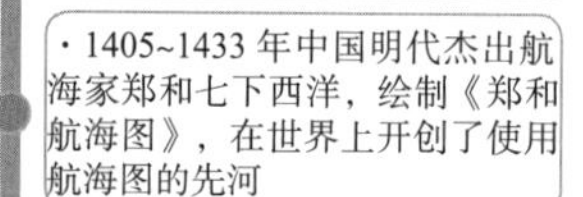

郑和

· 1405~1433 年中国明代杰出航海家郑和七下西洋，绘制《郑和航海图》，在世界上开创了使用航海图的先河

奠基阶段

墨卡托 Gerardus Mercator

· 1569 年，墨卡托设计正轴等角圆柱投影图集；开创了世界全图的新投影，反映了当时欧洲地图发展的特点

罗洪先

· 16 世纪，中国的罗洪先完成了中国现存最早的综合地图集《广舆图》；图集采用划一的 24 种图例符号，以几何图案替代象形图案，其影响延续了数百年

· 1909 年，在伦敦召开的国际地图会议对地图的标准和规范作出统一的规定和修订，奠定了地图的科学基础

▲ 图 1 制图学的发展历程

■ 制图学的学科内涵

1. 制图学的基本概念

制图学（cartography），又称地图制图学，源于中世纪拉丁语“carta”和法语“graphie”“carta”意为绘画，“graphy”意为学科。制图学是测绘学的一个分支，是研究地图及其编制和应用的一门学科。它研究用地图图形反映自然界和人类社会各种现象的空间分布、相互联系及其动态变化，具有区域性学科和技术性学科的两重性（《中国大百科全书》总编委会，2009）。制图学的研究目的是编绘地图。地图的重要性质在于它是信息载体，具有可量度的数学基础，具有适应人的图形感受能力的符号语言，而且是经过概括的客观世界的模型，表达着各种自然和社会现象的空间分布、联系和随时间的发展变化（张力果 等，1990）。

2. 制图学的研究对象与特点

制图学的研究对象为地球表层，各种自然与社会现象的结构与特性的空间信息，包括宏观与微观、具体与抽象、现实与历史的所有空间信息。

不同的空间信息类型具有不同的特点：①自然空间具有现实性，所以能够通过制图直观地表达自然现实要素的空间关系和分布，同时能够准确表达它们的空间属性，如位置、面积、形状等；②对于非具体的空间现象，制图学通过可视、抽象的地图符号，使空间现象转化为更容易被人们接受的空间信息，如场地人流量分布情况等；③在制图过程中，需要根据图纸的目的，有选择性地概括和筛选所需的空间信息，舍弃次要的、不必要的空间信息，使制图成果更加清晰明了（张明华 等，2015）。

3. 制图学的发展历程

制图学的发展经历了 4 个阶段：①萌芽阶段（公元前 7 世纪以前），人们为了生存和发展，初步应用地图对自己周边的环境进行空间图像的记述，帮助人们对周边环境进行认知和利用；②发展阶段（公元前 7 世纪 ~ 公元 17 世纪），随着社会的发展，人们对于制图的应用需求更加复杂和多样，推动了制图学理论、技术及应用的发展，制图学逐渐发展出了较完备的应用体系；③奠基阶段（17 世纪 ~20 世纪中叶），工业革命推动社会经济发展，世界进入全球化时代，对制图的精度和规范有了更高需求，制图学学科逐渐专业化和规范化；④拓展阶段（20 世纪中叶至今），随着技术的革新和思想的解放，人类对于空间的认知和实践都发生了极大的变革，制图的应用亦不仅仅局限于对现实地理空间的记录和模拟，制图与地理学、测量学、符号学、规划学、美学等传统学科以及遥感、地理信息系统等新兴学科之间有了更密切的联系，制图学在各个学科领域都有了更具体的应用模式（张明华 等，2015）（图 1）。

制图学的学科体系

1. 制图学的研究内容

制图学最初仅仅关注对客观地理空间信息的表达，但是随着对现实空间认知以及学科应用需求的深化，制图学的研究内容逐渐拓展为基于制图目的，通过地图制图实现对三元空间进行认知、分析、表达和辅助学科实践应用的目的。这里的“三元空间”包括自然的地理空间、人文和社会过程的空间以及现实世界在人脑以及电脑中构建的信息空间。制图学的具体研究任务为探究如何通过理论发现与技术革新，为相关学科提供便捷、高效的认知媒介和与学科更契合的应用方式。现代地图学学科体系由理论地图学（地图学理论基础）、地图制图学（地图编制方法与技术）和应用地图学（地图学应用原理与方法）三个部分构成（张明华 等，2015）（图 2）。

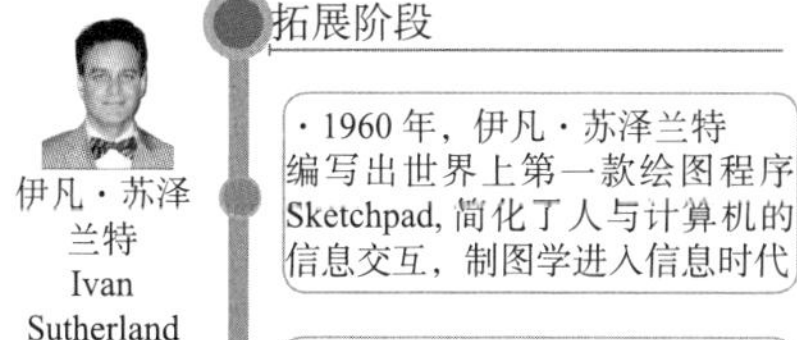

拓展阶段
伊凡·苏泽兰特
Ivan Sutherland
·1960 年，伊凡·苏泽兰特编写出世界上第一款绘图程序 Sketchpad，简化了人与计算机的信息交互，制图学进入信息时代
·20 世纪 90 年代，詹姆逊系统地提出“认知的测绘”理论，将新的制图观念引入社会空间，使人们从地理学和制图学的角度对社会空间进行重新思考

弗雷德里克·詹姆逊
Fredric Jameson

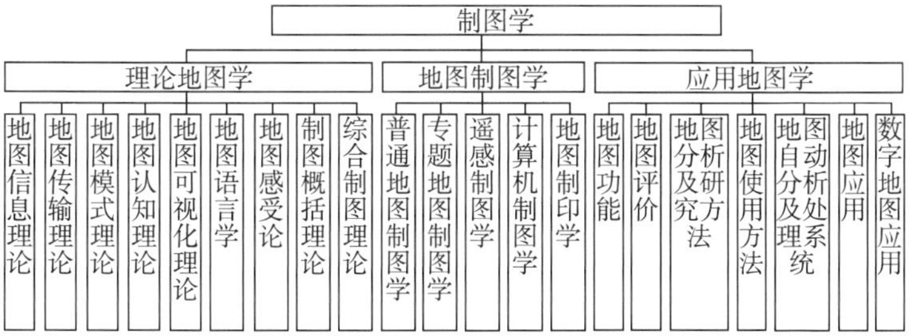

▲ 图 1 制图学的发展历程（续）

- 制图学
  - 理论地图学
    - 地图信息理论
    - 地图传输理论
    - 地图模式理论
    - 地图认知理论
    - 地图可视化理论
    - 地图语言学
    - 地图感受论
    - 制图概括理论
    - 综合制图理论
  - 地图制图学
    - 普通地图制图学
    - 专题地图制图学
    - 遥感制图学
    - 计算机制图学
    - 地图制印学
  - 应用地图学
    - 地图功能
    - 地图评价
    - 地图分析及研究方法
    - 地图使用方法
    - 地图自动分析及处理系统
    - 地图应用
    - 数字地图应用

▲ 图 2 现代地图学学科体系

2. 制图学的基础研究框架

提炼制图学基础研究框架的要义是理解地理制图过程。地理制图是利用地图方法对地理现象进行分析和制图的过程，其本质是对地理信息的加工和转化。主要包括了两个过程：①基于地理实体模型，通过地图投影法（按照数学法则将地球椭球面上的实体信息转换到平面上的方法）绘制出普通地图；②基于普通地图，通过地图分析（采用各种定量和定性的方法，对地图上表示的制图对象时空分布特征及相互关系规律进行研究，得出有用的结论）等方法绘制出各种专题地图（图 3、图 4）。

地理实体
地图投影
普通地图
地图分析
专题地图

▲ 图 3 制图学基础研究框架

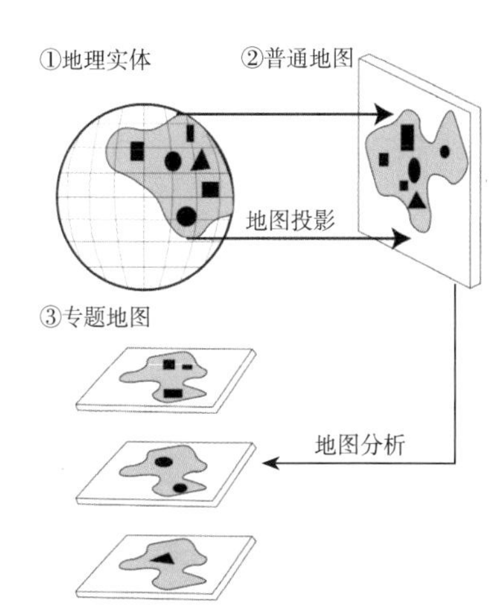

①地理实体
②普通地图
地图投影
③专题地图
地图分析

▲ 图 4 制图学信息加工过程示意图

地理实体（geo-entity）是指在现实世界中独立存在、可以唯一性标识的自然或人工地物，如河流实体、房屋实体等。普通地图（general map）是综合、全面地反映一定制图区域内的自然要素和社会经济现象一般特征的地图。专题地图（thematic map）又称特种地图，是在地理底图上按照地图主题的要求，突出并完善地表示与主题相关的一种或几种要素，使地图内容专题化、表达形式各异、用途专门化的地

图。景观规划设计研究中涉及的各种用图是以普通地图为制图底图、面向景观规划设计需求的一种专题地图。

APPLICATION
景观规划设计中的制图学知识

■ 制图学与景观规划设计的交叉

1. 制图学介入景观规划设计的发展历程

制图学介入风景园林领域形成景观规划设计制图，根据图纸绘制特点可分为 3 个阶段：①主观绘画阶段，根据人对空间实体的主观印象，通过简单的投影原理将物体投影在图面上；②精细投影阶段，依靠遥感、地理信息系统等现代技术获取空间信息，并通过投影原理精确地再现在图纸上；③空间分析阶段，此时的景观规划设计制图不再仅仅作为再现的载体，亦是对空间及与之相关的非空间信息分析与表达的工具（图5）。

主观绘图阶段

东汉画匠用朴素的透视原理，记载了早期的园林；体现了此时制图主观性较强的特点

精细投影阶段

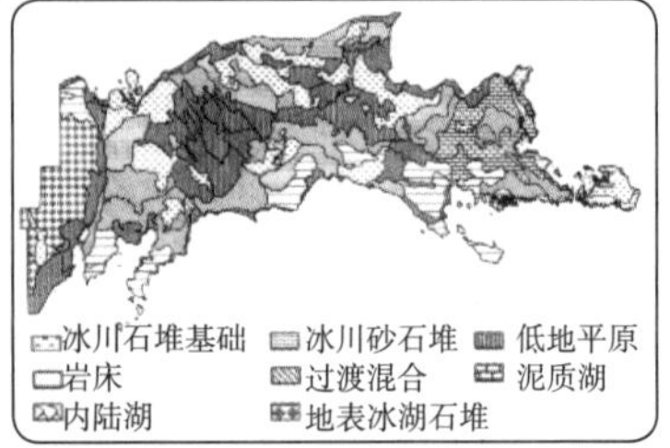

珍妮特·休伯纳哥教授主持完成的密歇根半岛东端景观变迁分析项目，利用遥感和 GIS 技术对区域内地貌进行细致的定性描述，极大地提升了景观制图的精确度

空间分析阶段

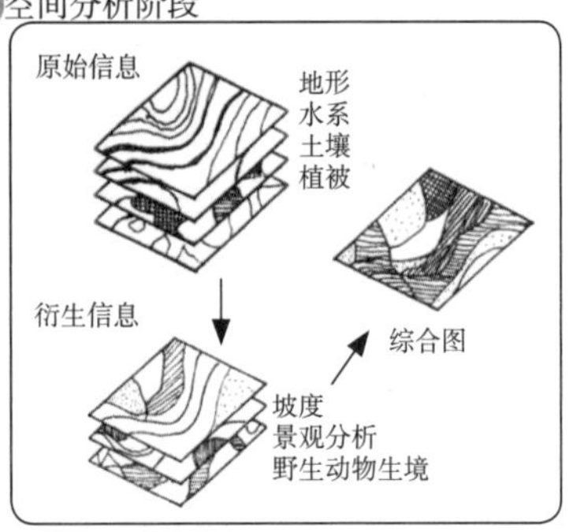

伊恩·麦克哈格提出叠图分析法，并将其运用到空间制图中，开创了对空间信息进行整体评价的时代

▲图 5 景观制图的发展历程

2. 景观规划设计制图的基本逻辑

景观规划设计制图主要是基于制图目的，通过图纸绘制实现对空间信息的认知、分析和表达。景观制图与制图学的制图过程基本类似，大体可以分为两个信息加工过程，即首先利用投影原理将空间实体转化到二维平面上，并利用符号系统表达生成投影图；其次在投影图的基础上基于分析目的对相关信息进行提取和分析，并利用符号系统表达生成分析图（图 6）。投影图是基于投影原理将空间实体要素投影到二维图面上，用来再现空间实体的图纸。分析图是在投影图的基础上通过对于非空间信息的筛选与分析，绘制出能展现各种隐性信息及相互关系的图纸。

▲ 图 6 景观规划设计制图的基本过程

■ 制图学与景观规划设计的应用

1. 投影图制图

在景观规划设计制图中，我们对现实中的地理空间实体进行投影，这类图纸被称为现状投影图，在景观规划中常作为场地分析底图使用。现状投影图可以按照图像描述方式的不同分为两类：栅格图和矢量图。栅格图也称位图或像素图，是使用着色的网格方块（像素）来定义形状和颜色，放大位图图像时，位图失真而呈锯齿状，卫星地图和航拍图像都属于栅格图。矢量图是根据几何特性来绘制图形形状和颜色，形状仅取决于数学方程式，在放大图形后仍能保持图形的平滑，CAD 图属于矢量图。根据现状投影图的制图程序，本文选取陕西省西安市曲江运动公园前期场地的两类图纸，对其制图原理及方法应用进行图解说明（图 7）。

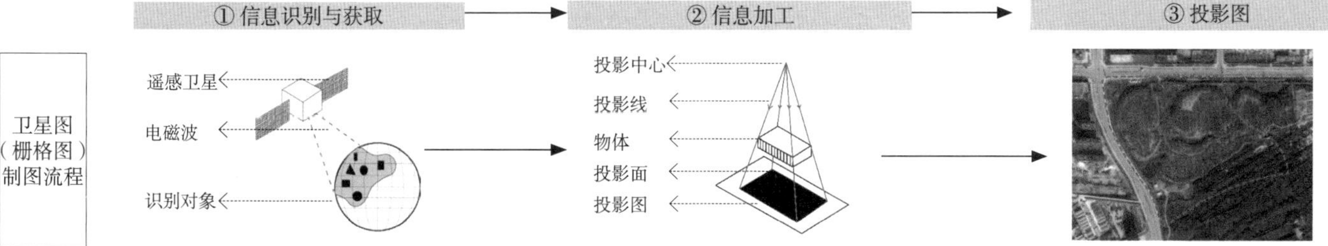

卫星遥感原理图解

①利用卫星遥感识别信息；即通过卫星在太空中探测地球地表物体对电磁波的反射和其发射的电磁波，从而提取这些物体的信息，完成远距离识别

航空摄影测量原理图解

②利用航空摄影测量进行信息加工；即在飞机上用航摄仪器对地面连续摄取相片，结合地面控制点测量、调绘和立体测绘等步骤，绘制出地形图的作业

卫星地图（栅格投影图）

③卫星地图是通过卫星遥感对场地信息进行读取，以及航空拍摄对场地真实图像的捕捉相结合生成的一种地图类型

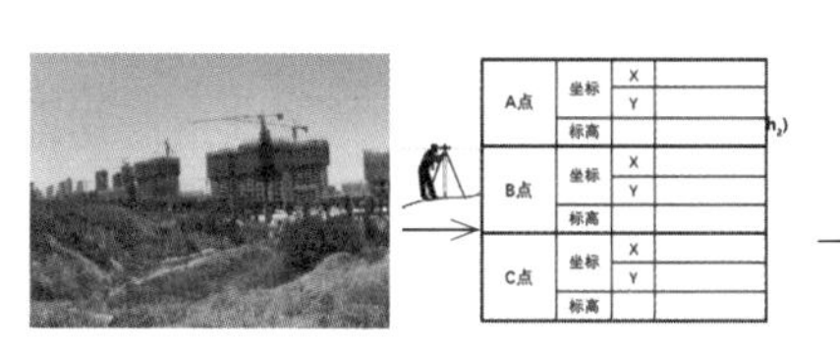

通过测量仪进行人工信息的识别与统计

①利用 GPS 面积测量仪（大尺度）和全站仪、水准仪等测量仪器（中、小尺度）完成场地测量；将表格中的测量数据转为三维空间坐标系中的点，以此处理测绘数据

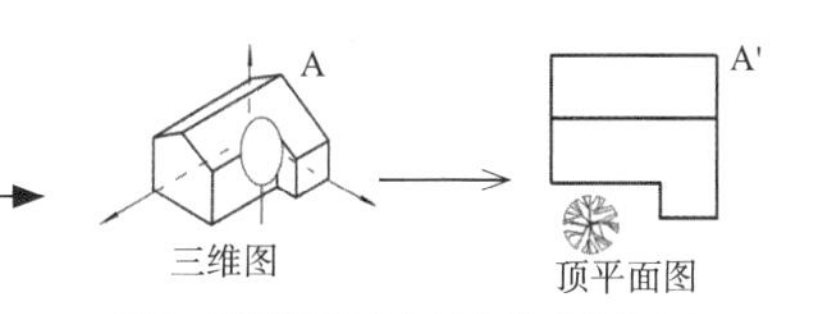

利用正投影原理和符号修饰进行信息加工

②利用正投影原理将三维控制点转绘为二维平面图形；并利用符号系统修饰将客观实体与现象的抽象描述表达到二维平面上，来表示各种地物与现象的性质与相互关系

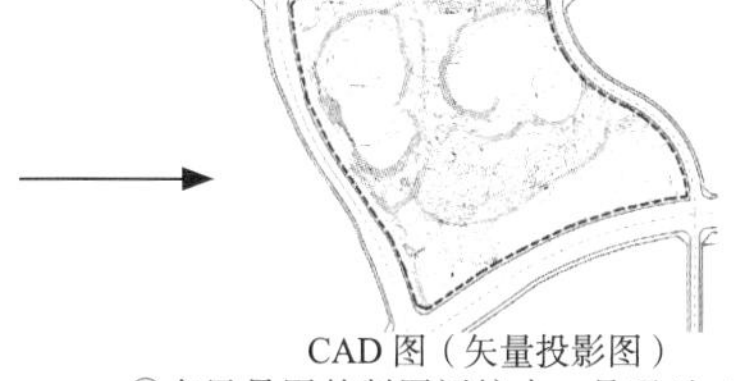

CAD 图（矢量投影图）

③在风景园林制图语境中，是通过 AutoCAD 软件绘制工程项目的总体布局，包括建筑物、场地地形、场地水体、植物等要素，制作而成的图样

▲ 图 7 投影图制图步骤解析

2. 分析图制图

在景观规划设计制图中，投影图作为研究对象，在分析过程中，通过对景观要素信息及其特性进行提取分析，发掘出与分析目的相关联的影响因子；通过符号系统对单因子与分析目的影响过程进行图解分析，确定每个因子对分析目的的适宜性排序；再将单因子适宜性分析结果分层叠加，得到针对分析目的适宜性分析图（邓敬 等，2019）；以此为下一步景观规划设计应用实践提供指导依据（表 1）。

表 1 分析图制图步骤解析（麦克哈格，2006）

步骤	原理图解	案例解析
步骤一：确立分析目的	·确立分析目的	·城市公园出入口设置
步骤二：影响因子及其相关性研究	·基于分析目的，对景观要素信息及其特性进行提取分析，发掘出与分析目的相关联的影响因子 影响因子（x）：因子 A（a_1、a_2）；因子 B（b_1、b_2）；…… 相关性（f） 结果（y）：结果 1；结果 2；结果 3；……	·城市公园出入口的设置受人群来源和人群安全方便的考虑，一般与公园周边道路等级和周边用地性质有关，其与出入口设置适宜性的关系如下： 影响因子：道路等级（城市主干道、城市一级路、城市二级路、城市三级路）；用地性质（商业用地、居住用地、教育科研用地） 结果：适宜开出入口；不适宜开出入口

续表

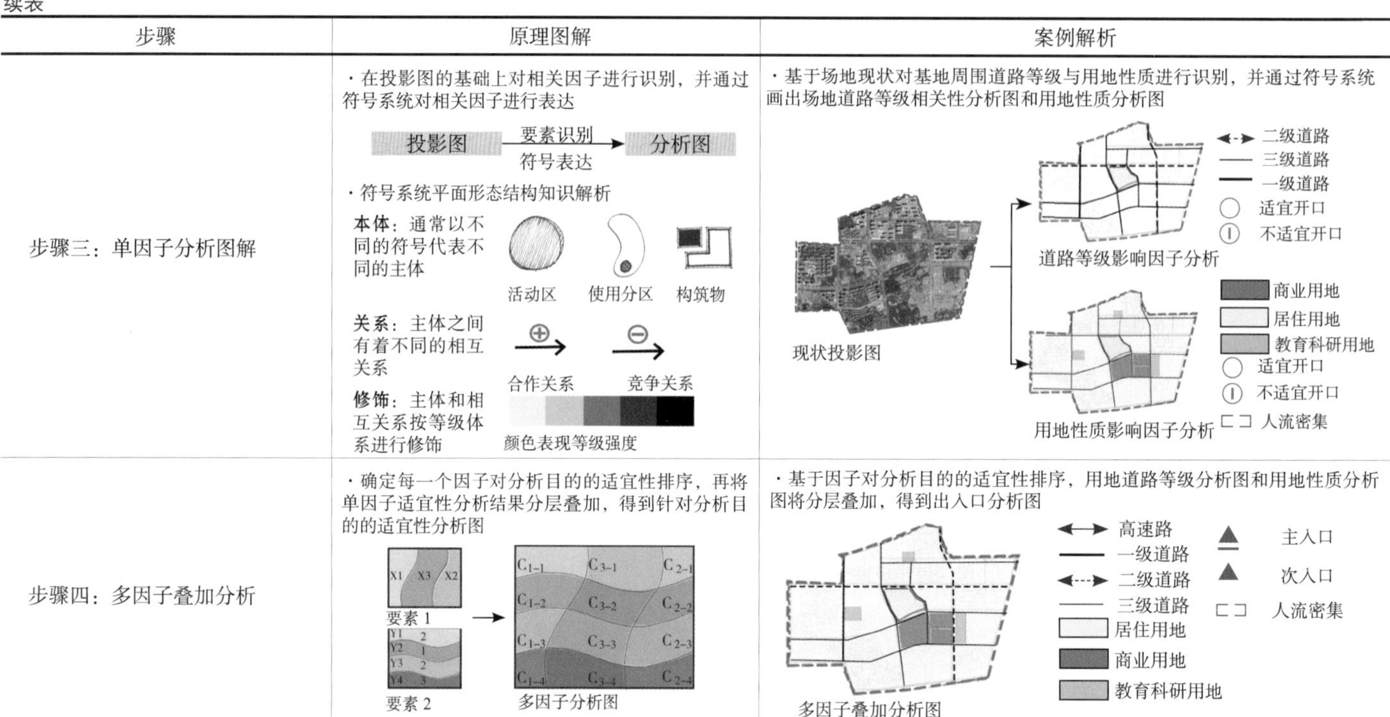

步骤	原理图解	案例解析
步骤三：单因子分析图解	·在投影图的基础上对相关因子进行识别，并通过符号系统对相关因子进行表达 ·符号系统平面形态结构知识解析 本体：通常以不同的符号代表不同的主体 关系：主体之间有着不同的相互关系 修饰：主体和相互关系按等级体系进行修饰	·基于场地现状对基地周围道路等级与用地性质进行识别，并通过符号系统画出场地道路等级相关性分析图和用地性质分析图
步骤四：多因子叠加分析	·确定每一个因子对分析目的的适宜性排序，再将单因子适宜性分析结果分层叠加，得到针对分析目的的适宜性分析图	·基于因子对分析目的的适宜性排序，用地道路等级分析图和用地性质分析图将分层叠加，得到出入口分析图

CASE
案例分析

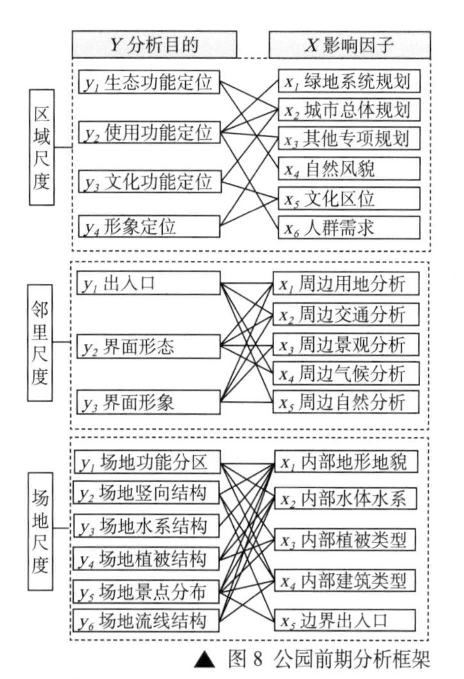

▲ 图 8 公园前期分析框架

■ 制图学应用于公园规划设计前期分析

场地位于西安市曲江新区，拟建一个面积约 0.13km^2 的公园。周边新建居住用地分布密集，南侧拟建电竞主题公园，场地内部地形丰富多变。通过公园规划设计的前期分析指导场地的总体定位和结构布局。下面将从区域尺度、邻里尺度、场地尺度进行分析。

分析图的制图过程以分析图制图 4 步骤为依据（表 1）。在分析图制作前，需要对公园各尺度的分析目标及其与影响因子的关系进行梳理，从而得到公园前期分析框架，以此作为各尺度分析的理论基础（图 8）。同时，需要通过资料收集得到公园各个尺度的投影图，并以此作为分析图绘制的底图（图 9）。

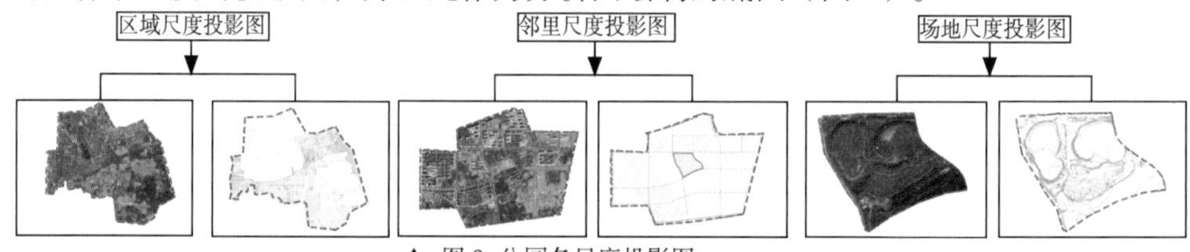

▲ 图 9 公园各尺度投影图

1. 区域尺度分析

以公园总体定位为分析目标，将总体定位分解为使用功能定位、文化功能定位及形象定位。通过揭示并分析各影响因子对使用功能定位、文化功能定位及形象定位的影响过程，得出最终该场地的使用功能定位、文化功能定位及形象定位（图 10）。

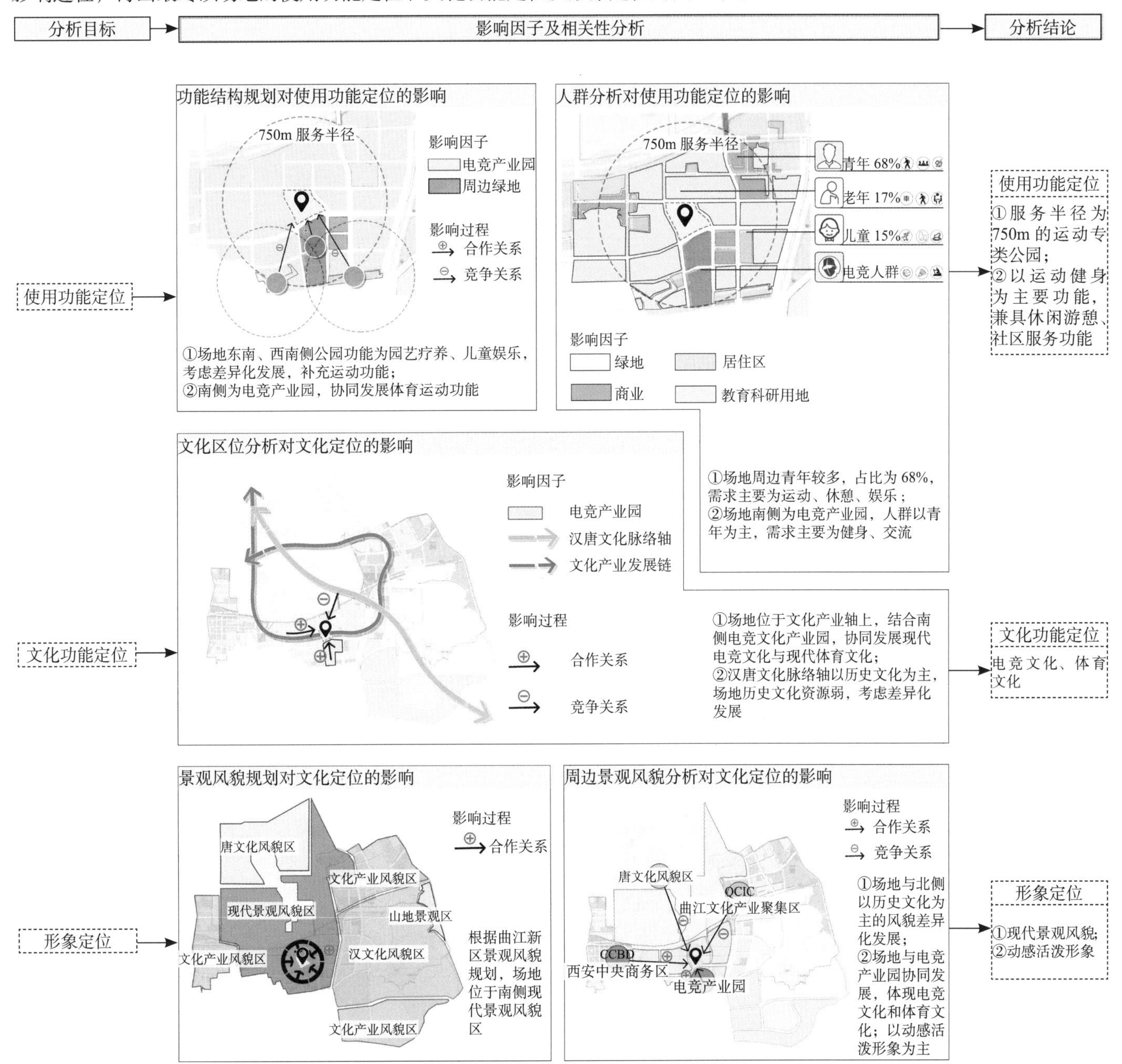

▲ 图 10 基于区域尺度的分析图制作过程

2. 邻里尺度分析

该尺度分析目标包括出入口位置、公园界面形态、形象、公共服务配套等。该部分以出入口设置为例，以 750m 服务半径为研究范围。通过分析各项影响因子（周边地块出入口、道路等级、交通站点以及人群流向）对出入口的影响过程，得出出入口布置的潜在位置。最后，通过综合各影响过程得到出入口的布局（图 11）。

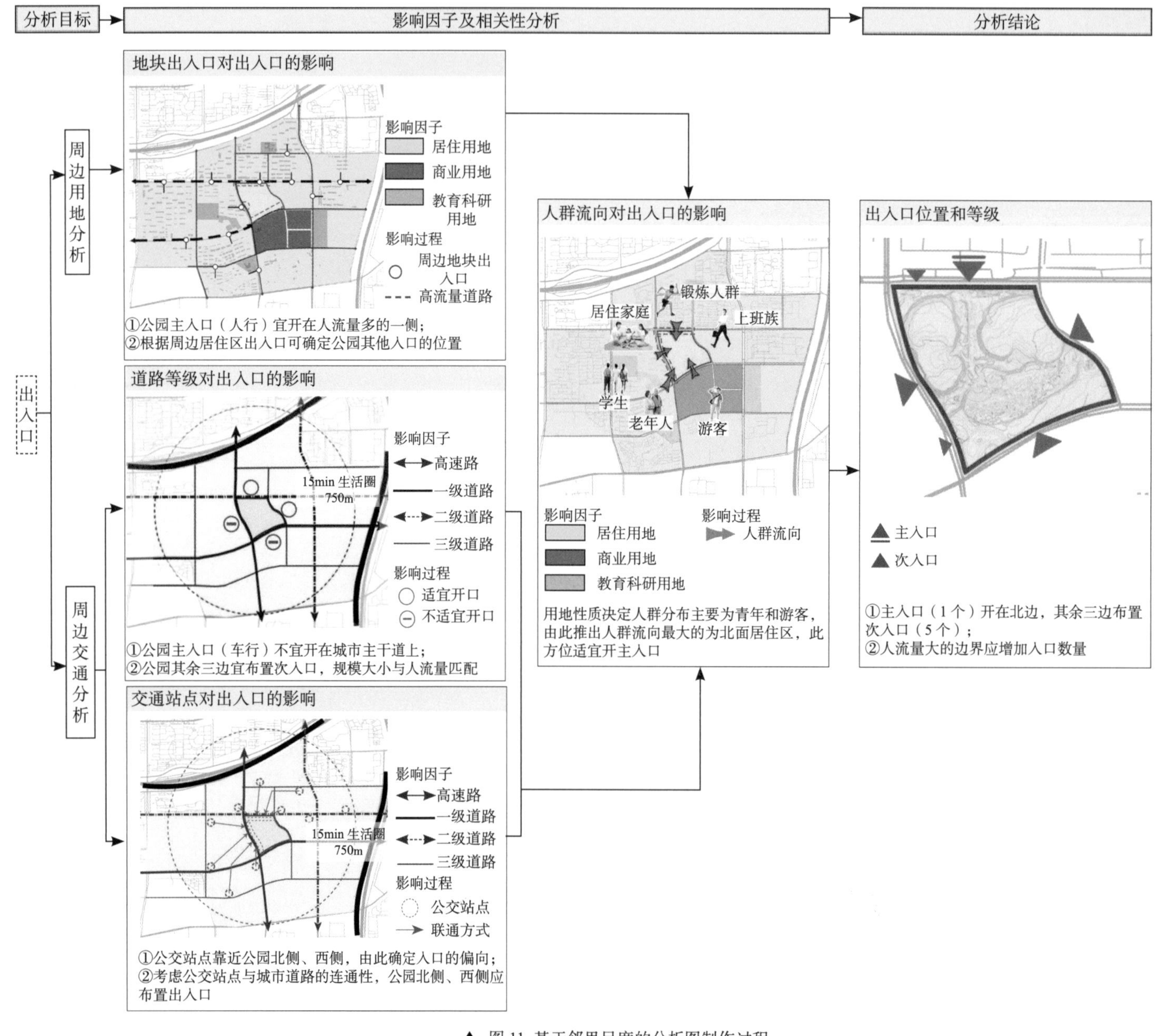

▲ 图 11 基于邻里尺度的分析图制作过程

3. 场地尺度分析

场地分析尺度以功能分析为例进行解析。该场地的功能分区包括园务管理区、游览观赏区、文化娱乐区、安静休憩区等 6 类，通过分析各项影响因子（地形、水体、植被以及建筑等）对功能分区的影响过程，得出场地各空间功能的适宜布局范围。最后，通过综合各分项因子，得到场地的功能分区（图 12）。

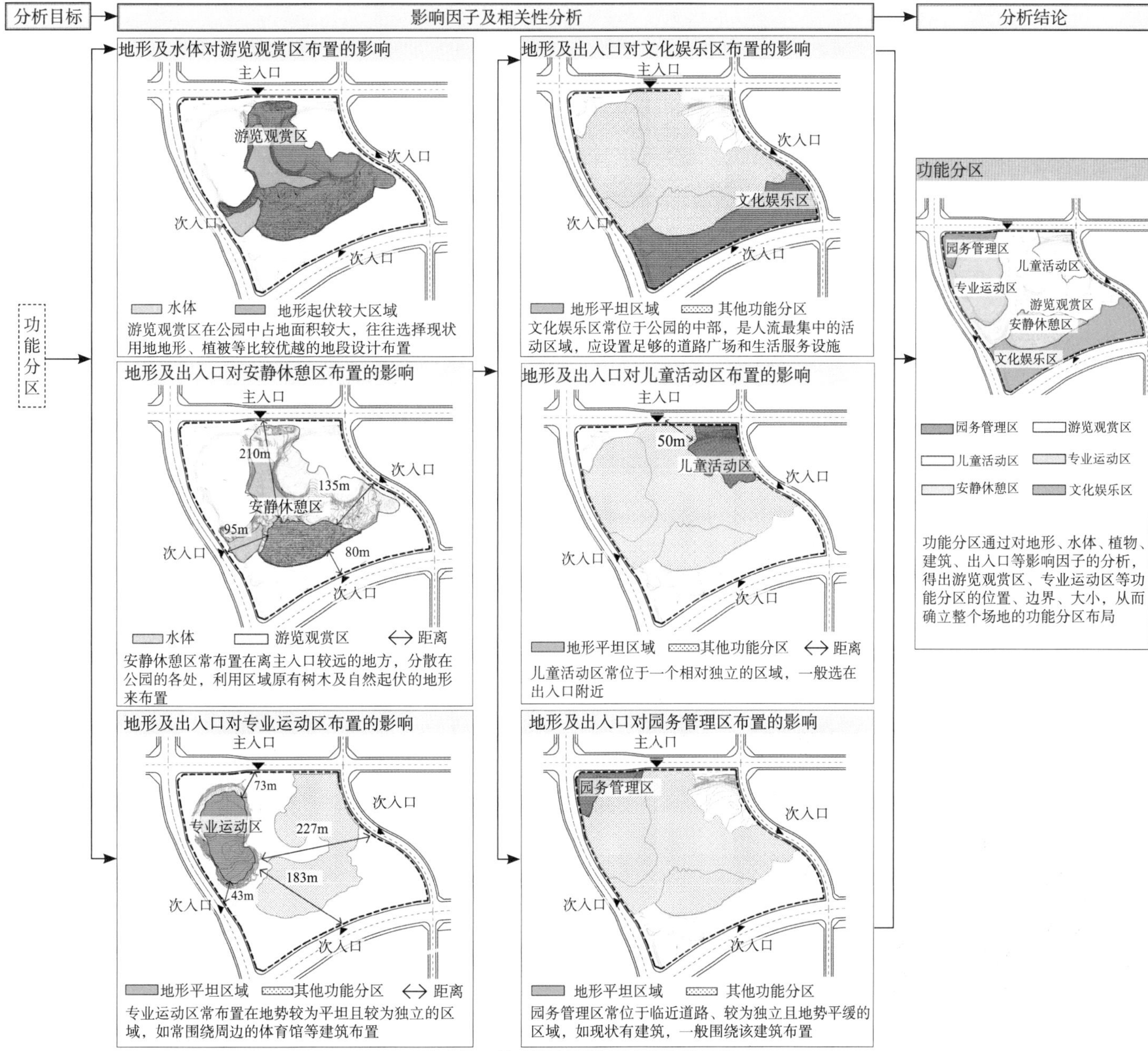

▲ 图 12 基于场地尺度的分析图制作过程

■ 参考文献

布思，1989. 风景园林设计要素 [M]. 北京：中国林业出版社 .

邓敬，邱建，殷莛，2019. 基于 Mapping 方法的京沪高速铁路区域景观规划分析 [J]. 中国园林，35（5）：96-101.

刘国钧，王连成，1979. 图书馆史研究 [M]. 北京：高等教育出版社 .

李慧希，2016. 基于地图术（Mapping）的景观建筑学理论研究 [D]. 南京：东南大学 .

廖克，2001. 地球信息综合制图的基本原则和方法 [M]. 地理科学进展，20（S1）：29-38.

拉索，2002. 图解思考 [M].3 版 . 邱贤丰，刘宇光，郭建青，译 . 北京：中国建筑工业出版社 .

麦克哈格，2006. 设计结合自然 [M]. 芮经纬，译 . 天津：天津大学出版社 .

祁向前，胡晋山，鲍勇，等，2012. 地图学原理：高等学校地图学与地理信息系统系列教材 [M]. 武汉： 武汉大学出版社，

田青文，1995. 地图制图学概论：高等学校教材 [M]. 武汉：中国地质大学出版社 .

王海容，叶茂华，王绍森，2015. 地图术的语境与研究溯源 [J]. 建筑与文化 ,12（8）：194-195.

《中国大百科全书》总编委会，2009. 中国大百科全书（第二版）[M]. 北京：中国大百科全书出版社 .

张力果，赵淑梅，周占鳌，1990. 地图学：高等学校教材 [M]. 2 版 . 北京：高等教育出版社 .

张明华，潘传姣，等， 2015. 地图学：普通高等院校测绘课程系列规划教材 [M]. 成都：西南交通大学出版社 .

■ 思想碰撞

本讲主要探讨了在景观图纸绘制时应用到的制图学原理。随着制图技术的不断突破，GIS 系统的算法越来越强大，使得图纸的加工过程不断趋于复杂。景观设计师在实际应用中，即使不了解算法背后的原理，也能够制作、处理复杂的景观图纸。那么我们还有必要掌握制图学的基本原理吗？还是只要掌握如何使用制图工具就足够了呢？

■ 专题编者

岳邦瑞

费凡

司耕硕

彭佳新

戴雯菁

贾祺斐

王晨茜

宋逸霏

李馨宇

胡丰

计算机科学与技术31讲

开启景观新纪元

景观数字化是数字技术革命改变社会生活方方面面的一个缩影。科技的进步带来景观数字技术的广泛应用；然而无法忽视的是，由于盲目的技术应用，打造出大量“伪科学”“伪真实”的规划设计，使新的数字景观技术在风景园林规划设计实践中毁誉参半。因此，我们有必要从原理出发，溯源计算机系统的基本逻辑，以便更好地利用计算机技术为风景园林规划设计服务。

学科书籍推荐：
《计算机科学导论》佛罗赞 等
《计算机科学概论》黛尔 等

计算机科学与技术的学科内涵

1. 计算机科学与技术的基本概念

计算机科学与技术（computer science and technology）起源于20世纪60年代初期，是研究计算机（computer）和计算（computing）的相关理论和实际应用的科学。计算机科学与技术被认为是5个相对独立的学科领域的交集：计算机工程（computer engineering）、计算机科学（computer science）、信息系统（information systems）、信息技术（information technology）和软件工程（software engineering），它们也统称为计算机学科（The Discipline of Computing）。

计算机科学与技术是一个问题导向的工程科学，其科学理论来源于数学、工程学、信息科学、系统科学和逻辑学等。由于其学科交叉的特性，在它的发展和演进过程中产生了不同背景下互相关联又彼此独立的概念群（易忱，2016）（表1）。

表1 相关基本概念对比

概念名称	概念内涵	应用语境
应用计算机技术	简称计算机技术，主要包括计算机器件技术、计算机组装技术、计算机系统技术等；计算机技术经历了计算机硬件从真空电子器件到超大型集成电路的发展过程；伴随硬件的发展，计算机技术和系统性能也得以进步，信息存储、计算机运算及控制之间的联系随之紧密，综合形成了应用计算机技术	计算机科学
信息技术	包括传感技术、通信技术和计算机信息技术等；信息技术的应用能够增强信息量的存储，作为经济增长的主要推动力，信息技术对社会产业升级、产业结构调整有着重要作用	信息科学
数字技术	新媒体艺术的技术核心；通过现代计算和通信技术，综合处理文字、图像、声音和其他信息，使抽象信息可感知；主要包括场景设计、角色设计、游戏编程、新媒体处理、人机交互技术等	艺术学、传播学、计算机科学

2. 计算机科学与技术的研究对象与特点

狭义上，计算机科学是围绕计算机的开发、使用、维护形成的一门科学技术，它的研究对象是计算机与计算系统。计算系统是一种用于解决问题、实现环境与其自身交互的动态实体，由硬件、软件和前两者所管理的信息构成。计算机硬件是构成机器的物理元件及其附件；计算机软件是提供计算机执行的指令的程序集合。可以说，计算机和计算系统处理的核心对象都是信息。因而，从广义上看，计算机科学与技术研究的对象是信息及信息处理（黄杏元 等，2001）。

计算机科学与技术最主要的特点是科学性与工程性并重，作为一门仅出现60余年，但从根本上变革了生产方式的学科，它推进了信息产业和整个社会经济的发展。

3. 计算机科学与技术的发展历程

计算机的发展历程由计算机硬件和软件的发展历程共同组成，硬件与软件的发展是相互制约、相互促进的，对计算系统的形式有着不同的影响。计算机科学与技术的发展历程可被简单归纳为三个阶段：①机械式计算机时期（15 世纪末 ~1940 年），该阶段的计算机仅使用机械代替人脑运算；②电子计算机时期（1940~1950 年），在该阶段，计算机的原型理论基本完成，通用计算机已经零星出现；③现代计算机时期（1951 年至今），以商用计算机的出现和迭代为标志；它代表着计算机设备和影响力的普及，以及计算机科学与技术带来的更广泛和深刻的社会变革（图 1）。

■ 计算机科学与技术的学科体系

1. 计算机科学与技术的研究内容

计算机科学与技术的研究内容是计算机的原理、组成、结构、软件、应用及网络等（宋余庆 等，2001）。计算机科学的传统研究领域包括计算机体系结构、编程语言和软件开发。伴随着计算机软硬件的飞速发展，计算科学（算法技术）、图形及可视化、人机交互、数据库和信息系统等领域也逐渐兴起。但计算机科学实践也带来了一些特有的社会和专业问题，如隐私及信息安全、公平性等。当然，该学科的前沿研究常与其他学科领域（如生物信息学、计算化学等）有所重叠，这也是该学科领域跨学科特性的体现。

现代计算机科学与技术根据其应用领域的不同，可分为许多研究方向，笔者根据学科研究历程和热点，归纳出 6 大相对独立的研究领域（图 2）。

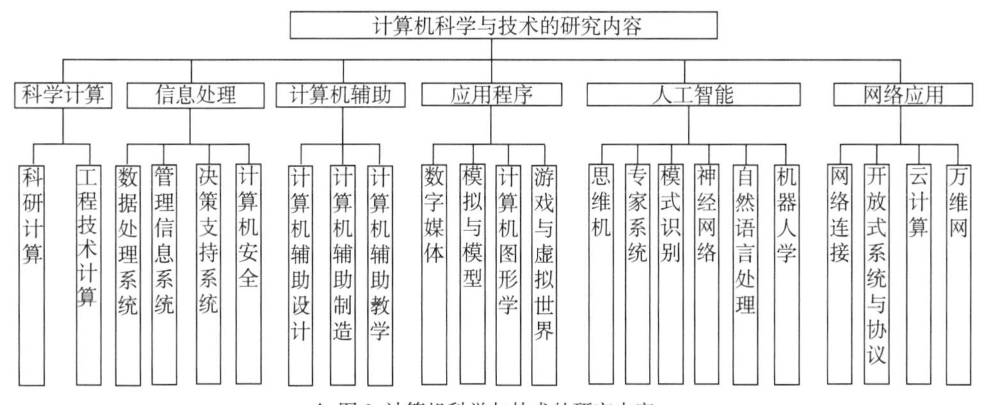

▲ 图 2 计算机科学与技术的研究内容

2. 计算机科学与技术的基础研究框架

计算系统的形式和功能符合系统论。计算系统像一个洋葱，由许多在系统设计中扮演角色的分层组成（图 3）。现代计算机的逻辑模型源自极简的数学抽象模型——图灵模型（图 4）。对计算机而言，所有自然和社会的问题都会被抽象为计算问题，按照“输入数据—执行计算—结果输出”的逻辑进行运算。随着计算机设备性能的提升，现代计算机的计算能力也从人脑（简单计算）提升到程序（自动计算），又向以人工

机械式计算机时期

布莱斯·帕斯卡
Blaise Pascal

·1642 年，帕斯卡发明了自动进位加法器（Pascaline），人类史上首台真正的机械计算器诞生

莱布尼茨
G.W.Leibniz

·1674 年，莱布尼茨设计并发明了新型计算机，能够完成连续、重复的加法并进行四则运算

电子计算机时期

阿兰·图灵
Alan M.Turing

·1936 年，英国数学家图灵发明了一种抽象数学模型，即图灵机模型，为计算理论领域奠定了基础；同年，德国工程师康拉德·楚泽制成机械式计算机 Z1

冯·诺依曼
Von Neumann

·1945 年，冯·诺依曼等人提出存储程序式计算机的理论基础，即沿用至今的冯·诺依曼机原型，并开始研制相应设备

香农
C.E.Shannon

·1948 年，香农创立信息论，本阶段 IEEE、ACM 等协会陆续成立或形成雏形，多类型的电子计算机研制成功

现代计算机时期

阿兰·图灵
Alan M.Turing

·1950 年，图灵发表论文叙述了测试机器智能的图灵规范

·1951 年，世界上第一台商业计算机 UNIVAC Ⅰ 问世，用于美国总统大选的结果统计

▲ 图 1 计算机科学与技术的发展历程

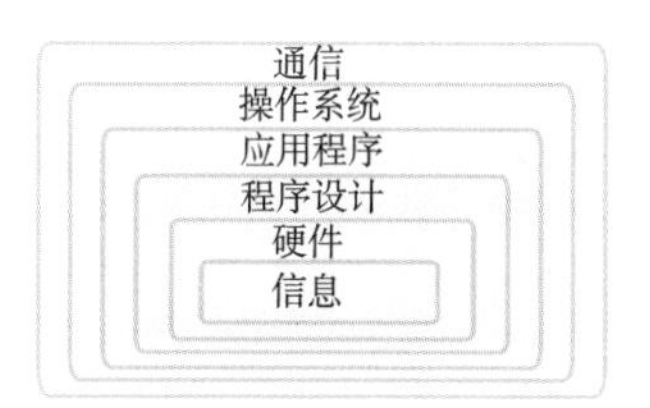

▲ 图 3 计算系统的分层

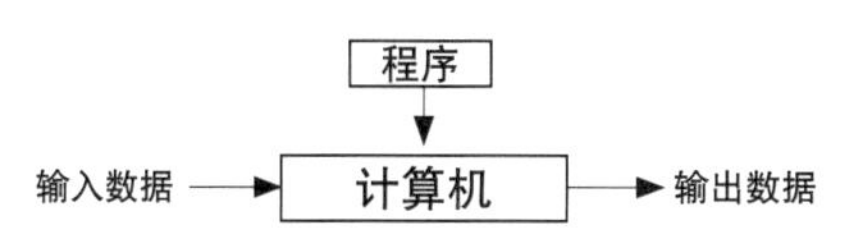

▲ 图 4 图灵模型

智能为代表的算法（智能计算）水平发展。综上所述，笔者提出计算机科学与技术的基础研究框架（图 5）。

自然 / 社会问题 —输入→ 计算 —输出→ 自然 / 社会问题的结果

▲ 图 5 计算机科学与技术基础研究框架

3. 计算机科学与技术的学科分类

计算机科学与技术的研究领域和内涵十分丰富，不同的领域有不同的研究重点，因此，依据不同的分类标准，计算机科学与技术可以形成许多学科分类结果（表 2）。在众多应用方向中，计算机图形学的奠基人伊凡 · 苏泽兰特发明的 Sketchpad 软件被认为是计算机辅助制图的开端。

表 2 计算机科学与技术的学科分类

分类标准	分类结果
按对象特性	软件工程、计算机系统与网络工程、数据库、算法等
按原理方法	模拟计算机、数字计算机
按应用方向	生物信息学、计算生物学、计算机图形学、机器学习、人工智能、计算科学、数据科学（大数据）、计算机视觉、人机交互设计等

APPLICATION
景观规划设计中的数字技术

■ 计算机科学与技术与景观规划设计的交叉

计算机科学与技术介入空间的最早尝试是在地图学领域，随着遥感（1849 年）、雷达（1842 年，奥地利）、航空摄影（1913 年）和卫星定位系统（1964 年，美国）等新兴电子技术的进步，地图学实现了从纸质到电子化的飞跃。在 20 世纪 50 年代末，人类便开始尝试使用电脑进行专题地图的绘制。1963 年，地理信息系统（GIS）的雏形加拿大地理信息系统（CGIS）诞生。1965 年，卡尔 · 斯坦尼茨首先使用计算机进行图纸叠加，是计算机技术与叠图法这一景观规划设计重要方法的首次结合。

计算机科学与技术介入景观规划设计的历程大致可以分为两个阶段（图 6）。第一阶段：计算机辅助制图（Computer Aided Drawing）阶段。以 AutoCAD、Photoshop、3ds Max 为代表的计算机图形学软件介入计算机辅助制图领域，以快捷、高效、易修改、便于存储等特性，迅速取代了图板、丁字尺和针管笔，成为景观规划设计的标准装备（蔡凌豪，2013）。第二阶段：计算机辅助设计（Computer Aided Design）阶段。这一阶段以 GIS 空间分析、生态辅助设计等技术的诞生和普及为代表，日新月异的数字化设计思想、方法和技术在景观规划设计领域爆发式增长，计算机能够帮助专业人员更为精确和科学地认知分析，建立设计逻辑，输出更具真实体验感的设计成果，甚至能够进行某种程度的智能运算，产生和比选设计方案。

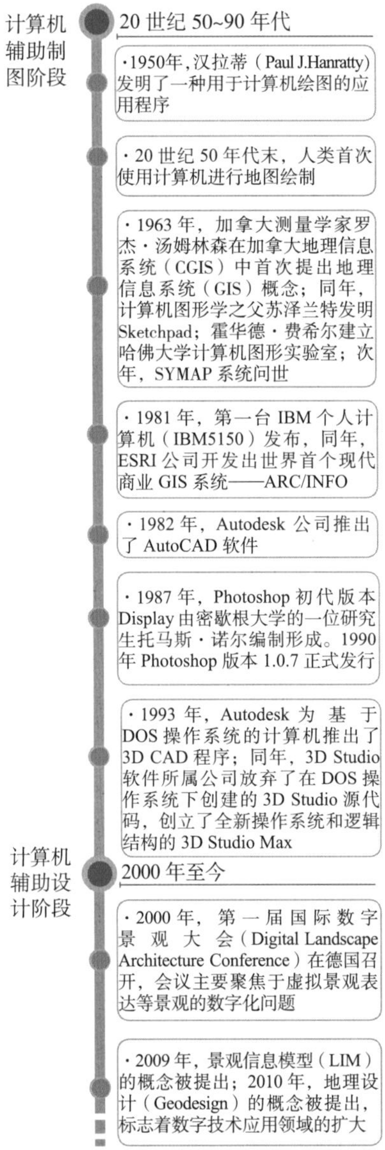

计算机辅助制图阶段

20 世纪 50~90 年代

· 1950年，汉拉蒂（Paul J.Hanratty）发明了一种用于计算机绘图的应用程序

· 20 世纪 50 年代末，人类首次使用计算机进行地图绘制

· 1963 年，加拿大测量学家罗杰 · 汤姆林森在加拿大地理信息系统（CGIS）中首次提出地理信息系统（GIS）概念；同年，计算机图形学之父苏泽兰特发明 Sketchpad；霍华德 · 费希尔建立哈佛大学计算机图形实验室；次年，SYMAP 系统问世

· 1981 年，第一台 IBM 个人计算机（IBM5150）发布，同年，ESRI 公司开发出世界首个现代商业 GIS 系统——ARC/INFO

· 1982 年，Autodesk 公司推出了 AutoCAD 软件

· 1987 年，Photoshop 初代版本 Display 由密歇根大学的一位研究生托马斯 · 诺尔编制形成。1990 年 Photoshop 版本 1.0.7 正式发行

· 1993 年，Autodesk 为基于 DOS 操作系统的计算机推出了 3D CAD 程序；同年，3D Studio 软件所属公司放弃了在 DOS 操作系统下创建的 3D Studio 源代码，创立了全新操作系统和逻辑结构的 3D Studio Max

计算机辅助设计阶段

2000 年至今

· 2000 年，第一届国际数字景观大会（Digital Landscape Architecture Conference）在德国召开，会议主要聚焦于虚拟景观表达等景观的数字化问题

· 2009 年，景观信息模型（LIM）的概念被提出；2010 年，地理设计（Geodesign）的概念被提出，标志着数字技术应用领域的扩大

▲ 图 6 计算机介入空间的发展历程

数字技术在景观规划设计中的应用

1. 应用知识框架

为了更为清晰地表现数字技术在景观规划设计流程中的位置和作用，笔者根据规划设计流程和现行常用代表性软件组合模块，形成一个参考性的数字景观规划设计的流程图（图 7、图 8）。当然，这个流程图只能尽量覆盖目前业内使用较为普遍的代表性软件，因此并非数字景观规划设计的唯一流程。

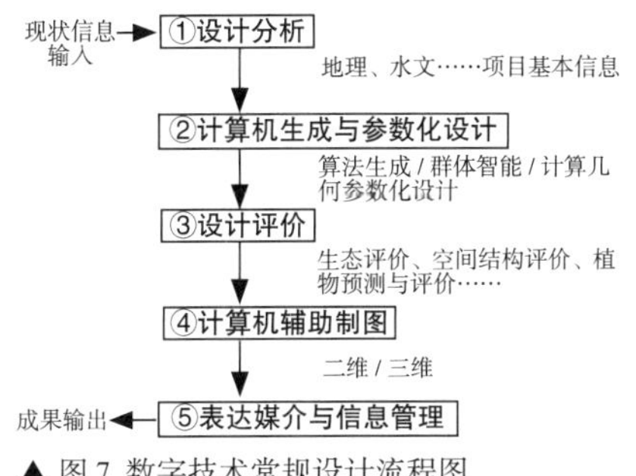

▲ 图 7 数字技术常规设计流程图

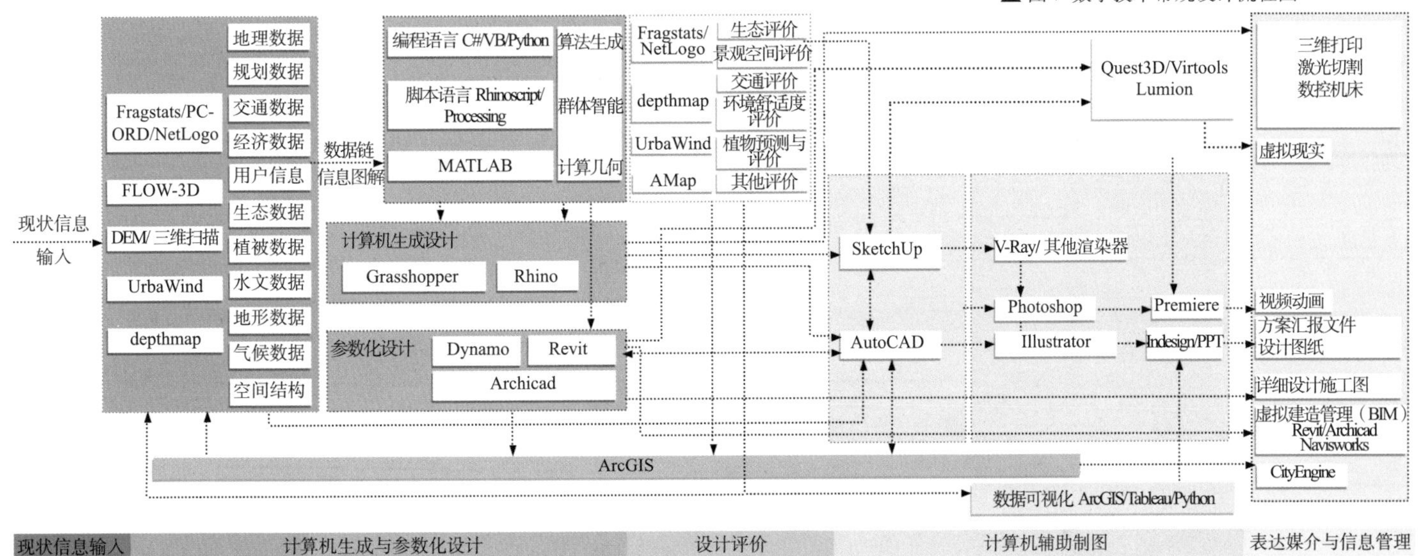

▲ 图 8 数字景观规划设计流程图

结合数字景观规划设计流程的 5 大核心步骤，数字景观规划设计技术知识可被简单归纳为 5 大类、14 小类应用情境，共包含 48 个代表性软件或数字技术（图 9）。

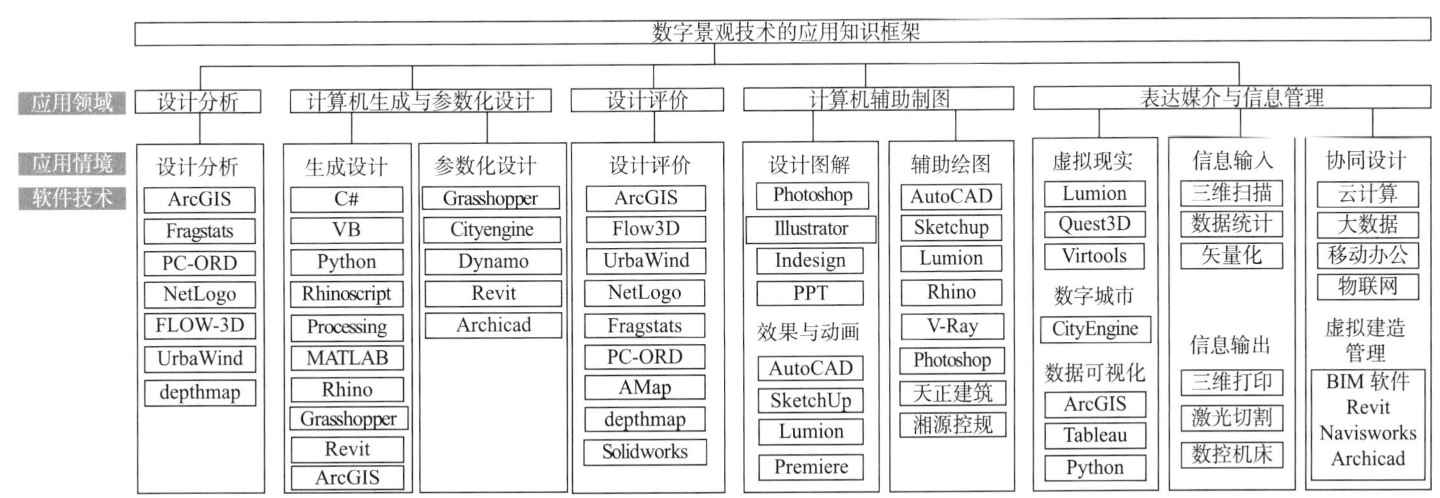

▲ 图 9 计算机科学与技术介入景观规划设计的应用知识框架

2. 应用知识解析

基于数字景观技术的应用知识框架，笔者筛选出数字景观规划设计流程中应用较为普遍、比较有代表性的软件知识（表 3）。

表 3 数字景观技术代表性软件知识介绍

代表性软件	适用的数字景观规划设计流程	软件特点
ArcGIS 由 1969 年创立的美国环境系统研究所（ESRI）推出的系列软件；第一代产品 ARC/INFO 1.0 是世界首款现代意义上的 GIS 软件；目前最新的 ArcGIS10 系列已经可以支持基于云计算平台的时空大数据分析	适用：①设计分析 + ②生成设计 + ④设计评价 + ⑤设计图解 + ⑦辅助绘图 + ⑨数字城市 + ⑩数据可视化 + ⑬协同设计	ArcGIS 是目前能实现贯穿景观规划全过程的重要地理分析工具，配合插件可以实现景观规划的分析、评估、推演、预测和管理，并能够实现数据可视化和制图
Rhino（Rhinoceros） 美国 Robert McNeel 公司 1998 年 10 月推出的一款三维建模软件；它具有良好的曲面建模性能，因其强大的兼容性，被广泛应用于三维建模的各个领域	适用：②生成设计 + ⑥效果与动画（需配合 PS 等其他软件）+ ⑦辅助绘图 + ⑧虚拟现实（需配合 Lumion 等软件）+ ⑫信息输出	完全使用 Java 语言编写的开源 JavaScrip，因此有着较强的兼容性，对计算机硬件的要求较低；基于 NURBS（非均匀有理 B 样条曲线），因此非常适用于曲面建模
Revit（Autodesk Revit） 1982 年创立的美国 Autodesk 公司开发的 Revit 系列软件是一类参数化设计软件，可以构建包含几何信息和非几何信息在内的建筑三维模型，因此可实现建筑全寿命周期的信息整合	适用：②生成设计 + ③参数化设计 + ⑦辅助绘图（需配合 AutoCAD 等软件）+ ⑬协同设计 + ⑭虚拟建造管理	Revit 目前在景观参数化设计中的应用较多，但本质上 Revit 是现行建筑信息模型（BIM）的主流工作软件之一，通过构建虚拟的建筑工程三维模型，实现建筑全寿命周期的信息整合，是未来实现协同设计和景观信息管理的关键技术

CASE 地理信息系统与空间分析

■ 地理信息系统的基本知识

地理信息系统从地理学语言发展而来，地理学语言是人类理解、表达与传播地理信息的重要工具。随着人类观测手段和认识水平的提升，地理学语言的功能和形式也在演变和发展。第一代地理学语言是文字表达的地理位置和与地点相关的地理时空特征；第二代地理学语言是地图；一般学术界认为，地理信息系统是脱胎于地图学的第三代地理学语言，它的出现源于计算机科学与技术对地图学表达的介入。随着地理信息系统的发展，产生了融合地理学和计算机科学的逻辑思维方法——空间分析。

1. 地理信息系统

地理信息系统（Geographic Information System，GIS）是对地球上发生的事件或存在的现象进行分析和制图的计算机工具（陶燕，2004）。其发展历程分为 5 个阶段（图 10）：① GIS 诞生前期，对空间分析方法开始了初期尝试；② GIS 诞生初期，GIS 计算机程序出现，注重空间数据的地理学处理；③ GIS 爆发式增长期，同期有近 80 多家 GIS 公司，此阶段注重空间决策分析和软件商业化；④ GIS 个人用户激增时期，GIS 计算机及遥感硬件条件提升，个人用户快速增加，空间分析在决策中的重要性被充分认识；⑤ GIS 开源爆炸时期，开源的 GIS 软件成为主流，用户可以开放、协作构建 GIS 系统，并且随着互联网的发展，地理信息系统服务将成为社会最基本的服务之一。

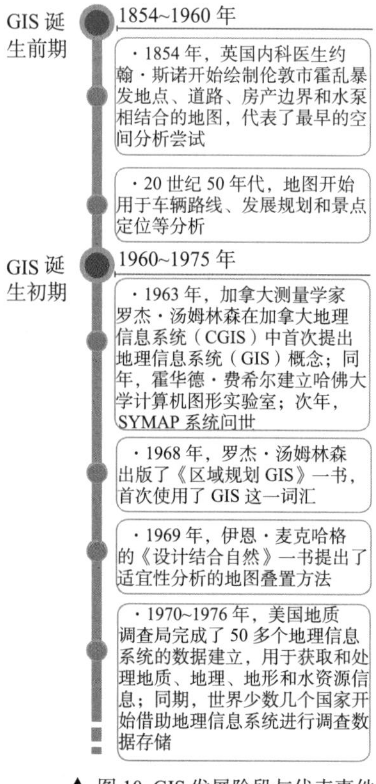

GIS 诞生前期
1854~1960 年
· 1854 年，英国内科医生约翰 · 斯诺开始绘制伦敦市霍乱暴发地点、道路、房产边界和水泵相结合的地图，代表了最早的空间分析尝试
· 20 世纪 50 年代，地图开始用于车辆路线、发展规划和景点定位等分析
GIS 诞生初期
1960~1975 年
· 1963 年，加拿大测量学家罗杰 · 汤姆林森在加拿大地理信息系统（CGIS）中首次提出地理信息系统（GIS）概念；同年，霍华德 · 费希尔建立哈佛大学计算机图形实验室；次年，SYMAP 系统问世
· 1968 年，罗杰 · 汤姆林森出版了《区域规划 GIS》一书，首次使用了 GIS 这一词汇
· 1969 年，伊恩 · 麦克哈格的《设计结合自然》一书提出了适宜性分析的地图叠置方法
· 1970~1976 年，美国地质调查局完成了 50 多个地理信息系统的数据建立，用于获取和处理地质、地理、地形和水资源信息；同期，世界少数几个国家开始借助地理信息系统进行调查数据存储

▲ 图 10 GIS 发展阶段与代表事件

完整的 GIS 系统主要由硬件系统、软件系统、网络系统、地理空间数据和系统管理操作人员（管理人员和用户）5 个部分组成（律海波，2007）。其中，软、硬件及网络系统是 GIS 的物质载体，地理空间数据形成的数据库反映了 GIS 的地理内容，管理人员和用户决定着系统的工作方式和信息表达方式。

地理空间数据是描述地球表面位置的相关数据，包括自然、社会和人文经济景观等各种形式的数据集，通常应包括实体的三方面信息：①几何坐标信息，如极坐标、经纬度、平面直角坐标等；②空间位置相关信息，如度量关系、延伸关系、拓扑关系等；③非几何属性信息，分定性和定量两种，定性的包括名称、类型、特征等，如土壤种类、行政区划；定量包括数量、等级，如人口数量，面积等。其中，前两者合称为空间数据，后者称为非空间数据（图 11）。

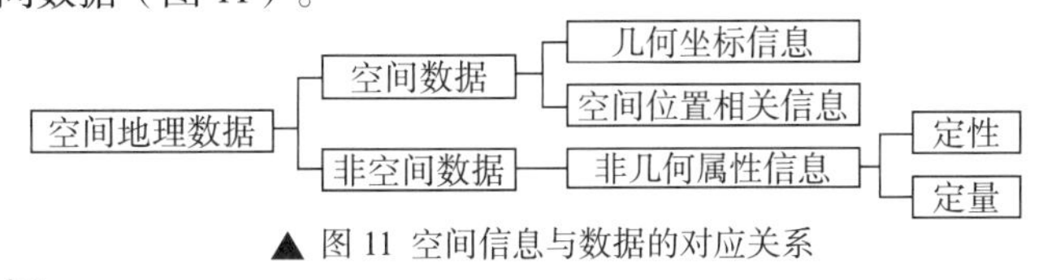

▲ 图 11 空间信息与数据的对应关系

2. 空间分析

GIS 的核心技术和独特的逻辑思维方法是空间分析，通过数字化的方式，动态、全局地描述地理实体和地理现象的空间分布关系，从而反映出地理实体内在的规律和变化趋势（李晓军，2007）。

空间分析包括分析目标、分析对象和分析内容。分析目标包括：①认知，有效获取并组织、描述空间数据，完整再现事物，如生态红线图；②解释，理解和表述地理过程，反映事件的本质规律，如城市生态安全格局；③预测和调控，在了解事件规律的基础上，为决策提供帮助，预测是指通过模型模拟推演未来状况，如城市土地利用扩展；调控则是指干预可能发生的事件，如合理规划江河流域内的洪泛区。

3.GIS 数据模型与空间分析方法

应用模型基于地理空间数据来反映地理对象信息。在 GIS 中，空间数据表示的基本任务是将图形模拟的空间物体表示为计算机能够接受的数字形式，以便对自然对象进行数字化描述、表达和分析。同一空间对象在计算机中可以有多种表达方式，空间分析有栅格数据、矢量数据两种基本表达模式（图 12）。

■ GIS 解决空间规划设计问题的一般流程

GIS 可以在空间层面展现地理现象和地理数据，并通过空间分析和模拟等手段支持空间规划设计，其一般流程包括：①数据采集和预处理，通过现场调查、遥感等方式获取相关数据，对数据进行收集和加工；②空间数据输入和管理，将采集到的数据导入 GIS 系统中，建立数据库，对数据进行管理和维护；③地理信息分析，

GIS 爆发式增长期

1975~1990 年

· 1981 年，ESRI 公司开发出它的第一套商业 GIS 软件—— ARC/INFO 软件；ARC/INFO 被公认为第一个现代商业 GIS 系统

· 1986 年，PC ARC/INFO 随着英特尔微型计算机的生产而被推出；它代表着软件开发走向基于 PC 的 GIS 站设计方向，加快了 GIS 的商业化和个人化步伐

GIS 个人用户激增时期

1990~2010

· 1992 年，ESRI 推出 ArcView，同年，还发布了 ArcData，它用于发布和出版商业的高质量数据集；同年 ArcCAD 的发布，实现 CAD 环境下 GIS 工具的使用

· 1999 年 ArcGIS8 系列产品发布，其中的 ArcIMS 是当时世界上第一个可以用于浏览器的 GIS 软件，实现了 GIS 从桌面向网络的飞跃

GIS 开源爆炸时期

2010 至今

· 2010 年，ESRI 发布 ArcGIS 10，ArcGIS Server 产品架构实现二次升级，从主从架构更新到 P2P 架构，实现了从 GIS 服务器建设向云 GIS 的飞跃；一举实现协同 GIS、三维 GIS、一体化 GIS、时空 GIS 和云 GIS5 大飞跃

▲ 图 10 GIS 发展阶段与代表事件（续）

a. 图形模拟的地理对象

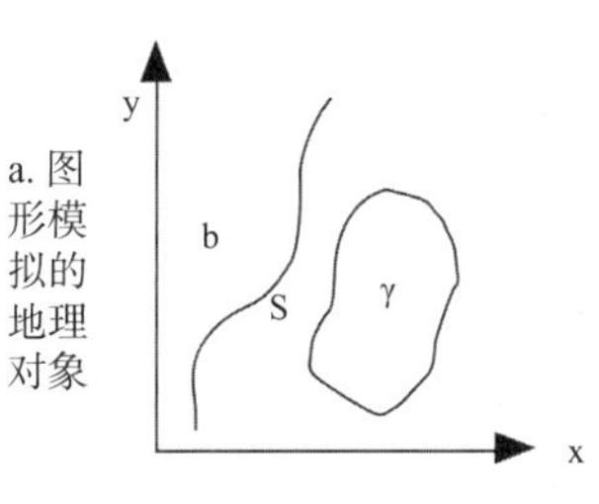

b. 栅格数据表示的

0	0	0	0	9	0	0	0
0	0	0	9	0	0	0	0
0	0	0	9	0	7	7	0
0	0	0	9	0	7	7	0
0	6	9	0	7	7	7	7
0	9	0	0	7	7	7	0
0	9	0	0	7	7	7	0
9	0	0	0	0	0	0	0

c. 矢量数据表示的

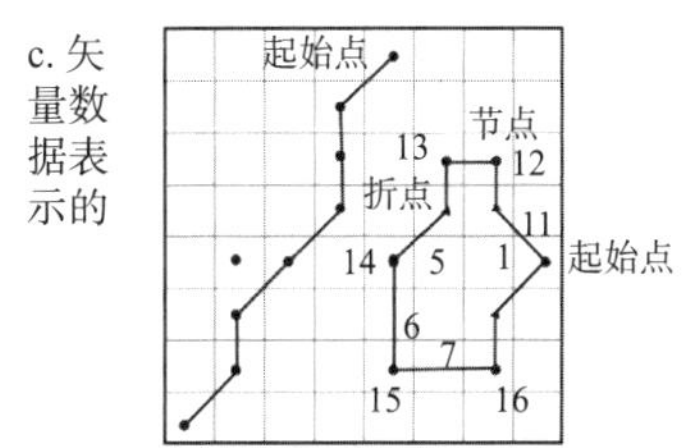

▲ 图 12 同组空间对象栅格、矢量表示方式

运用 GIS 分析工具，对数据进行分析，以获取对空间规划设计有价值的信息；④空间规划设计，通过空间规划设计的相关软件，根据 GIS 分析结果进行空间规划设计分析，如道路规划、城市布局等；⑤方案验证和表达，将空间规划设计方案与 GIS 分析结果结合，进行方案验证，将验证结果通过数据可视化等方式呈现出来（图 13）。

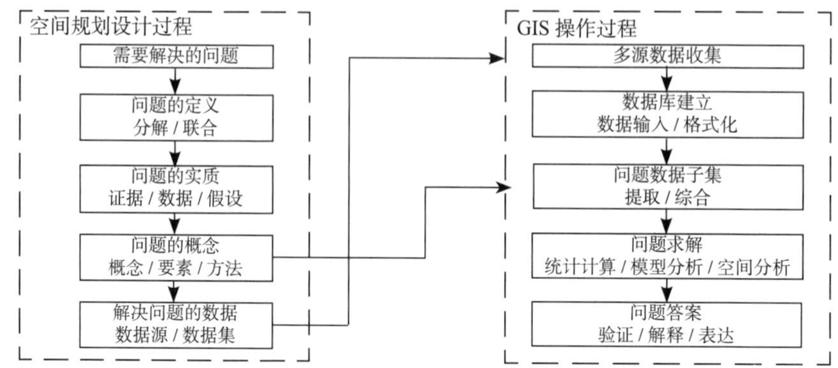

▲ 图 13 空间规划设计过程与 GIS 操作过程的对应关系

GIS 空间分析的典型应用情境

1. 基于 DEM 的小流域水文模型建立——栅格数据的追踪分析

数字高程模型（Digital Elevation Model，DEM）能够通过有限的地形高程数据实现对地表的数字化表达（姜卫祥 等，2017）。在 DEM 中，综合采集自航测影像、遥感影像、激光雷达和实测地形图等数据源的地表高程，以有序数值阵列形式表现，包含比较完整的流域地形、地貌及水文地质信息（流域面积、平均坡度、最长汇流路径长度及比降、主河道长度及比降、高程等）。

20 世纪 60 年代，DEM 模型被用于流域水文研究分析中。随着 DEM 数字流域的开发构建和水文分析的研究发展，20 世纪 90 年代中期，比较系统的流域地貌特征提取方法已经成型，如坡面径流模拟法、谷线搜索法等。目前常用于建立小流域水文模型的方法是坡面径流模拟法（图 14）。模型构建中的常见问题包括处理洼地和平坦地区的流向不确定性、确定流域集水面积阈值（CSA），以及洪水过程模拟。

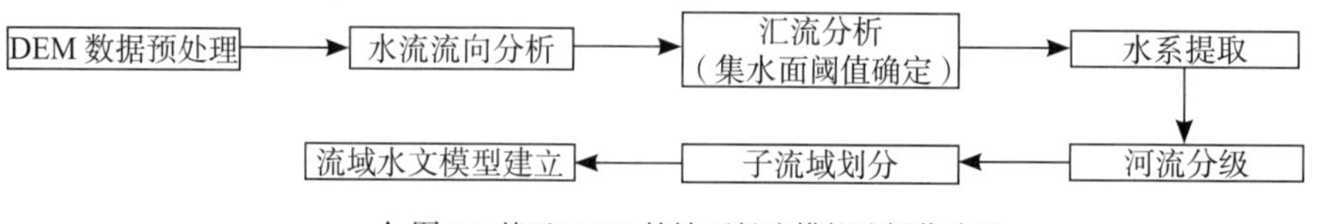

▲ 图 14 基于 DEM 的坡面径流模拟法操作步骤

基于 DEM 的水文模型建立流程是利用软件提取地表径流模型的水流方向、河流网络及分级信息，并通过流域分割和模拟水流过程来构建区域的水文数据模型。在计算机程序逻辑下，栅格数据流向的计算可以通过单一像元（Cell）的流向值进

78	72	68	73	60	48
75	68	56	50	46	50
70	55	45	40	39	47
65	57	53	26	30	26
67	60	48	23	18	20
75	55	45	12	10	12

a. 计算机语言下，对一个区域水流的模拟体现为各像元流量值

2	2	2	4	4	8
2	2	2	4	4	8
1	1	2	4	8	4
1	128	1	2	4	4
2	1	2	4	4	4
1	1	1	1	4	16

b. 计算机语言对不同流向赋值，形成各像元的流向值

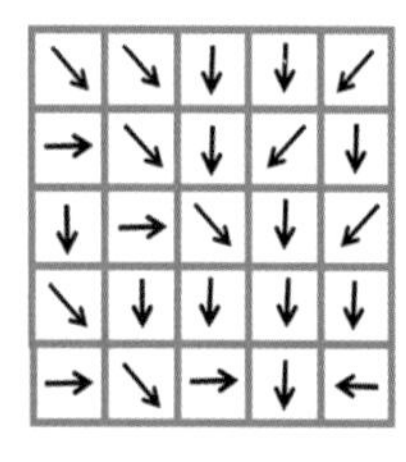
c. 流向的可视化表达

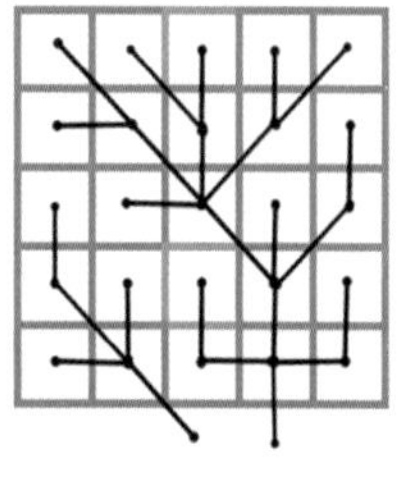
d. 基于流向值，形成的河网可视化表达

▲ 图 15 栅格数据追踪方法形成提取径流河网的过程

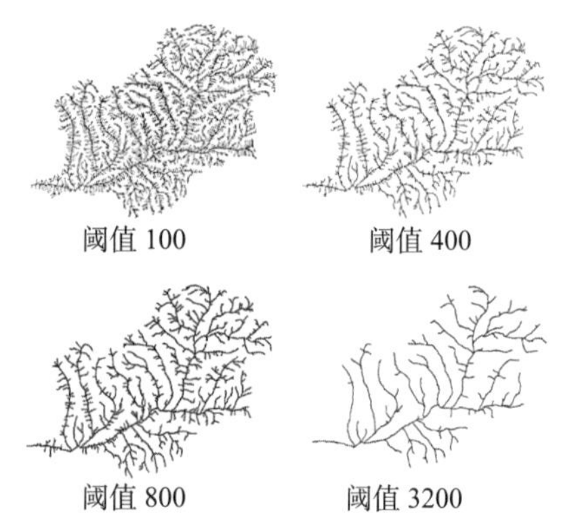

▲ 图 16 不同河网提取阈值下河网密度的差异

行判断（图 15）。参照流域地形特征，通过分析集水面积阈值和流域其他参数来确定河网提取的最佳阈值，阈值的提取对河道形态及河网密度会产生影响（李照会，2019）（图 16）。

2. 矢量网络的最短路径分析——矢量数据的网络分析

在现实世界中，相互连接及相互作用的线状实体的基本结构形式又称为地理网络，其存在形式多样，是区域物质与能量流动的载体，如交通网络、水网络、通信网络等，大到国际航运、南水北调，小到日常生活的输水、输电、配送等。可以说，现代社会是由通信网络、运输网络、能源和物质分配网络等网络结构所组成的复杂巨系统。GIS 把对这些网络的空间分布、传输特性和规律的分析，归结为网络分析（王鑫 等，2017）。

地理网络分析通过研究网络状态和资源流动情况，优化网络结构和资源分配，可以用于解决路径寻找、设施确定、服务范围和旅行方向等问题。网络可以抽象为点和线的集合，可用几何图形或矩阵来表达。随着地图代数和理论的发展，栅格结构也可处理空间关系的复杂问题。

在网络分析中，距离是最基本的要素，最短距离问题是网络分析的核心问题，它是资源分配、路线设计及分析等优化问题的基础，可以演化出次最短路径、最长路径、花费最小路径、最大容量路径、最优路径和各种路径分配问题。

在实现最短路径问题的众多算法中，最有效的算法是荷兰数学家埃德斯加 · 狄克斯特拉于 1959 年提出的狄克斯特拉算法，是一种被广泛应用的最短优先搜索算法，即 LS 算法。以最优路径计算为例，用户确定权值关系、每条弧的属性等网络数据集信息，设定起点、终点等条件，据此计算出代价较小的几条路径（图 17）。

a. 设定网络数据集

b. 设定起点、终点

c. 矢量计算最短路径

▲ 图 17 ArcGIS 最短路径计算过程

实际项目中，应用狄克斯特拉算法等经典算法运算出的路径会存在形态误差和不符合道路设计标准等问题，还需要进一步叠加其他算法进行技术优化。如张弛等使用 Rhino 和 Grasshopper 平台，在狄克斯特拉算法的基础上，使用遗传算法优化复杂山地道路选线问题的解决方案，是更接近实际的一类参数化设计尝试。该案例还通过设定不同的道路选线条件，形成两组道路选线结果，以供决策对比（张驰 等，2021）（图 18）。

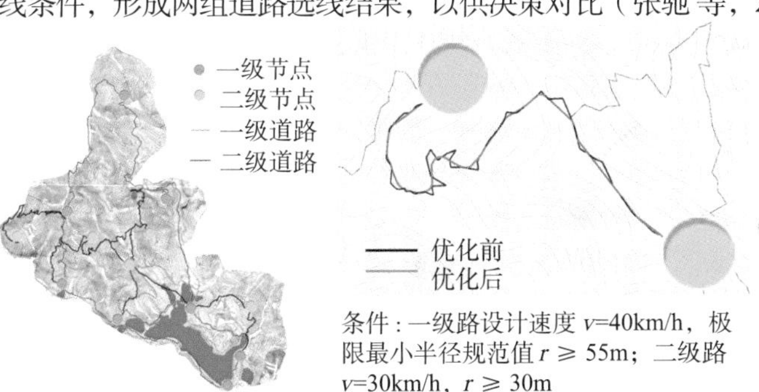

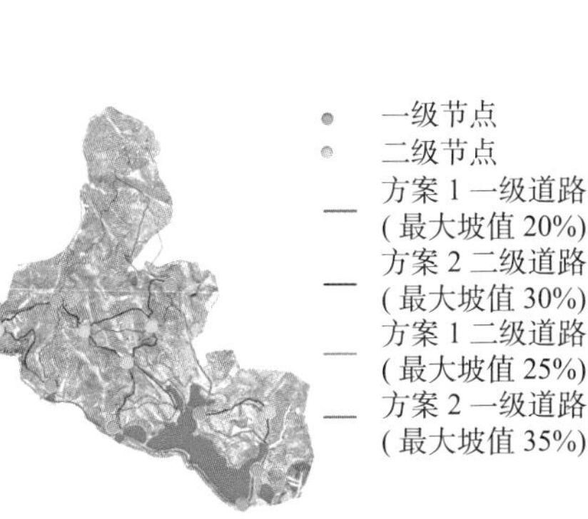

a.狄克斯特拉算法计算出的最优路径 b. 遗传算法优化路径前后对比 c. 遗传算法优化后的最优路径 d. 遗传算法优化的两个对比方案

▲ 图 18 道路选线算法优化前后路径对比

参考文献

蔡凌豪，2013. 风景园林数字化规划设计概念谱系与流程图解 [J]. 风景园林，102（1）：48-57.

黄杏元，马劲松，汤勤，2001. 地理信息系统概论 [M]. 2 版 . 北京：高等教育出版社 .

姜卫祥，吕成文，2017. 中尺度土壤预测制图中地形变量提取的适宜分辨率探讨 [J]. 土壤通报，48（3）：513-519.

律海波，2007. 基于 GIS 的峰峰综合管网地理信息系统的研发 [D]. 邯郸：河北工程大学 .

李晓军，2007.GIS 空间分析方法研究 [D]. 杭州：浙江大学 .

李照会，2019. 基于 DEM 的山丘区小流域特征研究及应用 [D]. 北京：中国水利水电科学研究院 .

宋余庆，罗永刚，2001. 信息科学导论 [M]. 南京：东南大学出版社 .

陶燕，2004. 基于移动 GIS 的数据采集系统研究与开发 [D]. 广州：中国科学院广州地球化学研究所 .

王鑫，李雄，2017. 基于网络大数据的北京森林公园社会服务价值评价研究 [J]. 中国园林，33（10）：14-18.

易忱，2016. 计算机技术和信息技术的区别及联用探讨 [J]. 电脑迷，14（8）：54.

张驰，杨雪松，2021. 基于 Rhino+Grasshopper 的风景环境复杂地形道路选线设计算法模型研究 [J]. 中国园林，37（3）：77-82.

思想碰撞

随着数字技术的不断进步，数字技术在各行各业被广泛应用。然而，数字技术的可靠性却是一个潜在的问题，可能会对规划设计产生不良影响。首先，其本身存在一定的风险，硬件故障、软件漏洞等都可能导致数字技术系统的瘫痪或者数据泄漏；其次，数字技术的可靠性问题还与数据本身的质量和准确性相关。如果数字技术系统处理的数据质量不高或者存在准确性问题，那么其处理结果的可信度就会大打折扣。那么，我们真正了解数字技术的底层思维吗？他带给我们的数据是否值得信赖？请谈谈你的看法。

专题编者

岳邦瑞

费凡

陆惟仪

李馨宇

王晨茜

设计案例 32讲

绿建中心场地景观改造

“景观空间”与“景观设计”是景观规划设计在中小尺度下最为关键的内核学科，对二者的融贯理解是实践中熟练运用多学科知识的基础，而“空间设计”正是沟通二者的重要桥梁。本讲以西安建筑科技大学绿建中心场地改造项目为例，通过“多学科知识介入空间设计途径”的基础理论构建，展现了场地实践中的真实思考，以厘清多学科知识介入景观设计时纷繁复杂的过程。

空间设计的概念框架

“空间设计”是一个复合概念，它表达了本书对“景观空间”与“景观设计”两个内核学科相互耦合关系的实践性理解。“空间”代表对“对象”的认知，本书第3讲“景观空间”中所述的“布局—形式—功能”的结构功能关系是其内核，它帮助我们深入厘清物质结构转向意向功能过程中内在的空间因果关系。“设计”则代表对“指向”的认识，本书第4讲“景观设计”中提出的“设计四性”，即设计的限制性、目的性、创造性及方案性，给予了空间设计在程序上的科学性。“对象 + 指向”的综合可以理解为空间设计提供了一个较为明晰的概念界定：在心理—行为功能的导向下，为园林尺度的现状空间结构提供优化方案的过程。

基于对基本概念的理解，笔者提出了空间设计的概念框架（图 1），它揭示了开展空间设计的两个必要内容：①预设目标的确立，围绕决策者与场地利益相关者的诉求和场地现状存在的问题提出一套综合的场地设计目标，根据提出情境的不同，可分为形式目标和功能目标两类；②基于预设目标的设计方案提出，基于特定的设计目标，提出达成设计目标而改变空间景观要素类型与排布的优化方案，即布局调整。在布局调整中会涉及两种情况：当预设目标中的形式与功能发生冲突时，设计师应当权衡二者之间的关系，满足更重要的目标而牺牲另一方；当形式与功能不冲突时，设计师应当协同二者关系，达成设计的“尽善尽美”。在设计方案具体构思时，对设计 4 个性质的考量将会贯穿整个过程，具体体现为：在一定约束条件下的设计限制性，基于预设目标的设计目的性，针对不同情境的设计创造性，强调最终成果的设计方案性。

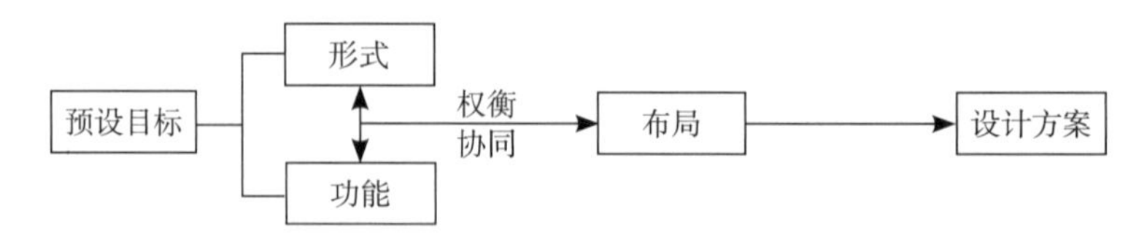

▲ 图 1 空间设计的概念框架

空间设计的基本流程

景观项目管理的基本流程大致可分为项目决策、方案设计与建设管理 3 个主要阶段及 9 项基本内容。①项目决策阶段包含决策者诉求分析、利益相关者需求调查、约束条件分析、设计目标确立及项目招标投标等；②方案设计阶段主要指依据设计目标对场地空间结构的优劣势进行分析并展开的概念、初步、扩初及施工图等一系列方案制定与审核工作；③建设管理阶段指依据各阶段设计方案展开的招标投标、会审、施工及验收维护等一系列内容。在 3 个阶段的实施中，项目决策与方案设计阶段与空间设计的关系最为密切，也是应用多学科知识最广泛的阶段（表 1）。

表 1 空间设计的基本流程

空间设计概念框架	主要阶段	设计流程	工作内容
预设目标的确立	项目决策阶段	1. 决策者与利益相关者诉求调查	分析决策者立项的具体诉求及项目约束条件（预算、工期等），进行可行性分析并完成项目审批
		2. 设计目标确立	在决策者诉求与约束条件的基础上，调查场地利益相关者的各类诉求，展开综合分析与排序，设立系统的场地设计目标
		3. 项目招标投标	编制招标投标文件，招标、评标并签订合同
设计方案的提出	方案设计阶段	4. 场地现状的优劣势分析	围绕设计目标，对场地现有的资源及劣势展开田野调查，确定场地中明确的资源禀赋及所存在的问题
		5. 设计方案制定	基于设计目标，以优化劣势、发扬禀赋为原则，进行概念设计并通过审批，进而开展扩初设计、施工设计并最终完成施工图
—	建设管理阶段	6. 施工招标投标	编制施工招标文件，招标、评标并签订合同
		7. 会审、施工与验收	图纸会审、施工选材、正式施工、建设及监理单位竣工验收
		8. 完工维护	完工场地的阶段性维护工作
		9. 后期管理	场地进入使用阶段的设施维护、植被养护、保洁管理等一系列工作

多学科知识介入空间设计

1. 空间设计中的知识类型

从广义的知识结构看，空间设计中的知识可被分为“显性知识”与“默会知识”两类。显性知识又称明言知识，特指能够明确表达的知识，即可以通过语言、书籍、文字、数据库等编码方式传播，也容易被人们学习的知识。本书涉及的各类知识均属于显性知识的范畴。但优秀的空间设计实践还需要大量默会知识的介入，它来源于设计师在项目行动前的大量经验或项目情境中产生的实践灵感，即一种经常使用却又不能通过语言文字、符号予以清晰表达或直接传递的知识（图 2）。

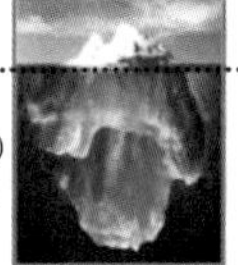

▲ 图 2 “显性知识”与“默会知识”

鉴于默会知识的不可言明性，我们一般更关注空间设计中的显性知识，即那些与景观规划设计产生了明确交叉、衍生出细分的应用领域、有助于空间设计实践的知识。这些知识被我们进一步划分为规范性知识、实质性知识与程序性知识。其中，程序性知识贯穿空间设计的各个阶段，规范性知识主要在项目决策阶段介入，而实质性知识则在方案设计阶段被广泛运用。

2. 空间设计流程中各阶段常用的多学科知识

在空间设计的具体流程中，决策者与利益相关者的诉求调查、设计目标的确立、场地现状的优劣势分析以及设计方案的制定是设计师运用多学科知识的关键步骤，其余步骤则主要发挥对经济预算、园林工程、工程管理等专业人员的协调统筹作用。①在决策者与利益相关者的诉求调查步骤，强调运用经济、政治、管理等学科思维深入剖析决策者的实际项目意图，以明确方案制定的宏观方针；此外，还经常采用社会学、历史学等学科的考察方法，判断利益相关者在项目中的需求及排序。在决策者诉求下挖掘场地现有资源的价值，识别社会、文化等层面的劣势与不足。②设计目标的确立步骤需要综合决策者与利益相关者的诉求与约束条件，由设计师统筹场地在伦理、美学、社会等方面的需求差异，进而提出设计可解决的目标体系。③场地现状的优劣势分析及设计方案的制定两个步骤，则需要围绕设计目标，从地球、生物、社会及人文等学科角度，挖掘场地的资源与劣势；并从各学科知识中寻找并推导循之有证、行之有效的“空间机制”知识，以供优化方案的制定（表 2）。

表 2 空间设计中的常用学科

主要步骤	设计流程	涉及的主要学科及其细分知识领域
项目决策步骤	1. 决策者与利益相关者诉求调查	经济学、政治学、管理学、社会学、历史学……
	2. 设计目标确立	伦理学、社会学、美学、人类学、历史学、经济学……
	3. 项目招标投标	工程管理、经济学……
方案设计步骤	4. 场地现状的优劣势分析	气候学、地质学、地貌学、水文学、土壤学、地理学、环境科学、植物学、动物学、生态学、农学与林学、环境行为学、艺术学、公共卫生学……
	5. 设计方案制定	
建设管理步骤	6. 施工招标投标	工程管理、经济学……
	7. 会审、施工与验收	园林工程、工程管理……
	8. 完工维护	园林工程、植物养护……
	9. 后期管理	园林工程、工程管理、植物养护……

CASE 西建大西部绿色建筑中心景观改造中的知识应用

■ 场地概况

2017 年 12 月，省部共建西部绿色建筑国家重点实验室建设运行，在 2023 年 6 月正式升级为由西安建筑科技大学和中建科技集团有限公司联合组建的绿色建筑全国重点实验室。西建大西部绿色建筑中心场地是依附于西部绿色建筑重点实验室而存在的，场地位于西安建筑科技大学雁塔校区北院，是建筑学院周边的关键环境枢纽（图 3）。然而由于雁塔校区建成时间久远，校园环境设施较为陈旧，故为了配合“省部共建西部绿色建筑国家重点实验室”的落成，西建大西部绿色建筑中心场地需进行整体环境的提升改造（图 4）。在该项目的更新设计过程中运用了大量跨学科知识，本节将结合多学科知识介入空间设计的基本途径展开解析，主要分为两个步骤：①设计目标确立，其中包括决策者与利益相关者诉求分析以及场地现状优劣势分析；②设计方案确立，针对设计目标进行景观要素的类型选择以及空间排布调整。

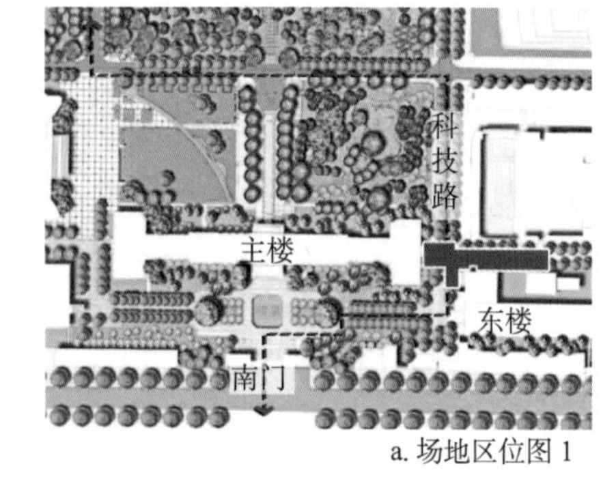

a. 场地区位图 1

b. 场地区位图 2

▲ 图 3 场地区位图

■ 案例分析

1. 设计目标确立

为了解本项目的主要委托方与决策者真实的项目意图，项目的主创设计师与决策方进行了多次深度交流。在此过程中，设计团队采用“理性人假设”的思路分析归纳了决策者的场地诉求与约束条件。根据现代经济学的解释，效用是偏好的函数，用偏好定义理性，只需满足完备性和传递性两条假定。简言之，理性人假设即是假设决策者是在约束条件下希望最大化自身偏好效用的人。基于此，分析认为场地的约束条件与决策者诉求包括：①约束条件：较少的经济预算（30 万）、较短的时间周期（3 个月）；②核心诉求：场地整合，位于东西两座建筑内的西建大绿色建筑中心需要通过景观进行整合，提升绿建中心场地的一体感，彰显重点实验室的规模；秩序规范，整治场地中机动车无序通行、随意停放等不规范行为，烘托绿建中心场地的严肃学术氛围；形象提升，提升绿建中心的场地标识性及其整体景观形象。

在明确决策者诉求与约束条件的基础上，团队进一步调查了其他场地利益相关者（日常使用者、管理者等）对场地的态度和需求。项目采用了社会学中常用的调查方法，通过问卷调查，结构性、半结构性访谈，行为观察等形式，以调查场地的实际使用情况及各类利益主体的满意度与诉求。结果表明，场地存在雨季积水、通行混乱、设施老旧等方面的问题（图 5、图 6）：①积水治理，缓解季节性雨水导致的场地内涝，方便行人通行与日常维护；②人车分流，规范场地中的人、车通行秩序；③形象提升，在保留并进一步彰显建筑学院文化底蕴的基础上，更新场地设施及其景观质量。

设计目标的确立主要是针对场地的外观（形式）以及使用功能的确立。设计师需要做的是综合决策者和利益相关方的诉求，将其转化为功能需求，再通过合理的规范性知识，判断这些功能需求的合理性并进行适当的价值排序。设计者认为，场地的整体性塑造是决策者的核心诉求；此外，行车与停车行为对日常使用者造成的干扰也极大地影响了大多数人的正当权益。因此，以社会学中的空间正义为价值观念，设计希望强调行人的利益。最后，建筑学院作为具备深厚历史印记的建大标识，在一定程度上可被视为“文保单位”，借鉴环境美学中地域性的价值理念，应尽可能地展现场所记忆感，减少不必要的改变。基于上述考虑，认为场地的心理功能需求包括：①营造场所整体感；②提升景观设施美感；③展现地域记忆感。行为功能包括：①规范机动车停放行为；②疏导行人通行行为；③限制机动车通行行为；④缓解雨水的积聚。

综上所述，场地的最终设计目标被确定为：形式目标①提升人对场地的整体性感知，形式目标②优化场所中的景观美感；功能目标①规范场地内的人车交互行为，功能目标②缓解积水—通行的行为冲突。

2. 设计方案确立

本阶段的关键在于根据特定目标，发现现状空间在形式—功能关系上的优劣之处，进而提出适宜的空间布局。因此，针对 4 个关键目标，设计者通过场地“布局—形式—

▲ 图 4 场地改造前后概况

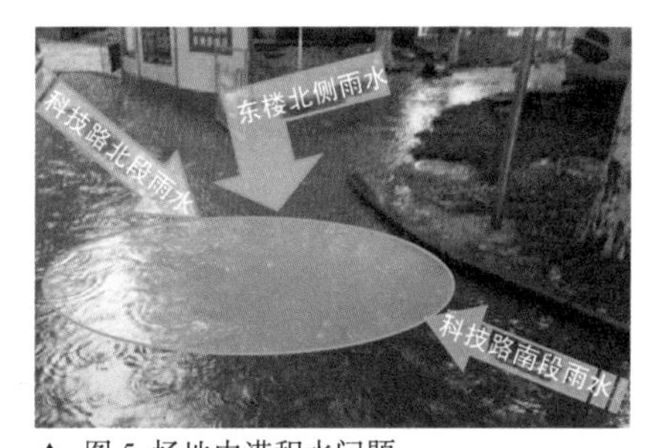

▲ 图 5 场地内涝积水问题

▲ 图 6 场地车行混乱问题

功能”间的优劣势分析，灵活运用多学科知识，进而提出一系列具体设计手段。下文就其中的多学科知识应用展开解析。

形式目标 1：基于“提升整体感”的空间设计对策。现状场地被 T 字形道路分为 3 个区——建筑学院区、主楼东侧绿建中心区及后勤楼群区。尤其是南北向的道路，在建筑的围合下极度割裂了东西两楼之间的联系。从人的心理反应来看，位于主楼东侧的绿建中心与建筑学院内的绿建中心之间没有合理的联通，且位于两楼内的绿建中心均处于附属地位，缺乏存在感和联系感。

格式塔知觉理论中的相似性与邻近性原理为提升场地的整体感提供了理论支撑（胡正凡 等，2012），该理论指出“具备相似特征或距离相近的要素都能加强人对环境的整体认知”。因此，将布局调整为：①设计沿路放置两块形状、大小、材质相似，明确标识绿建中心名称的景观石；②在东西两栋楼间增添 T 字形步道，在形式上强化绿建中心东西两侧整体性的功能，加强人们对绿建中心存在感的认知（图 7）。

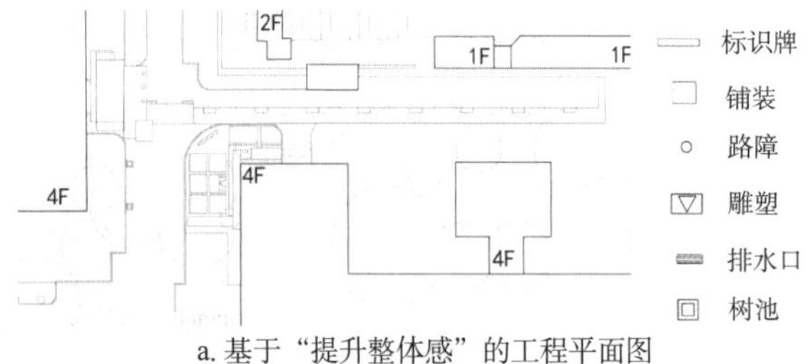

a. 基于“提升整体感”的工程平面图

b. 基于“提升整体感”的实景效果图

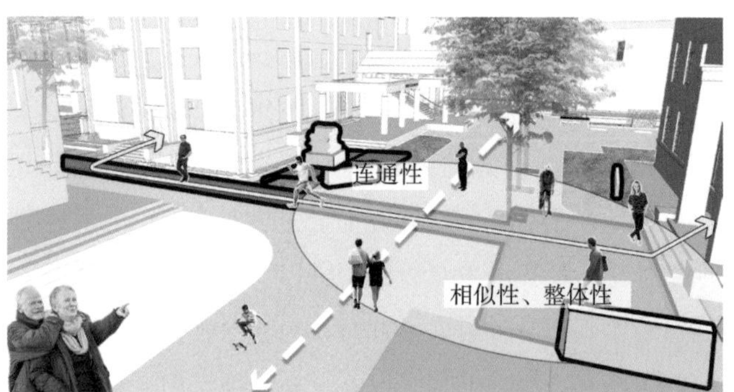

c. 基于“提升整体感”的形式分析图

▲ 图 7 基于“提升整体感”的空间设计分析

形式目标 2：基于“提升美景感”的空间设计对策。建筑学院入口区一直被认为是区域内的美景标识。在现状场地中，刘鸿典先生的雕像坐落于入口左侧，效果不甚突出，意义不明，景观空间布局给人带来的丰富体验较弱。同时，仅以雕塑和东楼入口的构架形成美景标识也只能给人带来单调的视觉感受。因此人对整个空间美景感的心理感受较弱。

提升场地美景感的关键在于增强人对场地的形式感知和增强该区域的景观复杂性、多样性。项目引入环境心理与行为学中唤醒理论的相关概念，通过增强场地的多样复杂性与新奇神秘性，以达成美景感的提升（俞国良 等，2000）。因此，将布局调整为：①将刘鸿典先生的雕像移至场地东侧绿地中，使其不再是一个建筑学院入口的从属要素，建立景观雕塑与建筑东楼入口的对比感，增强人对景观要素单元的感知程度；②通过对原有绿地的围合、种植并铺砌砖石以增强其景观复杂性，与雕像呼应形成新的秩序，构成了具有秩序和对比的两个空间（图8）。

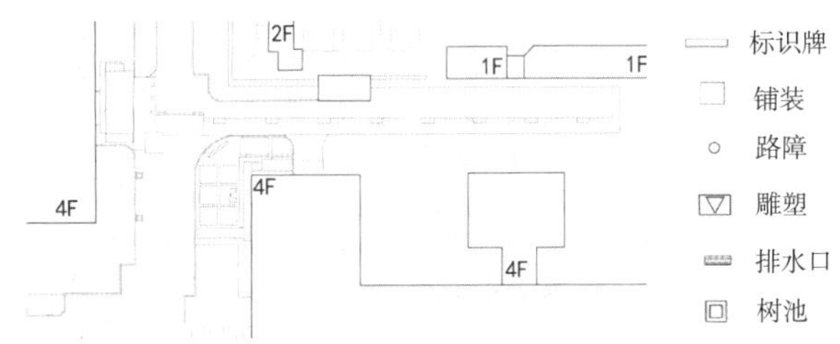

a. 基于"提升美景感"的工程平面图

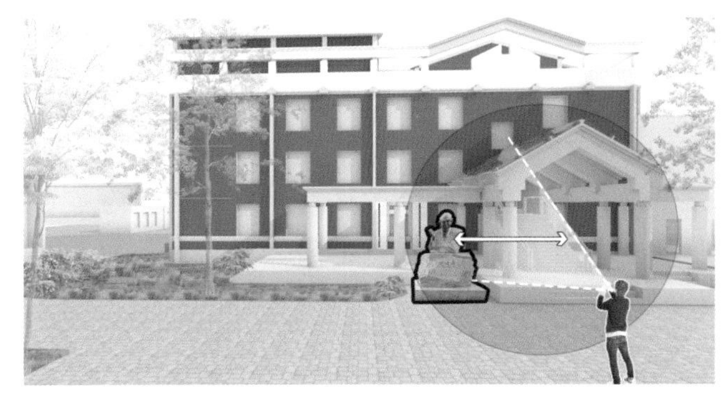

b. 基于"提升美景感"的实景效果图

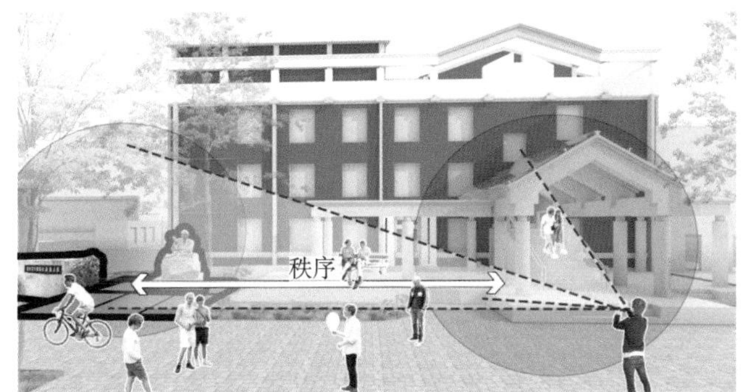

c. 基于"提升美景感"的形式分析图

▲ 图8 基于"提升美景感"的空间设计分析

功能目标1：基于"规范人车交互行为"的空间设计对策。场地的人车通行混乱，主要由于在空间上缺乏指引与限定，通行自由度较高。在路口处的人车通行交会量较大，车行速度过快均对人行空间造成了一定程度的影响。此外，东侧道路因为有较大的冠幅产生遮阴效果，也引来许多车辆在此停放，这更进一步挤压和限定了人行者的使用空间。

规范人车交互行为主要通过调整布局、保证行人的通行功能实现，其主要目标有三：一是最大化人行空间范围；二是禁止建筑东楼北侧的停车行为；三是在确保通行的基础上，尽可能制约其余场地的停车行为。基于此，项目通过认知地图理论与行为场景理论，调整了如下布局：①设置有高差的红砖铺砌的 T 字形人行步道；②在步道上设置路沿挡石。通过布局的调整实现了人与车的流线区分，通过缩窄车行道宽度尽可能降低车辆可用的环境容量，降低机动车随意停放的可能性，降低机动车的通行速度，最终较好地规范了场地的人车通行秩序（图 9）。

值得一提的是在"规范人车交互行为"的设计提升中，预设的形式与功能发生了冲突，具体体现为使用有高差的红砖铺装加强连通性，这在一定程度上限制了车辆的横向通行功能。在利益决策者与设计团队进行交涉后，决定牺牲一部分车辆横向通行功能，以保证空间的整体性并达到切实限制车辆随意停放的目的。

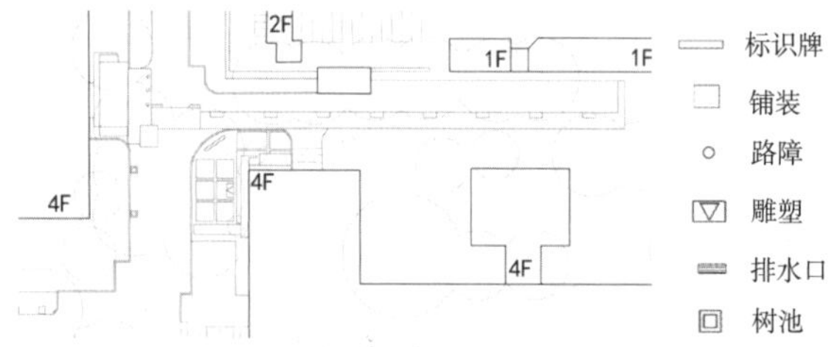

a. 基于"规范人车交互行为"的工程平面图

b. 基于"规范人车交互行为"的实景效果图

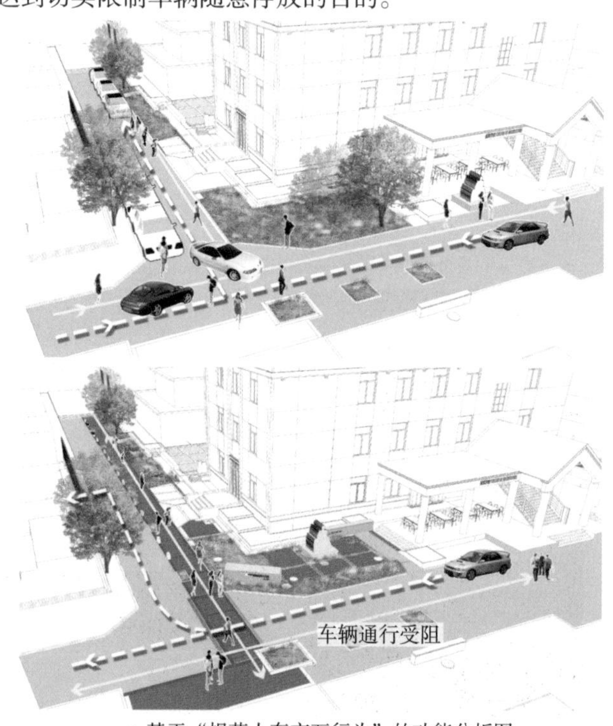

c. 基于"规范人车交互行为"的功能分析图

▲ 图 9 基于"规范人车交互行为"的空间设计分析

功能目标 2：基于"积水—通行行为冲突"的空间设计对策。季节性雨水导致的积聚现象也是影响行人通行的重要因素。场地中 3 条道路交会处正处于区域内标高较低的地点，这为雨水积聚提供了较大的承载空间，使人通常要绕行。

围绕积水—通行行为冲突，协调的关键是如何在雨季进行合理的排水，引入了水文学中洪峰流量与产汇流的重要知识。洪峰流量指一次洪水流量过程中最大的瞬时流量，可能是实测值或水位。减少洪峰流量的有效手段是提高植被覆盖率和增加下渗凹地。产汇流则指各种径流成分从生成到流出的过程，控制的方法包括引导水流流向场地附近以延缓汇流速度，以及将多余的水渗入地下（刘海龙，2015）。因此，将布局调整为：①在 3 条道路的交会处的内涝核心区域设置条带状地形抬升，以便产生一分为二的排水分区；②保留和新建了植被蓄水池作为海绵设施；③结合管网系统的翻新增设排水口。通过布局调整实现了减缓汇流速度、控制流量、减缓内涝的功能，提升了雨季人群的场地通行体验（图 10）。

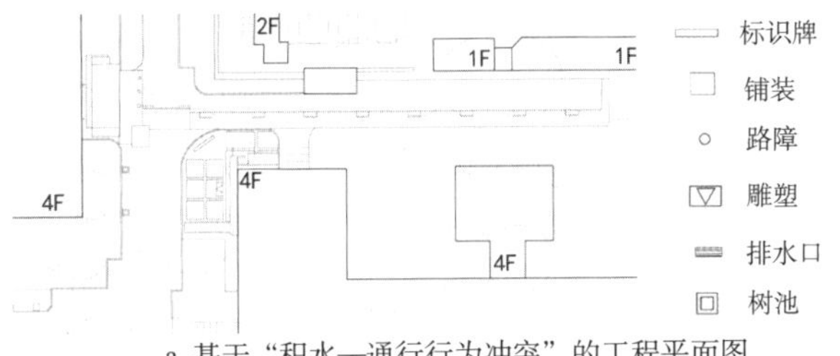

a. 基于“积水—通行行为冲突”的工程平面图

b. 基于“积水—通行行为冲突”的实景效果图

c. 基于“积水—通行行为冲突”的功能分析图

▲ 图 10 基于“积水—通行行为冲突”的空间设计分析

综上所述，该案例的设计方案通过多学科知识的选择性迁移运用，实现了预设的设计目标。其中，形式目标和功能目标在本案例中不涉及冲突，以协同的关系共同达成相应的预设目标。如针对“提升整体感”“规范人车交互行为”和“积水—通行行为冲突”这 3 个目标，可以通过设置宽 2 m，高 10~15 cm 的 T 字形步道解决，它发挥着整合场地、缓解内涝、人车分离等综合作用。设置两块形状、大小、材质都相似的景观石，也是既满足“提升整体感”又满足“提升美景感”的设计策略（图 11）。

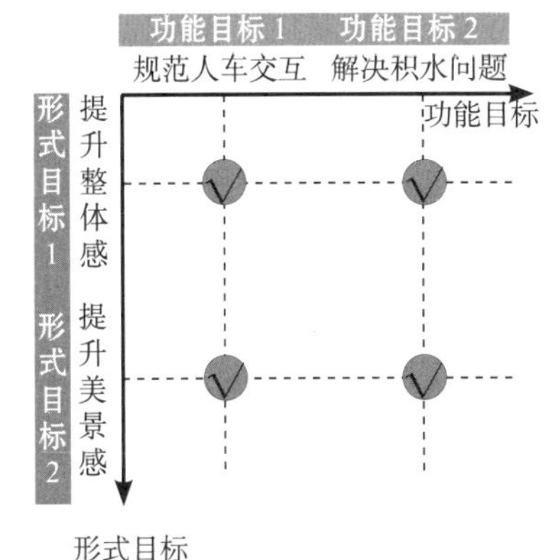

▲ 图 11 多目标下的权衡协同关系分析

参考文献

胡正凡，林玉莲，2012. 环境心理学：高校建筑学与城市规划专业教材 [M]. 3 版 . 北京：中国建筑工业出版社 .

刘海龙，2015. 国际城市雨洪管理与景观水文学术前沿——多维解读与解决策略 [M]. 北京 : 清华大学出版社 .

俞国良，王青兰，杨治良，2000. 环境心理学：应用心理学书系 [M]. 北京：人民教育出版社 .

思想碰撞

在本讲中笔者基本还原了真实的景观空间设计的流程及其背后的逻辑，以及多学科知识在景观空间设计中如何“迁移”运用。但是如何筛选相关学科知识，以及筛选过后的多门学科知识介入的空间设计是否还是原来那个单纯从空间角度谈的营造？景观空间设计与过去单纯从物质方面谈的要素排布又有什么区别？对此你是怎样理解的？

专题编者

岳邦瑞

费凡

宋逸霏

规划案例 33讲
国土空间生态修复规划

国土空间生态修复规划是空间规划学科与国土空间（对象）、生态修复（目标）整合后形成的具有中国体系特色的系统性生态修复规划实践，是经由众多新兴、前沿的理论工具与技术方法集成的崭新领域，不再独属于任何一个学科，代表了一种多学科“整合创新”的应用范式。本专题以宝鸡市国土空间生态修复规划为例，重点介绍其概念框架、程序与其中的知识应用。

THEORY
国土空间生态修复规划的概念与相关理论

国土空间生态修复规划的内涵

1. 生态修复的基本概念

2022 年，国际生态修复学会（the Society for Ecological Restoration, SER）给出了生态修复的定义，基本上达成了国际学术界对生态修复的一致共识。其具体定义为：协助已经退化、损害或彻底破坏的生态系统恢复、重建和改善的过程。生态修复使退化的生态系统处于恢复的轨道上，从而适应当地和全球的变化，适应组成物种的持续和演化。

2. 从生态修复到国土空间生态修复的概念演变

生态修复起源于社会各界对受损生态系统的恢复、重建的讨论，最早的相关文献可以追溯到 1984 年美国的《修复与管理笔记》（Restoration and Management Notes）专业期刊。在此之前，关于生态修复的描述大多被冠以土地恢复、生态系统恢复等词（MARTIN，2017），并集中在小尺度、场地尺度的研究。2000 年联合国千年发展目标等全球战略的提出，促进生态修复研究向更加宏观、系统化的视角发展（图 1）。

国内生态修复源自 20 世纪 70 年代对环境问题的治理需求，包括三北防护林工程、黄土高原流域植被恢复等生态修复工程。近年来受到全球生态环境可持续发展理念的影响，国内研究也趋向于更加系统化、综合化的思路（图 2）。具有代表性的包括：2015 年，联合国提出可持续发展目标；同年，我国公布生态文明的顶层设计，即《生态文明体制改革总体方案》，这是国内首次从制度层面提出系统修复理念，并与联合国可持续发展目标（SDGs）中提及的生物多样性保护等目标形成呼应；2017 年，“两山”理念的提出，强调了国土空间生态保护修复的必要性，并在制度上强调了系统修复和要素修复的重要性；此后自然资源部组建与国土空间规划体系改革，国土空间生态修复随即产生，它是生态修复结合我国国土空间规划体系后的新领域，同时具备空间规划的宏观视角和系统性生态修复的价值目标导向性。

较之早前的生态修复工作，国土空间生态修复的对象从单一类型的生态系统、单一自然地理要素和单一生态过程，转向对国土空间山水林田湖草全域、全要素、全时空的系统修复。其工作更加注重全局性、系统性和协同性，旨在通过整合各种资源和技术手段，实现社会—自然生态耦合系统的全面恢复和提升（表 1）。

初步发展阶段（1950~1975 年）

·1950~1960 年，资源过度开发引起严重的生态危机，使欧洲、北美开始进行工程、生物措施相结合的矿山复垦、水土流失治理、森林恢复等生态系统修复的实践

·1973 年，美国弗吉尼亚多种技术研究所和州立大学召开了题为“受害生态系统的恢复”的国际会议，首次讨论了受害生态系统恢复和重建等重要生态学问题

完善成熟阶段（1975~2000 年）

·1984 年，生态修复一词最早出现在专业期刊《修复与管理笔记》中

·1987 年，国际生态修复学会（SER）成立，并尝试提出生态修复的定义。自此，生态修复一词开始被普遍使用

·1992 年，联合国环境与发展会议通过了《里约热内卢宣言》，包括中国在内的多个国家参会并承诺可持续发展

·2000 年，联合国确立千年发展目标，可持续发展原则被纳入包括中国在内的世界各国制定的国家政策和方案中，生态修复的内涵和外延也在基础科学发展和广泛的环境问题等相关探讨中得到了进一步拓展

全球化治理阶段（2000 年至今）

·2002 年，SER 导则中给出了首个官方的生态修复定义，基本上达成了国际学术界对生态恢复的一致共识

·2010 年，《生物多样性公约》第十次缔约方大会指出，到 2020 年修复 15% 退化的生态系统的战略目标，引发了各国积极行动

·2015 年，联合国可持续发展目标（SDGs）进一步深化了“可持续发展”的价值认知

SER Society for Ecological Restoration

United Nations

Convention on Biological Diversity

SUSTAINABLE DEVELOPMENT GOALS Sustainable Development Goals

▲图 1 国外生态修复的发展历程

表 1 生态修复与国土空间生态修复的内涵对比

对比要素	生态修复	国土空间生态修复
学科参与	恢复生态学、环境生态学、生态工程学等	地理学、生态学、规划学等综合学科
修复尺度	特定修复点位或局地面状区域尺度修复	景观、区域及国家等多尺度、多层次修复
修复对象	单一类型的生态系统、单一的自然地理要素、单一生态过程	国土空间山水林田湖草全域、全要素、全时空过程的系统修复
修复核心目标	使退化或受损的生态系统回归到一种稳定、健康、可持续的发展状态	维护和提升整个国土空间的生态系统服务功能和生态环境质量，以满足人类社会的需求
技术手段	针对生态要素系统的大型生态修复工程；工矿、水域、生物等典型生态修复技术	构建多尺度协同的生态安全格局、绿色基础设施，划定自然恢复与人工干预修复区域、自然资源管理等

国土空间生态修复规划的基础理论

1. 国土空间生态修复规划的基础框架

国土空间生态修复规划包含“国土空间”“生态修复”“规划”3个核心概念。①国土通常是指国家主权与主权权利管辖范围内的地域空间(包括领土、领海和领空)，而“国土空间”不仅具有政治含义，还应包含“山水林田湖草国土要素”和“空间尺度”两大特性（曹宇 等，2019），乃是国土空间生态修复规划的对象；②“生态修复”是旨在使生态系统回归其正常发展与演化轨迹，并同时以提升生态系统的稳定性和可持续性为目标的有益活动（曹宇 等，2019），是国土空间生态修复规划的目标；③“规划”在此语境下指物质空间规划，其对象通常是各类用地及其上承载的建设空间，通过用地配置、空间布局和建设时序安排等规划手段，实现人类对于未来的目标与设想。在上述核心概念中，规划既是在国土空间对象上实现“修复目标”的技术途径，也构建了生态修复规划的基础逻辑框架(图3)。基于上述核心概念及其相互关系，笔者提出国土空间生态修复规划的基本内涵：以国土空间为对象，为实现生态系统服务及人类福祉提升的系统性生态修复目标而制定的空间布局和时序计划方案。

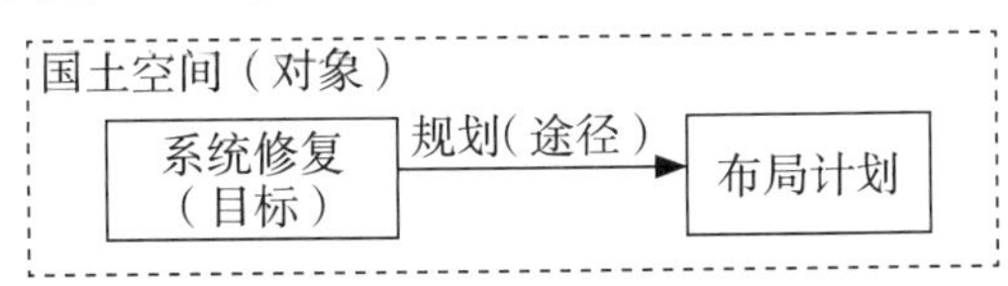

▲图3 国土空间生态修复规划的基础框架

2. 国土空间生态修复规划的程序

在实际应用中国土空间生态修复规划可划分为本底分析、目标指认、格局构建、分区管控4个步骤：①本底分析要求针对区域自然地理格局及自然资源生态禀赋，充分利用多源数据对区域进行生态本底调查、生态系统服务重要性、生态敏感性、生态系统恢复力及综合评价，从而进行国土空间生态问题诊断、生态安全趋势研判，为下

国内生态修复发展历程（1970年至今）

1970年，应对沙尘暴问题，我国启动了三北防护林工程、黄土高原流域植被恢复等生态修复工程，为生态修复发展奠定了实践基础

1983年召开第二次全国环境保护会议，国内环境保护问题被提到基本国策的地位，产生了大量国家级环境治理工程

1989年，第三次全国环境保护会议上，我国环境保护的三大政策八项管理制度基本成型，奠定了此后近30年国家环保政策的基础

2003年，中共十六届三中全会，科学发展观的提出，反映了国内生态理念的变化

2005年，中共十六届五中全会提出要加快建设资源节约型、环境友好型社会的战略目标

2012年，中共十八大首次将生态文明建设纳入“五位一体”中国特色社会主义总体布局之中，生态文明建设上升到国家战略

2015年，中共中央、国务院印发《生态文明体制改革总体方案》，是国内生态文明的顶层设计，也是首次从国家制度层面提出系统修复理念

2016年，财政部及原国土资源部同原环境保护部以“山水林田湖”为重要理念，围绕重要生态功能区对生态保护修复项目作出明确部署

2017年，中共十九大把“两山”理念写入《中国共产党章程》，从制度层面强调两类修复——系统修复和要素修复

2018年，自然资源部成立，设国土空间生态修复司，统筹关键空间修复，国土综合整治和生态保护补偿工作

2020年，自然资源部办公厅、财政部办公厅、生态环境部办公厅印发《山水林田湖草生态保护修复工程指南（试行）》，将其与生态修复理念进行衔接，为生态修复提供指引

▲图2 国内生态修复的发展历程

一步修复目标指认提供思路；②修复目标指认是国土空间生态修复规划的核心环节，应充分对接上位规划要求、综合区域自然本底生态环境问题与经济发展需求后提出；③在修复目标的指导下，通过构建区域生态网络格局辨识修复系统格局，并进一步识别具有保护修复价值的国土空间；④结合自然地理格局划定修复分区，并提出策略引导，明确生态修复重点区域及时序安排，因地制宜地提出对应管控措施（图 4）。

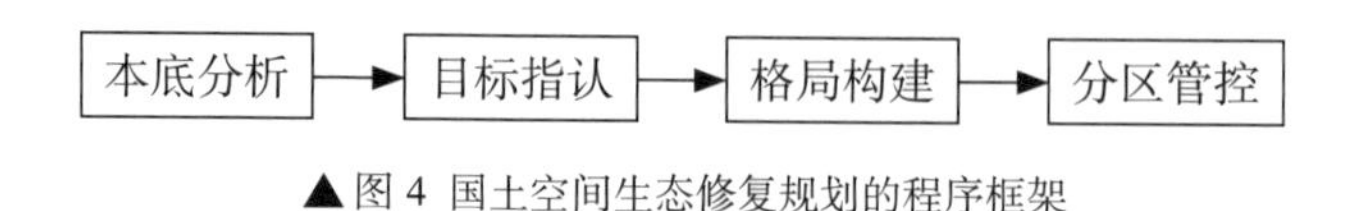

▲图 4 国土空间生态修复规划的程序框架

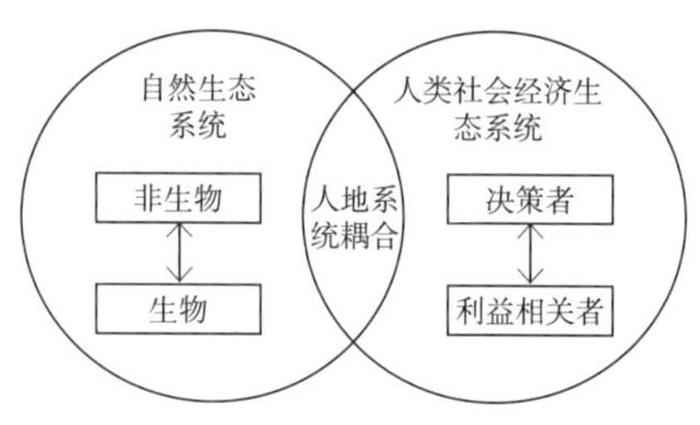

▲图 5 人地系统耦合理论框架

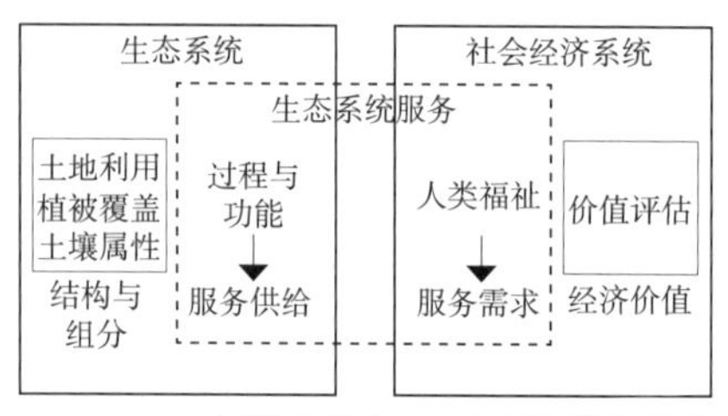

▲图 6 社会—生态系统耦合关系

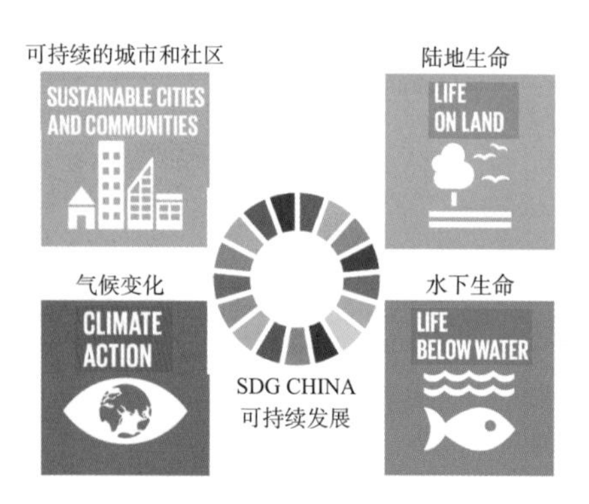

▲图 7 可持续发展的基本概念

3. 国土空间生态修复规划的其他理论基础

①支撑国土空间规划体系的"人地系统耦合"理论。人地系统耦合指地球表层人与环境相互作用，在研究及实践中需要耦合自然要素和人文要素（傅伯杰 等，2015）。国土空间规划要求以人地耦合系统化的视角看待国土空间中人类社会与自然生态系统各组成要素的互动、影响与反馈，同时强化原来由于地域和部门分立等多种原因忽略的对区域生态资源的保护、对整体生态环境的引导，并对广域生态予以全面的引导和控制（图 5）。

社会—生态系统耦合理论也具备同样的价值导向，该理论将人类社会和生态系统交互过程中涉及的所有资源都囊括其中，形成一个多维耦合互动的有机体（图 6）。其理论认知是生态系统服务理论、恢复力理论等多元理论的共同基础。强调规划管理不仅要关注自然生态环境问题，还需要将土地上的自然生态系统与经济社会生态系统视为一个有机的整体，结合生态本底现状与经济社会条件，分析评估各要素之间的相互作用效果（叶艳妹 等，2019），提出与之相匹配的修复策略，以解决生态问题、化解生态风险（秦海波 等，2018）。

②表征未来愿景的"景观可持续性"理论。联合国环境与发展大会中通过的《21 世纪议程》提出可持续发展关键在于经济、社会、环境的协调发展，强调资源和环境的可持续利用和保护。可持续发展是当下全球资源管理的共同愿景，也是我国生态文明战略实施的核心目标（图 7）。在国土空间中，景观是研究可持续性过程和机理方面最可操作的空间尺度，景观可持续性即指其能够长期而稳定地提供生态系统服务，从而维护和改善本区域人类福祉的综合能力（WU J G，2013）。国土空间生态修复规划即通过寻求适当的景观与区域空间格局，实现生态系统服务和人类福祉长期维系和改善的可持续目标愿景（黄安 等，2020）。

③生态系统服务理论。该理论体系因关联生态系统与人类福祉的整合思维而受到极大关注，而实现生态系统服务和人类福祉整体提升是国土空间生态修复规

划工作的重要使命（江波 等，2019）。20 世纪 70 年代初，SCEP（Study of critical environmental problems）研究报告中首次使用了生态系统服务的概念（谢高地 等，2001），生态系统服务的相关研究逐步展开并不断深入。目前学界普遍承认的生态系统服务定义为“人们直接或间接从自然生态系统的功能和服务中获得的利益”。

生态系统服务理论的应用贯穿了国土空间生态修复规划的全部程序环节。分析评估环节主要是围绕生态系统服务供给能力展开生态系统服务重要性评价，而后结合生态系统服务间关系研判进行生态问题的研判，指认修复目标。同时，生态系统服务的空间分布是构建修复格局、划定修复分区的主要依据。在分区管控阶段，也需要通过主导生态系统服务功能的特性、所涉及的生态要素和景观生态过程提出修复策略引导，并综合之前的评估结果提取需要优先修复的重点区域（图 8）。

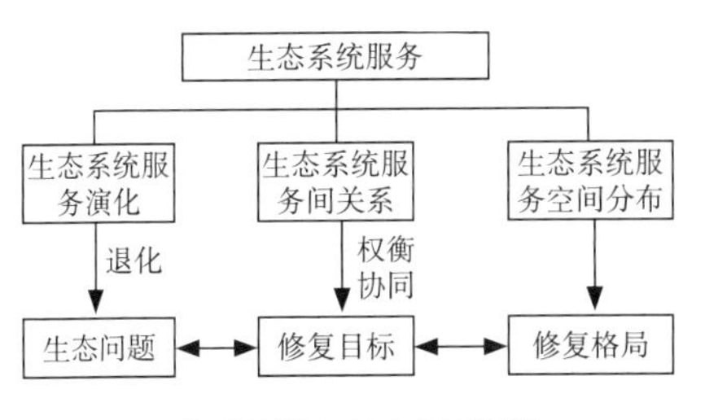

▲ 图 8 生态系统服务理论应用框架

④“格局—过程—功能”理论及“源—汇”理论。“格局—过程—功能”理论强调生态系统空间格局与生态系统内物质、能量、信息的流动和迁移过程之间的相互作用关系（图 9）（傅伯杰 等，2014）。系统分析景观格局和过程的相互作用，从过程的角度明目的、确对象、定目标，是实现国土空间系统修复、高效率治理的基础和前提（王晨旭 等，2021）。而当生态系统功能可以被人类价值取向所衡量时，“功能”就可以转化为“服务”；生态系统服务满足人类需求并为人类福祉作出贡献，是人类生存和发展的基础，也因此形成了和生态系统服务相关联的“格局—过程—功能—服务”理论范式。

在景观生态学中，“源”景观是指那些能促进生态过程发展的景观类型；“汇”景观是指那些能阻止延缓生态过程发展的景观类型(陈利顶 等,2006)。在区域空间中，“源”“汇”景观对整个区域的物种流、物质流和能量流起到的不同作用。如林地、草地、湿地、水域等起到“源”的作用；另外一些景观类型，如生物生产用地、建设用地等起到“汇”的作用（田雅楠 等，2019）。“源—汇”理论进一步揭示了景观格局与生态过程（生态系统功能）的关系。在实际应用中，常运用以“源—汇”理论为基础的最小累积阻力模型来提取生态廊道，构建生态网络格局，以识别国土空间生态修复的系统格局。

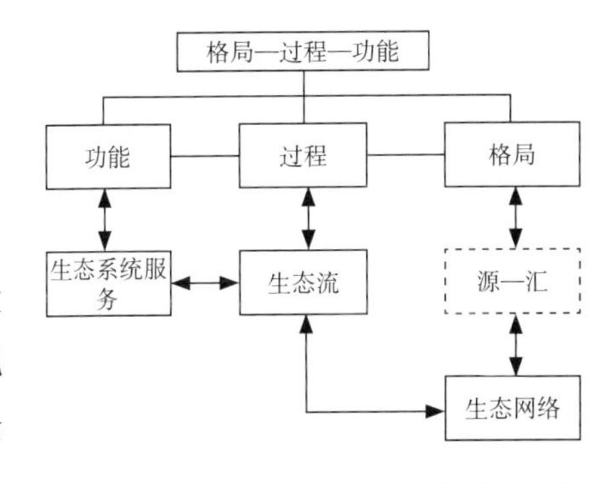

▲ 图 9 “格局—过程—功能”理论应用框架

综上所述，国土空间生态修复规划通过构建国土空间生态系统修复格局（空间结构），进而保障生态系统（生态过程）的稳定性，达到提升生态系统服务功能，维护、优化服务（人类惠益）的效果（曹宇 等，2019）。具体到规划程序中，本底分析阶段是对现状生态系统服务（即生态功能）的分析；目标指认则结合评估的动态，从过程的角度明确修复目标。最终通过对现状空间格局的优化调控，直接或间接影响区域生态过程，实现生态系统服务功能和人类福祉提升。

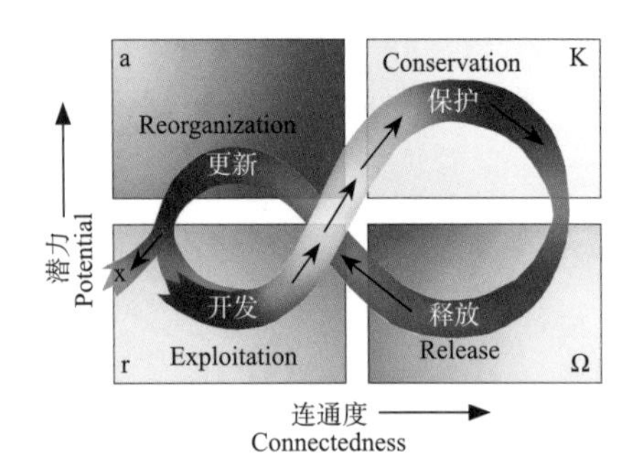

▲ 图 10 生态系统恢复力理论

⑤生态系统恢复力理论。该理论指生态系统维持结构和格局的能力，即系统受干扰后恢复原来功能的能力（图 10），是衡量生态系统维持稳态能力的重要指标（闫海明 等，2012）。对于发生退化、损害甚至完全破坏的生态系统，生态修复通过对组成群落的物种组成、生态系统结构和功能、生态系统稳定性和景观环境等方面产生作用，恢复和优化生态系统结构、功能及自我维持能力（袁兴中 等，2020）。

在国土空间生态修复规划实践中，本底分析主要是应用多因子叠加的方法进行生态系统恢复力评价，判断国土空间是否具备自然恢复的能力；而当某区域的恢复力呈现较低的水平时，需要在分区管控环节提出针对性的人工干预措施，如植被重建、水污染治理等修复工程措施。

综上所述，笔者提出国土空间生态修复规划基础理论的应用框架（图 11）。

总体而言，国土空间生态修复规划是借助国土空间规划体系的技术途径实现系统修复目标的一系列空间计划活动，是多元要素系统耦合下的多目标、多情境综合规划。其在空间上的表征为国土景观格局的科学布局，其基础理论可分为以人与自然协调可持续为代表的价值导向性理论体系和以生态系统服务为代表的系列应用理论体系。

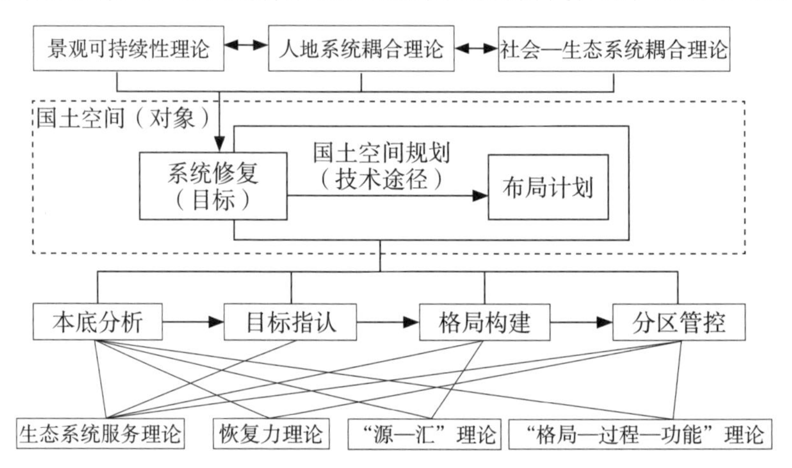

图 11 国土空间生态修复规划基础理论应用框架

CASE
宝鸡市国土空间生态修复规划案例

■ 国土空间生态修复规划的程序

本讲以宝鸡市国土空间生态修复规划项目为例，本案例通过对宝鸡市自然条件概况进行分析及生态系统服务功能评价、恢复力评价，辨识宝鸡市现存问题。随后综合考虑生态风险及社会经济发展需求，形成修复目标体系并指导系统性生态修复格局的构建。最终以评估结果耦合修复总体格局判定优先区域及分类分区修复工作重点，形成修复规划管控的最终布局方案（图 12）。

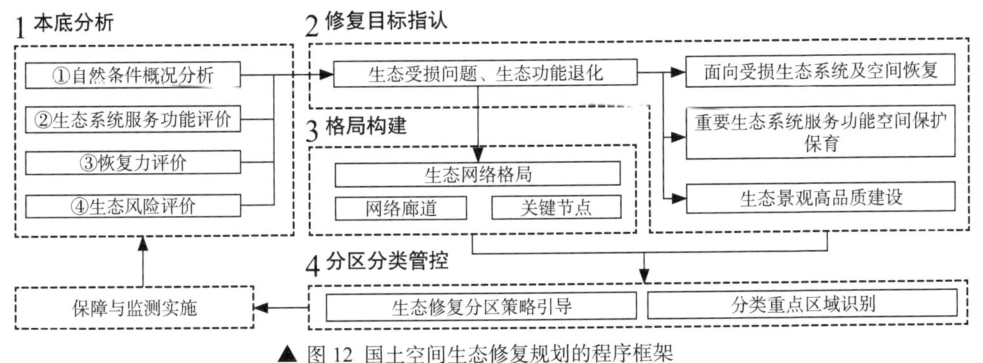

▲ 图 12 国土空间生态修复规划的程序框架

实际案例解析：宝鸡市国土空间生态修复规划

1. 本底分析

宝鸡市地处陕西省关中平原西端，下辖渭滨、金台、陈仓、凤翔 4 个城区及扶风县、岐山县、眉县、麟游县、千阳县、陇县、太白县、凤县 8 个县（图 13）。全市辖区南、西、北三面环山，中心城区以渭河为中轴东向拓展，呈现“山—河—城—塬”相间的自然地理格局，总面积达 18172 km^2。

依据上述自然条件概况（图 14）及历年社会经济、规划政策资料，选取生态系统服务、恢复力及生态风险三项定量评价进行本底分析。生态系统服务部分选取土壤保持、生境质量、水源涵养和生态文化 4 项进行评估，其中土壤保持服务功能呈现为东南侧相对较高，而中心城区、麟游县相对较低的现象；生境质量低值区域集中于渭河、千河沿岸以及宝鸡东北侧，渭河中东段尤为明显；水源涵养功能高值区域主要分布于宝鸡的南部秦岭山地，中心城区及其周边的水源涵养功能有明显下降趋势（图 15）。

生态恢复力评价结果显示南部秦岭和西部关山生态恢复力较强，北部中低山丘陵区生态恢复力较弱。其中，恢复力极强区位于秦岭、关山中高山区和千山地区；较强区域为秦岭、关山以及麟游千山低山丘陵区（图 16）。

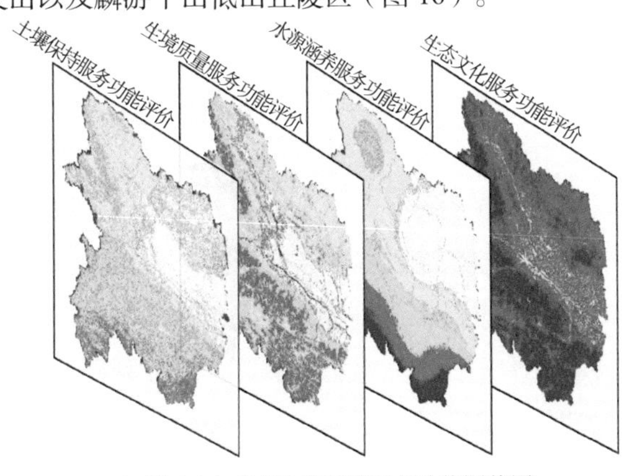

▲ 图 15 宝鸡市生态系统服务功能评价图

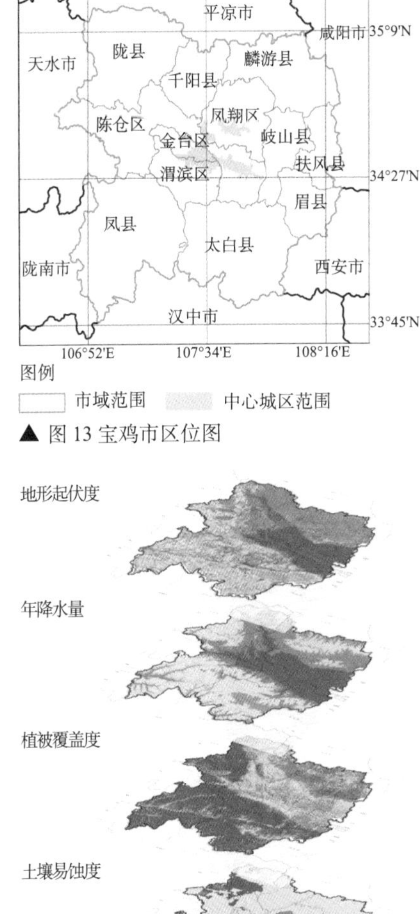

▲ 图 13 宝鸡市区位图

▲ 图 14 宝鸡市自然条件概况分析图

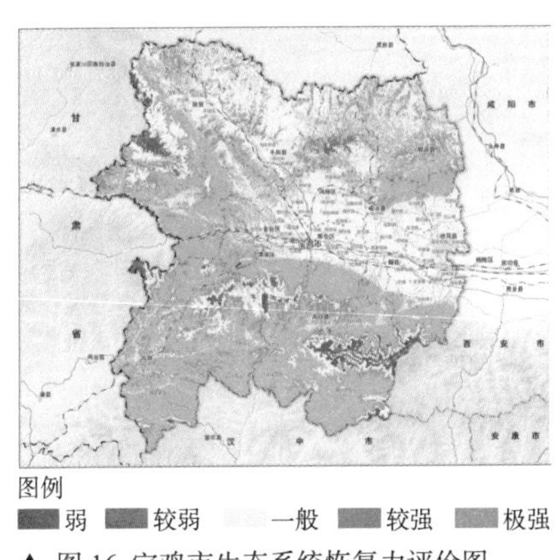

▲ 图 16 宝鸡市生态系统恢复力评价图

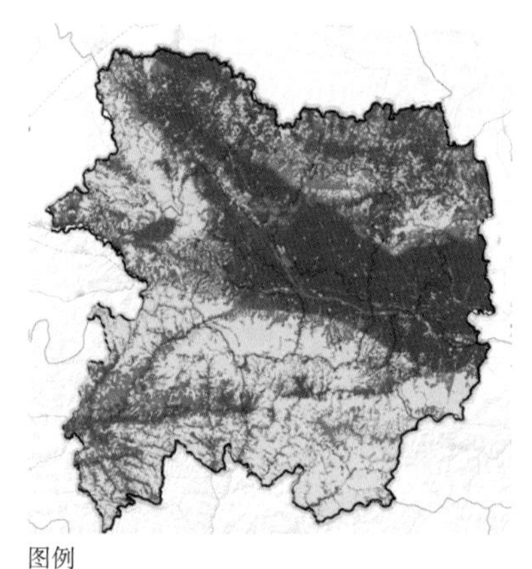

▲ 图 17 宝鸡市生态风险分析图

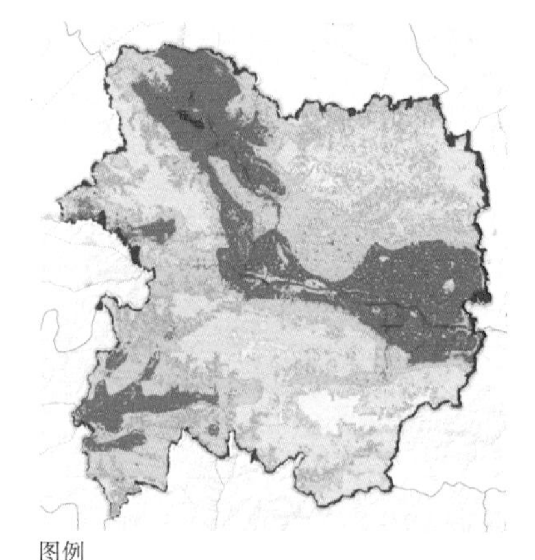

▲ 图 18 宝鸡市生态退化分析图

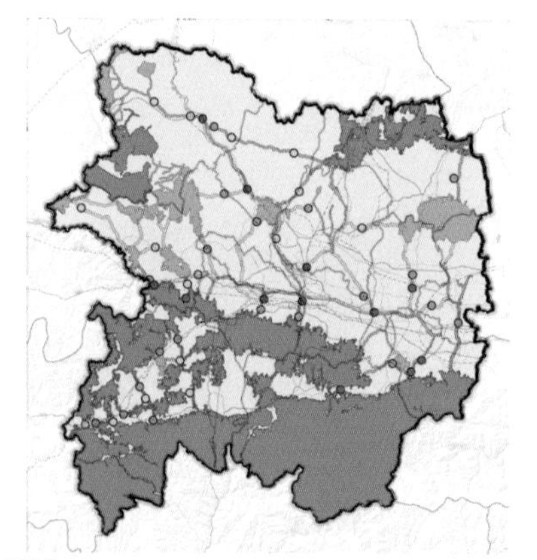

▲ 图 19 宝鸡市生态网络格局图

生态风险评价显示高风险区主要分布在凤翔区、渭滨区东北部。渭河、千河流域和渭北台塬地区由于陡坡耕地水土流失严重，植被覆盖度较低，人类活动剧烈为中度风险区域（图 17）。

2. 修复目标指认

通过评估分析可知宝鸡市“中心城区周边、麟游东侧，凤县、陇县、麟游中部”自然生态问题较为严峻；中心城区、千河流域及凤县西侧土壤保持、生境质量维持、水源涵养等生态系统服务功能退化明显（图 18）。结合相关规划政策导向和管控需求，综合提出面向受损生态系统及空间恢复、重要生态系统服务功能空间保护保育及生态景观高品质建设的三层级生态修复目标体系（表 2）。

表 2 宝鸡市国土空间生态修复规划目标体系

一级目标	二级目标	三级目标	现状问题
国土空间生态系统服务功能可持续	面向受损生态系统及空间修复	水系及湿地系统修复	湿地、河道空间受建设侵占
		植被及生境修复	采矿、地灾造成植被损毁
			人工绿化植被种类单一
		水土保持及工程干预	北部山地水土流失及地灾频发
		生物迁徙廊道	动物迁徙路线受交通、农业活动阻断
		区域蓝绿网络修复	城镇绿地破碎未成体系
			河流水文过程及生物过程受水利设施阻断
			城镇雨水径流污染
	重要生态系统服务功能空间保护保育	保护和改善生物栖息地	生物栖息地受到人为干扰较多
		环境污染治理	土壤和地下水存在污染风险
		自然资源与环境风貌保护	自然保护区水体、山体等存在地灾损毁风险
	生态景观高品质建设	城镇绿地系统修复	城镇公园服务覆盖不足，存在被侵占现象

3. 修复格局构建

基于生态修复规划目标，以“源—汇”模型、“格局—过程—功能”理论为指导，选取市域自然保护地、生态红线核心区和生态系统服务高值区域作为生态源地，以高干扰因子构建综合阻力面，运用最小阻力模型模拟，识别出全域网络廊道和关键节点，并结合市域重要生态问题点位、河流水体廊道、水源地、天然林地斑块等关键生态资源，进行网络空间的增补校正，最终形成生态修复的系统格局（图 19）。

4. 分区分类修复工作引导

分区管控引导，以自然本底条件和生态系统服务功能评价结果为基础，根据生态系统服务功能定位与现状突出问题，进一步追求宝鸡市生态系统服务功能可持续发展，并兼顾其社会需求等因素，将市级国土空间生态修复分区划定为渭北水源涵养与水土保持区、渭河沿线水土保持与水源涵养区、渭北麟游矿山环境综合治理区等（图 20）。根据宝鸡市生态修复分区，考虑生态系统服务的可持续发展，对各生态修复区域提出差别化的分区保护策略与管理措施（表 3）。

表 3 宝鸡市国土空间生态修复分区保护策略与管理措施

生态修复分区	保护与管理措施	区域
渭北水源涵养与水土保持区	该区内千河横贯东西，地势北高南低，沟壑纵横，川窄塬小；该区以水土流失和农田水灾治理为主，同时协调开展农用地和农村环境问题的治理	主要涉及陇县、千阳县、凤翔区、麟游县
渭河沿线水土保持与水源涵养区	以维持生物多样性、涵养水源为主，治理千河流域水生态水环境为主；该区山地丘陵，沟壑纵横，是关中平原的西北门户和天然屏障；有森林、草原等多种自然景观，草原森林相间，地势广阔，景色秀丽；应该开展渭河、千河流域水土流失治理与森林和草原资源保护修复	主要涉及陈仓区、金台区
渭北麟游矿山环境综合治理区	主要以水土流失地质灾害的整治修复，恢复和改善矿区生态环境为主；该区主要为山地丘陵，沟壑纵横、坡缓川狭、少有台塬	主要涉及麟游县西北地区
渭北台塬农业生态修复区	区域围绕提高耕地质量和增加耕地面积，将该区建设成为宝鸡市粮食主产区，生态宜居示范区；区内地势平坦，渭河、千河等流域流经该地区，地下水资源丰富，全市水田、水浇地多集中在这一地区，耕地质量高，是宝鸡市粮食、蔬菜生产基地	主要涉及凤翔区南部地区
渭河沿线城镇人居环境与农田生态修复区	区内以促进城市有机更新，提高国土资源利用效率，提高人居品质为主	主要涉及金台区、渭滨区、陈仓区、岐山县、眉县、扶风县
秦岭北麓水源涵养区	区内以加强生态系统修复，实施维护水源涵养功能为主；该区主要位于秦岭北麓，峪口分布较多，人类活动频繁，森林分布不均，结构不合理，生长量低，中幼林较多，水土流失严重	主要涉及渭滨区、陈仓区和眉县等区域
秦岭凤县宽谷盆地水土保持区	区内以加强生态系统修复，实施水土保持和维护水源涵养功能为主；该区山大沟深，坡陡土薄，山区面积大，森林分布不均，结构不合理，中幼林较多；草坡资源丰富，管理不善，利用率低，水土流失严重；适耕地少，坡耕地比例大	主要涉及凤县西部地区
秦岭中高山生物多样性保护区	区内以维护现状生态要素完整性、保护生物多样性为主；生态修复以封山育林、实施天然林资源保护工程等“自然恢复”模式为主，封闭森林或水域，使这些地区不受人类活动的影响，同时防止火灾及杂草入侵，加强自然更新，依靠自然演替来恢复已退化的生态系统	主要涉及太白县、眉县和凤县东部地区

分类重点区域识别，结合陕西省《市级国土空间生态修复规划编制指南》中建议的“矿山修复、水土流失治理、森林修复、水环境水生态修复、湿地修复”五大重点生态功能分类修复方向。规划通过系统比对“山水林田湖草”生态空间要素与市域定量分析评价结果及高等级生态廊道、节点的落位空间，判定所处国土空间用地分类“湿地、水体、森林”等为修复功能主导要素。考虑其所处空间既有生态问题的连续性治理需求，如北部历史水土流失高发区域、未列入保护地的原生滩涂湿地等区域应作为该分类的重点关注区域。此外，森林修复应优先关注南部秦岭和北部关山—北山地区天然林资源集中分布区内部林地斑块损毁的点位和片区。水生态修复应重点关注水源地、高等级水系保护空间周边的环境治理需求，如渭河和嘉陵江流域上游支流、北部水库汇流区域等。矿山开采作为生态系统稳定的强扰动因子，应将其落入既有评估中的高功能区域，且有明显地质问题的采矿、废弃矿山空间应被判定为矿山修复的重要节点（图 21）。

渭北水源涵养与保持区
渭河沿线水土保持与水源涵养区
秦岭凤县宽谷盆地水土保持区
秦岭北麓水源涵养区
秦岭中高山生物多样性保护区
渭河沿线城镇人居环境与农田生态修复区
渭北台塬农业生态修复区
渭北麟游矿山环境综合治理区

▲图 20 宝鸡市国土空间生态修复分区图

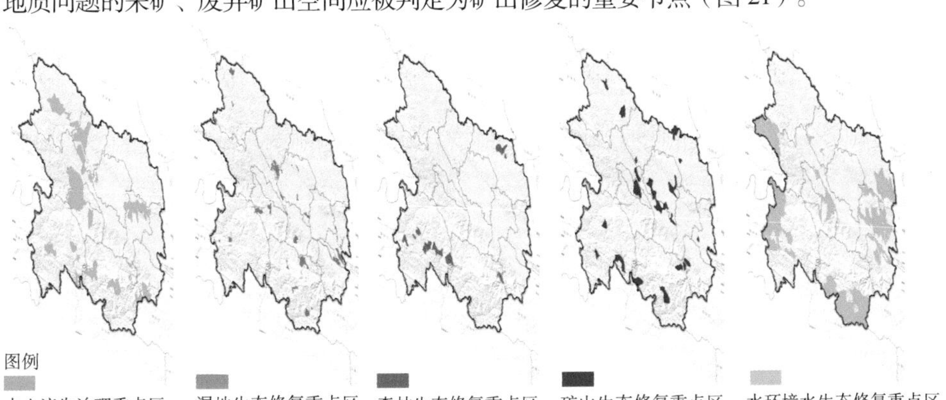

▲图 21 宝鸡市国土空间生态修复重点区域图

参考文献

陈利顶，傅伯杰，赵文武，2006.“源”“汇”景观理论及其生态学意义 [J]. 生态学报，26（5）：1444-1449.
曹宇，王嘉怡，李国煜，2019. 国土空间生态修复：概念思辨与理论认知 [J]. 中国土地科学，33（7）：1-10.
傅伯杰，张立伟，2014. 土地利用变化与生态系统服务：概念、方法与进展 [J]. 地理科学进展，33（4）：441 - 446.
傅伯杰，冷疏影，宋长青，2015. 新时期地理学的特征与任务 [J]. 地理科学，35（8）：939-945.
黄安，许月卿，卢龙辉，等，2020.“生产—生活—生态”空间识别与优化研究进展 [J]. 地理科学进展，39（3）：503-518.
江波，王晓媛，杨梦斐，等，2019. 生态系统服务研究在生态红线政策保护成效评估中的应用 [J]. 生态学报，39（9）：3365-3371.
秦海波，李莉莉，2018. 国外社会—生态系统耦合分析框架评介与比较研究 [J]. 云南行政学院学报，20（3）：160-171.
田雅楠，张梦晗，许荡飞，等，2019. 基于“源—汇”理论的生态型市域景观生态安全格局构建 [J]. 生态学报，39（7）：2311-2321.
吴次芳，肖武，曹宇，等，2019. 国土空间生态修复 [M]. 北京：地质出版社 .
王晨旭，刘焱序，于超月，等，2021. 国土空间生态修复布局研究进展 [J]. 地理科学进展，40（11）：1925-1941.
谢高地，鲁春霞，成升魁，2001. 全球生态系统服务价值评估研究进展 [J]. 资源科学，23（6）：5-9.
闫海明，战金艳，张韬，2012. 生态系统恢复力研究进展综述 [J]. 地理科学进展，31（3）：303-314.
袁兴中，陈鸿飞，扈玉兴，2020. 国土空间生态修复：理论认知与技术范式 [J]. 西部人居环境学刊， 35（4）：1-8.
叶艳妹，陈莎，边微，等，2019. 基于恢复生态学的泰山地区“山水林田湖草”生态修复研究 [J]. 生态学报，39（23）：8878-8885.
MARTIN D M，2017. Ecological restoration should be redefined for the twenty-first century[J].Restoration Ecology，25(5）：668-673.
WU J G，2013.Landscape sustainability science: Ecosystem services and human well-being in changing landscapes[J].Landscape Ecology，28：999 - 1023.

思想碰撞

当前国土空间生态修复规划的目标及修复格局多基于对现状和历史生态本底的评估和研判，但是社会—生态耦合系统是动态发展的复杂巨系统，如何正确评估、预测未来时空生态修复的需求？如何科学协同人类社会和自然生态系统的发展导向？等问题是当前工作的难点。对此，请谈谈你的看法及建议。

专题编者

岳邦瑞

费凡

丁禹元

王玉

吴烨乔

王晨茜